W0256865

Teubner Studienbücher

Mathematik

Ahlswede/Wegener: **Suchprobleme**
328 Seiten. DM 29,80

Ansorge: **Differenzenapproximationen partieller Anfangswertaufgaben**
298 Seiten. DM 29,80 (LAMM)

Bohl: **Finite Modelle gewöhnlicher Randwertaufgaben**
318 Seiten. DM 29,80 (LAMM)

Böhmer: **Spline-Funktionen**
Theorie und Anwendungen. 340 Seiten. DM 30,80

Bröcker: **Analysis in mehreren Variablen**
einschließlich gewöhnlicher Differentialgleichungen und des Satzes von Stokes
VI, 361 Seiten. DM 29,80

Clegg: **Variationsrechnung**
138 Seiten. DM 18,80

Collatz: **Differentialgleichungen**
Eine Einführung unter besonderer Berücksichtigung der Anwendungen
6. Aufl. 287 Seiten. DM 29,80 (LAMM)

Collatz/Krabs: **Approximationstheorie**
Tschebyscheffsche Approximation mit Anwendungen. 208 Seiten. DM 28,–

Constantinescu: **Distributionen und ihre Anwendung in der Physik**
144 Seiten. DM 19,80

Fischer/Sacher: **Einführung in die Algebra**
2. Aufl. 240 Seiten. DM 19,80

Floret: **Maß- und Integrationstheorie**
Eine Einführung. 360 Seiten. DM 29,80

Grigorieff: **Numerik gewöhnlicher Differentialgleichungen**
Band 1: Einschrittverfahren. 202 Seiten. DM 18,80
Band 2: Mehrschrittverfahren. 411 Seiten. DM 29,80

Hainzl: **Mathematik für Naturwissenschaftler**
3. Aufl. 376 Seiten. DM 29,80 (LAMM)

Hässig: **Graphentheoretische Methoden des Operations Research**
160 Seiten. DM 26,80 (LAMM)

Hilbert: **Grundlagen der Geometrie**
12. Aufl. VII, 271 Seiten. DM 25,80

Jeggle: **Nichtlineare Funktionalanalysis**
Existenz von Lösungen nichtlinearer Gleichungen. 255 Seiten. DM 26,80

Kall: **Mathematische Methoden des Operations Research**
Eine Einführung. 176 Seiten. DM 24,80 (LAMM)

Kochendörffer: **Determinanten und Matrizen**
IV, 148 Seiten. DM 17,80

Kohlas: **Stochastische Methoden des Operations Research**
192 Seiten. DM 24,80 (LAMM)

Fortsetzung auf der 3. Umschlagseite

Praktische Mathematik

Von Dr. rer. nat. Friedrich Stummel
Professor an der Universität Frankfurt/Main

und Dr. phil. nat. Karl Hainer
Akad. Oberrat an der Universität Frankfurt/Main

2., überarbeitete und erweiterte Auflage
Mit 16 Figuren, 63 numerischen Übungsaufgaben
mit Rechenergebnissen und zahlreichen Beispielen

Springer Fachmedien Wiesbaden GmbH 1982

Prof. Dr. rer. nat. Friedrich Stummel

Geboren 1929 in Berlin. Studium der Mathematik und Physik von 1950 bis 1955 an den Universitäten Göttingen, Tübingen und Paris. Diplom 1954 und Promotion 1955 in Göttingen. Von 1956 bis 1961 Leiter der Rechengruppe im Institut für Neutronenphysik und Reaktortechnik des Kernforschungszentrums Karlsruhe. Habilitation 1961 an der Technischen Universität Berlin. Von 1961 bis 1964 Privatdozent an der Technischen Universität und wissenschaftlicher Mitarbeiter am Hahn-Meitner-Institut für Kernforschung in Berlin. 1964 Berufung als o. Professor auf den Lehrstuhl für Angewandte und Instrumentelle Mathematik der Universität Frankfurt/M.

Dr. phil. nat. Karl Hainer

Geboren 1942 in Offenbach/M. 1962 bis 1966 Studium der Mathematik an der Universität Frankfurt/M. 1966 Diplom. 1968 Promotion in Frankfurt/M. Seit 1971 Akademischer Rat am Mathematischen Seminar der Universität Frankfurt/M.

CIP-Kurztitelaufnahme der Deutschen Bibliothek

Stummel, Friedrich:
Praktische Mathematik / von F. Stummel u. K. Hainer. –
2., überarb. u. erw. Aufl. –
(Teubner Studienbücher: Mathematik)
ISBN 978-3-519-12040-7 ISBN 978-3-663-11121-4 (eBook)
DOI 10.1007/978-3-663-11121-4

NE: Hainer, Karl:

Ursprünglich erschienen bei B. G. Teubner, Stuttgart 1982

Satz: Schmitt u. Köhler, Würzburg-Heidingsfeld
Umschlaggestaltung: W. Koch, Sindelfingen

Vorwort

Die praktische Mathematik beschäftigt sich mit Verfahren zur Lösung typischer mathematischer Grundaufgaben, die in Anwendungsgebieten der Mathematik und in der Praxis auftreten, sowie mit der mathematischen Analyse und Behandlung dieser Verfahren. In naturwissenschaftlichen und technischen Anwendungsgebieten handelt es sich bei diesen Aufgaben zum Beispiel um die Berechnung spezieller Funktionen, die näherungsweise Berechnung von Differentialquotienten und von Integralen dieser Funktionen, um die Lösung algebraischer Gleichungen, von linearen und nichtlinearen algebraischen Gleichungssystemen, um die näherungsweise Lösung von Differential- und Integralgleichungen und so weiter. Für die Praxis ist man dabei vorwiegend an Methoden interessiert, die die näherungsweise, numerische Lösung der Aufgaben gestatten.

In diesem Buch werden die üblichen Vorkenntnisse der Differential- und Integralrechnung sowie der linearen Algebra aus dem ersten Jahr des Mathematikstudiums vorausgesetzt. Die numerischen Übungsaufgaben sind so gestellt, daß sie im Rahmen eines Mathematischen Praktikums auf programmierbaren digitalen Rechenmaschinen gelöst werden können. Ein Teil der Aufgaben läßt sich bereits auf programmierbaren Taschenrechnern bearbeiten. Zahlreiche Taschenrechnerprogramme mit detaillierten Beschreibungen der numerischen Algorithmen sind in einem Buch des zweiten Autors zu finden. Die problemorientierten Programmierungssprachen moderner Großrechenanlagen gestatten ohne weiteres das Rechnen im Bereich der komplexen Zahlen. Eine Reihe von Aufgabenstellungen wie zum Beispiel die Bestimmung von Nullstellen bei Polynomen oder von Eigenwerten bei Matrizen ist im allgemeinen Fall nur im Körper der komplexen Zahlen vollständig lösbar. Soweit dies ohne weiteres möglich ist, werden daher Methoden und Verfahren in diesem Buch für den Körper **K** formuliert, wobei **K** den Körper **R** der reellen Zahlen beziehungsweise den Körper **C** der komplexen Zahlen bezeichnet.

Das vorliegende Buch ist aus Vorlesungen und Praktika entstanden, die der erstgenannte Verfasser seit Jahren regelmäßig an der Universität Frankfurt gehalten hat, und aus einem Vorlesungsskriptum zum Mathematischen Praktikum, das von beiden Verfassern gemeinsam ausgearbeitet worden war. Der Stoff der ersten fünf Kapitel bildet im wesentlichen eine einsemestrige Einführung in die Praktische Mathematik. Darüber hinaus bringt Kapitel VI eine Einführung in die Fehleranalyse numerischer Algorithmen, die für das Verständnis der Grundbedingungen des numerischen Rechnens von zentraler Bedeutung ist. Im Rahmen einer einsemestrigen Vorlesung ist eine Beschränkung bei der Darstellung von Verfahren und Methoden notwendig. Wir haben darauf verzichtet, eine größtmögliche Anzahl verschiedener Verfahren, etwa gar nur in Form von „Rezepten", zu den einzelnen Aufgabenstellungen zu bringen. Vielmehr sollten grundlegende Begriffsbildungen und Eigenschaften typischer Verfahren behandelt werden. Speziellere Fragen können dann auf dieser Basis in weiterführenden Vorlesungen oder mit Hilfe der zu Beginn jedes Paragraphen genannten umfassenderen Bücher und Standardwerke weiter verfolgt werden.

Es wird jetzt noch ein kurzer Überblick über Darstellung und Inhalt des Buches gegeben sowie auf einige Ergebnisse hingewiesen, die aus anderen Vorlesungsskripten und Arbeiten des ersten Verfassers stammen. Kapitel I soll zunächst mit Begriffsbildungen und Methoden bekannt machen, die zur Berechnung von Funktionen und ihrer Nullstellen dienen und für die Benutzung entsprechender Handbücher erforderlich sind. Kapitel II beschäftigt sich mit Interpolation und näherungsweiser Differentiation und Integration. Neben den klassischen Quadraturformeln, die mit Hilfe der Hermiteschen Interpolationsformel hergeleitet werden, bringen wir die Romberg-Integration und die allgemeinen Gaußschen Quadraturformeln. Gegenstand der Kapitel III und IV sind Methoden zur Lösung linearer und nichtlinearer algebraischer Gleichungssysteme sowie zur Lösung von Eigenwertaufgaben bei Matrizen. Paragraph 5 behandelt daher grundlegende Begriffsbildungen für den endlichdimensionalen Zahlenraum, nämlich Normen für Vektoren und Matrizen, Skalarprodukte, sowie die wichtigsten Eigenschaften von Eigenwerten und Eigenvektoren von Matrizen. Die numerischen Methoden zur Lösung linearer Gleichungssysteme gliedern sich hier in Eliminationsverfahren, Orthogonalisierungsverfahren und iterative Verfahren. Zur Lösung nichtlinearer Gleichungssysteme durch das Jacobi- und Gauß-Seidel-Verfahren beschäftigt sich Paragraph 9 mit der Methode der sukzessiven Approximation für kontrahierende Abbildungen und monotone Abbildungen sowie mit den Newtonschen Verfahren. Bei der Lösung von Eigenwertaufgaben beschränken wir uns auf den symmetrischen Fall und die Potenzmethode, das klassische Jacobische Verfahren, das Verfahren von Krylow mit Lanczos-Orthogonalisierung zur Gewinnung einer Tridiagonalmatrix und einer Sturmschen Kette zur Berechnung der Eigenwerte, sowie auf Einschließungssätze und a-posteriori-Fehlerabschätzungen für Eigenwerte und Eigenvektoren. Aus dem umfangreichen Gebiet der numerischen Methoden zur Lösung von Differentialgleichungen sind in Kapitel V die Einschritt- und Mehrschrittverfahren zur numerischen Integration von Anfangswertaufgaben bei gewöhnlichen Differentialgleichungen ausgewählt worden. Dabei werden nicht nur die Näherungsgleichungen dieser Verfahren hergeleitet, sondern auch Konvergenz und Stabilität der Verfahren bewiesen.

In Kapitel VI wird das Verhalten numerischer Algorithmen unter dem Einfluß von Rundungsfehlern einer Gleitpunktarithmetik und Störungen der Eingangsdaten untersucht. Paragraph 13 bringt eine kurze Einführung in eine Vorwärtsfehleranalyse, die mit Hilfe der Linearisierungsmethode optimale Schranken für die möglichen Resultatfehler liefert. Darüber hinaus gestattet diese Methode auch, die Stabilität von Algorithmen im Sinne der Wilkinsonschen Rückwärtsanalyse zu untersuchen. In §14 wird die Fehleranalyse auf die Berechnung von Wurzeln quadratischer Gleichungen, von Produkten und Summen, auf das Horner-Schema, die Lösung bidiagonaler Gleichungssysteme, den Kettenbruchalgorithmus und das Gaußsche Eliminationsverfahren zur Lösung linearer Gleichungssysteme angewandt. Wesentliche Hilfsmittel zur Herleitung von Stabilitätssätzen für das Gaußsche Eliminationsverfahren bei speziellen Gleichungssystemen, deren Koeffizientenmatrizen positiv definit, diagonaldominant oder M-Matrizen sind, findet man in Abschnitt 6.2.

Von fundamentaler Bedeutung für Näherungsverfahren sind zugehörige Fehlerabschätzungen. Besonders interessieren dabei sogenannte a-posteriori-Fehlerabschätzungen, durch die man aus der berechneten Näherungslösung mit dem Defekt bei der Einsetzprobe die Abweichung der Näherung von der gesuchten Lösung abschätzen kann. Für die Lösung von nichtlinearen algebraischen Gleichungssystemen wird eine solche, vom speziellen Verfahren unabhängige Fehlerabschätzung in Abschnitt 9.2 hergeleitet. Eine entsprechende Fehlerabschätzung wird für den Fall einer Veränderlichen bereits in Abschnitt 2.2 gezeigt, womit sich übrigens sehr einfach die Konvergenz der Regula falsi auch im Komplexen beweisen läßt. Ganz analog kann man a-posteriori-Fehlerabschätzungen für Eigenwertaufgaben bei Matrizen angeben. Für Eigenwertnäherungen hat man die bekannten Vergleichs- und Einschließungssätze. Darüber hinaus werden in Abschnitt 10.4 für den symmetrischen Fall auch Eigenvektornäherungen durch die Norm des Defekts bei der Einsetzprobe abgeschätzt, was zugleich eine interessante Fehlerabschätzung des Rayleigh-Quotienten als Eigenwertnäherung durch das Quadrat der Defektnorm ergibt. An mehreren Stellen des Buches werden orthogonale Polynome benötigt. Abschnitt 7.4 bringt daher eine einfache, rein algebraische Theorie orthogonaler Polynome mit Aussagen über Nullstellen, Rekursionsformeln und spezielle Darstellungen, die auf die klassischen orthogonalen Polynome mit den Gaußschen Quadraturformeln ebenso wie auf die orthogonalen Lanczos-Polynome einer Matrix und das Minimalpolynom eines Vektors anwendbar sind. Abschnitt 8.3 zeigt die Konvergenz des Gauß-Seidel-Verfahrens oder allgemeiner der zugehörigen Relaxationsverfahren für positiv definite Matrizen nach Definition einer geeigneten, dem Problem angepaßten Norm mit Hilfe der Methode der kontrahierenden Abbildungen. Die Ein- und Mehrschrittverfahren für Anfangswertaufgaben bringen eine wichtige und typische Anwendung der fundamentalen Begriffsbildungen Konsistenz, Konvergenz und Stabilität, wobei die Äquivalenz von Konsistenz und Konvergenz für Lipschitz-stetige Verfahren bewiesen wird.

Für die zweite Auflage wurde das Buch um die Fehleranalyse numerischer Algorithmen in Kapitel VI erweitert und in diesem Zusammenhang § 6 über das Gaußsche Eliminationsverfahren neu verfaßt. Weiter wurden die Literaturhinweise auf neuesten Stand gebracht und der gesamte Text sorgfältig durchgesehen. Unserem Kollegen, Herrn Prof. Dr. K. H. Müller danken wir an dieser Stelle herzlich für wertvolle Hinweise. Besonderer Dank gebührt dem Teubner-Verlag für die ausgezeichnete Zusammenarbeit und die gute Ausstattung des Studienbuchs.

Frankfurt am Main, im Sommer 1981 F. Stummel, K. Hainer

Inhalt

IV Nichtlineare Gleichungssysteme und Eigenwertaufgaben bei Matrizen 176

V Numerische Integration von Anfangswertaufgaben gewöhnlicher Differentialgleichungen 239

I Berechnung von Funktionen und Nullstellen

In der Praxis ist die Aufgabe der Berechnung von Funktionen in der Regel Bestandteil umfangreicherer Aufgabenstellungen. In der mathematischen Formulierung vieler naturwissenschaftlich-technischer Gebiete treten dabei spezielle gewöhnliche oder höhere transzendente Funktionen auf. Im folgenden soll eine Übersicht über wichtige analytische Begriffsbildungen zur Darstellung, Approximation und Berechnung solcher Funktionen gegeben werden. Dabei ist das Ziel, mit unendlichen Reihen, asymptotischen Entwicklungen, Kettenbruchdarstellungen und Tschebyscheff-Approximationen soweit vertraut zu machen, wie es für die Benutzung von Handbüchern über spezielle Funktionen wünschenswert ist. Weiter gehört die Berechnung von Nullstellen gegebener Funktionen zu den Grundaufgaben der Praktischen Mathematik. Die Berechnung von Nullstellen bei Polynomen oder die Berechnung von Eigenwerten aus dem charakteristischen Polynom einer Matrix erfordert im allgemeinen Fall Näherungsverfahren, die nicht nur im Bereich der reellen, sondern auch im Bereich der komplexen Zahlen anwendbar sind. Einige der Näherungsverfahren in diesem Kapitel werden später in Kapitel IV auf Systeme nichtlinearer Gleichungen im n-dimensionalen Zahlenraum verallgemeinert und bilden daher ein wichtiges Beispiel für diese allgemeinen Verfahren. Besonderer Wert wurde bei den Näherungsverfahren zur Berechnung von Nullstellen auf die Herleitung und Formulierung von a-priori- und a-posteriori-Fehlerabschätzungen gelegt.

1. Berechnung von Funktionen

Im folgenden betrachten wir einige Methoden zur Definition und numerischen Berechnung spezieller Funktionen. Besonders günstige Eigenschaften für numerische Zwecke haben Polynome in einer reellen bzw. komplexen Veränderlichen, für die mit dem Horner-Schema ein einfacher Algorithmus zur Berechnung von Funktionswerten und Ableitungen des Polynoms zur Verfügung steht. Polynome bilden daher ein wichtiges Hilfsmittel zur Approximation von Funktionen, zum Beispiel in Gestalt des Anfangsstücks einer Potenzreihe oder einer asymptotischen Entwicklung, als Tschebyscheff-Approximation, als Interpolationspolynom oder Ausgleichsparabel. Das große Handbuch mathematischer Funktionen von Abramowitz-Stegun verzeichnet eine Vielzahl spezieller Funktionen, die sich in Potenzreihen, asymptotische Reihen und Kettenbrüche entwickeln lassen. Durch geeignete Anfangsstücke dieser Entwicklungen kann man die Funktionen dann approximieren und damit näherungsweise berechnen. Heute verfügt man allerdings in vielen Fällen über beste oder nahezu beste Approximationen im Sinne von Tschebyscheff zur Berechnung spezieller Funktionen. Im obengenannten Handbuch werden sie unter „Polynomial Approximations“ und „Rational Approximations“ verzeichnet. Tschebyscheff-Approximationen sind im allgemeinen für die numerische Berechnung von Funktionen am günstigsten, weil der Fehler dieser Approximationen gleichmäßig im betrachteten Intervall minimal ist.

Literatur: Abramowitz-Stegun, Fike, Hart, Luke [1], Lyusternik u.a.

1.1. Polynome

Zur Berechnung der Funktionswerte von Polynomen und ihren Ableitungen an einer gegebenen Stelle dient ein Algorithmus, den man als Horner-Schema bezeichnet. Unter einem Algorithmus versteht man eine Rechenvorschrift, die jeden einzelnen Rechenschritt genau festlegt und vorschreibt. Für die numerische Berechnung von Funktionswerten eines Polynoms ist es nämlich auf Grund der unvermeidlichen Rundungsfehler durchaus nicht gleichgültig, in welcher Reihenfolge die einzelnen Rechenschritte ausgeführt werden. Das Horner-Schema dient weiter dazu, Linearfaktoren von einem Polynom abzuspalten oder die Koeffizienten der Taylor-Entwicklung eines Polynoms an einer gegebenen Stelle zu berechnen.

Wir bezeichnen im folgenden mit $\mathbf{K}$ den Körper $\mathbf{R}$ der reellen Zahlen bzw. den Körper $\mathbf{C}$ der komplexen Zahlen. Sei weiter p_n ein Polynom n-ten Grades der Gestalt

$$p_n(x) = a_0 + a_1 x + \cdots + a_n x^n, \qquad x \in \mathbf{K},$$

mit Koeffizienten $a_0, \ldots, a_n \in \mathbf{K}$. Zur Berechnung des Funktionswertes $p_n(x_0)$ an einer gegebenen Stelle $x_0 \in \mathbf{K}$ geht man von der Darstellung aus

$$p_n(x_0) = a_0 + x_0(a_1 + x_0(\cdots + x_0(a_{n-2} + x_0(a_{n-1} + x_0 a_n))\ldots)).$$

Werden daher die Zahlen $a'_0, \ldots, a'_n$ nach der Vorschrift bestimmt

$$\text{(1)} \qquad a'_n = a_n, \qquad a'_k = a_k + x_0 a'_{k+1}, \qquad k = n-1, \ldots, 1, 0,$$

so erhält man den gesuchten Funktionswert in der Form $p_n(x_0) = a'_0$.

Die neuen Koeffizienten $a'_0, \ldots, a'_n$ definieren ein Polynom $(n-1)$-ten Grades durch die Gleichung

$$\text{(2)} \qquad p_{n-1}(x) = a'_1 + a'_2 x + \cdots + a'_n x^{n-1}, \qquad x \in \mathbf{K}.$$

Wie man durch Koeffizientenvergleich feststellt, genügt dieses Polynom der Beziehung

$$\text{(3)} \qquad p_n(x) = r_0 + (x - x_0) p_{n-1}(x), \qquad x \in \mathbf{K}, \qquad p_n(x_0) = a'_0 = r_0.$$

Dementsprechend entsteht p_{n-1} durch Abspaltung des Linearfaktors $x - x_0$ von p_n und r_0 ist der Rest bei der Division von p_n durch $x - x_0$. Weiter folgt aus der Beziehung (3) die Darstellung des Differenzenquotienten

$$\text{(4)} \qquad \frac{p_n(x) - p_n(x_0)}{x - x_0} = p_{n-1}(x), \qquad x \neq x_0, \qquad x \in \mathbf{K},$$

und hieraus für $x \longrightarrow x_0$ die Darstellung des Differentialquotienten von p_n an der Stelle x_0

(5) $$\frac{\mathrm{d}p_n}{\mathrm{d}x}(x_0) = p_{n-1}(x_0).$$

Zur Berechnung von $p_{n-1}(x_0)$ wendet man wieder das eben beschriebene Verfahren an und bestimmt Koeffizienten a_k'', $k=1,\dots,n$, sowie das Polynom p_{n-2} mit der Eigenschaft

$$p_{n-1}(x_0) = a_1'' = r_1, \qquad p_{n-1}(x) = r_1 + (x-x_0)\,p_{n-2}(x), \qquad x \in \mathbf{K}.$$

Durch fortgesetzte Abspaltung des Linearfaktors $x - x_0$ erhält man allgemein eine endliche Folge von Polynomen $p_n, p_{n-1}, p_{n-2}, \dots, p_0$ mit der Eigenschaft

(6) $$p_{n-j}(x) = r_j + (x-x_0)\,p_{n-j-1}(x), \qquad x \in \mathbf{K}, \qquad j = 0,\dots,n-1,$$

sowie $p_0 = r_n$ und damit die Darstellung

$$p_n(x) = r_0 + r_1(x-x_0) + \cdots + r_n(x-x_0)^n, \qquad x \in \mathbf{K}.$$

Dies ist die Taylor-Entwicklung des gegebenen Polynoms p_n an der Stelle x_0. Für die Differentialquotienten von p_n folgen hieraus die Gleichungen

$$r_j = \frac{1}{j!}\,\frac{\mathrm{d}^j p_n}{\mathrm{d}x^j}(x_0), \qquad j = 0,\dots,n.$$

Bezeichnet man die Koeffizienten des Polynoms p_{n-j} mit $a_k^{(j)}$ in der Form

$$p_{n-j}(x) = a_j^{(j)} + a_{j+1}^{(j)}\,x + \cdots + a_n^{(j)}\,x^{n-j}, \qquad x \in \mathbf{K}, \qquad j = 0,\dots,n,$$

dann lautet die allgemeine Vorschrift zur Berechnung dieser Koeffizienten

(7) $$a_n^{(j+1)} = a_n^{(j)}, \qquad a_k^{(j+1)} = a_k^{(j)} + x_0\,a_{k+1}^{(j+1)}, \qquad k = n-1,\dots,j,$$

für $j = 0,\dots,n$ bzw. $n-1$, und es gilt die Beziehung

(8) $$r_j = p_{n-j}(x_0) = \frac{1}{j!}\,\frac{\mathrm{d}^j p_n}{\mathrm{d}x^j}(x_0) = a_j^{(j+1)}, \qquad j = 0,\dots,n.$$

Die Koeffizienten $a_k^{(j)}$ bilden das allgemeine Horner-Schema mit $a_k^{(0)} = a_k$, $k=0,\dots,n$, in der Gestalt

$$\begin{array}{cccccc}
a_n^{(0)} & a_{n-1}^{(0)} & \dots & a_2^{(0)} & a_1^{(0)} & a_0^{(0)} \\
a_n^{(1)} & a_{n-1}^{(1)} & \dots & a_2^{(1)} & a_1^{(1)} & r_0 \\
a_n^{(2)} & a_{n-1}^{(2)} & \dots & a_2^{(2)} & r_1 & \\
\vdots & \vdots & & \iddots & & \\
a_n^{(n)} & r_{n-1} & & & & \\
r_n & & & & &
\end{array}$$

Um die Wirkungsweise des Horner-Schemas zu veranschaulichen, geben wir anschließend noch das Koeffizientenschema $a_k^{(j)}$ für das Polynom $p(x) = x^n$ an.

Beispiel

$$\begin{array}{ccccccc}
1 & 0 & 0 & \dots & 0 & 0 & 0 \\
1 & x_0 & x_0^2 & \dots & x_0^{n-2} & x_0^{n-1} & x_0^n \\
1 & 2x_0 & 3x_0^2 & \dots & (n-1)x_0^{n-2} & n x_0^{n-1} & \\
1 & 3x_0 & 6x_0^2 & \dots & \frac{n(n-1)}{2} x_0^{n-2} & & \\
\vdots & \vdots & & \cdot^{\cdot^{\cdot}} & & & \\
1 & (n-1)x_0 & \frac{(n-1)n}{2} x_0^2 & & & & \\
1 & n x_0 & & & & & \\
1 & & & & & &
\end{array}$$

1.2. Unendliche Reihen

Konvergente Reihen kann man durch ihre Partialsummen approximieren. Anschließend sollen mit Hilfe von Konvergenzkriterien zugehörige Fehlerabschätzungen angegeben werden. Beim Leibnizschen Kriterium für alternierende Reihen wird bekanntlich der Fehler durch das erste vernachlässigte Glied der Reihe abgeschätzt. Aber auch beim Quotientenkriterium können wir leicht eine Schranke für das Restglied mit Hilfe des ersten vernachlässigten Reihengliedes gewinnen.

Sei $a_0, a_1, a_2, \dots$ eine unendliche Folge reeller bzw. komplexer Zahlen. Dann konvergiert die zugehörige unendliche Reihe

(1) $$a_0 + a_1 + a_2 + \dots = \sum_{k=0}^{\infty} a_k,$$

wenn die Folge der Partialsummen s_n der Reihe gegen eine Zahl s konvergiert und damit die zugehörigen Restglieder r_n eine Nullfolge bilden,

(2) $$s_n = \sum_{k=0}^{n} a_k \longrightarrow s \iff r_n = s - s_n = \sum_{k=n+1}^{\infty} a_k \longrightarrow 0 \quad (n \longrightarrow \infty).$$

1.2.1. Fehlerabschätzung zum Leibnizschen Kriterium. Das Leibnizsche Kriterium zeigt die Konvergenz alternierender Reihen mit reellen Gliedern $a_0, a_1, a_2, \dots$, deren Beträge eine monotone Nullfolge bilden,

(3) $$a_k a_{k+1} \le 0, \quad |a_{k+1}| \le |a_k|, \quad |a_k| \longrightarrow 0 \quad (k \longrightarrow \infty).$$

Da es bei der Konvergenz von Reihen auf endlich viele Glieder nicht ankommt, können wir das Leibnizsche Kriterium in der folgenden Gestalt aussprechen.

(4) *Eine reelle unendliche Reihe* (1), *deren Glieder von einer Stelle* $N+1$ *ab alternieren und dem Betrage nach eine monotone Nullfolge bilden, konvergiert gegen eine Zahl* s *mit der Fehlerabschätzung*

$$|r_n| = |s - s_n| = \left| \sum_{k=n+1}^{\infty} a_k \right| \le |a_{n+1}|, \quad n \ge N.$$

Beweis. Betrachten wir zunächst den Fall einer alternierenden Reihe. Ohne Beschränkung der Allgemeinheit kann man annehmen $a_0 = |a_0|$, $a_1 = -|a_1|$, $a_2 = |a_2|, \ldots$. Unter den obigen Voraussetzungen genügen die Partialsummen dann der Relation

$$s_{2j+1} \leq s_{2j+3} \leq s_{2j+2} \leq s_{2j}, \quad j=0,1,2,\ldots,$$

und es konvergiert

$$s_{2j} - s_{2j+1} = |a_{2j+1}| \longrightarrow 0 \quad (j \longrightarrow \infty).$$

Die beiden Teilfolgen von Partialsummen s_{2j}, s_{2j+1}, $j=0,1,2,\ldots$, konvergieren daher monoton gegen denselben Limes s, so daß auch die Reihe (1) gegen s konvergiert. Weiter hat man die beiden Ungleichungen

$$s = a_0 + a_1 + a_2 + a_3 + \cdots = (|a_0| - |a_1|) + (|a_2| - |a_3|) + \cdots \geq 0$$

und

$$s = a_0 + a_1 + a_2 + a_3 + \cdots = |a_0| - (|a_1| - |a_2|) - \cdots \leq |a_0|,$$

also die Abschätzung $|s| \leq |a_0|$. Im allgemeinen Fall ist mit einer Zahl N für jedes $n \geq N$ die Folge $a_{n+1}, a_{n+2}, \ldots$ alternierend und dem Betrage nach eine monotone Nullfolge. Daher konvergiert die folgende Reihe und genügt der Abschätzung

$$s' = \sum_{k=n+1}^{\infty} a_k, \quad |s'| \leq |a_{n+1}|.$$

Aus diesem Grunde konvergiert schließlich auch die gegebene Reihe (1) und der Reihenrest $r_n = s'$ genügt der behaupteten Ungleichung.

Beispiel. Die Besselschen Funktionen J_ν besitzen die Reihenentwicklung (s. Abramowitz-Stegun, No. 9)

$$J_\nu(x) = \sum_{k=0}^{\infty} \frac{(-1)^k \left(\frac{x}{2}\right)^{2k+\nu}}{k!\,\Gamma(k+1+\nu)}. \tag{5}$$

Für reelle $x \in \mathbf{R}$ und reelle Indizes $\nu \geq 0$ ist diese Reihe alternierend. Für Zahlen $k=0,1,2,\ldots$ mit $k+1 \geq |x|/2$ bilden die Reihenglieder a_k dem Betrage nach eine monotone Nullfolge auf Grund der Ungleichung

$$|a_{k+1}| = \frac{1}{(k+1)(k+1+\nu)} \left(\frac{x}{2}\right)^2 |a_k| \leq |a_k|.$$

Der obige Satz gestattet somit die Darstellung

$$J_\nu(x) = \sum_{k=0}^{n-1} \frac{(-1)^k \left(\frac{x}{2}\right)^{2k+\nu}}{k!\,\Gamma(k+1+\nu)} + r_{n-1}(x) \tag{6}$$

mit der Fehlerabschätzung

(7) $$|r_{n-1}(x)| \leq \frac{1}{n!\,\Gamma(n+1+\nu)} \left(\frac{x}{2}\right)^{2n+\nu}, \quad \left|\frac{x}{2}\right| \leq n+1\,.$$

Beispielsweise erhält man für $\nu=0,1,2,\ldots$ und $n=7$ die Abschätzung

(8) $$|r_6(x)| \leq 4 \cdot 10^{-8}, \quad |x| \leq 2.$$

1.2.2. Fehlerabschätzung zum Quotientenkriterium. Für unendliche Reihen der Gestalt (1) mit reellen bzw. komplexen Gliedern kann man zu dem bekannten Quotientenkriterium ebenfalls eine einfache, berechenbare Fehlerabschätzung angeben.

(9) *Eine unendliche Reihe der Gestalt* (1), *deren Glieder von einer Stelle* $N+1$ *ab mit einer Zahl* q *in* $0 \leq q < 1$ *der Bedingung genügen*

$$|a_{k+1}| \leq q\,|a_k|, \quad k \geq N+1,$$

ist konvergent gegen eine Zahl s *mit der Fehlerabschätzung*

$$|r_n| = |s-s_n| = \left|\sum_{k=n+1}^{\infty} a_k\right| \leq \frac{|a_{n+1}|}{1-q}, \quad n \geq N.$$

Beweis. Die Reihenglieder a_k genügen unter diesen Voraussetzungen der Abschätzung $|a_k| \leq q^{k-n-1}|a_{n+1}|$ für $k \geq n+1$, so daß nach dem Majorantenkriterium die Reihe absolut konvergiert. Für den Rest $r_n = s - s_n$ gilt dabei die Ungleichung

$$|r_n| = \left|\sum_{k=n+1}^{\infty} a_k\right| \leq \sum_{k=n+1}^{\infty} q^{k-n-1}|a_{n+1}| = \frac{|a_{n+1}|}{1-q}, \quad n \geq N. \qquad \blacksquare$$

Mit Hilfe dieser Fehlerabschätzungen kann man ein einfaches und rationelles Rechenverfahren zur Berechnung von Partialsummen unendlicher Reihen angeben. Dabei bestimmt man zunächst analytisch eine Formel für die Quotienten $q_k = a_{k+1}/a_k$ für $k=0,1,2,\ldots$. Unter den Bedingungen des Quotientenkriteriums ist von einer Stelle N ab der Quotient dem Betrage nach kleiner als Eins, was numerisch besonders günstig ist. Die Berechnung der Reihenglieder a_n und Partialsummen s_n erfolgt dann rekursiv aus den Anfangsgliedern a_0, s_0 nach der Vorschrift

(10) $$a_{n+1} = q_n a_n, \quad s_{n+1} = s_n + a_{n+1}, \quad n = 0,1,2,\ldots.$$

Zu einer vorgegebenen Genauigkeit $\varepsilon > 0$ wird die Rechnung abgebrochen, sobald $|a_{n+1}|$ beim Leibnizkriterium bzw. $|a_{n+1}|/(1-q)$ beim Quotientenkriterium kleiner als ε ausfällt.

Beispiel. Die konfluente hypergeometrische Funktion ${}_1F_1\,(\alpha;\beta;x)$ mit zwei Parametern α, β besitzt die Potenzreihenentwicklung

(11) $${}_1F_1\,(\alpha;\beta;x) = \sum_{k=0}^{\infty} \frac{(\alpha)_k}{(\beta)_k} \frac{x^k}{k!}$$

mit der Abkürzung $(\alpha)_0=1$, $(\alpha)_k=\alpha(\alpha+1)\ldots(\alpha+k-1)$ für $k=1,2,\ldots$ und beliebige Zahlen α. Der Quotient zweier aufeinanderfolgender Glieder wird daher

$$(12)\qquad q_k=\frac{a_{k+1}}{a_k}=\frac{\alpha+k}{\beta+k}\,\frac{x}{k+1},\qquad k=0,1,2,\ldots,\qquad x\neq 0,$$

falls β keine ganze Zahl ≤ 0 ist. Im Falle $0<\alpha\leq\beta$ und für eine beliebige Zahl q in $0\leq q<1$ wird $|a_{k+1}/a_k|\leq q<1$, wenn $k+1\geq|x|/q$ ausfällt. Daher ist mit $N+2\geq|x|/q$ der obige Satz anwendbar mit dem Ergebnis

$$(13)\qquad {}_1F_1(\alpha;\beta;x)=\sum_{k=0}^{n}\frac{(\alpha)_k}{(\beta)_k}\,\frac{x^k}{k!}+r_n(x)$$

und der Fehlerabschätzung

$$(14)\qquad |r_n(x)|\leq\frac{1}{1-q}\left|\frac{(\alpha)_{n+1}}{(\beta)_{n+1}}\right|\frac{|x|^{n+1}}{(n+1)!},\qquad \frac{|x|}{q}\leq n+2.$$

Hier wird für $q=1/2$ zum Beispiel der Faktor $1/(1-q)=2$ und die Bedingung für n lautet $2|x|\leq n+2$. Die konfluente hypergeometrische Funktion umfaßt eine große Zahl spezieller Funktionen (s. Abramowitz-Stegun, No. 13.6). Einfache Beispiele sind

$${}_1F_1(\alpha;\alpha;x)=\mathrm{e}^x,\qquad {}_1F_1(1;2;x)=\frac{1}{x}(\mathrm{e}^x-1),$$

sowie die Fehlerfunktion $\operatorname{erf}(x)$ in der Gestalt

$$(15)\qquad \operatorname{erf}(x)=\frac{2}{\sqrt{\pi}}\int_0^x \mathrm{e}^{-t^2}\mathrm{d}t=\frac{2x}{\sqrt{\pi}}\,{}_1F_1\left(\frac{1}{2};\frac{3}{2};-x^2\right).$$

1.3. Asymptotische Entwicklungen

Die üblichen Potenzreihenentwicklungen von Funktionen eignen sich nicht zur Darstellung und Berechnung dieser Funktionen in der Umgebung von wesentlichen Singularitäten, also zum Beispiel in der Umgebung des Punktes ∞. Dafür gibt es sogenannte asymptotische Entwicklungen, mit denen man das Verhalten der Funktion in der Umgebung dieser Singularität darstellen kann. Es ist jedoch wichtig zu beachten, daß die asymptotischen Entwicklungen im allgemeinen divergente Reihenentwicklungen sind und Approximationen nur in dem anschließend definierten Sinne liefern.

Sei $\mathbf{K}$ der Körper $\mathbf{R}$ der reellen Zahlen bzw. der Körper $\mathbf{C}$ der komplexen Zahlen und $c_0, c_1, c_2,\ldots$ eine Zahlenfolge aus $\mathbf{K}$. Dann betrachten wir die im allgemeinen divergente Reihe

$$(1)\qquad \sum_{j=0}^{\infty}\frac{c_j}{x^j}=c_0+\frac{c_1}{x}+\frac{c_2}{x^2}+\cdots,\qquad 0\neq x\in\mathbf{K},$$

und die zugehörigen Partialsummen

(2) $$s_n(x) = c_0 + \frac{c_1}{x} + \cdots + \frac{c_n}{x^n}, \qquad 0 \neq x \in \mathbf{K}, \qquad n = 0, 1, 2, \ldots.$$

Die Reihe (1) heißt asymptotische Entwicklung der Funktion f in einer geeigneten Umgebung von ∞, wenn für jede natürliche Zahl $n = 0, 1, 2, \ldots$ die Beziehung gilt

(3) $$|(s_n(x) - f(x))x^n| = \left|\left(c_0 + \frac{c_1}{x} + \cdots + \frac{c_n}{x^n} - f(x)\right)x^n\right| \longrightarrow 0 \quad (x \to \infty).$$

In diesem Falle schreibt man auch

$$f(x) \sim \sum_{j=0}^{\infty} \frac{c_j}{x^j} = c_0 + \frac{c_1}{x} + \frac{c_2}{x^2} + \cdots.$$

Die Bedingung (3) ist äquivalent dazu, daß für jedes $\varepsilon > 0$ eine Zahl $\rho > 0$ existiert mit der Eigenschaft

(4) $$|s_n(x) - f(x)| \leq \frac{\varepsilon}{|x|^n}$$

für alle $x \in \mathbf{K}$ mit $|x| > \rho$. Zu jeder vorgegebenen Genauigkeit ε wird damit die Funktion f durch die Partialsummen $s_n(x)$ approximiert, wenn nur $|x|$ hinreichend groß ausfällt. Wie schon erwähnt, kann man aus dieser Definition jedoch nicht schließen, daß die Reihe (1) konvergiert, also zu festem x die Partialsummen $s_n(x)$ gegen $f(x)$ streben für $n \longrightarrow \infty$.

Im Zusammenhang sowohl mit Reihenentwicklungen als auch mit asymptotischen Entwicklungen benutzt man häufig die sogenannten Landauschen Symbole O, o, also „groß O“ und „klein o“. Zur Definition dieser Symbole betrachtet man die erweiterte reelle Zahlengerade $\overline{\mathbf{K}} = \overline{\mathbf{R}}$ bzw. die abgeschlossene komplexe Zahlenebene $\overline{\mathbf{K}} = \overline{\mathbf{C}}$ mit

(5) $$\overline{\mathbf{R}} = \mathbf{R} \cup \{-\infty, +\infty\}, \qquad \overline{\mathbf{C}} = \mathbf{C} \cup \{\infty\}.$$

Sind dann zwei Funktionen g, h auf einer geeigneten Teilmenge $G \subseteq \mathbf{K}$ definiert und ist $x_0 \in \overline{\mathbf{K}}$ ein eigentlicher oder uneigentlicher Häufungspunkt von G, dann schreibt man

$$g(x) = \mathrm{O}(h(x)) \qquad (x \longrightarrow x_0),$$

wenn es eine Umgebung U von x_0 in $\overline{\mathbf{K}}$ und eine Zahl γ gibt mit der Eigenschaft

(6) $$|g(x)| \leq \gamma |h(x)|, \qquad x_0 \neq x \in U \cap G.$$

Entsprechend schreibt man

$$g(x) = \mathrm{o}(h(x)) \qquad (x \longrightarrow x_0),$$

wenn zu jedem $\varepsilon>0$ eine Umgebung U von x_0 in $\overline{\mathbf{K}}$ existiert mit der Eigenschaft

$$(7)\qquad |g(x)|\le\varepsilon|h(x)|,\qquad x_0\neq x\in U\cap G.$$

Mit diesen Bezeichnungen wird die Entwicklung (1) genau dann eine asymptotische Entwicklung der Funktion f in der Umgebung des Punktes $x_0=\infty$ in $\overline{\mathbf{R}}$ bzw. $\overline{\mathbf{C}}$, wenn für jede Zahl $n\ge 0$ die Darstellung gilt

$$(8)\qquad f(x)=c_0+\frac{c_1}{x}+\cdots+\frac{c_n}{x^n}+\mathrm{o}\left(\frac{1}{x^n}\right)\quad (x\longrightarrow\infty).$$

Für $g(x)=s_n(x)-f(x)$, $0\neq x\in G$, und $h(x)=1/x^n$ ist nämlich die Bedingung (4) gleichbedeutend mit (7). Etwas spezieller hat man in den Anwendungen auch die Beziehung

$$(9)\qquad f(x)=c_0+\frac{c_1}{x}+\cdots+\frac{c_n}{x^n}+\mathrm{O}\left(\frac{1}{x^{n+1}}\right)\quad (x\longrightarrow\infty)$$

für jedes $n=0,1,2,\ldots$, also die Existenz positiver Zahlen γ_n, ρ_n mit der Eigenschaft

$$|(s_n(x)-f(x))x^n|\le\frac{\gamma_n}{|x|},\qquad |x|>\rho_n.$$

Zu jedem $\varepsilon>0$ ist dann $\gamma_n/|x|<\varepsilon$ für $|x|>\rho_n'=\gamma_n/\varepsilon$. Unter der Bedingung (9) wird daher (1) ebenfalls eine asymptotische Entwicklung der Funktion f für $x\longrightarrow\infty$.

Beispiel. Für die asymptotische Entwicklung der Gammafunktion $\Gamma(x)$ betrachtet man zweckmäßig die Funktion $\ln\Gamma(x)$. Dann gilt die Darstellung (s. Abramowitz-Stegun, No. 6.1)

$$(10)\qquad \ln\Gamma(x)=\left(x-\frac{1}{2}\right)\ln x-x+\frac{1}{2}\ln 2\pi+\sum_{k=1}^{m}\frac{B_{2k}}{2k(2k-1)x^{2k-1}}+r_m(x).$$

Zu jedem $x\in\mathbf{R}$, $x>0$, genügt das Restglied mit einer Zahl ϑ_x in $0<\vartheta_x<1$ der Darstellung

$$r_m(x)=\vartheta_x\frac{B_{2m+2}}{(2m+1)(2m+2)x^{2m+1}},\qquad m=0,1,2,\ldots.$$

Hier bezeichnet B_{2k} die Bernoullischen Zahlen

$$(11)\qquad B_0=1,\quad B_2=\tfrac{1}{6},\quad B_4=-\tfrac{1}{30},\quad B_6=\tfrac{1}{42},\quad B_8=-\tfrac{1}{30},\ldots.$$

Für $m=0$ folgt speziell die Darstellung

$$(12)\qquad \Gamma(x)=\sqrt{2\pi}\,x^{x-\frac{1}{2}}\exp\left(-x+\frac{\vartheta_x}{12x}\right),\quad x>0,\quad x\in\mathbf{R},$$

und für natürliche Zahlen $x=n$, $n!=n\Gamma(n)$ die Stirlingsche Formel in der Gestalt

$$(13)\qquad n!=\sqrt{2\pi n}\,n^n\mathrm{e}^{-n}\exp\left(\frac{\vartheta_n}{12n}\right).$$

1.4. Kettenbruchentwicklungen

Eine weitere, wichtige Möglichkeit zur Darstellung und Approximation von Funktionen liefern die Kettenbruchentwicklungen. Für viele Funktionen sind solche Kettenbruchentwicklungen bekannt (s. Abramowitz-Stegun). Analog zu den Partialsummen bei Reihen bildet man hier Partialbrüche, die gebrochen rationale Funktionen zur Approximation der gegebenen Funktion liefern. Da Kettenbruchentwicklungen im allgemeinen ein ganz anderes Konvergenzverhalten zeigen als Reihenentwicklungen der zugehörigen Funktion, erhält man auf diesem Wege neue Approximationen, die gerade in der Nähe singulärer Stellen oft wesentlich besser sind als Approximationen durch Partialsummen.

Literatur: Hart, Khintchine, Perron.

Ein Kettenbruch wird durch zwei Folgen $a_1, a_2, a_3, \ldots, b_0, b_1, b_2, \ldots$ reeller bzw. komplexer Zahlen definiert in der Gestalt

$$b_0 + \cfrac{a_1}{b_1 + \cfrac{a_2}{b_2 + \cfrac{a_3}{b_3 + \cdots}}} \quad . \tag{1}$$

Eine bequemere Schreibweise dieses Kettenbruchs lautet

$$b_0 + \frac{a_1}{b_1 +} \, \frac{a_2}{b_2 +} \, \frac{a_3}{b_3 +} \cdots . \tag{2}$$

Mit Hilfe des Divisionsstrichs / wollen wir hierfür auch schreiben

$$b_0 + a_1/(b_1 + a_2/(b_2 + a_3/(b_3 + \cdots))). \tag{3}$$

Dieser Kettenbruch heißt konvergent, wenn die Folge der Partialbrüche

$$s_0 = b_0, \quad s_n = b_0 + \frac{a_1}{b_1 +} \, \frac{a_2}{b_2 +} \cdots \frac{a_n}{b_n}, \quad n = 1, 2, \ldots, \tag{4}$$

gegen eine Zahl s konvergiert. Einen Partialbruch s_n berechnet man numerisch analog zum Horner-Schema rekursiv nach der Vorschrift

$$b'_n = b_n, \quad b'_k = b_k + a_{k+1}/b'_{k+1}, \quad k = n-1, \ldots, 1, 0, \tag{5}$$

und erhält damit $b'_0 = s_n$. Weiter läßt sich auch jeder Partialbruch als einfacher Bruch schreiben in der Form

$$b_0 + \frac{a_1}{b_1 +} \, \frac{a_2}{b_2 +} \cdots \frac{a_n}{b_n} = \frac{A_n}{B_n} \tag{6}$$

mit

$$\begin{aligned} A_0 &= b_0, & A_1 &= a_1 + b_0 b_1, \\ B_0 &= 1, & B_1 &= b_1, \end{aligned} \tag{7}$$

und rekursiv weiter

(8) $$A_k = b_k A_{k-1} + a_k A_{k-2}, \qquad B_k = b_k B_{k-1} + a_k B_{k-2}, \qquad k = 2,\ldots,n.$$

Die Berechnung des Partialbruchs s_n kann sowohl aus den Formeln (5) als auch (6)–(8) erfolgen. Beide Methoden sind mathematisch gleichwertig, können jedoch bezüglich der Rundungsfehler verschiedenes numerisches Verhalten aufweisen. Bei der Rechenvorschrift (5) muß die Zahl n von vornherein gegeben sein. Dagegen kann man mit den Rekursionsformeln (6)–(8) ohne zusätzlichen Aufwand weitere Partialbrüche $s_{n+1}, s_{n+2}, \ldots$ berechnen.

Beispiel $$\frac{\pi}{4} = \frac{1}{1+}\,\frac{1^2}{3+}\,\frac{2^2}{5+}\,\frac{3^2}{7+}\cdots.$$

Analog zu den Potenzreihenentwicklungen von Funktionen hat man auch Kettenbruchentwicklungen zum Beispiel in der Gestalt

$$f(x) = b_0 + \frac{a_1 x}{b_1+}\,\frac{a_2 x}{b_2+}\,\frac{a_3 x}{b_3+}\cdots.$$

Diese Entwicklung ist an der Stelle x konvergent gegen $f(x)$, wenn die Folge der Partialbrüche $s_n(x)$ gegen $f(x)$ konvergiert. Die Vorschrift (6)–(8) liefert in diesem Falle eine Darstellung des n-ten Partialbruchs $s_n(x)$ als Quotient von zwei Polynomen $A_n(x)$, $B_n(x)$ höchstens $(n-1)$-ten Grades für $n=2,3,\ldots$.

Beispiele

(9) $$\ln\frac{1+x}{1-x} = 2\cdot\frac{x}{1-}\,\frac{x^2}{3-}\,\frac{4x^2}{5-}\,\frac{9x^2}{7-}\cdots, \qquad x \notin (-\infty,-1] \cup [1,\infty),$$

(10) $$\tan x = \frac{x}{1-}\,\frac{x^2}{3-}\,\frac{x^2}{5-}\,\frac{x^2}{7-}\cdots, \qquad x \neq \frac{\pi}{2} \pm n\pi,\ n \text{ ganz},$$

(11) $$\arctan x = \frac{x}{1+}\,\frac{x^2}{3+}\,\frac{4x^2}{5+}\,\frac{9x^2}{7+}\cdots, \qquad x \notin (-i\infty,-i] \cup [i,i\infty),$$

(12) $$\mathrm{E}_n(x) = \int_1^\infty \frac{\mathrm{e}^{-xt}}{t^n}\,\mathrm{d}t = \mathrm{e}^{-x}\cdot\frac{1}{x+}\,\frac{n}{1+}\,\frac{1}{x+}\,\frac{n+1}{1+}\,\frac{2}{x+}\cdots,$$

$$|\arg x| < \pi, \qquad n = 0,1,2,\ldots.$$

1.5. Beste Approximationen

Für die numerische Berechnung von Funktionen stellt sich die Frage, ob unter der großen Zahl von möglichen Näherungen einer gegebenen Funktion f beste Approximationen p existieren. Diese Aufgabe kann man dadurch präzisieren, daß zunächst mit Hilfe einer Norm ein Maß $\|f-p\|$ für den Fehler bei der Approximation von f durch p definiert wird. Dann bezeichnet man solche Näherungen p als beste oder optimale Approximationen aus einer gegebenen Funktionenklasse, zum Beispiel allen Polynomen höchstens n-ten Grades, die den kleinsten Fehler $\|f-p\|$ liefern.

In Abschnitt 5.1 und 5.3 bringen wir Definitionen und Eigenschaften von Normen und Skalarprodukten auf Vektorräumen. Besonders wichtig für numerische Verfahren ist die Maximumnorm, die beste Approximationen im Sinne von Tschebyscheff ergibt. Weiter sind beste Approximationen im Quadratmittel von großer Bedeutung. Mit Hilfe des zugehörigen Skalarprodukts werden orthogonale Funktionensysteme definiert und beste Approximationen durch orthogonale Projektion erhalten, was wir im Rahmen der Orthogonalisierungsverfahren in Paragraph 7 weiter ausführen. Speziell gewinnt man die orthogonalen Tschebyscheff-Polynome mit der Gewichtsfunktion $\rho(x)=1/\sqrt{1-x^2}$ in (3) für $a=-1$, $b=+1$. Die hiermit definierten besten Approximationen im Quadratmittel liefern für geeignete Funktionen f bereits nahezu beste Approximationen im Sinne der Maximumnorm (1) mit $\rho(x)=1$. Wir können allerdings hier nur einen kurzen Einblick in die Grundbegriffe dieser Methoden für lineare Approximationen geben und müssen für weitergehende Fragen auf die Literatur zur Approximationstheorie verweisen. Das eingangs genannte Buch von Hart-Cheney verzeichnet nicht nur wichtige Methoden, sondern auch eine große Zahl bester linearer und rationaler Approximationen im Sinne von Tschebyscheff für spezielle elementare und höhere transzendente Funktionen.

Sei $[a,b]$ ein beschränktes abgeschlossenes Intervall der reellen Zahlengeraden $\mathbf{R}$ und $C[a,b]$ der Vektorraum über dem Körper $\mathbf{K}=\mathbf{R}$ bzw. $\mathbf{K}=\mathbf{C}$ aller reell- bzw. komplexwertigen stetigen Funktionen auf $[a,b]$. Dann wird mit einer positiven stetigen Gewichtsfunktion ρ die sogenannte Maximumnorm oder Tschebyscheff-Norm für den Raum $C[a,b]$ durch die Vorschrift erklärt

$$(1) \qquad \|u\| = \max_{a\le x\le b} |u(x)|\,\rho(x), \qquad u\in C[a,b].$$

Beste Approximationen im Sinne dieser Norm nennt man auch Tschebyscheff-Approximationen. Für stetige Funktionen $f, p\in C[a,b]$ und eine positive Zahl ε ist offenbar

$$(2) \qquad \|f-p\|\le\varepsilon \iff |f(x)-p(x)|\,\rho(x)\le\varepsilon, \qquad a\le x\le b.$$

Mit $\rho(x)=1$ steht hier der absolute Fehler $|f(x)-p(x)|$ für $x\in[a,b]$ bei der Approximation von f durch p. Wenn $f\neq 0$ ist auf $[a,b]$, dann kann man die Gewichtsfunktion $\rho(x)=1/|f(x)|$, $x\in[a,b]$ wählen und bekommt in (2) eine Abschätzung des relativen Fehlers $|f(x)-p(x)|/|f(x)|$ für $x\in[a,b]$ bei der Approximation von f durch p.

Approximationen im Quadratmittel gewinnt man durch Einführung von Normen der Gestalt

$$(3) \qquad \|u\| = \left(\int_a^b |u(x)|^2\,\rho(x)\,\mathrm{d}x\right)^{\frac{1}{2}}, \qquad u\in C[a,b],$$

mit einer positiven, über das Intervall (a,b) integrierbaren Gewichtsfunktion ρ. Diese Norm erhält man durch das Skalarprodukt

$$(4) \qquad (u,v) = \int_a^b u(x)\,\overline{v(x)}\,\rho(x)\,\mathrm{d}x, \qquad \|u\| = (u,u)^{\frac{1}{2}}, \qquad u,v\in C[a,b].$$

Die Aufgabe der besten Approximation einer Funktion $f \in C[a,b]$ besteht jetzt darin, zum Beispiel unter allen Polynomen n-ten Grades der Gestalt

$$(5) \qquad u(x) = \sum_{j=0}^{n} \gamma_j x^j, \qquad x \in [a,b],$$

oder allgemeiner mit $n+1$ linear unabhängigen Funktionen $u_0, \ldots, u_n \in C[a,b]$ unter allen Funktionen der Gestalt

$$(6) \qquad u(x) = \sum_{j=0}^{n} \gamma_j u_j(x), \qquad x \in [a,b],$$

eine Funktion $p = \sum \alpha_j u_j$ zu bestimmen mit der Eigenschaft

$$(7) \qquad \left\| f - \sum_{j=0}^{n} \alpha_j u_j \right\| = \min_{\gamma_0, \ldots, \gamma_n \in \mathbf{K}} \left\| f - \sum_{j=0}^{n} \gamma_j u_j \right\|.$$

Im Falle der Tschebyscheff-Approximation mit der Norm (1) lautet diese Bedingung

$$\max_{a \le x \le b} \left| f(x) - \sum_{j=0}^{n} \alpha_j u_j(x) \right| \rho(x) = \min_{\gamma_0, \ldots, \gamma_n \in \mathbf{K}} \max_{a \le x \le b} \left| f(x) - \sum_{j=0}^{n} \gamma_j u_j(x) \right| \rho(x),$$

so daß der maximale Betrag des Fehlers einer besten Approximation ein Minimum wird. Tschebyscheff-Approximationen nennt man daher auch Näherungen mit kleinstem Fehlermaximum.

Die Frage nach Existenz, Eindeutigkeit, Charakterisierung und Konstruktion bester Approximationen in normierten Räumen wird in der Approximationstheorie beantwortet. Die Existenz bester Approximationen läßt sich jedoch mit unseren Hilfsmitteln aus Abschnitt 5.1 über Normen im endlichdimensionalen Zahlenraum sehr einfach beweisen, so daß dies anschließend ausgeführt werden soll.

(8) *Für jede stetige Funktion f, für jedes System linear unabhängiger stetiger Funktionen $u_0, \ldots, u_n$ und jede Norm $\|\cdot\|$ auf $C[a,b]$ gibt es mindestens eine beste Approximation $p = \sum \alpha_j u_j$ von f mit der Eigenschaft* (7).

Beweis. Wenn die Funktion f von den Funktionen $u_0, \ldots, u_n$ linear abhängig ist, dann gibt es Zahlen $\alpha_0, \ldots, \alpha_n$, so daß $f = \sum \alpha_j u_j$ wird und damit bereits eine beste Approximation $p = \sum \alpha_j u_j$ mit $\|f - p\| = 0$ bestimmt ist. Jetzt nehmen wir an, daß f linear unabhängig von $u_0, \ldots, u_n$ ist. Dann spannen die Funktionen $u_0, \ldots, u_n, f$ einen $(n+2)$-dimensionalen Teilraum E von $C[a,b]$ auf und jede Funktion w aus diesem Teilraum läßt sich schreiben in der Form

$$w = \sum_{j=0}^{n} z_j u_j + z_{n+1} f, \qquad z = (z_0, \ldots, z_{n+1}) \in \mathbf{K}^{n+2},$$

mit eindeutig bestimmten Koordinaten $z_0, \ldots, z_{n+1}$ bezüglich der Basis $u_0, \ldots, u_n, f$. Wie man unmittelbar nachprüft, definiert die Vorschrift

$$|z| = \left\| \sum_{j=0}^{n} z_j u_j + z_{n+1} f \right\|, \qquad z = (z_0, \ldots, z_{n+1}) \in \mathbf{K}^{n+2},$$

eine Norm $|\cdot|$ auf dem $(n+2)$-dimensionalen Zahlenraum $\mathbf{K}^{n+2}$. Die Funktion f wird offenbar dargestellt mit dem Koordinatenvektor $e=(0,\ldots,0,1)$, und der Vektor $a=(\alpha_0,\ldots,\alpha_n,0)$ einer besten Approximation genügt der zu (7) äquivalenten Bedingung

$$|e-a| = \min\{|e-z|\,|z=(z_0,\ldots,z_n,0)\in\mathbf{K}^{n+2}\}.$$

Für die Lösung dieser Aufgabe gibt es zunächst eine Folge von Vektoren $z^{(t)}=(z_0^{(t)},\ldots,z_n^{(t)},0)\in\mathbf{K}^{n+2}$, $t=1,2,\ldots$, mit der Eigenschaft

$$|e-z^{(t)}|\longrightarrow\mu=\inf\{|e-z|\,|z=(z_0,\ldots,z_n,0)\in\mathbf{K}^{n+2}\}\qquad(t\longrightarrow\infty).$$

Diese Vektorfolge genügt mit Hilfe der Dreiecksungleichung der Bedingung

$$|z^{(t)}|\le|z^{(t)}-e|+|e|\longrightarrow\mu+|e|\qquad(t\longrightarrow\infty),$$

so daß die Folge $(z^{(t)})$ im $(n+2)$-dimensionalen Zahlenraum beschränkt ist. Nach dem Satz von Bolzano-Weierstrass besitzt diese Folge einen Häufungspunkt $a=(\alpha_0,\ldots,\alpha_n,\alpha_{n+1})$, und für eine Teilfolge $\mathbf{N}'$ der Folge $\mathbf{N}$ der natürlichen Zahlen konvergiert

$$z_j^{(t)}\longrightarrow\alpha_j,\quad j=0,\ldots,n+1 \iff |z^{(t)}-a|\longrightarrow 0\qquad(t\in\mathbf{N}',t\longrightarrow\infty).$$

Mit $z_{n+1}^{(t)}=0$ wird auch $\alpha_{n+1}=0$ und schließlich

$$\begin{aligned}\left\|f-\sum_{j=0}^{n}\alpha_j u_j\right\| &= |e-a| = \lim_{\substack{t\to\infty\\ t\in\mathbf{N}'}}|e-z^{(t)}|\\ &=\inf\{|e-z|\,|\,z=(z_0,\ldots,z_n,0)\in\mathbf{K}^{n+2}\}\\ &=\min_{z_0,\ldots,z_n\in\mathbf{K}}\left\|f-\sum_{j=0}^{n}z_j u_j\right\|.\end{aligned}$$ ■

Man kann weiter zeigen, daß bei der Approximation durch Polynome oder allgemeiner durch sogenannte Tschebyscheff-Systeme $u_0,\ldots,u_n$ die beste Approximation im Sinne von Tschebyscheff eindeutig bestimmt ist. In diesem Falle ist die beste Approximation p einer reellen Funktion f dadurch charakterisiert, daß der Fehler an mindestens $n+2$ verschiedenen Stellen $x_0<x_1<\cdots<x_{n+1}$ in $[a,b]$ abwechselnd sein Maximum $+\varepsilon$ und Minimum $-\varepsilon$ annimmt (s. Fig. 1) mit

$$\varepsilon=\|f-p\|=\max_{a\le x\le b}|f(x)-p(x)|\,\rho(x).$$

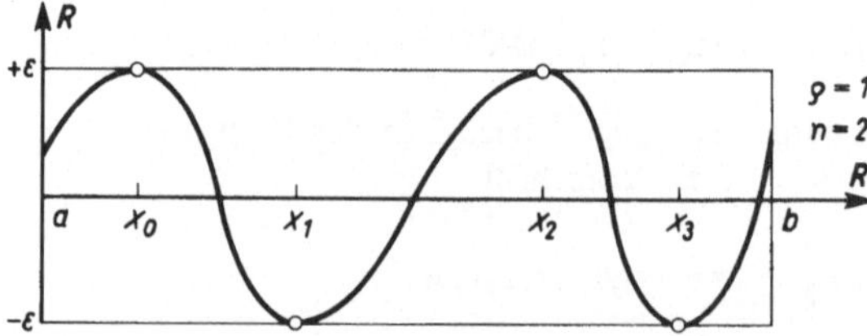

Fig. 1

Dieser Fehlerverlauf zeigt also ein wesentlich anderes Verhalten als es der Fehler bei Approximationen nach Taylor oder durch Partialsummen von Potenzreihenentwicklungen aufweist, der nämlich in einer Umgebung der Entwicklungsstelle selbst zwar sehr klein ist, aber mit wachsendem Abstand von dieser Stelle im allgemeinen immer größer wird, also ein sehr ungleichmäßiges Verhalten zeigt.

Beispiele. Zur Erläuterung geben wir verschiedene Approximationen der Funktion $\cos x$ an.

a) Taylor-Formel oder Partialsumme der Potenzreihenentwicklung

$$\cos x = 1 - \frac{1}{2}x^2 + \frac{1}{24}x^4 + \varepsilon(x), \qquad 0 \le x \le \frac{\pi}{2},$$

$$\max_{0 \le x \le \frac{\pi}{2}} |\varepsilon(x)| \le \frac{1}{6!}\left(\frac{\pi}{2}\right)^6 \doteq 2 \cdot 10^{-2}.$$

b) Tschebyscheff-Approximation (s. Hart, COS 3500)

$$\cos x = \alpha_0 + \alpha_2 x^2 + \alpha_4 x^4 + \varepsilon(x), \qquad 0 \le x \le \frac{\pi}{2},$$

$$\alpha_0 = 0{,}99940\,307, \qquad \alpha_2 = -0{,}49558\,027, \qquad \alpha_4 = 0{,}03679\,168,$$

$$\max_{0 \le x \le \frac{\pi}{2}} |\varepsilon(x)| \le 10^{-3{,}22} \doteq 6 \cdot 10^{-4}.$$

c) Polynom-Approximation (Abramowitz-Stegun, No. 4.3.98)

$$\cos x = 1 + \alpha_2 x^2 + \alpha_4 x^4 + \varepsilon(x), \qquad 0 \le x \le \frac{\pi}{2},$$

$$\alpha_2 = -0{,}49670, \qquad \alpha_4 = 0{,}03705,$$

$$\max_{0 \le x \le \frac{\pi}{2}} |\varepsilon(x)| \le 9 \cdot 10^{-4}.$$

d) Reihenentwicklung nach orthogonalen Tschebyscheff-Polynomen

$$\cos x = J_0(1) + 2 \sum_{k=1}^{\infty} (-1)^k J_{2k}(1)\, T_{2k}(x), \qquad -1 \le x \le 1.$$

Die ersten Tschebyscheff-Polynome lauten

$$T_0(x) = 1, \qquad T_2(x) = 2x^2 - 1, \qquad T_4(x) = 8x^4 - 8x^2 + 1, \ldots,$$

und für die obigen Entwicklungskoeffizienten gilt

$$J_0(1) = 0{,}76519\,77, \qquad -2J_2(1) = -0{,}22980\,70,$$

$$2J_4(1) = 0{,}00495\,32, \qquad -2J_6(1) = -0{,}00004\,18, \ldots$$

(s. Abramowitz-Stegun, Table 22.3, Table 9.1, 9.2). Bricht man die obige Reihe nach dem dritten Glied ab, dann wird der Fehler näherungsweise $2J_6(1)\,T_6(x)$, und mit $|T_6(x)| \le 1$, $|x| \le 1$, folgt so – allerdings nur im kleineren Intervall $[0,1]$ –

$$\cos x = \alpha_0 + \alpha_2 x^2 + \alpha_4 x^4 + \varepsilon(x), \qquad 0 \le x \le 1,$$

$$\max_{0 \le x \le 1} |\varepsilon(x)| \mathrel{\dot{\le}} 2J_6(1) \doteq 4 \cdot 10^{-5}.$$

1.6. Numerische Übungsaufgaben

1. Polynome. Man berechne die Tschebyscheffschen Polynome $T_n, n=0,1,\ldots,6$, mit Hilfe des Horner-Schemas für $x=-1(0.05)+1$. Die Tschebyscheffschen Polynome lauten

$$T_0(x)=1, \qquad T_1(x)=x, \qquad T_2(x)=2x^2-1,$$
$$T_3(x)=4x^3-3x, \qquad T_4(x)=8x^4-8x^2+1,$$
$$T_5(x)=16x^5-20x^3+5x, \qquad T_6(x)=32x^6-48x^4+18x^2-1$$

und genügen der Rekursionsformel $T_{n+1}(x)=2x\,T_n(x)-T_{n-1}(x)$, die ebenfalls zur numerischen Berechnung dienen kann.

Ergebnis

x	$T_2(x)$	$T_3(x)$	$T_4(x)$	$T_5(x)$	$T_6(x)$
−1.0	1.00000	−1.00000	1.00000	−1.00000	1.00000
−0.8	0.28000	0.35200	−0.84320	0.99712	−0.75219
−0.6	−0.28000	0.93600	−0.84320	0.07584	0.75219
−0.4	−0.68000	0.94400	−0.07520	−0.88384	0.78227
−0.2	−0.92000	0.56800	0.69280	−0.84512	−0.35475
0.0	−1.00000	0.00000	1.00000	0.00000	−1.00000
0.2	−0.92000	−0.56800	0.69280	0.84512	−0.35475
0.4	−0.68000	−0.94400	−0.07520	0.88384	0.78227
0.6	−0.28000	−0.93600	−0.84320	−0.07584	0.75219
0.8	0.28000	−0.35200	−0.84320	−0.99712	−0.75219
1.0	1.00000	1.00000	1.00000	1.00000	1.00000

2. Unendliche Reihen. Aus den Potenzreihenentwicklungen der Besselschen Funktionen

$$J_k(x)=\left(\frac{x}{2}\right)^k \sum_{j=0}^{\infty} \frac{(-1)^j}{j!(k+j)!}\left(\frac{x}{2}\right)^{2j} \quad \text{für } k=0,1,2,\ldots,$$

berechne man J_0, J_1 und J_2 für $x=0(0.1)\,10$. In Abhängigkeit von x wähle man jeweils n so groß, daß $|r_n|=|s-s_n|<10^{-7}$ wird.

3. Asymptotische Entwicklungen. Die Besselschen Funktionen J_k besitzen die asymptotischen Entwicklungen

$$J_k(x)=\sqrt{\frac{2}{\pi x}}\cdot\left\{\cos\left(x-\frac{k\pi}{2}-\frac{\pi}{4}\right)P_k(x)-\sin\left(x-\frac{k\pi}{2}-\frac{\pi}{4}\right)Q_k(x)\right\}, \qquad k=0,1,2,\ldots,$$

für $|x|\to\infty$, $|\arg x|<\pi$, mit

$$P_k(x)\sim\sum_{j=0}^{\infty}(-1)^j\frac{(k,2j)}{(2x)^{2j}}, \qquad Q_k(x)\sim\sum_{j=0}^{\infty}(-1)^j\frac{(k,2j+1)}{(2x)^{2j+1}},$$

und den Abkürzungen

$$(k,0)=1,\ (k,m)=\frac{1}{m!}\left(k^2-\left(\frac{1}{2}\right)^2\right)\left(k^2-\left(\frac{3}{2}\right)^2\right)\ldots\left(k^2-\left(m-\frac{1}{2}\right)^2\right), \quad m=1,2,\ldots.$$

Man berechne die Besselschen Funktionen J_0, J_1, J_2 für $x=8\,(0.1)\,16$ aus ihren asymptotischen Entwicklungen. In den Reihen P_k und Q_k, $k=0,1,2$, summiere man dabei jeweils bis zu dem Glied mit der Potenz x^{14}. Für J_0 (8) ist dann z.B. der Fehler $\leq \frac{|(0,15)|}{|2x|^{15}} \doteq 3 \cdot 10^{-8}$.

Ergebnis

x	$J_0(x)$	$J_1(x)$	$J_2(x)$	x	$J_0(x)$	$J_1(x)$	$J_2(x)$
0	1	0	0				
1	0.76520	0.44005	0.11490	8	0.17165	0.23464	−0.11299
2	0.22389	0.57672	0.35283	9	−0.09033	0.24531	0.14485
3	−0.26005	0.33906	0.48609	10	−0.24594	0.04347	0.25463
4	−0.39715	−0.06604	0.36413	11	−0.17119	−0.17679	0.13905
5	−0.17760	−0.32758	0.04657	12	0.04769	−0.22345	−0.08493
6	0.15065	−0.27668	−0.24287	13	0.20693	−0.07032	−0.21774
7	0.30008	−0.00468	−0.30142	14	0.17107	0.13338	−0.15202
8	0.17165	0.23464	−0.11299	15	−0.01422	0.20510	0.04157
9	−0.09033	0.24531	0.14485	16	−0.17490	0.09040	0.18620
10	−0.24594	0.04347	0.25463				

4. Kettenbruchentwicklungen. Man berechne die Funktion $\tan x$ aus dem Kettenbruch

$$\tan x = x/\big(1 - x^2/(3 - x^2/(5 - \cdots))\big)$$

sowie aus der Potenzreihenentwicklung

$$\tan x = \sum_{j=1}^{\infty} \frac{(-1)^{j-1}}{(2j)!} B_{2j} 2^{2j}(2^{2j}-1)\,x^{2j-1}$$

$$= x + \frac{1}{3}x^3 + \frac{2}{15}x^5 + \frac{17}{315}x^7 + \frac{62}{2835}x^9 + \cdots$$

für $x=0(0.05)\,1.5$.

Ergebnis. Im folgenden werden die Abkürzungen

$$c_n(x) = x/\big(1 - x^2/(3 - x^2/(\ldots - x^2/2n-1)\ldots)\big)$$

für den n-ten Teilbruch des Kettenbruchs sowie $s_n(x)$ für die n-te Partialsumme der Potenzreihe verwendet.

x	$c_2(x)$	$s_2(x)$	$c_3(x)$	$s_3(x)$	$\tan x$
0.0	0.00000	0.00000	0.00000	0.00000	0.00000
0.2	0.20270	0.20266	0.20271	0.20271	0.20271
0.4	0.42254	0.42133	0.42279	0.42270	0.42279
0.6	0.68182	0.67200	0.68411	0.68237	0.68414
0.8	1.01695	0.97067	1.02939	1.01436	1.02964
1.0	1.50000	1.33333	1.55555	1.46667	1.55741
1.2	2.30769	1.77600	2.55849	2.10778	2.57215
1.4	4.03846	2.31467	5.63456	3.03176	5.79788
1.5	6.00000	2.62500	12.74998	3.63750	14.10142

x	$c_4(x)$	$s_4(x)$	$c_5(x)$	$s_5(x)$	$\tan x$
0.0	0.00000	0.00000	0.00000	0.00000	0.00000
0.2	0.20271	0.20271	0.20271	0.20271	0.20271
0.4	0.42279	0.42279	0.42279	0.42279	0.42279
0.6	0.68414	0.68388	0.68414	0.68410	0.68414
0.8	1.02964	1.02568	1.02964	1.02861	1.02964
1.0	1.55738	1.52063	1.55741	1.54250	1.55741
1.2	2.57182	2.30115	2.57215	2.41400	2.57215
1.4	5.79218	3.60066	5.79776	4.05251	5.79788
1.5	14.04253	4.55960	14.09998	5.40033	14.10142

Bemerkung. Man erkennt, daß die Kettenbruchentwicklung und die Potenzreihe in einer Umgebung des Nullpunktes etwa gleich gut konvergieren, in größerem Abstand die Konvergenz des Kettenbruchs dagegen wesentlich besser ist.

5. Tschebyscheff-Approximationen. a) Man berechne die Γ-Funktion $\Gamma(x)=\int_0^\infty e^{-t}t^{x-1}dt$ für $x=1(0.02)2$ mit Hilfe der im Intervall $[1,2]$ gültigen Näherungen G_0 und G für Tschebyscheff-Approximationen von Γ:

$$G_0(x)=1+b_1\eta+b_2\eta^2+\cdots+b_5\eta^5 \quad \text{mit } \eta=x-1$$

und $b_1=-0.5748646$, $b_2=0.9512363$, $b_3=-0.6998588$, $b_4=0.4245549$, $b_5=-0.1010678$.

$$G(x)=1+a_1\eta+a_2\eta^2+\cdots+a_8\eta^8 \quad \text{mit } \eta=x-1$$

und $a_1=-0.577191652$, $a_2=0.988205891$, $a_3=-0.897056937$, $a_4=0.918206857$, $a_5=-0.756704078$, $a_6=0.482199394$, $a_7=-0.193527818$, $a_8=0.035868343$. Es gilt $|\Gamma(x)-G_0(x)|<5\cdot10^{-5}$, $1\le x\le 2$ sowie $|\Gamma(x)-G(x)|<2.5\cdot10^{-7}$, $1\le x\le 2$ (s. Abramowitz-Stegun 6.1).

Ergebnis

x	$G_0(x)$	$G(x)$	$G_0(x)-G(x)$
1.0	1.0000000	1.0000000	0.0000000
1.1	0.9513675	0.9513506	$1.69\cdot10^{-5}$
1.2	0.9181246	0.9181689	$-4.43\cdot10^{-5}$
1.3	0.8974490	0.8974707	$-2.17\cdot10^{-5}$
1.4	0.8872947	0.8872636	$3.11\cdot10^{-5}$
1.5	0.8862707	0.8862270	$4.37\cdot10^{-5}$
1.6	0.8935201	0.8935155	$4.54\cdot10^{-6}$
1.7	0.9085982	0.9086386	$-4.04\cdot10^{-5}$
1.8	0.9313516	0.9313837	$-3.21\cdot10^{-5}$
1.9	0.9617971	0.9617660	$3.11\cdot10^{-5}$
2.0	1.0000000	1.0000000	0.0000000

Bemerkung. Der Fehler der Approximation G der Γ-Funktion ist um $0.5\cdot10^{-2}$ kleiner als der Fehler der Approximation G_0, so daß G gegenüber G_0 als „exakt" angesehen werden kann. Der Fehler G_0-G zeigt bei diesen nahezu besten Approximationen einen analogen Verlauf wie das in Abschnitt 1.5 erwähnte Verhalten der Fehlerfunktion bei der linearen Tschebyscheff-Approximation.

b) Man berechne die Fehlerfunktion $\operatorname{erf}(x)=2/\sqrt{\pi}\int_0^x e^{-t^2}\,dt$ für $x=0(0.1)10$ mit Hilfe der Näherung erf* für die Tschebyscheff-Approximation von erf:

$$\operatorname{erf}^*(x)=1-(a_1\eta+a_2\eta^2+\cdots+a_5\eta^5)e^{-x^2} \quad \text{mit } \eta=\frac{1}{1+px},$$

$p=0.3275911$, $a_1=0.254829592$, $a_2=-0.284496736$, $a_3=1.421413741$, $a_4=-1.453152027$, $a_5=1.061405429$. Es gilt $|\operatorname{erf}(x)-\operatorname{erf}^*(x)|<1.5\cdot 10^{-7}$ (s. Abramowitz-Stegun 7.1).

Außerdem berechne man die Fehlerfunktion aus der Potenzreihenentwicklung der konfluenten hypergeometrischen Funktion gemäß $\operatorname{erf}(x)=2/\sqrt{\pi}\cdot x\cdot {}_1F_1(1/2,3/2;-x^2)$. Bei der Berechnung der Potenzreihe durch ihre Partialsummen s_n wähle man n in Abhängigkeit von x jeweils so groß, daß der Betrag des ersten vernachlässigten Summanden kleiner als $0.5\cdot 10^{-7}$ ist. Da die Reihe in diesem Fall alterniert, gilt somit – bei Rechnung ohne Rundungsfehler – für den Fehler $|r_n|=|\operatorname{erf}(x)-s_n|<0.5\cdot 10^{-7}$.

Ergebnis

x	erf*(x)	Partialsumme s_n	n
0	0.0000000	0.0000000	
0.5	0.5205000	0.5204999	6
1.0	0.8427007	0.8427008	10
1.5	0.9661053	0.9661052	14
2.0	0.9953222	0.9953223	20
2.5	0.9995930	0.9995930	26
3.0	0.9999779	0.9999779	34
3.5	0.9999993	1.0000599	42
4.0	1.0000000	0.9978545	52
4.5	1.0000000	0.9621177	64
5.0	1.0000000	2.4474195	77
5.5	1.0000000	$-3.8591\cdot 10^2$	91
6.0	1.0000000	$1.1094\cdot 10^5$	106
6.5	1.0000000	$4.8287\cdot 10^7$	123
7.0	1.0000000	$8.5050\cdot 10^9$	141
7.5	1.0000000	$9.8796\cdot 10^{12}$	161
8.0	1.0000000	$-6.3094\cdot 10^{16}$	182

Bemerkung. Für $x>4$ sind die mit Hilfe der Potenzreihe berechneten Werte unbrauchbar, da Auslöschung und Rundungsfehler zu einer völligen Zerstörung des gesuchten Ergebnisses führen.

2. Berechnung von Nullstellen

Zur Berechnung von Nullstellen reell- bzw. komplexwertiger Funktionen gibt es eine große Zahl von Verfahren, von denen hier nur einige wichtige Grundtypen gebracht werden können. Die Methode der sukzessiven Approximation und das Newtonsche Verfahren werden später in ganz analoger Form verallgemeinert für lineare und nichtlineare Gleichungssysteme im n-dimensionalen Zahlenraum. Besonders wichtig für die Anwendungen sind a-priori- und a-posteriori-Fehlerabschätzungen. Die a-posteriori-Fehlerabschätzungen gestatten insbesondere die Aussage, daß man mit dem Defekt der Gleichung ein Maß für den Fehler der Näherung für die Nullstelle berechnen kann.

Literatur: Householder [3], Ortega-Rheinboldt, Ostrowski.

2.1. Intervallschachtelungsverfahren

Das bekannte Intervallschachtelungsverfahren der Analysis gestattet sehr einfach die näherungsweise Berechnung von Nullstellen reeller stetiger Funktionen. Dieses Verfahren konvergiert zwar nicht besonders schnell, zeichnet sich aber durch seine Sicherheit aus, mit der die Nullstelle in den Intervallen der Schachtelung immer enger eingeschlossen wird.

Sei f eine reellwertige stetige Funktion auf dem beschränkten abgeschlossenen Intervall $I=[a,b]\subseteq\mathbf{R}$. Die Funktion f besitzt einen Vorzeichenwechsel im Intervall I, wenn ein Teilintervall $I_0=[a_0,b_0]\subseteq I$ existiert mit der Eigenschaft

(1) $$f(a_0)f(b_0)<0.$$

Nach dem Zwischenwertsatz für reelle stetige Funktionen gibt es dann im Intervall $I_0=[a_0,b_0]$ mindestens eine Nullstelle von f. Das bekannte Intervallschachtelungsverfahren gestattet die Berechnung einer solchen Nullstelle auf folgende Weise. Sei $I_t=[a_t,b_t]$ für $t=0,1,2,\ldots$ ein Intervall mit der Eigenschaft

(2) $$f(a_t)f(b_t)<0$$

und sei

(3) $$x_t=\tfrac{1}{2}(a_t+b_t)$$

der Mittelpunkt des Intervalls I_t. Dann ist für $f(x_t)=0$ eine Nullstelle $z=x_t$ von f gefunden worden und das Verfahren beendet. Andernfalls ist $f(x_t)\neq 0$ und entweder $f(a_t)f(x_t)<0$ oder $f(x_t)f(b_t)<0$. Hiermit bestimmt man ein neues Intervall $I_{t+1}=[a_{t+1},b_{t+1}]$ nach der Vorschrift

$$f(a_t)f(x_t)<0\colon\quad a_{t+1}=a_t,\quad b_{t+1}=x_t,$$

beziehungsweise

$$f(x_t)f(b_t)<0\colon\quad a_{t+1}=x_t,\quad b_{t+1}=b_t.$$

Nach dieser Konstruktion genügt das Intervall I_{t+1} der Beziehung

(4) $$I_{t+1}\subseteq I_t \iff a_t\leq a_{t+1}\leq b_{t+1}\leq b_t,\qquad t=0,1,2,\ldots,$$

und die Länge des Intervalls I_{t+1} beträgt die Hälfte der Länge von I_t. Wenn das Verfahren nicht bereits nach endlich vielen Schritten beendet ist, dann bilden also die Intervallängen eine Nullfolge der Gestalt

(5) $$b_t - a_t = \frac{1}{2^t}(b_0 - a_0), \qquad t = 0,1,2,\ldots,$$

und die monotonen Zahlenfolgen (a_t), (b_t) werden konvergent gegen eine Zahl z,

$$a_t \longrightarrow z, \quad b_t \longrightarrow z, \quad x_t = \tfrac{1}{2}(a_t + b_t) \longrightarrow z \quad (t \longrightarrow \infty).$$

Mit Hilfe der Stetigkeit von f und Ungleichung (2) folgt

$$f(z)^2 = \lim_{t\to\infty} f(a_t) f(b_t) \le 0 \iff f(z) = 0,$$

so daß z eine Nullstelle von f im Intervall I_0 ist.

Von besonderer Bedeutung für die Praxis sind Fehlerabschätzungen für die Näherungen x_t der Nullstelle z. Für jedes $t=0,1,2,\ldots$ ist die Nullstelle z nach Konstruktion ein Punkt des Intervalls $I_t = [a_t, b_t]$. Daher hat z vom Intervallmittelpunkt x_t höchstens den Abstand

(6) $$|x_t - z| \le \frac{1}{2}(b_t - a_t) = \frac{1}{2^{t+1}}(b_0 - a_0).$$

Diese Ungleichung nennt man eine a-priori-Fehlerabschätzung. Sie gestattet eine Aussage darüber, wie viele Schritte höchstens erforderlich sind, um eine Näherung der Nullstelle z mit einer vorgegebenen Genauigkeit zu berechnen. Zum Beispiel gelten für $b_0 - a_0 = 1$ und mit der Ungleichung $2^{-10} < 10^{-3}$ die folgenden Abschätzungen

$$|x_9 - z| < 10^{-3}, \quad |x_{19} - z| < 10^{-6}, \quad |x_{29} - z| < 10^{-9}, \ldots.$$

Eine weitere wichtige Fehlerabschätzung kann man für differenzierbare, strikt monotone Funktionen angeben. Sei f eine differenzierbare reelle Funktion auf dem Intervall $I_0 \subseteq I$ mit der Eigenschaft

(7) $$m_1 \ge |f'(x)| \ge m_0 > 0, \qquad x \in I_0 = [a_0, b_0].$$

Die monotone Funktion f besitzt unter der Voraussetzung $f(a_0) f(b_0) < 0$ genau eine Nullstelle im Intervall I_0. Nach dem Mittelwertsatz der Differentialrechnung genügen die Differenzenquotienten der Funktion f der Ungleichung

(8) $$m_1 \ge \left| \frac{f(x) - f(x')}{x - x'} \right| = |f'(\xi)| \ge m_0 > 0, \qquad x \ne x', \qquad \xi, x, x' \in I_0.$$

Setzt man für x' die Nullstelle z und für x eine beliebige Näherung x_t aus I_0, dann gilt hiermit eine sogenannte a-posteriori-Fehlerabschätzung in der Gestalt

(9) $$\frac{1}{m_1}|f(x_t)| \le |x_t - z| \le \frac{1}{m_0}|f(x_t)|, \qquad x_t \in I_0.$$

Diese a-posteriori-Fehlerabschätzung ergibt in der Regel kleinere und damit bessere Fehlerschranken als die a-priori-Fehlerabschätzung. In der Praxis macht man zur Fehlerabschätzung der Näherung x_t eine Einsetzprobe und berechnet $f(x_t)$. Für $f(x_t) = 0$ ist dann notwendig $x_t = z$ die eindeutig bestimmte Nullstelle in I. Andernfalls liefert der Defekt $f(x_t) \neq 0$ auf Grund von (9) ein Maß für den Fehler $|x_t - z|$. Insbesondere darf man hier aus der Konvergenz von $f(x_t) \longrightarrow 0$ auf die Konvergenz von $x_t \longrightarrow z$ schließen,

(10) $$x_t \in I_0, \quad f(x_t) \longrightarrow 0 \quad \Longrightarrow \quad x_t \longrightarrow z \quad (t \longrightarrow \infty).$$

Beispiel. Eine einfache Anwendung dieser Methoden bildet die Berechnung der Umkehrfunktion $\overset{-1}{f}$ einer reellen, monotonen, stetig differenzierbaren Funktion f mit $|f'(x)| \geq m > 0$ für $x \in I = [a,b] \subseteq \mathbf{R}$. Wenn c die kleinere und d die größere der beiden Zahlen $f(a)$, $f(b)$ bezeichnet, dann bildet f das Intervall $[a,b]$ umkehrbar eindeutig auf $[c,d]$ ab. Für jedes $y \in [c,d]$ existiert eine eindeutig bestimmte Zahl $z = \overset{-1}{f}(y) \in [a,b]$ als Nullstelle der Funktion $f_y(x) = f(x) - y$, $x \in [a,b]$. Das Intervallschachtelungsverfahren, angewandt auf die Funktion f_y anstelle von f, konvergiert für jedes $y \in [c,d]$ gegen $z = \overset{-1}{f}(y)$ mit der a-priori-Fehlerabschätzung

$$\left|x_t - \overset{-1}{f}(y)\right| \leq \frac{1}{2^{t+1}}(b-a), \qquad t = 0, 1, 2, \ldots,$$

und der a-posteriori-Fehlerabschätzung

$$\left|x_t - \overset{-1}{f}(y)\right| \leq \frac{1}{m}|f(x_t) - y|, \qquad t = 0, 1, 2, \ldots.$$

2.2. Methode der sukzessiven Approximation

Ein besonders wichtiges iteratives Verfahren zur Lösung von Gleichungen ist die Methode der sukzessiven Approximation, die hier zur Bestimmung von Fixpunkten und Nullstellen von Funktionen einer reellen bzw. komplexen Veränderlichen dargestellt werden soll. Mit der iterativen Bestimmung von Näherungslösungen sowie den zugehörigen a-priori- und a-posteriori-Fehlerabschätzungen kann man dabei gleichzeitig die Existenz und Eindeutigkeit von Fixpunkten bzw. Nullstellen zeigen. Die Methode der sukzessiven Approximation läßt sich unmittelbar auf allgemeinere Aufgabenstellungen übertragen, zum Beispiel auf die Lösung linearer und nichtlinearer Gleichungssysteme.

2.2.1. Bestimmung von Fixpunkten. Sei $\mathbf{K}$ der Körper $\mathbf{R}$ der reellen Zahlen bzw. der Körper $\mathbf{C}$ der komplexen Zahlen und G eine nichtleere Teilmenge von $\mathbf{K}$. Sei weiter g eine reell- bzw. komplexwertige Funktion auf G. Dann heißt eine Zahl $z \in G$ Fixpunkt von g, wenn z Lösung der folgenden Gleichung ist:

(1) $$z = g(z).$$

Geometrisch läßt sich ein Fixpunkt z der Funktion g veranschaulichen als Schnittpunkt der Geraden $y = x$ mit der Kurve $y = g(x)$ für $(x, y) \in G \times \mathbf{K} \subseteq \mathbf{K}^2$. Die Methode der sukzessiven Approximation zur Berechnung eines Fixpunktes z von g bestimmt zu einer Anfangsnäherung $x_0 \in G$ eine Folge von Näherungen $x_1, x_2, \ldots$ nach der Vorschrift

(2) $$x_{t+1} = g(x_t), \quad t = 0,1,2,\ldots.$$

Um diese Zahlenfolge bilden zu können, muß zu jedem $x_t \in G$ auch der nächste Näherungswert $x_{t+1} \in G$ sein. Dies ist sicher dann erfüllt, wenn die Funktion g eine Abbildung der Menge G in sich definiert, also für jedes $x \in G$ auch $g(x) \in G$ ist (Fig. 2).

$G = [a,b] \subseteq \mathbf{R}$

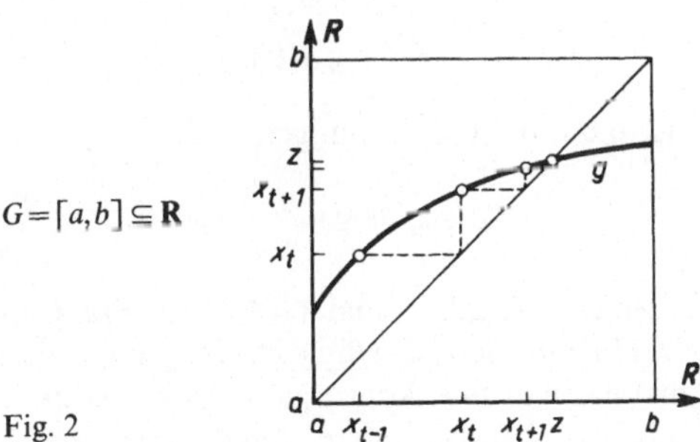

Fig. 2

Für die Methode der sukzessiven Approximation betrachtet man Funktionen g, die der Lipschitz-Bedingung

(3) $$|g(x) - g(y)| \leq q\,|x - y|, \quad x, y \in G,$$

genügen mit einer Lipschitz-Konstanten $0 \leq q < 1$. Unter dieser Bedingung definiert die Funktion g eine sogenannte kontrahierende Abbildung oder Kontraktion der Menge G in sich.

Nach diesen Vorbereitungen können wir den folgenden grundlegenden Satz über Existenz, Eindeutigkeit und Konstruktion von Fixpunkten der Funktion g in G formulieren.

(4) *Sei G eine nichtleere abgeschlossene Teilmenge von* **K** *und die Funktion g eine Abbildung von G in sich, die auf G der Lipschitz-Bedingung* (3) *mit* $0 \leq q < 1$ *genügt. Dann existiert eine eindeutig bestimmte Lösung z der Gleichung* $z = g(z)$ *in G, und für jeden Punkt* $x_0 \in G$ *konvergiert die Folge* $x_0, x_1, x_2, \ldots$ *aus* (2) *gegen die Lösung z mit der a-priori-Fehlerabschätzung*

(5) $$|x_t - z| \leq \frac{q^t}{1-q}\,|x_1 - x_0|, \quad t = 1,2,\ldots,$$

und der a-posteriori-Fehlerabschätzung

(6) $$|x_t - z| \leq \frac{q}{1-q}\,|x_t - x_{t-1}|, \quad t = 1,2,\ldots.$$

Beweis. Aus der Lipschitz-Stetigkeit (3) für $x = x_t$, $y = x_{t-1}$ folgt die Beziehung

$$|x_{t+1} - x_t| = |g(x_t) - g(x_{t-1})| \leq q\,|x_t - x_{t-1}|, \quad t = 1,2,\ldots.$$

Durch einen Induktionsschluß beweist man hiermit allgemeiner die Ungleichung

$$|x_{t+k}-x_{t+k-1}| \le q^k |x_t - x_{t-1}| \le q^{t+k-1} |x_1 - x_0|, \quad k=0,1,2,\dots, \quad t=1,2,\dots.$$

Weiter gelten die Abschätzungen

$$\begin{aligned} |x_t - x_{t+j}| &\le |x_t - x_{t+1}| + |x_{t+1} - x_{t+2}| + \cdots + |x_{t+j-1} - x_{t+j}| \\ &\le q(1+q+\cdots+q^{j-1})\,|x_{t-1} - x_t| \end{aligned}$$

und damit die Ungleichungen

$$(7) \qquad |x_t - x_{t+j}| \le \frac{q}{1-q}|x_t - x_{t-1}| \le \frac{q^t}{1-q}|x_1 - x_0|$$

für jedes $j=0,1,2,\dots$ und $t=1,2,\dots$. Für $0 \le q < 1$ konvergiert $q^t \longrightarrow 0$ für $t \longrightarrow \infty$. Mit Hilfe der letzten Ungleichung genügt die Folge (x_t) dem Cauchyschen Konvergenzkriterium und konvergiert daher gegen eine Zahl $z \in G$. Eine Lipschitz-stetige Funktion ist insbesondere stetig, so daß aus der Konvergenz von $x_t \longrightarrow z$, $x_{t+1} \longrightarrow z$ und der Gleichung $x_{t+1}=g(x_t)$ für $t \longrightarrow \infty$ die Gleichung $z=g(z)$ entsteht. Für jedes $t=0,1,2,\dots$ konvergiert weiter $x_{t+j} \longrightarrow z$ für $j \longrightarrow \infty$, womit aus den Ungleichungen (7) die beiden Fehlerabschätzungen (5), (6) folgen. Schließlich kann es nur einen Fixpunkt z von g in G geben, da die Annahme $z=g(z)$, $z'=g(z')$, $z \neq z'$, den Widerspruch ergibt

$$|z-z'| = |g(z)-g(z')| \le q|z-z'| < |z-z'|. \qquad \blacksquare$$

Die obige a-posteriori-Fehlerabschätzung läßt sich unmittelbar zur Fehlerabschätzung (9) in Abschnitt 2.1 in Beziehung setzen. Dazu definiert man die Funktion $f(x)=x-g(x)$, $x \in G$, mit dem Fixpunkt z von g als eindeutig bestimmter Nullstelle in G. Mit Hilfe der Lipschitz-Bedingung (3) genügt f der Monotoniebedingung

$$\left|\frac{f(x)-f(x')}{x-x'}\right| \ge 1 - \left|\frac{g(x)-g(x')}{x-x'}\right| \ge 1-q = m > 0$$

für $x \neq x'$, $x, x' \in G$. Für den Defekt von f hat man hier die Darstellung

$$f(x_t) = x_t - g(x_t) = x_t - x_{t+1}$$

und damit aus der letzten Ungleichung mit $x'=z$ und $f(z)=0$ die Fehlerabschätzung

$$|x_t - z| \le \frac{1}{m}|f(x_t)| = \frac{|x_t - x_{t+1}|}{1-q} \le \frac{q}{1-q}|x_{t-1} - x_t|.$$

Wir wollen jetzt etwas speziellere Teilmengen G betrachten der Gestalt

$$K_\rho(c) = \{x \in \mathbf{K} \mid |x-c| \le \rho\}, \qquad c \in \mathbf{K}, \qquad \rho > 0.$$

Für $\mathbf{K}=\mathbf{R}$ ist $K_\rho(c)$ das abgeschlossene Intervall $[a,b]=[c-\rho, c+\rho] \subseteq \mathbf{R}$ und für $\mathbf{K}=\mathbf{C}$ ist $K_\rho(c)$ die abgeschlossene Kreisscheibe mit Mittelpunkt c und Radius ρ in der komplexen Zahlenebene. Eine Kontraktion g auf $G=K_\rho(c)$ bildet diese Menge in sich ab unter der hinreichenden Bedingung

(8) $$|g(c)-c| \leq (1-q)\rho.$$

Mit Hilfe der Lipschitz-Bedingung (3) für $0 \leq q < 1$ wird nämlich in diesem Falle

$$|g(x)-c| \leq |g(x)-g(c)|+|g(c)-c| \leq q\rho+(1-q)\rho = \rho, \qquad |x-c| \leq \rho,$$

so daß auch $g(x) \in G = K_\rho(c)$ ist.

Für stetig differenzierbare Funktionen g kann man noch ein wichtiges Kriterium für die Lipschitz-Bedingung der Funktion g angeben.

(9) *Die Funktion g sei stetig differenzierbar auf der Teilmenge $G=K_\rho(c) \subseteq \mathbf{K}$. Dann ist die Bedingung*

$$|g'(x)| \leq q, \qquad x \in G,$$

notwendig und hinreichend für die Lipschitz-Bedingung

$$|g(x)-g(x')| \leq q|x-x'|, \qquad x, x' \in G.$$

Beweis. Sei zunächst die Bedingung $|g'(x)| \leq q$ für $x \in G = K_\rho(c)$ erfüllt. Für je zwei Punkte $x, x' \in G$ gilt die Gleichung $g(x)-g(x') = \int_{x'}^{x} g'(s)\,ds$, wobei über die Verbindungsstrecke von x und x' integriert wird. Durch Abschätzung folgt hieraus gerade die obige Lipschitz-Bedingung. Umgekehrt erhält man aus der Lipschitz-Bedingung für jeden Punkt $x \in G$ die Beziehung

$$|g'(x)| = \lim_{\substack{x' \to x \\ x \neq x' \in G}} \left| \frac{g(x')-g(x)}{x'-x} \right| \leq q. \qquad \blacksquare$$

Für den Körper $\mathbf{K}=\mathbf{R}$ der reellen Zahlen und für monotone reelle Funktionen g auf $G=[a,b]$ kann man im Anschluß an den Konvergenzsatz (4) noch eine weitergehende Aussage über das Konvergenzverhalten von Näherungswerten

(10) $$x_0 = a, \quad x_{t+1} = g(x_t), \quad y_0 = b, \quad y_{t+1} = g(y_t), \quad t = 0,1,2,\ldots,$$

machen, die eine Einschließung des Fixpunktes z ergeben. Für eine monoton wachsende Funktion

$$g(x) \leq g(y), \qquad a \leq x \leq y \leq b,$$

folgt unmittelbar aus der Monotonie von g durch einen Induktionsschluß für die beiden Näherungsfolgen (10) die Relation

(11) $$a = x_0 \leq \cdots \leq x_t \leq x_{t+1} \leq z \leq y_{t+1} \leq y_t \leq \cdots \leq y_0 = b$$

für $t=0,1,2,\ldots$ und damit die monotone Konvergenz dieser beiden Folgen gegen den Fixpunkt z. Für eine monoton fallende Funktion

$$g(x) \geq g(y), \qquad a \leq x \leq y \leq b,$$

dagegen zeigen die Näherungsfolgen eine alternierend monotone Konvergenz für $t=0,1,2,\ldots$ auf Grund der Ungleichungen

$$(12)\qquad \begin{aligned} &a=x_0\leq\cdots\leq x_{2t}\leq x_{2t+2}\leq z\leq x_{2t+3}\leq x_{2t+1}\leq\cdots\leq x_1\leq b,\\ &a\leq y_1\leq\cdots\leq y_{2t+1}\leq y_{2t+3}\leq z\leq y_{2t+2}\leq y_{2t}\leq\cdots\leq y_0=b. \end{aligned}$$

Zum Abschluß geben wir als Beispiel ein einfaches Verfahren an, das später in verallgemeinerter Form sogar die Bestimmung von Quadratwurzeln einer Matrix gestattet.

Beispiel. Mit einer Zahl $b\in\mathbf{K}$, $|b|<1$ und einer Zahl ρ in $|b|\leq\rho<1$ definieren wir die Funktion

$$(13)\qquad g(x)=\tfrac{1}{2}(b+x^2),\qquad x\in G=K_\rho(0)=\{x\in\mathbf{K}\mid |x|\leq\rho\}.$$

Damit bildet diese Funktion g das Gebiet $K_\rho(0)$ in sich ab und ist eine Kontraktion auf Grund der Ungleichung $|g'(x)|=|x|\leq\rho<1$ für $x\in K_\rho(0)$. Folglich konvergiert für jedes x_0, $|x_0|\leq\rho$, die Folge $x_{t+1}=g(x_t)$, $t=0,1,2,\ldots$, gegen den eindeutig bestimmten Fixpunkt

$$(14)\qquad z=g(z)\iff z=1-\sqrt{1-b}.$$

Für $b\in\mathbf{K}=\mathbf{R}$ und $0=a<b<1$ bildet die Funktion g das Intervall $G=[a,b]$ in sich ab und ist dort monoton wachsend, so daß die Näherungsfolgen (10) mit $x_0=0$, $x_1=b/2,\ldots$ und $y_0=b$, $y_1=(b+b^2)/2,\ldots$ monoton konvergieren gemäß (11).

2.2.2. Bestimmung von Nullstellen. Mit der Methode der sukzessiven Approximation lassen sich auch Nullstellen einer Funktion f, also Lösungen der Gleichung $f(z)=0$ bestimmen. Darüber hinaus wird in diesem Abschnitt die wichtige a-posteriori-Fehlerabschätzung (9) aus Abschnitt 2.1 auch für den Fall $\mathbf{K}=\mathbf{C}$, also für Funktionen einer komplexen Veränderlichen bewiesen.

Sei wieder $G\subseteq\mathbf{K}$ eine nichtleere Teilmenge und f eine Funktion auf G mit Werten in $\mathbf{K}$. Für eine beliebige Zahl $\mu\neq0$ sind die Nullstellen von f gerade die Fixpunkte der folgenden Funktion g,

$$(15)\qquad f(z)=0\iff z=g(z),\quad g(x)=x-\frac{1}{\mu}f(x),\qquad x\in G.$$

Die Methode der sukzessiven Approximation zur Lösung der Gleichung $f(z)=0$ bestimmt daher zu einem geeigneten Anfangswert x_0 die Folge von Näherungen

$$(16)\qquad x_{t+1}=x_t-\frac{1}{\mu}f(x_t),\qquad t=0,1,2,\ldots.$$

Bedingungen für die Konvergenz dieses Verfahrens erhält man aus Satz (4), angewandt auf die Funktion g in (15), wobei die Zahl $\mu\neq0$ noch passend gewählt werden kann.

Wir betrachten nun spezieller eine stetig differenzierbare Funktion f auf dem Intervall bzw. der Kreisscheibe $K_\rho(c) \subseteq \mathbf{K}$ mit Zahlen $c \in \mathbf{K}$, $\rho > 0$. Nach Satz (9) ist dann die Funktion g eine Kontraktion auf $K_\rho(c)$ unter der Bedingung

(17) $$|g'(x)| = \frac{1}{|\mu|} |\mu - f'(x)| \leq q < 1, \qquad x \in K_\rho(c).$$

Wenn $f'(c) \neq 0$ ausfällt, so läßt sich auf Grund der Stetigkeit von f' die Bedingung (17) für $\mu = f'(c)$ und genügend kleines ρ immer erfüllen. Weiter hat man dic Taylor-Formel

$$f(x) = f(c) + (x - c) f'(c) + \int_c^x (f'(s) - f'(c))\, ds, \qquad |x - c| \leq \rho.$$

Daher bildet die Funktion g die Menge $K_\rho(c)$ in sich ab unter der Bedingung

(18) $$|g(x) - c| \leq \frac{1}{|\mu|} \{|f(c)| + \rho \max_{|x' - c| \leq \rho} |f'(x') - f'(c)|\} \leq \rho, \qquad \mu = f'(c).$$

Wenn auch noch $|f(c)| \leq (1-q)\, |\mu| \varrho$ ist, dann gilt weiter die Bedingung (18), so daß eine eindeutig bestimmte Nullstelle z von f bzw. ein Fixpunkt z von g in $K_\rho(c)$ existiert und die Folge

(19) $$x_{t+1} = x_t - \frac{1}{f'(c)} f(x_t), \qquad t = 0, 1, 2, \ldots,$$

für jeden Anfangswert $x_0 \in K_\rho(c)$ gegen die Nullstelle z konvergiert. Dieses Verfahren bezeichnet man als vereinfachtes Newtonsches Verfahren. Die zugehörigen Fehlerabschätzungen (5), (6) nehmen hier die Gestalt an

(20) $$|x_t - z| \leq \frac{q}{1-q} \left| \frac{f(x_{t-1})}{f'(c)} \right| \leq \frac{q^t}{1-q} \left| \frac{f(x_0)}{f'(c)} \right|, \qquad t = 1, 2, \ldots.$$

Unter der Bedingung $|f'(x)| \geq m > 0$ für alle x aus einer Umgebung der Nullstelle z gelten jedoch anstelle von (20) die schärferen a-priori- und a-posteriori-Fehlerabschätzungen

(21) $$|x_t - z| \leq \frac{1}{m} |f(x_t)| \leq \frac{q^t}{m} |f(x_0)|, \qquad t = 0, 1, 2, \ldots,$$

für x_0, $x_t \in K_\rho(z)$ und hinreichend kleines $\rho > 0$. Die erste Ungleichung folgt mit $x' = z$ und $f(z) = 0$ unmittelbar aus (24) im nächsten Satz, und die zweite Ungleichung gewinnt man mit (19) aus der Beziehung

$$|f(x_t)| = |x_{t+1} - x_t|\, |f'(c)| \leq q^t |x_1 - x_0|\, |f'(c)| = q^t |f(x_0)|.$$

(22) *Sei $G \subseteq \mathbf{K}$ eine offene Teilmenge und f eine stetig differenzierbare Funktion auf G, die mit einer positiven Zahl $m > 0$ der Bedingung genügt*

(23) $$m \leq |f'(x)|, \qquad x \in G.$$

Dann gibt es zu jedem Punkt $c \in G$ eine positive Zahl ρ, so daß die Ungleichung besteht

(24) $$m|x-x'| \leq |f(x)-f(x')|, \qquad x, x' \in K_\rho(c) \subseteq G.$$

Beweis. Für $\mathbf{K}=\mathbf{R}$ haben wir dieses Ergebnis bereits in Abschnitt 2.1 mit der Ungleichung 2.1.(8) bewiesen. Im allgemeinen Fall gibt es auf Grund von (23) zu jeder Stelle $c \in G$ eine Umgebung $U(c) \subseteq G$, die von f umkehrbar eindeutig auf eine kreisförmige Umgebung $K_\sigma(d)$ mit $d=f(c)$, $\sigma>0$ abgebildet wird (s. Abschnitt 9.2). Wählt man jetzt eine Kreisscheibe $K_\rho(c) \subseteq U(c) \subseteq G$ mit $\rho>0$, dann bildet die Funktion f die Menge $K_\rho(c)$ umkehrbar eindeutig auf eine Teilmenge von $K_\sigma(d)$ ab. Die inverse Abbildung $\overset{-1}{f}$ existiert auf $K_\sigma(d)$ und ist dort stetig differenzierbar mit der Ableitung

$$\overset{-1}{f}{}'(y) = \frac{1}{f'(x)}, \qquad y=f(x) \in K_\sigma(d).$$

Für alle paarweise verschiedenen Punkte $x, x' \in K_\rho(c)$ folgt dann mit $y=f(x)$, $y'=f(x') \in K_\sigma(d)$ aus Satz (9) die Ungleichung

$$\left|\frac{x-x'}{f(x)-f(x')}\right| = \frac{|\overset{-1}{f}(y)-\overset{-1}{f}(y')|}{|y-y'|} \leq \max_{y \in K_\sigma(d)} |\overset{-1}{f}{}'(y)| \leq \frac{1}{\min\limits_{x \in U(c)} |f'(x)|} \leq \frac{1}{m}.$$

2.3. Das Newtonsche Verfahren

Das Newtonsche Verfahren zur näherungsweisen Bestimmung von Nullstellen reell- bzw. komplexwertiger Funktionen konvergiert wesentlich schneller als die Methode der sukzessiven Approximation aus Abschnitt 2.2.2, falls die erforderlichen Voraussetzungen erfüllt sind. Insbesondere muß dazu die Anfangsnäherung bereits hinreichend nahe bei der gesuchten Nullstelle liegen.

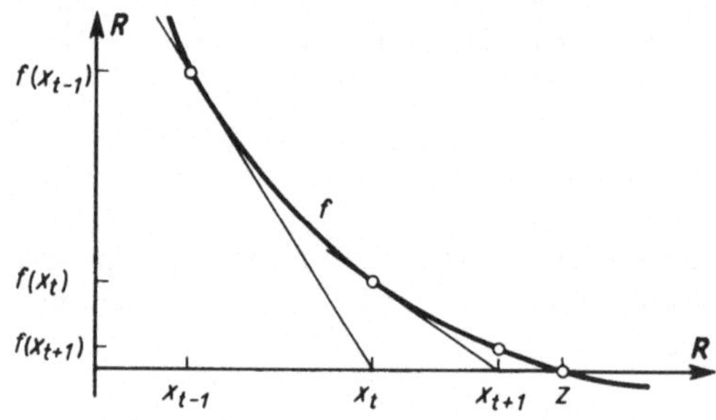

Fig. 3

Im folgenden bezeichnet G eine offene Teilmenge des Körpers $\mathbf{K}=\mathbf{R}$ bzw. $\mathbf{K}=\mathbf{C}$ und f eine stetig differenzierbare reell- bzw. komplexwertige Funktion auf G. Das Newtonsche Verfahren bestimmt eine Nullstelle z der Funktion f in G,

(1) $$f(z)=0,$$

mit einem geeigneten Anfangswert $x_0 \in G$ durch eine Folge von Näherungen $x_1, x_2, \ldots$ nach der Vorschrift

$$(2) \qquad f(x_t)+(x_{t+1}-x_t)f'(x_t)=0 \iff x_{t+1}=x_t-\frac{f(x_t)}{f'(x_t)}$$

und mit $f'(x) \neq 0$ für $x \in G$. Bei diesem Verfahren ist also geometrisch gesprochen die neue Näherung x_{t+1} die Nullstelle der Tangente

$$y=f(x_t)+(x-x_t)f'(x_t), \qquad (x,y)\in G\times \mathbf{K} \subseteq \mathbf{K}^2,$$

an die Kurve f im Punkte $(x_t, f(x_t))$ (Fig. 3).

Das Newtonsche Verfahren läßt sich auffassen als Verfahren der sukzessiven Approximation zur Bestimmung von Fixpunkten der speziellen Funktion

$$(3) \qquad g(x)=x-\frac{f(x)}{f'(x)}, \qquad x\in G.$$

Die Iterationsvorschrift $x_{t+1}=g(x_t)$ für diese Funktion ist gleichbedeutend mit (2). Für eine zweimal stetig differenzierbare Funktion f in G und eine Nullstelle z von f mit $f'(z) \neq 0$ ist für alle x einer Umgebung der Nullstelle die Bedingung erfüllt

$$|g'(x)|=\left|\frac{f(x)f''(x)}{f'(x)^2}\right| \leq q<1,$$

so daß g eine Kontraktion auf dieser Umgebung wird. Das Newtonsche Verfahren konvergiert jedoch wesentlich besser als die Methode der sukzessiven Approximation, wie der folgende Satz zeigt. Als wichtiges Hilfsmittel zum Beweis benötigen wir dabei die Taylor-Formel (s. 3.2. (10)) in der Gestalt

$$(4) \qquad f(y)=f(x)+(y-x)f'(x)+R(y;x)$$

mit dem Restglied

$$(5) \qquad R(y;x)=(y-x)^2\int_0^1 f''(x+s(y-x))(1-s)\,ds$$

für jedes Paar von Punkten $x, y \in G$, deren Verbindungsstrecke $\overline{xy}$ ebenfalls in G liegt.

Hiermit können wir den anschließenden Konvergenzsatz für das Newtonsche Verfahren beweisen.

(6) *Die Funktion $f \in C^2(G)$ möge mit positiven Zahlen m, M den Bedingungen genügen*

$$|f'(x)| \geq m, \qquad |f''(x)| \leq M, \qquad x\in G.$$

Zu jeder Nullstelle $z \in G$ gibt es dann eine Umgebung $K_\rho(z) \subseteq G$, $\rho>0$, so daß z die einzige Nullstelle von f in $K_\rho(z)$ ist, für jeden Anfangswert $x_0 \in K_\rho(z)$ die Näherungen $x_1, x_2, \ldots$ in $K_\rho(z)$ bleiben und gegen die Nullstelle z konvergieren mit der a-priori-Fehlerabschätzung

(7) $$q=\frac{M}{2m}|x_0-z|<1, \qquad |x_t-z|\le\frac{2m}{M}q^{(2^t)}, \qquad t=0,1,2,\ldots,$$

und den a-posteriori-Fehlerabschätzungen

(8) $$|x_t-z|\le\frac{1}{m}|f(x_t)|\le\frac{M}{2m}|x_t-x_{t-1}|^2, \qquad t=1,2,\ldots.$$

Beweis. Nach Satz 2.2.(22) gibt es eine positive Zahl $\rho>0$, so daß die Ungleichung

$$m|x-x'|\le|f(x)-f(x')|, \qquad x,x'\in K_\rho(z),$$

gilt. Weiter kann man die Zahl ρ so klein wählen, daß auch $\rho<2m/M$ ausfällt. Damit ist z die einzige Nullstelle in $K_\rho(z)$, weil aus der Annahme $f(z)=f(z')=0$, $z\neq z'$, mit der obigen Ungleichung ein Widerspruch folgte. Für je zwei Punkte $x,y\in K_\rho(z)$ gilt die Taylor-Formel (4). Das Restglied R genügt hier der Abschätzung

(9) $$|R(y;x)|\le\tfrac{1}{2}|y-x|^2M, \qquad x,y\in K_\rho(z).$$

Für $\rho<2m/M$ bildet die Funktion g in (3) die Menge $K_\rho(z)$ in sich ab, so daß mit $x_0\in K_\rho(z)$ auch die Newtonschen Näherungen $x_{t+1}=g(x_t)$ in $K_\rho(z)$ bleiben für $t=0,1,2,\ldots.$ Dies erkennt man mit Hilfe der Taylor-Formel für $y=z$ aus der Darstellung

$$g(x)-z=-\frac{1}{f'(x)}(f(x)+(z-x)f'(x))=-\frac{1}{f'(x)}R(z;x)$$

und der anschließenden Abschätzung mit $|x-z|\le\rho<2m/M$,

$$|g(x)-z|\le\frac{M}{2m}|x-z|^2\le\frac{M}{2m}\rho^2<\rho \implies g(x)\in K_\rho(z).$$

Die Beziehung $x_{t+1}=g(x_t)$ ergibt daraus die Ungleichung

$$|x_{t+1}-z|\le\frac{M}{2m}|x_t-z|^2, \qquad t=0,1,2,\ldots.$$

Setzt man $\rho_t=|x_t-z|M/2m$, so ist dies gleichbedeutend mit den Ungleichungen $\rho_{t+1}\le\rho_t^2$ für $t=0,1,2,\ldots$, das heißt

$$\rho_1\le\rho_0^2, \qquad \rho_2\le\rho_1^2\le(\rho_0^2)^2, \qquad \rho_3\le\rho_2^2\le(\rho_1^2)^2\le((\rho_0^2)^2)^2,\ldots$$

und allgemein

$$\rho_t\le\rho_0^{(2^t)} \iff |x_t-z|\le\frac{2m}{M}q^{(2^t)}, \qquad t=0,1,2,\ldots.$$

Für $0\le q<1$ konvergiert daher $x_t\longrightarrow z$ mit der Fehlerabschätzung (7). Setzt man schließlich in der Taylor-Formel $x=x_{t-1}$, $y=x_t$, so ergibt sich mit Hilfe der Beziehung (2) und der Ungleichung (9) für $x=x_t$, $x'=z$ die a-posteriori-Fehlerabschätzung aus

$$f(x_t)=R(x_t;x_{t-1}), \qquad |f(x_t)|\le\tfrac{1}{2}M|x_t-x_{t-1}|^2, \qquad t=1,2,\ldots. \qquad \blacksquare$$

Wir bemerken noch, daß für eine zweimal stetig differenzierbare Funktion in der Umgebung einer einfachen Nullstelle z, also mit $f(z)=0, f'(z)\neq 0$, immer eine offene Teilmenge G dieser Umgebung existiert, für die die Voraussetzung von Satz (6) erfüllt ist und damit das Newtonsche Verfahren konvergiert. Die a-priori-Fehlerabschätzung (7) gibt einen Eindruck vom Konvergenztempo des Newtonschen Verfahrens. Für $t=10$ wird bereits $2^{10}>1000$, und damit genügt der Fehler der a-priori-Ungleichung

$$|x_{10}-z|\leq\frac{2m}{M}q^{1000}.$$

Beispiel 1. Das Newtonsche Verfahren läßt sich insbesondere auf die Bestimmung einfacher Wurzeln z aus $\mathbf{K}=\mathbf{R}$ bzw. $\mathbf{K}=\mathbf{C}$ eines Polynoms p anwenden. Die Funktionswerte $p(x)$ und $p'(x)$ berechnet man dabei mit Hilfe des Horner-Schemas (s. Abschnitt 1.1).

Beispiel 2. Als weiteres Beispiel betrachten wir das Newtonsche Verfahren zur Bestimmung von Nullstellen der Funktion

$$f(x)=x^{\nu}-\alpha,\qquad x\in\mathbf{K}-\{0\},$$

mit beliebigen Zahlen $\alpha, \nu\in\mathbf{K}$ für $\alpha\neq 0$, $\nu\neq 0$. Zu jeder Nullstelle z von f gibt es dann eine Umgebung G von z, so daß die Voraussetzungen von Satz (6) erfüllt sind, und das Newtonsche Verfahren (2) konvergiert, $x_t\longrightarrow\alpha^{1/\nu}$ $(t\longrightarrow\infty)$. Die Vorschrift (2) kann man hier in der Form schreiben

$$x_{t+1}=\frac{1}{\nu}\left((\nu-1)x_t+\frac{\alpha}{x_t^{\nu-1}}\right),\qquad t=0,1,2,\ldots.$$

Speziell bestimmt man für $\nu=2$ die Quadratwurzel $z=\sqrt{\alpha}$ mit der Folge

$$x_{t+1}=\frac{1}{2}\left(x_t+\frac{\alpha}{x_t}\right),\qquad t=0,1,2,\ldots,$$

und für $\nu=-1$ das Reziproke $z=1/\alpha$ mit der Folge

$$x_{t+1}=x_t(1+r_t),\qquad r_t=1-\alpha x_t,\qquad t=0,1,2,\ldots.$$

Das letzte Verfahren wird später verallgemeinert auf die Bestimmung der Inversen A^{-1} einer nichtsingulären Matrix A (s. Abschnitt 8.4.3).

2.4. Regula falsi

Das Newtonsche Verfahren erfordert die Berechnung der Ableitung f' der Funktion f. Dies kann in den Anwendungen bei komplizierten Funktionen sehr schwierig oder praktisch unmöglich sein. Daher ist die folgende Regula falsi von besonderer Bedeutung. Dieses Verfahren konvergiert unter entsprechenden Voraussetzungen ähnlich rasch wie das Newtonsche Verfahren. Die Ableitung f' im Newtonschen Verfahren wird hier jedoch durch einen Differenzenquotienten approximiert und damit die Berechnung der Ableitung von f vermieden. Wesentliche Voraussetzung für die Konvergenz der Regula falsi ist, daß die beiden Anfangswerte x_0, x_1 hinreichend nahe an einer Nullstelle liegen.

Für eine stetige Funktion f auf der offenen Teilmenge G aus $\mathbf{K}=\mathbf{R}$ bzw. $\mathbf{K}=\mathbf{C}$ und eine Nullstelle z von f in G bestimmt die Regula falsi Näherungen x_t für z nach der Vorschrift

$$(1) \qquad x_{t+1}=x_t-f(x_t)\frac{x_t-x_{t-1}}{f(x_t)-f(x_{t-1})}, \qquad t=1,2,\ldots,$$

mit geeigneten Anfangswerten $x_0, x_1 \in G$. Bei diesem Verfahren erhält man also die neue Näherung x_{t+1} als Nullstelle der Sekante

$$y=f(x_t)+(x-x_t)\frac{f(x_t)-f(x_{t-1})}{x_t-x_{t-1}}, \qquad (x,y)\in G\times\mathbf{K}\subseteq\mathbf{K}^2,$$

an die Kurve f durch die Punkte $(x_t, f(x_t))$, $(x_{t-1}, f(x_{t-1}))$ (s. Fig. 4).

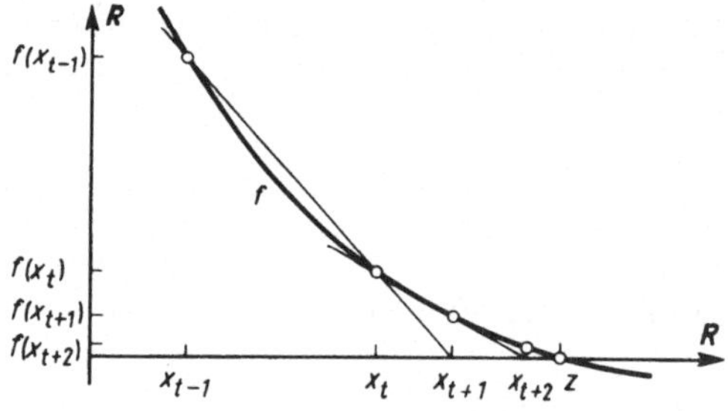

Fig. 4

Der Konvergenzsatz für die Regula falsi läßt sich ganz analog wie beim Newtonschen Verfahren formulieren und beweisen. Eine charakteristische Abweichung besteht jedoch darin, daß anstelle der Potenzen 2^t hier die Fibonacci-Zahlen

$$(2) \qquad k_0=1,\ k_1=1, \qquad k_t=k_{t-1}+k_{t-2}, \qquad t=2,3,\ldots,$$

auftreten. Weiter ist bei der Regula falsi (1) zu zeigen, daß die Näherungswerte x_{t-1}, x_t und die Funktionswerte $f(x_{t-1})$, $f(x_t)$ immer paarweise verschieden sind, wenn $x_0 \neq x_1$ gewählt wird und das Verfahren nicht bereits nach endlich vielen Schritten die Nullstelle $x_t=z$ liefert. Ein wichtiges Hilfsmittel beim Beweis des Konvergenzsatzes ist schließlich die Approximation der Funktion f durch die Newtonsche Interpolationsformel (s. Abschnitt 3.2)

$$(3) \qquad f(x)=f(x_1)+(x-x_1)f[x_1,x_0]+(x-x_1)(x-x_0)f[x_1,x_0,x]$$

mit den Differenzenquotienten

$$(4) \qquad f[x_1,x_0]=\frac{f(x_1)-f(x_0)}{x_1-x_0}, \qquad f[x_1,x_0,x]=\frac{f[x_1,x_0]-f[x_0,x]}{x_1-x}$$

für paarweise verschiedene Punkte $x_0, x_1, x\in G$. Für eine zweimal stetig differenzierbare Funktion f gestattet der zweite Differenzenquotient die Integraldarstellung (s. 3.2. (5))

$$(5) \qquad f[x_1,x_0,x]=\int_0^1 ds \int_0^s ds'\, f''(x_1+s(x_0-x_1)+s'(x-x_0)).$$

Hiermit zeigen wir nun den folgenden Konvergenzsatz.

(6) *Die Funktion* $f\in C^2(G)$ *möge mit positiven Zahlen* m, M *den Bedingungen genügen*

$$|f'(x)|\ge m, \qquad |f''(x)|\le M, \qquad x\in G.$$

Zu jeder Nullstelle $z\in G$ *gibt es dann eine Umgebung* $K_\rho(z)\subseteq G$, $\rho>0$, *so daß* z *die einzige Nullstelle von* f *in* $K_\rho(z)$ *ist. Wenn das Verfahren nicht mit* $x_t=z$ *abbricht, dann sind für jedes Paar von Anfangswerten* $x_0, x_1\in K_\rho(z)$, $x_0\neq x_1$, *die Näherungen* $x_2, x_3, \ldots$ *definiert, liegen in* $K_\rho(z)$ *und konvergieren gegen die Nullstelle* z *mit der a-priori-Fehlerabschätzung*

$$(7) \qquad \frac{M}{2m}|x_0-z|\le q<1, \quad \frac{M}{2m}|x_1-z|\le q<1, \quad |x_t-z|\le\frac{2m}{M}q^{k_t}, \quad t=0,1,2,\ldots,$$

mit den Fibonacci-Zahlen k_t, *sowie mit den a-posteriori-Fehlerabschätzungen*

$$(8) \qquad |x_t-z|\le\frac{1}{m}|f(x_t)|\le\frac{M}{2m}|x_t-x_{t-1}|\,|x_t-x_{t-2}|, \qquad t=2,3,\ldots\,.$$

Beweis. Nach Satz 2.2.(22) gibt es zunächst wieder eine positive Zahl ρ, so daß die Ungleichung 2.2.(24) gilt und $\rho<2m/M$ ausfällt. Damit ist die Nullstelle z in $K_\rho(z)$ eindeutig bestimmt, und die ersten Differenzenquotienten $f[x,x']$ werden dem Betrage nach gleichmäßig in $K_\rho(z)$ nach unten beschränkt durch die positive Zahl m. Nach Voraussetzung sind die Punkte x_0, x_1 aus $K_\rho(z)$ und verschieden. Für jedes Paar $x_{t-1}, x_t\in K_\rho(z)$ mit $x_{t-1}\neq x_t$ und $x_{t-1}\neq z$, $x_t\neq z$ hat man mit Hilfe von (1) und $f(z)=0$ die Darstellung

$$x_{t+1}-z=(x_t-z)\frac{f[x_t,x_{t-1}]-f[x_t,z]}{f[x_t,x_{t-1}]}=(x_t-z)(x_{t-1}-z)\frac{f[x_t,x_{t-1},z]}{f[x_t,x_{t-1}]}.$$

Auf Grund von (5) wird der Differenzenquotient zweiter Ordnung abgeschätzt mit dem Ergebnis

$$|f[x_t,x_{t-1}]|\ge m, \qquad |f[x_t,x_{t-1},z]|\le\tfrac{1}{2}M,$$

so daß die Ungleichungen folgen

$$|x_{t+1}-z| \leq \frac{M}{2m}|x_t-z|\,|x_{t-1}-z|, \qquad t=1,2,\dots .$$

Für $\rho<2m/M$, $|x_t-z|\leq\rho$, $|x_{t-1}-z|\leq\rho$ wird $|x_{t+1}-z|<\rho$, so daß auch x_{t+1} in $K_\rho(z)$ liegt. Ferner ist $x_{t+1}\neq x_t$, da sonst aus (1) folgte $f(x_t)=0$ oder $x_t=z$ und das Verfahren bereits am Ende wäre. Setzt man $\rho_t=|x_t-z|M/2m$, so ist $\rho_0\leq q$, $\rho_1\leq q$ und die obige Abschätzung gleichbedeutend mit den Ungleichungen $\rho_{t+1}\leq\rho_t\rho_{t-1}$, $t=1,2,\dots$, das heißt

$$\rho_2\leq\rho_1\rho_0\leq q^{1+1}, \qquad \rho_3\leq\rho_2\rho_1\leq q^{2+1}, \qquad \rho_4\leq\rho_3\rho_2\leq q^{3+2},\dots,$$

und für $k_0=1$, $k_1=1$ wird allgemein

$$\rho_t\leq q^{k_t} \iff |x_t-z|\leq\frac{2m}{M}q^{k_t}, \qquad k_t=k_{t-1}+k_{t-2}, \qquad t=2,3,\dots .$$

Für $0\leq q<1$ konvergiert mit $k_t\longrightarrow\infty$ auch $q^{k_t}\longrightarrow 0$ für $t\longrightarrow\infty$. Schließlich erhält man die erste a-posteriori-Fehlerabschätzung mit $x'=z$, $f(z)=0$ aus der Ungleichung 2.2.(24). Setzt man in der Interpolationsformel (3) die Punkte x_{t-1}, x_{t-2}, x_t anstelle von x_1, x_0, x, so wird

$$f(x_t)=(x_t-x_{t-1})(x_t-x_{t-2})f[x_{t-1},x_{t-2},x_t],$$

was die zweite a-posteriori-Fehlerabschätzung ergibt. ■

Die Fibonacci-Zahlen (2) haben übrigens für $t=0,1,2,\dots$ die Darstellung

(9) $$k_t=\frac{1}{\sqrt{5}}(\lambda_1^{t+1}-\lambda_2^{t+1}), \quad \lambda_1=\frac{1}{2}(1+\sqrt{5}), \quad \lambda_2=\frac{1}{2}(1-\sqrt{5}),$$

wie man leicht nachprüft. Für großes t überwiegt hier der Term mit λ_1^{t+1}, und daher wird mit $\lambda_1\doteq 1{,}618$ und $\lambda_1/\sqrt{5}\doteq 0{,}723$

(10) $$k_t\cong\frac{\lambda_1}{\sqrt{5}}\lambda_1^t\doteq 0{,}723\,(1{,}618)^t, \qquad t\gg 1.$$

Im Unterschied zur a-priori-Fehlerabschätzung 2.3.(7) beim Newtonschen Verfahren mit dem Faktor $q^{(2^t)}$ hat man bei der Regula falsi näherungsweise die Abschätzung

(11) $$|x_t-z|\lesssim\frac{2m}{M}q^{0{,}723\,(1{,}618)^t}, \qquad t\gg 1.$$

2.5. Quadratische Interpolation

Das Verfahren der quadratischen Interpolation läßt sich als eine Verbesserung der Regula falsi auffassen. Bei der Regula falsi wurden Näherungen für Nullstellen einer Funktion f durch Approximation der Funktion mit geeigneten Sekanten erhalten.

Beim Verfahren der quadratischen Interpolation arbeitet man statt dessen mit der wesentlich besseren Approximation der Funktion durch Interpolationspolynome zweiten Grades, deren Nullstellen dann Näherungen entsprechend höherer Genauigkeit für eine gesuchte Nullstelle von f liefern. In Verbindung mit dem Intervallschachtelungsverfahren ergibt die Methode der quadratischen Interpolation nicht nur ein äußerst rasch konvergentes sondern zugleich sicheres, einfaches und universell anwendbares Verfahren zur Berechnung von Nullstellen reeller Funktionen. Wir beschränken uns der Kürze halber im folgenden auf die Beschreibung des Verfahrens und die Angabe einer a-posteriori-Fehlerabschätzung.

Sei f eine reelle stetige Funktion auf dem abgeschlossenen Intervall $I-[a,b]$ mit der Eigenschaft

(1) $$f(a)f(b)<0,$$

so daß f mindestens eine Nullstelle im Intervall besitzt. Wir bezeichnen mit $c=(a+b)/2$ den Mittelpunkt und mit $h=(b-a)/2$ die halbe Länge des Intervalls $I=[a,b]$. Das eindeutig bestimmte Interpolationspolynom p zweiten Grades durch die Punkte $(a,f(a))$, $(b,f(b))$, $(c,f(c))$ lautet dann

$$p(x)=f(c)+\frac{x-c}{2h}(f(b)-f(a))+\frac{(x-c)^2}{2h^2}(f(a)+f(b)-2f(c)), \qquad x\in\mathbf{R}.$$

Für die Berechnung der Nullstellen von p führt man zweckmäßig noch eine neue Variable ein und schreibt dieses Polynom in der Gestalt

$$p(c+hs)=\alpha s^2+\beta s+\gamma, \qquad s=\frac{1}{h}(x-c)\in[-1,+1],$$

mit den Koeffizienten

(2) $$\alpha=\tfrac{1}{2}(f(a)+f(b)-2f(c)), \qquad \beta=\tfrac{1}{2}(f(b)-f(a)), \qquad \gamma=f(c).$$

Für $f(a)f(b)<0$ ist der Koeffizient β notwendig ungleich Null. Wenn $\alpha=0$ ausfällt, dann wird das Polynom p eine lineare Funktion und geometrisch gesprochen die Sehne durch die Punkte $(a,f(a))$, $(b,f(b))$ der Kurve f. Unter der Voraussetzung (1) hat die Gleichung $p(x)=0$ in diesem Falle genau eine Nullstelle $x_0=c-h\gamma/\beta$ im Intervall $I=[a,b]$. Für $\alpha\neq 0$ besitzt die quadratische Gleichung

$$\alpha s^2+\beta s+\gamma=0$$

unter der Voraussetzung (1) zwei reelle Nullstellen, von denen genau eine im Intervall $[-1,+1]$ liegt. Wie man leicht nachprüft, lautet diese Nullstelle

$$s_0=\frac{1}{2\alpha}\{-\beta+\operatorname{sgn}\beta\sqrt{\beta^2-4\alpha\gamma}\}.$$

Für kleine Werte von α ist diese Darstellung allerdings sehr ungünstig. Da $\beta\neq 0$ ist, läßt sich die Nullstelle s_0 jedoch auch in der Form schreiben

(3) $$s_0 = -\frac{\frac{2\gamma}{\beta}}{1+\sqrt{1-\frac{4\alpha\gamma}{\beta^2}}},$$

die für $\alpha \longrightarrow 0$ stetig in die Gleichung $s_0 = -\gamma/\beta$ übergeht mit der Nullstelle s_0 des linearen Polynoms $\beta s + \gamma$. Die Nullstelle $x_0 = c + h s_0$ des Polynoms p im Intervall $[a,b]$ ergibt dann eine Näherung für eine Nullstelle von f im Intervall $[a,b]$.

Nach diesen Vorüberlegungen läßt sich das Verfahren der quadratischen Interpolation mit Intervallschachtelung folgendermaßen beschreiben. Zu einem Intervall $I_t = [a_t, b_t]$, $t = 0, 1, 2, \ldots$, mit

(4) $$f(a_t)f(b_t) < 0, \quad c_t = \tfrac{1}{2}(b_t + a_t), \quad h_t = \tfrac{1}{2}(b_t - a_t)$$

berechnet man den Funktionswert $f(c_t)$. Für $f(c_t) = 0$ ist $c_t = z$ eine gesuchte Nullstelle von f in $I_t = [a_t, b_t]$ und das Verfahren beendet. Andernfalls berechnet man die Nullstelle x_t des Interpolationspolynoms zweiten Grades durch die Punkte $(a_t, f(a_t))$, $(b_t, f(b_t))$, $(c_t, f(c_t))$ nach der Formel

(5) $$x_t = c_t - \frac{\frac{2h_t\gamma_t}{\beta_t}}{1+\sqrt{1-\frac{4\alpha_t\gamma_t}{\beta_t^2}}}$$

mit den für $f(a_t)$, $f(b_t)$, $f(c_t)$ entsprechend (2) gebildeten Koeffizienten $\alpha_t, \beta_t, \gamma_t$. Für $f(x_t) = 0$ ist das Verfahren mit $z = x_t$ beendet. Andernfalls setzt man das Verfahren fort in dem neuen Intervall $I_{t+1} = [a_{t+1}, b_{t+1}]$, wobei a_{t+1}, b_{t+1} diejenigen unter den Punkten a_t, b_t, c_t, x_t sind, die das kleinstmögliche Intervall ergeben mit der Eigenschaft

$$f(a_{t+1})f(b_{t+1}) < 0, \quad a_{t+1} < b_{t+1}.$$

Für eine differenzierbare, strikt monotone Funktion f mit

$$|f'(x)| \geq m > 0, \quad x \in [a_0, b_0],$$

kann man schließlich noch die a-posteriori-Fehlerabschätzung 2.1.(9) für die Näherungen x_t der Nullstelle z heranziehen,

(6) $$|x_t - z| \leq \frac{1}{m}|f(x_t)|, \quad t = 0, 1, 2, \ldots .$$

2.6. Numerische Übungsaufgaben

1. Intervallschachtelungsverfahren. Man bestimme mit Hilfe des Intervallschachtelungsverfahrens die Nullstellen der Funktionen $f_1(x) = 1 - \frac{1}{3}x^2$, $1 \leq x \leq 2$, sowie $f_2(x) = 1 - \frac{1}{2}e^x$, $0 \leq x \leq 1$, und $f_3(x) = \sin x$, $2 \leq x \leq 4$, indem man als Ausgangsintervall $[a_0, b_0]$ die genannten Intervalle verwendet.

Ergebnis. Die Nullstellen lauten $z^{(1)} = \sqrt{3} \doteq 1.73205$, $z^{(2)} = \ln 2 \doteq 0.69315$, $z^{(3)} = \pi \doteq 3.14159$. Als Näherungen erhält man

t	$x_t^{(1)}$	$x_t^{(2)}$	$x_t^{(3)}$
0	1.50000	0.50000	3.00000
1	1.75000	0.75000	3.50000
2	1.62500	0.62500	3.25000
3	1.68750	0.68750	3.12500
4	1.71875	0.71875	3.18750
5	1.73438	0.70313	3.15625
6	1.72656	0.69531	3.14063
7	1.73047	0.69141	3.14844
8	1.73242	0.69336	3.14453
9	1.73145	0.69238	3.14258
10	1.73193	0.69287	3.14160
11	1.73218	0.69312	3.14111
12	1.73206	0.69324	3.14136
13	1.73199	0.69318	3.14148
14	1.73203	0.69315	3.14154
15	1.73204	0.69316	3.14157
16	1.73205	0.69315	3.14159

2. Iterationsverfahren. Man berechne die Nullstellen der obigen Funktionen mit dem Iterationsverfahren $x_{t+1} = x_t + f(x_t)$, $t = 0, 1, 2, \ldots$.

Ergebnis

t	$x_t^{(1)}$	$x_t^{(2)}$	$x_t^{(3)}$
0	1.00000	0.00000	3.80000
1	1.66667	0.50000	3.18814
2	1.74074	0.67564	3.14161
3	1.73068	0.69299	3.14159
4	1.73226	0.69315	3.14159
5	1.73202	0.69315	3.14159
6	1.73206	0.69315	3.14159
7	1.73205	0.69315	3.14159

3. Newtonsches Verfahren. Man berechne die Nullstellen der obengenannten Funktionen durch das Newtonsche Verfahren.

Ergebnis

t	$x_t^{(1)}$	$x_t^{(2)}$	$x_t^{(3)}$
0	1.10000	0.40000	4.00000
1	1.91364	0.74064	2.84218
2	1.74067	0.69426	3.15087
3	1.73207	0.69315	3.14159
4	1.73205	0.69315	3.14159

4. Regula falsi. Man berechne die Nullstellen der obigen Funktionen mit Hilfe der Regula falsi.

Ergebnis

t	$x_t^{(1)}$	$x_t^{(2)}$	$x_t^{(3)}$
0	1.10000	0.40000	4.00000
1	2.00000	0.50000	3.50000
2	1.67742	0.72389	3.06802
3	1.72807	0.69010	3.14286
4	1.73211	0.69310	3.14159
5	1.73205	0.69315	3.14159

5. Quadratische Interpolation. Man berechne die Nullstellen der genannten Funktionen durch quadratische Interpolation, ausgehend von den Anfangsintervallen, die beim Intervallschachtelungsverfahren verwandt wurden.

Ergebnis

t	$x_t^{(1)}$	$x_t^{(2)}$	$x_t^{(3)}$
0	1.73205	0.68726	3.16722
1		0.69320	3.14383
2		0.69315	3.14179
3			3.14161
4			3.14159

Bemerkung. Die Funktion f_1 ist ein Polynom zweiten Grades, stimmt also mit dem Interpolationspolynom durch die Punkte $(a_0, f(a_0))$, $(b_0, f(b_0))$ und $(c_0, f(c_0))$ gemäß Paragraph 3 überein. Daher ergibt sich die Nullstelle z von f_1 bereits im ersten Schritt als Nullstelle des Interpolationspolynoms.

II Interpolation, Extrapolation, numerische Differentiation und numerische Integration

Interpolationspolynome zweiten Grades wurden bereits bei der Regula falsi und der quadratischen Interpolation herangezogen. Die wichtigsten Anwendungen findet die Interpolation bzw. Extrapolation durch Polynome bei der numerischen Differentiation und Integration von Funktionen. In der Praxis hat man oft mit so komplizierten Funktionen zu tun, daß eine analytische Bestimmung und Darstellung von Differentialquotienten der Funktionen viel zu umständlich oder gar ausgeschlossen ist. Von besonderer Bedeutung ist daher, daß sich Differentialquotienten beliebiger Ordnung stets durch Differenzenquotienten approximieren lassen. Die numerische Berechnung dieser Näherungen kann allerdings durch Rundungsfehler erheblich gestört werden, wodurch das Rechnen mit doppelter oder höherer Genauigkeit erforderlich wird. Auch die Aufgabe der Integration gegebener Funktionen ist in der Praxis nur in seltenen Fällen in geschlossener Form lösbar. Somit benötigt man im allgemeinen sogenannte Quadraturformeln zur näherungsweisen Lösung dieser Aufgabe.

Die Methoden dieses Kapitels finden wichtige Anwendungen bei den numerischen Verfahren zur Integration von Anfangswertaufgaben gewöhnlicher Differentialgleichungen mit Hilfe von Differenzengleichungen in Kapitel V. Interessante Eigenschaften von Lagrange-Polynomen und Gaußschen Quadraturformeln werden ferner noch bei den Orthogonalisierungsverfahren im Rahmen der numerischen Methoden der linearen Algebra gebracht.

3. Interpolation, Extrapolation und numerische Differentiation

Interpolationspolynome bilden ein wichtiges Hilfsmittel zur Approximation von Funktionen. Im ersten Abschnitt zeigen wir zunächst die eindeutige Lösbarkeit der Interpolationsaufgabe. Das eindeutig bestimmte Interpolationspolynom gestattet jedoch verschiedene Darstellungen nach Lagrange, Newton und Taylor. Der Aufgabenstellung entsprechend arbeitet man dann jeweils mit der gerade zweckmäßigsten Darstellung. Zum Beispiel ist für die numerische Berechnung sowohl von Funktionswerten als auch von Koeffizienten des Interpolationspolynoms die Newtonsche Darstellung besonders geeignet. Im zweiten Abschnitt wird die Approximation hinreichend oft differenzierbarer Funktionen durch Interpolation mit der allgemeinen Hermiteschen Formel behandelt, bei der neben den Funktionswerten auch die Werte von Ableitungen des Interpolationspolynoms vorgeschrieben werden können. Die Approximation hinreichend oft differenzierbarer Funktionen durch Interpolationspolynome liefert gleichzeitig Approximationen der Ableitungen dieser Funktion durch die entsprechenden Ableitungen des Interpolationspolynoms, also durch Differenzenquotienten. Aus diesem Grunde ist es möglich, die Differentiation von Funktionen numerisch näherungsweise mit Hilfe von Differenzenquotienten auszuführen.

Literatur: Milne-Thomson, Nörlund.

3.1. Interpolationspolynome

Die Grundaufgabe der Interpolation bzw. Extrapolation durch Polynome besteht darin, zu $m+1$ paarweise verschiedenen Zahlen $x_0, \dots, x_m$ und $m+1$ beliebigen Zahlen $y_0, \dots, y_m$ ein Polynom p höchstens m-ten Grades zu bestimmen, das an den Stellen x_j die Funktionswerte $y_j = p(x_j)$ für $j=0, \dots, m$ annimmt. Geometrisch anschaulich gesprochen sucht man also ein Polynom p, so daß die Kurve $(x, p(x))$, $x \in \mathbf{K}$, die Punkte $(x_0, y_0), \dots, (x_m, y_m)$ in der Ebene $\mathbf{K}^2 = \mathbf{R}^2$ bzw. in $\mathbf{K}^2 = \mathbf{C}^2$ interpoliert bzw. extrapoliert. Als Polynom m-ten Grades bezeichnet man in diesem Zusammenhang jede Funktion p auf $\mathbf{K} = \mathbf{R}$ bzw. $\mathbf{K} = \mathbf{C}$, die sich in der Form schreiben läßt

$$(1) \qquad p(x) = \alpha_0 + \alpha_1 x + \dots + \alpha_m x^m, \qquad x \in \mathbf{K},$$

mit einer nichtnegativen ganzen Zahl m als Grad und Zahlen $\alpha_0, \dots, \alpha_m \in \mathbf{K}$ als Koeffizienten.

3.1.1. Lagrange-Darstellung. Anschließend zeigen wir die eindeutige Lösbarkeit der Interpolationsaufgabe. Mit Hilfe von Lagrange-Polynomen läßt sich in einfacher

Weise immer eine Lösung der Interpolationsaufgabe in der sogenannten Lagrange-Darstellung angeben. Die Eindeutigkeit dieses Interpolationspolynoms folgt dann aus dem Nichtverschwinden der Vandermondeschen Determinante paarweise verschiedener Zahlen.

Die Lagrange-Polynome m-ten Grades $L_0, \ldots, L_m$ zu $m+1$ paarweise verschiedenen Zahlen $x_0, \ldots, x_m \in \mathbf{K}$ definiert man für $m=0$ durch

$$L_0(x)=1, \quad x \in \mathbf{K},$$

und für $m \geq 1$ durch die Vorschrift

$$(2) \qquad L_k(x)=\prod_{\substack{l=0 \\ l \neq k}}^{m} \frac{x-x_l}{x_k-x_l}, \quad x \in \mathbf{K}, \quad k=0, \ldots, m.$$

In diesem Produkt sind die Nenner von Null verschiedene Zahlen und die Zähler lineare Funktionen in x. Ein Produkt von m linearen Funktionen in x läßt sich durch Ausmultiplizieren in die obige Gestalt (1) umformen und ist somit ein Polynom m-ten Grades. Aus der Definition (2) folgt sofort die charakteristische Eigenschaft der Lagrange-Polynome

$$(3) \qquad L_k(x_j)=\delta_{jk}=\begin{cases} 1, j=k, \\ 0, j \neq k, \end{cases} \quad j,k=0, \ldots, m.$$

Hiermit kann man jetzt sehr leicht die Existenz des gesuchten Interpolationspolynoms zeigen und die Lösung der Interpolationsaufgabe in der Lagrange-Darstellung direkt angeben in der Form

$$(4) \qquad p(x)=\sum_{k=0}^{m} y_k L_k(x), \quad x \in \mathbf{K}.$$

Als Linearkombination von Polynomen des Grades m hat dieses Polynom p nämlich höchstens den Grad m, und mit Hilfe der charakteristischen Eigenschaft (3) wird

$$p(x_j)=\sum_{k=0}^{m} y_k L_k(x_j)=y_j, \quad j=0, \ldots, m.$$

Die Eindeutigkeit des Interpolationspolynoms beruht auf der folgenden wichtigen Eigenschaft von Polynomen: Sind p, q zwei Polynome m-ten Grades, die an den paarweise verschiedenen Stellen $x_0, \ldots, x_m$ übereinstimmen,

$$p(x_j)=q(x_j),\ j=0, \ldots, m, \quad p(x)=\sum_{k=0}^{m} \alpha_k x^k, \quad q(x)=\sum_{k=0}^{m} \beta_k x^k, \quad x \in \mathbf{K},$$

dann müssen notwendig p, q überall übereinstimmen, also den Bedingungen genügen

$$p(x)=q(x),\ x \in \mathbf{K} \iff \alpha_k=\beta_k, \quad k=0, \ldots, m.$$

Die Differenz $r=p-q$ ist nämlich ein Polynom m-ten Grades mit den Koeffizienten $\gamma_k=\alpha_k-\beta_k$, $k=0, \ldots, m$, das an den Stellen $x_0, \ldots, x_m$ den Gleichungen genügt

$$r(x_j)=0 \iff \sum_{k=0}^{m} x_j^k \gamma_k=0, \quad j=0, \ldots, m.$$

Die Determinante der Koeffizientenmatrix (x_j^k) dieses homogenen Gleichungssystems mit $\gamma_0, \ldots, \gamma_m$ als Unbekannten ist die Vandermondesche Determinante

$$\text{(5)} \qquad \det(x_j^k) = \begin{vmatrix} 1 & x_0 & \cdots & x_0^m \\ 1 & x_1 & \cdots & x_1^m \\ \cdot & \cdot & & \cdot \\ 1 & x_m & \cdots & x_m^m \end{vmatrix} = \prod_{\substack{j,k=0 \\ j<k}}^{m} (x_k - x_j).$$

Also ist für paarweise verschiedene $x_0, \ldots, x_m \in \mathbf{K}$ die Determinante $\det(x_j^k) \neq 0$ und daher notwendig $\gamma_0 = \cdots = \gamma_m = 0$ sowie $r(x) = 0$, $x \in \mathbf{K}$.

Das Ergebnis dieser Überlegungen fassen wir in dem folgenden Existenz- und Eindeutigkeitssatz für die Lösung der Interpolationsaufgabe zusammen.

(6) *Zu je* $m+1$ *paarweise verschiedenen Zahlen* $x_0, \ldots, x_m \in \mathbf{K}$ *und je* $m+1$ *beliebigen Zahlen* $y_0, \ldots, y_m \in \mathbf{K}$ *gibt es stets ein eindeutig bestimmtes Interpolationspolynom* p *höchstens m-ten Grades mit der Eigenschaft*

$$p(x_j) = y_j, \qquad j = 0, \ldots, m.$$

3.1.2. Dividierte Differenzen und Newtonsche Darstellung. Für die numerische Praxis ist die Lagrange-Darstellung von Interpolationspolynomen im allgemeinen nicht geeignet. Zur Berechnung der Funktionswerte von Interpolationspolynomen geht man zweckmäßiger von einfachen rekursiven Beziehungen aus, die durch fortgesetzte Bildung dividierter Differenzen den gesuchten Funktionswert des Polynoms liefern. Dieses Verfahren führt darüber hinaus unmittelbar auf die Newtonsche Darstellung des eindeutig bestimmten Interpolationspolynoms oder in verkürzter Sprechweise auf das Newtonsche Interpolationspolynom. Die Koeffizienten in dieser Darstellung des Interpolationspolynoms m-ten Grades sind dividierte Differenzen bis zur Ordnung m, die ebenfalls aus einem Differenzenschema gewonnen werden, das mit dem eben genannten Verfahren eng verwandt ist.

Seien wieder $m+1$ paarweise verschiedene Zahlen $x_0, \ldots, x_m \in \mathbf{K}$ und $m+1$ zugehörige Zahlen $y_0, \ldots, y_m \in \mathbf{K}$ gegeben. Dann existiert nach Abschnitt 3.1.1 ein eindeutig bestimmtes Interpolationspolynom p höchstens m-ten Grades mit der Eigenschaft $p(x_j) = y_j, j = 0, \ldots, m$. Darüber hinaus hat man zu jeder Teilmenge ganzer Zahlen

$$\text{(7)} \qquad \{j_0, \ldots, j_l\} \subseteq \{0, \ldots, m\}, \qquad l = 0, \ldots, m,$$

ein eindeutig bestimmtes Interpolationspolynom $p_{j_0, \ldots, j_l}$ höchstens l-ten Grades zu den Punkten (x_k, y_k), $k = j_0, \ldots, j_l$, mit der Eigenschaft

$$\text{(8)} \qquad p_{j_0, \ldots, j_l}(x_k) = y_k, \qquad k = j_0, \ldots, j_l.$$

Wählt man speziell $l = m$, $j_0 = 0, \ldots, j_m = m$, dann nimmt das Polynom $p_{0, \ldots, m}$ an den Stellen $x_0, \ldots, x_m$ die Funktionswerte $y_0, \ldots, y_m$ an und ist somit das eindeutig bestimmte Interpolationspolynom

$$\text{(9)} \qquad p(x) = p_{0, \ldots, m}(x), \qquad x \in \mathbf{K}.$$

Für $l=0$ ist das Polynom konstant gleich y_k mit $k=j_0$ oder

(10) $$p_k(x)=y_k, \quad x\in\mathbf{K}, \quad k=0,\dots,m.$$

(11) *Die Interpolationspolynome* $p_{j_0,\dots,j_l}$ *genügen den folgenden Rekursionsformeln*

$$p_{j,\dots,j+l}(x)=\frac{1}{x_j-x_{j+l}}\{(x-x_{j+l})p_{j,\dots,j+l-1}(x)-(x-x_j)p_{j+1,\dots,j+l}(x)\}$$

für $j=0,\dots,m-l,\ l=1,\dots,m.$

Beweis. An den Stellen $x=x_k, k=j+1,\dots,j+l-1,$ nehmen beide Polynome auf der rechten Seite die Funktionswerte y_k an, so daß in der obigen Gleichung die rechte Seite gleich y_k wird. Für $x=x_j$ bzw. $x=x_{j+l}$ wird jeweils einer der Faktoren $x-x_{j+l}$, $x-x_j$ gleich Null und damit die rechte Seite gleich y_j bzw. y_{j+l}. Folglich steht auf der rechten Seite der obigen Gleichung ein Polynom höchstens l-ten Grades, das an den Stellen $x_j,\dots,x_{j+l}$ die Funktionswerte $y_j,\dots,y_{j+l}$ annimmt und somit das eindeutig bestimmte Interpolationspolynom $p_{j,\dots,j+l}$ ist. ∎

Diese Rekursionsformeln gestatten in einfacher Weise zu einer beliebigen Zahl $x\in\mathbf{K}$ die Berechnung von Funktionswerten $p(x)=p_{0,\dots,m}(x)$ des Interpolationspolynoms nach dem Schema der iterativen linearen Interpolation

$$\begin{array}{cccccc}
x_0 & x_1 & x_2 & \cdots & x_{m-1} & x_m \\
y_0 & y_1 & y_2 & \cdots & y_{m-1} & y_m \\
p_{0,1}(x) & p_{1,2}(x) & p_{2,3}(x) & \cdots & p_{m-1,m}(x) & \\
p_{0,1,2}(x) & p_{1,2,3}(x) & p_{2,3,4}(x) & \cdots & & \\
\vdots & \vdots & & & & \\
p_{0,\dots,m-1}(x) & p_{1,\dots,m}(x) & & & & \\
p_{0,\dots,m}(x) & & & & &
\end{array}$$

Die Interpolationspolynome $p_{j_0,\dots,j_l}$ für $\{j_0,\dots,j_l\}\subseteq\{0,\dots,m\}$ haben noch weitere bemerkenswerte Eigenschaften. Zunächst stellt man eine wichtige Symmetrieeigenschaft bezüglich der Indizes $j_0,\dots,j_l$ fest. Offenbar hängt nämlich das Interpolationspolynom $p_{j_0,\dots,j_l}$ nicht von der Reihenfolge der Punkte (x_k,y_k) für $k=j_0,\dots,j_l$ ab. Für jede Permutation $j'_0,\dots,j'_l$ der Zahlen $j_0,\dots,j_l$ ist daher

(12) $$p_{j_0,\dots,j_l}(x)=p_{j'_0,\dots,j'_l}(x), \quad x\in\mathbf{K}.$$

Aus diesem Grunde wird zum Beispiel

$$p_{0,1,\dots,l}(x)=p_{1,\dots,l,0}(x)=\cdots=p_{l,\dots,1,0}(x), \quad x\in\mathbf{K}.$$

Weiter ist bekanntlich die l-te Ableitung eines Polynoms l-ten Grades konstant. Somit wird jedem System von Punkten (x_k,y_k), $k=j_0,\dots,j_l$, mit Hilfe des zugehörigen, eindeutig bestimmten Interpolationspolynoms $p_{j_0,\dots,j_l}$ eine Zahl $y[x_{j_0},\dots,x_{j_l}]$ zugeordnet durch die Vorschrift

(13) $$y[x_{j_0}, \ldots, x_{j_l}] = \frac{1}{l!} \frac{d^l p_{j_0,\ldots,j_l}}{dx^l}.$$

Diese Zahlen nennt man dividierte Differenzen l-ter Ordnung, da sie der anschließenden Rekursionsformel (16) genügen. Die Beziehung (12) ergibt unmittelbar die entsprechende Symmetrieeigenschaft der dividierten Differenzen

(14) $$y[x_{j_0}, \ldots, x_{j_l}] = y[x_{j'_0}, \ldots, x_{j'_l}], \quad \{j_0, \ldots, j_l\} \subseteq \{0, \ldots, m\},$$

für jede Permutation $j'_0, \ldots, j'_l$ der Zahlen $j_0, \ldots, j_l$. In Analogie zur Taylor-Entwicklung hat das Interpolationspolynom die folgende Darstellung.

(15) *Das eindeutig bestimmte Interpolationspolynom $p = p_{0,\ldots,m}$ gestattet die Newtonsche Darstellung*

$$p(x) = y[x_0] + (x - x_0)y[x_0, x_1] + \cdots + (x - x_0)\cdots(x - x_{m-1})y[x_0, \ldots, x_m], \quad x \in \mathbf{K}.$$

Die Koeffizienten

$$y[x_0, \ldots, x_l] = \frac{1}{l!} \frac{d^l p_{0,\ldots,l}}{dx^l}$$

sind dividierte Differenzen, die nach der folgenden Vorschrift rekursiv berechnet werden können

(16) $$y[x_j] = y_j, \quad j = 0, \ldots, m,$$
$$y[x_j, \ldots, x_{j+l}] = \frac{1}{x_j - x_{j+l}} \{y[x_j, \ldots, x_{j+l-1}] - y[x_{j+1}, \ldots, x_{j+l}]\}$$

für $j = 0, \ldots, m - l$, $l = 1 \ldots, m$.

Beweis. Zu den Interpolationspolynomen $p_{0,\ldots,l}$ betrachtet man die Differenzen

$$r_l(x) = p_{0,\ldots,l}(x) - p_{0,\ldots,l-1}(x), \quad x \in \mathbf{K}, \quad l = 1, \ldots, m.$$

Dieses sind Polynome l-ten Grades, die an den Stellen $x_0, \ldots, x_{l-1}$ Null werden. Damit hat r_l notwendig die Gestalt

$$r_l(x) = \gamma_l(x - x_0)\cdots(x - x_{l-1}), \quad x \in \mathbf{K}, \quad l = 1, \ldots, m,$$

mit geeigneten Koeffizienten γ_l. Die l-te Ableitung von $p_{0,\ldots,l-1}$ ist Null, die l-ten Ableitungen von r_l und $p_{0,\ldots,l}$ sind konstant und genügen somit den Gleichungen

$$\gamma_l = \frac{1}{l!} \frac{d^l r_l}{dx^l} = \frac{1}{l!} \frac{d^l p_{0,\ldots,l}}{dx^l} = y[x_0, \ldots, x_l], \quad l = 1, \ldots, m.$$

Also hat man die behauptete Darstellung

$$p_{0,\ldots,m}(x) = y_0 + \sum_{l=1}^{m} r_l(x) = y_0 + \sum_{l=1}^{m} (x - x_0)\cdots(x - x_{l-1})y[x_0, \ldots, x_l], \quad x \in \mathbf{K}.$$

Schließlich erhält man für die l-te Ableitung der Interpolationspolynome $p_{j,\ldots,j+l}$ aus den Rekursionsformeln (11) die Beziehung

$$\begin{aligned} y[x_j,\ldots,x_{j+l}] &= \frac{1}{l!}\,\frac{\mathrm{d}^l p_{j,\ldots,j+l}}{\mathrm{d}x^l} \\ &= \frac{1}{l!}\,\frac{1}{x_j-x_{j+l}}\left\{l\,\frac{\mathrm{d}^{l-1}p_{j,\ldots,j+l-1}}{\mathrm{d}x^{l-1}} - l\,\frac{\mathrm{d}^{l-1}p_{j+1,\ldots,j+l}}{\mathrm{d}x^{l-1}}\right\} \\ &= \frac{1}{x_j-x_{j+l}}\{y[x_j,\ldots,x_{j+l-1}]-y[x_{j+1},\ldots,x_{j+l}]\} \end{aligned}$$

für $j=0,\ldots,m-l,\ l=1,\ldots,m$. ■

Die dividierten Differenzen $y_{j,\ldots,j+s}=y[x_j,\ldots,x_{j+s}]$ für $j=0,\ldots,m-s,\ s=0,\ldots,m$ berechnet man nach dem folgenden Differenzenschema

$$\begin{array}{llllll} x_0 & x_1 & x_2 & \cdots & x_{m-1} & x_m \\ y_0 & y_1 & y_2 & \cdots & y_{m-1} & y_m \\ y_{0,1} & y_{1,2} & y_{2,3} & \cdots & y_{m-1,m} & \\ y_{0,1,2} & y_{1,2,3} & y_{2,3,4} & \cdots & & \\ \vdots & \vdots & & & & \\ y_{0,\ldots,m-1} & y_{1,\ldots,m} & & & & \\ y_{0,\ldots,m} & & & & & \end{array}$$

Dabei zeigt sich noch ein Vorteil der Newtonschen Darstellung des Interpolationspolynoms $p=p_{0,\ldots,m}$ gegenüber der Lagrange-Darstellung. Bei Hinzunahme eines neuen Punktes (x_{m+1},y_{m+1}) kann man das Differenzenschema leicht um eine Reihe erweitern und die Koeffizienten des Interpolationspolynoms $p_{0,\ldots,m+1}$ mit geringem Aufwand erhalten. Die ersten $m+1$ Koeffizienten $y_0,\ldots,y_{0,\ldots,m}$ sind bei beiden Polynomen gleich und der letzte Koeffizient $y_{0,\ldots,m+1}$ in $p_{0,\ldots,m+1}$ ergibt sich aus der nachträglich berechneten Reihe im Differenzenschema.

3.2. Interpolation von Funktionen

Mit Interpolationspolynomen kann man in einfacher Weise gegebene Funktionen in einem passenden Definitionsbereich gleichmäßig approximieren. Wir behandeln im folgenden hinreichend oft differenzierbare Funktionen und beweisen dafür die Interpolationsformel von Hermite. Diese Formel verallgemeinert die Interpolationsformel von Newton auf den Fall beliebiger, nicht notwendig paarweise verschiedener Stützstellen und enthält als Spezialfall auch die bekannte Taylor-Formel. In einem weiteren Abschnitt werden für die Interpolation von Funktionen eine Reihe von Restglieddarstellungen und zugehörigen Fehlerabschätzungen angegeben. Bei äquidistanten Stützstellen vereinfacht sich die Newtonsche Interpolationsformel durch Einführung der vorwärts- oder rückwärtsgenommenen Differenzen. Damit stellen wir gleichzeitig Hilfsmittel bereit zur Herleitung von Differenzenapproximationen gewöhnlicher Differentialgleichungen.

3.2.1. Die Hermitesche Formel. Im folgenden betrachten wir eine Funktion f auf einer geeigneten Teilmenge $G \subseteq \mathbf{K}$ und $m+1$ Zahlen $x_0, \ldots, x_m \in G$. Wenn die Zahlen $x_0, \ldots, x_m$ paarweise verschieden sind, dann existiert nach Abschnitt 3.1 das eindeutig bestimmte Interpolationspolynom $p = p_{0,\ldots,m}$ mit der Eigenschaft

$$p(x_j) = y_j, \quad y_j = f_j = f(x_j), \qquad j = 0, \ldots, m.$$

Die dividierten Differenzen in der Newtonschen Darstellung des Interpolationspolynoms zu den Funktionswerten $y_0, \ldots, y_m$ an den Stellen $x_0, \ldots, x_m$ bezeichnet man jetzt mit

(1) $$f[x_{j_0}, \ldots, x_{j_l}] = y[x_{j_0}, \ldots, x_{j_l}], \qquad \{j_0, \ldots, j_l\} \subseteq \{0, \ldots, m\}.$$

Das zugehörige Interpolationspolynom $p = p_{0,\ldots,m}$ in der Newtonschen Darstellung lautet

$$p(x) = f[x_0] + (x - x_0) f[x_0, x_1] + \cdots + (x - x_0) \cdots (x - x_{m-1}) f[x_0, \ldots, x_m], \qquad x \in \mathbf{K}.$$

Dieses Polynom kann man als Approximation der Funktion f in G auffassen und dementsprechend mit einem Restglied R schreiben

(2) $$f(x) = p(x) + R(x), \qquad x \in G.$$

Für $x = x_0, \ldots, x = x_m$ wird nach Konstruktion $f(x) = p(x)$ und daher $R(x) = 0$. Wenn x von $x_0, \ldots, x_m$ verschieden ist, so läßt sich mit $x = x_{m+1}$ und $f(x) = y_{m+1}$ das Interpolationspolynom $p_{0,\ldots,m+1}$ zu den Punkten (x_j, y_j), $j = 0, \ldots, m+1$, bilden. Dieses Polynom liefert an der Stelle $x_{m+1} = x$ mit $y_{m+1} = f(x)$ die Newtonsche Interpolationsformel

(3) $$\begin{aligned} f(x) = f[x_0] + (x - x_0) f[x_0, x_1] + \cdots + (x - x_0) \cdots (x - x_{m-1}) f[x_0, \ldots, x_m] + \\ + (x - x_0) \cdots (x - x_m) f[x_0, \ldots, x_m, x], \qquad x \in G - \{x_0, \ldots, x_m\}. \end{aligned}$$

Für die Approximation der Funktion f durch das Interpolationspolynom $p = p_{0,\ldots,m}$ in (4) haben wir damit die Restglieddarstellung gezeigt

(4) $$R(x) = (x - x_0) \cdots (x - x_m) f[x_0, \ldots, x_m, x], \qquad x \in G - \{x_0, \ldots, x_m\}.$$

Für hinreichend oft differenzierbare Funktionen f gestattet das Restglied eine wichtige Integraldarstellung, die mit Hilfe der folgenden Integraldarstellung (6) der dividierten Differenzen von f gewonnen wird. Auf diesem Wege kann man sogar die obige Entwicklung (3) für beliebige, nicht notwendig paarweise verschiedene Punkte $x_0, \ldots, x_m$ erklären, was durch die anschließende Interpolationsformel (8) von Hermite geschieht. Die Funktion f muß dazu auf einer konvexen Teilmenge $G \subseteq \mathbf{K}$ erklärt sein, also zum Beispiel auf einem Intervall der reellen Zahlengeraden $\mathbf{K} = \mathbf{R}$ oder einer Kreisscheibe der komplexen Zahlenebene $\mathbf{K} = \mathbf{C}$.

(5) *Sei G eine konvexe Teilmenge aus* **K** *und sei f eine $(m+1)$-mal stetig differenzierbare Funktion auf G. Dann sind für beliebige Zahlen $x_0,\dots,x_{m+1}\in G$ und $l=1,\dots,m+1$ die Integrale definiert*

$$(6)\qquad f[x_0,\dots,x_l]=\int_0^1 \mathrm{d}t_1\int_0^{t_1}\mathrm{d}t_2\cdots\int_0^{t_{l-1}}\mathrm{d}t_l\, f^{(l)}(x_0+t_1(x_1-x_0)+\cdots+t_l(x_l-x_{l-1})),$$

und es gilt die Gleichung

$$(7)\qquad f[x_0,\dots,x_{l-1},x]=f[x_0,\dots,x_{l-1},x_l]+(x-x_l)\,f[x_0,\dots,x_{l-1},x_l,x]$$

sowie die Darstellung

$$(8)\qquad \begin{aligned} f(x)=f[x_0]+(x-x_0)f[x_0,x_1]+\cdots+(x-x_0)\cdots(x-x_{m-1})\,f[x_0,\dots,x_m]+\\ +(x-x_0)\cdots(x-x_m)\,f[x_0,\dots,x_m,x],\qquad x\in G. \end{aligned}$$

Beweis. (i) Die Menge G ist konvex, so daß mit den Punkten $x_0,\dots,x_l$ auch die abgeschlossene Teilmenge K aller Linearkombinationen der folgenden Gestalt in G liegt,

$$K\colon\ x=\sum_{j=0}^{l}\sigma_j x_j,\qquad \sum_{j=0}^{l}\sigma_j=1,\qquad \sigma_j\ge 0,\qquad j=0,\dots,l.$$

Die Integrationsvariablen im l-fachen Integral (6) genügen der Beziehung $0\le t_l\le t_{l-1}\le\cdots\le t_2\le t_1\le 1$. Der Integrand $f^{(l)}$ hat das Argument

$$x=x_0+t_1(x_1-x_0)+\cdots+t_l(x_l-x_{l-1})=\sum_{j=0}^{l}\sigma_j x_j$$

mit den Koeffizienten

$$\begin{aligned}&\sigma_0=1-t_1\ge 0,\qquad \sigma_1=t_1-t_2\ge 0,\dots,\sigma_{l-1}=t_{l-1}-t_l\ge 0,\\ &\sigma_l=t_l\ge 0,\qquad \sum_{j=0}^{l}\sigma_j=1,\end{aligned}$$

so daß die obigen Bedingungen erfüllt sind, x in $K\subseteq G$ liegt und das Integral (6) existiert.

(ii) Die Hermitesche Formel (8) wird durch einen Induktionsschluß bewiesen. Für beliebige Punkte $x, x_0\in G$ gilt zunächst die Beziehung

$$\begin{aligned} f(x)&=f(x_0)+\int_0^1\frac{\mathrm{d}}{\mathrm{d}t}\{f(x_0+t(x-x_0))\}\,\mathrm{d}t\\ &=f(x_0)+(x-x_0)\int_0^1\mathrm{d}t_1\, f'(x_0+t_1(x-x_0))=f(x_0)+(x-x_0)\,f[x_0,x].\end{aligned}$$

Weiter erhält man für beliebige Punkte $x_0,\dots,x_l,x\in G$ und mit der Abkürzung

$$\varphi(t_1,\dots,t_l,t_{l+1})=f^{(l)}(x_0+t_1(x_1-x_0)+\cdots+t_l(x_l-x_{l-1})+t_{l+1}(x-x_l))$$

durch partielle Integration die Gleichung (7) in der Gestalt

$$\int_0^1 \mathrm{d}t_1 \cdots \int_0^{t_{l-1}} \mathrm{d}t_l \varphi(t_1, \ldots, t_l, t_l)$$
$$= \int_0^1 \mathrm{d}t_1 \cdots \int_0^{t_{l-1}} \mathrm{d}t_l \left\{\varphi(t_1, \ldots, t_l, 0) + \int_0^{t_l} \frac{\partial \varphi}{\partial t_{l+1}}(t_1, \ldots, t_l, t)\mathrm{d}t\right\}.$$

Hiermit folgt für jedes $l=1, \ldots, m$ aus der Hermiteschen Formel

$$f(x)=f[x_0]+\cdots+(x-x_0)\cdots(x-x_{l-1})f[x_0, \ldots, x_{l-1}, x]$$

für $x_0, \ldots, x_{l-1}, x \in G$ auch die entsprechende Formel für f an den Stellen $x_0, \ldots, x_{l-1}, x_l, x \in G$.

(iii) Schließlich zeigen wir noch, daß für paarweise verschiedene Punkte $x_0, \ldots, x_m$ die dividierten Differenzen $y[x_0, \ldots, x_l]$, $l=1, \ldots, m$, der Funktionswerte $y_k=f(x_k)$, $k=0, \ldots, m$, die obige Integraldarstellung (6) haben und somit die Bezeichnung $f[x_0, \ldots, x_l]$ für diese Integrale gerechtfertigt ist. Für jedes $x=x_l$, $l=0, \ldots, m$, ergibt die Newtonsche Interpolationsformel mit $y=f(x)$ die Beziehung

$$f(x)=y[x_0]+\cdots+(x-x_0)\cdots(x-x_{l-1})y[x_0, \ldots, x_l]$$

und die oben bewiesene Hermitesche Formel

$$f(x)=f[x_0]+\cdots+(x-x_0)\cdots(x-x_{l-1})f[x_0, \ldots, x_l].$$

Setzt man hier nacheinander $x=x_0, x=x_1, \ldots, x=x_m$, dann folgt für paarweise verschiedene $x_0, \ldots, x_m$ unmittelbar

$$y[x_0]=f[x_0], \quad y[x_0,x_1]=f[x_0,x_1], \quad \ldots, \quad y[x_0, \ldots, x_m]=f[x_0, \ldots, x_m]. \qquad \blacksquare$$

Der obige Satz gestattet auch die Lösung der **Hermiteschen Interpolationsaufgabe**. Dabei sucht man für eine hinreichend oft differenzierbare Funktion f zu paarweise verschiedenen Zahlen $z_0, \ldots, z_l \in G$ und natürlichen Zahlen $r_0, \ldots, r_l$ ein Polynom p vom Grade $m = r_0 + \cdots + r_l - 1$, das an den Stellen z_k mit den Ableitungen bis zur Ordnung $r_k - 1$ mit f und seinen Ableitungen übereinstimmt,

$$\frac{\mathrm{d}^s f}{\mathrm{d}x^s}(z_k) = \frac{\mathrm{d}^s p}{\mathrm{d}x^s}(z_k), \qquad s=0, \ldots, r_k-1, \qquad k=0, \ldots, l.$$

Zur Bestimmung dieses Polynoms aus der Hermiteschen Formel bildet man die Folge von Punkten

$$x_0, \ldots, x_m\colon\ z_0, \ldots, z_0, z_1, \ldots, z_1, \ldots, z_l, \ldots, z_l,$$

wobei für $k=0, \ldots, l$ die Zahl z_k genau r_k mal wiederholt werden soll. Dann genügt nach Satz (5) das zugehörige Hermitesche Interpolationspolynom

$$p(x)=p_{0, \ldots, m}(x)$$
$$=f[x_0]+(x-x_0)f[x_0,x_1]+\cdots+(x-x_0)\cdots(x-x_{m-1})f[x_0, \ldots, x_m]$$

der Bedingung

$$f(x)=p_{0,\ldots,m}(x)+(x-z_0)^{r_0}\cdots(x-z_l)^{r_l}\,f[x_0,\ldots,x_m,x],\qquad x\in G.$$

Hieraus folgen die obigen Gleichungen für die Ableitungen von f und p durch Taylor-Entwicklung an den Stellen z_k für $k=0,\ldots,l$.

3.2.2. Restglieder. Als besonders wichtigen Spezialfall kann man die Taylorsche Formel aus der allgemeinen Hermiteschen Formel (8) mit einer zugehörigen Restglieddarstellung herleiten. Dazu setzt man $x_0=x_1=\cdots=x_m$ und erhält aus der Integraldarstellung (6) die Beziehung

$$f[x_0,\ldots,x_0]=\int_0^1 \mathrm{d}t_1\ldots\int_0^{t_{l-1}}\mathrm{d}t_l\,f^{(l)}(x_0)=\frac{1}{l!}f^{(l)}(x_0),\qquad l=0,\ldots,m. \tag{9}$$

Die Hermitesche Formel (8) geht in diesem Falle über in die Taylor-Formel

$$f(x)=f(x_0)+\frac{1}{1!}(x-x_0)f'(x_0)+\cdots+\frac{1}{m!}(x-x_0)^m f^{(m)}(x_0)+R_m(x),\ x\in G, \tag{10}$$

mit dem Restglied

$$\begin{aligned}R_m(x)&=(x-x_0)^{m+1}\int_0^1\mathrm{d}t_1\ldots\int_0^{t_m}f^{(m+1)}(x_0+t(x-x_0))\,\mathrm{d}t\\&=\frac{1}{m!}(x-x_0)^{m+1}\int_0^1 f^{(m+1)}(x_0+t(x-x_0))(1-t)^m\,\mathrm{d}t.\end{aligned}$$

Das Restglied genügt auf Grund dieser Darstellung auch der Abschätzung

$$|R_m(x)|\le\frac{|x-x_0|^{m+1}}{(m+1)!}\max_{0\le t\le 1}|f^{(m+1)}(x_0+t(x-x_0))|,\qquad x\in G. \tag{11}$$

Für die Restgliedabschätzung in der Hermiteschen Formel benötigt man noch eine Eigenschaft der Koeffizienten $f[x_0,\ldots,x_l]$.

(12) *Sei G eine konvexe Teilmenge aus* $\mathbf{K}=\mathbf{R}$ *bzw.* $\mathbf{K}=\mathbf{C}$ *und f eine $(m+1)$-mal stetig differenzierbare Funktion auf G. Für beliebige Punkte $x_0,\ldots,x_l\in G$, $l=0,\ldots,m+1$, gilt dann die Abschätzung*

$$|f[x_0,\ldots,x_l]|\le\frac{1}{l!}\max_{z\in K(x_0,\ldots,x_l)}|f^{(l)}(z)|$$

mit

$$K(x_0,\ldots,x_l)=\left\{z\in\mathbf{K}\,|\,z=\sum_{j=0}^{l}\sigma_j x_j,\ \sum_{j=0}^{l}\sigma_j=1,\ \sigma_j\ge 0,\ j=0,\ldots,l\right\}\subseteq G.$$

Im reellen Fall $\mathbf{K}=\mathbf{R}$ *existiert darüber hinaus eine Zahl ξ mit der Eigenschaft*

$$f[x_0,\ldots,x_l]=\frac{1}{l!}f^{(l)}(\xi),\qquad \min_{j=0,\ldots,l}x_j\le\xi\le\max_{j=0,\ldots,l}x_j.$$

Beweis. Die obige Ungleichung folgt unmittelbar durch Abschätzung aus der Integraldarstellung (6). Im reellen Fall $\mathbf{K}=\mathbf{R}$ kann man das abgeschlossene Intervall bilden mit den Endpunkten

$$\xi_0 = \min_{j=0,\ldots,l} x_j, \qquad \xi_1 = \max_{j=0,\ldots,l} x_j.$$

Da G konvex ist, liegt das Intervall $[\xi_0, \xi_1]$ in G. Die l-te Ableitung der reellen Funktion f ist stetig in G und besitzt im abgeschlossenen Intervall $[\xi_0, \xi_1]$ ein Minimum μ_0 und ein Maximum μ_1. In der Integraldarstellung (6) genügt das Argument z des Integranden $f^{(l)}$ der Ungleichung

$$\xi_0 \leq z = \sum_{j=0}^{l} \sigma_j x_j \leq \xi_1,$$

und dementsprechend genügt das Integral der Ungleichung

$$\frac{\mu_0}{l!} = \mu_0 \int_0^1 dt_1 \ldots \int_0^{t_{l-1}} dt_l \leq f[x_0, \ldots, x_l] \leq \mu_1 \int_0^1 dt_1 \ldots \int_0^{t_{l-1}} dt_l = \frac{\mu_1}{l!}.$$

Der Zwischenwertsatz für reellwertige stetige Funktionen, angewandt auf die l-te Ableitung $f^{(l)}$ in $[\xi_0, \xi_1]$, ergibt schließlich die Existenz einer Zahl ξ aus diesem Intervall mit der behaupteten Eigenschaft. ∎

Das Restglied R der Hermiteschen Interpolationsformel (8) lautet

$$R(x) = (x-x_0)\ldots(x-x_m) f[x_0, \ldots, x_m, x], \qquad x \in G.$$

Aus Satz (12) gewinnt man daher für beliebige Punkte $x_0, \ldots, x_m$ die Restgliedabschätzung

$$|R(x)| \leq \frac{|(x-x_0)\ldots(x-x_m)|}{(m+1)!} \max_{z \in K(x_0, \ldots, x_m, x)} |f^{(m+1)}(z)|, \qquad x \in G. \tag{13}$$

Im reellen Fall existiert zu beliebigen Punkten $x_0, \ldots, x_m, x \in G$ immer eine Zahl ξ, so daß mit $x = x_{m+1}$ die Restglieddarstellung gilt

$$R(x) = \frac{(x-x_0)\ldots(x-x_m)}{(m+1)!} f^{(m+1)}(\xi), \qquad \min_{j=0,\ldots,m+1} x_j \leq \xi \leq \max_{j=0,\ldots,m+1} x_j. \tag{14}$$

Für die Taylor-Formel ist speziell $x_0 = x_1 = \cdots = x_m$. Die Zahl ξ liegt dann im Intervall $\min(x_0, x) \leq \xi \leq \max(x_0, x)$ und gestattet die bekannte Restglieddarstellung

$$R(x) = \frac{(x-x_0)^{m+1}}{(m+1)!} f^{(m+1)}(\xi). \tag{15}$$

3.2.3. Äquidistante Stützstellen. Für äquidistante Stützstellen $x_0, \ldots, x_m \in \mathbf{K}$ nimmt die Newtonsche Interpolationsformel eine besonders einfache Gestalt an, die wir jetzt noch herleiten wollen. Die Punkte oder Zahlen $x_0, \ldots, x_m$ heißen äquidistant, wenn mit einer Zahl $h \neq 0$ als Schrittweite die Beziehung gilt

$$x_j = x_0 + jh, \qquad j = 0, \ldots, m.$$

In diesem Falle sind für beliebige Zahlen $y_0,\dots,y_m \in \mathbf{K}$ die zugehörigen vorwärtsgenommenen oder aufsteigenden Differenzen $\Delta^s y_j$ durch die Vorschrift definiert

(16) $$\Delta^0 y_j = y_j, \quad \Delta^s y_j = \Delta^{s-1} y_{j+1} - \Delta^{s-1} y_j, \quad j=0,\dots,m-s, \quad s=1,\dots,m.$$

Durch einen Induktionsschluß zeigt man, daß die Differenzen $\Delta^s y_j$ sich auch direkt durch die Ordinaten $y_0,\dots,y_m$ ausdrücken lassen in der Form

$$\Delta^s y_j = \sum_{k=0}^{s} (-1)^{s-k} \binom{s}{k} y_{j+k}.$$

Die in Abschnitt 3.1 erklärten dividierten Differenzen nehmen die Gestalt an

$$y[x_j] = \Delta^0 y_j = y_j, \quad y[x_j, x_{j+1}] = \frac{y_{j+1} - y_j}{x_{j+1} - x_j} = \frac{1}{h} \Delta y_j$$

und allgemeiner folgt aus der Rekursionsformel 3.1. (16) die Darstellung

(17) $$y[x_j,\dots,x_{j+s}] = \frac{1}{s!\,h^s} \Delta^s y_j, \quad j=0,\dots,m-s, \quad s=0,\dots,m.$$

Im Falle äquidistanter Stützstellen lautet also das Newtonsche Interpolationspolynom mit aufsteigenden Differenzen

$$p(x) = y_0 + \frac{x - x_0}{1!\,h} \Delta y_0 + \cdots + \frac{(x-x_0)\dots(x-x_{m-1})}{m!\,h^m} \Delta^m y_0, \quad x \in \mathbf{K}.$$

Für einige Anwendungen ist es zweckmäßiger, anstelle der Variablen x die neue Variable $z = (x - x_0)/h$ einzuführen. Damit wird

$$\frac{1}{h}(x - x_j) = \frac{1}{h}(x - x_0 - jh) = z - j, \quad j=0,\dots,m,$$

und folglich

$$\frac{1}{j!\,h^j}(x-x_0)\dots(x-x_{j-1}) = \frac{1}{j!} z(z-1)\dots(z-j+1) = \binom{z}{j}$$

sowie

(18) $$p(x) = \sum_{j=0}^{m} \binom{z}{j} \Delta^j y_0, \quad x = x_0 + hz, \quad z \in \mathbf{K}.$$

Für eine beliebige Funktion f auf einer Teilmenge $G \subseteq \mathbf{K}$ mit $x_0,\dots,x_m \in G$ und der Abkürzung $y_j = f_j = f(x_j), j=0,\dots,m$, vereinfacht sich hier die Newtonsche Interpolationsformel zu

(19) $$f(x) = f_0 + \frac{x - x_0}{1!\,h} \Delta f_0 + \cdots + \frac{(x-x_0)\dots(x-x_{m-1})}{m!\,h^m} \Delta^m f_0 + R(x)$$
$$= \sum_{j=0}^{m} \binom{z}{j} \Delta^j f_0 + R(x), \quad x = x_0 + hz, \quad z \in \mathbf{K},$$

mit dem Restglied

$$R(x)=(x-x_0)\dots(x-x_m)f[x_0,\dots,x_m,x],\ x\in\mathbf{K}-\{x_0,\dots,x_m\},$$
$$R(x)=0,\quad x=x_0,\dots,x_m.$$

Ganz analog führt man rückwärtsgenommene oder absteigende Differenzen $\nabla^s y_j$ ein in der Form

$$\text{(20)}\qquad \nabla^0 y_j=y_j,\quad \nabla^s y_j=\nabla^{s-1}y_j-\nabla^{s-1}y_{j-1},\quad j=s,\dots,m,\quad s=1,\dots,m.$$

Das Newtonsche Interpolationspolynom $p=p_{0,\dots,m}$ ist unabhängig von der Reihenfolge der Punkte $(x_0,y_0),\dots,(x_m,y_m)$, so daß dieses Polynom $p=p_{m,\dots,0}$ auch die Darstellung gestattet

$$p(x)=y_m+(x-x_m)y[x_m,x_{m-1}]+\dots+(x-x_m)\dots(x-x_1)y[x_m,\dots,x_0].$$

Hier wird mit den rückwärtsgenommenen Differenzen

$$y[x_j]=y_j,\quad y[x_j,x_{j-1}]=\frac{y_j-y_{j-1}}{x_j-x_{j-1}}=\frac{1}{h}\nabla y_j$$

und allgemeiner

$$\text{(21)}\qquad y[x_j,\dots,x_{j-s}]=\frac{1}{s!\,h^s}\nabla^s y_j,\quad j=s,\dots,m,\quad s=0,\dots,m.$$

Das Newtonsche Interpolationspolynom kann man demnach mit absteigenden Differenzen in der Form schreiben

$$p(x)=y_m+\frac{x-x_m}{1!\,h}\nabla y_m+\dots+\frac{(x-x_m)\dots(x-x_1)}{m!\,h^m}\nabla^m y_m.$$

Durch die Variablensubstitution $z=(x-x_m)/h$ nimmt das Polynom die (18) entsprechende Gestalt an

$$\text{(22)}\qquad p(x)=\sum_{j=0}^{m}(-1)^j\binom{-z}{j}\nabla^j y_m,\quad x=x_m+hz,\quad z\in\mathbf{K}.$$

Für Funktionen f auf einer Teilmenge G mit $x_0,\dots,x_m\in G$ gilt schließlich mit dem gleichen Restglied wie oben die Newtonsche Interpolationsformel mit absteigenden Differenzen

$$f(x)=f_m+\frac{x-x_m}{1!\,h}\nabla f_m+\dots+\frac{(x-x_m)\dots(x-x_1)}{m!\,h^m}\nabla^m f_m+R(x)$$
$$=\sum_{j=0}^{m}(-1)^j\binom{-z}{j}\nabla^j f_m+R(x),\quad x=x_m+hz,\quad z\in\mathbf{K}.$$

3.3. Numerische Differentiation

Die Approximation einer hinreichend oft differenzierbaren Funktion durch Interpolationspolynome ergibt gleichzeitig Approximationen der Ableitungen der Funktion durch die entsprechenden Ableitungen des Interpolationspolynoms. Auf diesem

Wege erhält man Differenzenquotienten als Näherungen für Differentialquotienten beliebiger Ordnung und Genauigkeit. Mit Hilfe der Taylor-Formel läßt sich eine dazu äquivalente Methode zur Bestimmung von Differenzenquotienten angeben. Für die numerische Berechnung von Näherungen für Differentialquotienten durch Differenzenquotienten ist allerdings zu beachten, daß die Ergebnisse bei einer größeren Zahl von Stützstellen durch Rundungsfehler erheblich beeinträchtigt oder gar unbrauchbar werden können. Eine Reihe von Beispielen spezieller Differenzenquotienten bringen wir im nächsten Abschnitt 3.4 zusammen mit numerischen Ergebnissen.

3.3.1. Elementare Differenzenquotienten. Zunächst wollen wir einige elementare, für die Anwendungen wichtige Approximationen von Differentialquotienten durch Differenzenquotienten herleiten. Wichtigstes Hilfsmittel ist dabei die Taylor-Formel für eine $(m+1)$-mal stetig differenzierbare Funktion f mit beschränkten Ableitungen auf einer konvexen Teilmenge $G \subseteq \mathbf{K}$. Das zugehörige Restglied R genügt dabei für jedes $x \in G$ der Abschätzung

$$(1) \qquad |R(x)| \leq \frac{|x-x_0|^{m+1}}{(m+1)!} M_{m+1}, \qquad M_{m+1} = \sup_{x \in G} |f^{(m+1)}(x)|.$$

Die Taylor-Formel läßt sich somit in der Form schreiben

$$(2) \qquad f(x) = f(x_0) + \frac{x-x_0}{1!} f'(x_0) + \cdots + \frac{(x-x_0)^m}{m!} f^{(m)}(x_0) + \mathrm{O}(|x-x_0|^{m+1} M_{m+1}).$$

Für $m=1$, $x_0=c$ und eine zweimal stetig differenzierbare Funktion f gilt speziell die Darstellung

$$f(x) = f(c) + (x-c) f'(c) + \mathrm{O}(|x-c|^2 M_2), \qquad x \in G.$$

Mit einer Zahl $h \neq 0$ als Schrittweite und $x = c+h \in G$ folgt hieraus die Approximation der Ableitung $f'(c)$ durch den vorwärtsgenommenen Differenzenquotienten mit einem Restglied erster Ordnung in h,

$$(3) \qquad f'(c) = \frac{1}{h}(f(c+h) - f(c)) + \mathrm{O}(h M_2).$$

Entsprechend erhält man für $x = c-h \in G$ mit dem rückwärtsgenommenen Differenzenquotienten erster Ordnung die Beziehung

$$(4) \qquad f'(c) = \frac{1}{h}(f(c) - f(c-h)) + \mathrm{O}(h M_2).$$

Aus den Taylor-Formeln für $m=1$, $x=c+h$ und $x=c-h$ kann man $f(c)$ eliminieren und die Gleichungen nach $f'(c)$ auflösen. Dies ergibt den zentralen Differenzenquotienten von f an der Stelle c in der Form

$$(5) \qquad f'(c) = \frac{1}{2h}(f(c+h) - f(c-h)) + \mathrm{O}(h M_2).$$

Für $m=2$ und eine dreimal stetig differenzierbare Funktion f lautet die Taylor-Formel

$$f(x)=f(c)+(x-c)f'(c)+\tfrac{1}{2}(x-c)^2 f''(c)+O(|x-c|^3 M_3), \qquad x\in G.$$

Sie liefert mit $x=c+h$, $x=c-h$ für den zentralen Differenzenquotienten erster Ordnung von f die Beziehung

$$(6) \qquad f'(c)=\frac{1}{2h}(f(c+h)-f(c-h))+O(h^2 M_3),$$

also eine Approximation der Ableitung $f'(c)$ mit einem Restglied von zweiter Ordnung in h im Unterschied zu den Restgliedern in (3), (4) von erster Ordnung in h. Dies entspricht der Regel, daß zentrale Differenzenquotienten im allgemeinen bessere Approximationen ergeben als vorwärts- oder rückwärtsgenommene Differenzenquotienten.

Aus den Taylor-Formeln für $m=2$, $x=c+h$ und $x=c-h$ kann man die erste Ableitung $f'(c)$ eliminieren und diese Gleichungen nach $f''(c)$ auflösen. Die zweite Ableitung $f''(c)$ wird damit durch den zentralen Differenzenquotienten zweiter Ordnung approximiert

$$(7) \qquad f''(c)=\frac{1}{h^2}(f(c+h)+f(c-h)-2f(c))+O(hM_3).$$

Für eine viermal stetig differenzierbare Funktion f gewinnt man so aus den Taylor-Formeln für $m=3$, $x=c+h$, $x=c-h$ eine Darstellung von $f''(c)$ durch den zentralen Differenzenquotienten zweiter Ordnung mit einem Restglied von zweiter Ordnung in h,

$$(8) \qquad f''(c)=\frac{1}{h^2}(f(c+h)+f(c-h)-2f(c))+O(h^2 M_4).$$

3.3.2. Differenzenquotienten beliebiger Ordnung und Genauigkeit. Auf diesem Wege kann man mit Hilfe genügend vieler Stützstellen $x_0,\dots,x_m$ aus der Taylor-Formel Differenzenquotienten beliebiger Ordnung und Genauigkeit für die Approximation einer hinreichend oft differenzierbaren Funktion f gewinnen. Erste Näherungen für die Differentialquotienten $f^{(k)}(c)$ erhält man damit bis auf den Faktor $k!$ sehr einfach durch die dividierten Differenzen $f[x_0,\dots,x_k]$. Der Taylor-Ansatz ist äquivalent dazu, die Ableitungen von f durch die entsprechenden Ableitungen des Interpolationspolynoms $p_{0,\dots,m}$ zu approximieren, was wir anschließend zeigen wollen.

Sei wieder f eine $(m+1)$-mal stetig differenzierbare Funktion mit beschränkten Ableitungen auf der konvexen Menge $G\subseteq\mathbf{K}$. Zu $m+1$ paarweise verschiedenen Punkten $x_0,\dots,x_m\in G$ und den zugehörigen Funktionswerten $f_j=f(x_j)$, $j=0,\dots,m$, ist das eindeutig bestimmte Interpolationspolynom $p=p_{0,\dots,m}$ definiert. Die Funktion f genügt damit der Newtonschen Interpolationsformel

$$(9) \qquad f(x)=p_{0,\dots,m}(x)+R(x), \qquad R(x)=(x-x_0)\cdots(x-x_m)f[x_0,\dots,x_m,x], \qquad x\in G.$$

An einer beliebigen Stelle $c \in G$ werden dann die Ableitungen $f^{(k)}(c)$ von f durch die entsprechenden Ableitungen $p_{0,\dots,m}^{(k)}(c)$ des Interpolationspolynoms mit dem Restglied $R^{(k)}(c)$ approximiert,

(10) $$\frac{d^k f}{dx^k}(c) = \frac{d^k p_{0,\dots,m}}{dx^k}(c) + \frac{d^k R}{dx^k}(c), \quad k=0,\dots,m.$$

Mit Hilfe der Lagrange-Darstellung des Interpolationspolynoms gilt die Beziehung

(11) $$p_{0,\dots,m}^{(k)}(c) = \frac{d^k p_{0,\dots,m}}{dx^k}(c) = \sum_{j=0}^{m} f_j \frac{d^k L_j}{dx^k}(c) = (D^k f)(c)$$

für $k=0,\dots,m$. Die Differentialquotienten $p_{0,\dots,m}^{(k)}(c)$ sind also lineare Funktionen $(D^k f)(c)$ der Funktionswerte $f_0,\dots,f_m$ von f an den Stellen $x_0,\dots,x_m$. Die Newtonsche Interpolationsformel ergibt noch die Restglieddarstellung

$$R^{(k)}(c) = \frac{d^k R}{dx^k}(c) = \frac{d^k}{dx^k}\{(x-x_0)\cdots(x-x_m) f[x_0,\dots,x_m,x]\}(c),$$
$$k=0,\dots,m.$$

Die in Gleichung (11) definierten Differenzenquotienten $(D^k f)(c)$ sind bis auf den Faktor $1/k!$ die Koeffizienten in der Taylor-Darstellung des Interpolationspolynoms $p_{0,\dots,m}$ an der Stelle c,

(12) $$p_{0,\dots,m}(x) = \sum_{k=0}^{m} \frac{1}{k!}(x-c)^k \frac{d^k p_{0,\dots,m}}{dx^k}(c) = \sum_{k=0}^{m} \frac{1}{k!}(x-c)^k (D^k f)(c).$$

Für $x = x_j$ wird $p_{0,\dots,m}(x_j) = f_j, j=0,\dots,m$, so daß die Koeffizienten $(D^k f)(c)/k!$ Lösungen des inhomogenen Gleichungssystems werden

(13) $$\sum_{k=0}^{m} \frac{1}{k!}(x_j-c)^k (D^k f)(c) = f_j, \quad j=0,\dots,m.$$

Für paarweise verschiedene Punkte $x_0,\dots,x_m$ ist dieses Gleichungssystem immer eindeutig lösbar, da die Determinante der Koeffizientenmatrix $(x_j-c)^k, j, k=0,\dots,m$, als Vandermondesche Determinante ungleich Null ist.

Die Differenzenquotienten $(D^k f)(c)$ in (11) haben die charakteristische Eigenschaft, daß sie für Polynome f höchstens m-ten Grades exakt sind, also die Gleichung gilt

(14) $$(D^k f)(c) = \frac{d^k f}{dx^k}(c), \quad k=0,\dots,m.$$

In diesem Falle ist nämlich f identisch mit dem Interpolationspolynom $p_{0,\dots,m}$.

Das Restglied $R^{(k)}(c)$ in der Approximation (10) von Differentialquotienten durch Differenzenquotienten gestattet noch eine wichtige Fehlerabschätzung, die wir jetzt angeben wollen. Wir beschränken uns dabei auf den reellen Fall $\mathbf{K} = \mathbf{R}$.

(15) *Sei f eine reelle, $(m+1)$-mal stetig differenzierbare Funktion auf dem beschränkten abgeschlossenen Intervall $G = [a,b] \subseteq \mathbf{R}$. Für beliebige, paarweise verschiedene Punkte*

$x_0,\dots,x_m \in G$ sei $R=f-p_{0,\dots,m}$ das Restglied der Newtonschen Interpolationsformel. Dann besitzt für jedes $k=0,\dots,m$ die Ableitung $R^{(k)}$ mindestens $m+1-k$ Nullstellen $x_j^{(k)}, j=0,\dots,m-k$, in G mit der Eigenschaft

(16) $$\min_{j=0,\dots,m} x_j \le x_0^{(k)} < x_1^{(k)} < \dots < x_{m-k}^{(k)} \le \max_{j=0,\dots,m} x_j.$$

Für jede Stelle $c\in G$ und jedes $k=0,\dots,m$ gibt es eine Zahl ξ, so daß die Darstellung gilt

(17) $$R^{(k)}(c) = \frac{1}{(m+1-k)!}(c-x_0^{(k)})\cdots(c-x_{m-k}^{(k)})f^{(m+1)}(\xi).$$

Beweis. (i) Das Restglied $R=f-p_{0,\dots,m}$ der Newtonschen Interpolationsformel ist $(m+1)$-mal stetig differenzierbar in $[a,b]$ und besitzt die $m+1$ Stützstellen $x_0,\dots,x_m$ als Nullstellen. Diese Stellen ordnen wir der Größe nach und bezeichnen sie in dieser Anordnung mit $x_0^{(0)} < x_1^{(0)} < \dots < x_m^{(0)}$. Nach dem Satz von Rolle erhält man hiermit mindestens m Nullstellen $x_0^{(1)},\dots,x_{m-1}^{(1)}$ der Ableitung R' des Restgliedes mit der Eigenschaft

$$\min_{j=0,\dots,m} x_j = x_0^{(0)} < x_0^{(1)} < x_1^{(0)} < x_1^{(1)} < \dots < x_{m-1}^{(0)} < x_{m-1}^{(1)} < x_m^{(0)} = \max_{j=0,\dots,m} x_j.$$

Durch wiederholte Anwendung des Satzes von Rolle folgt entsprechend die Existenz der Nullstellen $x_j^{(k)}$ in (16) für die Ableitungen $R^{(k)}$ des Restgliedes.

(ii) Wenn für ein $k=0,\dots,m$ die Stelle c gleich einer Nullstelle $x_j^{(k)}$ ist, dann sind beide Seiten in (17) mit einer beliebigen Stelle $\xi\in G$ gleich Null. Andernfalls betrachtet man die Hilfsfunktion

$$\varphi(x) = R^{(k)}(x) - \frac{1}{\gamma}(x-x_0^{(k)})\dots(x-x_{m-k}^{(k)})R^{(k)}(c), \qquad x\in\mathbf{R},$$

mit der Zahl

$$\gamma = (c-x_0^{(k)})\dots(c-x_{m-k}^{(k)}).$$

Damit hat φ mindestens die $m+2-k$ paarweise verschiedenen Nullstellen $c, x_0^{(k)},\dots,x_{m-k}^{(k)}$. Durch wiederholte Anwendung des Satzes von Rolle auf die Funktion φ und ihre Ableitungen folgt, daß die $(m+1-k)$-te Ableitung von φ eine Nullstelle ξ im Intervall

$$\xi_0 = \min(c, x_0,\dots,x_m) \le \xi \le \max(c, x_0,\dots,x_m) = \xi_1$$

besitzt. Nun ist $R^{(k)} = f^{(k)} - p_{0,\dots,m}^{(k)}$ und mit $p_{0,\dots,m}^{(m+1)}=0$ wird $R^{(m+1)} = f^{(m+1)}$. Die Restglieddarstellung (17) folgt damit aus der Gleichung

$$0 = \varphi^{(m+1-k)}(\xi) = R^{(m+1)}(\xi) - \frac{1}{\gamma}(m+1-k)!\,R^{(k)}(c).$$ ■

Als Folgerung aus diesem Satz hat man die Restgliedabschätzung

(18) $$|R^{(k)}(c)| \le \frac{\rho^{m+1-k}}{(m+1-k)!} \max_{a \le x \le b} |f^{(m+1)}(x)|, \qquad \rho = \max_{j=0,\dots,m} |x_j - c|,$$

für $k=0,\dots,m$ und jede Stelle c in $[a,b]$. Für den speziellen Fall $k=m$ erhält man die Approximation der m-ten Ableitung von f durch $p^{(m)}_{0,\dots,m} = f[x_0,\dots,x_m]$ in der Gestalt

(19) $$f^{(m)}(c) = m!\, f[x_0,\dots,x_m] + (c - x_0^{(m)})\, f^{(m+1)}(\xi).$$

Der typische Verlauf des Restgliedes R ist in Fig. 5 dargestellt.

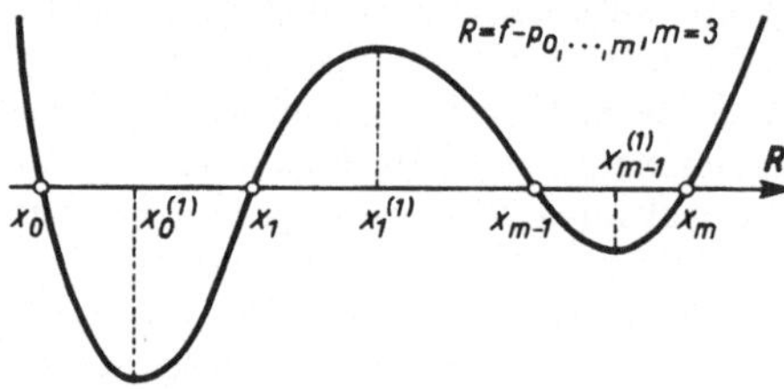

Fig. 5

3.4. Numerische Übungsaufgaben

1. Differenzenquotienten erster Ordnung. Sei $x_j = x_0 + jh$, $y_j = f(x_j)$, $j=0,\pm 1,\pm 2,\dots$. Zur Approximation von $f'(x_0)$ kann man die folgenden Differenzenquotienten verwenden. Diese und auch die weiteren Differenzenquotienten findet man im Handbuch von Abramowitz-Stegun in Table 25.2:

$$\begin{aligned}
p'_{0,1}(x_0) &= \frac{1}{h}(y_1 - y_0),\\
p'_{0,1,2}(x_0) &= \frac{1}{2h}(-y_2 + 4y_1 - 3y_0),\\
p'_{0,1,2,3}(x_0) &= \frac{1}{6h}(2y_3 - 9y_2 + 18y_1 - 11y_0),\\
p'_{-1,0,1}(x_0) &= \frac{1}{2h}(y_1 - y_{-1}),\\
p'_{-1,0,1,2}(x_0) &= \frac{1}{6h}(-y_2 + 6y_1 - 3y_0 - 2y_{-1}),\\
p'_{-2,-1,0,1,2}(x_0) &= \frac{1}{12h}(-y_2 + 8y_1 - 8y_{-1} + y_{-2}).
\end{aligned}$$

Man berechne diese Differenzenquotienten für die Schrittweiten $h = 2^{-1}, 2^{-2},\dots,2^{-10}$ mit der Funktion $f(x) = e^x$, $-\infty < x < \infty$, an der Stelle $x_0 = 0$.

Ergebnis. Es ist $f'(0)=1$.

h	$p'_{0,1}(0)$	$p'_{0,1,2}(0)$	$p'_{0,1,2,3}(0)$	$p'_{-1,0,1}(0)$	$p'_{-1,0,1,2}(0)$	$p'_{-2,-1,0,1,2}(0)$
2^{-1}	1.29744	0.87660	1.05861	1.04219	0.98699	0.99785
2^{-2}	1.13610	0.97476	1.00531	1.01045	0.99855	0.99987
2^{-3}	1.06519	0.99427	1.00057	1.00261	0.99983	0.99999
2^{-4}	1.03191	0.99864	1.00007	1.00065	0.99998	1.00000
2^{-5}	1.01579	0.99967	1.00001	1.00016	1.00000	1.00000
2^{-6}	1.00785	0.99992	1.00000	1.00004	1.00000	1.00000
2^{-7}	1.00392	0.99998	1.00000	1.00001	1.00000	1.00000
2^{-8}	1.00195	0.99999	1.00000	1.00000	1.00000	1.00000
2^{-9}	1.00098	1.00000	1.00000	1.00000	1.00000	1.00000
2^{-10}	1.00049	1.00000	1.00000	1.00001	1.00001	1.00000

2. Differenzenquotienten zweiter Ordnung. Sei $x_j = x_0 + jh$, $y_j = f(x_j)$, $j = 0, \pm 1, \pm 2, \ldots$. Zur Approximation von $f''(x_0)$ hat man zum Beispiel die folgenden Differenzenquotienten.

$$p''_{0,1,2}(x_0) = \frac{1}{h^2}(y_2 - 2y_1 + y_0),$$

$$p''_{0,1,2,3}(x_0) = \frac{1}{h^2}(-y_3 + 4y_2 - 5y_1 + 2y_0),$$

$$p''_{-1,0,1}(x_0) = \frac{1}{h^2}(y_1 - 2y_0 + y_{-1}),$$

$$p''_{-1,0,1,2,3}(x_0) = \frac{1}{12h^2}(-y_3 + 4y_2 + 6y_1 - 20y_0 + 11y_{-1}),$$

$$p''_{-2,-1,0,1,2}(x_0) = \frac{1}{12h^2}(-y_2 + 16y_1 - 30y_0 + 16y_{-1} - y_{-2}).$$

Man berechne diese Differenzenquotienten für die Schrittweiten $h = 2^{-1}, 2^{-2}, \ldots, 2^{-10}$ mit der Funktion $f(x) = \ln(1+x^2)$, $-\infty < x < \infty$, an der Stelle $x_0 = 0$.

Ergebnis. Es ist $f''(0)=2$.

h	$p''_{0,1,2}(0)$	$p''_{0,1,2,3}(0)$	$p''_{-1,0,1}(0)$	$p''_{-1,0,1,2,3}(0)$	$p''_{-2,-1,0,1,2}(0)$
2^{-1}	0.98744	1.91286	1.78515	1.79579	1.91810
2^{-2}	1.63031	2.29062	1.93999	1.96921	1.99160
2^{-3}	1.89544	2.13768	1.98454	1.99730	1.99938
2^{-4}	1.97297	2.04062	1.99610	1.99981	1.99996
2^{-5}	1.99318	2.01057	1.99902	1.99999	2.00000
2^{-6}	1.99829	2.00269	1.99976	2.00000	2.00000
2^{-7}	1.99976	2.00122	1.99976	1.99988	1.99976
2^{-8}	2.00049	2.00146	1.99902	1.99923	1.99878
2^{-9}	2.00195	2.00391	1.99609	1.99674	1.99512
2^{-10}	2.00781	2.01563	1.98438	1.98698	1.98047

3. Differenzenquotienten dritter und vierter Ordnung. Sei $x_j = x_0 + jh$, $y_j = f(x_j)$, $j = 0, \pm 1, \pm 2, \ldots$. Zur Approximation von $f'''(x_0)$ kann man die folgenden Differenzenquotienten verwenden.

$$p'''_{0,1,2,3}(x_0) = \frac{1}{h^3}(y_3 - 3y_2 + 3y_1 - y_0),$$

$$p'''_{-2,-1,0,1,2}(x_0) = \frac{1}{2h^3}(y_2 - 2y_1 + 2y_{-1} - y_{-2}).$$

Entsprechend hat man zur Approximation von $f^{(4)}(x_0)$ beispielsweise die Differenzenquotienten

$$p^{(4)}_{0,1,2,3,4}(x_0) = \frac{1}{h^4}(y_4 - 4y_3 + 6y_2 - 4y_1 + y_0),$$

$$p^{(4)}_{-1,0,1,2,3}(x_0) = \frac{1}{h^4}(y_3 - 4y_2 + 6y_1 - 4y_0 + y_{-1}),$$

$$p^{(4)}_{-2,-1,0,1,2}(x_0) = \frac{1}{h^4}(y_2 - 4y_1 + 6y_0 - 4y_{-1} + y_{-2}).$$

Man berechne für die Schrittweiten $h = 2^{-1}, 2^{-2}, \ldots, 2^{-10}$ die Differenzenquotienten zur Approximation der dritten Ableitung mit der Funktion $f_1(x) = \sinh x$, $-\infty < x < \infty$, an der Stelle $x_0 = 0$ und die Differenzenquotienten vierter Ordnung mit der Funktion $f_2(x) = \ln(1 + x^2)$, ebenfalls an der Stelle $x_0 = 0$.

Ergebnis $f_1'''(0) = 1$, $f_2^{(4)}(0) = -12$.

h	$p'''_{0,1,2,3}(0)$	$p'''_{-2,-1,0,1,2}(0)$	$p^{(4)}_{0,1,2,3,4}(0)$	$p^{(4)}_{-1,0,1,2,3}(0)$	$p^{(4)}_{-2,-1,0,1,2}(0)$
2^{-1}	1.33569	1.06408	2.57803	−0.51086	−6.38167
2^{-2}	1.07954	1.01572	1.11657	−5.61018	−9.90972
2^{-3}	1.01961	1.00392	−5.86087	−9.80115	−11.40411
2^{-4}	1.00510	1.00089	−10.11572	−11.39648	−11.84375
2^{-5}	1.00073	1.00024	−11.53125	−11.82813	−11.96875
2^{-6}	0.99023	1.00586	−11.75000	−12.00000	−12.00000
2^{-7}	1.01563	1.00000	0.00000	−24.00000	0.00000
2^{-8}	1.12500	1.00000	64.00000	−160.00000	192.00000
2^{-9}	4.00000	−1.00000	512.00000	−2048.00000	3072.00000
2^{-10}	8.00000	−8.00000	8192.00000	−32768.00000	49152.00000

Bemerkung. An diesen Zahlen wie auch bereits am Ergebnis zu 3.4.2 erkennt man, daß bei abnehmender Schrittweite h der Einfluß der Rundungsfehler zunimmt. Gleichzeitig führt die Differenzenbildung zu immer weitergehender Auslöschung (s. Wilkinson [2]) der mitgeführten Stellen. Schließlich besteht das Ergebnis nur noch aus den Fehlern bei der Berechnung von $f(x)$ und Rundungsfehlern, multipliziert mit h^{-3} bzw. h^{-4}. In diesem Fall wird das Rechnen mit doppelter Genauigkeit erforderlich.

4. Dividierte Differenzen. Man berechne mit den Punkten $x_j = x_0 + jh$, $j = -3, -2, \ldots, 2, 3$, die dividierten Differenzen bis zu $f[x_j, \ldots, x_{j+4}]$ für die Funktion $f(x) = e^x$, $-\infty < x < \infty$, an der Stelle $x_0 = 0$ mit den Schrittweiten $h = 2^{-1}, 2^{-2}, \ldots, 2^{-10}$.

Ergebnis. $h = 2^{-7}$

j	-3	-2	-1	0	1	2	3
x_j	-0.02344	-0.01563	-0.00781	0.00000	0.00781	0.01563	0.02344
f_j	0.97684	0.98450	0.99222	1.00000	1.00784	1.01575	1.02371
$f_{j,j+1}$	0.98066	0.98835	0.99610	1.00392	1.01179	1.01973	
$f_{j-1,j,j+1}$		0.49225	0.49609	0.50000	0.50391	0.50793	
$f_{j-1,j,j+1,j+2}$		0.16406	0.16667	0.16667	0.17188		
$f_{j-2,\dots,j+2}$			0.08333	0.00000	0.16667		

5. Interpolationspolynome. Man berechne mit den Punkten $x_j = jh, j = 0, \pm 1, \pm 2, \dots$, die Funktionswerte des Interpolationspolynoms

$$p_{0,1,2,3}(x) = y_0 + \frac{x}{1!} p'_{0,1,2,3}(0) + \frac{x^2}{2!} p''_{0,1,2,3}(0) + \frac{x^3}{3!} p'''_{0,1,2,3}(0)$$

mit der Schrittweite $h = 0.1$ für die Funktion $f(x) = \cosh x$, $x = -0.1\,(0.02)\,0.4$.

Ergebnis

x	$\cosh x$	$p_{0,1,2,3}(x)$	$\cosh x - p_{0,1,2,3}(x)$
-0.1	1.005004	1.004904	0.000101
-0.08	1.003202	1.003138	0.000064
-0.06	1.001801	1.001763	0.000038
-0.04	1.000800	1.000781	0.000019
-0.02	1.000200	1.000193	0.000007
0	1.000000	1.000000	0.000000
0.02	1.000200	1.000203	-0.000003
0.04	1.000800	1.000804	-0.000004
0.06	1.001801	1.001804	-0.000003
0.08	1.003202	1.003204	-0.000002
0.1	1.005004	1.005004	0.000000
0.12	1.007209	1.007207	0.000001
0.14	1.009816	1.009814	0.000002
0.16	1.012827	1.012825	0.000002
0.18	1.016244	1.016242	0.000001
0.2	1.020067	1.020067	0.000000
0.22	1.024298	1.024300	-0.000002
0.24	1.028939	1.028942	-0.000004
0.26	1.033991	1.033995	-0.000004
0.28	1.039457	1.039460	-0.000004
0.3	1.045339	1.045339	0.000000
0.32	1.051638	1.051631	0.000007
0.34	1.058359	1.058340	0.000019
0.36	1.065503	1.065465	0.000038
0.38	1.073073	1.073008	0.000065
0.4	1.081072	1.080970	0.000102

Bemerkung. Für $x_0 \leq x \leq x_3$ ist das Restglied $R(x) = \cosh x - p_{0,1,2,3}(x)$ klein, während außerhalb dieses Intervalles, also bei Extrapolation, das Restglied stark zunimmt.

4. Numerische Integration

Zur Auswertung oder Berechnung eines gegebenen Integrals wird man in der Regel zunächst prüfen, ob sich das Integral in geschlossener, also integralfreier Form darstellen läßt. Die Integraltafeln zum Beispiel von Bierens de Haan, Gradstein-Ryshik, Gröbner-Hofreiter verzeichnen eine große Zahl bestimmter und unbestimmter Integrale. Allerdings treten in den Darstellungen von Integralen vielfach höhere transzendente Funktionen auf, deren numerische Berechnung sogar schwieriger sein kann als die des ursprünglich gegebenen Integrals.

Im allgemeinen ist man in der Praxis daher auf die näherungsweise Berechnung von Integralen mit Hilfe von Quadraturformeln angewiesen. Im folgenden beschränken wir uns auf sogenannte interpolatorische Quadraturformeln und das Extrapolationsverfahren der Romberg-Integration. Für die Herleitung von Quadraturformeln mit optimaler Wahl der Stützstellen im Sinne von Gauß werden bereits Ergebnisse über orthogonale Systeme von Funktionen aus Paragraph 7 herangezogen. Auf neuere Methoden zur Herleitung von Quadraturformeln, die im funktionalanalytischen Sinne optimal sind, können wir hier nicht eingehen.

Literatur: Davis-Rabinowitz, Engels, Krylov, Stroud.

4.1. Interpolatorische Quadraturformeln

Die Approximation von Funktionen durch Interpolationspolynome ergibt in einfacher Weise Quadraturformeln zur näherungsweisen Berechnung bestimmter Integrale. Mit den verschiedenen Darstellungen von Interpolationspolynomen nach Lagrange, Newton und Hermite gewinnt man entsprechende Darstellungen der Quadraturformeln. Die zugehörigen Restglieder in den Interpolationsformeln des Integranden ergeben Restgliedabschätzungen bzw. Restglieddarstellungen zu den Quadraturformeln. Als Beispiele für diese Begriffsbildungen geben wir eine Reihe spezieller klassischer Formeln an.

4.1.1. Quadraturformeln und Restglieder. Ausgangspunkt ist die Herleitung von Quadraturformeln mit der Interpolationsformel von Lagrange. Für die Anwendungen benötigt man jedoch die allgemeinere Klasse von Quadraturformeln, welche mit der Hermiteschen Interpolationsformel zu beliebigen, nicht notwendig paarweise verschiedenen Stützstellen gewonnen wird.

Im folgenden betrachten wir reell- bzw. komplexwertige stetige Funktionen f auf einem Intervall I der reellen Zahlengeraden $\mathbf{R}$. Für jedes beschränkte abgeschlossene Teilintervall $[a,b] \subseteq I$ ist dann bekanntlich das Riemannsche Integral

(1) $$J(f) = \int_a^b f(x)\,\mathrm{d}x$$

definiert als Limes von Näherungssummen. Das Integral $J(f)$ läßt sich also mit jeder vorgegebenen Genauigkeit durch Quadraturformeln der Gestalt

(2) $$Q(f) = (b-a) \sum_{j=0}^{m} \alpha_j f(x_j)$$

approximieren, wenn man nur die Zahl m, die Stützstellen $x_0,\dots,x_m \in I$ und die zugehörigen Gewichte $\alpha_0,\dots,\alpha_m$ geeignet wählt. Jede Quadraturformel $Q(f)$ besitzt ein zugehöriges Restglied $E(f)$ mit der Eigenschaft

$$\int_a^b f(x)\,dx = (b-a)\sum_{j=0}^{m} \alpha_j f(x_j) + E(f), \qquad E(f) = J(f) - Q(f). \tag{3}$$

Für paarweise verschiedene Punkte $x_0,\dots,x_m$ kann man die Funktion f mit ihrem eindeutig bestimmten Interpolationspolynom $p_{0,\dots,m}$ zu den Stützstellen $x_0,\dots,x_m$ und mit dem zugehörigen Restglied schreiben in der Form

$$f(x) = p_{0,\dots,m}(x) + R(x), \qquad x \in I. \tag{4}$$

Durch Integration über das Intervall $[a,b]$ gewinnt man hiermit die Darstellung

$$\int_a^b f(x)\,dx = \int_a^b p_{0,\dots,m}(x)\,dx + \int_a^b R(x)\,dx. \tag{5}$$

In der Lagrange-Darstellung lautet das Interpolationspolynom

$$p_{0,\dots,m}(x) = \sum_{j=0}^{m} f(x_j) L_j(x), \qquad x \in I,$$

und dementsprechend die zugehörige Quadraturformel

$$Q(f) = \int_a^b p_{0,\dots,m}(x)\,dx = (b-a)\sum_{j=0}^{m} \alpha_j f(x_j), \tag{6}$$

$$\alpha_j = \frac{1}{b-a}\int_a^b L_j(x)\,dx, \qquad j = 0,\dots,m.$$

Schreibt man das Restglied der Interpolationsformel in der Gestalt

$$R(x) = f(x) - p_{0,\dots,m}(x) = (x-x_0)\dots(x-x_m) f[x_0,\dots,x_m,x], \tag{7}$$

dann erhält das Restglied $E(f)$ der Quadraturformel für differenzierbare Funktionen f die Darstellung

$$E(f) = \int_a^b R(x)\,dx = \int_a^b (x-x_0)\dots(x-x_m) f[x_0,\dots,x_m,x]\,dx.$$

Seien jetzt allgemeiner $x_0,\dots,x_m \in I$ nicht notwendig verschiedene Punkte und f eine $(m+1)$-mal stetig differenzierbare Funktion auf I. Dann läßt sich die Funktion f mit Hilfe der Newtonschen bzw. der Hermiteschen Interpolationsformel ebenfalls in der Form $f = p_{0,\dots,m} + R$ schreiben mit dem Interpolationspolynom

$$p_{0,\dots,m}(x) = f[x_0] + (x-x_0) f[x_0,x_1] + \dots + (x-x_0)\dots(x-x_{m-1}) f[x_0,\dots,x_m] \tag{8}$$

und dem Restglied

$$R(x)=(x-x_0)\dots(x-x_m)f[x_0,\dots,x_m,x], \qquad x\in I.$$

Die Darstellung (5) ergibt somit die Quadraturformel

$$(9)\qquad Q(f)=\int_a^b p_{0,\dots,m}(x)\,dx=\sum_{j=0}^{m}\beta_j(b-a)^{j+1}f[x_0,\dots,x_j]$$

mit den Koeffizienten

$$(10)\qquad \beta_0=1,\quad \beta_j=\frac{1}{(b-a)^{j+1}}\int_a^b (x-x_0)\dots(x-x_{j-1})\,dx=\int_0^1(z-z_0)\dots(z-z_{j-1})\,dz$$

für $\quad z_j=\dfrac{x_j-a}{b-a},\quad j=0,\dots,m,$

und das Restglied

$$(11)\qquad E(f)=\int_a^b R(x)\,dx=\int_a^b (x-x_0)\dots(x-x_m)f[x_0,\dots,x_m,x]\,dx.$$

Bezeichnen wir das durch die Punkte $a,b,x_0,\dots,x_m$ aufgespannte Intervall mit $[\xi_0,\xi_1]\subseteq I$,

$$\xi_0=\min(a,x_0,\dots,x_m),\qquad \xi_1=\max(b,x_0,\dots,x_m),$$

so folgt für eine $(m+1)$-mal stetig differenzierbare Funktion $f\in C^{m+1}(I)$ mit Hilfe von Satz 3.2. (12) die Restgliedabschätzung

$$(12)\qquad |E(f)|\le\frac{(b-a)^{m+2}}{(m+1)!}\int_0^1|(z-z_0)\dots(z-z_m)|\,dz\max_{\xi_0\le x\le\xi_1}|f^{(m+1)}(x)|.$$

Wenn die Stützstellen $x_0,\dots,x_m$ darüber hinaus der Voraussetzung genügen

$$(13)\qquad (x-x_0)\dots(x-x_m)\ge 0,\ x\in[a,b],\ \text{oder}\ (x-x_0)\dots(x-x_m)\le 0,\ x\in[a,b],$$

dann hat der Integrand $(z-z_0)\dots(z-z_m)$ keinen Vorzeichenwechsel im Intervall $[0,1]$, das Integral in der Restgliedabschätzung wird gleich $|\beta_{m+1}|$ und dementsprechend

$$(14)\qquad |E(f)|\le\frac{|\beta_{m+1}|}{(m+1)!}(b-a)^{m+2}\max_{\xi_0\le x\le\xi_1}|f^{(m+1)}(x)|.$$

Für reellwertige, $(m+1)$-mal stetig differenzierbare Funktionen $f\in C^{m+1}(I)$ und unter der Voraussetzung (13) ergibt der erweiterte Mittelwertsatz der Integralrechnung mit einer Stelle ξ' in $[a,b]$ die Darstellung

$$E(f)=\beta_{m+1}(b-a)^{m+2}f[x_0,\dots,x_m,\xi']$$

und mit Hilfe von Satz 3.2. (12) weiter die Restglieddarstellung

$$E(f) = \frac{\beta_{m+1}}{(m+1)!}(b-a)^{m+2} f^{(m+1)}(\xi) \tag{15}$$

mit einer Zwischenstelle ξ im Intervall $[\xi_0, \xi_1]$. Aus dieser Gleichung folgt für die spezielle Funktion $f(x) = x^{m+1}$, $x \in I$, noch die Darstellung des Faktors β_{m+1} in der Form

$$\beta_{m+1} = \frac{E(x^{m+1})}{(b-a)^{m+2}}. \tag{16}$$

Die oben hergeleiteten Quadraturformeln nach Lagrange, Newton und Hermite haben die wichtige Eigenschaft, daß sie für Polynome f bis zum Grade m exakt sind, also die Gleichung besteht

$$\int_a^b f(x)\,\mathrm{d}x = \sum_{j=0}^{m} \beta_j (b-a)^{j+1} f[x_0, \ldots, x_j] \iff E(f) = J(f) - Q(f) = 0. \tag{17}$$

In diesem Falle wird nämlich f identisch mit seinem Interpolationspolynom $p_{0,\ldots,m}$, das Restglied $R=0$ und daher $E(f) = \int R(x)\,\mathrm{d}x = 0$. Es ist jedoch durchaus möglich, daß eine solche Beziehung (17) auch noch für Polynome höheren Grades $n \geq m$ gilt, wie wir zum Beispiel bei den Gaußschen Quadraturformeln in Abschnitt 4.3 sehen werden. Die größte ganze Zahl n mit dieser Eigenschaft nennt man den **Genauigkeitsgrad** der Quadraturformel. Eine äquivalente Bedingung für den Genauigkeitsgrad n kann man mit Hilfe des Restgliedes $E(f) = J(f) - Q(f)$ der Quadraturformel angeben in der Form

$$E(1) = E(x) = \cdots = E(x^n) = 0, \qquad E(x^{n+1}) \neq 0. \tag{18}$$

Speziell hat man für die Lagrange-Darstellung (3) immer die Beziehung

$$E(1) = 0 \iff 1 = \sum_{j=0}^{m} \alpha_j. \tag{19}$$

4.1.2. Spezielle Quadraturformeln. Als Anwendung der allgemeinen Begriffsbildungen bringen wir anschließend eine Reihe wichtiger spezieller Quadraturformeln Q und Restglieder E zur näherungsweisen Berechnung des Integrals

$$\int_a^b f(x)\,\mathrm{d}x = Q(f) + E(f).$$

Sehnentrapezformel

$$Q(f) = \frac{b-a}{2}(f(a) + f(b)).$$

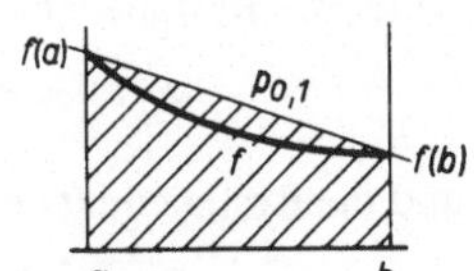

Fig. 6

Mit $x_0=a$, $x_1=b$, $m=1$ ist die Voraussetzung (13) erfüllt. Die Koeffizienten β_j in (10) werden mit $z_0=0, z_1=1$ zu

$$\beta_0=1, \quad \beta_1=\int_0^1 z\,\mathrm{d}z=\tfrac{1}{2}, \quad \beta_2=\int_0^1 z(z-1)\,\mathrm{d}z=-\tfrac{1}{6}.$$

Weiter ist

$$f[a]=f(a), \quad f[a,b]=\frac{f(b)-f(a)}{b-a},$$

und die Quadraturformel (9) lautet

$$Q(f)=(b-a)f(a)+\tfrac{1}{2}(b-a)^2 f[a,b],$$

womit die obige Darstellung folgt. Für jede Funktion $f\in C^2[a,b]$ gilt die Restgliedabschätzung (14) in der Form

$$|E(f)|\leq \tfrac{1}{12}(b-a)^3 \max_{a\leq x\leq b}|f''(x)|,$$

und für jede reellwertige Funktion wird mit einer Zwischenstelle $\xi\in[a,b]$ die Restglieddarstellung (15) zu

$$E(f)=-\tfrac{1}{12}(b-a)^3 f''(\xi).$$

Tangententrapezformel

$$Q(f)=(b-a)f(c), \quad c=\tfrac{1}{2}(a+b).$$

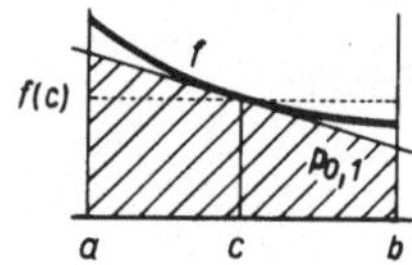

Fig. 7

Für $x_0=x_1=c$, $m=1$ ist wieder die Voraussetzung (13) erfüllt. Für die Koeffizienten β_j erhält man mit $z_0=z_1=\frac{1}{2}$ hier

$$\beta_0=1, \quad \beta_1=\int_0^1 (z-\tfrac{1}{2})\,\mathrm{d}z=0, \quad \beta_2=\int_0^1 (z-\tfrac{1}{2})^2\,\mathrm{d}z=\tfrac{1}{12}.$$

Die Quadraturformel (9) nimmt somit die obige einfache Gestalt an, da der Term mit $f[c,c]=f'(c)$ den Koeffizienten $\beta_1=0$ hat. Für jede Funktion $f\in C^2[a,b]$ lautet die Restgliedabschätzung (14) dann

$$|E(f)|\leq \tfrac{1}{24}(b-a)^3 \max_{a\leq x\leq b}|f''(x)|$$

und die Restglieddarstellung (15) für reellwertige Funktionen mit einer Stelle $\xi\in[a,b]$

$$E(f)=\tfrac{1}{24}(b-a)^3 f''(\xi).$$

Ist f eine konvexe reellwertige Funktion aus $C^2[a,b]$, also $f''\geq 0$ in $[a,b]$, dann wird für die Sehnentrapezformel das Restglied $E(f)\leq 0$ und für die Tangententrapezformel das Restglied $E(f)\geq 0$. In diesem Falle hat man die Einschließung

$$(b-a)f(c)\leq \int_a^b f(x)\mathrm{d}x \leq \frac{b-a}{2}(f(a)+f(b)).$$

Das Integral einer konkaven reellwertigen Funktion $f\in C^2[a,b]$, das heißt $f''\leq 0$ in $[a,b]$, genügt dementsprechend der Ungleichung

$$(b-a)f(c)\geq \int_a^b f(x)\mathrm{d}x \geq \frac{b-a}{2}(f(a)+f(b)).$$

Simpsonsche Formel oder Keplersche Faßregel

$$Q(f)=\tfrac{1}{6}(b-a)\{f(a)+4f(c)+f(b)\}, \qquad c=\tfrac{1}{2}(a+b).$$

Diese Quadraturformel gewinnt man für $x_0=a$, $x_1=b$, $x_2=x_3=c$, $m=3$, so daß auch hier die Voraussetzung (13) erfüllt ist. Mit $z_0=0$, $z_1=1$, $z_2=z_3=\frac{1}{2}$ wird

$$\beta_0=1, \quad \beta_1=\int_0^1 z\,\mathrm{d}z=\tfrac{1}{2}, \quad \beta_2=\int_0^1 z(z-1)\mathrm{d}z=-\tfrac{1}{6},$$

$$\beta_3=\int_0^1 z(z-1)(z-\tfrac{1}{2})\mathrm{d}z=0, \quad \beta_4=\int_0^1 z(z-1)(z-\tfrac{1}{2})^2\mathrm{d}z=-\tfrac{1}{120}.$$

Die Quadraturformel (9) nimmt mit der Abkürzung $h=b-a$ die Gestalt an

$$Q(f)=(b-a)\left\{f(a)+\frac{h}{2}f[a,b]-\frac{h^2}{6}f[a,b,c]\right\}.$$

Für die dividierten Differenzen von f ist dabei

$$f[a,b]=\frac{1}{h}(f(b)-f(a)), \qquad f[a,b,c]=\frac{2}{h^2}(f(a)+f(b)-2f(c)),$$

womit die angegebene Darstellung der Quadraturformel folgt. Die Restgliedabschätzung (14) ergibt für $f\in C^4[a,b]$ dann

$$|E(f)|\leq \tfrac{1}{2880}(b-a)^5 \max_{a\leq x\leq b}|f^{(4)}(x)|$$

und die Restglieddarstellung (15) für reellwertige Funktionen

$$E(f)=-\frac{(b-a)^5}{2880}f^{(4)}(\xi).$$

Besselsche Formel

$$Q(f)=\frac{b-a}{24}\{-f(a-h)+13f(a)+13f(b)-f(b+h)\}, \qquad h=b-a.$$

Diese Formel zeigt, daß man auch Stützstellen außerhalb des Integrationsintervalls $[a,b]$ heranziehen kann. Mit $x_0=a$, $x_1=b$, $x_2=a-h$, $x_3=b+h$, $m=3$ ist die Bedingung (13) erfüllt. Das Interpolationspolynom p der Funktion f ist unabhängig von der Reihenfolge der Stützstellen, also

$$p(x)=p_{0,1,2,3}(x)=p_{1,0,3,2}(x), \qquad x\in\mathbf{R},$$

und gestattet daher die Besselsche Darstellung

$$\begin{aligned}p(x)&=\tfrac{1}{2}(p_{0,1,2,3}(x)+p_{1,0,3,2}(x))\\&=\tfrac{1}{2}(f(a)+f(b))+(x-c)f[a,b]+\tfrac{1}{2}(x-a)(x-b)\{f[a,b,a-h]+\\&\quad+f[a,b,b+h]\}+(x-a)(x-b)(x-c)f[a,b,a-h,b+h], \qquad x\in\mathbf{R}.\end{aligned}$$

Durch Integration über das Intervall $[a,b]$ wird

$$Q(f)=\int_a^b p(x)\,\mathrm{d}x=\frac{h}{2}(f(a)+f(b))-\frac{h^3}{12}\{f[a,b,a-h]+f[a,b,b+h]\}.$$

Jetzt ist

$$f[a,b,a-h]+f[a,b,b+h]=-\frac{1}{2h^2}\{f(a)+f(b)-f(a-h)-f(b+h)\},$$

womit die obige Quadraturformel folgt. Weiter berechnet man den Koeffizienten β_4 zu

$$\beta_4=\int_0^1 z(z-1)(z+1)(z-2)\,\mathrm{d}z=\tfrac{11}{30}.$$

Für Funktionen $f\in C^4[a-h,b+h]$ gilt dann die Restgliedabschätzung

$$|E(f)|\le\tfrac{11}{720}(b-a)^5\max_{a-h\le x\le b+h}|f^{(4)}(x)|$$

und für reellwertige Funktionen die Darstellung

$$E(f)=\tfrac{11}{720}(b-a)^5 f^{(4)}(\xi).$$

Hermitesche Formel

$$Q(f)=\frac{b-a}{2}(f(a)+f(b))+\frac{(b-a)^2}{12}(f'(a)-f'(b)).$$

Diese Formel entsteht mit $x_0=a,\ x_1=b,\ x_2=a,\ x_3=b,\ m=3$. Die Koeffizienten β_j mit $z_0=z_2=0,\ z_1=z_3=1$ werden dann

$$\beta_0=1,\quad \beta_1=\tfrac{1}{2},\quad \beta_2=-\tfrac{1}{6},\quad \beta_3=-\tfrac{1}{12},\quad \beta_4=\tfrac{1}{30}.$$

Die Quadraturformel (9) lautet hier

$$Q(f)=(b-a)\left\{f(a)+\frac{h}{2}f[a,b]-\frac{h^2}{6}f[a,b,a]-\frac{h^3}{12}f[a,b,a,b]\right\}$$

mit der Abkürzung $h=b-a$. Aus der Integraldarstellung 3.2.(6) folgen durch partielle Integration die Beziehungen

$$f[a,b,a,b]=\frac{1}{h}\{f[a,b,b]-f[a,b,a]\},$$

$$f[a,b,a]+f[a,b,b]=\frac{1}{h}(f'(b)-f'(a))$$

und damit die obige Quadraturformel. Die Bedingung (13) ist erfüllt, so daß die Restgliedabschätzung (14) für Funktionen $f \in C^4[a,b]$ gilt in der Form

$$|E(f)| \leq \tfrac{1}{720}(b-a)^5 \max_{a \leq x \leq b} |f^{(4)}(x)|.$$

Für reellwertige Funktionen hat man die Restglieddarstellung

$$E(f) = \tfrac{1}{720}(b-a)^5 f^{(4)}(\xi).$$

Hier ist zu bemerken, daß der Faktor 1/2880 im Restglied der Simpson-Formel noch viermal kleiner ist als der Faktor 1/720 in der Hermiteschen Formel.

Formel von Euler-MacLaurin. Für jede natürliche Zahl n und jede $2n$-mal stetig differenzierbare Funktion f ist die Euler-MacLaurinsche Quadraturformel definiert durch

$$Q(f) = \frac{b-a}{2}(f(a)+f(b)) + \sum_{j=1}^{n-1} \frac{B_{2j}}{(2j)!}(b-a)^{2j}(f^{(2j-1)}(a) - f^{(2j-1)}(b)),$$

mit den Bernoullischen Zahlen

$$B_0 = 1, \quad B_1 = -\tfrac{1}{2}, \quad B_2 = \tfrac{1}{6}, \quad B_4 = -\tfrac{1}{30}, \quad B_6 = \tfrac{1}{42}, \quad B_8 = -\tfrac{1}{30}, \ldots,$$

und $B_{2j+1} = 0, j = 1, 2, \ldots$ (s. Abramowitz-Stegun, Nr. 23). Das zugehörige Restglied dieser Quadraturformel für eine reellwertige Funktion $f \in C^{2n}[a,b]$ hat mit einer Zwischenstelle $\xi \in [a,b]$ die Darstellung

$$E(f) = -\frac{B_{2n}}{(2n)!}(b-a)^{2n+1} f^{(2n)}(\xi).$$

Der Kürze halber können wir hier nicht den Beweis dieser wichtigen Formel bringen. Als Spezialfälle enthält sie für $n=1$ die Sehnentrapezregel und für $n=2$ die obige Hermetische Formel.

Newton-Cotes-Formeln. Diese Formeln sollen hier ebenfalls ohne Beweis wiedergegeben werden. Man erhält sie für jede natürliche Zahl n mit äquidistanten Punkten

$$x_j = a + j h_n, \quad j = 0, \ldots, n, \quad h_n = \frac{1}{n}(b-a).$$

Für reellwertige stetige Funktionen $f \in C^m[a,b]$ mit passendem m und mit der Abkürzung $f_j = f(x_j), j = 0, \ldots, n$, lauten dann die sogenannten geschlossenen Newton-Cotes-Formeln:

$$\int_a^b f(x)\,\mathrm{d}x = \frac{b-a}{2}(f_0 + f_1) - \frac{h_1^3}{12} f^{(2)}(\xi_1), \qquad n=1,$$

$$\int_a^b f(x)\,\mathrm{d}x = \frac{b-a}{6}(f_0 + 4f_1 + f_2) - \frac{h_2^5}{90} f^{(4)}(\xi_2), \qquad n=2,$$

$$\int_a^b f(x)\,dx = \frac{b-a}{8}(f_0+3f_1+3f_2+f_3) - \frac{3h_3^5}{80}f^{(4)}(\xi_3), \qquad n=3,$$

$$\int_a^b f(x)\,dx = \frac{b-a}{90}(7f_0+32f_1+12f_2+32f_3+7f_4) - \frac{8h_4^7}{945}f^{(6)}(\xi_4), \quad n=4,$$

und so weiter (s. Abramowitz-Stegun, Nr. 25.4). Auf die Sehnentrapezregel ($n=1$) und Simpsonsche Regel ($n=2$) folgt hier die 3/8-Regel. Entsprechend gelten für jedes $n=1,2,3,\ldots$ die offenen Newton-Cotes-Formeln, die mit der Tangententrapezregel beginnen:

$$\int_a^b f(x)\,dx = (b-a)f_1 + \frac{h_2^3}{3}f''(\xi_2), \qquad n=2,$$

$$\int_a^b f(x)\,dx = \frac{b-a}{2}(f_1+f_2) + \frac{h_3^3}{4}f''(\xi_3), \qquad n=3,$$

$$\int_a^b f(x)\,dx = \frac{b-a}{3}(2f_1-f_2+2f_3) + \frac{28}{90}h_4^5 f^{(4)}(\xi_4), \qquad n=4,$$

$$\int_a^b f(x)\,dx = \frac{b-a}{24}(11f_1+f_2+f_3+11f_4) + \frac{95}{144}h_5^5 f^{(4)}(\xi_5), \qquad n=5,$$

und so weiter.

4.2. Summierte Quadraturformeln

Die oben hergeleiteten Quadraturformeln gestatten die näherungsweise Berechnung des bestimmten Integrals einer gegebenen Funktion mit der gewünschten Genauigkeit, wenn das Integrationsintervall hinreichend klein ist. Daher unterteilt man im allgemeinen das betrachtete Intervall $[a,b]$ zunächst in hinreichend kleine Teilintervalle der Länge h und wendet dann in jedem dieser Teilintervalle Quadraturformeln aus Abschnitt 4.1 an. Auf diesem Wege erhält man summierte Quadraturformeln, die die Approximation des Integrals zu jeder vorgegebenen Genauigkeit durch Wahl einer hinreichend kleinen Schrittweite h gestatten. Anschließend werden vor allem die zugehörigen Abschätzungen bzw. Darstellungen der Restglieder von summierten Quadraturformeln hergeleitet. Der zweite Abschnitt bringt dann das Extrapolationsverfahren für die Sehnentrapezregel bei fortgesetzter Intervallhalbierung. Dieses wichtige neuere Verfahren nennt man auch Romberg-Integration. Numerische Beispiele für die summierten Quadraturformeln und die Romberg-Integration findet man in Abschnitt 4.4.

4.2.1. Spezielle summierte Quadraturformeln und Restglieder. Im folgenden sei I ein beschränktes abgeschlossenes Intervall der reellen Zahlengeraden $\mathbf{R}$ und f eine reell- bzw. komplexwertige stetige Funktion auf I. Zur Berechnung des bestimmten Integrals

$$(1) \qquad J(f)=\int_a^b f(x)\,\mathrm{d}x$$

über ein Teilintervall $[a,b]\subseteq I$ wählt man eine Zerlegung

$$(2) \qquad [a,b]=\bigcup_{\nu=1}^{N}[a_\nu,b_\nu]$$

mit Teilintervallen der Gestalt

$$(3) \qquad a_1=a, \quad b_N=b, \quad a_{\nu+1}=b_\nu, \quad \nu=1,\ldots,N-1.$$

Mit Quadraturformeln Q_ν und zugehörigen Restgliedern E_ν für die Integrale über diese Teilintervalle,

$$\int_{a_\nu}^{b_\nu} f(x)\,\mathrm{d}x=Q_\nu(f)+E_\nu(f), \qquad \nu=1,\ldots,N,$$

erhält man die Darstellung des gesuchten Integrals (1) in der Form

$$(4) \qquad \int_a^b f(x)\,\mathrm{d}x=\sum_{\nu=1}^{N}\int_{a_\nu}^{b_\nu} f(x)\,\mathrm{d}x=Q(f)+E(f)$$

mit den Abkürzungen

$$Q(f)=\sum_{\nu=1}^{N} Q_\nu(f), \qquad E(f)=\sum_{\nu=1}^{N} E_\nu(f).$$

Wir wollen nun annehmen, daß f eine $(m+1)$-mal stetig differenzierbare Funktion auf I ist und die Teilintervalle $I_\nu=[a_\nu,b_\nu]$ die gleiche Länge h haben,

$$(5) \qquad h=b_\nu-a_\nu=\frac{b-a}{N}, \qquad \nu=1,\ldots,N.$$

Wählt man dann in jedem Teilintervall die gleiche Quadraturformel Q_ν mit der Restgliedabschätzung

$$|E_\nu(f)|\le\frac{|\beta_{m+1}|}{(m+1)!}h^{m+2}\max_{x\in I_\nu}|f^{(m+1)}(x)|, \qquad \nu=1,\ldots,N,$$

so folgt für das Restglied $E(f)$ der summierten Formel in (4) mit $Nh=b-a$ die Abschätzung

$$(6) \qquad |E(f)|\le\sum_{\nu=1}^{N}|E_\nu(f)|\le(b-a)\frac{|\beta_{m+1}|}{(m+1)!}h^{m+1}\max_{x\in I}|f^{(m+1)}(x)|.$$

Für eine reellwertige, $(m+1)$-mal stetig differenzierbare Funktion f und für Quadraturformeln Q_ν mit der Restglieddarstellung

$$E_\nu(f)=\frac{\beta_{m+1}}{(m+1)!}h^{m+2}f^{(m+1)}(\xi_\nu), \qquad \nu=1,\ldots,N,$$

folgt für das Restglied der summierten Formel

$$E(f)=\sum_{\nu=1}^{N} E_\nu(f) = \frac{\beta_{m+1}}{(m+1)!} h^{m+2} \sum_{\nu=1}^{N} f^{(m+1)}(\xi_\nu).$$

Diese Summe läßt sich durch Anwendung des Zwischenwertsatzes für stetige Funktionen mit einer Stelle $\xi \in I$ in der Form schreiben

$$\sum_{\nu=1}^{N} f^{(m+1)}(\xi_\nu) = N f^{(m+1)}(\xi).$$

In diesem Falle besteht somit für die summierte Quadraturformel in (4) die Restglieddarstellung

(7) $$E(f)=(b-a)\frac{\beta_{m+1}}{(m+1)!} h^{m+1} f^{(m+1)}(\xi).$$

Zu diesen Ausführungen sollen jetzt einige Beispiele angegeben werden. Dabei bezeichnen wir die Teilpunkte a_ν, b_ν des Intervalls $[a,b]$ auch mit

(8) $$x_\nu = a+\nu h, \quad \nu=0,\dots,N, \quad h=\frac{b-a}{N}.$$

Summierte Sehnentrapezformel

$$Q(f)=\sum_{\nu=1}^{N}\frac{b_\nu-a_\nu}{2}(f(a_\nu)+f(b_\nu)) = h\left(\frac{1}{2}f(x_0)+\sum_{\nu=1}^{N-1} f(x_\nu)+\frac{1}{2}f(x_N)\right).$$

Die zugehörige Restgliedabschätzung für Funktionen $f \in C^2[a,b]$ wird

$$|E(f)| \le (b-a)\frac{h^2}{12}\max_{a\le x\le b}|f''(x)|$$

und die Restglieddarstellung für reellwertige Funktionen lautet mit einer geeigneten Zwischenstelle $\xi \in [a,b]$

$$E(f) = -(b-a)\frac{h^2}{12} f''(\xi).$$

Summierte Tangententrapezformel

$$Q(f)=\sum_{\nu=1}^{N}(b_\nu-a_\nu) f\left(\frac{a_\nu+b_\nu}{2}\right) = h\sum_{\nu=1}^{N} f\left(\frac{x_{\nu-1}+x_\nu}{2}\right).$$

Für eine zweimal stetig differenzierbare Funktion $f \in C^2[a,b]$ gilt die Restgliedabschätzung (6) in der Gestalt

$$|E(f)| \le (b-a)\frac{h^2}{24}\max_{a\le x\le b}|f''(x)|$$

und für eine reellwertige Funktion mit einer Zwischenstelle $\xi \in [a,b]$ die Restglieddarstellung

$$E(f)=(b-a)\frac{h^2}{24}f''(\xi).$$

Summierte Simpsonsche Formel

$$Q(f)=\sum_{\nu=1}^{N}\frac{b_\nu-a_\nu}{6}\left(f(a_\nu)+4f\left(\frac{a_\nu+b_\nu}{2}\right)+f(b_\nu)\right)$$

$$=\frac{h}{3}\left\{\frac{1}{2}f(x_0)+\sum_{\nu=1}^{N-1}f(x_\nu)+2\sum_{\nu=1}^{N}f\left(\frac{x_{\nu-1}+x_\nu}{2}\right)+\frac{1}{2}f(x_N)\right\}.$$

Damit ist $Q(f)$ das gewichtete Mittel aus der summierten Sehnentrapezformel $Q_S(f)$ und der summierten Tangententrapezformel $Q_T(f)$ in der Form

$$Q(f)=\tfrac{1}{3}(Q_S(f)+2Q_T(f)).$$

Das Restglied der summierten Simpsonschen Formel für $f\in C^4[a,b]$ genügt der Abschätzung

$$|E(f)|\le (b-a)\frac{h^4}{2880}\max_{a\le x\le b}|f^{(4)}(x)|$$

und für reellwertige Funktionen mit einer Stelle $\xi\in[a,b]$ der Darstellung

$$E(f)=-(b-a)\frac{h^4}{2880}f^{(4)}(\xi).$$

Euler-MacLaurinsche Summenformel

$$Q(f)=h\left(\frac{1}{2}f(x_0)+\sum_{\nu=1}^{N-1}f(x_\nu)+\frac{1}{2}f(x_N)\right)$$

$$+\sum_{j=1}^{n-1}\frac{B_{2j}}{(2j)!}h^{2j}(f^{(2j-1)}(x_0)-f^{(2j-1)}(x_N)).$$

Diese Formel geht also durch ein Korrekturglied aus der summierten Sehnentrapezregel hervor. Die zugehörige Restglieddarstellung für reelle Funktionen $f\in C^{2n}[a,b]$ lautet

$$E(f)=-(b-a)\frac{B_{2n}}{(2n)!}h^{2n}f^{(2n)}(\xi).$$

Die obige Formel liefert eine spezielle Darstellung des Fehlers bei der Approximation des bestimmten Integrals durch die summierte Sehnentrapezformel, von der wir beim folgenden Extrapolationsverfahren Gebrauch machen werden. Eine weitere interessante Folgerung erhält man für periodische Funktionen f auf $\mathbf{R}$ mit der Periode $b-a$. Für eine $2n$-mal stetig differenzierbare periodische Funktion $f\in C^{2n}(\mathbf{R})$ ist dann notwendig $f^{(j)}(a)=f^{(j)}(b)$, $j=0,\ldots,2n$, also

$$\int_a^b f(x)\mathrm{d}x=h\left(\frac{1}{2}f(x_0)+\sum_{\nu=1}^{N-1}f(x_\nu)+\frac{1}{2}f(x_N)\right)-(b-a)\frac{B_{2n}}{(2n)!}h^{2n}f^{(2n)}(\xi).$$

Für periodische Funktionen mit der Periode $b-a$ hat daher die einfache summierte Sehnentrapezregel bereits einen Fehler der Ordnung $O(h^{2n})$ für $f \in C^{2n}(\mathbf{R})$.

4.2.2. Extrapolationsverfahren und Romberg-Integration. Die Summenformel von Euler-MacLaurin gibt eine Entwicklung nach Potenzen der Schrittweite h für den Fehler bei der Approximation des Integrals durch die Sehnentrapezregel. Durch fortgesetzte Halbierung der Schrittweite und geeignete Linearkombination der zugehörigen Näherungen kann man jeweils den führenden Fehlerterm eliminieren und Näherungen höherer Genauigkeit erzielen. Dieses Extrapolationsverfahren führt auf ein einfaches, numerisch gut geeignetes Rechenschema, die sogenannte Romberg-Integration, die bei hinreichend oft differenzierbaren Integranden schon nach wenigen Schritten Näherungen hoher Genauigkeit aufweist.

Sei $[a,b]$ ein beschränktes abgeschlossenes Intervall der reellen Zahlengeraden und f eine $2n$-mal stetig differenzierbare Funktion auf $[a,b]$. Mit einer natürlichen Zahl N und der Schrittweite $h=(b-a)/N$ bezeichnen wir die zugehörige Sehnentrapezformel mit

$$S(f)=h\left(\frac{1}{2}f(a)+\sum_{\nu=1}^{N-1}f(a+\nu h)+\frac{1}{2}f(b)\right). \tag{9}$$

Die Summenformel von Euler-MacLaurin aus Abschnitt 4.2.1 liefert dann eine Darstellung des bestimmten Integrals für $f \in C^{2n}[a,b]$ über das Intervall $[a,b]$ in der Form

$$\int_a^b f(x)\mathrm{d}x = S(f)+c_0 h^2+\cdots+c_{n-2}h^{2n-2}+E(f). \tag{10}$$

Die Koeffizienten

$$c_j=\frac{B_{2j+2}}{(2j+2)!}\left(f^{(2j+1)}(a)-f^{(2j+1)}(b)\right), \quad j=0,\ldots,n-2,$$

sind dabei unabhängig von der Schrittweite h. Wie in Abschnitt 4.2.1 gezeigt wurde, ist das Restglied dieser Quadraturformel von der Ordnung

$$E(f)=\mathrm{O}(h^{2n}). \tag{11}$$

Jetzt soll das Verhalten der Sehnentrapeznäherungen $S(f)$ in Abhängigkeit von der Schrittweite bei fortgesetzter Halbierung der zunächst gegebenen Schrittweite $h=h_0$ untersucht werden. Wir betrachten daher allgemeiner eine Folge von Sehnentrapezformeln S_j zu Schrittweiten h_j mit

$$S_j(f)=h_j\left(\frac{1}{2}f(a)+\sum_{\nu=1}^{N_j-1}f(a+\nu h_j)+\frac{1}{2}f(b)\right), \quad h_j=\frac{h}{2^j}, \quad N_j=2^jN, \tag{12}$$

für $j=0,1,2,\ldots$. Offenbar ist dann $h_{j+1}=h_j/2$, und die Darstellung (10) für $h=h_j$ und $h=h_{j+1}$ ergibt die beiden Gleichungen

(13)
$$\int_a^b f(x)\,dx = S_j(f) + c_0 h_j^2 + \cdots + c_{n-2} h_j^{2n-2} + E_j(f),$$
$$\int_a^b f(x)\,dx = S_{j+1}(f) + c_0 \left(\frac{h_j}{2}\right)^2 + \cdots + c_{n-2} \left(\frac{h_j}{2}\right)^{2n-2} + E_{j+1}(f).$$

Multipliziert man die zweite Gleichung mit $2^2=4$ und subtrahiert dann die erste Gleichung, so wird der Term mit h_j^2 auf der rechten Seite eliminiert, und es entsteht eine Gleichung der Gestalt

(14)
$$\int_a^b f(x)\,dx = \tfrac{1}{3}(4S_{j+1}(f) - S_j(f)) + c_1^{(1)} h_j^4 + \cdots + c_{n-2}^{(1)} h_j^{2n-2} + E_j^{(1)}(f)$$

für jedes $j=0,1,2,\ldots$. Auf diese Weise hat man eine Näherung des Integrals mit der Fehlerordnung $O(h_j^4)$ erreicht durch die Quadraturformel

(15)
$$S_j^{(1)}(f) = \frac{1}{3}(4S_{j+1}(f) - S_j(f))$$
$$= \frac{h_j}{3}\left\{\frac{1}{2} f(a) + \sum_{\nu=1}^{N_j-1} f(a+\nu h_j) + 2\sum_{\nu=1}^{N_j} f\left(a + \left(\nu - \frac{1}{2}\right) h_j\right) + \frac{1}{2} f(b)\right\}.$$

Dies ist aber nichts anderes als die summierte Simpsonsche Formel mit $b_\nu - a_\nu = h_j$. Aus den Formeln (14) kann man entsprechend den führenden Term $c_1^{(1)} h_j^4$ des Fehlers eliminieren. Dazu multipliziert man die Gleichung (14) für $j+1$ anstelle von j mit $2^4=16$ und subtrahiert davon die Gleichung (14) usw. Auf diesem Wege erhält man allgemeiner eine Folge von Darstellungen der Gestalt

(16)
$$\int_a^b f(x)\,dx = S_j^{(k)}(f) + \sum_{l=k}^{n-2} c_l^{(k)} h_j^{2(l+1)} + E_j^{(k)}(f)$$

mit geeigneten Koeffizienten $c_l^{(k)}$, Restgliedern $E_j^{(k)}(f) = O(h_j^{2n})$ und mit den Abkürzungen

(17)
$$S_j^{(0)}(f) = S_j(f), \quad S_j^{(k+1)}(f) = \frac{1}{4^{k+1}-1}\{4^{k+1} S_{j+1}^{(k)}(f) - S_j^{(k)}(f)\}$$

für $j=0,1,2,\ldots$, $k=0,1,2,\ldots,n-2$. Dieses Ergebnis fassen wir in dem folgenden Satz zusammen.

(18) *Für jede $2n$-mal stetig differenzierbare Funktion $f \in C^{2n}[a,b]$ sind die Summen $S_j^{(k)}(f)$ Näherungen für das folgende Integral in der Gestalt*

$$\int_a^b f(x)\,dx = S_j^{(k)}(f) + O(h_j^{2(k+1)}), \quad h_j = \frac{h}{2^j}, \quad k=0,\ldots,n-1, \quad j=0,1,2,\ldots.$$

Das Romberg-Verfahren zur Berechnung des obigen Integrals bestimmt also die Sehnentrapezformeln $S_j(f)$ bei fortgesetzter Halbierung der Schrittweite. Gleichzeitig damit wird das Schema von Näherungen $S_j^{(k)} = S_j^{(k)}(f)$ berechnet:

$$\begin{array}{llllll}
S_0^{(0)} & & & & & \\
S_1^{(0)} & S_0^{(1)} & & & & \\
S_2^{(0)} & S_1^{(1)} & S_0^{(2)} & & & \\
\cdot & \cdot & \cdot\ \cdot & & & \\
\cdot & \cdot & \cdot & \cdot & & \\
\cdot & \cdot & \cdot & & \cdot & \\
S_{j-1}^{(0)} & S_{j-2}^{(1)} & S_{j-3}^{(2)} & \cdots & S_0^{(j-1)} & \\
S_j^{(0)} & S_{j-1}^{(1)} & S_{j-2}^{(2)} & \cdots & S_1^{(j-1)} & S_0^{(j)}
\end{array}$$

Die letzte Zeile des Schemas enthält die Näherungssummen mit der größten Anzahl von Stützstellen, nämlich $2^j N + 1$. Für die Berechnung der nächsten Zeile des Schemas ist noch die Bemerkung nützlich, daß die Sehnentrapezformel S_{j+1} zur Schrittweite $h_{j+1} = h_j/2$ aus der Sehnentrapezformel S_j und der Tangententrapezformel T_j zur Schrittweite h_j berechnet werden kann nach der Formel

$$(19) \qquad S_{j+1}(f) = \tfrac{1}{2}(S_j(f) + T_j(f)), \qquad T_j(f) = h_j \sum_{\nu=0}^{N_j-1} f(c_j + \nu h_j)$$

mit $c_j = a + h_j/2$. Die übrigen Elemente $S_{j+1-k}^{(k)}$ für $k = 1, \ldots, j+1$ berechnen sich dann aus der Formel (17). Sogar für jede stetige Funktion f auf $[a,b]$ konvergieren die Spalten dieses Schemas gegen das Integral,

$$S_j^{(k)}(f) \longrightarrow \int_a^b f(x)\,\mathrm{d}x \qquad (j \longrightarrow \infty), \qquad k = 0, 1, 2, \ldots,$$

und die Diagonalen des Schemas

$$S_j^{(k)}(f) \longrightarrow \int_a^b f(x)\,\mathrm{d}x \qquad (k \longrightarrow \infty), \qquad j = 0, 1, 2, \ldots.$$

Den Beweis dafür können wir hier jedoch nicht bringen, sondern verweisen dazu auf entsprechende Literatur[1]).

4.3. Gaußsche Quadraturformeln

Die interpolatorischen Quadraturformeln aus Abschnitt 4.1 sind dadurch charakterisiert, daß sie zu $n+1$ gegebenen Stützstellen $x_0, \ldots, x_n$ für Polynome n-ten Grades exakt sind. Nun liegt die Frage nahe, ob man bei diesen Quadraturformeln zusammen mit den $n+1$ Koeffizienten $\alpha_0, \ldots, \alpha_n$ bzw. $\beta_0, \ldots, \beta_n$ auch noch die $n+1$ Stützstellen $x_0, \ldots, x_n$ optimal wählen kann, so daß die Quadraturformeln für Polynome

---

[1]) Bauer, F. L.; Rutishauser, H.; Stiefel, E.: New aspects in numerical quadrature. Proc. Symp. Appl. Math. **15** (1963) 199–218.

bis zum $(2n+1)$-ten Grade exakt werden. Dies ist in der Tat möglich und führt auf die klassischen Quadraturformeln von Gauß. Zu ihrer Herleitung benötigt man Sätze über Systeme orthogonaler Polynome, die wir jedoch erst später im Rahmen der Orthogonalisierungsverfahren beweisen werden. Die Gaußschen Quadraturformeln kann man ohne weiteres für Integrale mit einer geeigneten positiven Gewichtsfunktion ρ definieren. Hiermit lassen sich dann sogar Integrale mit singulären Integranden und unendliche Integrationsintervalle betrachten. In diesem Falle sind die Gaußschen Quadraturformeln besonders interessant, da sie die optimale Lage endlich vieler Stützstellen zur Approximation des Integrals liefern.

Sei (a,b) ein offenes Intervall der reellen Zahlengeraden $\mathbf{R}$ und ρ eine stückweise stetige, reelle, positive Gewichtsfunktion auf (a,b), die der Voraussetzung genügt, daß die folgenden Integrale existieren und absolut konvergent sind,

$$\int_a^b x^j \rho(x)\,\mathrm{d}x, \quad j=0,1,2,\ldots. \tag{1}$$

Weiter bezeichnet f reell- bzw. komplexwertige stetige Funktionen auf (a,b), für die das folgende Integral existiert,

$$J(f)=\int_a^b f(x)\rho(x)\,\mathrm{d}x. \tag{2}$$

Insbesondere ist dies unter der obigen Voraussetzung für alle Polynome f der Fall. Für eine beliebige natürliche Zahl n betrachtet man dann Quadraturformeln der Gestalt

$$Q(f)=(b-a)\sum_{k=0}^{n}\alpha_k f(x_k) \tag{3}$$

mit Stützstellen $x_0,\ldots,x_n \in (a,b)$ und Koeffizienten $\alpha_0,\ldots,\alpha_n \in \mathbf{K}$ für $\mathbf{K}=\mathbf{R}$ bzw. $\mathbf{K}=\mathbf{C}$. Das zugehörige Restglied $E(f)$ der Quadraturformel $Q(f)$ gestattet die Darstellung

$$\int_a^b f(x)\rho(x)\,\mathrm{d}x=(b-a)\sum_{k=0}^{n}\alpha_k f(x_k)+E(f), \qquad E(f)=J(f)-Q(f). \tag{4}$$

Dann heißt $Q(f)$ eine Gaußsche Quadraturformel, wenn die folgenden Bedingungen erfüllt sind,

$$\int_a^b x^j \rho(x)\,\mathrm{d}x=(b-a)\sum_{k=0}^{n}\alpha_k x_k^j \iff E(x^j)=0, \quad j=0,\ldots,2n+1, \tag{5}$$

also die Quadraturformel mindestens den Genauigkeitsgrad $2n+1$ hat und damit für Polynome $(2n+1)$-ten Grades exakt ist. In diesem Falle sind die Koeffizienten $\alpha_0,\ldots,\alpha_n$ und die Stützstellen $x_0,\ldots,x_n$ Lösungen des nichtlinearen Gleichungssystems (5) mit $2n+2$ Gleichungen.

Zur Bestimmung von Gaußschen Quadraturformeln führt man auf dem Vektorraum $\mathscr{P}$ über dem Körper $\mathbf{K}=\mathbf{R}$ bzw. $\mathbf{K}=\mathbf{C}$ aller Polynome p der Gestalt

$$p(x)=\gamma_0+\gamma_1 x+\cdots+\gamma_j x^j, \quad x\in\mathbf{K}, \quad j=0,1,2,\ldots,$$

das Skalarprodukt ein

$$(6)\qquad (p,q)=\int_a^b p(x)\overline{q(x)}\rho(x)\mathrm{d}x, \qquad p,q\in\mathscr{P}.$$

Unter der Voraussetzung (1) ist dieses Integral für jedes Paar von Polynomen p, q erklärt. Durch Orthogonalisierung der Potenzen $1, x, x^2,\ldots$ erhält man dann eine Folge orthogonaler Polynome j-ten Grades durch die Vorschrift (s. 7.4.(4))

$$(7)\qquad \begin{aligned} p_0&=1,\\ p_j&=x^j-\sum_{k=0}^{j-1}\frac{(x^j,p_k)}{\|p_k\|^2}p_k, \qquad j=1,2,\ldots. \end{aligned}$$

Betrachten wir jetzt speziell das $(n+1)$-te orthogonale Polynom p_{n+1}. Jedes Polynom $(n+1)$-ten Grades mit dem führenden Koeffizienten 1 hat im Körper der komplexen Zahlen genau $n+1$ Wurzeln. Für das obige Skalarprodukt (6) sind die Bedingungen (P 1), (P 2), (P 3) aus Abschnitt 7.4 für jedes m erfüllt, so daß die Nullstellen $x_0,\ldots,x_n$ von p_{n+1} nach Satz 7.4. (12) reell und paarweise verschieden sind. Mit den zugehörigen Lagrange-Polynomen L_j gilt darüber hinaus die Darstellung

$$(8)\qquad x_j=\frac{(x L_j,L_j)}{\|L_j\|^2}=\frac{\int_a^b x|L_j(x)|^2\rho(x)\mathrm{d}x}{\int_a^b |L_j(x)|^2\rho(x)\mathrm{d}x}, \qquad L_j(x)=\prod_{\substack{k=0\\k\neq j}}^{n}\frac{x-x_k}{x_j-x_k}, \qquad x\in\mathbf{K},$$

für $j=0,\ldots,n$. Aus dieser Rayleigh-Quotienten-Darstellung erkennt man unmittelbar, daß alle Nullstellen $x_0,\ldots,x_n$ im offenen Intervall (a, b) liegen. Nach diesen Vorbereitungen beweisen wir jetzt den wichtigen Satz

(9) *Die Quadraturformel Q ist dann und nur dann eine Gaußsche Quadraturformel, wenn die Stützstellen $x_0,\ldots,x_n$ gleich den Wurzeln des orthogonalen Polynoms p_{n+1} aus* (7) *sind und mit den zugehörigen Lagrange-Polynomen $L_0,\ldots,L_n$ die Koeffizienten $\alpha_0,\ldots,\alpha_n$ die Darstellung haben*

$$(10)\qquad \alpha_j=\frac{1}{b-a}\int_a^b L_j(x)\rho(x)\mathrm{d}x=\frac{1}{b-a}\int_a^b L_j(x)^2\rho(x)\mathrm{d}x>0, \qquad j=0,\ldots,n.$$

Das Restglied der Gaußschen Quadraturformel Q hat für Funktionen $f\in C^{2n+2}(a,b)$ die Gestalt

$$E(f)=\int_a^b f[x_0,\ldots,x_n,x_0,\ldots,x_n,x]\,(p_{n+1}(x))^2\rho(x)\mathrm{d}x$$

und gestattet für reellwertige Funktionen f mit einer Zahl $\xi\in(a,b)$ die Darstellung

$$E(f)=\frac{1}{(2n+2)!}\int_a^b (p_{n+1}(x))^2\rho(x)\mathrm{d}x\, f^{(2n+2)}(\xi).$$

Beweis. Satz 7.4.(13) für $n+1$ anstelle von n ergibt im hier betrachteten Fall, daß die Quadraturformel Q genau dann exakt ist für alle Polynome $(2n+1)$-ten Grades, wenn Koeffizienten und Stützstellen die oben angegebenen Eigenschaften haben. Für $f \in C^{2n+2}(a,b)$ gilt die Hermitesche Interpolationsformel 3.2.(8) mit den $2n+2$ Punkten $x_0, \ldots, x_n, x_0, \ldots, x_n \in (a,b)$ in der Form

$$f(x)=p(x)+R(x), \qquad R(x)=(x-x_0)^2 \ldots (x-x_n)^2 f[x_0, \ldots, x_n, x_0, \ldots, x_n, x]$$

und mit dem Hermiteschen Interpolationspolynom $p=p_{0,\ldots,n,0,\ldots,n}$. Wenn $x_0, \ldots, x_n$ die Nullstellen des orthogonalen Polynoms p_{n+1} aus (7) mit dem führenden Koeffizienten 1 sind, dann wird notwendig $p_{n+1}(x)=(x-x_0)\ldots(x-x_n)$, $x \in \mathbf{K}$. Das Integral $J(p_{0,\ldots,n,0,\ldots,n})$ existiert nach Voraussetzung (1), und die Gaußsche Quadraturformel Q ist exakt für das Polynom $p_{0,\ldots,n,0,\ldots,n}$, also

$$J(p_{0,\ldots,n,0,\ldots,n})=Q(p_{0,\ldots,n,0,\ldots,n})=(b-a)\sum_{k=0}^{n} \alpha_k f(x_k)=Q(f).$$

Weiter existiert mit dem Integral $J(f)$ dann auch das Integral $J(R)$ über das Restglied der Hermiteschen Formel und ergibt die Darstellung

$$J(f)=J(p_{0,\ldots,n,0,\ldots,n})+J(R)=Q(f)+E(f), \qquad E(f)=J(R).$$

Die Restglieddarstellung für reellwertige Funktionen $f \in C^{2n+2}(a,b)$ erschließt man endlich wie beim Beweis des Mittelwertsatzes der Integralrechnung. ■

Zum Abschluß geben wir einige Beispiele an. Im Handbuch von Abramowitz-Stegun, Table 25.7–25.10, findet man in tabellierter Form Stützstellen und Gewichte für Gaußsche Quadraturformeln zu den folgenden Gewichtsfunktionen ρ und Intervallen (a,b):

$$\begin{aligned}
&\rho(x)=\ln\frac{1}{x}, && a=0, && b=1, \\
&\rho(x)=x^k, && a=0, && b=1, \quad k=0,1,2,3,4,5, \\
&\rho(x)=e^{-x}, && a=0, && b=\infty, \\
&\rho(x)=e^{-x^2}, && a=-\infty, && b=\infty.
\end{aligned}$$

Die zugehörigen orthogonalen Polynome werden in Nr. 22 des genannten Handbuchs beschrieben. Insbesondere findet man dort für die Darstellung des Restglieds $E(f)$ die Normierungsintegrale

$$\|p_{n+1}\|^2=\int_a^b (p_{n+1}(x))^2 \rho(x)\,dx.$$

Beispiel. Im klassischen Fall $\rho(x)=1$, $a=-1$, $b=+1$ erhält man die orthogonalen Legendre-Polynome in der Form

$$\begin{aligned}
&p_0(x)=1, \quad p_1(x)=x, \quad p_2(x)=x^2-\tfrac{1}{3}, \\
&p_3(x)=x^3-\tfrac{3}{5}x, \quad p_4(x)=x^4-\tfrac{6}{7}x^2+\tfrac{3}{35}, \ldots.
\end{aligned}$$

Das zugehörige Normierungsintegral lautet

$$\|p_j\|^2 = \int_{-1}^{+1} (p_j(x))^2 \mathrm{d}x = \frac{2^{2j+1}}{2j+1} \left\{ \binom{2j}{j} \right\}^{-2}, \qquad j=0,1,2,\ldots,$$

also $\qquad \|p_0\|^2=2, \quad \|p_1\|^2=\frac{2}{3}, \quad \|p_2\|^2=\frac{8}{45}, \quad \|p_3\|^2=\frac{8}{175}, \ldots$

Die Nullstellen von p_2 werden zu $\pm 1/\sqrt{3}$, und die Nullstellen von p_3 sind $0, \pm\sqrt{3/5}$. Durch eine geeignete Variablentransformation gewinnt man hieraus für reelle Funktionen $f \in C^{2n+2}(a,b)$ mit den Abkürzungen $c=\frac{1}{2}(a+b)$, $h=\frac{1}{2}(b-a)$ für $n=1, n=2$ die Gaußschen Quadraturformeln

$$\int_a^b f(x)\mathrm{d}x = \frac{b-a}{2}\left(f\left(c-\frac{h}{\sqrt{3}}\right)+f\left(c+\frac{h}{\sqrt{3}}\right)\right) + \frac{(b-a)^5}{4320} f^{(4)}(\xi_1),$$

$$\int_a^b f(x)\mathrm{d}x = \frac{b-a}{18}\left(5f\left(c-h\frac{\sqrt{15}}{5}\right) + 8f(c)+5f\left(c+h\frac{\sqrt{15}}{5}\right)\right) + \frac{(b-a)^7}{2016000} f^{(6)}(\xi_2).$$

4.4. Numerische Übungsaufgaben

Zur näherungsweisen Berechnung von $I=\int_a^b f(x)\mathrm{d}x$ sei $h=\frac{b-a}{2^n}$ und $x_j=a+jh$, $j=0,1,2,\ldots,N$, mit $N=2^n$. Man berechne näherungsweise die Integrale $I_1,\ldots,I_5$ für $n=1,\ldots,7$ mit Hilfe der folgenden Quadraturformeln. Die Integrale $I_1,\ldots,I_5$ lauten

$$I_1 = \int_0^\pi \cos(\sin x - x)\,\mathrm{d}x = \pi J_1(1),$$

$$I_2 = \int_0^1 \frac{4}{x^2+1}\,\mathrm{d}x = \pi,$$

$$I_3 = \int_0^{\pi/2} \frac{1}{\sqrt{1-0{,}81\sin^2\varphi}}\,\mathrm{d}\varphi = K(0{,}9),$$

$$I_4 = \int_0^2 \mathrm{e}^{-x^2}\mathrm{d}x = \frac{1}{2}\sqrt{\pi}\,\mathrm{erf}(2),$$

$$I_5 = \int_0^{\pi/2} \sqrt{\cos x}\,\mathrm{d}x = \sqrt{\frac{\pi}{2}}^{\,3} \frac{8}{\Gamma(\frac{1}{4})^2}.$$

Summierte Simpsonsche Formel

$$Q_S = \frac{h}{3}\{f(x_0)+4f(x_1)+2f(x_2)+4f(x_3)+\cdots+2f(x_{N-2})+4f(x_{N-1})+f(x_N)\};$$

Summierte Hermitesche Formel

$$Q_H = h\left\{\frac{1}{2}f(x_0)+f(x_1)+\cdots+f(x_{N-1})+\frac{1}{2}f(x_N)\right\}+\frac{h^2}{12}\{f'(x_0)-f'(x_N)\};$$

Summierte Besselsche Formel

$$Q_B = h\left\{\frac{1}{2}f(x_0)+f(x_1)+\cdots+f(x_{N-1})+\frac{1}{2}f(x_N)\right\}$$
$$+\frac{h}{24}\cdot\{-f(x_{-1})+f(x_1)+f(x_{N-1})-f(x_{N+1})\};$$

Summierte Gaußsche Formel

$$Q_{G2} = h\sum_{j=1}^{N/2}\{f(x_{2j-1}-h')+f(x_{2j-1}+h')\}$$

mit $$h' = \frac{\sqrt{3}}{3}h \doteq 0.577\,350\,270\,h;$$

Summierte Gaußsche Formel

$$Q_{G3} = \frac{h}{9}\sum_{j=1}^{N/2}\{5f(x_{2j-1}-h')+8f(x_{2j-1})+5f(x_{2j-1}+h')\}$$

mit $$h' = \frac{\sqrt{15}}{5}h \doteq 0.774\,596\,67\,h.$$

Ergebnis

n	Simpson	Hermite	Bessel	Gauß$_2$	Gauß$_3$
	$I_1 \doteq 1.38246$				
1	1.76237	1.32178	1.32178	1.11877	1.38054
2	1.40268	1.38245	1.38245	1.36786	1.38382
3	1.38246	1.38246	1.38246	1.38246	1.38246
4	1.38246	1.38246	1.38246	1.38246	1.38246
	$I_2 \doteq 3.14159$				
1	3.13333	3.14167	3.14103	3.14754	3.14107
2	3.14157	3.14159	3.14158	3.14161	3.14159
3	3.14159	3.14159	3.14159	3.14159	3.14159
4	3.14159	3.14159	3.14159	3.14159	3.14159

n	Simpson	Hermite	Bessel	Gauß$_2$	Gauß$_3$
	$I_3 \doteq 2.28055$				
1	2.22000	2.31181	2.31181	2.31644	2.28773
2	2.27083	2.28108	2.28108	2.28747	2.28013
3	2.28037	2.28055	2.28055	2.28068	2.28054
4	2.28055	2.28055	2.28055	2.28055	2.28055
5	2.28055	2.28055	2.28055	2.28055	2.28055
	$I_4 \doteq 0.88208$				
1	0.82994	0.88314	0.89236	0.91949	0.87886
2	0.88181	0.88214	0.88277	0.88226	0.88208
3	0.88207	0.88209	0.88213	0.88209	0.88208
4	0.88208	0.88208	0.88208	0.88208	0.88208
5	0.88208	0.88208	0.88208	0.88208	0.88208
	$I_5 \doteq 1.19814$				
1	1.14238			0.00000	1.20307
2	1.17823			1.21202	1.19989
3	1.19108			1.20317	1.19876
4	1.19564			1.19993	1.19836
5	1.19726			1.19877	1.19822
6	1.19783			1.19836	1.19817
7	1.19803			1.19822	1.19815

Bemerkung. Zur näherungsweisen Berechnung des Integrals I_5 sind die Hermitesche und die Besselsche Quadraturformel nicht anwendbar, da die Funktion $f(x)=\sqrt{\cos x}$, $0 \le x \le \pi/2$, für $x=\pi/2$ nicht differenzierbar und für $x>\pi/2$ nicht reell ist.

Romberg-Integration

$$S_n(f) = h_n\left(\frac{1}{2} f(x_0) + f(x_1) + \cdots + f(x_{N-1}) + \frac{1}{2} f(x_N)\right), \quad h_n = \frac{b-a}{2^n}, \quad N = 2^n,$$

$$S_n^{(0)}(f) = S_n(f), \quad S_n^{(k+1)}(f) = \frac{1}{4^{k+1}-1}\{4^{k+1} S_{n+1}^{(k)}(f) - S_n^{(k)}(f)\}$$

für $k = 0, 1, 2, \ldots, n-1$; $n = 0, \ldots, 7$.

Ergebnis

$I_1 \doteq 1.38246$

0.00000					
1.32177	1.76237				
1.38245	1.40268	1.37870			
1.38246	1.38246	1.38111	1.38115		
1.38246	1.38246	1.38246	1.38248	1.38249	
1.38246	1.38246	1.38246	1.38246	1.38246	1.38246

$I_2 \doteq 3.14159$

3.00000				
3.10000	3.13333			
3.13118	3.14157	3.14212		
3.13899	3.14159	3.14159	3.14159	

$I_3 \doteq 2.28055$

2.58723				
2.31181	2.22000			
2.28108	2.27083	2.27422		
2.28055	2.28037	2.28101	2.28111	
2.28055	2.28055	2.28056	2.28055	2.28055

$I_4 \doteq 0.88208$

1.01832				
0.87704	0.82994			
0.88062	0.88181	0.88527		
0.88170	0.88207	0.88208	0.88203	
0.88199	0.88208	0.88208	0.88208	0.88208

$I_5 \doteq 1.19814$

0.78540							
1.05314	1.14238						
1.14696	1.17823	1.18062					
1.18005	1.19108	1.19194	1.19212				
1.19175	1.19564	1.19595	1.19601	1.19603			
1.19588	1.19726	1.19737	1.19739	1.19739	1.19739		
1.19734	1.19783	1.19787	1.19787	1.19788	1.19788	1.19788	
1.19786	1.19803	1.19804	1.19805	1.19805	1.19805	1.19805	1.19805

III Numerische Methoden der linearen Algebra

Viele Aufgabenstellungen in der Praxis erfordern die Lösung von linearen Gleichungssystemen und Eigenwertaufgaben für Matrizen, so daß die zugehörigen numerischen Methoden zu den wichtigsten Gebieten der Praktischen Mathematik gehören. Das zentrale Hilfsmittel für Fehlerabschätzungen und Konvergenzaussagen im folgenden sind Normen von Vektoren, Matrizen und Abbildungen im endlichdimensionalen Zahlenraum, die im nächsten Paragraphen definiert und mit ihren Eigenschaften eingeführt werden. Dieses Kapitel beschäftigt sich dann mit der Lösung homogener und inhomogener linearer Gleichungssysteme sowie mit der Lösung sogenannter überbestimmter Gleichungssysteme. Dabei unterscheiden wir drei verschiedene Methoden zur Lösung dieser Aufgaben, nämlich das Gaußsche Eliminationsverfahren mit Zeilenvertauschungen, Orthogonalisierungsverfahren und iterative Verfahren.

Die Methoden zur Lösung überbestimmter Gleichungssysteme gestatten auch die Bestimmung von Ausgleichsparabeln und die diskrete harmonische Analyse. Im Rahmen der Orthogonalisierungsverfahren bringen wir eine einfache, rein algebraische Theorie orthogonaler Polynome mit ihren wichtigsten Eigenschaften, die bereits bei der Approximation von Funktionen und für die Herleitung Gaußscher Quadraturformeln herangezogen wurde.

5. Der normierte Zahlenraum

Anschließend definieren wir zunächst die üblichen Normen für Vektoren, Matrizen und lineare Abbildungen im endlichdimensionalen Zahlenraum. Im Hinblick auf iterative Methoden zur Lösung linearer und nichtlinearer Gleichungssysteme wird die Konvergenz von Vektoren und Matrizen mit ihren verschiedenen möglichen Charakterisierungen behandelt. Eine Reihe von numerischen Verfahren erfordert spezielle Skalarprodukte und zugehörige Normen für den Zahlenraum $\mathbf{K}^n$, so daß wir darauf ebenfalls näher eingehen müssen. Für die Lösung von Eigenwertaufgaben bringen wir in Abschnitt 5.4 schließlich vor allem Abschätzungen für die Eigenwerte von Matrizen. Besonders interessante Ergebnisse erhält man dabei aus den bekannten Extremalprinzipien zur direkten Charakterisierung von Eigenwerten symmetrischer Abbildungen oder symmetrischer bzw. hermitescher Matrizen.

Literatur: Faddejew-Faddejewa, Householder [2].

5.1. Normen

Sei E ein linearer Raum über dem Körper $\mathbf{K}=\mathbf{R}$ der reellen Zahlen beziehungsweise über dem Körper $\mathbf{K}=\mathbf{C}$ der komplexen Zahlen. Dann heißt der Vektorraum E normiert oder ein normierter Raum, wenn jedem Vektor $u \in E$ eine reelle Zahl $\|u\|$, die Norm oder der Betrag von u, zugeordnet ist mit den folgenden Eigenschaften

(N1) $\qquad \|u\| \geq 0,$

(N2) $\qquad \|u\|=0 \iff u=0,$

(N3) $\qquad \|\lambda u\|=|\lambda|\,\|u\|, \quad \lambda \in \mathbf{K},$

(N4) $\qquad \|u+v\| \leq \|u\|+\|v\|, \quad u,v \in E.$

Die Ungleichung (N4) heißt die Dreiecksungleichung, aus der sofort noch die weitere Ungleichung folgt

(1) $$\big|\,\|u\|-\|v\|\,\big| \leq \|u-v\|, \quad u,v \in E.$$

Das einfachste Beispiel für Vektorräume erhält man mit den n-dimensionalen Zahlenräumen

$$\mathbf{K}^n=\mathbf{R}^n \quad \text{bzw.} \quad \mathbf{K}^n=\mathbf{C}^n$$

für eine natürliche Zahl n. Bekanntlich sind die Addition von Vektoren und die Multiplikation von Vektoren mit Zahlen erklärt durch

$$x+y=(x_1+y_1,\dots,x_n+y_n),\qquad \lambda x=(\lambda x_1,\dots,\lambda x_n)$$

für $x=(x_1,\dots,x_n)$, $y=(y_1,\dots,y_n)\in\mathbf{K}^n$, $\lambda\in\mathbf{K}$. Wichtige Beispiele für Normen auf dem n-dimensionalen Zahlenraum sind die Maximumnorm

(2) $$\|x\|_\infty=\max_{j=1,\dots,n}|x_j|,$$

die euklidische bzw. unitäre Norm

(3) $$\|x\|_2=\left(\sum_{j=1}^{n}|x_j|^2\right)^{\frac{1}{2}}$$

und die Norm

(4) $$\|x\|_1=\sum_{j=1}^{n}|x_j|$$

für $x=(x_1,\dots,x_n)\in\mathbf{K}^n$. Die Eigenschaften (N 1), (N 2), (N 3) für diese Normen ergeben sich unmittelbar aus den obigen Definitionen. Dies gilt ebenso für die Dreiecksungleichung (N4) bei den Normen $\|\cdot\|_\infty$, $\|\cdot\|_1$. Die euklidische bzw. unitäre Norm $\|\cdot\|_2$ läßt sich für $\mathbf{K}=\mathbf{R}$ mit Hilfe des Skalarprodukts

(5) $$(x,y)_2=\sum_{j=1}^{n}x_jy_j,\qquad x=(x_1,\dots,x_n),\ y=(y_1,\dots,y_n)\in\mathbf{R}^n,$$

beziehungsweise für $\mathbf{K}=\mathbf{C}$ mit Hilfe des Skalarprodukts

(6) $$(x,y)_2=\sum_{j=1}^{n}x_j\bar{y}_j,\qquad x=(x_1,\dots,x_n),\ y=(y_1,\dots,y_n)\in\mathbf{C}^n,$$

erhalten durch die Vorschrift

(7) $$\|x\|_2=\sqrt{(x,x)_2},\qquad x\in\mathbf{K}^n.$$

Das Skalarprodukt $(\cdot,\cdot)_2$ auf $\mathbf{K}^n$ genügt stets der Schwarzschen Ungleichung

(8) $$|(x,y)_2|\le\|x\|_2\,\|y\|_2,\qquad x,y\in\mathbf{K}^n,$$

und hiermit folgt die Dreiecksungleichung (N4) in diesem Falle aus der Beziehung

$$\|x+y\|_2^2=(x+y,x+y)_2\le\|x\|_2^2+\|y\|_2^2+2\|x\|_2\,\|y\|_2=(\|x\|_2+\|y\|_2)^2.$$

Es ist nun sehr bequem und anschaulich, die aus der elementaren klassischen Geometrie geläufigen Begriffe wie Punkt, Abstand, Kugel, Sphäre usw. auch für eine beliebige Norm $\|\cdot\|$ auf dem Zahlenraum $\mathbf{K}^n$ zu verwenden. In diesem Sinne bezeichnet man Vektoren $x,y\in\mathbf{K}^n$ als Punkte und $\|x-y\|$ als Abstand der Punkte x,y. Weiter ist für einen Punkt $c\in\mathbf{K}^n$ und eine positive Zahl ρ die abgeschlossene Kugel mit Mittelpunkt c und Radius ρ definiert durch

$$K_\rho(c)=\{x\in\mathbf{K}^n\,|\,\|x-c\|\le\rho\}.$$

Entsprechend wird die offene Kugel erklärt durch die Menge

$$K'_\rho(c)=\{x\in\mathbf{K}^n \mid \|x-c\|<\rho\}$$

und die Sphäre mit Mittelpunkt c und Radius ρ durch

$$S_\rho(c)=\{x\in\mathbf{K}^n \mid \|x-c\|=\rho\}.$$

Fig. 8 veranschaulicht die Sphären $S_\rho(0)$ im zweidimensionalen Zahlenraum $\mathbf{R}^2$ für die oben definierten Normen $\|\cdot\|_p$ mit $p=1,2,\infty$.

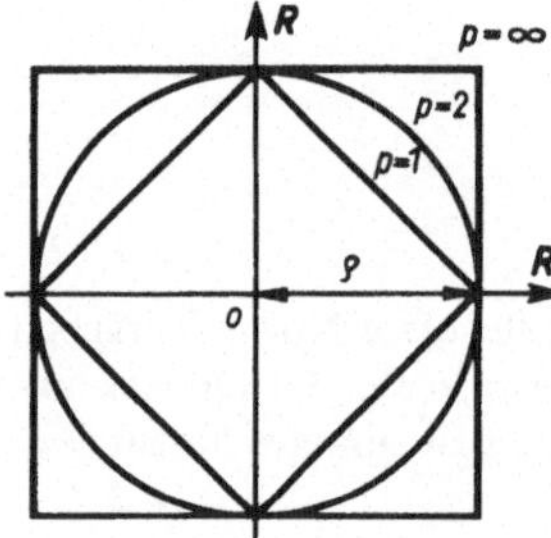

Fig. 8

Beispiel. Besonders wichtig für die numerischen Anwendungen ist die Maximumnorm $\|\cdot\|_\infty$ auf dem n-dimensionalen Zahlenraum. In diesem Falle ist mit $\mathbf{K}^n=\mathbf{R}^n$, $c\in\mathbf{R}^n$ und $\rho>0$ die „Kugel" $K_\rho(c)$ nichts anderes als das n-dimensionale Intervall

$$K_\rho(c)=[c-\rho, c+\rho],$$

da für $x=(x_1,\dots,x_n)\in K_\rho(c)$ mit $c=(c_1,\dots,c_n)$ die Beziehung gilt

$$\max_{j=1,\dots,n}|x_j-c_j|\le\rho \iff c_j-\rho\le x_j\le c_j+\rho, \quad j=1,\dots,n.$$

Im nächsten Satz beweisen wir eine wichtige Ungleichung für Normen auf $\mathbf{K}^n$.

(9) *Sei $\|\cdot\|$ eine beliebige Norm auf dem n-dimensionalen Zahlenraum $\mathbf{K}^n$ und $\|\cdot\|_2$ die euklidische bzw. unitäre Norm. Dann gibt es positive Zahlen γ_0,γ_1 mit der Eigenschaft*

$$\gamma_0\|x\|_2\le\|x\|\le\gamma_1\|x\|_2, \quad x\in\mathbf{K}^n.$$

Beweis. Bezeichnet man mit $e_1,\dots,e_n$ die Basisvektoren

$$e_j=(\delta_{1j},\dots,\delta_{nj}), \quad j=1,\dots,n,$$

im n-dimensionalen Zahlenraum $\mathbf{K}^n$, so hat jeder Vektor $x\in\mathbf{K}^n$ die Darstellung

$$x=(x_1,\dots,x_n)=\sum_{j=1}^n x_j e_j.$$

Die Norm $\|\cdot\|$ genügt also der Abschätzung

$$\|x\| \leq \sum_{j=1}^{n} |x_j| \, \|e_j\| \leq \gamma_1 \|x\|_2, \qquad x \in \mathbf{K}^n,$$

mit der Konstanten

$$\gamma_1 = \left(\sum_{j=1}^{n} \|e_j\|^2 \right)^{\frac{1}{2}}.$$

Weiter ist jede Norm $\|\cdot\|$ eine Lipschitz-stetige, also insbesondere stetige reelle Funktion $h(x) = \|x\|$, $x \in \mathbf{K}^n$, da die Ungleichung gilt

$$|h(x) - h(y)| = |\, \|x\| - \|y\| \,| \leq \|x - y\| \leq \gamma_1 \|x - y\|_2, \qquad x, y \in \mathbf{K}^n.$$

Die Einheitssphäre $S = S_1(0)$ im n-dimensionalen Zahlenraum ist bezüglich $\|\cdot\|_2$ beschränkt und abgeschlossen. Nach dem Satz von Weierstrass besitzt dann die reelle stetige Funktion $h(x) = \|x\|$ auf S ein Minimum an einer Stelle $z \in S$,

$$\gamma_0 = h(z) = \min_{\|u\|_2 = 1} h(u) \leq h(y), \qquad y \in S.$$

Hier ist notwendig $\gamma_0 > 0$, weil andernfalls $\gamma_0 = h(z) = \|z\| = 0$ wäre, also auch $z = 0$ sein müßte im Widerspruch zu $z \in S$ oder $\|z\|_2 = 1$. Für jedes $x \neq 0$ ist schließlich $y = (1/\|x\|_2) x \in S$ und daher

$$\gamma_0 \leq h\left(\frac{1}{\|x\|_2} x \right) = \frac{1}{\|x\|_2} \|x\| \iff \gamma_0 \|x\|_2 \leq \|x\|. \qquad \blacksquare$$

Jede beliebige Norm $\|\cdot\|$ auf dem n-dimensionalen Zahlenraum $\mathbf{K}^n$ ist nach Satz (9) äquivalent zur euklidischen bzw. unitären Norm $\|\cdot\|_2$. Für die Maximumnorm hat man offenbar die Abschätzung

$$\|x\|_\infty \leq \|x\|_2 \leq \sqrt{n} \, \|x\|_\infty, \qquad x \in \mathbf{K}^n.$$

Jede beliebige Norm $\|\cdot\|$ auf $\mathbf{K}^n$ ist daher auch äquivalent zur Maximumnorm mit

$$(10) \qquad \gamma_0 \max_{j=1,\ldots,n} |x_j| \leq \|x\| \leq \sqrt{n} \, \gamma_1 \max_{j=1,\ldots,n} |x_j|, \qquad x = (x_1, \ldots, x_n) \in \mathbf{K}^n.$$

Eine beliebige Folge von Vektoren $x^{(t)} = (x_1^{(t)}, \ldots, x_n^{(t)})$, $t = 0, 1, 2, \ldots$, im n-dimensionalen Zahlenraum $\mathbf{K}^n$ heißt konvergent gegen einen Vektor $x \in \mathbf{K}^n$, wenn die Folge koordinatenweise konvergiert,

$$(11) \qquad x^{(t)} \longrightarrow x \iff x_j^{(t)} \longrightarrow x_j, \quad j = 1, \ldots, n, \quad (t \longrightarrow \infty).$$

Mit Hilfe des obigen Satzes und Ungleichung (10) ist dies genau dann der Fall, wenn für eine beliebige Norm $\|\cdot\|$ auf $\mathbf{K}^n$ gilt

$$(12) \qquad \|x^{(t)} - x\| \longrightarrow 0 \iff \|x^{(t)} - x\|_2 \longrightarrow 0 \quad (t \longrightarrow \infty).$$

5.2. Matrizennormen

Für zwei natürliche Zahlen m, n betrachten wir jetzt $m \times n$-Matrizen $A=(a_{jk})$, $B=(b_{jk})$ mit Elementen $a_{jk}, b_{jk} \in \mathbf{K}$, $j=1,\ldots,m$, $k=1,\ldots,n$. Diese Matrizen bilden ebenfalls einen Vektorraum über $\mathbf{K}$, wobei die Addition von Matrizen und die Multiplikation mit Zahlen $\lambda \in \mathbf{K}$ bekanntlich erklärt sind durch die Vorschrift

$$A+B=(a_{jk}+b_{jk}), \qquad \lambda A=(\lambda a_{jk}).$$

Auf diesem Vektorraum der $m \times n$-Matrizen kann man ebenfalls Normen einführen, wobei wieder die Eigenschaften (N 1)–(N 4) gegeben sein müssen. Normen von Matrizen lassen sich in der verschiedensten Weise erhalten. Zum Beispiel kann man die $m \times n$-Matrizen (a_{jk}) stets als Vektoren (a_l) des Zahlenraumes $\mathbf{K}^N$ mit $N=mn$ auffassen, und umgekehrt läßt sich jedem Vektor $(a_l) \in \mathbf{K}^N$ eine Matrix (a_{jk}) zuordnen, etwa nach der Vorschrift

$$a_l=a_{jk}, \qquad l=j+m(k-1), \qquad j=1,\ldots,m, \qquad k=1,\ldots,n.$$

Auf dem N-dimensionalen Zahlenraum $\mathbf{K}^N$ ist jede beliebige Norm äquivalent zur Maximumnorm. Dieses Ergebnis formulieren wir für die Normen von Matrizen in dem anschließenden Satz.

(1) *Sei m, n ein Paar natürlicher Zahlen und $\|\cdot\|$ eine beliebige Norm für den Vektorraum der $m \times n$-Matrizen. Dann gibt es positive Zahlen γ_0, γ_1 mit der Eigenschaft*

$$\gamma_0 \max_{\substack{j=1,\ldots,m\\ k=1,\ldots,n}} |a_{jk}| \le \|A\| \le \gamma_1 \max_{\substack{j=1,\ldots,m\\ k=1,\ldots,n}} |a_{jk}|$$

für jede $m \times n$-Matrix

$$A=(a_{jk}), \qquad a_{jk} \in \mathbf{K}, \qquad j=1,\ldots,m, \qquad k=1,\ldots,n.$$

Eine Folge von Matrizen $A^{(t)}=(a_{jk}^{(t)})$ für $t=0,1,2,\ldots$ heißt konvergent gegen eine Matrix A, wenn die Elemente der Matrizen $A^{(t)}$ gegen diejenigen der Matrix A konvergieren,

(2) $$A^{(t)} \longrightarrow A \iff a_{jk}^{(t)} \longrightarrow a_{jk}, \qquad j=1,\ldots,m, \qquad k=1,\ldots,n,$$

für $t \longrightarrow \infty$. Mit dem obigen Satz wird dies für eine beliebige Norm $\|\cdot\|$ der $m \times n$-Matrizen äquivalent zur Beziehung

(3) $$A^{(t)} \longrightarrow A \iff \|A^{(t)}-A\| \longrightarrow 0 \qquad (t \longrightarrow \infty).$$

Schließlich gibt es noch eine weitere äquivalente Charakterisierung dieser Konvergenz in der Gestalt

(4) $$A^{(t)} \longrightarrow A \iff A^{(t)}x \longrightarrow Ax, \qquad x \in \mathbf{K}^n, \qquad (t \longrightarrow \infty).$$

Wenn nämlich $A^{(t)} \longrightarrow A$ strebt für $t \longrightarrow \infty$, so folgt aus der elementweisen Konvergenz für $t \longrightarrow \infty$ auch

$$\sum_{k=1}^{n} a_{jk}^{(t)} x_k \longrightarrow \sum_{k=1}^{n} a_{jk} x_k, \qquad j=1,\ldots,m,$$

für jeden Vektor $x=(x_1,\ldots,x_n)\in\mathbf{K}^n$. Umgekehrt kann man in dieser Beziehung für den Vektor x nacheinander die Einheitsvektoren $e_l=(\delta_{1l},\ldots,\delta_{nl})$, $l=1,\ldots,m$, einsetzen. Damit erhält man die Konvergenz der Spalten von $A^{(t)}$ gegen die Spalten der Matrix A und hieraus wiederum die elementweise Konvergenz der Matrizen $A^{(t)}$ gegen A für $t\longrightarrow\infty$.

Eine Reihe von spezielleren Begriffsbildungen für Normen von Matrizen ergeben sich aus der Tatsache, daß jede $m\times n$-Matrix $A=(a_{jk})$ mit Elementen $a_{jk}\in\mathbf{K}$ für $j=1,\ldots,m$, $k=1,\ldots,n$ eine lineare Abbildung des n-dimensionalen Zahlenraums $\mathbf{K}^n$ in den m-dimensionalen Zahlenraum $\mathbf{K}^m$ definiert,

$$Ax=y \iff \sum_{k=1}^{n} a_{jk}x_k=y_j, \quad j=1,\ldots,m.$$

Sei zum Beispiel eine Norm $\|\cdot\|_E$ auf $\mathbf{K}^n$ und eine Norm $\|\cdot\|_F$ auf $\mathbf{K}^m$ gegeben. Dann heißt eine Norm $\|\cdot\|$ für die $m\times n$-Matrizen mit den Vektornormen $\|\cdot\|_E$, $\|\cdot\|_F$ verträglich, wenn die Ungleichung gilt

(5) $$\|Ax\|_F\le\|A\|\,\|x\|_E, \quad x\in\mathbf{K}^n,$$

für jede $m\times n$-Matrix A. Mit Hilfe der Normen $\|\cdot\|_E$ auf $\mathbf{K}^n$ und $\|\cdot\|_F$ auf $\mathbf{K}^m$ kann man immer eine verträgliche Norm definieren durch die Vorschrift

(6) $$\|A\|=\sup_{0\neq x\in\mathbf{K}^n}\frac{\|Ax\|_F}{\|x\|_E}=\sup_{\substack{y\in\mathbf{K}^n\\ \|y\|_E=1}}\|Ay\|_F.$$

Diese Norm heißt die durch die Vektornormen $\|\cdot\|_E$, $\|\cdot\|_F$ erklärte natürliche Norm der $m\times n$-Matrizen.

Im Falle von quadratischen $n\times n$-Matrizen A, B ist das Produkt AB erklärt und wieder eine $n\times n$-Matrix. Dann nennt man eine Norm $\|\cdot\|$ für diese quadratischen Matrizen auch eine Matrizennorm, wenn neben den Eigenschaften (N 1)–(N 4) noch die folgende Eigenschaft (N 5) erfüllt ist,

(N 5) $$\|AB\|\le\|A\|\,\|B\|$$

für alle quadratischen Matrizen A, B. Offenbar wird jede durch eine Vektornorm $\|\cdot\|$ auf $\mathbf{K}^n$ erklärte natürliche Norm eine Matrizennorm, da in diesem Falle die Beziehung besteht

(7) $$\|AB\|=\sup_{0\neq x\in\mathbf{K}^n}\frac{\|ABx\|}{\|x\|}\le\|A\|\sup_{0\neq x\in\mathbf{K}^n}\frac{\|Bx\|}{\|x\|}=\|A\|\,\|B\|.$$

Schließlich bezeichnet man eine Norm kurz als natürliche Matrizennorm, wenn es eine Vektornorm $\|\cdot\|$ auf $\mathbf{K}^n$ gibt, so daß diese Matrizennorm gerade die zugehörige natürliche Norm wird,

(8) $$\|A\|=\sup_{0\neq x\in\mathbf{K}^n}\frac{\|Ax\|}{\|x\|}=\sup_{\substack{y\in\mathbf{K}^n\\ \|y\|=1}}\|Ay\|.$$

Beispiel 1. Für die Maximumnorm $\|\cdot\|_\infty$ auf den Zahlenräumen $\mathbf{K}^m$, $\mathbf{K}^n$ hat man die Ungleichung

$$\text{(9)} \qquad \|Ax\|_\infty = \max_{j=1,\dots,m} \left|\sum_{k=1}^{n} a_{jk} x_k\right| \le \max_{j=1,\dots,m} \sum_{k=1}^{n} |a_{jk}| \max_{k=1,\dots,n} |x_k|$$
$$= \|A\|_\infty \|x\|_\infty, \quad x \in \mathbf{K}^n,$$

mit der maximalen Zeilensumme $\|A\|_\infty$ als verträglicher Matrizennorm,

$$\text{(10)} \qquad \|A\|_\infty = \max_{j=1,\dots,m} \sum_{k=1}^{n} |a_{jk}|.$$

Beispiel 2. Für die Vektornorm $\|\cdot\|_1$ auf $\mathbf{K}^m$, $\mathbf{K}^n$ erhält man analog die Abschätzung

$$\text{(11)} \qquad \|Ax\|_1 = \sum_{j=1}^{m} \left|\sum_{k=1}^{n} a_{jk} x_k\right| \le \sum_{k=1}^{n} \sum_{j=1}^{m} |a_{jk}|\,|x_k|$$
$$\le \max_{k=1,\dots,n} \sum_{j=1}^{m} |a_{jk}| \cdot \sum_{k=1}^{n} |x_k| = \|A\|_1 \|x\|_1, \quad x \in \mathbf{K}^n,$$

mit der maximalen Spaltensumme $\|A\|_1$ als verträglicher Matrizennorm,

$$\text{(12)} \qquad \|A\|_1 = \max_{k=1,\dots,n} \sum_{j=1}^{m} |a_{jk}|.$$

Beispiel 3. Mit der euklidischen bzw. unitären Norm $\|\cdot\|_2$ auf $\mathbf{K}^m$, $\mathbf{K}^n$ und mit Hilfe der Schwarzschen Ungleichung kann man die Abschätzung gewinnen

$$\|Ax\|_2^2 = \sum_{j=1}^{m} \left|\sum_{k=1}^{n} a_{jk} x_k\right|^2 \le \sum_{j=1}^{m} \sum_{k=1}^{n} |a_{jk}|^2 \sum_{k=1}^{n} |x_k|^2$$

oder

$$\text{(13)} \qquad \|Ax\|_2 \le \|A\|_2 \|x\|_2, \quad x \in \mathbf{K}^n,$$

mit der Quadratsummennorm als verträglicher Matrizennorm,

$$\text{(14)} \qquad \|A\|_2 = \left(\sum_{j=1}^{m} \sum_{k=1}^{n} |a_{jk}|^2\right)^{\frac{1}{2}}.$$

Für die Einheitsmatrix E erhält man mit diesen Matrizennormen offenbar

$$\text{(15)} \qquad E = (\delta_{jk}): \quad \|E\|_\infty = 1, \quad \|E\|_1 = 1, \quad \|E\|_2 = \sqrt{n}.$$

Daher kann die Quadratsummennorm $\|E\|_2$ für $n > 1$ keine natürliche Matrizennorm sein, weil in diesem Falle für $A = E$ aus (8) sofort $\|E\| = 1$ folgt. Für die beiden anderen Normen hat man jedoch noch den Satz

(16) *Die maximale Zeilensumme $\|A\|_\infty$ ist die zur Vektornorm $\|x\|_\infty$, $x \in \mathbf{K}^n$, gehörende natürliche Matrizennorm,*

$$\text{(17)} \qquad \|A\|_\infty = \max_{0 \ne x \in \mathbf{K}^n} \frac{\|Ax\|_\infty}{\|x\|_\infty} = \max_{\substack{y \in \mathbf{K}^n \\ \|y\|_\infty = 1}} \|Ay\|_\infty.$$

Die maximale Spaltensumme $\|A\|_1$ *ist die zur Vektornorm* $\|x\|_1$, $x\in\mathbf{K}^n$, *gehörende natürliche Matrizennorm*,

$$\text{(18)}\qquad \|A\|_1 = \max_{0\neq x\in\mathbf{K}^n} \frac{\|Ax\|_1}{\|x\|_1} = \max_{\substack{y\in\mathbf{K}^n\\ \|y\|_1=1}} \|Ay\|_1 .$$

Beweis. (i) Mit Hilfe von Ungleichung (9) hat man die Beziehung

$$\|Ay\|_\infty \leq \|A\|_\infty, \quad \|y\|_\infty = 1, \quad y\in\mathbf{K}^n.$$

Für $\|A\|_\infty=0$ ist $A=0$ und die Darstellung (17) trivial. Für $\|A\|_\infty>0$ gibt es einen Index $m\in\{1,\ldots,n\}$ mit der Eigenschaft

$$\|A\|_\infty = \max_{j=1,\ldots,n} \sum_{k=1}^n |a_{jk}| = \sum_{k=1}^n |a_{mk}|.$$

Somit erhält man durch die Vorschrift

$$z_k = \frac{|a_{mk}|}{a_{mk}} \quad \text{für } a_{mk}\neq 0, \qquad z_k=0 \quad \text{für } a_{mk}=0,$$

und $k=1,\ldots,n$ einen Vektor $z\in\mathbf{K}^n$ mit $\|z\|_\infty=1$, welcher mit der Abkürzung $v=Az$ der Bedingung genügt

$$v_m = \sum_{k=1}^n a_{mk} z_k = \sum_{k=1}^n |a_{mk}| = \|A\|_\infty .$$

Daher ist

$$\|A\|_\infty = |v_m| \leq \|v\|_\infty = \|Az\|_\infty \leq \|A\|_\infty ,$$

so daß hier das Gleichheitszeichen steht und $\|A\|_\infty = \|Az\|_\infty = \max \|Ay\|_\infty$ wird.

(ii) Mit Hilfe von Ungleichung (11) gilt weiter die Beziehung

$$\|Ay\|_1 \leq \|A\|_1, \quad \|y\|_1 = 1, \quad y\in\mathbf{K}^n.$$

Im nichttrivialen Fall $\|A\|_1>0$ existiert ein Index $m\in\{1,\ldots,n\}$ mit der Eigenschaft

$$\|A\|_1 = \max_{k=1,\ldots,n} \sum_{j=1}^n |a_{jk}| = \sum_{j=1}^n |a_{jm}|.$$

Setzt man hier $z=(\delta_{m1},\ldots,\delta_{mn})$, so wird $\|z\|_1=1$ und mit der Abkürzung $v=Az$ dann $v_j=a_{jm}$, $j=1,\ldots,n$. Also gilt die Darstellung

$$\|A\|_1 = \|v\|_1 = \|Az\|_1 = \max_{\substack{y\in\mathbf{K}^n\\ \|y\|_1=1}} \|Ay\|_1 .$$

5.3. Skalarprodukte

Sei E ein Vektorraum über dem Körper $\mathbf{K}=\mathbf{R}$ bzw. $\mathbf{K}=\mathbf{C}$. Dann versteht man unter einem Skalarprodukt $(\cdot,\cdot)$ für E eine Funktion, die jedem geordneten Paar von Vektoren u, v aus E eine Zahl $(u,v)\in\mathbf{K}$ zuordnet mit den folgenden Eigenschaften

(S1) $(\lambda u + \mu v, w) = \lambda(u, w) + \mu(v, w),$

(S2) $(u, v) = \overline{(v, u)},$

(S3) $(u, u) \geq 0,$

(S4) $(u, u) = 0 \iff u = 0,$

für jedes $\lambda, \mu \in \mathbf{K}$ und jedes $u, v, w \in E$. Wenn nur die Eigenschaften (S1), (S2), (S3) erfüllt sind, dann nennen wir $(\cdot, \cdot)$ ein semidefinites Skalarprodukt. In (S2) bezeichnet $\overline{(v, u)}$ die konjugiert komplexe Zahl zu (v, u). Wenn also $\mathbf{K} = \mathbf{R}$ der Körper der reellen Zahlen ist, so lautet (S2) einfacher

$$(u, v) = (v, u), \quad u, v \in E, \quad \mathbf{K} = \mathbf{R}.$$

Jeder Vektorraum mit Skalarprodukt ist ein normierter Raum mit der Norm

(1) $\|u\| = (u, u)^{\frac{1}{2}}, \quad u \in E.$

Durch diese Vorschrift erhält man nämlich eine Funktion $\|\cdot\|$ auf E, welche offenbar die Eigenschaften (N1), (N2), (N3) besitzt. Weiter genügt bekanntlich jedes Skalarprodukt der Schwarzschen Ungleichung

(2) $|(u, v)| \leq \|u\| \, \|v\|, \quad u, v \in E.$

Damit folgt die Dreiecksungleichung (N4) aus der Beziehung

$$\|u + v\|^2 = (u + v, u + v) \leq \|u\|^2 + \|v\|^2 + 2\|u\| \, \|v\| = (\|u\| + \|v\|)^2.$$

In einem Vektorraum E mit Skalarprodukt heißen zwei Vektoren v, w orthogonal, wenn sie der Orthogonalitätsbedingung $(v, w) = 0$ genügen. Ein endliches System von Vektoren $w_1, \ldots, w_m$ aus E mit der Eigenschaft

(3) $w_j \neq 0, \quad (w_j, w_k) = 0, \quad j \neq k, \quad j, k = 1, \ldots, m,$

heißt ein Orthogonalsystem und unter der Bedingung

(4) $(w_j, w_k) = \delta_{jk}, \quad j, k = 1, \ldots, m,$

ein Orthonormalsystem in E.

In einem endlichdimensionalen Vektorraum E bildet jedes Orthonormalsystem $w_1, \ldots, w_n$ für $n = \dim E$ bekanntlich eine Basis. Jeder Vektor $u \in E$ läßt sich dann darstellen in der Gestalt

(5) $u = \sum_{j=1}^{n} (u, w_j) w_j, \quad u \in E.$

Weiter gelten mit Hilfe der Orthogonalitätsrelation (4) die Beziehungen

(6) $\|u\|^2 = \sum_{j=1}^{n} |(u, w_j)|^2, \quad (u, v) = \sum_{j=1}^{n} (u, w_j)(w_j, v), \quad u, v \in E.$

Sei jetzt wieder E der n-dimensionale Zahlenraum $\mathbf{K}^n = \mathbf{R}^n$ bzw. $\mathbf{K}^n = \mathbf{C}^n$. Dann kennen wir bereits das Skalarprodukt $(\cdot,\cdot)_2$ mit der zugehörigen euklidischen oder unitären Norm $\|\cdot\|_2$, also

$$(7) \qquad (x,y)_2 = \sum_{j=1}^{n} x_j \overline{y_j}, \qquad \|x\|_2 = \left(\sum_{j=1}^{n} |x_j|^2\right)^{\frac{1}{2}}$$

für $x=(x_1,\dots,x_n)$, $y=(y_1,\dots,y_n)\in\mathbf{K}^n$. Man kann jedoch leicht weitere Beispiele angeben. Dazu sei $C=(c_{jk})$ eine positiv definite quadratische Matrix mit Elementen $c_{jk}\in\mathbf{K}$, $j,k=1,\dots,n$. Hierunter versteht man eine symmetrische bzw. hermitesche Matrix C, das heißt eine Matrix C mit der Eigenschaft

$$(8) \qquad (Cx,y)_2 = (x,Cy)_2, \quad x,y\in\mathbf{K}^n \iff c_{jk} = \overline{c_{kj}}, \quad j,k=1,\dots,n,$$

die der Definitheitsbedingung genügt

$$(9) \qquad (Cx,x)_2 > 0 \iff \sum_{j,k=1}^{n} c_{jk} x_k \overline{x_j} > 0, \quad 0 \neq x = (x_1,\dots,x_n)\in\mathbf{K}^n.$$

Jede positiv definite Matrix C definiert ein Skalarprodukt $(\cdot,\cdot)_C$ für $\mathbf{K}^n$ durch die Vorschrift

$$(10) \qquad (x,y)_C = (Cx,y)_2 = (x,Cy)_2, \quad x,y\in\mathbf{K}^n.$$

Die Bedingungen (S1), (S2) sind auf Grund der Eigenschaften des Skalarprodukts $(\cdot,\cdot)_2$ und der Symmetriebedingung (10) für C erfüllt. Die Eigenschaften (S3), (S4) folgen dann aus der Definitheit von C. Weiter zeigt man leicht den folgenden Satz.

(11) *Jedes Skalarprodukt* $(\cdot,\cdot)$ *für* $\mathbf{K}^n$ *hat mit einer positiv definiten Matrix* C *die Darstellung*

$$(x,y) = (x,y)_C = (Cx,y)_2, \quad x,y\in\mathbf{K}^n.$$

Beweis. Jeder Vektor $x\in\mathbf{K}^n$ hat mit den folgenden Basisvektoren $e_1,\dots,e_n\in\mathbf{K}^n$ die Darstellung

$$x = \sum_{j=1}^{n} x_j e_j, \qquad x=(x_1,\dots,x_n)\in\mathbf{K}^n, \qquad e_j = (\delta_{1j},\dots,\delta_{nj}), \qquad j=1,\dots,n.$$

Damit wird dann

$$(x,y) = \left(\sum_{j=1}^{n} x_j e_j, \sum_{k=1}^{n} y_k e_k\right) = \sum_{j,k=1}^{n} c_{kj} x_j \overline{y_k}$$

mit den Elementen der Matrix $C=(c_{jk})$, $c_{kj}=(e_j,e_k)$, $j,k=1,\dots,n$. Diese Matrix ist also symmetrisch bzw. hermitesch und genügt der Bedingung

$$\sum_{j,k=1}^{n} c_{kj} x_j \overline{x_k} = (Cx,x)_2 = \|x\|^2 > 0, \quad 0 \neq x = (x_1,\dots,x_n)\in\mathbf{K}^n. \qquad \blacksquare$$

Als Anwendung von Satz 5.1. (9) haben wir hier schließlich noch die Aussage, daß jede positiv definite n-reihige Matrix C bzw. jedes beliebige Skalarprodukt $(\cdot,\cdot)=(\cdot,\cdot)_C$ für $\mathbf{K}^n$ mit positiven Zahlen α, β der Ungleichung genügt

$$\alpha\|x\|_2^2 \le \|x\|_C^2 = (Cx,x)_2 \le \beta\|x\|_2^2, \qquad x\in\mathbf{K}^n.$$

Die Ungleichung (2) für das Skalarprodukt $(\cdot,\cdot)_C$ ergibt die sogenannte verallgemeinerte Schwarzsche Ungleichung

$$|(Cx,y)|^2 \le (Cx,x)\,(Cy,y), \qquad x,y\in\mathbf{K}^n.$$

5.4. Eigenwerte und Eigenvektoren von Matrizen

In diesem Abschnitt werden einige wichtige Grundbegriffe der linearen Algebra über Eigenwerte und Eigenvektoren von Matrizen zusammengestellt. Im Hinblick auf Näherungsmethoden zur Lösung von Eigenwertaufgaben interessieren wir uns dann besonders für Abschätzungen der Eigenwerte von Matrizen. Weitergehende Aussagen hierzu erhält man mit den bekannten Extremalprinzipien für symmetrische Abbildungen im n-dimensionalen Zahlenraum mit Skalarprodukt. Sogenannte Einschließungssätze für Fehlerabschätzungen bei Eigenwertaufgaben werden wir später in Abschnitt 10.4 bringen.

5.4.1. Allgemeine Matrizen. Sei $A=(a_{jk})$ eine n-reihige quadratische Matrix mit Elementen $a_{jk}\in\mathbf{K}$, $j,k=1,\dots,n$. Dann heißt bekanntlich eine Zahl $\lambda\in\mathbf{C}$ Eigenwert der Matrix A, wenn es einen zugehörigen Eigenvektor $w=(w_1,\dots,w_n)\in\mathbf{C}^n$, $w\neq 0$, gibt mit der Eigenschaft

$$(1)\qquad Aw=\lambda w \iff \sum_{k=1}^{n} a_{jk}w_k=\lambda w_j, \qquad j=1,\dots,n.$$

Eine Zahl λ wird genau dann Eigenwert der Matrix A, wenn die Determinante des homogenen Gleichungssystems (1) gleich Null ist,

$$(2)\qquad \det(A-\lambda E)=0 \iff \det\begin{pmatrix} a_{11}-\lambda & a_{12} & \dots & a_{1n}\\ a_{21} & a_{22}-\lambda & \dots & a_{2n}\\ \vdots & \vdots & \ddots & \vdots\\ a_{n1} & a_{n2} & \dots & a_{nn}-\lambda\end{pmatrix}=0.$$

Diese Determinante definiert das charakteristische Polynom der Matrix A,

$$(3)\qquad p_A(z)=\det(zE-A)=z^n+\alpha_{n-1}z^{n-1}+\dots+\alpha_1 z+\alpha_0, \qquad z\in\mathbf{C}.$$

Die Eigenwerte von A sind daher die Wurzeln des charakteristischen Polynoms p_A oder die Nullstellen λ der charakteristischen Gleichung $p_A(\lambda)=0$. Nach dem Fundamentalsatz der Algebra besitzt ein Polynom n-ten Grades der Gestalt (3) im Körper der komplexen Zahlen genau n Wurzeln und dementsprechend jede n-reihige Matrix A genau n Eigenwerte. Dabei zählt man die Eigenwerte entsprechend ihrer Vielfachheit als Wurzeln des charakteristischen Polynoms. Die Menge der Eigenwerte von A nennt man das Spektrum der Matrix A. Betrachtet man anstelle von A die Matrix

$A-\alpha E$ mit einer Konstanten α, dann hat diese Matrix offenbar die Eigenwerte $\lambda-\alpha$ mit den Eigenwerten λ von A. Die Eigenwerte von $A-\alpha E$ entstehen durch eine sogenannte Spektralverschiebung aus den Eigenwerten von A.

Für den n-dimensionalen Zahlenraum $\mathbf{K}^n$ mit einem Skalarprodukt $(\cdot,\cdot)$ ist zu jeder n-reihigen quadratischen Matrix A der zugehörige Rayleigh-Quotient ρ_A definiert durch die Vorschrift

(4) $$\rho_A(x)=\frac{(Ax,x)}{(x,x)},\quad 0\neq x\in\mathbf{K}^n.$$

In $\mathbf{C}^n$ liefert der Rayleigh-Quotient ρ_A zu jedem Eigenvektor w der Matrix A den zugehörigen Eigenwert $\lambda=\rho_A(w)$. Alle Eigenwerte liegen im Wertebereich der Matrix A, erklärt durch

(5) $$\Theta=\left\{z\in\mathbf{C}\,|\,z=\frac{(Ax,x)}{(x,x)},\ 0\neq x\in\mathbf{C}^n\right\}.$$

Nach einem bekannten Satz von Hausdorff ist der Wertebereich Θ einer Matrix immer eine konvexe Teilmenge der komplexen Zahlenebene.

In den Anwendungen benötigt man Aussagen über die Lage der Eigenwerte einer Matrix A mit Hilfe von geeigneten Abschätzungen. Ein einfaches Beispiel hierfür ist der folgende Satz.

(6) *Jeder Eigenwert λ einer quadratischen Matrix A genügt für jede beliebige, mit einer Vektornorm auf $\mathbf{C}^n$ verträgliche Matrizennorm $\|A\|$ der Ungleichung*

$$|\lambda|\leq\|A\|.$$

Beweis. Sei λ ein beliebiger Eigenwert von A und w ein zugehöriger Eigenvektor. Da $Aw=\lambda w$ und $w\neq 0$ ist, folgt die obige Ungleichung aus der Beziehung

$$|\lambda|\,\|w\|=\|\lambda w\|=\|Aw\|\leq\|A\|\,\|w\|.$$ ■

Alle Eigenwerte λ von A liegen also in einer Kreisscheibe $K_\rho(0)$ der komplexen Zahlenebene $\mathbf{C}$ mit Mittelpunkt 0 und Radius $\rho=\|A\|$. Speziell kann man hier für die Matrix $A=(a_{jk})_{j,k=1,\ldots,n}$ die Normen $\|A\|_1$, $\|A\|_2$, $\|A\|_\infty$ aus Abschnitt 5.2 wählen und erhält so Eigenwertabschätzungen mit der maximalen Zeilensumme,

(7) $$|\lambda|\leq\|A\|_\infty=\max_{j=1,\ldots,n}\sum_{k=1}^{n}|a_{jk}|,$$

mit der maximalen Spaltensumme,

(8) $$|\lambda|\leq\|A\|_1=\max_{k=1,\ldots,n}\sum_{j=1}^{n}|a_{jk}|$$

und mit der Quadratsummennorm,

(9) $$|\lambda|\leq\|A\|_2=\left(\sum_{j,k=1}^{n}|a_{jk}|^2\right)^{\frac{1}{2}}.$$

Weiter hat man den folgenden wichtigen Satz, der meistens mit den Zeilensummen als Radien formuliert und dann nach Gerschgorin benannt wird. Fig. 9 veranschaulicht die sogenannten Gerschgorin-Kreise in der komplexen Zahlenebene **C**.

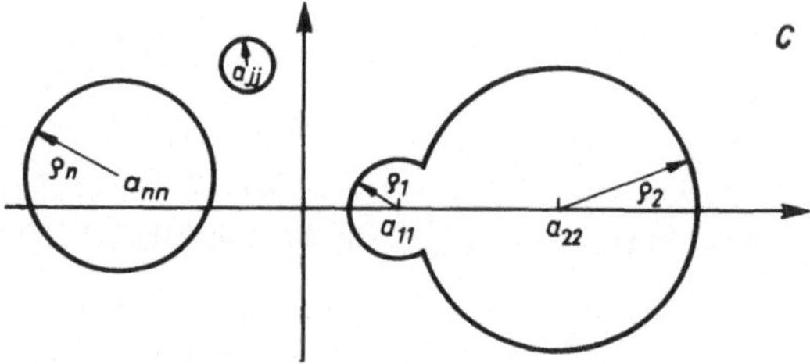

Fig. 9

(10) *Sei* $A=(a_{jk})_{j,k=1,\ldots,n}$ *eine beliebige quadratische Matrix. Dann liegt jeder Eigenwert* λ *von* A *in der Vereinigungsmenge von Kreisscheiben*

$$\bigcup_{j=1}^{n} K_{\rho_j}(a_{jj}), \quad K_{\rho_j}(a_{jj})=\{z\in\mathbf{C}\,|\,|z-a_{jj}|\le\rho_j\}, \quad j=1,\ldots,n,$$

mit den Diagonalelementen a_{jj} *der Matrix* A *als Mittelpunkten und den Radien* ρ_j. *Dabei gilt diese Beziehung sowohl mit den Zeilensummen als Radien*

(11) $$\rho_j=\sum_{\substack{k=1\\k\neq j}}^{n}|a_{jk}|, \quad j=1,\ldots,n,$$

als auch mit den Spaltensummen

(12) $$\rho_j=\sum_{\substack{k=1\\k\neq j}}^{n}|a_{kj}|, \quad j=1,\ldots,n,$$

und schließlich mit der Quadratsummennorm $\rho=\rho_j, \quad j=1,\ldots,n,$

(13) $$\rho=\left(\sum_{\substack{j,k=1\\j\neq k}}^{n}|a_{jk}|^2\right)^{\frac{1}{2}}.$$

Beweis. Sei λ ein beliebiger Eigenwert von A. Wenn $\lambda=a_{jj}$ wird für ein j, dann ist die Behauptung trivialerweise erfüllt. Andernfalls ist $\lambda\neq a_{jj}$ für $j=1,\ldots,n$, und die Inverse $(\lambda E-D)^{-1}=\operatorname{diag}(1/(\lambda-a_{jj}))$ der Diagonalmatrix $\lambda E-D=\operatorname{diag}(\lambda-a_{jj})$ existiert. Sei weiter w ein Eigenvektor von A zum Eigenwert λ, dann folgt die Beziehung

$$\lambda w=Aw \iff w=(\lambda E-D)^{-1}(A-D)w.$$

Für jede mit einer Vektornorm auf $\mathbf{K}^n$ verträgliche Norm $\|\cdot\|$ der quadratischen n-reihigen Matrizen wird also

(14) $$1\le\|(\lambda E-D)^{-1}(A-D)\|.$$

Speziell erhält man für die maximale Zeilensumme als Norm

$$1 \leq \max_{j=1,\ldots,n} \sum_{\substack{k=1\\k\neq j}}^{n} \frac{|a_{jk}|}{|\lambda - a_{jj}|} = \max_{j=1,\ldots,n} \frac{\rho_j}{|\lambda - a_{jj}|}$$

mit ρ_j aus (11). Für wenigstens ein j gilt daher die Ungleichung $|\lambda - a_{jj}| \leq \rho_j$ und somit $\lambda \in K_{\rho_j}(a_{jj})$. Jeder Eigenwert λ von A ist auch Eigenwert der transponierten Matrix A' mit den Elementen $a'_{jk} = a_{kj}$, $j, k = 1, \ldots, n$. Wendet man das eben bewiesene Ergebnis auf A' anstelle von A an, so erhält man $\lambda \in K_{\rho_j}(a_{jj})$ für ein $j = 1, \ldots, n$ mit den Radien ρ_j aus (12). Für die Quadratsummennorm schließlich nimmt (14) mit dem Radius ρ aus (13) die Gestalt an

$$1 \leq \left(\sum_{\substack{j,k=1\\j\neq k}}^{n} \frac{|a_{jk}|^2}{|\lambda - a_{jj}|^2} \right)^{\frac{1}{2}} \leq \frac{\rho}{\min\limits_{j=1,\ldots,n} |\lambda - a_{jj}|}.$$

Also gibt es einen Index j mit $|\lambda - a_{jj}| \leq \rho$ oder $\lambda \in K_\rho(a_{jj})$.

5.4.2. Symmetrische Matrizen und Abbildungen. Eine quadratische Matrix $A = (a_{jk})$ mit Elementen $a_{jk} \in \mathbf{K}$ für $j, k = 1, \ldots, n$ heißt symmetrisch unter der Bedingung

$$\mathbf{K} = \mathbf{R}, \quad a_{jk} = a_{kj}, \quad j, k = 1, \ldots, n,$$

und hermitesch unter der Bedingung

$$\mathbf{K} = \mathbf{C}, \quad a_{jk} = \overline{a_{kj}}, \quad j, k = 1, \ldots, n.$$

Mit dem Skalarprodukt $(\cdot, \cdot)_2$ aus Abschnitt 5.3 genügt eine symmetrische bzw. hermitesche Matrix A für jedes Paar von Vektoren x, y der Gleichung

$$(Ax, y)_2 = (x, Ay)_2, \quad x, y \in \mathbf{K}^n.$$

Damit definiert diese Matrix eine selbstadjungierte oder symmetrische Abbildung im n-dimensionalen Zahlenraum $\mathbf{K}^n$ mit Skalarprodukt $(\cdot, \cdot)_2$. Betrachtet man allgemeiner den Zahlenraum $\mathbf{K}^n$ mit einem beliebigen Skalarprodukt $(\cdot, \cdot)$, dann nennt man dementsprechend die Matrix $A = (a_{jk})$ eine selbstadjungierte oder symmetrische Abbildung in $\mathbf{K}^n$ mit Skalarprodukt $(\cdot, \cdot)$, wenn für jedes Paar von Vektoren x, y die Beziehung besteht

$$(Ax, y) = (x, Ay), \quad x, y \in \mathbf{K}^n.$$

Über die Eigenwerte und Eigenvektoren dieser Matrizen gilt bekanntlich der folgende grundlegende Satz der linearen Algebra.

(15) *Die Matrix $A = (a_{jk})_{j,k=1,\ldots,n}$ sei eine symmetrische Abbildung im Zahlenraum $\mathbf{K}^n$ mit Skalarprodukt $(\cdot, \cdot)$. Dann sind die Eigenwerte $\lambda_1, \ldots, \lambda_n$ von A reell, und es existiert ein zugehöriges Orthonormalsystem von Eigenvektoren $w_1, \ldots, w_n \in \mathbf{R}^n$ von A mit*

$$Aw_j = \lambda_j w_j, \quad (w_j, w_k) = \delta_{jk}, \quad j, k = 1, \ldots, n.$$

Das Orthonormalsystem der Eigenvektoren $w_1,\ldots,w_n$ von A bildet eine Basis im Zahlenraum $\mathbf{K}^n$, so daß jeder Vektor x aus $\mathbf{K}^n$ die Darstellung gestattet

(16) $$x=\sum_{j=1}^{n}(x,w_j)w_j, \qquad \|x\|^2=\sum_{j=1}^{n}|(x,w_j)|^2, \qquad x\in\mathbf{K}^n.$$

Mit den zugehörigen Eigenwerten $\lambda_1,\ldots,\lambda_n$ von A gelten weiter die Beziehungen

(17) $$Ax=\sum_{j=1}^{n}\lambda_j(x,w_j)w_j, \qquad \|Ax\|^2=\sum_{j=1}^{n}\lambda_j^2|(x,w_j)|^2, \qquad x\in\mathbf{K}^n,$$

und für die quadratische Form $a(x)=(Ax,x)$ der Matrix A hat man schließlich die Darstellung

(18) $$a(x)=(Ax,x)=\sum_{j=1}^{n}\lambda_j|(x,w_j)|^2, \qquad x\in\mathbf{K}^n.$$

Der obige Satz läßt sich auch auf die allgemeine Eigenwertaufgabe

(19) $$Bw=\lambda Cw$$

mit einer symmetrischen bzw. hermiteschen Matrix $B=(b_{jk})$ und einer positiv definiten Matrix $C=(c_{jk})$ anwenden. Dazu führt man die beiden Skalarprodukte ein

$$(x,y)_2=\sum_{j=1}^{n}x_j\overline{y_j}, \qquad (x,y)_C=(Cx,y)_2=\sum_{j,k=1}^{n}c_{jk}x_k\overline{y_j}$$

für $x=(x_1,\ldots,x_n)$, $y=(y_1,\ldots,y_n)\in\mathbf{K}^n$. Unter der obigen Voraussetzung definieren die Matrizen B, C symmetrische Abbildungen in $\mathbf{K}^n$ mit Skalarprodukt $(\cdot,\cdot)_2$. Weiter existiert C^{-1} und damit die Matrix $A=C^{-1}B$. Diese Matrix A hat die Eigenschaft

$$(Ax,y)_C=(Bx,y)_2=(x,By)_2=(x,Ay)_C, \qquad x,y\in\mathbf{K}^n,$$

so daß A eine symmetrische Abbildung in $\mathbf{K}^n$ mit Skalarprodukt $(\cdot,\cdot)_C$ wird. Nach Satz (15) sind die Eigenwerte $\lambda_1,\ldots,\lambda_n$ von A und damit die Eigenwerte der allgemeinen Eigenwertaufgabe (19) reell, und es existiert ein zugehöriges Orthonormalsystem von Eigenvektoren $w_1,\ldots,w_n$ mit der Eigenschaft $Aw_j=\lambda_j w_j$, also

(20) $$Bw_j=\lambda_j Cw_j, \qquad (w_j,w_k)_C=\delta_{jk}, \qquad j,k=1,\ldots,n.$$

Im vorangegangenen Abschnitt wurde die Lage der Eigenwerte λ von Matrizen A mit Hilfe geeigneter Normen abgeschätzt in der Form $|\lambda|\le\|A\|$. Dabei stellt sich die Frage, ob unter allen möglichen Normen $\|\cdot\|$ eine existiert, für die $\|A\|$ am kleinsten ist und damit die obige Abschätzung optimal wird. Für symmetrische Abbildungen beantwortet der nächste Satz diese Frage. Auf Grund der folgenden Darstellung $\|A\|_{\mathrm{nat}}=\max|\lambda_j|$ der natürlichen Matrizennorm durch den betragsgrößten Eigenwert von A bezeichnet man die optimale Norm $\|A\|_{\mathrm{nat}}$ auch als Spektralnorm der symmetrischen Abbildung A.

(21) *Die Matrix* $A=(a_{jk})$ *sei eine symmetrische Abbildung in* $\mathbf{K}^n$ *mit Skalarprodukt* $(\cdot,\cdot)$ *und Norm* $\|x\|=(x,x)^{\frac{1}{2}}$, $x\in\mathbf{K}^n$. *Dann genügt die natürliche Matrizennorm* $\|A\|_{\text{nat}}$ *mit den Eigenwerten* $\lambda_1,\dots,\lambda_n$ *von* A *der Beziehung*

$$\|A\|_{\text{nat}}=\sup_{0\neq x\in\mathbf{K}^n}\frac{\|Ax\|}{\|x\|}=\max_{j=1,\dots,n}|\lambda_j|\leq\|A\|$$

für jede beliebige, mit einer Vektornorm auf $\mathbf{K}^n$ *verträgliche Matrizennorm* $\|A\|$.

Beweis. Aus der Darstellung (17) folgt sofort die Ungleichung $\|Ax\|\leq\max|\lambda_j|\,\|x\|$, $x\in\mathbf{K}^n$, und damit die Beziehung $\|A\|_{\text{nat}}\leq\max|\lambda_j|$. Nach Satz (6) genügen alle Eigenwerte der Beziehung $|\lambda_j|\leq\|A\|_{\text{nat}}$, $j=1,\dots,n$, so daß auch $\max|\lambda_j|\leq\|A\|_{\text{nat}}$ wird und die obige Darstellung von $\|A\|_{\text{nat}}$ bewiesen ist. Aus dieser Darstellung $\|A\|_{\text{nat}}=\max|\lambda_j|$ folgt noch einmal mit Satz (6) dann die Abschätzung $\|A\|_{\text{nat}}\leq\|A\|$. ■

Im folgenden nehmen wir an, daß die Eigenwerte $\lambda_1,\dots,\lambda_n$ der symmetrischen Abbildung A in $\mathbf{K}^n$ mit Skalarprodukt $(\cdot,\cdot)$ der Größe nach numeriert sind in der Anordnung

(22) $$\lambda_1\geq\lambda_2\geq\dots\geq\lambda_n.$$

Die zugehörigen orthonormierten Eigenvektoren $w_1,\dots,w_n$ definieren Teilräume von $\mathbf{K}^n$ durch die Vorschrift

(23) $$M_1=\mathbf{K}^n,\qquad M_j=\{x\in\mathbf{K}^n\,|\,(x,w_k)=0,\,k=1,\dots,j-1\},\qquad j=2,\dots,n.$$

Hiermit gewinnt man aus der obigen Darstellung (16), (18) der quadratischen Formen $(x,x)=\|x\|^2$, $a(x)=(Ax,x)$ unmittelbar die folgende Charakterisierung der Eigenwerte

(24) $$\lambda_j=\max_{0\neq x\in M_j}\frac{(Ax,x)}{\|x\|^2},\qquad j=1,\dots,n.$$

Das Maximum wird für einen Eigenvektor w_j zum Eigenwert λ_j angenommen. Diese Darstellung hat den Nachteil, daß zur Definition der $(n+1-j)$-dimensionalen Teilräume M_j die Eigenvektoren von A benötigt werden. Von besonderem Interesse ist daher das folgende Minimum-Maximum-Prinzip von Courant-Weyl zur direkten Charakterisierung der Eigenwerte.

(25) *Für jedes* $j=1,\dots,n$ *sowie jeden linearen Teilraum* $M\subseteq\mathbf{K}^n$ *mit* $\dim M=n+1-j$ *gilt für die Eigenwerte von* A *in der Anordnung* $\lambda_1\geq\dots\geq\lambda_n$ *die Ungleichung*

$$\lambda_j\leq\max_{0\neq x\in M}\frac{(Ax,x)}{\|x\|^2}\leq\lambda_1$$

und die Darstellung

$$\lambda_j=\min_{\dim M=m}\max_{0\neq x\in M}\frac{(Ax,x)}{\|x\|^2},\qquad m=n+1-j,\qquad j=1,\dots,n.$$

Beweis. Für $j=1$ ist $\dim M=n$, also $M=M_1=\mathbf{K}^n$, so daß die behauptete Ungleichung und die Darstellung für λ_1 in die Gleichung (24) für $j=1$ übergehen. Für

$j=2,\ldots,n$ wird das Maximum in der obigen Ungleichung größer oder jedenfalls nicht kleiner, wenn man statt M den ganzen Raum $M_1=\mathbf{K}^n$ setzt, so daß mit (24) für $j=1$ die rechte Hälfte der Ungleichung folgt. Für $j=2,\ldots,n$ gibt es weiter zu jedem linearen Teilraum M der Dimension $m=n+1-j$ ein vollständiges Orthogonalsystem von Vektoren $v_1,\ldots,v_n$ mit der Eigenschaft $M=[v_1,\ldots,v_m]$, $M^\perp=[v_{m+1},\ldots,v_n]$. Das homogene lineare Gleichungssystem

$$\sum_{l=1}^{j} \alpha_l(w_l, v_k) = 0, \qquad k = m+1,\ldots,n,$$

mit j Unbekannten und $n-m=j-1$ Gleichungen besitzt immer eine nichttriviale Lösung $\alpha_1,\ldots,\alpha_j$. Hiermit wird

$$z = \sum_{l=1}^{j} \alpha_l w_l \neq 0, \qquad z \in [v_{m+1},\ldots,v_n]^\perp = M$$

und
$$(Az,z) = \sum_{l=1}^{j} \lambda_l |\alpha_l|^2 \geq \lambda_j \sum_{l=1}^{j} |\alpha_l|^2 = \lambda_j \|z\|^2.$$

Diese Ungleichung ergibt dann die linke Hälfte der oben behaupteten Ungleichung. Für alle Teilräume M mit $\dim M=n+1-j$ sind daher die Maxima der Rayleigh-Quotienten von A auf $M-\{0\}$ nach unten beschränkt durch λ_j, und gemäß (24) wird für $M=M_j$ diese Schranke angenommen, womit die Minimum-Maximum-Darstellung von λ_j bewiesen ist. ∎

Ganz analog hat man noch eine direkte Charakterisierung der Eigenwerte von A durch das Maximum-Minimum-Prinzip von Poincaré-Ritz. Der Kürze halber bringen wir jedoch nicht den Beweis dieses Satzes, der ganz ähnlich wie der obige Beweis geführt wird.

(26) *Für jedes $j=1,\ldots,n$ sowie jeden linearen Teilraum $N\subseteq\mathbf{K}^n$ mit $\dim N=j$ gilt für die Eigenwerte von A in der Anordnung $\lambda_1\geq\cdots\geq\lambda_n$ die Ungleichung*

$$\min_{0\neq x\in N} \frac{(Ax,x)}{\|x\|^2} \leq \lambda_j$$

und die Darstellung

$$\lambda_j = \max_{\dim N=j} \min_{0\neq x\in N} \frac{(Ax,x)}{\|x\|^2}, \qquad j=1,\ldots,n.$$

Mit Hilfe dieser direkten Charakterisierungen läßt sich eine ganze Reihe von Abschätzungen und Vergleichssätzen für Eigenwerte beweisen. Wir müssen uns hier auf den folgenden wichtigen Satz beschränken.

(27) *Die Matrizen A, B seien symmetrische Abbildungen in $\mathbf{K}^n$ mit Skalarprodukt $(\cdot,\cdot)$. Dann genügen die Eigenwerte $\lambda_j(A)$, $\lambda_j(B)$, $j=1,\ldots,n$, von A, B in der Anordnung*

$$\lambda_1(A)\geq\cdots\geq\lambda_n(A), \qquad \lambda_1(B)\geq\cdots\geq\lambda_n(B)$$

für jede beliebige, mit einer Vektornorm auf $\mathbf{K}^n$ *verträgliche Matrizennorm* $\|\cdot\|$ *der Ungleichung*

$$|\lambda_j(A)-\lambda_j(B)| \leq \|A-B\|, \quad j=1,\ldots,n.$$

Beweis. Nach Satz (21) wird für die Spektralnorm oder natürliche Norm $\|A-B\|_{\text{nat}} \leq \|A-B\|$. Die Rayleigh-Quotienten der symmetrischen Abbildungen A, B sind reell und genügen somit der Ungleichung

$$\rho_A(x) \leq \rho_B(x) + \sup_{0 \neq x \in \mathbf{K}^n} \frac{\|(A-B)x\|}{\|x\|} \leq \rho_B(x) + \|A-B\|, \quad 0 \neq x \in \mathbf{K}^n.$$

Für jedes $j=1,\ldots,n$ und jeden Teilraum M mit $\dim M = m = n+1-j$ wird dann

$$\max_{0 \neq x \in M} \rho_A(x) \leq \max_{0 \neq x \in M} \rho_B(x) + \|A-B\|$$

und daher auch

$$\lambda_j(A) = \min_{\dim M = m} \max_{0 \neq x \in M} \rho_A(x) \leq \min_{\dim M = m} \max_{0 \neq x \in M} \rho_B(x) + \|A-B\|$$
$$\leq \lambda_j(B) + \|A-B\|.$$

Wendet man diese Schlußweise auf das Paar B, A anstelle von A, B an, so folgt noch die Beziehung $\lambda_j(B) \leq \lambda_j(A) + \|A-B\|$ und hiermit die behauptete Ungleichung in der Form

$$-\|A-B\| \leq \lambda_j(A) - \lambda_j(B) \leq \|A-B\|, \quad j=1,\ldots,n. \qquad \blacksquare$$

Dieser Satz gestattet einige interessante Anwendungen. Für zwei symmetrische bzw. hermitesche Matrizen A, B zum Beispiel genügen die zugehörigen Eigenwerte der Abschätzung

$$(28) \qquad |\lambda_j(A)-\lambda_j(B)| \leq \|A-B\|_p, \quad p=1,2,\infty,$$

mit der maximalen Zeilensumme oder der maximalen Spaltensumme $\|A-B\|_\infty = \|A-B\|_1$ und der Quadratsummennorm $\|A-B\|_2$ der Differenz $A-B=(a_{jk}-b_{jk})_{j,k=1,\ldots,n}$. Wenn also die Elemente der Matrizen A, B sich nur wenig unterscheiden, dann liegen auch die Eigenwerte von A, B nahe beieinander. Weiter kann man speziell für B die Diagonale $D=\operatorname{diag}(a_{jj})$ der Matrix $A=(a_{jk})$ wählen. Die Diagonalelemente einer symmetrischen bzw. hermiteschen Matrix sind reell, und es gibt eine Permutation $a'_{11},\ldots,a'_{nn}$ der Diagonalelemente $a_{11},\ldots,a_{nn}$ von A mit der Eigenschaft $a'_{11} \geq \cdots \geq a'_{nn}$. Die Eigenwerte der Diagonalmatrix $D=\operatorname{diag}(a_{jj})$ lauten in der geforderten Anordnung dann $\lambda_j(D)=a'_{jj}$, und die Eigenwerte $\lambda_j(A)$ der Matrix A genügen hiermit der Abschätzung

$$(29) \qquad |\lambda_j(A)-a'_{jj}| \leq \|A-D\|_p, \quad j=1,\ldots,n, \quad p=1,2,\infty.$$

Der Eigenwert $\lambda_j(A)$ liegt also in dem abgeschlossenen Intervall $K_\rho(a'_{jj}) = [a'_{jj}-\rho, a'_{jj}+\rho] \subseteq \mathbf{R}$ mit dem Mittelpunkt a'_{jj} und der Länge $2\rho = 2\|A-D\|_p$,

$$\|A-D\|_\infty = \|A-D\|_1 = \max_{j=1,\ldots,n} \sum_{\substack{k=1\\k \neq j}}^{n} |a_{jk}|, \quad \|A-D\|_2 = \Bigg(\sum_{\substack{j,k=1\\j \neq k}}^{n} |a_{jk}|^2\Bigg)^{\frac{1}{2}}.$$

Während der Satz von Gerschgorin (10) für die Eigenwerte λ von A nur die Relation $\lambda \in \bigcup K_\rho(a_{jj})$ behauptet, hat man hier die viel weitergehende Aussage, daß zu jedem Intervall $K_\rho(a_{jj})$ genau ein Eigenwert λ_j aus dem System der n Eigenwerte $\lambda_1, \ldots, \lambda_n$ von A existiert.

6. Eliminationsverfahren zur Lösung linearer Gleichungssysteme

Die Lösung linearer Gleichungssysteme gehört zu den Grundaufgaben der praktischen Mathematik. Eine der wichtigsten Lösungsmethoden ist das Gaußsche Eliminationsverfahren, ein sogenannten direktes Verfahren, das nach endlich vielen arithmetischen Operationen die numerische Lösung der Aufgabe liefert. Die aus der linearen Algebra bekannte Cramersche Regel eignet sich im allgemeinen nicht zur numerischen Lösung linearer Gleichungssysteme, da sie für die Berechnung der n Unbekannten die Berechnung von $n+1$ Determinanten und damit einen zu großen Rechenaufwand erfordert. Wir behandeln im folgenden zunächst allgemeine lineare Gleichungssysteme mit nichtsingulärer quadratischer Koeffizientenmatrix A. In diesem Falle liefert das Eliminationsverfahren mit Zeilenvertauschungen die eindeutig bestimmte Lösung des inhomogenen Gleichungssystems und gestattet darüber hinaus die Berechnung der Determinante und der Inversen der Matrix A. Die Lösung linearer Gleichungssysteme ist numerisch durch die unvermeidlichen Rundungsfehler immer nur näherungsweise möglich. In diesem Zusammenhang gibt es sowohl gut als auch schlecht konditionierte Systeme. Näherungslösungen lassen sich in der Regel durch Nachiteration noch verbessern.

In Abschnitt 6.2 wird das Eliminationsverfahren auf spezielle Klassen linearer Gleichungssysteme angewandt, deren Koeffizientenmatrizen positiv definit, diagonaldominant oder M-Matrizen sind. In diesen Fällen sind keine Zeilenvertauschungen erforderlich, was bei Anwendung auf Gleichungssysteme mit dünnbesetzten bandförmigen Koeffizientenmatrizen von Bedeutung ist. Darüber hinaus weist das Eliminationsverfahren für die obengenannten Klassen von Gleichungssystemen besondere Stabilitätseigenschaften auf, wie mit den in Abschnitt 6.2 gewonnenen Hilfsmitteln in Abschnitt 14.3 gezeigt werden wird.

Wir weisen noch darauf hin, daß heute in der Literatur Rechenprogramme in FORTRAN und ALGOL mit detaillierten Beschreibungen der verwendeten Algorithmen zur Lösung linearer Gleichungssysteme und auch anderer Aufgabenstellungen zu finden sind. Insbesondere seien hier die Bücher von Dongarra-Bunch-Moler-Stewart und Wilkinson-Reinsch genannt.

Literatur: Dongarra u.a., Faddejew-Faddejewa, Forsythe-Moler, Schwarz-Rutishauser-Stiefel, Wilkinson [2], Wilkinson-Reinsch.

6.1. Das Gaußsche Eliminationsverfahren

In diesem Abschnitt betrachten wir reguläre $n \times n$-Matrizen $A = (a_{jk})$ mit reellen bzw. komplexen Elementen. Damit ist also A eine nichtsinguläre quadratische Matrix, und das zugehörige inhomogene lineare Gleichungssystem $Ax = f$ besitzt für jede rechte Seite f eine eindeutig bestimmte Lösung x im n-dimensionalen Zahlenraum $\mathbf{K}^n = \mathbf{R}^n$ bzw. $\mathbf{K}^n = \mathbf{C}^n$. Weiter ist die Determinante von A ungleich Null, und es existiert die inverse Matrix A^{-1}. Das Gaußsche Eliminationsverfahren zur Lösung regulärer Gleichungssysteme besteht darin, durch sukzessive Elimination der Unbekannten das gegebene Gleichungssystem zunächst in ein äquivalentes gestaffeltes Gleichungssystem zu überführen. Aus dem gestaffelten Gleichungssystem lassen sich dann leicht die gesuchten Unbekannten rekursiv bestimmen.

Wir bemerken noch, daß man analog zum hier beschriebenen Eliminationsverfahren mit der Vertauschung der Zeilen auch eine Umordnung der Spalten nach einem jeweils betragsgrößten Element der Restmatrix vornehmen kann. Dieses Verfahren ist in manchen Fällen numerisch günstiger, erfordert jedoch durch die Suche eines betragsgrößten Elements in der Restmatrix und die Umnumerierung der Spalten in jedem Schritt einen größeren Rechenaufwand.

6.1.1. Vorwärtselimination und Rückwärtseinsetzen. Mit Hilfe des Eliminationsverfahrens wird die Lösung $x = (x_1, \ldots, x_n) \in \mathbf{K}^n$ eines regulären Gleichungssystems

$$Ax = f \iff \sum_{k=1}^{n} a_{jk} x_k = f_j, \quad j = 1, \ldots, n,$$

oder ausführlicher geschrieben des Systems

$$\begin{aligned} a_{11}x_1 + \cdots + a_{1n}x_n &= f_1, \\ &\vdots \\ a_{n1}x_1 + \cdots + a_{nn}x_n &= f_n, \end{aligned} \tag{1}$$

mit einer nichtsingulären Matrix $A = (a_{jk})$ für $a_{jk} \in \mathbf{K}, j, k = 1, \ldots, n$, und einer rechten Seite $f = (f_1, \ldots, f_n) \in \mathbf{K}^n$ berechnet. Gleichzeitig erhält man damit ein Verfahren zur Berechnung der Determinante von A.

Da A eine reguläre Matrix sein soll, besteht die erste Spalte von A nicht nur aus Nullen. Die Lösung des Gleichungssystems ist unabhängig von der Reihenfolge der Gleichungen. Falls erforderlich, kann man daher eine Zeilenvertauschung vornehmen derart, daß ein von Null verschiedenes Element der ersten Spalte von A in die erste Zeile kommt. Es bezeichnen $A_1 = (a_{jk}^1)$, $f^1 = (f_j^1)$ die Koeffizientenmatrix und rechte Seite des modifizierten Gleichungssystems. Die erste Gleichung des Systems $A_1 x = f^1$ heißt erste Pivotgleichung. Das Element a_{11}^1 ist jetzt von Null verschieden und heißt erstes Pivotelement. Multipliziert man für jedes $j = 2, \ldots, n$ die Pivotgleichung mit

$$m_{j1} = \frac{a_{j1}^1}{a_{11}^1}$$

und subtrahiert das Ergebnis von der j-ten Zeile des Systems $A_1 x = f^1$, so ergibt sich ein neues Gleichungssystem

$$\begin{aligned} b_{11}x_1 + b_{12}x_2 + \cdots + b_{1n}x_n &= g_1, \\ \tilde{a}^2_{22}x_2 + \cdots + \tilde{a}^2_{2n}x_n &= \tilde{f}^2_2, \\ &\vdots \\ \tilde{a}^2_{n2}x_2 + \cdots + \tilde{a}^2_{nn}x_n &= \tilde{f}^2_n, \end{aligned}$$

mit den Koeffizienten

$$b_{1k} = a^1_{1k}, \qquad k = 1, \ldots, n, \qquad g_1 = f^1_1,$$

und

$$\tilde{a}^2_{jk} = a^1_{jk} - m_{j1} b_{1k}, \quad \tilde{f}^2_j = f^1_j - m_{j1} g_1, \quad m_{j1} = \frac{a^1_{j1}}{a^1_{11}}, \qquad j, k = 2, \ldots, n.$$

Die Variable x_1 ist damit aus der zweiten bis n-ten Gleichung eliminiert worden, so daß die Unbekannten $x_2, \ldots, x_n$ sich als Lösungen eines reduzierten, $(n-1)$-reihigen Gleichungssystems bestimmen lassen.

Für die Determinante von A erhält man bei der eben beschriebenen Vorgehensweise die Beziehung

$$\det A = \begin{vmatrix} a_{11} \cdots a_{1n} \\ \vdots \\ a_{n1} \cdots a_{nn} \end{vmatrix} = \sigma_1 a^1_{11} \begin{vmatrix} 1 & b_{12} \cdots b_{1n} \\ m_{21} & a^1_{22} \cdots a^1_{2n} \\ \vdots & \\ m_{n1} & a^1_{n2} \cdots a^1_{nn} \end{vmatrix}.$$

Hier ist $\sigma_1 = -1$ bzw. $\sigma_1 = +1$, je nachdem ob eine Zeilenvertauschung vorgenommen wurde oder nicht. Nach den bekannten Rechenregeln bleibt der Wert der Determinante unverändert, wenn das m_{j1}-fache der ersten Zeile von der j-ten Zeile subtrahiert wird. Der obige Eliminationsprozeß ergibt daher weiter

$$\text{(2)} \qquad \det A = \sigma_1 a^1_{11} \begin{vmatrix} 1 & b_{12} \cdots b_{1n} \\ 0 & \tilde{a}^2_{22} \cdots \tilde{a}^2_{2n} \\ \vdots & \\ 0 & \tilde{a}^2_{n2} \cdots \tilde{a}^2_{nn} \end{vmatrix} = \sigma_1 a^1_{11} \begin{vmatrix} \tilde{a}^2_{22} \cdots \tilde{a}^2_{2n} \\ \vdots \\ \tilde{a}^2_{n2} \cdots \tilde{a}^2_{nn} \end{vmatrix}.$$

Auf diese Weise ist die Berechnung der n-reihigen Determinante auf die Berechnung der $(n-1)$-reihigen Determinante der reduzierten Matrix $\tilde{A}_2 = (\tilde{a}^2_{jk})$ zurückgeführt worden. Aus (2) liest man unmittelbar ab, daß die erste Spalte der Matrix $\tilde{A}_2$ nicht Null sein kann, wenn A regulär, also $\det A \neq 0$ ist.

Das oben beschriebene Eliminationsverfahren wird nun auf das aus der zweiten bis n-ten Gleichung gebildete, reduzierte Gleichungssystem angewandt usw. Zu Beginn des t-ten Eliminationsschritts wird zuerst, falls notwendig, das reduzierte System mit der Koeffizientenmatrix $\tilde{A}_t = (\tilde{a}^t_{jk})$ und rechten Seite $\tilde{f}^t = (\tilde{f}^t_j)$ durch eine Zeilenvertauschung in das System mit der Matrix $A_t = (a^t_{jk})$ und rechten Seite $f^t = (f^t_j)$ übergeführt, wobei zu Beginn $\tilde{A}_1 = A$, $\tilde{f}^1 = f$ ist. Die t-te Pivotgleichung hat dann die Koeffizienten

(3) $$b_{tk} = a_{tk}^t, \qquad k = t,\dots,n, \qquad g_t = f_t^t,$$

mit einem von Null verschiedenen t-ten Pivotelement a_{tt}^t. Durch Elimination ergibt sich als Ergebnis des t-ten Eliminationsschritts das zu (1) äquivalente Gleichungssystem

(4) $$\begin{aligned} b_{11}x_1 + b_{12}x_2 + \cdots + b_{1t+1}x_{t+1} + \cdots + b_{1n}x_n &= g_1, \\ b_{tt}x_t + b_{tt+1}x_{t+1} + \cdots + b_{tn}x_n &= g_t, \\ \tilde{a}_{t+1\,t+1}^{t+1}x_{t+1} + \cdots + \tilde{a}_{t+1\,n}^{t+1}x_n &= \tilde{f}_{t+1}^{t+1}, \\ &\vdots \\ \tilde{a}_{n\,t+1}^{t+1}x_{t+1} + \cdots + \tilde{a}_{nn}^{t+1}x_n &= \tilde{f}_n^{t+1}, \end{aligned}$$

mit den Koeffizienten

(5) $$\tilde{a}_{jk}^{t+1} = a_{jk}^t - m_{jt}b_{tk}, \qquad \tilde{f}_j^{t+1} = f_j^t - m_{jt}g_t, \qquad m_{jt} = \frac{a_{jt}^t}{a_{tt}^t},$$

für $j,k = t+1,\dots,n$, $t = 1,\dots,n-1$. Die Determinante von A gestattet die zugehörige Darstellung

(6) $$\det A = \sigma_1 a_{11}^1 \cdots \sigma_t a_{tt}^t \begin{vmatrix} \tilde{a}_{t+1\,t+1}^{t+1} & \cdots & \tilde{a}_{t+1\,n}^{t+1} \\ \vdots & & \\ \tilde{a}_{n\,t+1}^{t+1} & \cdots & \tilde{a}_{nn}^{t+1} \end{vmatrix}$$

mit Faktoren $\sigma_1 = \pm 1,\dots,\sigma_t = \pm 1$, je nachdem ob im entsprechenden Eliminationsschritt eine Zeilenvertauschung vorgenommen wurde oder nicht.

Das Ergebnis der oben beschriebenen Vorwärtselimination ist schließlich das zu (1) äquivalente gestaffelte Gleichungssystem

(7) $$\begin{aligned} b_{11}x_1 + \cdots + b_{1t}x_t + \cdots + b_{1n}x_n &= g_1 \\ &\vdots \\ b_{tt}x_t + \cdots + b_{tn}x_n &= g_t, \qquad t = 2,\dots,n-1, \\ &\vdots \\ b_{nn}x_n &= g_n, \end{aligned}$$

wobei

(8) $$b_{nn} = a_{nn}^n = \tilde{a}_{nn}^n, \quad g_n = f_n^n = \tilde{f}_n^n$$

ist. Die Determinante von A hat dann einfach die Form

(9) $$\det A = \sigma_1 \dots \sigma_{n-1} a_{11}^1 \dots a_{nn}^n.$$

Die gesuchte Lösung $x = (x_1,\dots,x_n) \in \mathbf{K}^n$ des Gleichungssystems $Ax = f$ wird schließlich durch Rückwärtseinsetzen aus (7) berechnet nach der Vorschrift

(10) $$x_n = \frac{1}{b_{nn}} g_n, \quad x_j = \frac{1}{b_{jj}} \left(g_j - \sum_{k=j+1}^{n} b_{jk} x_k \right), \qquad j = n-1, \ldots, 1.$$

6.1.2. Dreieckszerlegung. Zur praktischen Durchführung des Eliminationsverfahrens wird die um die rechte Seite erweiterte Matrix (A, f) in ein Zahlenfeld mit n Zeilen und $n+1$ Spalten gebracht. Durch Pivotsuche in der ersten Spalte bestimmt man zunächst den Index j_1 derjenigen Zeile, welche die Koeffizienten der ersten Pivotgleichung enthält, und vertauscht für $j_1 > 1$ die erste mit der j_1-ten Zeile, so daß die Koeffizienten $b_{11}, \ldots, b_{1n}, g_1$ des gestaffelten Gleichungssystems in die erste Zeile des Zahlenfeldes kommen. Dann werden die Multiplikatoren m_{j1} und die Elemente $\tilde{a}^2_{jk}, \tilde{f}^2_j$ berechnet, die man auf die Plätze $(j, 1)$ und (j, k) für $j = 2, \ldots, n$, $k = 2, \ldots, n+1$ speichert, da die Elemente a_{jk}, f_j nicht mehr benötigt werden. Danach wird durch Pivotsuche in der zweiten Spalte der Index $j_2 \geq 2$ der zweiten Pivotgleichung bestimmt; falls $j_2 > 2$ ist, wird die zweite Zeile mit der j_2-ten Zeile des Zahlenfeldes vertauscht; anschließend werden m_{j2} sowie $\tilde{a}^3_{jk}, \tilde{f}^3_j$ berechnet, auf die Plätze $(j, 2)$ und (j, k) für $j = 3, \ldots, n$, $k = 3, \ldots, n+1$ gespeichert usw. Dabei ist wichtig, daß die zu Beginn des t-ten Eliminationsschritts ausgeführte Zeilenvertauschung auch die in den vorhergehenden Spalten $1, \ldots, t-1$ gespeicherten Multiplikatoren mit vertauscht.

Wir werden später zeigen, daß das Eliminationsverfahren ohne Zeilenvertauschungen durchführbar ist, falls die Koeffizientenmatrix des Gleichungssystems regulär und diagonaldominant oder M-Matrix oder positiv definit ist. Für Koeffizientenmatrizen ohne spezielle Struktur werden die erforderlichen Zeilenvertauschungen in der Regel durch Spaltenpivotsuche vorgenommen. Bei diesem Verfahren wird im t-ten Eliminationsschritt eine Gleichung mit einem betragsgrößten Koeffizienten der t-ten Spalte als Pivotgleichung ausgewählt, also

(11) $$|a^t_{tt}| = \max_{j=t,\ldots,n} |a^t_{jt}| = \max_{j=t,\ldots,n} |\tilde{a}^t_{jt}|, \qquad t = 1, \ldots, n-1,$$

so daß die Multiplikatoren durch $|m_{jt}| \leq 1$ beschränkt sind. Während sich die Lösung eines regulären Gleichungssystems nicht ändert, wenn man die einzelnen Gleichungen mit von Null verschiedenen Faktoren durchmultipliziert, hängt die eben beschriebene Bestimmung der Pivotgleichung von solchen Faktoren ab, was bei Anwendung dieser Spaltenpivotsuche zu beachten ist.

Nach Durchführung der $n-1$ Eliminationsschritte stehen im Zahlenfeld auf den Plätzen (j, k) mit $j \leq k$ die Koeffizienten b_{jk} und in der $(n+1)$-ten Spalte die rechten Seiten g_j des gestaffelten Gleichungssystems. Unterhalb der Hauptdiagonalen findet man auf den Plätzen (j, k) mit $j > k$ Elemente l_{jk}, die durch Zeilenvertauschungen aus den Multiplikatoren m_{jk} hervorgegangen sind,

(12) $$\begin{pmatrix} b_{11} & b_{12} & \cdots & & b_{1n} & g_1 \\ l_{21} & b_{22} & \cdots & & b_{2n} & g_2 \\ \vdots & & & & \vdots & \vdots \\ l_{n1} & \cdots & & l_{nn-1} & b_{nn} & g_n \end{pmatrix}.$$

Betrachten wir etwas eingehender diejenigen Operationen, die bei der eben beschriebenen Vorgehensweise auf die letzte Spalte des Zahlenfeldes angewandt wurden. Zu diesem Zweck wird mit P_t die Operation der Vertauschung der Zeilen mit den Nummern t und j_t bezeichnet. Weiter seien $m^t, \tilde{f}^t, f^t$ die Spaltenvektoren

$$(13)\qquad m^t = \begin{bmatrix} 0 \\ \vdots \\ 0 \\ 1 \\ m_{t+1t} \\ \vdots \\ m_{nt} \end{bmatrix}, \quad \tilde{f}^t = \begin{bmatrix} 0 \\ \vdots \\ 0 \\ \tilde{f}^t_t \\ \vdots \\ \tilde{f}^t_n \end{bmatrix}, \quad f^t = \begin{bmatrix} 0 \\ \vdots \\ 0 \\ f^t_t \\ \vdots \\ f^t_n \end{bmatrix}, \qquad t = 1, \ldots, n.$$

Wie man leicht nachprüft, ergeben sich aus den Gleichungen (5) für diese Vektoren die Beziehungen

$$\tilde{f}^1 = f, \quad f^t = P_t \tilde{f}^t, \quad \tilde{f}^{t+1} = f^t - g_t m^t, \qquad t = 1, \ldots, n-1.$$

Da $\tilde{f}^n_n = g_n$ ist, wird darüber hinaus

$$\tilde{f}^n = g_n m^n, \qquad f^n = \tilde{f}^n.$$

Die Vektoren f^t genügen folglich den Rekursionsformeln

$$(14)\qquad f^1 = P_1 f, \qquad f^{t+1} = P_{t+1} f^t + c^{t+1}, \qquad t = 1, \ldots, n-1,$$

wobei $c^{t+1} = -g_t P_{t+1} m^t$ und P_n gleich der Identität zu setzen ist. Diese Rekursion hat die Lösung

$$f^t = P_t \ldots P_1 f - \sum_{k=1}^{t-1} g_k P_t \ldots P_{k+1} m^k, \qquad t = 1, \ldots, n.$$

Insbesondere folgt aus diesen Gleichungen für $t = n$ die wichtige Darstellung

$$(15)\qquad Pf = \sum_{k=1}^{n} g_k l^k, \qquad P = P_{n-1} \cdots P_1,$$

mit

$$l^k = P_{n-1} \cdots P_{k+1} m^k, \quad k = 1, \ldots, n-2; \qquad l^k = m^k, \quad k = n-1, n.$$

Die Komponenten l_{jk} von l^k für $j > k$ sind nun gerade diejenigen Elemente, welche man nach Durchführung des Eliminationsverfahrens unterhalb der Hauptdiagonalen im Zahlenfeld (12) vorfindet. Die Multiplikatoren $m_{k+1,k}, \ldots, m_{nk}$ in der k-ten Spalte werden ja in den folgenden Eliminationsschritten nacheinander gerade durch die auf die Zeilen $k+1, \ldots, n$ wirkenden Operationen $P_{k+1}, \ldots, P_{n-1}$ vertauscht. Führt man daher die linke untere und rechte obere Dreiecksmatrix

$$(16)\qquad L = \begin{pmatrix} 1 & & & \text{O} \\ l_{21} & 1 & & \\ \vdots & & 1 & \\ l_{n1} & \cdots & l_{nn-1} & 1 \end{pmatrix}, \qquad U = \begin{pmatrix} b_{11} & \cdots & b_{1n} \\ & & \vdots \\ \text{O} & & b_{nn} \end{pmatrix}$$

ein, dann sind $l^1,\ldots,l^n$ die Spalten der Matrix L, und gemäß (7), (15) wird

(17) $$Pf = Lg, \qquad g = Ux,$$

mit der Lösung x des inhomogenen Gleichungssystems $Ax = f$. Die Elemente der Matrizen L, U und die Operationen $P_1,\ldots,P_{n-1}$ hängen nur von den Elementen der Matrix A, aber nicht von der rechten Seite f ab. Daher gilt für alle rechten Seiten f und somit für alle $x \in \mathbf{K}^n$ die Beziehung $PAx = LUx$, die die Matrizengleichung

(18) $$PA = LU$$

zur Folge hat. Die Matrizen L, U bilden also eine Dreieckszerlegung der Matrix PA, die durch die Zeilenpermutation $P = P_{n-1}\ldots P_1$ aus der Matrix A hervorgeht.

Wird das Zahlenfeld (A,f) durch eine $(n+2)$-te Spalte erweitert, in der zu Beginn die natürlichen Zahlen $1,\ldots,n$ gespeichert sind und die an den Zeilenvertauschungen $P_1,\ldots,P_{n-1}$ des Zahlenfelds teilnimmt, dann enthält diese Spalte anschließend die Zeilenpermutation

(19) $$P\begin{pmatrix}1\\ \vdots\\ n\end{pmatrix} = P_{n-1}\ldots P_1\begin{pmatrix}1\\ \vdots\\ n\end{pmatrix} = \begin{pmatrix}p_1\\ \vdots\\ p_n\end{pmatrix},$$

die in der Dreieckszerlegung (18) auftritt. Diese Operation läßt sich durch Multiplikation mit der Matrix $(\delta_{p_j k})$ darstellen, die wir ebenfalls mit P bezeichnen. Wie man leicht sieht, ist P eine orthogonale Transformation, also $P'P = E$ und somit $P^{-1} = P'$ mit der transponierten Matrix P' von P.

Ist das Eliminationsverfahren ohne Zeilenvertauschung durchführbar, dann besitzt die Matrix A eine Dreieckszerlegung der Form $A = LU$.

(20) *Die Faktoren der Dreieckszerlegung $A = LU$ sind eindeutig bestimmt.*

Beweis. Ist $A = L_1U_1 = L_2U_2$, so wird $L_1^{-1}L_2 = U_1U_2^{-1}$. Wie man leicht sieht, sind L_1^{-1}, $L_1^{-1}L_2$ untere und U_2^{-1}, $U_1U_2^{-1}$ obere Dreiecksmatrizen. Daher muß $L_1^{-1}L_2 = U_1U_2^{-1}$ eine Diagonalmatrix sein. Die Diagonale von $L_1^{-1}L_2$ besteht aus lauter Einsen, so daß $L_1^{-1}L_2 = U_1U_2^{-1} = E$ und folglich $L_1 = L_2, U_1 = U_2$ ist. ■

Hat $A = (a_{jk})$ die Dreieckszerlegung LU, so ergibt sich für die transponierte Matrix $A' = (a_{kj})$ die Zerlegung $A' = U'L'$. Offenbar ist U' eine untere Dreiecksmatrix, L' eine obere Dreiecksmatrix. Daher hat A' die Dreieckszerlegung

(21) $$A' = U'L' = L_1U_1$$

mit

$$L_1 = U'D^{-1}, \qquad U_1 = DL', \qquad D = \operatorname{diag}(a_{11}^1,\ldots,a_{nn}^n).$$

In den Bezeichnungen von Abschnitt 6.1.1 ist $A_1 = A$, $A_t = \tilde{A}_t$, wenn das Eliminationsverfahren ohne Zeilenvertauschungen ausgeführt wird. Setzt man

(22) $$a_{jk}^t = 0, \qquad j < t \quad \text{oder} \quad k < t, \quad t = 2,\ldots,n,$$

dann gilt die Beziehung (5) in der erweiterten Form

(23) $$a_{jk}^{t+1} = a_{jk}^{t} - l_{jt} u_{tk}, \qquad j,k=1,\dots,n, \qquad t=1,\dots,n-1,$$

wie man leicht verifiziert. Werden beide Seiten dieser Gleichung von $t=1$ bis $r-1$ summiert, so ergeben sich mit Hilfe von $A=LU$ schließlich noch die folgenden Dreieckszerlegungen der reduzierten Matrizen A_r:

(24) $$a_{jk}^{r} = a_{jk} - \sum_{t=1}^{r-1} l_{jt} u_{tk} = \sum_{t=r}^{n} l_{jt} u_{tk}, \qquad j,k=1,\dots,n,$$

für $r=1,\dots,n$.

6.1.3. Simultane Lösung linearer Gleichungssysteme, Invertierung von Matrizen. Bei einigen Anwendungen des Gaußschen Eliminationsverfahrens stellt sich die Aufgabe, zu einer gegebenen regulären Matrix A und mehreren rechten Seiten $f_l=(f_{1l},\dots,f_{nl})\in\mathbf{K}^n$ die Lösungen $x_l=(x_{1l},\dots,x_{nl})\in\mathbf{K}^n$ der zugehörigen linearen Gleichungssysteme

$$Ax_l=f_l \quad \Leftrightarrow \quad \sum_{k=1}^{n} a_{jk} x_{kl} = f_{jl}, \qquad j=1,\dots,n,$$

für $l=1,\dots,m$ zu berechnen. Dieses System von Gleichungssystemen ist offenbar äquivalent zur Matrizengleichung

(25) $$AX=F, \qquad X=(x_{jl})_{\substack{j=1,\dots,n\\ l=1,\dots,m}}, \qquad F=(f_{jl})_{\substack{j=1,\dots,n\\ l=1,\dots,m}}.$$

Beim simultanen Gaußschen Eliminationsverfahren wird das Eliminationsverfahren mit Zeilenvertauschungen gleichzeitig auf die m rechten Seiten $f_1,\dots,f_m\in\mathbf{K}^n$ angewandt und dadurch die erweiterte Matrix (A, F) auf die Gestalt (U, G) gebracht. Die zugehörigen gestaffelten Gleichungssysteme

$$\sum_{k=j}^{n} b_{jk} x_{kl} = g_{jl}, \qquad j=1,\dots,n,$$

für $l=1,\dots,m$ lassen sich dann rekursiv nach den Unbekannten x_{jl} auflösen.

Das simultane Eliminationsverfahren gestattet weiter die Berechnung der Inversen A^{-1} der Matrix A. Die Lösung der inhomogenen Gleichung $Ax=f$ hat die Darstellung $x=A^{-1}f$. Wählt man als rechte Seiten die $m=n$ Einheitsvektoren $e_l=(\delta_{1l},\dots,\delta_{nl})$ für $l=1,\dots,n$, also in (25) für F die n-reihige Einheitsmatrix $E=(\delta_{jk})$, dann werden die zugehörigen Lösungen x_l gerade die Spaltenvektoren der inversen Matrix, das heißt

(26) $$X=(x_{jk})=(a_{jk}^{(-1)})=A^{-1}.$$

Die inverse Matrix läßt sich auch mit Hilfe der Faktoren der Dreieckszerlegung $PA=LU$ berechnen. Die l-te Spalte x_l von A^{-1} wird damit offenbar durch Lösung der beiden gestaffelten Gleichungssysteme

(27) $$Lg_l=Pe_l, \quad Ux_l=g_l, \qquad l=1,\dots,n,$$

bestimmt.

Für manche Anwendungen ist man an der Berechnung von Zeilen der inversen Matrix A^{-1} interessiert, die sich mit Hilfe der Dreieckszerlegung von A ebenfalls einfach berechnen lassen. Die l-te Zeile von A^{-1} ist nämlich gleich der l-ten Spalte der Transponierten $(A^{-1})'$ von A^{-1}. Bekanntlich ist die transponierte Inverse $(A^{-1})'$ gleich der Inversen $(A')^{-1}$ der transponierten Matrix $A'=(a_{kj})$ von A. Aus der Dreieckszerlegung von A ergibt sich sofort die Dreieckszerlegung $A'P'=U'L'$ von A'. Durch Lösung der beiden gestaffelten Gleichungssysteme

(28) $$U'g_l=e_l, \qquad L'\tilde{x}_l=g_l$$

bekommt man daher die l-te Zeile von A^{-1} in der Form $x_l=P'\tilde{x}_l$ für $l=1,\ldots,n$.

6.1.4. Fehlerabschätzung und Nachiteration. Die numerische Lösung linearer Gleichungssysteme ist durch die unvermeidlichen Rundungsfehler immer nur näherungsweise möglich. Damit stellt sich die Frage, ob man zugehörige Fehlerabschätzungen angeben kann. Dies ist in der Tat möglich, wie wir anschließend und in wesentlich detaillierterer Form später in Abschnitt 14.3 zeigen werden. Darüber hinaus lassen sich durch eine sogenannte Nachiteration die numerisch berechneten Lösungen unter Umständen noch iterativ verbessern.

Sei also x die exakte Lösung des regulären Gleichungssystems $Ax=f$ und $\tilde{x}$ ein beliebiger Vektor aus $\mathbf{K}^n$, den wir als Näherung für x auffassen wollen. Durch die Einsetzprobe kann man den Defekt

(29) $$d=A\tilde{x}-f$$

berechnen. Der Defekt ist dann und nur dann Null, wenn $\tilde{x}=x$ die gesuchte Lösung der Gleichung $Ax=f$ ist. Der Fehler $r=\tilde{x}-x$ ist offenbar die Lösung des Gleichungssystems

(30) $$Ar=d.$$

Für beliebige Vektornormen $\|x\|_E$, $\|f\|_F$, $x,f\in\mathbf{K}^n$, und beliebige, damit verträgliche Matrizennormen erhält man mit Hilfe der Beziehungen

$$\|f\|_F=\|Ax\|_F\le\|A\|\,\|x\|_E, \qquad \|x\|_E=\|A^{-1}f\|_E\le\|A^{-1}\|\,\|f\|_F.$$

die folgenden Abschätzungen des absoluten Fehlers

(31) $$\|A\|^{-1}\|d\|_F\le\|\tilde{x}-x\|_E\le\|A^{-1}\|\,\|d\|_F$$

und des relativen Fehlers

(32) $$\frac{1}{\kappa}\frac{\|d\|_F}{\|f\|_F}\le\frac{\|\tilde{x}-x\|_E}{\|x\|_E}\le\kappa\frac{\|d\|_F}{\|f\|_F}, \qquad f\neq 0,$$

wobei $\kappa=\|A\|\,\|A^{-1}\|$ die Konditionszahl der Matrix A genannt wird. Es gilt stets die Beziehung

$$1\le\|E\|=\|AA^{-1}\|\le\|A\|\,\|A^{-1}\|=\kappa.$$

Auf Grund der Fehlerabschätzungen (31), (32) darf man also für eine nichtsinguläre Matrix A bei einem hinreichend kleinen Defekt d auf einen kleinen Fehler $r = \tilde{x} - x$ schließen.

Ausgangspunkt der sogenannten Nachiteration von Näherungslösungen bei Gleichungssystemen ist die Gleichung (30). Mit einer Anfangsnäherung $x^{(0)}$ berechnet man in doppelter Genauigkeit den Defekt $d^{(0)} = Ax^{(0)} - f$, bestimmt dann den Vektor $r^{(0)}$ als numerische Lösung der Gleichung $Ar = d^{(0)}$ mit Hilfe der bereits berechneten Dreieckszerlegung von A und betrachtet $x^{(1)} = x^{(0)} - r^{(0)}$ als neue Näherung der gesuchten Lösung x des Gleichungssystems. Durch Fortsetzung dieses Verfahrens entsteht eine Folge $(x^{(t)})$ nach der Vorschrift

$$(33) \qquad d^{(t)} = Ax^{(t)} - f,\ Lg^{(t)} = d^{(t)},\ Ur^{(t)} = g^{(t)},\ x^{(t+1)} = x^{(t)} - r^{(t)},$$

für $t = 0, 1, 2, \ldots$. Die Nachiteration wird abgebrochen, wenn der Defekt nicht mehr kleiner gemacht werden kann, also in einer passenden Vektornorm nicht mehr die Ungleichung $\|d^{(t)}\| < \|d^{(t-1)}\|$ gilt.

Ganz ähnlich kann man Näherungen C der Inversen A^{-1} einer regulären Matrix A durch Iteration verbessern. Die Einsetzprobe liefert hier den Defekt $D = AC - E$. Folglich hat man in einer beliebigen Matrizennorm die Abschätzung des absoluten und des relativen Fehlers

$$(34) \qquad \|C - A^{-1}\| \leq \|A^{-1}\|\,\|D\|, \qquad \frac{\|C - A^{-1}\|}{\|A^{-1}\|} \leq \|D\|.$$

Wenn $\|D\| = \|E - AC\| \leq q < 1$ ausfällt, dann lassen sich die Iterationsverfahren aus Abschnitt 8.4.2, 8.4.3 zu einer Verbesserung der Ausgangsnäherung $X_0 = C$ anwenden.

6.2. Spezielle Klassen linearer Gleichungssysteme

In zahlreichen Anwendungsgebieten treten lineare Gleichungssysteme als wichtiger Teil des numerischen Lösungsansatzes auf. Im Rahmen naturwissenschaftlich-technischer Problemstellungen zum Beispiel führen Differenzenapproximationen oder Finite-Elemente-Approximationen von Randwertaufgaben gewöhnlicher und partieller Differentialgleichungen auf umfangreiche lineare Gleichungssysteme, die numerisch zu lösen sind. In derartigen Anwendungen haben die Gleichungssysteme in der Regel eine spezielle Struktur, die man beim Lösungsverfahren ausnutzen kann. Wir wollen in diesem Abschnitt auf einige Klassen spezieller Gleichungssysteme kurz eingehen. Insbesondere soll gezeigt werden, daß das Gaußsche Eliminationsverfahren in diesen Fällen ohne Zeilenvertauschungen ausgeführt werden kann. In den Bezeichnungen von Abschnitt 6.1 ist dann $A_t = \tilde{A}_t, f_t = \tilde{f}_t$ für $t = 1, \ldots, n$, und die Dreieckszerlegung hat die Form $A = LU$. Darüber hinaus werden grundlegende Hilfsmittel für die Fehleranalyse des Gaußschen Eliminationsverfahrens bereitgestellt.

6.2.1. Positiv definite Koeffizientenmatrizen, LDL^*-Zerlegung, Cholesky-Verfahren.

Die Approximation von Randwertproblemen führt häufig auf Gleichungssysteme mit positiv definiten Koeffizientenmatrizen, die deshalb eine besonders wichtige Klasse definieren. Aus der Definitheitsbedingung $(Ax, x)_2 > 0$ für $0 \neq x \in \mathbf{K}^n$ ergibt sich sofort, daß die homogene Gleichung $Ax = 0$ nur die triviale Lösung $x = 0$ haben kann. Jede positiv definite Matrix ist daher invertierbar. Setzt man in der Definitheitsbedingung für x die Einheitsvektoren $e_j = (\delta_{1j}, \ldots, \delta_{nj})$ ein, so ergibt sich weiter, daß alle Diagonalelemente einer positiv definiten Matrix positiv sind. Aus der Beziehung

$$a_{jk}^{t+1} = a_{jk}^t - \frac{a_{jt}^t a_{tk}^t}{a_{tt}^t}, \qquad j, k = t+1, \ldots, n,$$

liest man unmittelbar ab, daß für eine symmetrische oder hermitesche Matrix $A_t = (a_{jk}^t)$ auch die reduzierte Matrix $A_{t+1} = (a_{jk}^{t+1})$ dieselbe Eigenschaft hat. Es gilt das folgende wichtige Kriterium

(1) *Die symmetrische bzw. hermitesche Matrix $A_1 = A = (a_{jk})$ ist genau dann positiv definit, wenn $a_{11} > 0$ und die durch Vorwärtselimination gewonnene Matrix A_2 positiv definit ist.*

Beweis. (i) Wie man leicht verifiziert, gilt für $a_{11} \neq 0$, reell, die Identität

$$\sum_{j,k=1}^{n} a_{jk} x_k \bar{x}_j = a_{11} \left| x_1 + \frac{1}{a_{11}} \sum_{k=2}^{n} a_{1k} x_k \right|^2 + \sum_{j,k=2}^{n} a_{jk}^2 x_k \bar{x}_j$$

für alle $x = (x_1, \ldots, x_n) \in \mathbf{K}^n$. Für A positiv definit ist $a_{11} > 0$ und daher die Identität gültig. Für jeden Vektor $0 \neq x' = (x_2, \ldots, x_n) \in \mathbf{K}^{n-1}$ kann man

$$x_1 = -\frac{1}{a_{11}} \sum_{k=2}^{n} a_{1k} x_k$$

setzen und erhält damit

$$0 < \sum_{j,k=1}^{n} a_{jk} x_k \bar{x}_j = \sum_{j,k=2}^{n} a_{jk}^2 x_k \bar{x}_j.$$

Wie wir oben bereits festgestellt hatten, ist A_2 symmetrisch bzw. hermitesch und folglich positiv definit.

(ii) Seit jetzt umgekehrt $a_{11} > 0$ und A_2 positiv definit. Für jeden Vektor $0 \neq x = (x_1, \ldots, x_n) \in \mathbf{K}^n$ ist entweder $x' = (x_2, \ldots, x_n) \neq 0$ oder $x_1 \neq 0$, $x' = 0$ und auf Grund der obigen Identität in beiden Fällen

$$\sum_{j,k=1}^{n} a_{jk} x_k \bar{x}_j > 0. \qquad \blacksquare$$

Wendet man das Kriterium (1) nacheinander auf die symmetrische bzw. hermitesche Matrix $A = A_1$ und die reduzierten Matrizen A_t für $t = 2, \ldots, n-1$ an, so ergibt sich unmittelbar der Satz

(2) *Wenn A positiv definit ist, dann und nur dann sind alle Eliminationsschritte ohne Zeilenvertauschung durchführbar und die dabei auftretenden Pivotelemente a_{tt}^t positiv für $t = 1, \ldots, n$.*

Für eine Matrix $C=(c_{jk})$ bezeichnen wir die zugehörige adjungierte Matrix $\bar{C}'=(\bar{c}_{kj})$ mit C^*. Für symmetrische ($\mathbf{K}=\mathbf{R}$) bzw. hermitesche ($\mathbf{K}=\mathbf{C}$) Matrizen A ist $A=A^*$. Wenn A die Dreieckszerlegung LU besitzt, dann gestattet die adjungierte Matrix A^* nach 6.1. (21) die Dreieckszerlegung

$$A^*=L_1U_1, \qquad L_1=U^*D^{-1}, \qquad U_1=DL^*.$$

Die Faktoren der Dreieckszerlegung sind nach Satz 6.1. (20) eindeutig bestimmt, so daß

(3) $$L=U^*D^{-1}, \qquad U=DL^*$$

sein muß. Zu jeder symmetrischen bzw. hermiteschen Matrix A, die eine Dreieckszerlegung besitzt, existiert daher auch die LDL^*-Zerlegung

(4) $$A=LDL^*.$$

Diese Bedingungen sind auf Grund von Satz (2) insbesondere für positiv definite Matrizen erfüllt. In diesem Falle sind darüber hinaus alle Diagonalelemente $d_j=u_{jj}=a_{jj}^j$ von D positiv. Daher läßt sich (4) auch in der Form

(5) $$A=R^*R, \qquad R=D^{1/2}L^*=D^{-1/2}U,$$

mit $$D^{1/2}=\operatorname{diag}(\sqrt{a_{11}^1},\dots,\sqrt{a_{nn}^n})$$

schreiben. Die Elemente der rechten oberen Dreiecksmatrix $R=(r_{jk})$ haben somit die Darstellung

(6) $$r_{tt}=\sqrt{a_{tt}^t}, \qquad r_{tk}=\frac{a_{tk}^t}{r_{tt}}, \qquad k=t+1,\dots,n, \; t=1,\dots,n.$$

Das Verfahren von Cholesky ist eine Modifikation des Gaußschen Eliminationsverfahrens, welche das gegebenene Gleichungssystem $Ax=f$ auf die gestaffelte Form $Rx=g$ reduziert. Zu Beginn wird $A_1=A, f_1=f$ gesetzt. Im t-ten Eliminationsschritt berechnet man zuerst r_{tt}, r_{tk} gemäß (6), $g_t=\frac{1}{r_{tt}}f_t^t$ und dann

(7) $$a_{jk}^{t+1}=a_{jk}^t-r_{tj}r_{tk}, \qquad f_j^{t+1}=f_j^t-r_{tj}g_t, \qquad j,k=t+1,\dots,n, \qquad j\le k,$$

für $t=1,\dots,n-1$. Für $t=n$ ist einfach

(8) $$r_{nn}=\sqrt{a_{nn}^n}, \qquad g_n=\frac{1}{r_{nn}}f_n^n.$$

Das gestaffelte Gleichungssystem $Rx=g$ wird anschließend durch Rückwärtseinsetzen gelöst. Da A_{t+1} symmetrisch bzw. hermitesch ist, genügt es, die Elemente a_{jk}^{t+1} für $j\le k$ zu berechnen.

Für die Rundungsfehleranalyse des Eliminationsverfahrens ist noch der folgende Satz von Bedeutung. Dabei bezeichnen $|L|$, $|U|$ die Matrizen mit den Elementen $|l_{jk}|$, $|u_{jk}|$, $j,k=1,\dots,n$.

(9) *Für eine positiv definite Matrix $A=(a_{jk})$ gestatten die Faktoren L,U der Dreieckszerlegung von A die Abschätzungen*

$$(|L|\,|U|)_{jk}\le\sqrt{a_{jj}a_{kk}}, \qquad j,k=1,\dots,n.$$

Beweis. Die Diagonalelemente a_{jj} von A besitzen auf Grund von (4), (5) die Darstellung

$$\sum_{t=1}^{n} |r_{tj}|^2 = \sum_{t=1}^{n} d_t |l_{jt}|^2 = a_{jj}, \qquad j=1,\dots,n. \tag{10}$$

Mit Hilfe von (3) und durch Anwendung der Schwarzschen Ungleichung wird daher

$$\begin{aligned}(|L|\,|U|)_{jk} &= \sum_{t=1}^{n} \sqrt{d_t}\,|l_{jt}|\,\sqrt{d_t}\,|l_{kt}| \\ &\leq \left(\sum_{t=1}^{n} d_t |l_{jt}|^2\right)^{1/2} \left(\sum_{t=1}^{n} d_t\,|l_{kt}|^2\right)^{1/2} \leq \sqrt{a_{jj}a_{kk}}.\end{aligned}$$

6.2.2. Diagonaldominante Koeffizientenmatrizen, *M*-Matrizen. In diesem Abschnitt werden zwei weitere Klassen von Koeffizientenmatrizen angegeben, für die das Gaußsche Eliminationsverfahren ohne Zeilenvertauschungen ausführbar ist und damit die Dreieckszerlegung in der Form $A = LU$ gilt.

Die Matrix $A = (a_{jk})$ heißt diagonaldominant, wenn die Beziehung

$$\sum_{\substack{k=1\\k\neq j}}^{n} |a_{jk}| \leq |a_{jj}|, \qquad j=1,\dots,n, \tag{11}$$

gilt.

(12) *Wenn $A = A_1$ regulär und diagonaldominant ist, dann sind für jedes $t=1,\dots,n$ die reduzierten Matrizen A_t regulär und diagonaldominant und alle Diagonalelemente von A_t ungleich Null.*

Beweis. Wäre ein Diagonalelement a_{jj} von A gleich Null, dann müßte auf Grund von (11) die j-te Zeile von A aus lauter Nullen bestehen. Da A regulär sein soll, kann dieser Fall nicht eintreten. Nehmen wir jetzt an, daß die obige Behauptung des Satzes für ein $t=1,\dots,n-1$ wahr ist. Dann ist die durch Vorwärtselimination gewonnene reduzierte Matrix A_{t+1} wohldefiniert. Da A_t diagonaldominant sein soll, folgt die Abschätzung

$$\begin{aligned}\sum_{\substack{k=t+1\\k\neq j}}^{n} |a_{jk}^{t+1}| &\leq \sum_{\substack{k=t+1\\k\neq j}}^{n} |a_{jk}^t| + |m_{jt}| \sum_{\substack{k=t+1\\k\neq j}}^{n} |a_{tk}^t| \\ &\leq |a_{jj}^t| - |a_{jt}^t| + |m_{jt}|(|a_{tt}^t| - |a_{tj}^t|) \\ &= |a_{jj}^t| - |m_{jt}a_{tj}^t| \leq |a_{jj}^{t+1}|, \qquad j=t+1,\dots,n.\end{aligned}$$

Also ist A_{t+1} diagonaldominant. Für die Determinanten von A_t, A_{t+1} gilt die Beziehung $\det A_t = a_{tt}^t \det A_{t+1}$, so daß mit A_t auch A_{t+1} nichtsingulär ist. Damit folgt wie oben, daß dann alle $a_{jj}^{t+1} \neq 0$ sein müssen für $j=t+1,\dots,n$. ■

Für eine Matrix $A = (a_{jk})$ mit der Dreieckszerlegung $A = LU$ werden im folgenden die zugehörigen Diagonalmatrizen

(13) $$D_A = \operatorname{diag}(a_{11},\dots,a_{nn}), \quad N_L = \operatorname{diag}(v_1^L,\dots v_n^L), \quad N_U = \operatorname{diag}(v_1^U,\dots,v_n^U)$$

benötigt, wobei v_j^L die Anzahl der Elemente $l_{jt} \neq 0$, $t = 1,\dots,j$, und v_k^U die Anzahl der Elemente $u_{tk} \neq 0$, $t = 1,\dots,k$, ist für $j,k = 1,\dots,n$. Offenbar ist stets

$$v_j^L \leq j \leq n, \qquad v_k^U \leq k \leq n.$$

Im Hinblick auf die Stabilität des Eliminationsverfahrens für diagonaldominante reguläre Koeffizientenmatrizen ist das folgende Korollar zum obigen Satz interessant.

(14) *Für eine reguläre diagonaldominante Matrix A sind die Elemente der reduzierten Matrizen A_t und der Faktoren L, U der Dreieckszerlegung beschränkt durch*

(i) $$|a_{jk}^t| \leq 2|a_{jj}|, \qquad |l_{jt}| \leq 2\left|\frac{a_{jj}}{u_{tt}}\right|, \qquad \sum_{k=t+1}^{n} |u_{tk}| \leq |u_{tt}|$$

für $j,k = t,\dots,n$, $t = 1,\dots,n$. Insbesondere gilt

(ii) $$(|L|\,|U|)_{jk} \leq 2v_j^L |a_{jj}|, \qquad j,k = 1,\dots,n.$$

Beweis. Da A_t diagonaldominant ist, gelten für jedes $t = 1,\dots,n-1$ die Abschätzungen

$$\sum_{k=t+1}^{n} |a_{jk}^{t+1}| \leq \sum_{k=t+1}^{n} |a_{jk}^t| + |m_{jt}| \sum_{k=t+1}^{n} |a_{tk}^t| \leq \sum_{k=t+1}^{n} |a_{jk}^t| + |a_{jt}^t|$$

für $j = t+1,\dots,n$. Durch einen Induktionsschluß folgt dann

$$\sum_{k=t}^{n} |a_{jk}^t| \leq \sum_{k=1}^{n} |a_{jk}| \leq 2|a_{jj}|, \qquad j = t,\dots,n, \quad t = 1,\dots,n.$$

Hieraus ergeben sich die erste und zweite der behaupteten Abschätzungen. Die dritte Abschätzung ist eine unmittelbare Folge der Diagonaldominanz von A_t. Mit Hilfe von $|u_{tk}| \leq |u_{tt}|$, $a_{jt}^t = l_{jt}u_{tt}$ und $|a_{jt}^t| \leq 2|a_{jj}|$ erhält man schließlich

$$(|L|\,|U|)_{jk} = \sum_{t=1}^{n} |l_{jt}u_{tk}| \leq \sum_{t=1}^{j} |l_{jt}u_{tt}| \leq 2v_j^L |a_{jj}|$$

für $j,k = 1,\dots,n$, also (14ii). ■

Wir nehmen jetzt an, daß die betrachteten Vektoren und Matrizen reelle Komponenten haben. Dann sind die Relationen $>$, $\geq$ für Vektoren $x, y \in \mathbf{R}^n$ durch

$$x \geq y \iff x_j \geq y_j, \qquad x > y \iff x_j > y_j, \qquad j = 1,\dots,n,$$

und für Matrizen $B = (b_{jk})$, $C = (c_{jk})$ durch

$$B \geq C \iff b_{jk} \geq c_{jk}, \qquad j,k = 1,\dots,n,$$

erklärt. Eine Matrix $A=(a_{jk})$ heißt M-Matrix, wenn die folgenden Eigenschaften gelten:

(M1) $a_{jk} \leq 0, \quad j \neq k, \quad j,k=1,\dots,n;$

(M2) A ist invertierbar;

(M3) $A^{-1} \geq 0.$

(15) *Alle Diagonalelemente einer M-Matrix sind positiv. Für jede M-Matrix $A=A_1$ sind auch alle reduzierten Matrizen A_t für $t=2,\dots,n$ wieder M-Matrizen.*

Beweis. (o) Für jeden Vektor $y>0$ ist auf Grund von (M3) der Vektor $x=A^{-1}y \geq 0$. Dann ist $Ax=y$ und mit Hilfe von (M1)

$$a_{jj}x_j = y_j - \sum_{\substack{k=1\\k\neq j}}^{n} a_{jk}x_k \geq y_j > 0, \qquad j=1,\dots,n,$$

so daß $x_j>0$ und folglich $a_{jj}>0$ sein muß.

(i) Sei jetzt A_t eine M-Matrix und $1 \leq t \leq n-1$. Dann wird $a_{tt}^t > 0$ und mit (M1) $a_{jk}^t \leq 0$ für alle $j \neq k$. Für jedes $j,k=t+1,\dots,n$ mit $j \neq k$ ist daher

$$a_{jk}^{t+1} = a_{jk}^t - \frac{a_{jt}^t a_{tk}^t}{a_{tt}^t} \leq a_{jk}^t \leq 0.$$

(ii) Zwischen den Determinanten von A_t und A_{t+1} besteht die Beziehung

$$\det A_t = a_{tt}^t \det A_{t+1}.$$

Da A_t invertierbar ist, ist $\det A_t \neq 0$ und folglich $\det A_{t+1} \neq 0$, also auch A_{t+1} invertierbar.

(iii) Für einen beliebigen Vektor $y'=(y_{t+1},\dots,y_n) \geq 0$ setzen wir schließlich $x'=A_{t+1}^{-1}y'$, so daß

$$\sum_{k=t+1}^{n} a_{jk}^{t+1} x_k = y_j, \qquad j=t+1,\dots,n,$$

ist. Zu diesem Vektor x' sei x_t durch

$$x_t = -\frac{1}{a_{tt}^t} \sum_{k=t+1}^{n} a_{tk}^t x_k$$

definiert. Dann gilt

$$0 = y_t = \sum_{k=t}^{n} a_{tk}^t x_k, \qquad y_j = \sum_{k=t}^{n} a_{jk}^t x_k, \qquad j=t+1,\dots,n.$$

Der Vektor $x=(x_t,\dots,x_n)$ ist daher Lösung von $A_t x = y$ mit $y \geq 0$, so daß nach (M3) $x=A_t^{-1}y \geq 0$ und folglich auch $x'=A_{t+1}^{-1}y' \geq 0$ für alle $y' \geq 0$ wird. Diese letzte Bedingung ist gleichbedeutend mit $A_{t+1}^{-1} \geq 0$. ■

Symmetrische M-Matrizen heißen Stieltjes-Matrizen. Aus dem obigen Satz ergibt sich in Verbindung mit Satz (2) sofort, daß jede symmetrische M-Matrix, also jede Stieltjes-Matrix, positiv definit ist.

Wie man leicht zeigt, ist eine obere oder untere Dreiecksmatrix $C=(c_{jk})$ genau dann eine M-Matrix, wenn

(16) $$c_{jj}>0, \qquad c_{jk}\le 0, \qquad j\neq k, \qquad j,k=1,\dots,n,$$

ist. Es gilt das folgende, zu (2) analoge Kriterium.

(17) *Sei $A=(a_{jk})$ eine Matrix mit Elementen $a_{jk}\le 0$ für $j\neq k$, $j,k=1,\dots,n$. Wenn A eine M-Matrix ist, dann und nur dann sind alle Eliminationsschritte ohne Zeilenvertauschungen durchführbar und die Faktoren L,U der Dreieckszerlegung von A M-Matrizen.*

Beweis. (i) Ist A eine M-Matrix, so haben auf Grund von Satz (15) die Elemente der Dreiecksmatrizen L,U die Eigenschaften

$$l_{jk}=\frac{a_{jk}^k}{a_{kk}^k}\le 0, \quad j>k; \qquad l_{jj}=1; \qquad l_{jk}=0, \quad j<k;$$

$$u_{jk}=0, \quad j>k; \qquad u_{jj}=a_{jj}^j>0; \quad u_{jk}=a_{jk}^j\le 0, \quad j<k,$$

für $j,k=1,\dots,n$. Wie oben festgestellt wurde, sind dann L,U M-Matrizen.
(ii) Besitzt umgekehrt A eine Dreieckszerlegung mit M-Matrizen L,U als Faktoren, dann ist A invertierbar und mit $L^{-1}\ge 0$, $U^{-1}\ge 0$ auch $A^{-1}=U^{-1}L^{-1}\ge 0$, also A eine M-Matrix. ■

Für das Stabilitätsverhalten des Eliminationsverfahrens gilt hier der folgende grundlegende Satz.

(18) *Ist A eine M-Matrix, dann genügen die Faktoren L,U der Dreieckszerlegung von A den Abschätzungen*

$$|L||U|A^{-1}\le 2N_LD_AA^{-1}, \qquad A^{-1}|L||U|\le 2A^{-1}D_AN_U.$$

Beweis. (i) Für jedes $t=1,\dots,n-1$ ist nach Satz (15) A_t eine M-Matrix, also

$$a_{jj}^{t+1}=a_{jj}^t-\frac{a_{jt}^t a_{tj}^t}{a_{tt}^t}\le a_{jj}^t, \qquad j=t+1,\dots,n.$$

Hieraus folgen sofort die Ungleichungen

(19) $$a_{jj}^t\le a_{jj}, \qquad j=t,\dots,n,\ t=1,\dots,n.$$

Weiter sind die Dreiecksmatrizen L,U M-Matrizen, so daß mit $f\ge 0$ auch $g=L^{-1}f\ge 0$ und mit $Ux=g$ dann

(20) $$\sum_{k=1}^n |u_{jk}|x_k=2u_{jj}x_j-g_j\le 2u_{jj}x_j, \qquad j=1,\dots,n,$$

wird. Das Eliminationsverfahren reduziert das gegebene Gleichungssystem $Ax=f$ schrittweise auf Gleichungssysteme $A_t x^t = f^t$ mit $x^t = (x_t, \ldots, x_n)$, $t = 1, \ldots, n$. Für M-Matrizen sind alle Multiplikatoren $m_{jt} \leq 0, j = t+1, \ldots, n$, und daher für rechte Seiten $f \geq 0$ auch alle durch 6.1. (5) gewonnenen rechten Seiten $f^t = \tilde{f}^t \geq 0$. Mit $x = A^{-1} f \geq 0$ und $a_{jk}^t \leq 0$, $j \neq k$, folgt aus $A_t x^t = f^t$ die Beziehung

$$\sum_{\substack{k=t\\k\neq j}}^{n} |a_{jk}^t| x_k \leq f_j^t + \sum_{\substack{k=t\\k\neq j}}^{n} |a_{jk}^t| x_k = a_{jj}^t x_j$$

und damit die Abschätzung

(21) $$|a_{jt}^t| x_t \leq a_{jj}^t x_j, \quad j = t, \ldots, n, \quad t = 1, \ldots, n.$$

Aus (19), (20), (21) und mit $l_{jt} = a_{jt}^t / a_{tt}^t$ gewinnt man schließlich

$$\sum_{k=1}^{n} \sum_{t=1}^{n} |l_{jt} u_{tk}| x_k \leq 2 \sum_{t=1}^{j} |l_{jt} u_{tt}| x_t \leq 2 \nu_j^L a_{jj} x_j, \qquad j = 1, \ldots, n.$$

Damit haben wir das erste Ergebnis in der Form

$$|L|\,|U| x \leq 2 N_L D_A x, \qquad x = A^{-1} f,$$

oder

$$|L|\,|U| A^{-1} f \leq 2 N_L D_A A^{-1} f$$

für alle $f \geq 0$, was äquivalent zur ersten Ungleichung in (18) ist.

(ii) Wenn A eine M-Matrix ist, dann hat auch die Transponierte A' diese Eigenschaft. Die Dreieckszerlegung von A' haben wir in 6.1. (21) angegeben. Offenbar gilt die Gleichung $|L_1|\,|U_1| = |U'|\,|L'|$. Ferner ist $N_{L_1} = N_U$. Wendet man die oben bewiesene Ungleichung auf die transponierte Matrix A' an, so ergibt sich

$$|U'|\,|L'| (A^{-1})' = |L_1|\,|U_1| (A')^{-1} \leq 2 N_U D_A (A^{-1})'$$

und durch Transposition endlich die zweite behauptete Ungleichung. ■

In §8 werden wir das schwache Zeilensummenkriterium

(22) $$\sum_{\substack{k=1\\k\neq j}}^{n} |a_{jk}| \leq |a_{jj}|, \qquad \sum_{k=j+1}^{n} |a_{jk}| < |a_{jj}|, \qquad j = 1, \ldots, n,$$

kennenlernen (s. 8.2. (19)). Unter dieser Bedingung ist $A = (a_{jk})$ diagonaldominant und invertierbar. Wenn die Elemente der Matrix A darüber hinaus den Bedingungen

(23) $$a_{jj} > 0, \quad j = 1, \ldots, n; \qquad a_{jk} \leq 0, \quad j \neq k, \quad j, k = 1, \ldots, n,$$

genügen, dann ist A eine M-Matrix, wie man mit den Hilfsmitteln von §8 leicht zeigen kann. Die obigen Bedingungen sind zum Beispiel für die Matrix

(24) $$A = \begin{pmatrix} 2 & -1 & & & O \\ -1 & 2 & -1 & & \\ & \cdots & & & \\ & & -1 & 2 & -1 \\ O & & & -1 & 2 \end{pmatrix},$$

die bei Differenzenapproximationen der Differentialgleichung $-u''=f$ auftritt, und in den Aufgaben 6.3.4 und 6.3.5 erfüllt.

6.2.3. Bandmatrizen. Das Eliminationsverfahren ist auch auf Gleichungssysteme mit sehr vielen Gleichungen und Unbekannten noch anwendbar, wenn die Koeffizientenmatrix A eine Bandmatrix ist, deren Elemente nur in der Hauptdiagonalen und einigen dazu parallelen Nebendiagonalen von Null verschieden sind. Es gibt dann ganze Zahlen $m_1, m_2 \geq 0$ derart, daß

(25) $$a_{jk}=0, \quad k<j-m_1, \quad j+m_2<k, \quad j,k=1,\dots,n,$$

wird. Die Matrix hat in diesem Falle den Bandtyp (m_1, m_2), die Zahl m_1+m_2+1 bezeichnen wir als Bandbreite (vgl. Tab. 6.1 für $t=1$). Für $m_1=0$ bzw. $m_2=0$ ist A eine obere bzw. untere Banddreiecksmatrix. Für $m_1=m_2=0$ ist A eine Diagonalmatrix, für $m_1=m_2=1$ eine Tridiagonalmatrix.

(26) *Ist A eine Bandmatrix vom Bandtyp (m_1, m_2), für die das Eliminationsverfahren ohne Zeilenvertauschungen durchführbar ist, dann sind auch alle reduzierten Matrizen A_t, $t=2,\dots,n$, Bandmatrizen des gleichen Typs und die Faktoren L, U der Dreieckszerlegung von A Banddreiecksmatrizen des Bandtyps $(m_1, 0)$, $(0, m_2)$.*

Beweis. Ist A_t für $1 \leq t \leq n-1$ eine Bandmatrix vom Bandtyp (m_1, m_2), dann wird

(27) $$l_{jt}=\frac{a_{jt}^t}{a_{tt}^t}=0, \quad t<j-m_1; \qquad l_{jt}=0, \quad j<t;$$
$$u_{tk}=a_{tk}^t=0, \quad t+m_2<k; \qquad u_{tk}=0, \quad k<t;$$

und folglich
$$a_{jk}^{t+1}=a_{jk}^t, \quad t+m_1<j \text{ oder } t+m_2<k.$$

Der t-te Eliminationsschritt kann also nur Elemente in der linken oberen Ecke

$$t+1 \leq j \leq t+m_1, \qquad t+1 \leq k \leq t+m_2 \qquad (j,k \leq n)$$

des Bandes und in den ersten Komponenten f_j^{t+1} für $t+1 \leq j \leq t+m_1$ $(j \leq n)$ der rechten Seite des reduzierten Gleichungssystems verändern (s. Tab. 6.1). Daraus ergibt sich unmittelbar, daß für jedes $t=1,\dots,n-1$ mit A_t auch A_{t+1} Bandgestalt hat und der Bandtyp unverändert bleibt. Aus der Beziehung (27) für $t=1,\dots,n$ folgt unmittelbar die behauptete Bandgestalt der Dreiecksmatrizen L, U. ∎

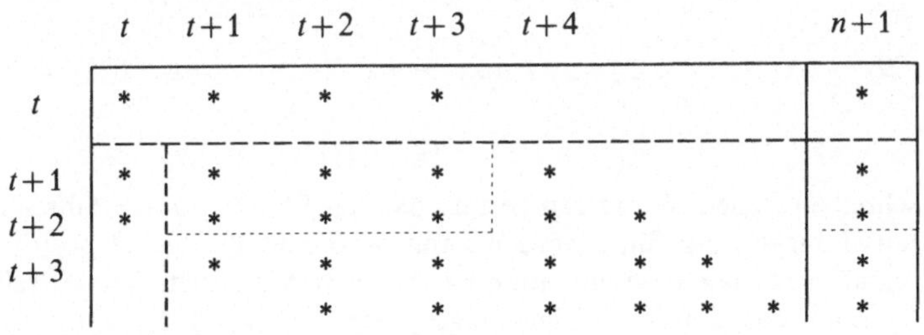

Tab. 6.1: Bandstruktur für $m_1=2$, $m_2=3$

Für die praktische Durchführung des Eliminationsverfahrens ohne Zeilenvertauschungen genügt also ein Zahlenfeld mit $m_1 + m_2 + 2$ Spalten und n Zeilen, in dem zu Beginn die Elemente von A innerhalb des Bandes und die rechte Seite gespeichert werden. Tab. 6.2 veranschaulicht ein derartiges Zahlenfeld für $m_1 = 2$, $m_2 = 3$. Das Feld ist so organisiert, daß in der j-ten Zeile die Koeffizienten a_{jk}, f_j der j-ten Gleichung des Gleichungssystems stehen. Die Beziehung zwischen den Elementen $c_{j'k'}$ des Zahlenfelds und den Koeffizienten a_{jk}, f_j wird dann durch die Vorschrift

$$(28) \qquad \begin{aligned} c_{j'k'} &= a_{jk}, & j' &= j, & k' &= k - j + h; \\ c_{j'l} &= f_j, & j' &= j; \end{aligned}$$

hergestellt, wobei $h = m_1 + 1$, $l = h + m_2 + 1$ zu setzen sind.

	1	2	3	4	5	6	7
1	·	·	a_{11}	a_{12}	a_{13}	a_{14}	f_1
2	·	a_{21}	a_{22}	a_{23}	a_{24}	a_{25}	f_2
3	a_{31}	a_{32}	a_{33}	a_{34}	a_{35}	a_{36}	f_3
4	a_{42}	a_{43}	a_{44}	a_{45}	a_{46}	a_{47}	f_4
5		·	·	·	·		

Tab. 6.2 Zahlenfeld für eine Bandmatrix vom Typ (2,3)

Für symmetrische oder hermitesche Bandmatrizen genügt es, mit der Diagonalen die Elemente unter- bzw. oberhalb der Diagonalen zu speichern. In der LDL^*-Zerlegung positiv definiter Bandmatrizen werden die Spalten $m+2, \ldots, 2m+1$ für $m = m_1 = m_2$ nicht benötigt. Für das Cholesky-Verfahren kann man die ersten m Spalten des Zahlenfelds in Tab. 6.2 weglassen und $h = 1$ setzen. In beiden Fällen ist $l = m + 2$, man kommt also mit einem Feld von $m + 2$ Spalten und n Zeilen aus.

6.2.4. Tridiagonale Gleichungssysteme bilden eine besonders einfache Klasse von Gleichungssystemen, die wir in der Form

$$(29) \qquad \begin{aligned} a_1 x_1 + b_1 x_2 &= f_1, \\ &\cdots \\ c_{j-1} x_{j-1} + a_j x_j + b_j x_{j+1} &= f_j, \qquad j = 2, \ldots, n-1, \\ &\cdots \\ c_{n-1} x_{n-1} + a_n x_n &= f_n, \end{aligned}$$

schreiben wollen. Wir setzen voraus, daß das Eliminationsverfahren ohne Zeilenvertauschungen ausgeführt werden kann, also zum Beispiel A positiv definit oder A regulär und diagonaldominant oder A eine M-Matrix ist. Vorwärtselimination führt dann auf das gestaffelte Gleichungssystem

$$(30) \qquad d_j x_j + b_j x_{j+1} = g_j, \quad j = 1, \ldots, n-1, \qquad d_n x_n = g_n,$$

mit den Koeffizienten

$$\text{(31)}\qquad \begin{aligned} &d_1 = a_1, \qquad && d_j = a_j + p_j b_{j-1}, \qquad && p_j = -\frac{c_{j-1}}{d_{j-1}} \\ &g_1 = f_1, && g_j = f_j + p_j g_{j-1}, && j = 2,\dots,n, \end{aligned}$$

wobei alle $d_j \neq 0$ sind. Die Koeffizienten p_j sind die negativen Multiplikatoren $-m_{j,j-1}$. Die Lösungen des gestaffelten Gleichungssystems erhält man aus (30) durch Rückwärtseinsetzen in der Form

$$\text{(32)}\qquad x_n = \frac{1}{d_n} g_n, \qquad x_j = \frac{1}{d_j}\{-b_j x_{j+1} + g_j\}, \qquad j = n-1,\dots,1.$$

Die Faktoren L, U der Dreieckszerlegung von A sind bidiagonal und lauten

$$\text{(33)}\qquad L = \begin{pmatrix} 1 & & & O \\ -p_2 & 1 & & \\ & \dots & 1 & \\ O & & -p_n & 1 \end{pmatrix}, \qquad U = \begin{pmatrix} d_1 & b_1 & & O \\ & \dots & & \\ & & d_{n-1} & b_{n-1} \\ O & & & d_n \end{pmatrix}.$$

Nach Satz (2) ist die tridiagonale Koeffizientenmatrix A genau dann positiv definit, wenn A symmetrisch ist und alle $d_j > 0$ sind. Sind die Koeffizienten $b_j, c_j \le 0$ für $j = 2,\dots,n$, dann ist auf Grund von (16), (17) die Bedingung $d_j > 0$, $j = 1,\dots,n$, notwendig und hinreichend dafür, daß A eine M-Matrix ist.

Für die symmetrische, tridiagonale Matrix (24) zum Beispiel wird

$$a_j = 2, \quad j = 1,\dots,n, \qquad b_j = c_j = -1, \quad j = 1,\dots,n-1.$$

Die Rekursion zur Berechnung der d_j hat die Gestalt

$$d_1 = 2, \qquad d_j = 2 - \frac{1}{d_{j-1}}, \qquad j = 2,\dots,n.$$

Durch einen Induktionsschluß ergibt sich sofort die Darstellung

$$d_j = \frac{j+1}{j}, \qquad j = 1,\dots,n.$$

Diese Matrix ist daher eine positiv definite M-Matrix.

6.3. Numerische Übungsaufgaben

1. Lösung inhomogener Gleichungssysteme. Man berechne mit Hilfe des Gaußschen Eliminationsverfahrens die Lösungen $x = (x_1,\dots,x_4)$, $y = (y_1,\dots,y_4)$ der Gleichungssysteme $Ax = f$, $By = f$ mit der rechten Seite $f = (1,0,0,0)$ und den Matrizen

$$A=\begin{pmatrix}5&7&6&5\\7&10&8&7\\6&8&10&9\\5&7&9&10\end{pmatrix},\quad B=\begin{pmatrix}4.99&7&6&5\\7&10&8&7\\6&8&10&9\\5&7&9&10\end{pmatrix}.$$

Ergebnis $x=(67.9999,\ -40.9999,\ -17.0000,\ 10.0000)$,

$y=(212.4991,\ -128.1245,\ -53.1248,\ 31.2499)$.

Die Defekte sind $d=Ax-f=(0.0002,\ 0.0003,\ 0.0002,\ 0.0002)$ und $d=By-f=(-0.0003,\ -0.0004,\ -0.0003,\ -0.0002)$. Bei Verwendung der maximalen Zeilensumme $\|\cdot\|_\infty$ als Matrizennorm ist $\|A\|=33$, $\|A^{-1}\|=136$, und die Abschätzung 6.1.(31) des absoluten Fehlers lautet damit $\|r\|_\infty \leq \|A^{-1}\|\cdot\|d\|_\infty=136\cdot 0.0003=0.0408$, während sich mit der exakten Lösung $x^*=(68,\ -41,\ -17,\ 10)$ von $Ax=f$ zeigt, daß $\|r\|_\infty=0.0001$ gilt. Analog lautet diese Fehlerabschätzung im Fall des zweiten Gleichungssystems $\|r\|_\infty \leq \|B^{-1}\|\cdot\|d\|_\infty \leq 425\cdot 0.0004=0.1700$.

Bemerkung. Die Matrizen A und B sind schlecht konditioniert, wie man an den Konditionszahlen $\kappa=\|A\|\cdot\|A^{-1}\|=4488$ und $\kappa=\|B\|\cdot\|B^{-1}\|=14025$ erkennt. Daher ist auch zu erklären, daß die Fehlerabschätzung 6.1.(31) für das obige Gleichungssystem $Ax=f$ den wirklichen Fehler um mehr als zwei Zehnerpotenzen überschätzt.

2. Invertierung von Matrizen. a) Man berechne mit Hilfe des Gaußschen Eliminationsverfahrens die Inversen der obigen Matrizen A und B (siehe auch Faddejew-Faddejewa §15).

Ergebnis

$$A^{-1}=\begin{pmatrix}67.9999&-40.9999&-17.0000&10.0000\\-40.9999&25.0000&10.0000&-6.0000\\-17.0000&10.0000&5.0000&-3.0000\\10.0000&-6.0000&-3.0000&2.0000\end{pmatrix},$$

$$B^{-1}=\begin{pmatrix}212.4991&-128.1245&-53.1248&31.2499\\-128.1245&77.5309&31.7811&-18.8124\\-53.1248&31.7811&14.0312&-8.3125\\31.2499&-18.8124&-8.3125&5.1250\end{pmatrix}.$$

Die Einsetzprobe $D=AC-E$ ergibt für den Defekt D im Fall der Matrix A die Beziehung $\|D\|_\infty=0.0010$, und für die Matrix B ist $\|D\|_\infty=0.0017$. Nach Ungleichung 6.1.(34) ist $\|D\|$ eine Abschätzung des relativen Fehlers, den die numerisch bestimmten Näherungen gegenüber den exakten inversen Matrizen besitzen.

Bemerkung. Man erkennt an diesem Beispiel, daß bei schlecht konditionierten Matrizen bereits kleine Änderungen in den Elementen der gegebenen Matrix große Änderungen der Elemente der inversen Matrizen nach sich ziehen können.

b) Man berechne mit Hilfe des Gaußschen Eliminationsverfahrens die Inversen der folgenden Hilbertschen Matrix M und der Matrix N.

$$M=\begin{pmatrix} 1 & \frac{1}{2} & \frac{1}{3} & \frac{1}{4} \\ \frac{1}{2} & \frac{1}{3} & \frac{1}{4} & \frac{1}{5} \\ \frac{1}{3} & \frac{1}{4} & \frac{1}{5} & \frac{1}{6} \\ \frac{1}{4} & \frac{1}{5} & \frac{1}{6} & \frac{1}{7} \end{pmatrix}, \quad N=\begin{pmatrix} 1 & 2 & 3 & 4 & 5 & 6 \\ 2 & 2 & 3 & 4 & 5 & 6 \\ 3 & 3 & 3 & 4 & 5 & 6 \\ 4 & 4 & 4 & 4 & 5 & 6 \\ 5 & 5 & 5 & 5 & 5 & 6 \\ 6 & 6 & 6 & 6 & 6 & 6 \end{pmatrix}.$$

Ergebnis

$$M^{-1}=\begin{pmatrix} 16.000 & -120.00 & 240.01 & -140.00 \\ -120.00 & 1200.02 & -2700.05 & 1680.03 \\ 240.00 & -2700.05 & 6480.11 & -4200.07 \\ -140.00 & 1680.03 & -4200.07 & 2800.05 \end{pmatrix},$$

$$N^{-1}=\begin{pmatrix} -1 & 1 & 0 & 0 & 0 & 0 \\ 1 & -2 & 1 & 0 & 0 & 0 \\ 0 & 1 & -2 & 1 & 0 & 0 \\ 0 & 0 & 1 & -2 & 1 & 0 \\ 0 & 0 & 0 & 1 & -2 & 1 \\ 0 & 0 & 0 & 0 & 1 & -0.83333 \end{pmatrix}.$$

Bemerkung. Bei der Berechnung der Matrix N^{-1} ergeben sich die Elemente durch Runden in der fünften Dezimalstelle.

3. Berechnung von Determinanten. Man berechne die Determinanten der Matrizen A, B, M, N.

Ergebnis $\det A = 0.99999$, $\det B = 0.31999$,

$\det M = 1.653 \cdot 10^{-7}$, $\det N = -6.00000$.

4. Bandmatrizen. Für die Berechnung einer Strömung um eine Ecke mit Hilfe von Differenzenapproximationen (s. Collatz [1, S. 355]) wird man auf ein inhomogenes lineares Gleichungssystem mit $n=9$ Gleichungen und Unbekannten geführt, dessen Koeffizientenmatrix A Bandgestalt hat. Bei geeigneter Numerierung der Unbekannten besitzt A den Bandtyp (2,2) und daher die Bandbreite 5. Mit den in Abschnitt 6.2.3 getroffenen Vereinbarungen lautet die um die rechte Seite f erweiterte Koeffizientenmatrix

$$(A,f)=\begin{bmatrix} 0 & 0 & 4 & -1 & -1 & 1/3 \\ 0 & -1 & 4 & 0 & -1 & 5/3 \\ -1 & 0 & 4 & -1 & -1 & 0 \\ -1 & -1 & 4 & 0 & -1 & 1 \\ -1 & 0 & 4 & -1 & -1 & 0 \\ -1 & -1 & 4 & 0 & -1 & 1 \\ -1 & 0 & 4 & -1 & -1 & 0 \\ -1 & -1 & 2 & 0 & 0 & 0 \\ -1 & 0 & 2 & 0 & 0 & 0 \end{bmatrix}$$

Man berechne mit Hilfe des Gaußschen Eliminationsverfahrens ohne Zeilenvertauschungen die Faktoren L, U der Dreieckszerlegung der Bandmatrix A und die Lösung x des inhomogenen Gleichungssystems $Ax=f$.

Ergebnis. Die Banddreiecksmatrizen L, U lauten:

$$L=\begin{bmatrix} 0 & 0 & 1 \\ 0 & -0.25000 & 1 \\ -0.25000 & -0.06667 & 1 \\ -0.26667 & -0.28571 & 1 \\ -0.26786 & -0.08333 & 1 \\ -0.29167 & -0.29213 & 1 \\ -0.26966 & -0.08613 & 1 \\ -0.29482 & -0.29314 & 1 \\ -0.26989 & -0.21138 & 1 \end{bmatrix}, \qquad U=\begin{bmatrix} 4.00000 & -1.00000 & -1 \\ 3.75000 & -0.25000 & -1 \\ 3.73333 & -1.06667 & -1 \\ 3.42857 & -0.28571 & -1 \\ 3.70833 & -1.08333 & -1 \\ 3.39185 & -0.29213 & -1 \\ 3.70518 & -1.08613 & -1 \\ 1.38679 & -0.29314 & 0 \\ 1.66814 & 0 & 0 \end{bmatrix},$$

wobei nur die Diagonale und die beiden nichttrivialen Nebendiagonalen der Matrizen L, U angegeben sind. Auf Grund von 6.1. (16), (17) sind L, U und somit auch A M-Matrizen. Für die Lösung $x=(x_1,\dots,x_9)$ erhält man

$$\begin{aligned} x_1&=0.32341, & x_2&=0.65552,\\ x_3&=0.30480, & x_4&=0.63201,\\ x_5&=0.26377, & x_6&=0.56773,\\ x_7&=0.18254, & x_8&=0.37514,\\ x_9&=0.09127. \end{aligned}$$

5. Tridiagonale Gleichungssysteme. Die Zweipunkt-Randwertaufgabe

$$-x''+x=1 \quad \text{in } (0,1), \qquad x(0)=x(1)=0,$$

läßt sich durch das Interpolationsverfahren von Cowell mit der Schrittzahl $s=3$ approximieren (s. 12.2.4). Die zugehörigen Näherungen x_j der Funktionswerte $x(t_j)$ der Lösung x an äquidistanten Gitterpunkten $t_j=jh$, $j=1,\dots,n$, $h=1/(n+1)$ genügen dem tridiagonalen Gleichungssystem 6.2. (29) mit den Koeffizienten

$$a_j=2+\frac{5}{6}h^2, \qquad b_j=c_j=-\left(1-\frac{h^2}{12}\right), \qquad f_j=h^2, \qquad j=1,\dots,n.$$

Man löse das tridiagonale Gleichungssystem mit dem in Abschnitt 6.2.4 angegebenen Verfahren für $n=9$.

Ergebnis.

j	p_j	d_j	g_j	x_j
1	—	2.00833	0.01000	0.04128
2	0.49751	1.51124	0.01498	0.07297
3	0.66116	1.34773	0.01990	0.09539
4	0.74137	1.26758	0.02475	0.10874
5	0.78825	1.22074	0.02951	0.11318
6	0.81849	1.19052	0.03416	0.10874
7	0.83927	1.16977	0.03867	0.09539
8	0.85416	1.15489	0.04303	0.07297
9	0.86516	1.14389	0.04723	0.04128

7. Orthogonalisierungsverfahren und überbestimmte Gleichungssysteme

Das bekannte Orthogonalisierungsverfahren in einem Vektorraum mit Skalarprodukt bildet nach dem Gaußschen Eliminationsverfahren einen weiteren, wichtigen Algorithmus der linearen Algebra. Anschließend werden zunächst das Orthogonalisierungsverfahren und der Satz über die Existenz, Eindeutigkeit und Konstruktion oder Berechnung orthogonaler Projektionen von Vektoren in einen Teilraum gebracht. Als Anwendung hiervon behandelt der zweite Abschnitt die sogenannten überbestimmten Gleichungssysteme und ihre Lösung nach der Methode des kleinsten Fehlerquadrats, die schon von Gauß zur Auswertung seiner geodätischen und astronomischen Messungen angewandt wurde. In diesem Zusammenhang formulieren wir mit Hilfe des Orthogonalisierungsverfahrens ein Verfahren zur Lösung von inhomogenen und darüber hinaus von überbestimmten Gleichungssystemen. Diese Begriffe und Methoden werden dann angewandt zur Bestimmung von Ausgleichsparabeln und zur harmonischen Analyse. Der letzte Abschnitt bringt schließlich eine einfache, rein algebraische Theorie orthogonaler Polynome mit ihren wichtigsten Eigenschaften und einigen Beispielen.

Literatur: Faddejew-Faddejewa, Householder [2], Schwarz-Rutishauser-Stiefel, Wilkinson-Reinsch.

7.1. Orthogonalisierungsverfahren

Als erstes wollen wir die dem bekannten Orthogonalisierungsverfahren zu Grunde liegende Idee darstellen und veranschaulichen. Sei E ein Vektorraum mit Skalarprodukt $(\cdot,\cdot)$ über dem Körper $\mathbf{K}=\mathbf{R}$ bzw. $\mathbf{K}=\mathbf{C}$. Für eine natürliche Zahl m sei $w_1,\dots,w_m$ ein Orthonormalsystem in E und $M=[w_1,\dots,w_m]$ der von diesen Vektoren aufgespannte lineare Teilraum von E. Damit kann man einem beliebigen Vektor $u\in E$ die beiden folgenden Vektoren zuordnen

$$(1)\qquad Pu=\sum_{k=1}^{m}(u,w_k)w_k,\qquad Qu=u-\sum_{k=1}^{m}(u,w_k)w_k\,.$$

Für jeden Vektor $u\in E$ ist offenbar der zugehörige Vektor $Pu\in M$ und der Vektor Qu orthogonal $w_1,\dots,w_m$ oder $Qu\in M^{\perp}$, so daß man die Zerlegung hat

$$(2)\qquad u=Pu+Qu,\qquad Pu\in M,\qquad Qu\in M^{\perp}\,.$$

Der Vektor Pu ist damit die orthogonale Projektion von u in M und der Vektor Qu das Lot von u auf M. Für jeden Vektor $h\in M$ ist der Vektor $Pu-h\in M$ und Qu orthogonal $Pu-h$, so daß nach Pythagoras die Beziehung besteht

$$(3)\qquad \|u-h\|^2=\|Pu-h\|^2+\|Qu\|^2\geq\|Qu\|^2,\qquad h\in M\,.$$

Hiermit wird der kürzeste Abstand $|u,M|$ von u nach M gleich der Länge des Lotvektors Qu, das heißt

$$(4)\qquad |u,M|=\min_{h\in M}\|u-h\|=\|u-Pu\|=\|Qu\|\,.$$

Der geometrische Sachverhalt dieser Aussagen soll mit Fig. 10 veranschaulicht werden.

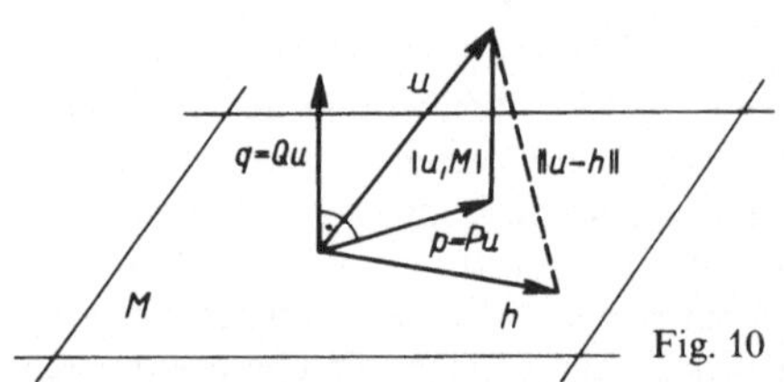

Fig. 10

Nach diesen Vorbereitungen formulieren wir das bekannte Orthogonalisierungsverfahren in der folgenden Gestalt.

(5) *Sei $u_1, \ldots, u_m$ ein System linear unabhängiger Vektoren in E, dann erhält man durch die Vorschrift*

$$(6)\qquad \begin{aligned} v_1 &= u_1, & w_1 &= \frac{1}{\|v_1\|} v_1, \\ v_j &= u_j - \sum_{k=1}^{j-1} (u_j, w_k) w_k, & w_j &= \frac{1}{\|v_j\|} v_j, \quad j=2,\ldots,m, \end{aligned}$$

ein Orthogonalsystem $v_1,\ldots,v_m$ und ein Orthonormalsystem $w_1,\ldots,w_m$ in E mit der Eigenschaft

$$(7)\qquad M_j = [u_1,\ldots,u_j] = [v_1,\ldots,v_j] = [w_1,\ldots,w_j], \quad j=1,\ldots,m.$$

Beweis. Der Beweis wird durch Induktion geführt. Da die Vektoren $u_1,\ldots,u_m$ linear unabhängig sind, ist $u_1 \neq 0$ und w_1 definiert sowie $M_1 = [u_1] = [v_1] = [w_1]$. Für eine natürliche Zahl j in $1 \leq j \leq m-1$ sei jetzt die Existenz eines orthonormierten Systems $w_1,\ldots,w_j$ mit den oben genannten Eigenschaften bereits gezeigt. Dann ist u_{j+1} nicht in $M_j = [w_1,\ldots,w_j]$, da andernfalls u_{j+1} von $u_1,\ldots,u_j$ linear abhängig wäre. Folglich ist der zugehörige Vektor v_{j+1} in (6) von Null verschieden, und es existiert der normierte Vektor $w_{j+1} = (1/\|v_{j+1}\|) v_{j+1}$. Der Vektor v_{j+1} ist das Lot von u_{j+1} auf M_j. Damit sind die Vektoren v_{j+1}, w_{j+1} orthogonal M_j, also insbesondere orthogonal $v_1,\ldots,v_j$ und $w_1,\ldots,w_j$. Mit $\|w_{j+1}\| = 1$ wird das System $w_1,\ldots,w_{j+1}$ ein Orthonormalsystem. Die Vektoren $w_1,\ldots,w_j$ sind aus M_j, so daß nach Definition von w_{j+1} und Induktionsvoraussetzung die Relation besteht $[w_1,\ldots,w_{j+1}] = [v_1,\ldots,v_{j+1}] \subseteq [u_1,\ldots,u_{j+1}]$. Umgekehrt ist $u_1 = \|v_1\| w_1$ und

$$u_l = \|v_l\| w_l + \sum_{k=1}^{l-1} (u_l, w_k) w_k \in [w_1,\ldots,w_l], \qquad l=2,\ldots,j+1,$$

so daß die Relation $[u_1,\ldots,u_{j+1}] \subseteq [w_1,\ldots,w_{j+1}] = [v_1,\ldots,v_{j+1}]$ besteht und die Gleichung (7) für $j+1$ anstelle von j gezeigt ist. ∎

Mit dem Orthogonalisierungsverfahren beweist man insbesondere die Aussage, daß jeder beliebige endlichdimensionale Teilraum $M \subseteq E$ eine orthonormale Basis besitzt. Hiermit kann man weiter leicht den folgenden Satz über die orthogonale Projektion p und das Lot q von Vektoren u auf den Teilraum M zeigen.

(8) *Für jeden endlichdimensionalen Teilraum $M \subseteq E$ und jeden Vektor $u \in E$ gibt es einen eindeutig bestimmten Vektor $p \in M$ mit der Eigenschaft*

$$(a)\qquad |u, M| = \min_{h \in M} \|u - h\| = \|u - p\|$$

beziehungsweise der äquivalenten Eigenschaft

(b) $\quad u-p\in M^{\perp}$.

Für jede beliebige orthonormale Basis $w_1,\ldots,w_m$ in M hat die orthogonale Projektion p und das Lot q von u auf M die Darstellung

$$(9) \qquad p=Pu=\sum_{k=1}^{m}(u,w_k)w_k, \qquad q=Qu=u-\sum_{k=1}^{m}(u,w_k)w_k.$$

Beweis. (i) Der endlichdimensionale Teilraum M besitzt eine Basis linear unabhängiger Vektoren. Für jede solche Basis erhält man durch Orthogonalisierung eine orthonormale Basis in M. Sei jetzt $w_1,\ldots,w_m$ in M eine beliebige orthonormale Basis. Jeder Vektor u in E gestattet dann die Zerlegung $u=Pu+Qu$ in (2) für Pu, Qu aus (1). Für $p=Pu\in M$, $q=Qu\in M^{\perp}$ ist dann mit Hilfe von (4) die Existenz des Vektors p mit den Eigenschaften (a), (b) und der Darstellung (9) gezeigt.
(ii) Sei $p\in M$ ein beliebiger Vektor mit der Eigenschaft (a): $|u,M|=\|u-p\|$. Dann folgt aus der Zerlegung $u=Pu+Qu$ und $|u,M|=\|Qu\|$ gemäß (4) nach Pythagoras die Beziehung

$$|u,M|^2=\|u-p\|^2=\|Pu-p\|^2+\|Qu\|^2=\|Pu-p\|^2+|u,M|^2,$$

so daß $Pu=p$ und $u-p=Qu\in M^{\perp}$ sein muß. Damit ist der Vektor p eindeutig durch (a) bestimmt und genügt der Bedingung (b).
(iii) Sei jetzt umgekehrt $p\in M$ ein Vektor mit der Eigenschaft (b): $u-p\in M^{\perp}$. Setzt man $q=u-p$, dann hat man die Zerlegungen

$$u=p+q=Pu+Qu, \qquad p, Pu\in M, \qquad q, Qu\in M^{\perp}.$$

Hieraus folgt die Relation

$$p-Pu=Qu-q\in M\cap M^{\perp}=\{0\},$$

so daß $p=Pu$, $q=Qu$ sein muß. Also ist der Vektor p eindeutig durch (b) bestimmt und genügt der Bedingung (a), $\|u-p\|=\|q\|=|u,M|$. ∎

Das Orthogonalisierungsverfahren besitzt eine Reihe wichtiger Anwendungen in der Praxis. Zum Beispiel kann man mit diesem Verfahren prüfen, ob ein System von Vektoren $u_1,\ldots,u_m$ linear unabhängig ist oder nicht. Für $u_1=0$ ist das System linear abhängig. Andernfalls ist $u_1\neq 0$, und mit $w_1=(1/\|u_1\|)u_1$ kann man nach der Vorschrift (6), also

$$v_j=u_j-\sum_{k=1}^{j-1}(u_j,w_k)w_k, \qquad w_j=\frac{1}{\|v_j\|}v_j,$$

nacheinander für $j=1,2,\ldots$ Vektoren v_j, w_j bestimmen, solange $j\leq m$ ist und $v_j\neq 0$ ausfällt. Wenn dies für alle $j=1,\ldots,m$ der Fall ist, dann sind $u_1,\ldots,u_m$ linear unabhängig. Andernfalls gibt es eine kleinste natürliche Zahl r in $1\leq r<m$, so daß die Vektoren $v_1,\ldots,v_r$ ungleich Null und paarweise orthogonal sind, aber

$$v_{r+1}=u_{r+1}-\sum_{k=1}^{r}(u_{r+1},w_k)w_k=0$$

wird. Damit ist u_{r+1} eine Linearkombination von $u_1, \ldots, u_r$ und das System $u_1, \ldots, u_m$ linear abhängig.

Beispiel 1. Sei E der n-dimensionale Zahlenraum $\mathbf{K}^n = \mathbf{R}^n$ bzw. $\mathbf{K}^n = \mathbf{C}^n$ und $(\cdot,\cdot)$ ein beliebiges Skalarprodukt für $\mathbf{K}^n$. Dann kann man zu jedem System linear unabhängiger Vektoren $u_1, \ldots, u_m$ in $\mathbf{K}^n$ mit $m < n$ einen nichttrivialen Vektor v konstruieren, der orthogonal zu den Vektoren $u_1, \ldots, u_m$ und damit zum Teilraum $M = [u_1, \ldots, u_m]$ ist. Dazu orthogonalisiert man zunächst $u_1, \ldots, u_m$ und erhält ein Orthonormalsystem $w_1, \ldots, w_m$ mit $M = [u_1, \ldots, u_m] = [w_1, \ldots, w_m]$. Dann berechnet man für die Einheitsvektoren

$$e_j = (\delta_{1j}, \ldots, \delta_{nj}) \in \mathbf{K}^n, \qquad j = 1, \ldots, n,$$

das Lot von e_j auf M,

$$e_j - \sum_{k=1}^{m} (e_j, w_k) w_k.$$

Für mindestens einen Vektor e_j ist dieser Lotvektor ungleich Null, da sonst $e_j \in M = [w_1, \ldots, w_m]$ wäre für $j = 1, \ldots, n$, also $n \leq \dim M = m$ sein müßte im Widerspruch zur Voraussetzung $m < n$.

Beispiel 2. Sei $[a,b]$ ein beschränktes abgeschlossenes Intervall der reellen Zahlengeraden, und sei E der Vektorraum $C[a,b]$ der stetigen reellwertigen Funktionen auf $[a,b]$ mit dem Skalarprodukt und der zugehörigen Norm (s. Abschnitt 1.5)

$$(u,v) = \int_a^b u(x) v(x) \, dx, \qquad \|u\| = \left(\int_a^b |u(x)|^2 \, dx \right)^{\frac{1}{2}}$$

für $u, v \in C[a,b]$. Dann sind die Funktionen

$$u_1(x) = 1, \quad u_2(x) = x, \quad u_3(x) = x^2, \ldots, \quad x \in [a,b],$$

linear unabhängig in $C[a,b]$ und lassen sich nach Satz (5) orthogonalisieren. Das zugehörige Orthogonalsystem $v_1, v_2, v_3, \ldots$ in E ergibt gerade die Legendre-Polynome $P_0, P_1, P_2, \ldots$ zum Intervall $[a,b]$, die in Abschnitt 4.3 für die Gaußschen Quadraturformeln eingeführt wurden.

Beispiel 3. Sei jetzt speziell E der Vektorraum mit Skalarprodukt aus Beispiel 2 für $a = -\pi$, $b = +\pi$. Dann bilden die trigonometrischen Funktionen

$$u_1(x) = \frac{1}{\sqrt{2\pi}}, \quad u_{2l}(x) = \frac{1}{\sqrt{\pi}} \sin lx, \quad u_{2l+1}(x) = \frac{1}{\sqrt{\pi}} \cos lx, \qquad -\pi \leq x \leq \pi,$$

für $l = 1, 2, \ldots$ ein bekanntes, klassisches Orthonormalsystem mit der Eigenschaft

$$(u_j, u_k) = \int_{-\pi}^{+\pi} u_j(x) u_k(x) \, dx = \delta_{jk}, \qquad j, k = 1, 2, \ldots.$$

7.2. Überbestimmte Gleichungssysteme

Inhomogene lineare Gleichungssysteme der Gestalt $Ax=b$ haben bekanntlich dann und nur dann eine Lösung, wenn die aus der linearen Algebra bekannte Lösbarkeitsbedingung erfüllt ist. In den Anwendungen kann es nun zum Beispiel vorkommen, daß die Koeffizienten und die rechte Seite eines Gleichungssystems durch Messungen und somit nur näherungsweise bestimmt sind. Im Rahmen der numerischen Methoden können die Koeffizienten des Gleichungssystems und die rechte Seite durch Rundungsfehler ungenau sein. Man wird dann nicht mehr erwarten können, daß die Lösbarkeitsbedingung erfüllt ist. Das Gleichungssystem ist somit überbestimmt. Um auch den Fall überbestimmter Gleichungssysteme mit zu erfassen, sucht man daher etwas allgemeiner die Unbekannten x so zu bestimmen, daß die Gleichungen so gut wie möglich erfüllt werden, also der Defekt $b-Ax$ möglichst klein wird. Dies soll anschließend nach der Methode des kleinsten Fehlerquadrats ausgeführt werden. Die numerische Lösung dieser Aufgabe kann mit Hilfe des Orthogonalisierungsverfahrens erfolgen, wobei die Spalten der Matrix A orthogonalisiert werden.

Anschließend betrachten wir über dem Körper $\mathbf{K}=\mathbf{R}$ bzw. $\mathbf{K}=\mathbf{C}$ ein lineares inhomogenes Gleichungssystem für eine Koeffizientenmatrix $A=(a_{jk})$ mit N Zeilen und n Spalten sowie für eine rechte Seite $b=(b_1,\dots,b_N)$ in der Gestalt

$$(1) \qquad Ax=b \iff \sum_{k=1}^{n} a_{jk}x_k=b_j, \quad j=1,\dots,N.$$

Im folgenden wollen wir annehmen, daß mindestens soviel Gleichungen wie Unbekannte gegeben sind, also $N\geq n$ ist. Für die anschließenden Überlegungen ist es zweckmäßig, noch die Spaltenvektoren der Matrix A einzuführen,

$$(2) \qquad a_k=(a_{jk})_{j=1,\dots,N}\in\mathbf{K}^N, \quad k=1,\dots,n.$$

Das Gleichungssystem (1) läßt sich dann auch in der äquivalenten Form schreiben

$$(3) \qquad Ax=b \iff \sum_{k=1}^{n} x_k a_k=b.$$

Dieses Gleichungssystem besitzt **höchstens eine** Lösung, wenn die Spaltenvektoren $a_1,\dots,a_n$ linear unabhängig sind, also $\operatorname{Rg}A=n$ ist, und damit der von diesen Vektoren aufgespannte Teilraum M die Dimension n hat,

$$(4) \qquad M=[a_1,\dots,a_n], \quad \dim M=n \iff \operatorname{Rg}A=n.$$

Weiter besitzt das Gleichungssystem $Ax=b$ bekanntlich genau dann **mindestens eine** Lösung, wenn die rechte Seite b in dem von den Spaltenvektoren aufgespannten Teilraum M liegt. Falls der Vektor b nicht in $M=[a_1,\dots,a_n]$ liegt, so gibt es keine Lösung der Gleichung $Ax=b$, und das Gleichungssystem heißt **überbestimmt**.

Für die Anwendungen ist es nun zweckmäßig, auch überbestimmten Gleichungssystemen eine Lösung zuzuordnen. Wir beschränken uns hier auf die **Methode des kleinsten Fehlerquadrats**. In diesem Falle kann man nämlich leicht die Existenz und Eindeutigkeit einer Lösung zeigen und diese ohne Schwierigkeit aus einem lösbaren inhomogenen Gleichungssystem berechnen. Hierzu betrachtet man ein Skalarprodukt $(\cdot,\cdot)$ mit der zugehörigen Norm $\|\cdot\|$ auf $\mathbf{K}^N$ und für beliebige Vektoren $x\in\mathbf{K}^n$ die zugehörigen Defekte

(5) $$r(x)=b-Ax, \quad x\in\mathbf{K}^n.$$

Man sucht dann eine solche Stelle $x=z\in\mathbf{K}^n$, für die dieser Defekt möglichst klein wird,

(a) $$\|r(z)\|=\min_{x\in\mathbf{K}^n}\|r(x)\|=\min_{(x_1,\dots,x_n)\in\mathbf{K}^n}\left\|b-\sum_{k=1}^n x_k a_k\right\|=\min_{y\in M}\|b-y\|.$$

Aus Satz 7.1. (8) wissen wir, daß der Vektor b eine orthogonale Zerlegung $b=p+q$ mit $p\in M$, $q\in M^\perp$ gestattet. Damit gilt die Beziehung

(6) $$\|r(x)\|^2=\|p-Ax\|^2+\|q\|^2, \quad x\in\mathbf{K}^n.$$

Die orthogonale Projektion p liegt in dem von den Spaltenvektoren von A aufgespannten Teilraum M. Das Fehlerquadrat $\|r(x)\|^2$ nimmt daher an der Stelle $x=z\in\mathbf{K}^n$ mit $p=Az=\sum z_k a_k$ sein Minimum an und liefert so die gesuchte Lösung des überbestimmten Gleichungssystems. Mit der eben bewiesenen Existenz hat man weiter die Eindeutigkeit und die folgende Charakterisierung dieser Lösung z.

(7) *Die Spaltenvektoren der Matrix A seien linear unabhängig. Dann gibt es eine eindeutig bestimmte Lösung $z\in\mathbf{K}^n$ des überbestimmten Gleichungssystems $Ax=b$ im Sinne der Bedingung* (a). *Dieser Vektor z läßt sich in äquivalenter Weise als eindeutig bestimmte Lösung des folgenden inhomogenen Gleichungssystems charakterisieren,*

(b) $$\sum_{k=1}^n z_k(a_k,a_j)=(b,a_j), \quad j=1,\dots,n.$$

Beweis. Wir haben bereits festgestellt, daß die Lösung z von (a) der Gleichung genügt

$$Az=p \iff \sum_{k=1}^n z_k a_k=p.$$

Dieses System ist lösbar auf Grund von $p\in M=[a_1,\dots,a_n]$, und für linear unabhängige Spaltenvektoren $a_1,\dots,a_n$ ist die Lösung $z=(z_1,\dots,z_n)$ eindeutig bestimmt. Die orthogonale Projektion p von b in M läßt sich nach Abschnitt 7.1 in äquivalenter Weise charakterisieren durch die Orthogonalitätsrelationen

(b) $$b-p\in M^\perp \iff 0=(b-p,a_j)=(b,a_j)-\sum_{k=1}^n z_k(a_k,a_j), \quad j=1,\dots,n. \quad \blacksquare$$

Hierzu sollen jetzt noch einige wichtige Bemerkungen gemacht werden. Für den Fall eines Gleichungssystems $Ax=b$ mit quadratischer Koeffizientenmatrix A ist $n=N$, die Matrix A nichtsingulär und der von den linear unabhängigen Spaltenvektoren aufgespannte Teilraum $M=[a_1,\dots,a_n]=\mathbf{K}^N=\mathbf{K}^n$. Damit hat man für die Stelle z in (a) bzw. die Lösung des überbestimmten Gleichungssystems in diesem Spezialfall

(8) $$\|r(z)\|=\|b-Az\|=\min_{y\in[a_1,\dots,a_n]}\|b-y\|=0 \iff Az=b,$$

so daß $z=A^{-1}b$ die eindeutig bestimmte Lösung dieses Gleichungssystems wird.

Die quadratische Matrix C mit den Elementen $c_{jk}=(a_k,a_j)$, $j,k=1,\ldots,n$, des obigen Gleichungssystems (b) bezeichnet man als **Gramsche Matrix** der Vektoren $a_1,\ldots,a_n$. Diese Matrix ist offenbar symmetrisch bzw. hermitesch und genügt der Bedingung

$$\text{(9)}\qquad \sum_{j,k=1}^{n} c_{jk}x_k\overline{x_j}=\left\|\sum_{j=1}^{n} x_j a_j\right\|^2, \qquad x=(x_1,\ldots,x_n)\in\mathbf{K}^n.$$

Die Gramsche Matrix ist also genau dann positiv definit und somit nichtsingulär, wenn die Spaltenvektoren $a_1,\ldots,a_n$ linear unabhängig in $\mathbf{K}^N$ sind.

Für die Matrix $A=(a_{jk})$ bezeichnen wir mit $A^*=(a^*_{jk})$ die transponierte und gegebenenfalls konjugiert komplexe Matrix mit den Elementen

$$\text{(10)}\qquad \mathbf{K}=\mathbf{R}\colon\ a^*_{jk}=a_{kj}, \qquad \mathbf{K}=\mathbf{C}\colon\ a^*_{jk}=\overline{a_{kj}}$$

für $j=1,\ldots,n$, $k=1,\ldots,N$. Für das euklidische bzw. unitäre Skalarprodukt $(\cdot,\cdot)_2$ auf $\mathbf{K}^N$ hat dann das Gleichungssystem (b) die Gestalt

$$\text{(11)}\qquad A^*Az=A^*b \iff \sum_{k=1}^{n}\left(\sum_{l=1}^{N} a^*_{jl}a_{lk}\right)z_k=\sum_{l=1}^{N} a^*_{jl}b_l, \qquad j=1,\ldots,n.$$

Das Gleichungssystem $Ax=b$ wird somit durch Anwendung von A^* auf beiden Seiten, die sogenannte **erste Gaußsche Transformation**, in das Gleichungssystem $A^*Ax=A^*b$ übergeführt und damit eindeutig lösbar. Die Gramsche Matrix C und die Lösung z des überbestimmten Gleichungssystems haben also auch die Darstellung

$$\text{(12)}\qquad C=A^*A, \qquad z=(A^*A)^{-1}A^*b.$$

Die **numerische Bestimmung** des Lösungsvektors z von (a) bzw. (b) kann mit Hilfe der üblichen Verfahren zur Lösung linearer Gleichungssysteme erfolgen. In diesem Falle bietet sich jedoch auch das folgende Orthogonalisierungsverfahren an. Dieses ist eng verwandt mit dem Gaußschen Eliminationsverfahren. Die Orthogonalisierung der Spaltenvektoren der Matrix A entspricht dabei der Reduktion auf das gestaffelte Gleichungssystem und die anschließende rekursive Bestimmung der Unbekannten $z_n,\ldots,z_1$ der Lösung des gestaffelten Gleichungssystems.

(13) *Durch Orthogonalisierung der linear unabhängigen Spaltenvektoren* $a_1,\ldots,a_n$ *nach der Vorschrift* $v_1=a_1$, $w_1=(1/\|v_1\|)v_1$ *und*

$$\text{(14)}\qquad v_j=a_j-\sum_{k=1}^{j-1}(a_j,w_k)w_k, \qquad w_j=\frac{1}{\|v_j\|}v_j, \qquad j=2,\ldots,n,$$

erhält man die eindeutig bestimmte Lösung $z=(z_1,\ldots,z_n)$ *von* (a) *bzw.* (b) *aus der rekursiven Beziehung*

$$\text{(15)}\qquad z_n=\frac{1}{\|v_n\|}(b,w_n), \qquad z_j=\frac{1}{\|v_j\|}\left\{(b,w_j)-\sum_{k=j+1}^{n} z_k(a_k,w_j)\right\}, \qquad j=n-1,\ldots,1.$$

Beweis. Die Spaltenvektoren $a_1,\ldots,a_n$ besitzen bezüglich des Orthonormalsystems $w_1,\ldots,w_n$ aus (14) die Darstellung $a_1=\|v_1\|w_1$ und

$$a_k = \|v_k\| w_k + \sum_{j=1}^{k-1} (a_k, w_j) w_j, \qquad k = 2, \ldots, n.$$

Folglich hat man die Gleichungen

(16) $$(a_k, w_l) = 0, \; k < l, \qquad (a_k, w_k) = \|v_k\|, \qquad k, l = 1, \ldots, n.$$

Die gesuchte Lösung z wird charakterisiert durch die Bedingung

$$r(z) = b - Az \in M^\perp \iff 0 = (b, w_j) - \sum_{k=1}^{n} z_k (a_k, w_j), \qquad j = 1, \ldots, n,$$

und dieses Gleichungssystem hat auf Grund von (16) die Gestalt

$$0 = (b, w_n) - z_n \|v_n\|,$$

$$0 = (b, w_j) - z_j \|v_j\| - \sum_{k=j+1}^{n} z_k (a_k, w_j), \quad j = n-1, \ldots, 1.$$

7.3. Ausgleichsparabeln und diskrete harmonische Analyse

Die Methoden zur Lösung überbestimmter Gleichungssysteme gestatten eine wichtige Anwendung auf die Bestimmung von Ausgleichsparabeln und die diskrete harmonische Analyse. Anschließend beschreiben wir zunächst die Aufgabenstellung und ihre Lösung mit Hilfe der Methode des kleinsten Fehlerquadrats. Die folgenden Überlegungen werden auch als Teil der sogenannten Ausgleichsrechnung behandelt. Hierauf wollen wir jedoch nicht näher eingehen, sondern verweisen auf die Literatur.

7.3.1. Formulierung und Lösung der allgemeinen Aufgabe. Gegeben seien eine Teilmenge G aus $\mathbf{K} = \mathbf{R}$ bzw. $\mathbf{K} = \mathbf{C}$, N Paare reeller bzw. komplexer Zahlen

(1) $$(x_1, y_1), \ldots, (x_N, y_N) \in G \times \mathbf{K},$$

und $n \le N$ Funktionen $u_1, \ldots, u_n$ auf G. Gesucht ist dann eine Funktion der Gestalt

(2) $$u(x) = \sum_{k=1}^{n} \lambda_k u_k(x), \qquad x \in G,$$

welche an den Stellen $x_1, \ldots, x_N \in G$ möglichst gut die Funktionswerte $y_1, \ldots, y_N$ approximiert. Als Funktionen $u_1, \ldots, u_n$ werden wir später zum Beispiel die Potenzen $1, x, \ldots, x^{n-1}$ oder die trigonometrischen Funktionen $1, \sin x, \cos x, \ldots, \sin mx, \cos mx$ betrachten.

Nach der Methode des kleinsten Fehlerquadrats bestimmt man zur Lösung dieser Aufgabe die Parameter $\lambda_1, \ldots, \lambda_n$, so daß die folgende Summe, das zugehörige Fehlerquadrat

(3) $$\sum_{j=1}^{N} \left| y_j - \sum_{k=1}^{n} \lambda_k u_k(x_j) \right|^2,$$

als Funktion von $\lambda_1, \ldots, \lambda_n$ möglichst klein wird. Mit Hilfe der euklidischen bzw. unitären Norm $\|\cdot\|$ auf dem N-dimensionalen Zahlenraum $\mathbf{K}^N$, mit dem zugehörigen

Skalarprodukt $(\cdot,\cdot)$ und den Vektoren

$$(4)\qquad y=(y_1,\dots,y_N),\quad a_k=(u_k(x_1),\dots,u_k(x_N)),\quad k=1,\dots,n\,,$$

besteht also die Aufgabe im Sinne von Abschnitt 7.1, 7.2 darin, ein n-tupel von Zahlen $(\gamma_1,\dots,\gamma_n)\in\mathbf{K}^n$ zu finden mit der Eigenschaft

$$(5)\qquad \left\|y-\sum_{k=1}^{n}\gamma_k a_k\right\|^2=\min_{(\lambda_1,\dots,\lambda_n)\in\mathbf{K}^n}\left\|y-\sum_{k=1}^{n}\lambda_k a_k\right\|^2=\min_{u\in M}\|y-u\|^2\,,$$

wobei $M=[a_1,\dots,a_n]\subseteq\mathbf{K}^N$ den von $a_1,\dots,a_n$ aufgespannten Teilraum bezeichnet.

Diese Fragestellung enthält übrigens als Spezialfall für $n=N$ die Aufgabe der Interpolation der Punkte in (1) durch eine Funktion der Gestalt (2). Für $n=N$ und ein System linear unabhängiger Vektoren $a_1,\dots,a_n$ bzw. Funktionen $u_1,\dots,u_n$ auf der Punktmenge $\{x_1,\dots,x_n\}\subseteq G$ ist nämlich $M=\mathbf{K}^n=\mathbf{K}^N$ und daher das Minimum in (5) gleich Null, so daß für diese Parameterwerte $\gamma_1,\dots,\gamma_n$ die Beziehung gilt

$$(6)\qquad p(x)=\sum_{k=1}^{n}\gamma_k u_k(x),\quad x\in G\implies y_j=p(x_j)=\sum_{k=1}^{n}\gamma_k u_k(x_j),\quad j=1,\dots,n\,.$$

Die allgemeine Aufgabe (5) besitzt für jeden Vektor $y=(y_1,\dots,y_N)$ eine eindeutig bestimmte Lösung, wenn die zugehörigen Vektoren $a_1,\dots,a_n$ in $\mathbf{K}^N$ linear unabhängig sind. Diese Bedingung ist gleichbedeutend damit, daß die Funktionen $u_1,\dots,u_n$ auf der Teilmenge der Punkte $\{x_1,\dots,x_N\}\subseteq G$ linear unabhängig sind, also der Relation genügen

$$(7)\qquad \sum_{k=1}^{n}\lambda_k u_k(x_j)=0,\quad j=1,\dots,N\implies\lambda_1=\dots=\lambda_n=0\,.$$

Äquivalent hierzu ist nach Abschnitt 7.2, daß die zugehörige Gramsche Matrix nichtsingulär ist,

$$(8)\qquad \det C\neq 0,\quad C=(c_{jk}),\quad c_{jk}=(a_k,a_j)=\sum_{l=1}^{N}u_k(x_l)\overline{u_j(x_l)}$$

für $j,k=1,\dots,n$. Die Lösung von (5), also die Koeffizienten $\gamma_1,\dots,\gamma_n$ erhält man dann aus dem zugehörigen inhomogenen Gleichungssystem

$$(9)\qquad \sum_{k=1}^{n}\gamma_k(a_k,a_j)=(y,a_j),\quad j=1,\dots,n\,.$$

Dieses kann nach Satz 7.2. (13) auch durch Orthogonalisierung der Vektoren $a_1,\dots,a_n$ mit Hilfe des zugehörigen Orthogonalsystems $v_1,\dots,v_n$ und Orthonormalsystems $w_1,\dots,w_n$ gelöst werden. Die Koeffizienten werden dann rekursiv bestimmt nach der Vorschrift

$$(10)\qquad \gamma_n=\frac{1}{\|v_n\|}(y,w_n),\quad \gamma_j=\frac{1}{\|v_j\|}\left\{(y,w_j)-\sum_{k=j+1}^{n}\gamma_k(a_k,w_j)\right\},\quad j=n-1,\dots,1\,.$$

7.3.2. Ausgleichsparabeln. Die sogenannten Ausgleichsparabeln erhält man durch Wahl der Funktionen

$$(11)\qquad u_1(x)=1,\quad u_2(x)=x,\dots,u_n(x)=x^{n-1},\quad x\in G=\mathbf{K}\,.$$

Für jedes System von n paarweise verschiedenen Stellen $x_1,\ldots,x_n \in \mathbf{K}$ ist die zugehörige Vandermondesche Determinante ungleich Null,

$$\det(u_k(x_j)) = \det(x_j^{k-1}) \neq 0 . \tag{12}$$

Für jedes System von N Punkten $x_1,\ldots,x_N \in \mathbf{K}$, von denen wenigstens $n \leq N$ paarweise verschieden sind, gilt dann die Relation

$$\sum_{k=1}^{n} \lambda_k u_k(x_j) = 0, \quad j=1,\ldots,N \implies \lambda_1 = \cdots = \lambda_n = 0 , \tag{13}$$

weil die Matrix $(u_k(x_j))$ dieses homogenen Gleichungssystems in diesem Falle den Rang n hat. Damit existiert für jedes System $y_1,\ldots,y_N \in \mathbf{K}$ eine eindeutig bestimmte Lösung $\gamma_1,\ldots,\gamma_n$ der Aufgabe (5), also eine eindeutig bestimmte Ausgleichsparabel

$$p(x) = \sum_{k=1}^{n} \gamma_k x^{k-1}, \quad x \in \mathbf{K} , \tag{14}$$

mit der Eigenschaft

$$\sum_{j=1}^{N} |y_j - p(x_j)|^2 = \min_{(\lambda_1,\ldots,\lambda_n) \in \mathbf{K}^n} \sum_{j=1}^{N} \left| y_j - \sum_{k=1}^{n} \lambda_k x_j^{k-1} \right|^2 . \tag{15}$$

Wir bemerken noch, daß das Orthogonalisierungsverfahren, angewandt auf die Vektoren $a_j = (x_1^{j-1},\ldots,x_N^{j-1}) \in \mathbf{K}^N$ für $j=1,\ldots,n$ hier durch die Vorschrift 7.2. (14) ein System von Polynomen $v_1,\ldots,v_n$ bzw. $w_1,\ldots,w_n$ ergibt in der Form

$$v_j(x) = x^{j-1} - \sum_{k=1}^{j-1} (a_j, w_k) w_k(x), \quad w_j(x) = \frac{1}{\|v_j\|} v_j(x) \tag{16}$$

für $x \in \{x_1,\ldots,x_N\}$ und für $j=1,\ldots,n$, welches bezüglich des folgenden Skalarprodukts orthogonal bzw. orthonormiert ist,

$$(u,v) = \sum_{j=1}^{N} u(x_j) \overline{v(x_j)} \tag{17}$$

für $u = (u(x_1),\ldots,u(x_N))$, $v = (v(x_1),\ldots,v(x_N)) \in \mathbf{K}^N$.

7.3.3. Diskrete harmonische Analyse. Für die diskrete harmonische Analyse wählt man für G das halboffene Intervall $(-\pi,\pi]$ und für $u_1,\ldots,u_n$ die trigonometrischen Funktionen

$$u_1(x) = 1, \quad u_{2l}(x) = \sin lx, \quad u_{2l+1}(x) = \cos lx, \quad x \in \mathbf{R} , \tag{18}$$

für $l = 1,2,\ldots,m$ und $n = 2m+1$. Die trigonometrischen Funktionen besitzen bekanntlich die Darstellung

$$\cos lx = \frac{1}{2}(e^{ilx} + e^{-ilx}), \quad \sin lx = \frac{1}{2i}(e^{ilx} - e^{-ilx}) . \tag{19}$$

Weiter sind für jedes System von $n = 2m+1$ paarweise verschiedenen Stellen $x_1,\ldots,x_n$ aus dem Intervall $(-\pi,\pi]$ auch die Zahlen

$$z_j = e^{ix_j}, \quad j = 1,\ldots,n = 2m+1 , \tag{20}$$

paarweise verschieden. Durch elementare Umformungen erhält man dann für die Determinante $\det(u_k(x_j))$ mit der Vandermondeschen Determinante $\det(z_j^{k-1})$ die Beziehung

(21) $$\det(u_k(x_j)) \neq 0 \iff \det(z_j^{k-1}) \neq 0 .$$

Für jedes System von N Punkten $x_1,\ldots,x_N \in (-\pi,\pi]$, von denen wenigstens $n=2m+1 \leq N$ paarweise verschieden sind, gilt daher die Relation

(22) $$\sum_{k=1}^{2m+1} \lambda_k u_k(x_j)=0, \quad j=1,\ldots,N \implies \lambda_1=\cdots=\lambda_{2m+1}=0.$$

Somit existiert für jedes System $y_1,\ldots,y_N \in \mathbf{K}$ eine eindeutig bestimmte Lösung $\gamma_1,\ldots,\gamma_n$ der Aufgabe (5), also ein eindeutig bestimmtes trigonometrisches Ausgleichspolynom

(23) $$p(x)=\frac{1}{2}\gamma_1+\sum_{l=1}^{m}(\gamma_{2l}\sin lx+\gamma_{2l+1}\cos lx), \quad x\in\mathbf{R}.$$

Die trigonometrischen Funktionen (18) ebenso wie die Exponentialfunktionen

(24) $$v_k(x)=e^{ikx}, \quad x\in\mathbf{R}, \quad k=0,\pm 1,\ldots,\pm m,$$

für $n=2m+1 \leq N$ haben die bemerkenswerte Eigenschaft, daß sie bei äquidistanten Punkten $x_j=-\pi+2\pi j/N, j=1,\ldots,N$, ein Orthogonalsystem zum diskreten Skalarprodukt (17) bilden, wie wir anschließend zeigen. Auf Grund der Orthogonalitätseigenschaft $(y-p,u_k)=0, k=1,\ldots,2m+1$, lassen sich die Koeffizienten $\gamma_1,\ldots,\gamma_{2m+1}$ in (23) daher sehr einfach mit den folgenden diskreten Eulerschen Formeln berechnen,

(25) $$\gamma_k=\frac{2}{N}(p,u_k)=\frac{2}{N}(y,u_k)=\frac{2}{N}\sum_{j=1}^{N} y_j u_k(x_j), \quad k=1,\ldots,2m+1 .$$

(26) *Die Funktionen* $v_k(x)=e^{ikx}$ *genügen für äquidistante Punkte* $x_l=-\pi+2\pi l/N$, $l=1,\ldots,N$, *der diskreten Orthogonalitätsrelation*

$$(v_j,v_k)=\sum_{l=1}^{N} e^{i(j-k)x_l}=N\delta_{jk}, \quad j,k=0,\pm 1,\ldots,\pm m,$$

und die trigonometrischen Funktionen u_k *in* (18) *genügen der Orthogonalitätsrelation*

$$(u_j,u_k)=0, \quad j\neq k, \quad (u_j,u_j)=\frac{1}{2}(u_1,u_1)=\frac{N}{2}, \quad j\neq 1, \quad j,k=1,\ldots,2m+1.$$

Beweis. Für $j=k$ wird offenbar $(v_j,v_j)=N$. Mit der Abkürzung $z=\exp(2\pi i(j-k)/N)$ erhält man für $j\neq k$, $j,k=0,\pm 1,\ldots,\pm m$ und $2m+1\leq N$ die Beziehung $z\neq 1$, $z^N=1$ und die Darstellung

$$(v_j,v_k)=(-1)^{j-k}\sum_{l=1}^{N} z^l=(-1)^{j-k}z\frac{1-z^N}{1-z}=0 .$$

Hiermit folgt aus der Darstellung (19) dann unmittelbar die Orthogonalitätsrelation der trigonometrischen Funktionen.

7.4. Orthogonale Polynome

In einer Reihe von Anwendungen spielen orthogonale Polynome eine wichtige Rolle. Im folgenden geben wir eine kurze, rein algebraische Theorie dieser Polynome mit ihren wichtigsten Eigenschaften. Orthogonale Polynome erhält man durch Anwendung des Orthogonalisierungsverfahrens auf die Funktionen $1, x, x^2, \ldots$ für $x \in \mathbf{K} = \mathbf{R}$ bzw. $x \in \mathbf{K} = \mathbf{C}$ mit einem geeigneten Skalarprodukt. Die Voraussetzungen an das Skalarprodukt sind anschließend so getroffen, daß nicht nur die klassischen orthogonalen Polynome von Legendre, Tschebyscheff, Jacobi, Hermite usw. sowie die zugehörigen verallgemeinerten Quadraturformeln von Gauß damit erhalten werden können. Ebenso werden in diesem Rahmen orthogonale Polynome zu einem diskreten Skalarprodukt wie bei den Ausgleichsparabeln in Abschnitt 7.3.2 gewonnen. Eine weitere interessante Klasse orthogonaler Polynome bilden schließlich die Lanczos-Polynome einer quadratischen Matrix. Diese Polynome spielen eine wichtige Rolle bei der Bestimmung von Teilern des charakteristischen Polynoms der Matrix und nach Bestimmung von Eigenwerten bei der Berechnung zugehöriger Eigenvektoren. Darauf werden wir in Abschnitt 10.3 näher eingehen.

7.4.1. Definition orthogonaler Polynome. Bei der Interpolation von Funktionen haben wir bereits Polynome in einer reellen bzw. komplexen Veränderlichen verwendet. Auch im folgenden verstehen wir unter einem Polynom oder genauer einer Polynomfunktion jede Funktion p auf $\mathbf{K} = \mathbf{R}$ bzw. $\mathbf{K} = \mathbf{C}$, die sich mit einer ganzen Zahl $m \geq 0$ und Koeffizienten $\alpha_0, \ldots, \alpha_m \in \mathbf{K}$ in der Form schreiben läßt

(1) $$p(x) = \alpha_0 + \alpha_1 x + \cdots + \alpha_m x^m, \qquad x \in \mathbf{K}.$$

Mit je zwei Polynomen p, q sind auch die Summe $p+q$, das Produkt $p \cdot q$ sowie die Vielfachen λp für $\lambda \in \mathbf{K}$ wieder Polynome mit

(2) $$(p+q)(x) = p(x) + q(x), \qquad (p\,q)(x) = p(x)\,q(x), \qquad (\lambda\,p)(x) = \lambda\,p(x), \qquad x \in \mathbf{K}.$$

Also bildet die Menge $\mathscr{P}$ aller dieser Polynomfunktionen nicht nur einen Vektorraum, sondern sogar eine Algebra über dem Körper $\mathbf{K} = \mathbf{R}$ bzw. $\mathbf{K} = \mathbf{C}$. Der Einfachheit halber bezeichnen wir im folgenden mit 1 bzw. x^j die Polynomfunktionen $p(x) = 1$ bzw. $p(x) = x^j, x \in \mathbf{K}$, für $j = 0, 1, 2, \ldots$. Für jede ganze Zahl $n \geq 0$ sind die linearen Teilräume $\mathscr{P}_n$ aller Polynome höchstens n-ten Grades erklärt. Diese Teilräume werden dann von den Funktionen $1, x, \ldots, x^n$ aufgespannt,

(3) $$\mathscr{P}_n = [1, x, \ldots, x^n] \subseteq \mathscr{P}, \qquad n = 0, 1, 2, \ldots.$$

Mit Hilfe von Satz 3.1.(6) folgt unmittelbar, daß die Polynomfunktionen $1, x, \ldots, x^n$ ein linear unabhängiges System von Funktionen auf $\mathbf{K}$ und damit eine Basis im $(n+1)$-dimensionalen Vektorraum $\mathscr{P}_n$ bilden.

Zur Definition orthogonaler Polynome wird jetzt ein Skalarprodukt für diese Funktionen eingeführt. Im Hinblick auf die Anwendungen ist es zweckmäßig, dabei von der folgenden Voraussetzung auszugehen.

(P1) *Für den Vektorraum $\mathscr{P}$ aller Polynome ist ein semidefinites Skalarprodukt* $(\cdot,\cdot)$ *definiert.*
(P2) *Mit einer natürlichen Zahl m ist* $(\cdot,\cdot)$ *ein Skalarprodukt für den Teilraum aller Polynome* $(m-1)$*-ten Grades*

$$\mathscr{P}_{m-1}=[1,x,\ldots,x^{m-1}].$$

Unter diesen Voraussetzungen kann man das Orthogonalisierungsverfahren aus Abschnitt 7.1 auf die Polynome $u_1=1$, $u_2=x$, $u_3=x^2,\ldots$ anwenden und erhält unmittelbar das folgenden System orthogonaler Polynome

$$p_0=1,$$
$$(4)\qquad p_j=x^j-\sum_{k=0}^{j-1}\frac{(x^j,p_k)}{\|p_k\|^2}p_k,\qquad j=1,\ldots,m.$$

Nach Satz 7.1. (5) für den Vektorraum $E=\mathscr{P}_{m-1}$ mit Skalarprodukt $(\cdot,\cdot)$ bilden dann die Polynome $p_0,\ldots,p_{m-1}$ eine orthogonale Basis im Teilraum aller Polynome bis zum $(m-1)$-ten Grade, und es ist

$$(5)\qquad \mathscr{P}_n=[1,x,\ldots,x^n]=[p_0,\ldots,p_n],\qquad n=0,\ldots,m-1.$$

Oben haben wir darüber hinaus noch das Polynom p_m definiert, das nicht im Teilraum $\mathscr{P}_{m-1}$ liegt. Offenbar haben nämlich alle Polynome p_j in (4) genau den Grad j und den führenden Koeffizienten 1, also die Gestalt $p_j(x)=x^j+\cdots$, da die Summe in (4) nur Terme für $k=0,\ldots,j-1$ enthält, also ein Polynom höchstens $(j-1)$-ten Grades ist. Also hat p_m den echten Grad m und liegt daher nicht in $\mathscr{P}_{m-1}$. Nach Konstruktion (4) ist p_m orthogonal $p_0,\ldots,p_{m-1}$,

$$(6)\qquad (p_m,p_j)=0,\quad j=0,\ldots,m-1 \iff p_m\perp\mathscr{P}_{m-1}=[1,x,\ldots,x^{m-1}].$$

Für ein semidefinites Skalarprodukt $(\cdot,\cdot)$ auf $\mathscr{P}$ ist jedoch nicht mehr notwendig $\|p_m\|^2=(p_m,p_m)\neq 0$, so daß das Orthogonalisierungsverfahren im allgemeinen nicht weitergeführt werden kann. Das orthogonale Polynom p_n läßt sich anschaulich als das Lot von x^n auf den Teilraum $\mathscr{P}_{n-1}$ bezeichnen. Dementsprechend hat man schließlich noch die Beziehung

$$(7)\qquad |x^n,\mathscr{P}_{n-1}|=\min_{\alpha_0,\ldots,\alpha_{n-1}\in\mathbf{K}}\left\|x^n-\sum_{k=0}^{n-1}\alpha_k x^k\right\|=\|p_n\|,\qquad n=1,\ldots,m.$$

In den meisten Anwendungen spielen die Nullstellen oder Wurzeln orthogonaler Polynome eine wichtige Rolle. Eine grundlegende Eigenschaft dieser Nullstellen wird mit der folgenden Rayleigh-Quotienten-Darstellung formuliert.

(8) *Sei* $\mathbf{K}=\mathbf{C}$ *der Körper der komplexen Zahlen und n eine natürliche Zahl in* $1\le n\le m$. *Dann haben die Nullstellen* $\lambda_1,\ldots,\lambda_n\in\mathbf{C}$ *des n-ten orthogonalen Polynoms* p_n *die Darstellung*

$$(9)\qquad \lambda_k=\frac{(xq_k,q_k)}{\|q_k\|^2},\quad q_k(x)=\prod_{\substack{l=1\\ l\neq k}}^{n}(x-\lambda_l),\quad x\in\mathbf{C},\quad k=1,\ldots,n.$$

Beweis. Mit Hilfe der Wurzeln $\lambda_1, \dots, \lambda_n$ hat das Polynom p_n die Produktdarstellung

$$p_n(x) = \prod_{l=1}^{n} (x - \lambda_l) = (x - \lambda_k) q_k(x), \qquad x \in \mathbf{C}, \qquad k = 1, \dots, n.$$

Aus der Orthogonalität von p_n auf $1, x, \dots, x^{n-1}$ folgt dann die Behauptung mit der Gleichung

$$0 = (p_n, q_k) = ((x - \lambda_k) q_k, q_k) = (x q_k, q_k) - \lambda_k \|q_k\|^2. \qquad \blacksquare$$

Im Anschluß an diesen Satz kann man noch den Wertebereich $\Theta \subseteq \mathbf{C}$ der Variablen x einführen durch die Vorschrift

(10) $$\Theta = \left\{ z \in \mathbf{C} \,|\, z = \frac{(xp, p)}{\|p\|^2}, \ \|p\| > 0, \ p \in \mathscr{P} \right\}.$$

Dann liegen also die Nullstellen oder Wurzeln aller orthogonalen Polynome $p_1, \dots, p_m$ in dieser Teilmenge $\Theta \subseteq \mathbf{C}$. Nach einem bekannten Satz von Hausdorff ist der Wertebereich Θ immer eine konvexe Teilmenge der komplexen Zahlenebene $\mathbf{C}$.

7.4.2. Symmetrische orthogonale Polynome. Wir beschränken uns von jetzt ab auf die etwas speziellere Klasse symmetrischer orthogonaler Polynome. Dazu verlangen wir zu den Voraussetzungen (P1), (P2) aus dem obigen Abschnitt für das semidefinite Skalarprodukt noch die Eigenschaft

(P3) $$(xp, q) = (p, xq), \qquad p, q \in \mathscr{P}.$$

Diese Bedingung fordert also die Symmetrie des semidefiniten Skalarprodukts $(\cdot, \cdot)$ bezüglich der Multiplikation des rechten oder linken Arguments mit x. Orthogonale Polynome nennen wir dann symmetrisch, wenn sie nach Vorschrift (4) durch ein Skalarprodukt mit den Eigenschaften (P1), (P2), (P3) definiert sind.

Für die Berechnung symmetrischer orthogonaler Polynome ist nun von Bedeutung, daß diese Polynome nicht nur aus Formel (4), sondern sehr viel einfacher aus Rekursionsformeln gewonnen werden können.

(11) *Symmetrische orthogonale Polynome* $p_0, \dots, p_m$ *genügen mit den Gleichungen*

$$p_0 = 1, \qquad p_1 = x - \beta_0$$

den Rekursionsformeln

$$p_{j+1} = (x - \beta_j) p_j - \gamma_j p_{j-1}, \qquad j = 1, \dots, m-1,$$

mit den reellen Koeffizienten

$$\beta_j = \frac{(x p_j, p_j)}{\|p_j\|^2}, \quad j = 0, \dots, m-1, \qquad \gamma_j = \frac{\|p_j\|^2}{\|p_{j-1}\|^2}, \quad j = 1, \dots, m-1.$$

Beweis. Nach (4) ist offenbar $p_0 = 1$ und $p_1 = x - \beta_0$. Für $m \geq 2$ betrachten wir zu jeder natürlichen Zahl $j = 1, \dots, m-1$ mit den orthogonalen Polynomen p_j, p_{j-1} aus (4) das Polynom

$$q_{j+1} = (x - \beta_j) p_j - \gamma_j p_{j-1}.$$

Dann wird mit $p_{j-1} \perp p_j$ und der Definition von β_j

$$(q_{j+1}, p_j) = (x p_j, p_j) - \beta_j \|p_j\|^2 = 0.$$

Entsprechend erhält man mit der Symmetriebedingung (P3) und der Definition von γ_j die Gleichung

$$(q_{j+1}, p_{j-1}) = (p_j, x p_{j-1}) - \gamma_j \|p_{j-1}\|^2 = (p_j, x p_{j-1} - p_j) = 0,$$

weil die Darstellung gilt $x p_{j-1}(x) = x^j + \cdots$, also $p_j - x p_{j-1}$ ein Polynom höchstens $(j-1)$-ten Grades und $p_j \perp [1, \ldots, x^{j-1}]$ ist. Für jedes $k = 0, \ldots, j-2$, $k \geq 0$, ist p_k ein Polynom höchstens $(j-2)$-ten Grades, also $x p_k$ ein Polynom höchstens $(j-1)$-ten Grades und folglich p_j orthogonal p_k und $x p_k$, sowie p_{j-1} orthogonal p_k. Also hat man noch

$$(q_{j+1}, p_k) = (p_j, x p_k) - \beta_j (p_j, p_k) - \gamma_j (p_{j-1}, p_k) = 0$$

für $k = 0, \ldots, j-2$. Das Polynom q_{j+1} ist daher orthogonal $\mathscr{P}_j = [p_0, \ldots, p_j]$ und hat nach der obigen Definition die Gestalt $q_{j+1}(x) = x^{j+1} + r$ mit $r \in \mathscr{P}_j = [1, \ldots, x^j]$. Mit Hilfe der Beziehung

$$(q_{j+1}, p_k) = (x^{j+1}, p_k) + (r, p_k) = 0, \quad k = 0, \ldots, j,$$

und durch Entwicklung von r nach $p_0, \ldots, p_j$ wird schließlich

$$q_{j+1} = x^{j+1} + \sum_{k=0}^{j} \frac{(r, p_k)}{\|p_k\|^2} p_k = x^{j+1} - \sum_{k=0}^{j} \frac{(x^{j+1}, p_k)}{\|p_k\|^2} p_k = p_{j+1},$$

was zu zeigen war. ∎

Über die N u l l s t e l l e n oder W u r z e l n symmetrischer orthogonaler Polynome p_n kann man eine weitergehende Aussage machen. Dabei sind hier unabhängig von der Wahl des Körpers $\mathbf{K} = \mathbf{R}$ bzw. $\mathbf{K} = \mathbf{C}$ alle Nullstellen des Polynoms p_n in der komplexen Zahlenebene $\mathbf{C}$ gemeint.

(12) *Sei n eine beliebige natürliche Zahl in $1 \leq n \leq m$. Dann sind die Wurzeln oder Nullstellen $\lambda_1, \ldots, \lambda_n$ des symmetrischen orthogonalen Polynoms p_n reell und einfach. Die Nullstellen $\lambda_1, \ldots, \lambda_n$ von p_n besitzen mit den zugehörigen Lagrange-Polynomen $L_1, \ldots, L_n$ die Rayleigh-Quotienten-Darstellung*

$$\lambda_j = \frac{(x L_j, L_j)}{\|L_j\|^2}, \quad L_j(x) = \prod_{\substack{k=1 \\ k \neq j}}^{n} \frac{x - \lambda_k}{\lambda_j - \lambda_k}, \quad x \in \mathbf{K}, \quad j = 1, \ldots, n.$$

Beweis. Wenn $\mathbf{K} = \mathbf{C}$ ist, dann folgt mit der Symmetriebedingung (P3) aus der Rayleigh-Quotienten-Darstellung in (9), daß alle Wurzeln $\lambda_1, \ldots, \lambda_n$ reell sind. Wenn $\mathbf{K} = \mathbf{R}$ der Körper der reellen Zahlen ist, dann haben die orthogonalen Polynome p_n reelle Koeffizienten, so daß komplexe Wurzeln immer paarweise konjugiert auftreten müssen. Gäbe es nun im Falle $\mathbf{K} = \mathbf{R}$ bzw. $\mathbf{K} = \mathbf{C}$ eine mehrfache reelle oder eine nichtreelle Wurzel von p_n, dann müßte $n \geq 2$ sein und mit reellen Zahlen μ, ν das Polynom p_n sich zerlegen lassen in der Gestalt

$$p_n(x) = ((x - \mu)^2 + \nu^2) r(x), \quad x \in \mathbf{K},$$

mit einem Polynom r von $(n-2)$-tem Grade in x. Aus der Orthogonalität von p_n auf $[1,\dots,x^{n-1}]$ und der Symmetriebedingung (P 3) folgt hieraus die Beziehung

$$0=(p_n,r)=((x-\mu)^2 r,r)+v^2(r,r)=\|(x-\mu)r\|^2+v^2\|r\|^2,$$

also der Widerspruch $r(x)=0$ und $p_n(x)=0, x\in\mathbf{K}$. Die Rayleigh-Quotienten-Darstellung von λ_j mit den Lagrange-Polynomen L_j folgt schließlich wie in Satz (8). ■

Mit Hilfe von symmetrischen orthogonalen Polynomen und ihren Nullstellen kann man weiter eine Verallgemeinerung der Quadraturformeln von Gauß angeben (s. Abschnitt 4.3). An die Stelle des Integrals $\int_a^b p(x)\rho(x)\,dx$ tritt hier der Ausdruck $(p,1)$ für Polynome $p\in\mathscr{P}$ bzw. $p\in\mathscr{P}_{2n-1}$.

(13) *Für eine beliebige natürliche Zahl n in $1\le n\le m$ seien $\lambda_1,\dots,\lambda_n$ paarweise verschiedene Zahlen und $\alpha_1,\dots,\alpha_n$ beliebige Zahlen aus dem Körper* $\mathbf{K}$. *Dann und nur dann gilt die Darstellung*

$$(p,1)=\sum_{j=1}^{n}\alpha_j p(\lambda_j),\qquad p\in\mathscr{P}_{2n-1}=[1,x,\dots,x^{2n-1}], \tag{14}$$

wenn $\lambda_1,\dots,\lambda_n$ die Nullstellen des n-ten orthogonalen Polynoms sind und die Koeffizienten $\alpha_1,\dots,\alpha_n$ mit den Lagrange-Polynomen $L_1,\dots,L_n$ zu den Punkten $\lambda_1,\dots,\lambda_n$ die Gestalt haben

$$\alpha_j=(L_j,1)=\|L_j\|^2>0,\qquad j=1,\dots,n. \tag{15}$$

Beweis. (i) Die Gleichung (14) möge für alle Polynome $p\in\mathscr{P}_{2n-1}$ gelten. Setzt man

$$p(x)=x^k q(x)=x^k(x-\lambda_1)\cdots(x-\lambda_n),\qquad k=0,\dots,n-1,$$

so folgt aus (14) mit Hilfe der Symmetriebedingung (P 3) die Orthogonalitätsrelation

$$(q,x^k)=(p,1)=\sum_{j=1}^{n}\alpha_j\lambda_j^k q(\lambda_j)=0,\qquad k=0,\dots,n-1.$$

Das Polynom $q(x)=(x-\lambda_1)\dots(x-\lambda_n)$ hat genau den Grad n, den führenden Koeffizienten 1 und ist orthogonal $1,x,\dots,x^{n-1}$, so daß $q=p_n$ das n-te symmetrische orthogonale Polynom sein muß und dementsprechend $\lambda_1,\dots,\lambda_n$ die zugehörigen Nullstellen von p_n sind. Sind $L_1,\dots,L_n$ die zu den paarweise verschiedenen Punkten $\lambda_1,\dots,\lambda_n$ gehörigen Lagrange-Polynome $(n-1)$-ten Grades, dann folgt aus (14) für $p=L_k$ die Darstellung $\alpha_k=(L_k,1)$, $k=1,\dots,n$. Die Wurzeln $\lambda_1,\dots,\lambda_n$ sind reell, so daß mit der Darstellung 3.1. (2) für $L_k(x)$ und der Symmetriebedingung (P 3) für das Polynom $p(x)=L_k(x)^2$ von $(2n-2)$-tem Grade aus (14) die Beziehung folgt

$$(L_k^2,1)=\|L_k\|^2=\alpha_k,\qquad k=1,\dots,n.$$

(ii) Seien jetzt $\lambda_1,\dots,\lambda_n$ die Nullstellen des n-ten orthogonalen Polynoms p_n und $\alpha_1,\dots,\alpha_n$ die oben genannten Koeffizienten. Für jedes Polynom $p\in\mathscr{P}_{2n-1}$ gibt es dann eine Zerlegung der Gestalt $p=qp_n+r$ mit Polynomen $q,r\in\mathscr{P}_{n-1}$. Hiermit ist $p(\lambda_j)=r(\lambda_j)$, $j=1,\dots,n$, und durch Interpolation an den Stellen $\lambda_1,\dots,\lambda_n$ wird

$$r(x)=\sum_{j=1}^{n} r(\lambda_j)L_j(x)=\sum_{j=1}^{n} p(\lambda_j)L_j(x), \qquad x\in\mathbf{K}.$$

Mit der Symmetriebedingung (P 3) und der Orthogonalität von q auf p_n erhält man schließlich die Beziehung

$$(p,1)=(q,p_n)+(r,1)=\sum_{j=1}^{n} p(\lambda_j)(L_j,1)=\sum_{j=1}^{n}\alpha_j p(\lambda_j). \qquad \blacksquare$$

Im Anschluß an diese Sätze kann man noch einige nützliche Bemerkungen machen. Zunächst erhält man die interessante Aussage, daß für $1\le n\le m$ mit den Nullstellen $\lambda_1,\dots,\lambda_n$ des n-ten orthogonalen Polynoms p_n die zugehörigen Lagrange-Polynome $L_1,\dots,L_n$ ein Orthogonalsystem im Teilraum $\mathscr{P}_{n-1}=[1,x,\dots,x^{n-1}]$ werden. Nach Abschnitt 3.1 bilden nämlich diese Polynome sicher eine Basis im Teilraum $\mathscr{P}_{n-1}$. Weiter sind die Nullstellen $\lambda_1,\dots,\lambda_n$ reell, so daß man aus der obigen Beziehung (14) für das Polynom $p=L_jL_k\in\mathscr{P}_{2n-2}$ und mit der Symmetriebedingung (P 3) die Beziehung erhält

$$(L_j,L_k)=(L_jL_k,1)=\sum_{l=1}^{n}\alpha_l L_j(\lambda_l)L_k(\lambda_l)=0, \qquad j\neq k, \quad j,k=1,\dots,n.$$

Mit diesem Orthogonalsystem in $\mathscr{P}_{n-1}$ hat man jetzt noch die Darstellung

$$(16) \qquad p(x)=\sum_{k=1}^{n} p(\lambda_k)L_k(x)=\sum_{k=1}^{n}\frac{(p,L_k)}{\|L_k\|^2}L_k(x), \qquad x\in\mathbf{K}, \quad p\in\mathscr{P}_{n-1}.$$

Insbesondere gilt für die Entwicklungskoeffizienten nach dem Orthogonalsystem $L_1,\dots,L_n$ die Gleichung

$$(17) \qquad (p,L_k)=\|L_k\|^2 p(\lambda_k), \qquad k=1,\dots,n, \quad p\in\mathscr{P}_{n-1}.$$

Entwickelt man umgekehrt die Lagrange-Polynome nach dem System orthogonaler Polynome $p_0,\dots,p_{n-1}$, so wird mit Hilfe von (17) für $p=p_j$ schließlich

$$(18) \qquad L_k(x)=\sum_{j=0}^{n-1}\frac{(L_k,p_j)}{\|p_j\|^2}p_j(x)=\|L_k\|^2\sum_{j=0}^{n-1}\frac{p_j(\lambda_k)}{\|p_j\|^2}p_j(x), \qquad x\in\mathbf{K}, \quad k=1,\dots,n.$$

7.4.3. Beispiele. Die allgemeinen Sätze lassen sich in einfacher Weise auf die klassischen orthogonalen Polynome anwenden. Man erhält damit Orthogonalitätsrelationen, Rekursionsformeln, verallgemeinerte Quadraturformeln von Gauß und mit Hilfe des Wertebereichs Θ Aussagen über die Lage der Wurzeln bzw. Nullstellen orthogonaler Polynome. Diese orthogonalen Polynome werden definiert durch das Skalarprodukt

$$(19) \qquad (p,q)=\int_a^b p(x)\overline{q(x)}\rho(x)\,\mathrm{d}x, \qquad p,q\in\mathscr{P},$$

mit einem offenen Intervall (a,b) der reellen Zahlengeraden, einer geeigneten positiven Gewichtsfunktion ρ und $\mathbf{K}=\mathbf{R}$ bzw. $\mathbf{K}=\mathbf{C}$. Für dieses Skalarprodukt sind die Bedingungen (P1), (P2), (P3) für jede natürliche Zahl m erfüllt. Hiermit ist eine unendliche Folge symmetrischer orthogonaler Polynome $p_0, p_1, p_2, \ldots$ definiert mit den anschließend aufgeführten Spezialfällen. Der Wertebereich Θ der Variablen x und damit alle Nullstellen der orthogonalen Polynome $p_0, p_1, p_2, \ldots$ sind hier offensichtlich im offenen Intervall (a,b) enthalten. Anschließend verzeichnen wir einige Spezialfälle orthogonaler Polynome (s. Abramowitz-Stegun, Nr. 22).

Legendre-Polynome $P_n(x)$:

$$a=-1, \quad b=+1, \quad \rho(x)=1, \quad x\in(-1,+1),$$

Tschebyscheff-Polynome 1. Art $T_n(x)$:

$$a=-1, \quad b=+1, \quad \rho(x)=\frac{1}{\sqrt{1-x^2}}, \quad x\in(-1,+1),$$

Jacobi-Polynome $P_n^{(\alpha,\beta)}(x)$, $\alpha>-1$, $\beta>-1$:

$$a=-1, \quad b=+1, \quad \rho(x)=(1-x)^\alpha(1+x)^\beta, \quad x\in(-1,+1),$$

Hermite-Polynome $H_n(x)$:

$$a=-\infty, \quad b=+\infty, \quad \rho(x)=e^{-x^2}, \quad x\in(-\infty,+\infty),$$

Laguerre-Polynome $L_n^{(\alpha)}(x)$, $\alpha>-1$:

$$a=0, \quad b=+\infty, \quad \rho(x)=e^{-x}x^\alpha, \quad x\in(0,+\infty).$$

Ein sogenanntes diskretes Skalarprodukt für den Raum $\mathscr{P}$ aller Polynome erhält man durch die Vorschrift

$$(20) \qquad (p,q)=\sum_{k=1}^{N} p(x_k)\overline{q(x_k)}\rho_k, \qquad p,q\in\mathscr{P},$$

mit einer natürlichen Zahl N, mit paarweise verschiedenen Punkten $x_1,\ldots,x_N\in\mathbf{K}$ und positiven Gewichten $\rho_1,\ldots,\rho_N$. Dieses ist ein semidefinites Skalarprodukt für $\mathscr{P}$. Ein Skalarprodukt erhält man hiermit auf den Teilräumen $\mathscr{P}_{m-1}=[1,x,\ldots,x^{m-1}]$ für $1\le m\le N$. Wenn die Punkte $x_1,\ldots,x_N$ auf der reellen Zahlengeraden $\mathbf{R}$ liegen, dann ist auch die Symmetriebedingung (P3) erfüllt. Ein spezielles Beispiel haben wir in Abschnitt 7.3.2 über Ausgleichsparabeln betrachtet. Weitere Beispiele hat man mit den obigen klassischen orthogonalen Polynomen $p_0, p_1, p_2, \ldots$ und den Nullstellen $x_j=\lambda_j, j=1,\ldots,N$, des N-ten Polynoms. Nach Satz (13) gilt dann sogar die Darstellung

$$(21) \qquad \int_a^b p(x)\overline{q(x)}\rho(x)\,dx=\sum_{j=1}^{N} p(x_j)\overline{q(x_j)}\alpha_j, \qquad p,q\in\mathscr{P}_{N-1}.$$

Jede N-reihige quadratische Matrix $A=(a_{jk})$ definiert Orthogonalsysteme von Lanczos-Polynomen. Für jedes Polynom p ist die Matrix $p(A)$ erklärt durch die Vorschrift

$$p(x)=\alpha_0+\alpha_1 x+\cdots+\alpha_n x^n \implies p(A)=\alpha_0 E+\alpha_1 A+\cdots+\alpha_n A^n.$$

Damit erhält man für einen beliebigen Vektor $0 \neq a \in \mathbf{K}^N$ und ein Skalarprodukt $(\cdot,\cdot)_{\mathbf{K}^N}$ auf $\mathbf{K}^N$ ein semidefinites Skalarprodukt $(\cdot,\cdot)$ für $\mathscr{P}$ durch die Vorschrift

$$(22) \qquad (p,q) = (p(A)a, q(A)a)_{\mathbf{K}^N}, \qquad p,q \in \mathscr{P}.$$

Zu den iterierten Vektoren

$$a^{(0)} = a, \qquad a^{(1)} = Aa, \dots, a^{(m)} = Aa^{(m-1)} = A^m a$$

gibt es dann eine kleinste natürliche Zahl $m \leq N$, so daß die Vektoren $a^{(0)},\dots,a^{(m-1)}$ linear unabhängig, aber $a^{(0)},\dots,a^{(m)}$ linear abhängig sind. Damit ist $(\cdot,\cdot)$ ein Skalarprodukt auf dem Teilraum $\mathscr{P}_{m-1} = [1, x, \dots, x^{m-1}]$, weil die Beziehung gilt

$$\|p\|^2 = \|p(A)a\|^2_{\mathbf{K}^N} = \left\| \sum_{j=0}^{m-1} \alpha_j a^{(j)} \right\|^2_{\mathbf{K}^N} = 0 \iff \alpha_0 = \dots = \alpha_{m-1} = 0.$$

Wenn die Matrix A eine symmetrische Abbildung in $\mathbf{K}^N$ mit Skalarprodukt $(\cdot,\cdot)_{\mathbf{K}^N}$ ist, dann ist auch die Symmetriebedingung (P 3) erfüllt. Die Matrix A und der Vektor a definieren also das Orthogonalsystem $p_0,\dots,p_m$ der Lanczos-Polynome. Das Polynom p_m ist ein Teiler des charakteristischen Polynoms von A, wie wir beim Verfahren von Krylow in Abschnitt 10.3 zeigen. Dementsprechend sind die Nullstellen von p_m Eigenwerte von A (s. Faddejew-Faddejewa, § 63).

7.5. Numerische Übungsaufgaben

1. Lösung eines linearen Gleichungssystems. Man berechne die Lösung z des Gleichungssystems $Az = b$ für

$$A = \begin{pmatrix} 5 & 7 & 6 & 5 \\ 7 & 10 & 8 & 7 \\ 6 & 8 & 10 & 9 \\ 5 & 7 & 9 & 10 \end{pmatrix}, \qquad b = \begin{pmatrix} 23 \\ 32 \\ 33 \\ 31 \end{pmatrix},$$

mit Hilfe der Orthogonalisierung der linear unabhängigen Spaltenvektoren der Matrix A gemäß Satz 7.2.(13) unter Verwendung des euklidischen Skalarprodukts $(u,v) = (u,v)_2 = \sum_{j=1}^{n} u_j v_j$, $u, v \in \mathbf{R}^n$.

Ergebnis. Die aus den Spaltenvektoren $a_1, \dots, a_4$ der Matrix A durch Orthogonalisierung entstehenden Vektoren $v_1, \dots, v_4$ lauten

$$v_1 = \begin{pmatrix} 5.00000 \\ 7.00000 \\ 6.00000 \\ 5.00000 \end{pmatrix}, \quad v_2 = \begin{pmatrix} 0.03704 \\ 0.25185 \\ -0.35556 \\ 0.03704 \end{pmatrix}, \quad v_3 = \begin{pmatrix} -0.88462 \\ -0.61538 \\ -0.30769 \\ 2.11538 \end{pmatrix}, \quad v_4 = \begin{pmatrix} 0.06711 \\ -0.04027 \\ -0.02013 \\ 0.01342 \end{pmatrix}.$$

Die orthonomierten Vektoren $w_1, \ldots, w_4$ sind

$$w_1 = \begin{pmatrix} 0.43033 \\ 0.60246 \\ 0.51640 \\ 0.43033 \end{pmatrix}, \quad w_2 = \begin{pmatrix} 0.08439 \\ 0.57389 \\ -0.81019 \\ 0.08439 \end{pmatrix}, \quad w_3 = \begin{pmatrix} -0.36953 \\ -0.25706 \\ -0.12853 \\ 0.88366 \end{pmatrix}, \quad w_4 = \begin{pmatrix} 0.81923 \\ -0.49154 \\ -0.24577 \\ 0.16385 \end{pmatrix}.$$

Die Koeffizienten (a_j, w_k), $k=1, \ldots, j-1$, haben die Werte

$$\begin{aligned} &(a_2, w_1) = 16.18046, \\ &(a_3, w_1) = 16.43866, \quad (a_3, w_2) = -2.24491, \\ &(a_4, w_1) = 15.31980, \quad (a_4, w_2) = -2.00860, \quad (a_4, w_3) = 4.03268. \end{aligned}$$

Damit erhält man als Lösungsvektor $z = (1.00000,\ 1.00000,\ 1.00000,\ 1.00000)$.

2. Orthogonalisierung von Vektoren. a) Gegeben sei eine quadratische Matrix $A = (a_{jk})_{j,k=1,\ldots,n}$ und ein Vektor $a^{(0)} \in \mathbf{K}^n$. Man bilde die Vektoren $a^{(t+1)} = A\, a^{(t)}$, $t = 0, \ldots, n-1$, und orthonormiere die Vektoren $a^{(0)}, a^{(1)}, \ldots, a^{(n)}$ zu den orthonormierten Vektoren w_k, $k = 0, \ldots, m$, unter Verwendung des euklidischen bzw. unitären Skalarprodukts.

Bemerkung. Da je $n+1$ Vektoren des n-dimensionalen Zahlenraumes $\mathbf{K}^n$ linear abhängig sind, ist $m \leq n-1$.

Ergebnis. Für den Vektor $a^{(0)} = (1, 1, 1, 1)$ und die Matrix

$$A = \begin{pmatrix} 2.2 & 0.2 & 1.2 & 1.4 \\ 0.2 & 1.4 & 0.4 & -0.6 \\ 1.2 & 0.4 & 2.8 & 0.8 \\ 1.4 & -0.6 & 0.8 & 2.6 \end{pmatrix}$$

erhält man

$$a^{(0)} = \begin{pmatrix} 1.00000 \\ 1.00000 \\ 1.00000 \\ 1.00000 \end{pmatrix}, \quad a^{(1)} = \begin{pmatrix} 5.00000 \\ 1.40000 \\ 5.20000 \\ 4.20000 \end{pmatrix}, \quad a^{(2)} = \begin{pmatrix} 23.40000 \\ 2.52000 \\ 24.48000 \\ 21.24000 \end{pmatrix},$$

$$a^{(3)} = \begin{pmatrix} 111.09600 \\ 5.25600 \\ 114.62400 \\ 106.05600 \end{pmatrix}, \quad a^{(4)} = \begin{pmatrix} 531.48957 \\ 11.79360 \\ 541.20958 \\ 519.82558 \end{pmatrix}.$$

Es ist $m = 3$, und die orthonormierten Vektoren $w_0, \ldots, w_3$ lauten

$$w_0 = \begin{pmatrix} 0.50000 \\ 0.50000 \\ 0.50000 \\ 0.50000 \end{pmatrix}, \quad w_1 = \begin{pmatrix} 0.34561 \\ -0.83934 \\ 0.41144 \\ 0.08229 \end{pmatrix}, \quad w_2 = \begin{pmatrix} -0.30445 \\ -0.21077 \\ -0.34661 \\ 0.86183 \end{pmatrix}, \quad w_3 = \begin{pmatrix} 0.73339 \\ -0.03284 \\ -0.67867 \\ -0.02188 \end{pmatrix}.$$

Beim Orthonormierungsverfahren werden zunächst die orthogonalen Vektoren $v_0, \dots, v_4$ gebildet, die nicht notwendig normiert sind. Hierbei ist $v_4 = 0$, da $m = 3$ ist. Numerisch erhält man

$$v_4 = (-0.00024,\ 0.00002,\ 0.00028,\ -0.00004).$$

b) Sei N eine natürliche Zahl, $h = 1/N$ und $x_j = jh$ für $j = 0, \pm 1, \dots, \pm N$. Mit $\mathbf{R}^{2N+1}$ bezeichnen wir nun den Vektorraum der diskreten reellwertigen Funktionen $u = (u_{-N}, \dots, u_0, \dots, u_N)$ $= (u(x_{-N}), \dots, u(x_0), \dots, u(x_N))$ mit dem Skalarprodukt $(u, v) = \sum_{j=-N}^{N} u_j v_j$, $u, v \in \mathbf{R}^{2N+1}$.

Man orthonormiere mit Hilfe dieses Skalarprodukts die Funktionen

$$a_k = x^{k-1} = (x_{-N}^{k-1}, \dots, x_N^{k-1}), \qquad k = 1, 2, \dots, n.$$

Dabei erhält man ein orthogonales Funktionensystem $v_k = \sum_{j=1}^{k} \alpha_{jk} a_j$ und ein orthonormiertes Funktionensystem $w_k = \sum_{j=1}^{k} \beta_{jk} a_j$, $k = 1, \dots, n$, deren Koeffizienten α_{jk} und β_{jk} gesucht sind für $N = 10$ und $n = 7$.

Bemerkung. Die erhaltenen diskreten orthogonalen Funktionen $v_1, \dots, v_n$ bezeichnet man als diskrete Legendre-Polynome.

Ergebnis

j	α_{j1}	α_{j2}	α_{j3}	α_{j4}	α_{j5}	α_{j6}	α_{j7}
1	1.00000	0.00000	−0.36667	0.00000	0.10183	0.00000	−0.02674
2		1.00000	0.00000	−0.65800	0.00000	0.27938	0.00000
3			1.00000	0.00000	−0.93571	0.00000	0.52513
4				1.00000	0.00000	−1.20556	0.00000
5					1.00000	0.00000	−1.46818
6						1.00000	0.00000
7							1.00000

j	β_{j1}	β_{j2}	β_{j3}	β_{j4}	β_{j5}	β_{j6}	β_{j7}
1	0.21822	0.00000	−0.24481	0.00000	0.24836	0.00000	−0.25209
2		0.36037	0.00000	−0.83365	0.00000	1.32966	0.00000
3			0.66767	0.00000	−2.28218	0.00000	4.95017
4				1.26695	0.00000	−5.73752	0.00000
5					2.43897	0.00000	−13.83999
6						4.75924	0.00000
7							9.42663

3. Ausgleichsparabel. Gesucht sind die Koeffizienten $\gamma_1, \dots, \gamma_n$ der Ausgleichsparabel $p_n(x) = \sum_{k=1}^{n} \gamma_k x^{k-1}$ nach der Methode der kleinsten Quadrate für die Funktion $f(x) = e^x$, $-\infty < x < +\infty$, zu den Punkten $x_j = jh$, $j = 0, \pm 1, \dots, \pm N$, mit $h = 1/N$. Man berechne die Zahlen γ_k, $k = 1, \dots, n$, mit Hilfe des Spaltenorthogonalisierungsverfahrens und bestimme auch $d_n = \max_{-N \le j \le N} |f(x_j) - p_n(x_j)|$.

Ergebnis

$N=10$	$n=2$	$n=4$	$n=8$
γ_1	1.19365	0.99558	1.00000
γ_2	1.11404	0.99759	0.99999
γ_3		0.54019	0.50000
γ_4		0.17696	0.16672
γ_5			0.04164
γ_6			0.00821
γ_7			0.00143
γ_8			0.00027
d_n	0.41059	0.00795	$0.2\cdot 10^{-5}$

4. Trigonometrisches Ausgleichspolynom. Sei f eine Funktion auf dem halboffenen Intervall $(-\pi, +\pi]$, sei N eine natürliche Zahl und $x_j = -\pi + j(2\pi/N)$, $j=1,\dots,N$. Mit Hilfe der diskreten Eulerschen Formeln 7.3. (25) bestimme man die Koeffizienten $\gamma_1,\dots,\gamma_n$ des trigonometrischen Ausgleichspolynoms $p_n(x) = \sum_{k=1}^{n} \gamma_k \sin kx$ zu den Punkten $x_1,\dots,x_N$ für die Funktion

$$f(x) = \begin{cases} -1, & -\pi < x < 0, \\ 0, & x = 0, \\ +1, & 0 < x < \pi, \\ 0, & x = \pi, \end{cases}$$

für $N=21$, $n=5$ sowie $N=21$, $n=10$. Man bestimme auch $d_n = \max_{1\le j\le N} |f(x_j) - p_n(x_j)|$.

Bemerkung. Die gegebene Funktion f ist als ungerade Funktion zu den Funktionen $\cos lx$, $l=0,1,2,\dots$ orthogonal im Sinne des Skalarprodukts 7.3. (17). Deshalb werden in dem hier betrachteten Ausgleichspolynom nur die Koeffizienten γ_k der Funktionen $\sin kx$, $k=1,2,\dots$, explizit aufgeführt.

Ergebnis

		j	x_j	$f(x_j)$	$p_5(x_j)$
		1	−2.84239	−1.00000	−0.90738
$N=21$		2	−2.54319	−1.00000	−1.12553
		3	−2.24399	−1.00000	−0.93682
γ_1	1.27086	4	−1.94480	−1.00000	−0.94997
γ_2	0.01435	5	−1.64560	−1.00000	−1.09291
γ_3	0.41727	6	−1.34640	−1.00000	−1.00132
γ_4	0.02938	7	−1.04720	−1.00000	−0.87744
γ_5	0.24266	8	−0.74800	−1.00000	−1.07263
γ_6	0.04586	9	−0.44880	−1.00000	−1.18780
γ_7	0.16496	10	−0.14960	−1.00000	−0.55629
γ_8	0.06493	11	0.14960	1.00000	0.55629
γ_9	0.11942	12	0.44880	1.00000	1.18780
γ_{10}	0.08837	13	0.74800	1.00000	1.07263
		14	1.04720	1.00000	0.87744
		15	1.34640	1.00000	1.00132
d_5	$=0.44371$	16	1.64560	1.00000	1.09291
		17	1.94480	1.00000	0.94997

$N=21$	j	x_j	$f(x_j)$	$p_5(x_j)$
$d_{10}=0.25\cdot 10^{-6}$	18	2.24399	1.00000	0.93682
	19	2.54319	1.00000	1.12553
	20	2.84239	1.00000	0.90738
	21	3.14159	0.00000	0.00000

8. Iterative Verfahren zur Lösung linearer Gleichungssysteme

Die numerische Lösung linearer Gleichungssysteme mit Hilfe des Gaußschen Eliminationsverfahrens ist im allgemeinen nur für Systeme mit bis zu etwa hundert Gleichungen und Unbekannten möglich. In diesem Falle besteht die zugehörige Koeffizientenmatrix nämlich bereits aus zehntausend Elementen, und die unvermeidlichen Rundungsfehler können die numerische Lösung unter Umständen ganz erheblich beeinträchtigen. Für die Lösung von Gleichungssystemen mit großer Reihenzahl ist man daher fast immer auf iterative Lösungsverfahren angewiesen. In den Anwendungen erhält man beispielsweise bei der Differenzenapproximation partieller Differentialgleichungen für die Näherungen der gesuchten Funktionswerte lineare Gleichungssysteme mit einer sehr großen Zahl von Gleichungen und Unbekannten. Diese kann leicht bis zu zehntausend und mehr Unbekannten betragen, welche sich noch iterativ bestimmen lassen.

Anschließend müssen wir uns auf das Jacobi- oder Gesamtschrittverfahren und das Gauß-Seidel- oder Einzelschrittverfahren beschränken und können nicht auf Fragen der Konvergenzbeschleunigung und andere schneller konvergierende Verfahren näher eingehen.

Wir geben im folgenden stets a-priori- und a-posteriori-Fehlerabschätzungen an. Die a-priori-Fehlerabschätzung benötigt man für den Konvergenzbeweis des Verfahrens. Für die Praxis dagegen sind die a-posteriori-Fehlerabschätzungen interessanter, da sie jeweils mit den neuesten Informationen eine Fehlerabschätzung liefern. Hier ist allerdings zu beachten, daß a-posteriori-Fehlerabschätzungen bei kleinen Fehlerschranken ebenfalls durch Rundungsfehler verfälscht werden können. Die a-posteriori-Fehlerabschätzungen im folgenden sind jedoch noch in einer anderen Hinsicht von Interesse. Sie gestatten nämlich die wichtige Aussage, daß bei diesen iterativen Verfahren der Abstand zweier aufeinanderfolgender Näherungen ein Maß für den Abstand dieser Näherungen von der gesuchten Lösung ist.

Literatur: Faddejew-Faddejewa, Varga, Young.

8.1. Das Verfahren von Jacobi oder Gesamtschrittverfahren

8.1.1. Definition des Verfahrens. Im n-dimensionalen Zahlenraum $\mathbf{K}^n=\mathbf{R}^n$ bzw. $\mathbf{K}^n=\mathbf{C}^n$ betrachten wir mit einer reellen bzw. komplexen quadratischen Matrix $B=(b_{jk})_{j,k=1,\ldots,n}$ und einem Vektor $c=(c_1,\ldots,c_n)\in\mathbf{K}^n$ ein inhomogenes lineares Gleichungssystem in der Gestalt

$$(1)\qquad z-Bz=c \iff z_j-\sum_{k=1}^{n} b_{jk}z_k=c_j,\quad j=1,\ldots,n\,.$$

Das iterative Verfahren von Jacobi oder Gesamtschrittverfahren bestimmt dann mit einem beliebigen Anfangsvektor $x^{(0)}$ eine Folge von Vektoren $x^{(t)}=(x_1^{(t)},\ldots,x_n^{(t)})$ nach der Vorschrift

(2) $$x^{(t+1)}=Bx^{(t)}+c \iff x_j^{(t+1)}=\sum_{k=1}^{n} b_{jk}x_k^{(t)}+c_j, \quad j=1,\ldots,n,$$

für $t=0,1,2,\ldots$. Anschließend werden wir in diesem Abschnitt die Frage nach Konvergenz und Fehlerabschätzungen für dieses Verfahren beantworten. Man erkennt unmittelbar aus der Gleichung (2), daß für eine konvergente Folge $x^{(t)}\longrightarrow z$ $(t\longrightarrow\infty)$ der Limes z dem Gleichungssystem $z=Bz+c$ genügt und damit der Vektor z eine Lösung des inhomogenen Gleichungssystems (1) wird.

Das Verfahren von Jacobi oder Gesamtschrittverfahren läßt sich auch auf die Lösung eines inhomogenen Gleichungssystems der Gestalt

(3) $$Az=b \iff \sum_{k=1}^{n} a_{jk}z_k=b_j, \quad j=1,\ldots,n,$$

für eine beliebige rechte Seite $b=(b_1,\ldots,b_n)$ anwenden, wenn $A=(a_{jk})_{j,k=1,\ldots,n}$ eine reelle bzw. komplexe quadratische Matrix mit von Null verschiedenen Diagonalelementen ist,

(4) $$a_{jj}\neq 0, \quad j=1,\ldots,n.$$

In diesem Falle betrachtet man mit einem beliebigen Anfangsvektor $x^{(0)}\in\mathbf{K}^n$ das iterative Verfahren

(5) $$x_j^{(t+1)}=\frac{1}{a_{jj}}\left\{b_j-\sum_{\substack{k=1\\k\neq j}}^{n} a_{jk}x_k^{(t)}\right\}, \quad j=1,\ldots,n,$$

für $t=0,1,2,\ldots$. Mit den Diagonalmatrizen

$$D=\operatorname{diag}(a_{jj}), \quad D^{-1}=\operatorname{diag}\left(\frac{1}{a_{jj}}\right)$$

hat dieses Verfahren (5) wieder die Gestalt des Gesamtschrittverfahrens (2), wenn man setzt

(6) $$B=-D^{-1}(A-D), \quad c=D^{-1}b.$$

8.1.2. Konvergenz und Fehlerabschätzungen. Die obige Rechenvorschrift (2) des Jacobi- oder Gesamtschrittverfahrens liefert unmittelbar die für unsere anschließenden Konvergenzuntersuchungen wichtige Darstellung

(7) $$x^{(t)}=B^t x^{(0)}+\sum_{j=0}^{t-1} B^j c, \quad t=1,2,\ldots.$$

Hiermit können wir den folgenden Konvergenzsatz beweisen.

(8) *Sei $B=(b_{jk})_{j,k=1,\ldots,n}$ eine beliebige quadratische Matrix. Wenn die Potenzen der Matrix B eine Nullfolge bilden,*

(9) $$B^t\longrightarrow 0 \quad (t\longrightarrow\infty),$$

dann und nur dann ist die Gleichung (1) *für jede rechte Seite* $c \in \mathbf{K}^n$ *eindeutig lösbar, die Matrix* $E-B$ *nichtsingulär und das Verfahren von Jacobi oder Gesamtschrittverfahren* (2) *für jeden Anfangsvektor* $x^{(0)} \in \mathbf{K}^n$ *konvergent gegen die Lösung* z *von* (1),

$$z=(E-B)^{-1}c, \qquad x^{(t)} \longrightarrow z \qquad (t \longrightarrow \infty). \tag{10}$$

Beweis. (i) Unter der Voraussetzung $B^t \longrightarrow 0$ $(t \longrightarrow \infty)$ ist die Matrix $E-B$ nichtsingulär. Sonst hätte man nämlich eine nichttriviale Lösung v der Gleichung $(E-B)v=0$. Dieser Vektor v hat die Eigenschaft $0 \neq v = Bv = \cdots = B^t v$. Damit folgt der Widerspruch $0 \neq v = B^t v \longrightarrow 0$ $(t \longrightarrow \infty)$. Also ist $E-B$ nichtsingulär und die Gleichung (1) für jede rechte Seite c eindeutig lösbar mit der Lösung $z=(E-B)^{-1}c$. Setzt man in der Darstellung (7) dann $c=z-Bz$, so erhält man mit $B^t \longrightarrow 0$ die Konvergenz von

$$x^{(t)} = B^t x^{(0)} + z - B^t z = z + B^t(x^{(0)} - z) \longrightarrow z \qquad (t \longrightarrow \infty).$$

(ii) Sei jetzt umgekehrt die Gleichung (1) für jede rechte Seite c eindeutig lösbar, und für jeden Anfangsvektor $x^{(0)}$ konvergiere $x^{(t)} \longrightarrow z = (E-B)^{-1}c$ $(t \longrightarrow \infty)$. Für den Nullvektor $c=0$ muß für jeden Vektor $x = x^{(0)} \in \mathbf{K}^n$ dann die Folge $x^{(t)} = B^t x \longrightarrow 0$ streben für $t \to \infty$. Das ist aber äquivalent zur Konvergenzaussage $B^t \to 0$ $(t \to \infty)$. ■

Jetzt wollen wir Fehlerabschätzungen für das Jacobi- oder Gesamtschrittverfahren angeben. Dazu setzen wir natürlich voraus, daß dieses konvergiert, also die Bedingung (9) erfüllt ist. Aus der Iterationsvorschrift (2) gewinnt man mit $(E-B)z=c$ für die Fehlervektoren $r^{(t)} = x^{(t)} - z$ die Gleichung

$$(E-B)r^{(t)} = x^{(t)} - Bx^{(t)} - (E-B)z = x^{(t)} - x^{(t+1)}, \qquad t=0,1,2,\ldots. \tag{11}$$

Weiter gilt mit (2) stets die Beziehung

$$x^{(t)} - x^{(t+1)} = B(x^{(t-1)} - x^{(t)}) = \cdots = B^t(x^{(0)} - x^{(1)}), \qquad t=0,1,2,\ldots. \tag{12}$$

Dies ergibt für die Fehlervektoren $r^{(t)} = x^{(t)} - z$ die Darstellung

$$x^{(t)} - z = (E-B)^{-1} B(x^{(t-1)} - x^{(t)}) = (E-B)^{-1} B^t (x^{(0)} - x^{(1)}) \tag{13}$$

für $t=1,2,\ldots$. Wählt man nun eine beliebige Vektornorm $\|x\|$ für $x \in \mathbf{K}^n$ und eine damit verträgliche Matrizennorm, dann folgt aus (13) die a-priori-Fehlerabschätzung

$$\|x^{(t)} - z\| \leq \|(E-B)^{-1}\| \, \|B^t\| \, \|x^{(0)} - x^{(1)}\| \tag{14}$$

sowie die a-posteriori-Fehlerabschätzung

$$\|x^{(t)} - z\| \leq \|(E-B)^{-1}\| \, \|B\| \, \|x^{(t-1)} - x^{(t)}\|, \qquad t=1,2,\ldots. \tag{15}$$

Für $B^t \longrightarrow 0$ streben die Normen der Fehlervektoren also mindestens wie $\|B^t\|$ gegen Null für $t \longrightarrow \infty$. Die Vektoren $x^{(t)}$ liefern Näherungen für die gesuchte Lösung z der Gleichung $z - Bz = c$. Wie wir bereits in Abschnitt 6.1.4. geschildert haben, macht man in der Praxis dann eine Einsetzprobe. Der dabei auftretende Defekt hat hier die Gestalt

$$d^{(t)} = x^{(t)} - Bx^{(t)} - c = x^{(t)} - x^{(t+1)}, \qquad t=0,1,2,\ldots, \tag{16}$$

so daß die a-posteriori-Fehlerschranke (15) gerade mit dem Defekt $d^{(t-1)}$ eine Schranke für den Fehler $x^{(t)}-z$ liefert. Dabei sollte man zu einer Näherung $x^{(t)}$ die Schranke

(17) $$\|d^{(t-1)}\| = \|x^{(t-1)} - Bx^{(t-1)} - c\| = \|x^{(t-1)} - x^{(t)}\|$$

möglichst mit doppelter Genauigkeit berechnen, damit der Einfluß von Rundungsfehlern vernachlässigt werden kann.

8.1.3. Spezielle Konvergenzkriterien. Für die Anwendungen sind jetzt etwas speziellere Konvergenzkriterien erforderlich, die aus den Koeffizienten der Matrix B in (1) bzw. A in (3) abzulesen gestatten, ob das Jacobi- oder Gesamtschrittverfahren (2) bzw. (5) konvergiert.

Sei zunächst $\|x\|$ für $x \in \mathbf{K}^n$ eine beliebige Vektornorm und $\|B\|$ eine zugehörige verträgliche Matrizennorm, die mit einer Zahl q die Abschätzung gestattet

(18) $$\|B\| \leq q < 1.$$

In diesem Falle konvergiert $B^t \longrightarrow 0$ auf Grund von

$$\|B^t\| \leq \|B\|^t \leq q^t \longrightarrow 0 \qquad (t \longrightarrow \infty).$$

Weiter hat man die Ungleichung

(19) $$\|(E-B)x\| \geq \|x\| - \|Bx\| \geq (1-q)\|x\|, \qquad x \in \mathbf{K}^n,$$

also die Abschätzung

(20) $$\|(E-B)^{-1}y\| \leq \frac{1}{1-q}\|y\|, \qquad y \in \mathbf{K}^n.$$

Für die Konvergenz des Gesamtschrittverfahrens erhält man damit aus (13) die a-priori- und a-posteriori-Fehlerabschätzungen

(21) $$\|x^{(t)} - z\| \leq \frac{q}{1-q}\|x^{(t-1)} - x^{(t)}\| \leq \frac{q^t}{1-q}\|x^{(0)} - x^{(1)}\|$$

für $t = 1, 2, \ldots$.

Je nach Wahl der Normen gewinnt man jetzt spezielle Konvergenzkriterien für das Jacobi- oder Gesamtschrittverfahren (2) zur Lösung der Gleichung $z - Bz = c$ mit diesen Fehlerabschätzungen (21). Im sogenannten starken Zeilensummenkriterium ist

(22) $$\|x\| = \max_{j=1,\ldots,n} |x_j|, \qquad q = \|B\| = \max_{j=1,\ldots,n} \sum_{k=1}^{n} |b_{jk}| < 1,$$

im starken Spaltensummenkriterium setzt man

(23) $$\|x\| = \sum_{j=1}^{n} |x_j|, \qquad q = \|B\| = \max_{k=1,\ldots,n} \sum_{j=1}^{n} |b_{jk}| < 1,$$

und im Quadratsummenkriterium wird

(24) $$\|x\| = \left(\sum_{j=1}^{n} |x_j|^2\right)^{\frac{1}{2}}, \quad q = \|B\| = \left(\sum_{j,k=1}^{n} |b_{jk}|^2\right)^{\frac{1}{2}} < 1.$$

Entsprechend folgt die Konvergenz des Jacobi- oder Gesamtschrittverfahrens (5) zur Lösung der Gleichung $Ax=b$ mit den Fehlerabschätzungen (21) nach dem starken Zeilensummenkriterium für

(25) $$\|x\| = \max_{j=1,\dots,n} |x_j|, \quad q = \|D^{-1}(A-D)\| = \max_{j=1,\dots,n} \sum_{\substack{k=1\\k\neq j}}^{n} \left|\frac{a_{jk}}{a_{jj}}\right| < 1,$$

nach dem starken Spaltensummenkriterium für

(26) $$\|x\| = \sum_{j=1}^{n} |x_j|, \quad q = \|D^{-1}(A-D)\| = \max_{k=1,\dots,n} \sum_{\substack{j=1\\j\neq k}}^{n} \left|\frac{a_{jk}}{a_{jj}}\right| < 1,$$

und nach dem Quadratsummenkriterium für

(27) $$\|x\| = \left(\sum_{j=1}^{n} |x_j|^2\right)^{\frac{1}{2}}, \quad q = \|D^{-1}(A-D)\| = \left(\sum_{\substack{j,k=1\\j\neq k}}^{n} \left|\frac{a_{jk}}{a_{jj}}\right|^2\right)^{\frac{1}{2}} < 1.$$

8.2. Das Verfahren von Gauß-Seidel oder Einzelschrittverfahren

8.2.1. Definition des Verfahrens. Ausgangspunkt unserer Überlegungen ist wieder ein inhomogenes Gleichungssystem in der Gestalt

(1) $$z - Bz = c \iff z_j - \sum_{k=1}^{n} b_{jk} z_k = c_j, \quad j = 1, \dots, n,$$

im n-dimensionalen Zahlenraum $\mathbf{K}^n = \mathbf{R}^n$ bzw. $\mathbf{K}^n = \mathbf{C}^n$. Das iterative Verfahren von Gauß-Seidel oder Einzelschrittverfahren bestimmt mit einem beliebigen Anfangsvektor $x^{(0)}$ eine Folge von Vektoren $x^{(t)}$ nach der Vorschrift

(2) $$x_j^{(t+1)} = \sum_{k=1}^{j-1} b_{jk} x_k^{(t+1)} + \sum_{k=j}^{n} b_{jk} x_k^{(t)} + c_j, \quad j = 1, \dots, n,$$

für $t = 0, 1, 2, \dots$. Im Unterschied zum Gesamtschrittverfahren werden hier bei der Berechnung der Komponenten $x_j^{(t+1)}$ der neuen Näherung $x^{(t+1)}$ für $j = 2, \dots, n$ bereits die neu berechneten Komponenten $x_1^{(t+1)}, \dots, x_{j-1}^{(t+1)}$ mit verwendet. Das Einzelschrittverfahren (2) arbeitet also mit einer Zerlegung der Matrix B in $B = L + R$ mit der linken unteren und rechten oberen Dreiecksmatrix

(3) $$L = \begin{pmatrix} 0 & 0 & \cdots & 0 \\ b_{21} & 0 & \ddots & \vdots \\ \vdots & \ddots & 0 & 0 \\ b_{n1} & \cdots & b_{nn-1} & 0 \end{pmatrix}, \quad R = \begin{pmatrix} b_{11} & b_{12} & \cdots & b_{1n} \\ 0 & b_{22} & \ddots & \vdots \\ \vdots & \ddots & b_{n-1\,n-1} & b_{n-1\,n} \\ 0 & \cdots & 0 & b_{nn} \end{pmatrix}.$$

Hiermit nimmt das Gauß-Seidel- oder Einzelschrittverfahren die Gestalt an

(4) $$x^{(t+1)}=Lx^{(t+1)}+Rx^{(t)}+c, \qquad t=0,1,2,\ldots.$$

Offenbar ist $\det(E-L)=1$, so daß die inverse Matrix $(E-L)^{-1}$ existiert und die Beziehung (4) zur folgenden Iterationsvorschrift äquivalent wird

(5) $$x^{(t+1)}=Cx^{(t)}+d, \qquad C=(E-L)^{-1}R, \qquad d=(E-L)^{-1}c.$$

Dieses ist das Gesamtschrittverfahren zur Lösung der Gleichung $z-Cz=d$, so daß wir hierauf die Ergebnisse von Abschnitt 8.1 anwenden können.

Das Gauß-Seidel-Verfahren kann man ebenfalls zur Lösung des Gleichungssystems

(6) $$Az=b \iff \sum_{k=1}^{n} a_{jk}z_k=b_j, \qquad j=1,\ldots,n,$$

heranziehen, wenn die Diagonalelemente $a_{jj}\neq 0$ sind für $j=1,\ldots,n$. In diesem Falle lautet die Iterationsvorschrift

(7) $$x_j^{(t+1)}=\frac{1}{a_{jj}}\left(b_j-\sum_{k=1}^{j-1} a_{jk}x_k^{(t+1)}-\sum_{k=j+1}^{n} a_{jk}x_k^{(t)}\right), \qquad j=1,\ldots,n,$$

für $t=0,1,2,\ldots$. Dieses ist das obige Verfahren (2), angewandt auf die Matrix B und den Vektor c mit

(8) $$B=-D^{-1}(A-D), \qquad c=D^{-1}b,$$

und den Diagonalmatrizen

(9) $$D=\operatorname{diag}(a_{jj}), \qquad D^{-1}=\operatorname{diag}\left(\frac{1}{a_{jj}}\right).$$

8.2.2. Starkes und schwaches Zeilensummenkriterium. Oben haben wir bereits festgestellt, daß sich die Iterationsvorschrift (2) bzw. (7) des Gauß-Seidel-Verfahrens zur Lösung der Gleichung $z-Bz=c$ bzw. $Az=b$ schreiben läßt in der Gestalt eines Gesamtschrittverfahrens (5) mit der Matrix $C=(E-L)^{-1}R$. Mit den Ergebnissen von Abschnitt 8.1 können wir daher auch die Konvergenz dieser Verfahren beweisen. Als erstes hat man ein starkes Zeilensummenkriterium.

(10) *Für eine Matrix* $B=(b_{jk})_{j,k=1,\ldots,n}$ *mit der Eigenschaft*

(11) $$q=\max_{j=1,\ldots,n}\sum_{k=1}^{n}|b_{jk}|<1$$

ist die Matrix $E-B$ *nichtsingulär und konvergiert das Gauß-Seidel- oder Einzelschrittverfahren* (2) *bzw.* (5) *für jeden Anfangsvektor* $x^{(0)}$ *gegen die Lösung* z *der Gleichung* $z-Bz=c$,

$$z=(E-B)^{-1}c, \qquad x^{(t)}\longrightarrow z \quad (t\longrightarrow\infty)$$

mit der a-priori- und der a-posteriori-Fehlerabschätzung

(12) $$\|x^{(t)}-z\|_\infty \leq \frac{q}{1-q}\|x^{(t-1)}-x^{(t)}\|_\infty \leq \frac{q^t}{1-q}\|x^{(0)}-x^{(1)}\|_\infty, \qquad t=1,2,\ldots.$$

Die Konvergenz des Gauß-Seidel-Verfahrens läßt sich jedoch unter einer etwas allgemeineren Bedingung zeigen, die wir anschließend formulieren. Aus dem folgenden Satz erhält man dann unmittelbar auch den Beweis des obigen starken Zeilensummenkriteriums.

(13) *Für eine Matrix* $B=(b_{jk})_{j,\,k=1,\ldots,n}$ *mit der Eigenschaft*

(14) $$q_1=\sum_{k=1}^{n}|b_{1k}|, \quad q_j=\sum_{k=1}^{j-1}|b_{jk}|q_k+\sum_{k=j}^{n}|b_{jk}|, \quad j=2,\ldots,n, \quad q=\max_{j=1,\ldots,n} q_j<1,$$

ist die Matrix $E-B$ *nichtsingulär, und das Verfahren von Gauß-Seidel* (2) *bzw.* (5) *konvergiert für jeden Anfangsvektor* $x^{(0)}$ *gegen die Lösung* z *der Gleichung* $z-Bz=c$ *mit der a-priori- und der a-posteriori-Fehlerabschätzung* (12) *für* $q=\max_{j=1,\ldots,n} q_j$.

Beweis. Für einen beliebigen Vektor $x\in\mathbf{K}^n$ sei $y=Cx$, also $y=Ly+Rx$. Die erste Komponente des Vektors y genügt mit (14) der Abschätzung

$$|y_1|\leq\sum_{k=1}^{n}|b_{1k}|\,|x_k|\leq q_1\|x\|_\infty.$$

Wenn für eine natürliche Zahl j in $2\leq j\leq n$ die Ungleichungen $|y_k|\leq q_k\|x\|_\infty$ für $k=1,\ldots,j-1$ bewiesen sind, dann folgt aus der Gleichung $y=Ly+Rx$ mit den Bezeichnungen (14) weiter

$$|y_j|\leq\sum_{k=1}^{j-1}|b_{jk}|\,|y_k|+\sum_{k=j}^{n}|b_{jk}|\,|x_k|\leq\left(\sum_{k=1}^{j-1}|b_{jk}|q_k+\sum_{k=j}^{n}|b_{jk}|\right)\|x\|_\infty=q_j\|x\|_\infty.$$

Auf diese Weise wird also $|y_j|\leq q_j\|x\|_\infty$ für $j=1,\ldots,n$ und

$$\|Cx\|_\infty\leq q\|x\|_\infty, \qquad x\in\mathbf{K}^n, \qquad q=\max_{j=1,\ldots,n} q_j.$$

Hiermit erhält man schließlich die Aussage

$$\|C\|_\infty=\|(E-L)^{-1}R\|_\infty\leq q=\max_{j=1,\ldots,n} q_j<1.$$

Also ist die Matrix $E-C$ und somit auch die Matrix $E-B=(E-L)(E-C)$ nichtsingulär. Gemäß Abschnitt 8.1.2 folgt dann für das iterative Verfahren $x^{(t+1)}=Cx^{(t)}+d$, $t=0,1,2,\ldots$, die Konvergenz von

$$x^{(t)}\longrightarrow z=(E-C)^{-1}d=(E-B)^{-1}c \qquad (t\longrightarrow\infty)$$

mit der zugehörigen Fehlerabschätzung 8.1. (21) für die Matrix C anstelle von B und die Maximumnorm $\|x\|_\infty$ für $x \in \mathbf{K}^n$. Unter der Voraussetzung $\|B\|_\infty < 1$ des starken Zeilensummenkriteriums wird insbesondere

$$q_j \leq \sum_{k=1}^{n} |b_{jk}| \leq \|B\|_\infty < 1, \quad j=1,\dots,n, \quad q = \max_{j=1,\dots,n} q_j \leq \|B\|_\infty,$$

womit auch Satz (10) bewiesen ist. ■

Zu diesem Konvergenzsatz wollen wir jetzt noch einige hinreichende Bedingungen für die Gültigkeit der Voraussetzung (14) angeben. Wenn zum Beispiel die Matrix $B=(b_{jk})$ eine linke untere Dreiecksmatrix ist in der Gestalt

(15) $$B = \begin{pmatrix} 0 & \cdots & \cdots & 0 \\ b_{21} & 0 & & \vdots \\ \vdots & \ddots & \ddots & \vdots \\ b_{n1} & \cdots & b_{nn-1} & 0 \end{pmatrix} \iff \sum_{k=j}^{n} |b_{jk}| = 0, \quad j=1,\dots,n,$$

dann wird offensichtlich $q_j=0$, $j=1,\dots,n$, also auch $q=0$, und bereits der erste Schritt des Gauß-Seidel-Verfahrens liefert die gesuchte Lösung $x^{(1)}=z=(E-B)^{-1}c$. Die Matrix B genügt in diesem Falle der Bedingung $B^n=0$ und ist daher nilpotent. Weiter gilt ein sogenanntes schwaches Zeilensummenkriterium, das nicht nur die Konvergenz des Einzelschrittverfahrens sondern auch noch des Gesamtschrittverfahrens ergibt.

(16) *Eine quadratische Matrix* $B=(b_{jk})_{j,k=1,\dots,n}$ *mit der Eigenschaft*

$$\sum_{k=1}^{n} |b_{jk}| \leq 1, \quad \sum_{k=j}^{n} |b_{jk}| < 1, \quad j=1,\dots,n,$$

genügt der Bedingung (14), *so daß das Einzelschrittverfahren* (2) *bzw.* (5) *gegen die Lösung z der Gleichung $z-Bz=c$ konvergiert mit den Fehlerabschätzungen*

(17) $$\|x^{(t)}-z\|_\infty \leq \frac{q}{1-q} \|x^{(t-1)}-x^{(t)}\|_\infty \leq \frac{q^t}{1-q} \|x^{(0)}-x^{(1)}\|_\infty, \quad t=1,2,\dots.$$

Darüber hinaus genügt die Matrix B der Bedingung

$$\|B^t\|_\infty \leq q^{\left[\frac{t}{n}\right]}, \quad t=0,1,2,\dots,$$

mit der größten ganzen Zahl $[t/n] \leq t/n$. Daher konvergiert auch das Gesamtschrittverfahren 8.1. (2) *gegen die Lösung z der Gleichung $z-Bz=c$ mit den Fehlerabschätzungen in der Maximumnorm*

(18) $$\|x^{(t)}-z\| \leq \|(E-B)^{-1}\| \, \|x^{(t+1)}-x^{(t)}\| \leq q^{\left[\frac{t}{n}\right]} \|(E-B)^{-1}\| \, \|x^{(0)}-x^{(1)}\|, \quad t=1,2,\dots.$$

Beweis. (i) Unter der obigen Voraussetzung ist $q_1<1$. Wenn $q_k<1$ ausfällt für $k=1,\dots,j-1$, dann wird im Falle $\sum_{k=1}^{n}|b_{jk}|<1$ auch

$$q_j=\sum_{k=1}^{j-1}|b_{jk}|q_k+\sum_{k=j}^{n}|b_{jk}|\leq\sum_{k=1}^{n}|b_{jk}|<1,$$

und falls $\sum_{k=1}^{n}|b_{jk}|=1$ ist, wird mit der obigen Voraussetzung

$$\sum_{k=1}^{j-1}|b_{jk}|>0,\qquad q_j<\sum_{k=1}^{n}|b_{jk}|=1.$$

Daher ist $q_j<1$ für $j=1,\dots,n$ und $q=\max_{j=1,\dots,n}q_j<1$.

(ii) Nach Voraussetzung ist die maximale Zeilensumme $\|B\|_\infty\leq 1$ und folglich auch $\|B^t\|_\infty\leq\|B\|_\infty^t\leq 1$, $t=0,1,2,\dots$. Für jedes $x\in\mathbf{K}^n$ setzen wir $x^{(t)}=B^t x$ und erhalten die Abschätzung

$$|x_k^{(t)}|\leq\|B^t x\|_\infty\leq\|x\|_\infty,\qquad k=1,\dots,n,\qquad t=1,2,\dots.$$

Durch einen Induktionsschluß folgt weiter die Ungleichung $|x_k^{(t)}|\leq q_k\|x\|_\infty$, $k=1,\dots,t$, für jedes $t=1,\dots,n$ und damit die Bedingung

$$|x_k^{(n)}|\leq q_k\|x\|_\infty,\quad k=1,\dots,n\quad\Longrightarrow\quad\|x^{(n)}\|_\infty=\|B^n x\|_\infty\leq q\|x\|_\infty,\qquad x\in\mathbf{K}^n.$$

Für $t=1$ ist nämlich

$$|x_1^{(1)}|\leq\sum_{k=1}^{n}|b_{1k}|\,|x_k|\leq q_1\|x\|_\infty,$$

und wenn die obigen Ungleichungen für ein $t<n$ bereits bewiesen sind, so folgt auch

$$|x_j^{(t+1)}|\leq\sum_{k=1}^{j-1}|b_{jk}|\,|x_k^{(t)}|+\sum_{k=j}^{n}|b_{jk}|\,|x_k^{(t)}|\leq\left(\sum_{k=1}^{j-1}|b_{jk}|q_k+\sum_{k=j}^{n}|b_{jk}|\right)\|x\|_\infty=q_j\|x\|_\infty$$

für $j=1,\dots,t+1$. Jede natürliche Zahl t läßt sich zerlegen in $t=sn+r$ mit $s=[t/n]$, $0\leq r<n$. Dies ergibt die Beziehung

$$\|B^t\|_\infty\leq\|B^n\|_\infty^s\|B\|_\infty^r\leq q^{\left[\frac{t}{n}\right]}\longrightarrow 0$$

für $t=1,2,\dots,t\longrightarrow\infty$. Konvergenz und Fehlerabschätzungen des Gesamtschrittverfahrens erhält man dann schließlich aus Abschnitt 8.1. ■

Betrachtet man das Gauß-Seidel- oder Einzelschrittverfahren zur Lösung der Gleichung $Az=b$ in der Gestalt (7) und das Jacobi- oder Gesamtschrittverfahren in der Form 8.1. (5), dann nimmt die Voraussetzung des schwachen Zeilensummenkriteriums für die Matrix $B=-D^{-1}(A-D)$ die Gestalt an

$$(19)\qquad\sum_{\substack{k=1\\k\neq j}}^{n}|a_{jk}|\leq|a_{jj}|,\qquad\sum_{k=j+1}^{n}|a_{jk}|<|a_{jj}|,\qquad j=1,\dots,n.$$

Unter dieser hinreichenden Bedingung konvergieren also Gesamt- und Einzelschrittverfahren gegen die Lösung z der Gleichung $Az=b$. Nach Satz (13) wird in diesem Falle die Matrix $E-B$ nichtsingulär. Mit den Diagonalmatrizen D, D^{-1} in (9) hat man die Darstellung

$$A=D+A-D=D(E+D^{-1}(A-D))=D(E-B).$$

Also ist auch die Matrix A nichtsingulär und die Gleichung $Az=b$ stets eindeutig lösbar.

8.3. Gleichungssysteme mit positiv definiten Matrizen

Von besonderer Bedeutung sind die hier betrachteten iterativen Verfahren zur Lösung linearer Gleichungssysteme der Gestalt

(1) $$Az=b$$

mit einer positiv definiten Matrix A. In diesem Falle konvergiert nämlich das Verfahren von Gauß-Seidel oder Einzelschrittverfahren immer, ohne weitere Voraussetzungen. Das Verfahren von Jacobi oder Gesamtschrittverfahren läßt sich ebenfalls so formulieren, daß es ohne weitere Voraussetzungen an die Matrix A konvergiert. Jede positiv definite Matrix ist nichtsingulär, so daß die Gleichung (1) für jede rechte Seite $b \in \mathbf{K}^n$ eindeutig lösbar wird.

8.3.1. Das Verfahren von Jacobi oder Gesamtschrittverfahren. Jede positiv definite Matrix $A=(a_{jk})$ besitzt reelle positive Diagonalelemente,

(2) $$a_{jj}>0, \quad j=1,\ldots,n.$$

Damit existieren die zugehörigen Diagonalmatrizen

(3) $$D=\operatorname{diag}(a_{jj}), \quad D^{-1}=\operatorname{diag}\left(\frac{1}{a_{jj}}\right)$$

und sind ebenfalls positiv definit. Zur Lösung der Gleichung $Az=b$ betrachtet man hier mit einer geeigneten positiven Zahl σ zu einem beliebigen Anfangsvektor $x^{(0)} \in \mathbf{K}^n$ das iterative Verfahren

(4) $$x^{(t+1)}=x^{(t)}+\sigma D^{-1}(b-Ax^{(t)}) \iff x^{(t+1)}=Bx^{(t)}+c$$

für $t=0,1,2,\ldots$ mit den Abkürzungen

(5) $$B=E-\sigma D^{-1}A, \quad c=\sigma D^{-1}b.$$

Damit ist die Matrix $E-B=\sigma D^{-1}A$ nichtsingulär und die beiden Gleichungssysteme sind äquivalent

(6) $$Az=b \iff z-Bz=c.$$

Für die Fehlerabschätzungen zu diesem Verfahren führen wir noch im Sinne von Abschnitt 5.3 das folgende Skalarprodukt $(\cdot,\cdot)_D$ und die zugehörige Norm $\|\cdot\|_D$ ein durch die Vorschrift

(7) $$(x,y)_D=(Dx,y)_2=\sum_{j=1}^{n} a_{jj}x_j\overline{y_j}, \qquad \|x\|_D=\left(\sum_{j=1}^{n} a_{jj}|x_j|^2\right)^{\frac{1}{2}}$$

für $x=(x_1,\ldots,x_n)$, $y=(y_1,\ldots,y_n)\in\mathbf{K}^n$. Die Konvergenz des Verfahrens läßt sich wieder aus dem allgemeinen Konvergenzsatz in Abschnitt 8.1 herleiten mit dem folgenden Ergebnis.

(8) *Das Jacobi- oder Gesamtschrittverfahren* (4) *konvergiert dann und nur dann für jeden Anfangsvektor $x^{(0)}\in\mathbf{K}^n$ gegen die Lösung z der Gleichung $Az=b$, wenn der Parameter σ mit dem größten Eigenwert λ_1 von $D^{-1}A$ der Bedingung $0<\sigma<2/\lambda_1$ genügt. Unter dieser Bedingung gilt mit der Zahl $q=\max\limits_{j=1,\ldots,n}|1-\sigma\lambda_j|<1$ die a-posteriori- und a-priori-Fehlerabschätzung*

(9) $$\|x^{(t)}-z\|_D\le\frac{q}{1-q}\|x^{(t-1)}-x^{(t)}\|_D\le\frac{q^t}{1-q}\|x^{(0)}-x^{(1)}\|_D, \qquad t=1,2,\ldots.$$

Beweis. (i) Die Matrix $D^{-1}A$ definiert eine lineare Abbildung des Zahlenraums $\mathbf{K}^n$, die bezüglich des Skalarprodukts $(\cdot,\cdot)_D$ symmetrisch ist,

$$(D^{-1}Ax,y)_D=(Ax,y)_2=(x,Ay)_2=(x,D^{-1}Ay)_D, \qquad x,y\in\mathbf{K}^n,$$

und in diesem Sinne auch positiv definit wird,

$$(D^{-1}Ax,x)_D=(Ax,x)_2>0, \qquad 0\neq x\in\mathbf{K}^n.$$

Die Abbildung $D^{-1}A$ besitzt daher ein vollständiges Orthonormalsystem von Eigenvektoren $w_1,\ldots,w_n$ im Raum $\mathbf{K}^n$ mit dem Skalarprodukt $(\cdot,\cdot)_D$ und zugehörige reelle positive Eigenwerte $\lambda_1\ge\cdots\ge\lambda_n>0$,

$$D^{-1}Aw_j=\lambda_j w_j \iff Aw_j=\lambda_j Dw_j, \qquad j=1,\ldots,n.$$

Die Matrix $B=E-\sigma D^{-1}A$ hat die Eigenwerte $1-\sigma\lambda_j$ und die zugehörigen Eigenvektoren $w_j, j=1,\ldots,n$. Durch Darstellung nach diesem Orthonormalsystem gewinnt man die Abschätzung

$$\|Bx\|_D^2=\sum_{j=1}^{n}|1-\sigma\lambda_j|^2|(x,w_j)_D|^2\le q^2\sum_{j=1}^{n}|(x,w_j)_D|^2=q^2\|x\|_D^2$$

für jedes $x\in\mathbf{K}^n$ und mit der Abkürzung $q=\max|1-\sigma\lambda_j|$. Ist jetzt λ_1 der größte Eigenwert von $D^{-1}A$ und $0<\sigma<2/\lambda_1$, dann wird

$$1>1-\sigma\lambda_j\ge1-\sigma\lambda_1>-1, \qquad j=1,\ldots,n \iff q<1,$$

womit die Konvergenzaussage und die Fehlerabschätzungen mit der natürlichen Norm $\|B\|_D=q<1$ aus Abschnitt 8.1.3 folgen.
(ii) Für $\sigma\le0$ oder $\sigma\ge2/\lambda_1$ wird $q=|1-\sigma\lambda_1|\ge1$. Für den Eigenvektor w_1 gilt dann

$$\|B^t w_1\|_D=|1-\sigma\lambda_1|^t\ge1, \qquad t=1,2,\ldots.$$

Also ist in diesem Falle die notwendige und hinreichende Bedingung $B^t \to 0$ $(t \to \infty)$ für die Konvergenz des Gesamtschrittverfahrens in Satz 8.1. (8) verletzt.

Zu diesem Satz wollen wir noch einige Bemerkungen machen. Den Parameter σ kann man speziell so wählen, daß der Faktor $q = \max |1 - \sigma \lambda_j|$ möglichst klein ausfällt. Bezeichnet λ_1 den größten und λ_n den kleinsten Eigenwert von $D^{-1}A$, dann wird der Parameter $\sigma = \omega$ optimal mit

$$\omega = \frac{2}{\lambda_1 + \lambda_n}, \quad q_\omega = \frac{\lambda_1 - \lambda_n}{\lambda_1 + \lambda_n}.$$

Im allgemeinen kennt man jedoch die Eigenwerte von $D^{-1}A$ nicht, so daß man zur Bestimmung des Parameters σ auf Abschätzungen angewiesen ist. Nach Satz 5.4. (6) genügt zum Beispiel der größte Eigenwert λ_1 mit der maximalen Zeilensumme von $D^{-1}A$ der Abschätzung $\lambda_1 \le \|D^{-1}A\|_\infty$. Wählt man also den Parameter σ im Intervall

$$(10) \qquad 0 < \sigma < \frac{2}{\|D^{-1}A\|_\infty}, \qquad \|D^{-1}A\|_\infty = 1 + \max_{j=1,\ldots,n} \sum_{\substack{k=1 \\ k \ne j}}^{n} \frac{|a_{jk}|}{|a_{jj}|},$$

dann ist die Voraussetzung $0 < \sigma < 2/\lambda_1$ des obigen Konvergenzsatzes (8) erfüllt. Unter der Bedingung des starken Zeilensummenkriteriums 8.1. (25) wird $\|D^{-1}A\|_\infty < 2$, so daß man $\sigma = 1 < 2/\|D^{-1}A\|_\infty$ wählen kann und hiermit wieder das Gesamtschrittverfahren 8.1. (5) erhält.

8.3.2. Das Verfahren von Gauß-Seidel oder Einzelschrittverfahren. Für jede positiv definitive Matrix $A = (a_{jk})$ ist das Gauß-Seidel-Verfahren definiert und ohne weitere Voraussetzungen konvergent. In der Praxis arbeitet man jedoch etwas allgemeiner mit sogenannten Überrelaxationsverfahren, die bei geeigneter Wahl des Parameters σ bedeutend schneller konvergieren als das gewöhnliche Einzelschrittverfahren. Wir zeigen anschließend die Konvergenz dieser Verfahren und geben zugehörige Fehlerabschätzungen an. Den optimalen Wert des Parameters σ und die zugehörige Fehlerabschätzung erhält man allerdings nicht mit diesen Methoden, sondern durch Untersuchung des asymptotischen Konvergenzverhaltens, worauf wir aber in diesem Rahmen nicht eingehen können.

Das Gauß-Seidel- oder Einzelschrittverfahren zur Lösung der Gleichung $Az = b$ für eine positiv definite Matrix $A = (a_{jk})_{j,k=1,\ldots,n}$ lautet

$$(11) \qquad x_j^{(t+1)} = \frac{1}{a_{jj}} \left(b_j - \sum_{k=1}^{j-1} a_{jk} x_k^{(t+1)} - \sum_{k=j+1}^{n} a_{jk} x_k^{(t)} \right), \quad j = 1, \ldots, n, \quad t = 0, 1, 2, \ldots.$$

Mit der Diagonalmatrix $D = \mathrm{diag}(a_{jj})$ sowie der linken unteren und rechten oberen Dreiecksmatrix

$$(12) \qquad L = \begin{pmatrix} 0 & \cdots & \cdots & 0 \\ a_{21} & 0 & & \vdots \\ \vdots & \ddots & \ddots & \vdots \\ a_{n1} & \cdots & a_{nn-1} & 0 \end{pmatrix}, \qquad R = \begin{pmatrix} 0 & a_{12} & \cdots & a_{1n} \\ \vdots & \ddots & \ddots & \vdots \\ \vdots & & 0 & a_{n-1n} \\ 0 & \cdots & \cdots & 0 \end{pmatrix}$$

besitzt die Matrix A die Zerlegung $A=D+L+R$ und erhält die obige Iterationsvorschrift die Form

$$(13) \qquad x^{(t+1)}=D^{-1}(b-Lx^{(t+1)}-Rx^{(t)}) \iff x^{(t+1)}=Cx^{(t)}+d, \qquad t=0,1,2,\ldots,$$

mit den Abkürzungen

$$C=-(D+L)^{-1}R, \qquad d=(D+L)^{-1}b.$$

Beim zugehörigen Relaxationsverfahren bestimmt man etwas allgemeiner mit einem reellen Parameter $\sigma \neq 0$ die Näherung $x^{(t+1)}$ als Linearkombination von $x^{(t)}$ und dem obigen Ausdruck auf der rechten Seite in (13) in der Gestalt

$$(14) \qquad x^{(t+1)}=(1-\sigma)x^{(t)}+\sigma D^{-1}(b-Lx^{(t+1)}-Rx^{(t)}) \iff x^{(t+1)}=Cx^{(t)}+d$$

für $t=0,1,2,\ldots$ mit den Abkürzungen

$$(15) \qquad C=\left(\frac{1}{\sigma}D+L\right)^{-1}\left(\left(\frac{1}{\sigma}-1\right)D-R\right), \quad d=\left(\frac{1}{\sigma}D+L\right)^{-1}b, \quad \sigma \neq 0.$$

Für $\sigma=1$ stimmt dieses Verfahren gerade wieder mit dem gewöhnlichen Einzelschrittverfahren überein. Für $1<\sigma<2$ nennt man (15) ein Überrelaxationsverfahren und für $0<\sigma<1$ ein Unterrelaxationsverfahren.

Der Konvergenzbeweis für diese Verfahren wird mit einem speziellen, dem Problem besonders angepaßten Skalarprodukt auf $\mathbf{K}^n$ geführt. Und zwar dient dazu im Sinne von Abschnitt 5.3 mit der positiv definiten Matrix A das Skalarprodukt $(\cdot,\cdot)_A$ und die zugehörige Norm $\|\cdot\|_A$,

$$(x,y)_A=(Ax,y)_2, \qquad \|x\|_A=\sqrt{(Ax,x)_2}, \qquad x,y\in\mathbf{K}^n.$$

Der angekündigte Konvergenzsatz lautet dann folgendermaßen.

(16) *Für jede positiv definite Matrix* $A=(a_{jk})$ *konvergiert das Gauß-Seidel- oder Einzelschrittverfahren* (11) *für einen beliebigen Anfangsvektor* $x^{(0)}\in\mathbf{K}^n$ *gegen die Lösung* z *der Gleichung* $Az=b$. *Wenn der Parameter* $\sigma\neq 0$ *der Bedingung* $0<\sigma<2$ *genügt, dann und nur dann konvergiert das Relaxationsverfahren* (14) *gegen die Lösung* $z=A^{-1}b$, *dabei gelten mit* $q=\|C\|_A<1$ *die Fehlerabschätzungen*

$$\|x^{(t)}-z\|_A \le \frac{q}{1-q}\|x^{(t)}-x^{(t-1)}\|_A \le \frac{q^t}{1-q}\|x^{(1)}-x^{(0)}\|_A, \qquad t=1,2,\ldots.$$

Beweis. (i) Zur Vereinfachung der Schreibweise führen wir die Matrizen ein

$$S=\frac{1}{\sigma}D+L, \qquad T=\left(\frac{1}{\sigma}-1\right)D-R, \qquad D_\sigma=\frac{2-\sigma}{\sigma}D, \qquad \sigma\neq 0.$$

Dann wird offenbar $A=D+L+R=S-T$, und mit den Matrizen $Z=A^{-1}T$, $E+Z=A^{-1}S$ folgt die Darstellung

$$C=S^{-1}T=(A+T)^{-1}T=(E+Z)^{-1}Z=Z(E+Z)^{-1}.$$

Für jeden Vektor $y \in \mathbf{K}^n$ hat man die Gleichung

$$\|(E+Z)y\|_A^2 = \|y\|_A^2 + \|Zy\|_A^2 + (Ty,y)_2 + (y,Ty)_2 .$$

Die Matrix A ist symmetrisch bzw. hermitesch, so daß die zugehörigen Dreiecksmatrizen L, R in (12) der Beziehung $(Rx,y)_2 = (x,Ly)_2$ für $x,y \in \mathbf{K}^n$ genügen. Weiter ist $A-D=L+R$ und die Diagonalmatrix $D=\operatorname{diag}(a_{jj})$ positiv definit, so daß man mit dem zugehörigen Skalarprodukt $(\cdot,\cdot)_D$ die Gleichung erhält

$$(Ty,y)_2 + (y,Ty)_2 = 2\left(\frac{1}{\sigma}-1\right)\|y\|_D^2 - (y,(L+R)y)_2 = \left(\frac{2}{\sigma}-1\right)\|y\|_D^2 - \|y\|_A^2 .$$

Setzt man dies in der obigen Beziehung für $\|(E+Z)y\|_A^2$ ein, dann gewinnt man mit $C=Z(E+Z)^{-1}$ und mit $y=(E+Z)^{-1}x = S^{-1}Ax$ die wichtige Darstellung

$$\|x\|_A^2 = \|Cx\|_A^2 + \frac{2-\sigma}{\sigma}\|S^{-1}Ax\|_D^2, \qquad x \in \mathbf{K}^n . \tag{17}$$

Für $\sigma<0$ oder $\sigma \geq 2$ ist $(2-\sigma)/\sigma \leq 0$, also $\|x\|_A \leq \|Cx\|_A$ oder allgemeiner

$$\|x\|_A \leq \|C^t x\|_A, \qquad x \in \mathbf{K}^n, \qquad t=0,1,2,\ldots,$$

so daß für diese Werte des Parameters σ die Bedingung $C^t \longrightarrow 0$ $(t \longrightarrow \infty)$ des allgemeinen Konvergenzsatzes in Abschnitt 8.1 verletzt und das zugehörige Iterationsverfahren nicht konvergent ist.

(ii) Jetzt zeigen wir die Konvergenz des Verfahrens für $0<\sigma<2$ und formen dazu den zweiten Term auf der rechten Seite von (17) noch weiter um. Die Matrix S hat die Darstellungen

$$S = A+T = D_\sigma - T^* = (E-T^*D_\sigma^{-1})D_\sigma, \qquad T^* = \left(\frac{1}{\sigma}-1\right)D-L .$$

Hiermit gewinnt man die Beziehung

$$\begin{aligned}\frac{2-\sigma}{\sigma}\|S^{-1}Ax\|_D^2 &= ((E-T^*D_\sigma^{-1})^{-1}Ax,(D_\sigma-T^*)^{-1}Ax)_2 \\ &= ((D_\sigma-T)^{-1}(E-T^*D_\sigma^{-1})^{-1}Ax,x)_A = ((E+K)^{-1}x,x)_A, \\ &\qquad x \in \mathbf{K}^n,\end{aligned} \tag{18}$$

mit der Matrix $K=A^{-1}T^*D_\sigma^{-1}T$ und mit Hilfe der Gleichung

$$(E-T^*D_\sigma^{-1})(D_\sigma-T) = D_\sigma - T - T^* + T^*D_\sigma^{-1}T = A(E+K) .$$

Die Matrix K definiert eine symmetrische Abbildung des Raumes $\mathbf{K}^n$ mit Skalarprodukt $(\cdot,\cdot)_A$, was man aus der Darstellung abliest

$$(Kx,y)_A = \frac{\sigma}{2-\sigma}(D^{-1}Tx, D^{-1}Ty)_D, \qquad x,y \in \mathbf{K}^n .$$

Weiter ist hiermit K positiv semidefinit bezüglich des Skalarprodukts $(\cdot,\cdot)_A$ und genügt mit dem größten Eigenwert μ von K der Ungleichung

$$0 \leq \frac{\sigma}{2-\sigma}\|D^{-1}Tx\|_D^2 = (Kx,x)_A \leq \mu\|x\|_A^2, \qquad x \in \mathbf{K}^n .$$

Der kleinste Eigenwert von $(E+K)^{-1}$ ist dann $1/(1+\mu)$, so daß weiter die Ungleichung besteht

$$\frac{1}{1+\mu}\|x\|_A^2 \leq ((E+K)^{-1}x,x)_A \leq \|x\|_A^2, \qquad x\in\mathbf{K}^n.$$

Damit folgt schließlich aus (17) und (18) das Ergebnis

$$\|Cx\|_A^2 = \|x\|_A^2 - ((E+K)^{-1}x,x)_A < \frac{\mu}{1+\mu}\|x\|_A^2, \qquad x\in\mathbf{K}^n,$$

also $\|C\|_A^2 \leq \mu/(1+\mu) < 1$. Mit einem normierten Eigenvektor $w, \|w\|_A = 1$, von K zum Eigenwert μ wird übrigens $\|Cw\|_A^2 = \mu/(1+\mu)$, so daß $\|C\|_A^2 = \mu/(1+\mu)$ ist. ■

Der obige Satz ergibt mit Hilfe der Norm $\|\cdot\|_A$ die Konvergenz des Gauß-Seidel- oder allgemeiner des Relaxationsverfahrens für $0<\sigma<2$. Für Fehlerabschätzungen wird man allerdings im allgemeinen die Maximumnorm vorziehen. Für Iterationsverfahren der Gestalt $x^{(t+1)} = Cx^{(t)} + d$ wurde in Abschnitt 8.1 die folgende Darstellung des Fehlervektors gezeigt,

$$x^{(t)} - z = (E-C)^{-1}C(x^{(t-1)} - x^{(t)}), \quad t = 1,2,\ldots$$

Hier ist nun

$$(E-C)^{-1}C = A^{-1}D\left(\left(\frac{1}{\sigma}-1\right) - D^{-1}R\right),$$

und daher hat man schließlich noch die a-posteriori-Fehlerabschätzung

$$\text{(19)} \qquad \|x^{(t)} - z\|_\infty \leq \|A^{-1}D\|_\infty \left(\frac{|\sigma-1|}{\sigma} + \|D^{-1}R\|_\infty\right)\|x^{(t)} - x^{(t-1)}\|_\infty$$

für $t=1,2,\ldots$ mit

$$\|D^{-1}R\|_\infty = \max_{j=1,\ldots,n} \sum_{k=j+1}^{n} \frac{|a_{jk}|}{|a_{jj}|}.$$

8.4. Iterative Methoden zur Invertierung von Matrizen

Im folgenden werden zwei iterative Verfahren zur Berechnung der Inversen einer gegebenen Matrix beschrieben, die auf dem Verfahren der kontrahierenden Abbildungen und dem Newtonschen Verfahren beruhen. Als Vorbereitung hierauf wird die Neumannsche Reihe einer Matrix eingeführt.

8.4.1. Die Neumannsche Reihe. Nach Abschnitt 5.2 bildet die Menge der quadratischen Matrizen mit Elementen aus dem Körper $\mathbf{K}=\mathbf{R}$ bzw. $\mathbf{K}=\mathbf{C}$ einen Vektorraum über $\mathbf{K}$, der mit einer Norm $\|\cdot\|$ versehen werden kann. Wir betrachten im folgenden Matrizennormen, die den Bedingungen (N 1)–(N 5) genügen. Insbesondere gilt damit für jedes Paar B, C quadratischer Matrizen die Ungleichung

$$\text{(1)} \qquad \|BC\| \leq \|B\|\,\|C\|.$$

Die Konvergenz einer Folge von Matrizen gegen eine Matrix ist elementweise erklärt und äquivalent zur Konvergenz in einer beliebigen Matrizennorm. In diesem Sinne kann man auch unendliche Reihen von Matrizen einführen. Die Reihe

(2) $$\sum_{j=0}^{\infty} A_j = A_0 + A_1 + A_2 + \cdots$$

heißt dann konvergent gegen eine Matrix S, wenn die Folge der Partialsummen

(3) $$S_t = \sum_{j=0}^{t} A_j$$

elementweise gegen die Matrix S konvergiert,

(4) $$S_t = \sum_{j=0}^{t} A_j \longrightarrow S \qquad (t \longrightarrow \infty).$$

Mit Hilfe des Cauchyschen Konvergenzkriteriums ist für die Konvergenz der Reihe notwendig und hinreichend, daß zu jedem $\varepsilon > 0$ eine natürliche Zahl t_0 existiert mit der Eigenschaft

(5) $$\left\| \sum_{j=t+1}^{t+p} A_j \right\| < \varepsilon$$

für jedes $t \geq t_0$ und jede natürliche Zahl p.

Die Neumannsche Reihe einer quadratischen Matrix B ist nun definiert durch die unendliche Reihe

(6) $$\sum_{j=0}^{\infty} B^j = E + B + B^2 + \cdots.$$

Die Neumannsche Reihe steht in unmittelbarem Zusammenhang mit dem Gesamtschrittverfahren zur Lösung der Gleichung $z - Bz = c$. Die Vektoren $x^{(t)}$ des Gesamtschrittverfahrens lassen sich nämlich mit den Partialsummen der Neumannschen Reihe darstellen, was in der Gleichung 8.1.(7) sichtbar wird. Dementsprechend hat man den folgenden Satz.

(7) *Wenn die Potenzen der quadratischen Matrix B eine Nullfolge bilden,*

(8) $$B^t \longrightarrow 0 \qquad (t \longrightarrow \infty),$$

dann und nur dann wird die Matrix $E - B$ nichtsingulär und die Neumannsche Reihe (6) *konvergent mit der Darstellung*

(9) $$\sum_{j=0}^{\infty} B^j = (E - B)^{-1}.$$

Beweis. (i) Wenn die Neumannsche Reihe konvergiert, dann streben die Partialsummen $S_t \longrightarrow (E-B)^{-1}$, $S_{t-1} \longrightarrow (E-B)^{-1}$ und somit auch die Reihenglieder

$$B^t = S_t - S_{t-1} \longrightarrow 0 \qquad (t \longrightarrow \infty).$$

(ii) Wenn $B^t \longrightarrow 0$ strebt für $t \longrightarrow \infty$, dann ist die Matrix $E-B$ nichtsingulär. Sonst hätte man einen Vektor v mit $0 \neq v = Bv = B^2 v = \cdots = B^t v$, womit der Widerspruch $v = B^t v \longrightarrow 0$ $(t \longrightarrow \infty)$ folgte. Für die Partialsummen S_t gilt weiter die Beziehung

$$S_t(E-B) = E - B^{t+1} \quad \Longleftrightarrow \quad S_t = (E - B^{t+1})(E-B)^{-1}$$

für $t = 0, 1, 2, \ldots$. Mit $B^t \longrightarrow 0$ konvergiert dann auch

$$S_t \longrightarrow (E-B)^{-1} \qquad (t \longrightarrow \infty).$$

■

Im Anschluß an diesen Satz wollen wir mit zwei Beispielen einfache hinreichende Bedingungen für die Konvergenz der Neumannschen Reihe angeben.

Beispiel 1. Wenn mit einer Matrizennorm $\|\cdot\|$ die Voraussetzung $\|B\| < 1$ erfüllt ist, dann konvergiert offenbar

$$\|B^t\| \leq \|B\|^t \longrightarrow 0 \qquad (t \longrightarrow \infty).$$

In diesem Falle kann man aus der Neumannschen Reihe noch die Ungleichung erhalten

$$\|(E-B)^{-1}\| \leq \sum_{j=0}^{\infty} \|B\|^j = \frac{1}{1 - \|B\|}.$$

Beispiel 2. Die Neumannsche Reihe wird trivialerweise konvergent für eine nilpotente Matrix B. Zum Beispiel ist eine Dreiecksmatrix der Form

$$B = \begin{pmatrix} 0 & \cdots & & 0 \\ & \ddots & & \vdots \\ b_{21} & & \ddots & \vdots \\ \vdots & \ddots & & \\ b_{n1} & \cdots & b_{nn-1} & 0 \end{pmatrix}$$

nilpotent mit $B^n = 0$. In diesem Falle nimmt die Neumannsche Reihe die einfache Gestalt an

$$(E-B)^{-1} = E + B + \cdots + B^{n-1}.$$

8.4.2. Iterationsverfahren zur Invertierung von Matrizen. Die Berechnung der inversen Matrix einer nichtsingulären quadratischen Matrix A ist auf iterativem Wege möglich, wenn man eine geeignete Näherung C für die Inverse A^{-1} kennt. Das folgende Verfahren eignet sich damit auch zur Nachiteration einer etwa nach dem Eliminationsverfahren numerisch berechneten Näherung für die inverse Matrix A^{-1}. Zu einer beliebigen Näherung C für die Inverse A^{-1} läßt sich mit einer Einsetzprobe stets der Defekt $E - AC$ berechnen. Wenn der Defekt in einer Matrizennorm der Bedingung $\|E - AC\| < 1$ genügt, dann kann man die inverse Matrix A^{-1} nach dem folgenden Verfahren iterativ bestimmen.

(10) *Seien A und C quadratische Matrizen mit der Eigenschaft*

$$\|E-AC\| \le q < 1 .$$

Dann sind A und C nichtsingulär, und mit der Abkürzung $B = E - AC$ konvergiert für jede Matrix X_0 die Matrizenfolge

(11) $$X_{t+1} = X_t B + C, \quad t = 0,1,2,\ldots,$$

gegen die Inverse A^{-1} mit der a-posteriori- und der a-priori-Fehlerabschätzung

(12) $$\|X_t - A^{-1}\| \le \frac{q}{1-q} \|X_t - X_{t-1}\| \le \frac{q^t}{1-q} \|X_1 - X_0\|, \quad t = 1,2,\ldots.$$

Beweis. Nach Voraussetzung ist $\|B\| \le q < 1$, so daß die Neumannsche Reihe der Matrix B konvergiert, die Matrix $(E-B)^{-1} = (AC)^{-1}$ existiert und die Darstellung hat

$$\sum_{j=0}^{\infty} B^j = (E-B)^{-1} = (AC)^{-1} .$$

Auf Grund des Determinantenmultiplikationssatzes wird daher $\det A \det C = \det(AC) \neq 0$, so daß auch die Matrizen A und C nichtsingulär sind. Ähnlich wie in Abschnitt 8.1.2 erhält man mit (11) die Beziehungen

$$(X_t - A^{-1})(E-B) = X_t - X_t B - A^{-1}(AC) = X_t - X_{t+1}, \quad t = 0,1,2,\ldots,$$

und

$$X_t - X_{t+1} = (X_{t-1} - X_t)B = \cdots = (X_0 - X_1)B^t, \qquad t = 1,2,\ldots,$$

so daß die Darstellung gilt

(13) $$X_t - A^{-1} = (X_t - X_{t+1})(E-B)^{-1} = (X_{t-1} - X_t)B(E-B)^{-1}$$

für $t = 1,2,\ldots$. Hieraus folgen die Fehlerabschätzungen und schließlich die Konvergenz $X_t \to A^{-1}$ $(t \to \infty)$. ■

8.4.3. Das Newtonsche Verfahren zur Invertierung von Matrizen. Sei wieder A eine nichtsinguläre quadratische Matrix. Dann ist die inverse Matrix $X = A^{-1}$ offenbar eine Lösung der Gleichung

$$f(X) = X^{-1} - A = 0 .$$

In Paragraph 9 werden wir das Newtonsche Verfahren zur Lösung von Gleichungen kennen lernen. Wendet man dieses Verfahren auf die Lösung der obigen Gleichung an, so erhält man die anschließende Vorschrift zur iterativen Bestimmung einer Folge von Näherungen X_t der inversen Matrix A^{-1},

(14) $$X_{t+1} = X_t(E + R_t), \quad R_t = E - AX_t, \quad t = 0,1,2,\ldots.$$

Die Matrizen R_t sind hier offenbar die Defekte bei der Einsetzprobe der Näherungen X_t in die Gleichung $AX = E$. Der folgende Satz über die Konvergenz dieses Verfahrens läßt sich leicht beweisen.

(15) *Für eine nichtsinguläre Matrix A konvergiert die Matrizenfolge* X_t, $t=0,1,2,\ldots$, *in* (14) *für jede Matrix* X_0 *mit der Eigenschaft*

$$\|R_0\|=\|E-AX_0\|\leq q<1$$

gegen die inverse Matrix A^{-1} *mit der a-posteriori- und der a-priori-Fehlerabschätzung*

$$\|X_t-A^{-1}\|\leq\frac{\|X_0\|}{1-q}\|E-AX_t\|\leq\frac{\|X_0\|}{1-q}q^{(2^t)},\qquad t=0,1,2,\ldots.$$

Beweis. Mit den obigen Bezeichnungen wird

$$R_t=E-AX_t=E-AX_{t-1}(E+R_{t-1})=R_{t-1}-AX_{t-1}R_{t-1}=R_{t-1}^2,\qquad t=1,2,\ldots.$$

Hiermit gewinnt man die Darstellung

$$R_t=(R_0)^{(2^t)},\qquad t=0,1,2,\ldots,$$

und für $\|R_0\|<1$ die Konvergenz der Matrizenfolge

$$X_t=A^{-1}(E-R_t)\longrightarrow A^{-1}\qquad(t\longrightarrow\infty).$$

Die Gleichung $R_0=E-AX_0$ gestattet noch die Darstellung $A^{-1}=X_0(E-R_0)^{-1}$ und damit die Abschätzung

$$\|A^{-1}\|\leq\frac{\|X_0\|}{1-q}.$$

Für die Fehlerabschätzung erhält man so die Ungleichungen

$$\|X_t-A^{-1}\|\leq\|A^{-1}\|\,\|R_t\|\leq\frac{\|X_0\|}{1-q}\|R_t\|\leq\frac{\|X_0\|}{1-q}\|R_0\|^{(2^t)},\qquad t=0,1,2,\ldots.$$

8.5. Numerische Übungsaufgaben

1. Das Gesamtschrittverfahren. a) Man berechne Näherungslösungen des Gleichungssystems $Ax=b$ mit der Matrix

$$A=\begin{pmatrix}20&-4&-4&-1\\-4&20&-1&-4\\-4&-1&20&-4\\-1&-4&-4&20\end{pmatrix}$$

und dem Vektor $b=(1,0,0,0)$ mit Hilfe des Gesamtschrittverfahrens.

Ergebnis. Die Matrix A erfüllt das starke Zeilensummenkriterium.

Es ist $q=\max\limits_{j=1,\ldots,n}\sum\limits_{\substack{k=1\\k\neq j}}^{n}|a_{jk}/a_{jj}|=0.45<1$, und ausgehend von $x^{(0)}=(1,1,1,1)$ erhält man

$$x^{(14)}=(0.05581,0.01348,0.01348,0.00819),$$

$$x^{(15)}=(0.05580,0.01347,0.01347,0.00818)$$

mit der a-posteriori-Fehlerabschätzung

$$\|x^{(15)} - z\|_\infty \leq \frac{q}{1-q} \|x^{(15)} - x^{(14)}\|_\infty = 0.61 \cdot 10^{-5}.$$

b) Mit Hilfe des Gesamtschrittverfahrens berechne man Näherungslösungen des Gleichungssystems $Ax = f$ mit der folgenden Matrix A und dem Vektor f,

$$A = \begin{bmatrix} 2 & -1 & 0 & 0 & 0 & 0 \\ -1 & 2 & -1 & 0 & 0 & 0 \\ 0 & -1 & 2 & -1 & 0 & 0 \\ 0 & 0 & -1 & 2 & -1 & 0 \\ 0 & 0 & 0 & -1 & 2 & -1 \\ 0 & 0 & 0 & 0 & -1 & 2 \end{bmatrix}, \quad f = \begin{bmatrix} 1 \\ 2 \\ 3 \\ 4 \\ 5 \\ 6 \end{bmatrix}.$$

Ergebnis. Die exakte Lösung ist $z = (8, 15, 20, 22, 20, 13)$. Die Matrix A genügt dem schwachen Zeilensummenkriterium, so daß das Gesamtschrittverfahren konvergiert.

t	$x_1^{(t)}$	$x_2^{(t)}$	$x_3^{(t)}$	$x_4^{(t)}$	$x_5^{(t)}$	$x_6^{(t)}$	$\|x^{(t)} - x^{(t-1)}\|_\infty$
0	1.0000	1.0000	1.0000	1.0000	1.0000	1.0000	
25	7.3303	13.8002	18.4953	20.5039	18.7933	12.3341	0.1740
50	7.9509	14.9110	19.8897	21.8890	19.9115	12.9506	0.0128
75	7.9964	14.9935	19.9918	21.9919	19.9934	12.9964	0.0009
100	7.9997	14.9995	19.9994	21.9994	19.9995	12.9997	0.0001
124	8.0000	15.0000	20.0000	22.0000	20.0000	13.0000	0.0000

2. Das Einzelschrittverfahren. a) Man berechne Näherungslösungen des Gleichungssystems $Ax = f$ aus Aufgabe 1.b) mit Hilfe des Einzelschrittverfahrens.

Ergebnis. Die Matrix A erfüllt das schwache Zeilensummenkriterium, und für die Zahl q aus Satz 8.2. (13) gilt $q = \frac{31}{32} < 1$. Im folgenden ist die a-posteriori-Fehlerabschätzung $\|x^{(t)} - z\|_\infty \leq \frac{q}{1-q} \|x^{(t)} - x^{(t-1)}\|_\infty = a_t$ angegeben.

t	$x_1^{(t)}$	$x_2^{(t)}$	$x_3^{(t)}$	$x_4^{(t)}$	$x_5^{(t)}$	$x_6^{(t)}$	a_t
0	1.0000	1.0000	1.0000	1.0000	1.0000	1.0000	
10	6.3451	12.3114	16.9780	19.2766	18.0321	12.0160	21.7069
20	7.7942	14.6658	19.6245	21.6617	19.7556	12.8778	2.6993
30	7.9744	14.9585	19.9534	21.9580	19.9696	12.9848	0.3353
40	7.9968	14.9948	19.9942	21.9948	19.9962	12.9981	0.0417
50	7.9996	14.9994	19.9993	21.9994	19.9995	12.9998	0.0052
60	8.0000	14.9999	19.9999	21.9999	19.9999	13.0000	0.0007
63	8.0000	15.0000	20.0000	22.0000	20.0000	13.0000	0.0003

b) Man berechne Näherungslösungen des Gleichungssystems $Cx = g$ mit Hilfe des Einzelschrittverfahrens. Für die a-posteriori-Fehlerabschätzung berechne man $\|x^{(t)} - x^{(t-1)}\|_\infty$.

$$C=\begin{pmatrix}5&7&6&5\\7&10&8&7\\6&8&10&9\\5&7&9&10\end{pmatrix},\quad g=\begin{pmatrix}23\\32\\33\\31\end{pmatrix}.$$

Die Matrix C ist positiv definit, erfüllt aber nicht die Zeilensummenkriterien.

Ergebnis. Die exakte Lösung ist $z=(1,1,1,1)$.

t	$x_1^{(t)}$	$x_2^{(t)}$	$x_3^{(t)}$	$x_4^{(t)}$	$\|x^{(t)}-x^{(t-1)}\|_\infty$
0	0.50000	0.50000	0.50000	0.50000	
10	1.66575	0.55392	0.94617	1.02783	0.01797
20	1.40171	0.75856	0.89800	1.05995	0.00125
30	1.21578	0.87031	0.94521	1.03220	0.00067
40	1.11591	0.93034	0.97057	1.01730	0.00036
50	1.06226	0.96258	0.98419	1.00093	0.00019
60	1.03344	0.97990	0.99151	1.00499	0.00010
70	1.01796	0.98921	0.99544	1.00268	0.00006
80	1.00964	0.99420	0.99755	1.00144	0.00003
90	1.00518	0.99689	0.99869	1.00077	0.00002
100	1.00278	0.99833	0.99929	1.00041	0.00001

3. Das Iterationsverfahren zur Invertierung von Matrizen. Man berechne Näherungen der inversen Matrix A^{-1} von A mit Hilfe des Iterationsverfahrens $X_{t+1}=X_t(E-AC)+C$, $t=0,1,2,\ldots$, für die Matrix A aus Aufgabe 1.a) mit $X_0=C=\frac{1}{20}E$.

Ergebnis. Mit der maximalen Zeilensumme als Matrizennorm ist $q=\|E-AC\|_\infty=0.45000<1$, und die Näherung X_{17} für A^{-1} lautet

$$X_{17}=\begin{pmatrix}0.05580&0.01347&0.01347&0.00818\\0.01347&0.05580&0.00818&0.01347\\0.01347&0.00818&0.05580&0.01347\\0.00818&0.01347&0.01347&0.05580\end{pmatrix}.$$

In der a-priori-Fehlerabschätzung ist $q^{17}<(\frac{1}{2})^{17}<(10^{-3})^{1.7}<10^{-5}$. Die weiteren numerisch erhaltenen Näherungen X_t für $t\geq 17$ ändern sich nur noch in den hier nicht wiedergegebenen Dezimalstellen.

4. Das Newtonsche Verfahren zur Invertierung von Matrizen. Man berechne Näherungen der inversen Matrizen A^{-1} und D^{-1} von A aus Aufgabe 1.a) und D,

$$D=\begin{pmatrix}5&4&1&1\\4&5&1&1\\1&1&4&2\\1&1&2&4\end{pmatrix},$$

mit Hilfe des Newtonschen Verfahrens $X_{t+1}=X_t(E+R_t)$, $R_t=E-AX_t$, $t=0,1,2,\ldots$.

Ergebnis. Im Fall der Matrix A erhält man mit $X_0=\frac{1}{20}E$ bereits für $t=4$ das obige Ergebnis,

$$X_4=\begin{pmatrix} 0.05580 & 0.01347 & 0.01347 & 0.00818 \\ 0.01347 & 0.05580 & 0.00818 & 0.01347 \\ 0.01347 & 0.00818 & 0.05580 & 0.01347 \\ 0.00818 & 0.01347 & 0.01347 & 0.05580 \end{pmatrix}.$$

Die Matrix D ist symmetrisch und hat die Eigenwerte $1, 2, 5, 10$. Für $X_0=\frac{1}{10}E$ folgt daher mit der Spektralnorm $q=\|E-DX_0\|=\|E-\frac{1}{10}D\|=\frac{9}{10}<1$. Für die Näherung X_7 von D^{-1} erhält man

$$X_7=\begin{pmatrix} 0.56000 & -0.44000 & -0.02000 & -0.02000 \\ -0.44000 & 0.56000 & -0.02000 & -0.02000 \\ -0.02000 & -0.02000 & 0.34000 & -0.16000 \\ -0.02000 & -0.02000 & -0.16000 & 0.34000 \end{pmatrix},$$

und die weiteren Näherungen ändern sich nur noch in den nicht mehr angegebenen Dezimalstellen. Die a-priori-Fehlerabschätzung lautet

$$\|X_7-D^{-1}\|=\frac{\|X_0\|}{1-q}q^{(2^7)}=(0.9)^{(2^7)}<5.12\cdot 10^{-6}.$$

Für die Anfangsnäherung $X_0=\frac{1}{100}E$ ist $q=\|E-\frac{1}{100}D\|=\frac{99}{100}<1$, und man erhält das obige Ergebnis erst für $t=11$.

IV Nichtlineare Gleichungssysteme und Eigenwertaufgaben bei Matrizen

Die Methoden zur Lösung nichtlinearer Gleichungssysteme können als Fortsetzung und Verallgemeinerung der Methoden zur Lösung nichtlinearer Gleichungen mit Funktionen einer Veränderlichen aus Paragraph 2 und der Methoden zur iterativen Lösung linearer Gleichungssysteme aus Paragraph 8 verstanden werden. Die Lösung von Eigenwertaufgaben bei Matrizen bildet ein weiteres wichtiges Gebiet der numerischen Methoden der linearen Algebra. Eine Reihe von Verfahren zur Bestimmung von Eigenvektoren einer Matrix kann als Methode der sukzessiven Approximation oder als Newtonsches Verfahren zur Lösung eines zugehörigen nichtlinearen Gleichungssystems aufgefaßt werden. Allerdings beruht die Konvergenz dieser Verfahren auf speziellen Eigenschaften, die mit den allgemeinen Sätzen aus Paragraph 9 nicht erfaßt werden. Aus dem umfangreichen Gebiet der numerischen Methoden zur Lösung von Eigenwertaufgaben bei Matrizen können wir hier nur einige wichtige Grundtypen von Verfahren bringen, die zur Lösung des sogenannten teilweisen Eigenwertproblems, zur Lösung des vollständigen Eigenwertproblems und schließlich zur Reduktion einer symmetrischen Matrix auf Tridiagonalgestalt sowie zur Bestimmung und Lösung von charakteristischen Polynomen oder Minimalpolynomen dienen. Die numerischen Eigenschaften dieser Verfahren, insbesondere die numerische Stabilität, sind zum Beispiel bei der Lösung von Eigenwertaufgaben von ausschlaggebender Bedeutung. Für diese Fragen müssen wir jedoch auf die angegebene Literatur verweisen. Die numerischen Beispiele in den Übungsaufgaben sollen die angegebenen Methoden erläutern und in Einzelheiten verdeutlichen, sie reichen jedoch nicht dazu aus, typische numerische Eigenschaften dieser Verfahren zu charakterisieren.

9. Iterative Verfahren zur Lösung nichtlinearer Gleichungssysteme

Zur Lösung nichtlinearer Gleichungssysteme ist man auf iterative Verfahren zur Bestimmung von Näherungen für die gesuchten Lösungen angewiesen. Viele Verfahren sind naheliegende Verallgemeinerungen der iterativen Methoden zur Bestimmung von Nullstellen einer Funktion und zur Lösung linearer Gleichungssysteme. Anschließend bringen wir zunächst die Methode der sukzessiven Approximation zur Bestimmung von Fixpunkten kontrahierender Abbildungen im n-dimensionalen Zahlenraum und ihre Anwendung auf die Lösung nichtlinearer Gleichungssysteme. Dabei betrachten wir mit dem Jacobi- oder Gesamtschrittverfahren stets auch das zugehörige Gauß-Seidel- oder Einzelschrittverfahren. Als Verallgemeinerung positiv definiter linearer Abbildungen im Zahlenraum $\mathbf{K}^n$ mit Skalarprodukt hat man hier die sogenannten monotonen Abbildungen. Der letzte Abschnitt behandelt dann das Newtonsche Verfahren zur Lösung nichtlinearer Gleichungssysteme. Die iterativen Methoden zur Lösung nichtlinearer Gleichungssysteme bilden ein außerordentlich vielfältiges und umfangreiches Gebiet, in das wir nur einen kleinen Einblick geben können. Für weitergehende Fragen verweisen wir auf das anschließend zitierte Buch von Ortega-Rheinboldt.

Literatur: Ortega-Rheinboldt, Ostrowski.

9.1. Methode der sukzessiven Approximation

Die Methode der sukzessiven Approximation umfaßt eine große Zahl spezieller iterativer Verfahren. Für kontrahierende Abbildungen wird die Konvergenz dieser Verfahren mit Hilfe des Banachschen Fixpunktsatzes bewiesen, den wir für Funktionen einer Veränderlichen bereits in Abschnitt 2.2.1 kennengelernt haben. Die Methode der sukzessiven Approximation verallgemeinert weiter die iterativen Methoden zur Lösung linearer Gleichungssysteme aus Paragraph 8 auf den Fall nichtlinearer Gleichungssysteme. Dementsprechend hat man auch hier Jacobi- oder Gesamtschrittverfahren und Gauß-Seidel- oder Einzelschrittverfahren zur Lösung nichtlinearer Gleichungssysteme.

9.1.1. Definition des Verfahrens. Sei G eine nichtleere Teilmenge des n-dimensionalen Zahlenraumes $\mathbf{K}^n=\mathbf{R}^n$ bzw. $\mathbf{K}^n=\mathbf{C}^n$, und sei $g=(g_1,\dots,g_n)$ eine Abbildung von G in sich. Dann werden im folgenden Lösungen $z\in G$ des im allgemeinen nichtlinearen Gleichungssystems

$$(1) \qquad z=g(z) \iff z_j=g_j(z_1,\dots,z_n), \quad j=1,\dots,n,$$

gesucht. Jede Lösung z der Gleichung $z=g(z)$ heißt ein Fixpunkt der Abbildung g in G. Die Methode der sukzessiven Approximation zur Lösung dieses Gleichungssystems bestimmt zu einem geeigneten Anfangsvektor $x^{(0)}\in G$ eine Folge von Vektoren $x^{(t)}\in G$ nach der Vorschrift

$$(2) \qquad x^{(t+1)}=g(x^{(t)}) \iff x_j^{(t+1)}=g_j(x_1^{(t)},\dots,x_n^{(t)}), \quad j=1,\dots,n,$$

für $t=0,1,2,\dots,$ oder etwas anders geschrieben nach der Vorschrift

$$(3) \qquad x^{(1)}=g(x^{(0)}); \; x^{(2)}=g(x^{(1)})=g(g(x^{(0)}))=g^2(x^{(0)}),\dots,x^{(t)}=g(g(\dots(g(x^{(0)}))\dots)) =g^t(x^{(0)})$$

für $t=1,2,\dots.$ Diese Vektoren $x^{(t)}$ nennt man auch iterierte Vektoren, da sie durch Anwendung der iterierten Abbildungen

$$(4) \qquad g^2=g\circ g, \quad g^{t+1}=g\circ g^t, \quad t=1,2,\dots,$$

aus dem Anfangsvektor $x^{(0)}$ hervorgehen.

Im folgenden wird unter geeigneten Voraussetzungen die Konvergenz dieses Verfahrens gezeigt, das heißt, die Konvergenz von Folgen iterierter Vektoren $x^{(t)}, t=0,1,2,\dots,$ gegen Fixpunkte z der Abbildung g in G oder gegen Lösungen des nichtlinearen Gleichungssystems (1). Das iterative Verfahren (2) bezeichnet man auch als Jacobi- oder Gesamtschrittverfahren zur Lösung dieses Gleichungssystems. Man erkennt übrigens leicht, daß für eine abgeschlossene Teilmenge $G\subseteq\mathbf{K}^n$ und eine stetige Abbildung g von G in sich jede konvergente Folge iterierter Vektoren $x^{(t+1)}=g(x^{(t)})$, $t=0,1,2,\dots,$ notwendig gegen einen Fixpunkt z von g in G konvergiert. Wenn nämlich $x^{(t)}\longrightarrow z$ $(t\longrightarrow\infty)$ konvergiert, dann liegt mit $x^{(t)}\in G$ auch der Vektor z in G, weiter konvergiert $x^{(t+1)}\longrightarrow z$ $(t\longrightarrow\infty)$, und aus der Stetigkeit von g folgt die Konvergenz von $g(x^{(t)})\longrightarrow g(z)$ $(t\longrightarrow\infty)$, so daß mit $x^{(t+1)}=g(x^{(t)})$ dann $z=g(z)$ wird.

Ganz entsprechend wie beim Gauß-Seidel- oder Einzelschrittverfahren zur Lösung linearer Gleichungssysteme kann man hier bei der Berechnung einer neuen Näherung $x^{(t+1)}$ aus der vorhergehenden Näherung $x^{(t)}$ die bereits berechneten neuen Komponenten von $x^{(t+1)}$ mit verwenden. Auf diese Weise erhält man das Gauß-Seidel- oder Einzelschrittverfahren zur Lösung des nichtlinearen Gleichungssystems (1) in der Gestalt

$$(5) \qquad x_1^{(t+1)}=g_1(x_1^{(t)},\dots,x_n^{(t)}), \quad x_j^{(t+1)}=g_j(x_1^{(t+1)},\dots,x_{j-1}^{(t+1)},x_j^{(t)},\dots,x_n^{(t)}), \quad j=2,\dots,n,$$

für $t=0,1,2,\dots.$ Diese Iterationsvorschrift läßt sich wiederum in die oben beim Gesamtschrittverfahren betrachtete Form bringen, wenn man eine neue Abbildung h auf $G\subseteq\mathbf{K}^n$ definiert durch $y_j=h_j(x_1,\dots,x_n)$, $j=1,\dots,n,$ mit der rekursiven Vorschrift

$$(6) \qquad y_1=g_1(x_1,\dots,x_n), \quad y_j=g_j(y_1,\dots,y_{j-1},x_j,\dots,x_n), \quad j=2,\dots,n,$$

und unter der Voraussetzung

(7) $x=(x_1,\ldots,x_n)\in G \implies (y_1,\ldots,y_{j-1},x_j,\ldots,x_n)\in G, \quad j=2,\ldots,n.$

Wenn diese Abbildung h die Menge G in sich abbildet, dann ist das Gauß-Seidel-Verfahren (5) zur Lösung des Gleichungssystems (1) für jeden Anfangsvektor $x^{(0)}\in G$ erklärt und nimmt die Gestalt an

(8) $x^{(t+1)}=h(x^{(t)}), \quad t=0,1,2,\ldots.$

Jeder Fixpunkt z dieser Abbildung h von G in sich genügt der Gleichung $z=h(z)$, also dem Gleichungssystem (6) für $x=y=z$, das heißt dem Gleichungssystem (1) oder $z=g(z)$. Umgekehrt genügt trivialerweise auch jeder Fixpunkt z von g in G der Gleichung $z=h(z)$, so daß die Äquivalenz besteht

(9) $z=g(z) \iff z=h(z), \quad z\in G.$

Die oben definierten Verfahren bilden eine unmittelbare Verallgemeinerung des Jacobi- und des Gauß-Seidel-Verfahrens zur Lösung linearer Gleichungssysteme wie das anschließende Beispiel zeigt.

Beispiel. Sei $B=(b_{jk})$ eine n-reihige quadratische Matrix mit Elementen $b_{jk}\in\mathbf{K}$, $j,k=1,\ldots,n$, und sei $c=(c_1,\ldots,c_n)$ ein Vektor aus $\mathbf{K}^n$. Dann erklären wir die Abbildung g auf $G=\mathbf{K}^n$ durch die Vorschrift

$$g(x)=Bx+c \iff g_j(x_1,\ldots,x_n)=\sum_{k=1}^{n} b_{jk}x_k+c_j, \quad j=1,\ldots,n,$$

für $x=(x_1,\ldots,x_n)\in\mathbf{K}^n$. Die Methode der sukzessiven Approximation $x^{(t+1)}=g(x^{(t)})$ für diese Abbildung g wird somit das Jacobi- oder Gesamtschrittverfahren $x^{(t+1)}=Bx^{(t)}+c$, $t=0,1,2,\ldots$, aus Abschnitt 8.1. Mit der Zerlegung von $B=L+R$ in die linke untere und rechte obere Dreiecksmatrix in 8.2. (3) erhält man für die oben in (6) definierte Abbildung h die Darstellung

$$y=h(x) \iff y=Ly+Rx+c \iff h(x)=(E-L)^{-1}(Rx+c), \quad x\in\mathbf{K}^n.$$

Das zugehörige Iterationsverfahren (5) bzw. (8) ist also das Gauß-Seidel- oder Einzelschrittverfahren aus Abschnitt 8.2.

9.1.2. Kontrahierende Abbildungen. Mit einem klassischen Satz von Banach kann man nun für kontrahierende Abbildungen die Existenz und Eindeutigkeit von Fixpunkten sowie die Konvergenz des Jacobi- oder Gesamtschrittverfahrens zur Lösung des Gleichungssystems $z=g(z)$ in (1) beweisen. Als wichtige Anwendung bringen wir in diesem Abschnitt die iterative Bestimmung von Inversen und von Quadratwurzeln quadratischer Matrizen.

Sei G eine Teilmenge des Zahlenraumes $\mathbf{K}^n=\mathbf{R}^n$ bzw. $\mathbf{K}^n=\mathbf{C}^n$ und $\|\cdot\|$ eine Norm auf $\mathbf{K}^n$. Sei weiter ein System reell- bzw. komplexwertiger Funktionen $g_1,\ldots,g_n$ auf G gegeben. Dann heißt die Abbildung $g=(g_1,\ldots,g_n)$ von G in $\mathbf{K}^n$ eine kontrahierende Abbildung oder eine Kontraktion, wenn mit einer Zahl q in $0\le q<1$ die Ungleichung gilt

(10) $\|g(x)-g(y)\|\le q\|x-y\|, \quad x,y\in G.$

Die Abbildung g genügt also einer Lipschitz-Bedingung auf G mit der Lipschitz-Konstanten $q<1$. Damit hat der Satz von Banach über die Existenz, Eindeutigkeit und Konstruktion von Fixpunkten einer kontrahierenden Abbildung im n-dimensionalen Zahlenraum die folgende Gestalt.

(11) *Sei G eine abgeschlossene Teilmenge des Zahlenraums $\mathbf{K}^n$ und g eine kontrahierende Abbildung von G in sich. Dann existiert genau ein Fixpunkt z von g in G, also genau eine Lösung der Gleichung $z=g(z)$, und für jedes $x^{(0)}\in G$ konvergiert die Folge der iterierten Vektoren*

$$x^{(t+1)}=g(x^{(t)}) \iff x_j^{(t+1)}=g_j(x_1^{(t)},\dots,x_n^{(t)}), \quad j=1,\dots,n, \quad t=0,1,2,\dots,$$

gegen z mit der a-posteriori- und a-priori-Fehlerabschätzung

$$\|x^{(t)}-z\| \le \frac{q}{1-q}\|x^{(t)}-x^{(t-1)}\| \le \frac{q^t}{1-q}\|x^{(1)}-x^{(0)}\|, \quad t=1,2,\dots. \tag{12}$$

Beweis. Der Beweis wird wie bei Satz 2.2.(4) geführt. Aus der Lipschitz-Bedingung (10) für $x=x^{(t)}$, $y=x^{(t-1)}$ folgt zunächst die Beziehung

$$\|x^{(t+1)}-x^{(t)}\|=\|g(x^{(t)})-g(x^{(t-1)})\|\le q\|x^{(t)}-x^{(t-1)}\|, \quad t=1,2,\dots.$$

Durch einen Induktionsschluß beweist man hiermit allgemeiner die Ungleichung

$$\|x^{(t+k)}-x^{(t+k-1)}\|\le q^k\|x^{(t)}-x^{(t-1)}\|\le q^{t+k-1}\|x^{(1)}-x^{(0)}\|,$$
$$k=0,1,2,\dots, \quad t=1,2,\dots.$$

Weiter gelten die Abschätzungen

$$\begin{aligned}\|x^{(t)}-x^{(t+j)}\| &\le \|x^{(t)}-x^{(t+1)}\|+\|x^{(t+1)}-x^{(t+2)}\|+\cdots+\|x^{(t+j-1)}-x^{(t+j)}\|\\ &\le q(1+q+\cdots+q^{j-1})\|x^{(t-1)}-x^{(t)}\|\end{aligned}$$

und damit die Ungleichungen

$$\|x^{(t)}-x^{(t+j)}\| \le \frac{q}{1-q}\|x^{(t)}-x^{(t-1)}\| \le \frac{q^t}{1-q}\|x^{(1)}-x^{(0)}\| \tag{13}$$

für jedes $j=0,1,2,\dots$ und $t=1,2,\dots$. Für $0\le q<1$ konvergiert $q^t\longrightarrow 0$ für $t\longrightarrow\infty$. Mit Hilfe der letzten Ungleichung genügt die Folge $(x^{(t)})$ dem Cauchyschen Konvergenzkriterium und konvergiert daher gegen einen Vektor $z\in G$. Eine Lipschitz-stetige Funktion ist insbesondere stetig, so daß aus der Konvergenz von $x^{(t)}\longrightarrow z$, $x^{(t+1)}\longrightarrow z$ und der Gleichung $x^{(t+1)}=g(x^{(t)})$ für $t\longrightarrow\infty$ die Gleichung $z=g(z)$ entsteht. Für jedes $t=0,1,2,\dots$ konvergiert weiter $x^{(t+j)}\longrightarrow z$ für $j\longrightarrow\infty$, womit aus den Ungleichungen (13) die beiden Fehlerabschätzungen (12) folgen. Schließlich kann es nur einen Fixpunkt z von g in G geben, da die Annahme $z=g(z)$, $z'=g(z')$, $z\neq z'$, den Widerspruch ergibt

$$\|z-z'\|=\|g(z)-g(z')\|\le q\|z-z'\|<\|z-z'\|. \qquad \blacksquare$$

Im Anschluß an diesen Satz stellt sich die Frage nach hinreichenden Bedingungen dafür, daß $g=(g_1,\dots,g_n)$ die Menge $G\subseteq\mathbf{K}^n$ in sich abbildet. Dazu betrachten wir als Teilmengen G etwas spezieller abgeschlossene Kugeln $K_\rho(c)=\{x\in\mathbf{K}^n \mid \|x-c\|\le\rho\}$ mit Mittelpunkt $c\in\mathbf{K}^n$ und Radius $\rho>0$.

(14) *Sei g eine Kontraktion auf der abgeschlossenen Kugel $K_\rho(c) \subseteq \mathbf{K}^n$. Dann bildet g die Menge $G = K_\rho(c)$ in sich ab unter der Bedingung*

$$\|g(c) - c\| \leq (1-q)\rho.$$

Beweis. Für jedes $x \in K_\rho(c)$ ist $\|x - c\| \leq \rho$, so daß unter der obigen Voraussetzung mit Hilfe der Lipschitz-Bedingung (10) die Beziehung folgt

$$\|g(x) - c\| \leq \|g(x) - g(c)\| + \|g(c) - c\| \leq q\rho + (1-q)\rho = \rho \implies g(x) \in K_\rho(c). \quad \blacksquare$$

Wir betrachten jetzt etwas spezieller Funktionen $g_1, \dots, g_n$, die auf einer geeigneten Teilmenge $G \subseteq \mathbf{K}^n$ partielle Ableitungen erster Ordnung nach sämtlichen Variablen $x_1, \dots, x_n$ besitzen. Dann existiert die Funktionalmatrix g' der Abbildung $g = (g_1, \dots, g_n)$: $G \longrightarrow \mathbf{K}^n$, definiert durch die $n \times n$-Matrix der partiellen Ableitungen

$$g'(x) = \frac{\partial g}{\partial x}(x) = \left(\frac{\partial g_j}{\partial x_k}(x)\right)_{j,k=1,\dots,n}, \quad x \in G. \tag{15}$$

In diesem Falle kann man noch ein wichtiges Kriterium für das Bestehen einer Lipschitz-Bedingung für g auf G formulieren. Wenn die Lipschitz-Konstante in (17) der Bedingung $L < 1$ genügt, dann wird offenbar g eine Kontraktion mit $q = L < 1$ auf G.

(16) *Sei G eine konvexe Teilmenge und $g = (g_1, \dots, g_n)$ eine Abbildung von G in $\mathbf{K}^n$, deren Komponenten $g_1, \dots, g_n$ stetige und beschränkte partielle Ableitungen erster Ordnung auf G besitzen. Dann genügt g zu jeder mit der Vektornorm auf $\mathbf{K}^n$ verträglichen Norm der Funktionalmatrix g' der Lipschitz-Bedingung*

$$\|g(x) - g(y)\| \leq L\|x - y\|, \quad x, y \in G, \quad L = \sup_{w \in G} \|g'(w)\|. \tag{17}$$

Beweis. Für jedes $x, y \in G$ liegt auch die Verbindungsstrecke $\overline{xy}$ in G, da G konvex sein soll. Hiermit werden durch die Vorschrift

$$\varphi_j(s) = g_j(x + s(y - x)), \quad 0 \leq s \leq 1, \quad j = 1, \dots, n,$$

stetig differenzierbare Funktionen φ_j auf $[0,1]$ erklärt. Mit diesen Funktionen gilt die Darstellung

$$g_j(y) - g_j(x) = \varphi_j(1) - \varphi_j(0) = \int_0^1 \varphi_j'(s)\,\mathrm{d}s$$

sowie

$$\varphi_j'(s) = \sum_{k=1}^n \frac{\partial g_j}{\partial x_k}(w)(y_k - x_k), j = 1, \dots, n \iff \varphi'(s) = g'(w)(y - x),$$
$$w = x + s(y - x).$$

Teilt man jetzt für jede natürliche Zahl N das Intervall $[0,1]$ in N Teilintervalle mit den Endpunkten $s_0, \dots, s_N$ und der Eigenschaft

$$0 = s_0 < s_1 < \dots < s_N = 1, \qquad \max_{\nu=1,\dots,N} (s_\nu - s_{\nu-1}) \longrightarrow 0 \quad (N \longrightarrow \infty),$$

dann ist bekanntlich das folgende Integral definiert als Limes von Näherungssummen der Gestalt

$$\int_0^1 \varphi_j'(s)\,\mathrm{d}s = \lim_{N \to \infty} \sum_{\nu=1}^N \varphi_j'(s_\nu)(s_\nu - s_{\nu-1}), \quad j = 1, \dots, n,$$

oder in vektorieller Schreibweise

$$\sum_{\nu=1}^{N} \varphi'(s_\nu)(s_\nu - s_{\nu-1}) \longrightarrow \int_0^1 \varphi'(s)\,\mathrm{d}s \qquad (N \longrightarrow \infty).$$

Für jede Vektornorm $\|\cdot\|$ auf $\mathbf{K}^n$ konvergiert hiermit auch

$$\left\| \sum_{\nu=1}^{N} \varphi'(s_\nu)(s_\nu - s_{\nu-1}) \right\| \longrightarrow \left\| \int_0^1 \varphi'(s)\,\mathrm{d}s \right\| \qquad (N \longrightarrow \infty).$$

Mit Hilfe der Dreiecksungleichung (N4) für die Norm $\|\cdot\|$ hat man schließlich die Ungleichung

$$\left\| \sum_{\nu=1}^{N} \varphi'(s_\nu)(s_\nu - s_{\nu-1}) \right\| \leq \sum_{\nu=1}^{N} \|\varphi'(s_\nu)\|(s_\nu - s_{\nu-1}) \leq \sup_{0 \leq s \leq 1} \|\varphi'(s)\|.$$

Die gewünschte Abschätzung folgt dann mit der Ungleichung $\|\varphi'(s)\| \leq \|g'(w)\|\,\|y-x\|$ aus der Relation

$$\|g(y)-g(x)\| = \left\| \int_0^1 \varphi'(s)\,\mathrm{d}s \right\| \leq \sup_{0 \leq s \leq 1} \|\varphi'(s)\| \leq \sup_{w \in G} \|g'(w)\|\,\|y-x\|. \qquad \blacksquare$$

Als Anwendung dieses Satzes kann man ein starkes Zeilensummenkriterium für kontrahierende Abbildungen $g=(g_1,\ldots,g_n)$ auf G angeben. Hierzu wählt man die Maximumnorm $\|\cdot\|_\infty$ auf $\mathbf{K}^n$ und erhält mit der maximalen Zeilensumme als Norm für die Funktionalmatrix die Bedingung

$$(18) \qquad L = \sup_{w \in G} \|g'(w)\|_\infty \leq q < 1 \iff \sum_{k=1}^{n} \left| \frac{\partial g_j}{\partial x_k}(w) \right| \leq q < 1, \quad j=1,\ldots,n, \quad w \in G.$$

Beim Jacobi- oder Gesamtschrittverfahren linearer Gleichungssysteme ist $g(x)=Bx+c$ für $x \in G = \mathbf{K}^n$, wie wir im Beispiel aus Abschnitt 9.1.1 ausgeführt haben. Bei dieser Abbildung wird die Funktionalmatrix $g'(x)=B$ konstant für $x \in \mathbf{K}^n$, und die obige Bedingung ergibt $L=\|B\|_\infty \leq q < 1$ wie beim starken Zeilensummenkriterium in Abschnitt 8.1.3.

Als Beispiele für die Methode der sukzessiven Approximation bringen wir jetzt die iterative Bestimmung von Inversen und von Quadratwurzeln für quadratische Matrizen.

Beispiel 1. Seien $B=(b_{jk})$, $C=(c_{jk})$ zwei m-reihige quadratische Matrizen mit Elementen $b_{jk}, c_{jk} \in \mathbf{K}$, $j,k=1,\ldots,m$. Die m-reihigen quadratischen Matrizen fassen wir als Vektoren im m^2-dimensionalen Zahlenraum $\mathbf{K}^{m^2}$ auf, normiert durch eine beliebige Matrizennorm mit den Eigenschaften (N1)–(N5). Dann definiert die Vorschrift $g(X)=XB+C$ eine Abbildung in $\mathbf{K}^{m^2}$. Diese Abbildung genügt der Lipschitz-Bedingung

$$(19) \qquad \|g(X)-g(Y)\| = \|(X-Y)B\| \leq \|B\|\,\|X-Y\|, \qquad X, Y \in \mathbf{K}^{m^2},$$

so daß g für $\|B\| \leq q < 1$ eine Kontraktion wird. Hiermit hat die Abbildung g den Fixpunkt $Z=C(E-B)^{-1}$ und das Jacobi- oder Gesamtschrittverfahren $X_{t+1}=g(X_t)$ ergibt konvergente Matrizenfolgen $X_{t+1}=X_tB+C$, $t=0,1,2,\ldots$, für jedes $X_0 \in \mathbf{K}^{m^2}$. Dies ist nichts anderes als das iterative Verfahren zur Bestimmung der Inversen $A^{-1}=C(E-B)^{-1}=Z$ aus Abschnitt 8.4.2.

Beispiel 2. (i) Zur Bestimmung von Quadratwurzeln m-reihiger quadratischer Matrizen betrachten wir wie oben den Vektorraum $\mathbf{K}^{m^2}$, normiert durch eine Matrizennorm mit den Eigenschaften (N 1)–(N 5). Jede m-reihige Matrix $B=(b_{jk})$ definiert eine Abbildung g in $\mathbf{K}^{m^2}$ durch die Vorschrift $g(X)=\frac{1}{2}(X^2+B)$, $X\in\mathbf{K}^{m^2}$. Sei jetzt $\|B\|\leq q<1$ und $K_q(0)$ die abgeschlossene Menge aller Matrizen $X\in\mathbf{K}^{m^2}$ mit $\|X\|\leq q$. Dann bildet g die Menge $K_q(0)$ in sich ab auf Grund der Ungleichung

$$\|g(X)\|\leq\tfrac{1}{2}(\|X\|^2+\|B\|)\leq\tfrac{1}{2}(q^2+q)\leq q,\qquad X\in K_q(0).$$

Weiter ist unter diesen Bedingungen g eine Kontraktion auf $K_q(0)$. Für jedes Paar von Matrizen $X, Y\in\mathbf{K}^{m^2}$ wird nämlich

$$g(X)-g(Y)=\tfrac{1}{2}(X^2-Y^2)=\tfrac{1}{2}X(X-Y)+\tfrac{1}{2}(X-Y)Y,$$

also
$$\|g(X)-g(Y)\|\leq\tfrac{1}{2}(\|X\|+\|Y\|)\|X-Y\|\leq q\|X-Y\|\qquad X,Y\in\mathbf{K}_q(0).$$

Daher existiert genau ein Fixpunkt Z der Abbildung g in $K_q(0)$, und die Matrizenfolge $X_{t+1}=g(X_t)$ konvergiert für jede Anfangsnäherung $X_0\in K_q(0)$ gegen Z mit

(20) $$Z=g(Z)\iff(E-Z)^2=E-B,\qquad X_{t+1}=\tfrac{1}{2}(X_t^2+B),\qquad t=0,1,2,\ldots,$$

und den Fehlerabschätzungen (12). Somit hat man in der Matrix $W=E-Z$ eine Quadratwurzel der Matrix $E-B$.

(ii) Sei jetzt spezieller $A=(a_{jk})$ eine positiv definite Matrix und $\|\cdot\|$ die zugehörige Spektralnorm. Mit den Eigenwerten $\lambda_1\geq\cdots\geq\lambda_n>0$ von A genügt dann die Matrix $B=E-\sigma A$ der Bedingung

$$\|B\|=\|E-\sigma A\|=\max_{j=1,\ldots,n}|1-\sigma\lambda_j|<1$$

für $0<\sigma<1/\lambda_1$ oder spezieller für $0<\sigma<1/\|A\|_\infty$ mit der maximalen Zeilensumme $\|A\|_\infty$. Hiermit sind für jede symmetrische bzw. hermitesche Anfangsnäherung X_0 alle weiteren Näherungen X_t symmetrisch bzw. hermitesch und positiv definit auf Grund der Ungleichungen

$$(X_{t+1}u,u)_2=\tfrac{1}{2}\|X_tu\|_2^2+\tfrac{1}{2}(Bu,u)_2\geq\tfrac{1}{2}(1-\sigma\lambda_1)\|u\|_2^2>0,\qquad 0\neq u\in\mathbf{K}^n,$$

für $t=0,1,2,\ldots$. Daher erhält man in diesem Falle mit $W=1/\sqrt{\sigma}(E-Z)$ oder $W^2=A$ eine positiv definite Quadratwurzel von A.

9.1.3. Das Verfahren von Gauß-Seidel oder Einzelschrittverfahren. In diesem Abschnitt wollen wir eine einfache hinreichende Bedingung für die Lösung des Gleichungssystems $z=g(z)$ in (1) durch das Gauß-Seidel-Verfahren angeben. Dazu betrachten wir im folgenden auf dem Zahlenraum $\mathbf{K}^n=\mathbf{R}^n$ bzw. $\mathbf{K}^n=\mathbf{C}^n$ die Maximumnorm und eine abgeschlossene Teilmenge $G\subseteq\mathbf{K}^n$, die mit Hilfe von Vektoren $c=(c_1,\ldots,c_n)$, $\rho=(\rho_1,\ldots,\rho_n)$ $\in\mathbf{K}^n$ für positive $\rho_1,\ldots,\rho_n$ definiert ist durch die Vorschrift $G=\mathbf{K}^n$ oder

(21) $$G=\{x=(x_1,\ldots,x_n)\in\mathbf{K}^n\,|\,|x_j-c_j|\leq\rho_j, j=1,\ldots,n\}.$$

Für $\mathbf{K}=\mathbf{R}$ ist also G das n-dimensionale Intervall $[c-\rho, c+\rho]$, und für $\mathbf{K}=\mathbf{C}$ ist G das Produkt der abgeschlossenen Kreisscheiben mit Mittelpunkt c_j und Radius ρ_j für $j=1,\ldots,n$. Weiter sei die Abbildung $g=(g_1,\ldots,g_n)$ eine Kontraktion auf G, so daß mit einer Zahl q in $0\leq q<1$ die Ungleichung besteht

(22) $$\|g(x)-g(x')\|_\infty\leq q\|x-x'\|_\infty,\qquad x,x'\in G.$$

Hiermit gilt der folgende Konvergenzsatz, der dem starken Zeilensummenkriterium 8.2.(10) für lineare Gleichungssysteme entspricht.

(23) *Sei g eine kontrahierende Abbildung der obigen Menge G in sich. Dann ist für jede Anfangsnäherung $x^{(0)} \in G$ das Gauß-Seidel- oder Einzelschrittverfahren*

$$x_1^{(t+1)} = g_1(x_1^{(t)}, \dots, x_n^{(t)}), \quad x_j^{(t+1)} = g_j(x_1^{(t+1)}, \dots, x_{j-1}^{(t+1)}, x_j^{(t)}, \dots, x_n^{(t)}), \qquad j = 2, \dots, n,$$

erklärt, und die Folge $x^{(t)}$ für $t = 0, 1, 2, \dots$ konvergiert gegen den eindeutig bestimmten Fixpunkt z von g in G, also gegen die Lösung z des Gleichungssystems (1) *mit den a-posteriori- und a-priori-Fehlerabschätzungen*

$$\|x^{(t)} - z\|_\infty \leq \frac{q}{1-q} \|x^{(t)} - x^{(t-1)}\|_\infty \leq \frac{q^t}{1-q} \|x^{(1)} - x^{(0)}\|_\infty, \qquad t = 1, 2 \dots .$$

Beweis. (i) Zuerst wird im Fall $G \neq \mathbf{K}^n$ gezeigt, daß die Voraussetzung (7) erfüllt ist, damit die Abbildung h in (6) definiert ist, und daß h die Menge G in sich abbildet. Nach Voraussetzung bildet g die Menge G in sich ab, so daß für jeden Vektor $v \in G$ die Beziehung gilt $|g_j(v) - c_j| \leq \rho_j$, $j = 1, \dots, n$. Für jedes $x \in G$ und für $j = 1$ wird daher mit $y_1 = g_1(x)$ speziell $|y_1 - c_1| \leq \rho_1$, so daß der Vektor $(y_1, x_2, \dots, x_n)$ in G liegt. Ist weiter für einen Index j in $2 \leq j \leq n$ und $y_1 = g_1(x)$ bereits die Beziehung bewiesen

$$(y_1, \dots y_{k-1}, x_k, \dots, x_n) \in G, \quad y_k = g_k(y_1, \dots, y_{k-1}, x_k, \dots, x_n), \qquad k = 2, \dots, j,$$

dann liegt also $v = (y_1, \dots, y_{j-1}, x_j, \dots, x_n)$ in G und daraus folgt die Beziehung $|y_j - c_j| = |g_j(v) - c_j| \leq \rho_j$, so daß auch der Vektor $v' = (y_1, \dots, y_j, x_{j+1}, \dots, x_n)$ in G liegt. Hiermit ist die Voraussetzung $(y_1, \dots, y_{j-1}, x_j, \dots, x_n) \in G$, $j = 1, \dots, n$, in (6) erfüllt und darüber hinaus die Ungleichung $|y_n - c_n| \leq \rho_n$ gezeigt. Die Abbildung h in (5) ist folglich definiert und eine Abbildung von G in sich auf Grund der Beziehung

$$|h_j(x) - c_j| = |y_j - c_j| \leq \rho_j, j = 1, \dots, n \iff h(x) \in G, \qquad x \in G.$$

(ii) Weiter genügt die Abbildung h einer Lipschitz-Bedingung auf G mit der Lipschitz-Konstanten q von g in der Ungleichung (22), so daß h eine kontrahierende Abbildung von G in sich ist und der Banachsche Fixpunktsatz für h in G die obige Behauptung ergibt. Sei nämlich $x = (x_1, \dots, x_n)$, $x' = (x'_1, \dots, x'_n)$ ein beliebiges Paar von Vektoren aus G. Dann wird mit $y = h(x)$, $y' = h(x')$ zunächst

$$|y_1 - y'_1| = |g_1(x) - g_1(x')| \leq \|g(x) - g(x')\|_\infty \leq q \|x - x'\|_\infty .$$

Wenn für eine Zahl j in $2 \leq j \leq n$ die Beziehung $|y_k - y'_k| \leq q \|x - x'\|_\infty$ für $k = 1, \dots, j-1$ bereits gezeigt ist, dann folgt die Ungleichung

$$\begin{aligned} |y_j - y'_j| &= |g_j(y_1, \dots, y_{j-1}, x_j, \dots, x_n) - g_j(y'_1, \dots, y'_{j-1}, x'_j, \dots, x'_n)| \\ &\leq \|g(y_1, \dots, y_{j-1}, x_j, \dots, x_n) - g(y'_1, \dots, y'_{j-1}, x'_j, \dots, x'_n)\|_\infty \\ &\leq q \max_{\substack{k = 1, \dots, j-1 \\ l = j, \dots, n}} (|y_k - y'_k|, |x_l - x'_l|) \leq q \|x - x'\|_\infty . \end{aligned}$$

Daher ist dann

$$|y_j - y'_j| = |h_j(x) - h_j(x')| \le q\|x - x'\|_\infty, \qquad j = 1, \ldots, n,$$

was mit der behaupteten Lipschitz-Bedingung für h in der Maximumnorm und mit der Konstanten q aus (22) gleichbedeutend ist.

9.2. Lösung nichtlinearer Gleichungssysteme

Die Methode der sukzessiven Approximation läßt sich in einfacher Weise auf die Lösung nichtlinearer Gleichungssysteme der Gestalt $f(z) = 0$ anwenden. Man erhält damit die Existenz und Eindeutigkeit sowie die Konvergenz von Näherungen und zugehörige Fehlerabschätzungen für die Lösungen dieser Gleichungssysteme. Als wichtige Anwendung bringen wir hierzu die iterative Berechnung von Umkehrabbildungen mit dem vereinfachten Jacobi-Newton- und Gauß-Seidel-Newton-Verfahren. Weiter können wir mit unseren Hilfsmitteln die Verallgemeinerung der Ungleichung 2.2.(24) für reguläre Abbildungen einer offenen Teilmenge G im Zahlenraum $\mathbf{K}^n$ beweisen und damit die zugehörige wichtige a-posteriori-Fehlerabschätzung gewinnen. Monotone Abbildungen schließlich sind eine Verallgemeinerung positiv definitiver linearer Abbildungen in einem Vektorraum mit Skalarprodukt. Ganz entsprechend wie in Abschnitt 8.3.1 hat man auch hier die Konvergenz des zugehörigen Jacobi- oder Gesamtschrittverfahrens für geeignete Parameter $\sigma > 0$.

9.2.1. Allgemeine Abbildungen. Sei G eine Teilmenge des n-dimensionalen Zahlenraumes $\mathbf{K}^n = \mathbf{R}^n$ bzw. $\mathbf{K}^n = \mathbf{C}^n$ und $f = (f_1, \ldots, f_n)$ ein System von reell- bzw. komplexwertigen Funktionen $f_1, \ldots, f_n$ auf G. Dann betrachten wir im folgenden nichtlineare Gleichungssysteme der Gestalt

$$(1) \qquad f(z) = 0 \iff f_j(z_1, \ldots, z_n) = 0, \quad j = 1, \ldots, n.$$

Mit einer beliebigen, nichtsingulären quadratischen Matrix $C = (c_{jk})$ wird das System (1) äquivalent zum Gleichungssystem

$$(2) \qquad C f(z) = 0 \iff \sum_{k=1}^{n} c_{jk} f_k(z_1, \ldots, z_n) = 0, \quad j = 1, \ldots, n.$$

Durch geeignete Wahl der Matrix C wird unter Umständen noch eine bessere Konditionierung des Gleichungssystems erreicht. Die Lösungen $z = (z_1, \ldots, z_n) \in G$ von (1) oder (2) sind dann Fixpunkte der folgenden Abbildung g,

$$(3) \qquad f(z) = 0 \iff z = g(z), \quad g(x) = x - C f(x), \quad x \in G.$$

Hiermit wird jetzt die Methode der sukzessiven Approximation zur Bestimmung von Fixpunkten auf die Lösung des Gleichungssystems (1) oder (2) anwendbar. Wenn die Abbildung g die Menge G in sich abbildet, dann lautet das Jacobi- oder Gesamtschrittverfahren zur Lösung des Gleichungssystems (1)

$$(4) \qquad x^{(t+1)} = x^{(t)} - C f(x^{(t)}) \iff x_j^{(t+1)} = x_j^{(t)} - \sum_{k=1}^{n} c_{jk} f_k(x_1^{(t)}, \ldots, x_n^{(t)}),$$

$$j = 1, \ldots, n,$$

für einen beliebigen Anfangsvektor $x^{(0)} \in G$ und $t=0,1,2,\ldots$. Unter geeigneten Voraussetzungen ist weiter auch das Gauß-Seidel- oder Einzelschrittverfahren definiert in der Form

$$(5)\qquad \begin{aligned} x_1^{(t+1)} &= x_1^{(t)} - \sum_{k=1}^{n} c_{1k} f_k(x_1^{(t)},\ldots,x_n^{(t)}),\\ x_j^{(t+1)} &= x_j^{(t)} - \sum_{k=1}^{n} c_{jk} f_k(x_1^{(t+1)},\ldots,x_{j-1}^{(t+1)},x_j^{(t)},\ldots,x_n^{(t)}), \qquad j=2,\ldots,n, \end{aligned}$$

für jede Anfangsnäherung $x^{(0)} \in G$ und $t=0,1,2,\ldots$. Mit einer geeigneten Norm $\|\cdot\|$ auf $\mathbf{K}^n$ hat man dann den anschließenden Konvergenzsatz. Dabei nennen wir eine Abbildung $f=(f_1,\ldots,f_n)$ von G in $\mathbf{K}^n$ stetig differenzierbar in G, wenn die Komponenten $f_1,\ldots,f_n$ stetige partielle Ableitungen erster Ordnung in G besitzen. Die zugehörige Funktionalmatrix der Abbildung f bezeichnen wir wieder mit $f'(x)$, $x \in G$.

(6) *Wenn die Abbildung f auf einer Kugel $K_\rho(c)$ in $\mathbf{K}^n$ stetig differenzierbar ist und für eine mit der Vektornorm verträgliche Matrizennorm der Bedingung genügt*

$$(7)\qquad \|E - Cf'(x)\| \le q < 1, \quad x \in K_\rho(c), \quad \|Cf(c)\| \le (1-q)\rho,$$

dann besitzt das Gleichungssystem $f(z)=0$ in (1) eine eindeutig bestimmte Lösung $z=(z_1,\ldots,z_n)$ in $K_\rho(c)$. Für jeden Anfangsvektor $x^{(0)}$ konvergieren die Näherungen $x^{(t)}$ des Jacobi-Verfahrens (4) gegen die Lösung z mit den Fehlerabschätzungen

$$(8)\qquad \|x^{(t)} - z\| \le \frac{q}{1-q}\|x^{(t)} - x^{(t-1)}\| \le \frac{q^t}{1-q}\|x^{(1)} - x^{(0)}\|, \quad t=1,2,\ldots.$$

Wenn die Bedingung (7) mit der Maximumnorm $\|\cdot\| = \|\cdot\|_\infty$ für $\mathbf{K}^n$ gilt, dann ist auch das Gauß-Seidel-Verfahren (5) definiert, und für jedes $x^{(0)} \in K_\rho(c)$ konvergieren die Näherungen $x^{(t)} \longrightarrow z\,(t \longrightarrow \infty)$ mit den Fehlerabschätzungen (8) in der Maximumnorm.

Beweis. Die in (3) definierte Abbildung g genügt unter der Voraussetzung (7) den Bedingungen

$$\|g'(x)\| \le q < 1, \quad x \in K_\rho(c), \quad \|g(c) - c\| \le (1-q)\rho$$

und ist daher eine kontrahierende Abbildung der abgeschlossenen Kugel $K_\rho(c)$ in sich, so daß die Behauptung aus dem allgemeinen Konvergenzsatz 9.1.(11) folgt. In der Maximumnorm wird $G=K_\rho(c)$ die Menge aller $x=(x_1,\ldots,x_n) \in \mathbf{K}^n$ mit $|x_j - c_j| \le \rho$, $j=1,\ldots,n$. Unter der Bedingung (7) sind dann die Voraussetzungen von Satz 9.1.(23) erfüllt, der die Konvergenz des Einzelschrittverfahrens ergibt.

Beispiel. Als einfache Anwendung dieses Satzes erhält man für Abbildungen $f(x) = Ax - b$, $x \in \mathbf{K}^n$, mit einer quadratischen Matrix $A=(a_{jk})$ und einem Vektor $b \in \mathbf{K}^n$ die Konvergenz des Jacobi-Verfahrens aus Abschnitt 8.1 und des Gauß-Seidel-Verfahrens aus Abschnitt 8.2 gegen die Lösung z des Gleichungssystems

$$f(z)=0 \iff Az=b \iff \sum_{k=1}^{n} a_{jk} z_k = b_j, \quad j=1,\ldots,n.$$

Wenn nämlich die Diagonale $D=\operatorname{diag}(a_{jj})$ von A nichtsingulär ist, dann kann man $C=D^{-1}$ setzen. Hier ist $f'(x)=A$ konstant für $x\in\mathbf{K}^n$, und unter der Bedingung $\|E-D^{-1}A\|=\|B\|\le q<1$ sind für jedes $c\in\mathbf{K}^n$ und genügend großes ρ die Voraussetzungen des obigen Satzes erfüllt. ■

Etwas allgemeiner kann man den obigen Satz auf die Lösung nichtlinearer Gleichungssysteme der Gestalt

$$(9)\qquad f(z)=y \iff f_j(z_1,\ldots,z_n)=y_j,\quad j=1,\ldots,n,$$

mit einer gegebenen rechten Seite $y=(y_1,\ldots,y_n)\in\mathbf{K}^n$ anwenden. Dazu betrachtet man die Abbildung f_y: $f_y(x)=f(x)-y$, $x\in G$, anstelle der Abbildung f von G in $\mathbf{K}^n$. Sei G eine offene Teilmenge in $\mathbf{K}^n$ und die Abbildung $f=(f_1,\ldots,f_n)$: $G\longrightarrow\mathbf{K}^n$ stetig differenzierbar auf G. Zu jedem Punkt $c\in G$ mit nichtsingulärer Funktionalmatrix $f'(c)$ gibt es dann auf Grund der Stetigkeit von f' für jedes q in $0<q<1$ eine Umgebung $K_\rho(c)\subseteq G$, so daß mit $C=f'(c)^{-1}$ und $f_y'(x)=f'(x)$ die Bedingung gilt

$$\|E-Cf_y'(x)\|\le\|f'(c)^{-1}\|\,\|f'(x)-f'(c)\|\le q<1,\quad x\in K_\rho(c).$$

Für jeden Vektor y aus der Umgebung $K_\sigma(d)$ des Punktes $d=f(c)$ mit dem Radius $\sigma=(1-q)\rho/\|f'(c)^{-1}\|$ ist weiter

$$\|Cf_y(c)\|\le\|f'(c)^{-1}\|\,\|d-y\|\le\|f'(c)^{-1}\|\sigma=(1-q)\rho.$$

Nach Satz (6) existiert somit zu jedem Vektor $y\in K_\sigma(d)$ eine eindeutig bestimmte Lösung $z\in K_\rho(c)\subseteq G$ der Gleichung $f_y(z)=0 \iff f(z)=y$. Also liegt die Umgebung $K_\sigma(d)$ von $d=f(c)$ im Bild $f(G)$ der Abbildung f auf G, weiter existiert auf $K_\sigma(d)$ die Umkehrabbildung f^{-1} und bildet diese Menge auf eine Teilmenge $U(c)\subseteq K_\rho(c)$ ab (Fig. 11).

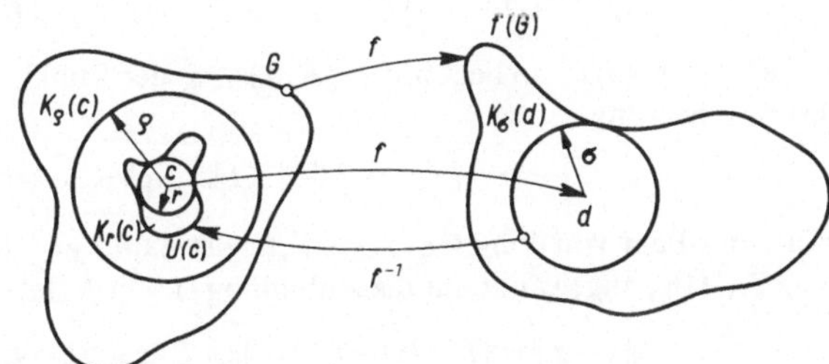

Fig. 11

Das Jacobi- oder Gesamtschrittverfahren (4) mit $C=f'(c)^{-1}$ zur Lösung des Gleichungssystems (9),

$$(10)\qquad x^{(t+1)}=x^{(t)}-f'(c)^{-1}(f(x^{(t)})-y),\quad t=0,1,2,\ldots,$$

bezeichnet man auch als modifiziertes oder vereinfachtes Newtonsches Verfahren. Für jede rechte Seite $y\in K_\sigma(d)$ und jede Anfangsnäherung $x^{(0)}\in K_\rho(c)$ konvergieren die Näherungen $x^{(t)}\longrightarrow z=f^{-1}(y)$ $(t\longrightarrow\infty)$ mit den Fehlerabschätzungen (8). Entsprechend erhält man ein vereinfachtes Gauß-Seidel-Newton-Verfahren mit der Matrix $C=f'(c)^{-1}$ und f_y statt f in (5). Wählt man die Maximumnorm auf $\mathbf{K}^n$, dann konvergiert dieses Verfahren nach Satz (6) unter den obigen Bedingungen ebenfalls für jede rechte Seite $y\in K_\sigma(d)$ und jeden Anfangsvektor $x^{(0)}\in K_\rho(c)$ mit $x^{(t)}\longrightarrow z=f^{-1}(y)$ $(t\longrightarrow\infty)$ und den Fehlerabschätzungen (8) für $\|\cdot\|=\|\cdot\|_\infty$.

Im Anschluß an diese Überlegungen können wir noch die wichtige Ungleichung (12) für reguläre Abbildungen f herleiten und damit Satz 2.2. (22) auf Abbildungen im n-dimensionalen Zahlenraum $\mathbf{K}^n$ verallgemeinern.

(11) *Sei G eine offene Teilmenge in $\mathbf{K}^n$ und $f\colon G\longrightarrow\mathbf{K}^n$ eine stetig differenzierbare Abbildung auf G. Wenn die Funktionalmatrix $f'(x)$ für jedes $x\in G$ nichtsingulär ist und in einer mit der Vektornorm $\|\cdot\|$ auf $\mathbf{K}^n$ verträglichen Matrizennorm mit positiven Konstanten μ, L den Bedingungen genügt*

$$\|f'(x)\|\le L,\qquad \|f'(x)^{-1}\|\le\frac{1}{\mu},\qquad x\in G,$$

dann gibt es zu jedem Punkt $c\in G$ eine Kugel $K_r(c)\subseteq G$, so daß die Ungleichung besteht

(12) $$\mu\|x-x'\|\le\|f(x)-f(x')\|\le L\|x-x'\|,\qquad x,x'\in K_r(c).$$

Beweis. Jede Kugel $K_r(c)\subseteq G$ ist konvex. Nach Satz 9.1. (16) genügt die Abbildung f auf $K_r(c)$ dann der Lipschitz-Bedingung

$$\|f(x)-f(x')\|\le L\|x-x'\|,\qquad x,x'\in K_r(c).$$

Zu jedem Punkt $c\in G$ ist $f'(c)$ nichtsingulär, so daß die Umkehrabbildung f^{-1} auf einer Kugel $K_\sigma(d)\subseteq f(G)$ mit $d=f(c)$ existiert und dort einmal stetig differenzierbar wird. Die Funktionalmatrix $(f^{-1})'$ von f^{-1} hat dann bekanntlich die Darstellung

(13) $$(f^{-1})'(y)=(f'(x))^{-1},\qquad x=f^{-1}(y),\qquad y\in K_\sigma(d).$$

Setzen wir $r=\sigma/L$, so liegt mit $x\in K_r(c)\subseteq G$ der Punkt $y=f(x)$ in $K_\sigma(d)$ auf Grund der Abschätzung

$$\|f(x)-d\|=\|f(x)-f(c)\|\le L\|x-c\|\le Lr=\sigma.$$

Für jedes Paar von Punkten $x,x'\in K_r(c)$ ist dann $y=f(x)$, $y'=f(x')\in K_\sigma(d)$ und mit Satz 9.1. (16), angewandt auf die Abbildung $f^{-1}\colon K_\sigma(d)\longrightarrow\mathbf{K}^n$ folgt

$$\|x-x'\|=\|f^{-1}(y)-f^{-1}(y')\|\le L'\|y-y'\|=L'\|f(x)-f(x')\|$$

mit der Lipschitz-Konstanten

$$L'=\sup_{v\in K_\sigma(d)}\|(f^{-1})'(v)\|\le\sup_{w\in G}\|f'(w)^{-1}\|\le\frac{1}{\mu}.$$ ■

Mit Hilfe dieses Satzes hat man für eine Lösung z des Gleichungssystems $f(z)=0$ in (1) mit $\det f'(z)\neq 0$ in einer Umgebung $K_r(z)\subseteq G$ noch die a-posteriori-Fehlerabschätzung

(14) $$\frac{1}{L}\|f(x)\|\le\|x-z\|\le\frac{1}{\mu}\|f(x)\|,\qquad x\in K_r(z).$$

Für jede Näherung $x \in K_r(z)$ läßt sich somit der Fehler $x - z$ durch den Defekt $f(x)$ der Gleichung $f(z) = 0$ nach oben und unten abschätzen mit den Konstanten L, μ aus (11). Man kann übrigens zeigen, daß für eine Kugel $G = K_\rho(c)$ die Ungleichung (12) auf der Kugel $K_r(c)$ mit dem Radius $r = \sigma/L = \mu\rho/L$ gilt. Den Beweis hierfür findet man in einer Arbeit von F. John[1]).

9.2.2. Monotone Abbildungen. Die monotonen Abbildungen sind eine Verallgemeinerung positiv definiter linearer Abbildungen im Zahlenraum $\mathbf{K}^n$ mit Skalarprodukt. Für lineare Gleichungssysteme mit positiv definiter Koeffizientenmatrix konvergiert stets das Jacobi- oder Gesamtschrittverfahren, wie wir im Abschnitt 8.3.1 gezeigt haben. Dementsprechend kann man auch für Lipschitz-stetige monotone Abbildungen im n-dimensionalen Zahlenraum die Konvergenz des zugehörigen Jacobi- oder Gesamtschrittverfahrens beweisen. Anschließend geben wir dann einige Beispiele spezieller monotoner Abbildungen.

Sei G eine Teilmenge des Zahlenraums $\mathbf{K}^n$ mit Skalarprodukt $(\cdot,\cdot)$ und der zugehörigen Norm $\|\cdot\| = (\cdot,\cdot)^{\frac{1}{2}}$. Dann nennen wir die Abbildung $f = (f_1, \ldots, f_n): G \longrightarrow \mathbf{K}^n$ monoton, wenn mit einer positiven Zahl μ die Ungleichung gilt

$$(15) \qquad \mu\|x-y\|^2 \leq \operatorname{Re}(f(x)-f(y), x-y), \qquad x, y \in G.$$

Im reellen Fall $\mathbf{K} = \mathbf{R}$ lautet diese Beziehung einfacher

$$\mu\|x-y\|^2 \leq (f(x)-f(y), x-y), \qquad x, y \in G.$$

Weiter wollen wir im folgenden voraussetzen, daß die Abbildung f auf G Lipschitz-stetig ist und daher mit einer Lipschitz-Konstanten L der Ungleichung genügt

$$(16) \qquad \|f(x)-f(y)\| \leq L\|x-y\|, \qquad x, y \in G.$$

Die rechte Seite der obigen Monotonieungleichung (15) kann man mit Hilfe der Schwarzschen Ungleichung nach oben abschätzen in der Form

$$|\operatorname{Re}(f(x)-f(y), x-y)| \leq |(f(x)-f(y), x-y)| \leq \|f(x)-f(y)\|\,\|x-y\|.$$

Lipschitz-stetige monotone Abbildungen f genügen somit auch den Ungleichungen

$$(17) \qquad \mu\|x-y\| \leq \|f(x)-f(y)\| \leq L\|x-y\|, \qquad x, y \in G.$$

Zur Bestimmung von Lösungen z des Gleichungssystems $f(z) = 0$ betrachtet man nun für positive Zahlen σ die zugehörige Abbildung g mit

$$(18) \qquad f(z) = 0 \iff z = g(z), \qquad g(x) = x - \sigma f(x), \qquad x \in G.$$

Für eine Lipschitz-stetige monotone Abbildung f genügt diese Abbildung g offenbar der Beziehung

$$(19) \qquad \begin{aligned} \|g(x)-g(y)\|^2 &= \|x-y\|^2 + \sigma^2\|f(x)-f(y)\|^2 - 2\sigma \operatorname{Re}(f(x)-f(y), x-y) \\ &\leq (1 + \sigma^2 L^2 - 2\sigma\mu)\|x-y\|^2, \qquad x, y \in G. \end{aligned}$$

---

[1]) John, F.: On quasi-isometric mappings, I. Comm. Pure Appl. Math. **21** (1968) 77–110.

Wählt man also σ hinreichend klein, dann wird g eine Kontraktion auf G,

$$\|g(x)-g(y)\| \le q\|x-y\|, \qquad x,y\in G,$$

mit der Lipschitz-Konstanten

(20) $$q=(1-\sigma(2\mu-\sigma L^2))^{\frac{1}{2}}<1, \qquad 0<\sigma<\frac{2\mu}{L^2}.$$

Diese Schranke $q=q(\sigma)$ läßt sich übrigens durch geeignete Wahl von $\sigma=\omega$ möglichst klein machen mit

(21) $$q(\omega)=\min q(\sigma)=\sqrt{1-\frac{\mu^2}{L^2}}, \qquad \omega=\frac{\mu}{L^2}.$$

Auf Grund von Ungleichung (17) ist hier notwendig $\mu\le L$.

Unter diesen Bedingungen hat man den folgenden Satz über Existenz und Eindeutigkeit von Lösungen des Gleichungssystems $f(z)=0$ und über Konvergenz und Fehlerabschätzungen des zugehörigen Jacobi- oder Gesamtschrittverfahrens.

(22) *Sei f eine Lipschitz-stetige monotone Abbildung auf der abgeschlossenen Kugel $K_\rho(c)$ in $\mathbf{K}^n$. Wenn $\|f(c)\|\le\mu\rho/2$ ausfällt, dann existiert genau eine Lösung z von $f(z)=0$ in $K_\rho(c)$. Für jedes σ in $0<\sigma\le\mu/L^2$, und jede Anfangsnäherung $x^{(0)}\in K_\rho(c)$ konvergiert das Jacobi-Verfahren*

(23) $$x^{(t+1)}=x^{(t)}-\sigma f(x^{(t)}) \iff x_j^{(t+1)}=x_j^{(t)}-\sigma f_j(x_1^{(t)},\dots,x_n^{(t)}), \qquad j=1,\dots,n,$$

für $t=0,1,2,\dots$, gegen die Lösung z mit den a-posteriori- und a-priori-Fehlerabschätzungen

(24) $$\|x^{(t)}-z\|\le\frac{1}{\mu}\|f(x^{(t)})\|\le\frac{q^t}{\mu}\|f(x^{(0)})\|, \qquad t=0,1,2,\dots.$$

Beweis. Unter diesen Voraussetzungen ist g eine Kontraktion auf $K_\rho(c)$, wie wir oben bereits gezeigt haben. Weiter bildet g mit $2\mu-\sigma L^2\ge\mu$ die Kugel $K_\rho(c)$ in sich ab auf Grund der Beziehung

$$\frac{\|g(c)-c\|}{1-q}=\frac{\sigma}{1-q}\|f(c)\|=\frac{1+q}{2\mu-\sigma L^2}\|f(c)\|\le\frac{2}{\mu}\,\frac{\mu\rho}{2}=\rho.$$

Aus dem Banachschen Fixpunktsatz für g auf $K_\rho(c)$ folgt dann die Existenz und Eindeutigkeit der Lösung z sowie die Konvergenz des obigen Jacobi-Verfahrens. Die Iterationsvorschrift $x^{(t+1)}=g(x^{(t)})=x^{(t)}-\sigma f(x^{(t)})$ ergibt die Beziehung

$$\|f(x^{(t)})\|=\frac{1}{\sigma}\|x^{(t+1)}-x^{(t)}\|\le\frac{1}{\sigma}q^t\|x^{(1)}-x^{(0)}\|=q^t\|f(x^{(0)})\|.$$

Hiermit erhält man schließlich die obige Fehlerabschätzung aus der Ungleichung (17) für $x=x^{(t)}$ und $y=z$ mit $f(z)=0$. ∎

Zur Erläuterung und Anwendung dieses Satzes betrachten wir spezielle monotone Abbildungen im Zahlenraum $\mathbf{K}^n$ mit dem euklidischen bzw. unitären Skalarprodukt $(\cdot,\cdot)_2$. Sei $A=(a_{jk})$ eine n-reihige quadratische Matrix und $A^*=(a^*_{jk})$ die zugehörige Matrix mit den Elementen $a^*_{jk}=\overline{a_{kj}}$, $j,k=1,\dots,n$. Die Abbildung f auf $G=\mathbf{K}^n$ definieren wir dann mit einem Vektor $b\in\mathbf{K}^n$ durch $f(x)=Ax-b$, $x\in\mathbf{K}^n$. Hiermit wird

$$\operatorname{Re}(f(x)-f(y),x-y)_2=\operatorname{Re}(Av,v)_2=\tfrac{1}{2}((A+A^*)v,v)_2, \qquad v=x-y\in\mathbf{K}^n.$$

Die Matrix $A_{\text{sym}}=\frac{1}{2}(A+A^*)$ ist symmetrisch bzw. hermitesch und heißt der symmetrische Teil von A. Folglich wird diese Abbildung f genau dann monoton, wenn der symmetrische Teil A_{sym} von A positiv definit ist. Die Ungleichung (15) gilt in diesem Falle mit dem kleinsten positiven Eigenwert $\mu>0$ von A_{sym}. Als Lipschitz Bedingung für f hat man weiter

$$\|f(x)-f(y)\|_2^2=\|Av\|_2^2=(A^*Av,v)_2\le\|A^*A\|_{\text{nat}}\|x-y\|_2^2$$

für $v=x-y\in\mathbf{K}^n$. Die natürliche Norm oder Spektralnorm $\|A^*A\|_{\text{nat}}$ genügt der Abschätzung

$$\|A^*A\|_{\text{nat}}\le\|A^*A\|_\infty\le\|A^*\|_\infty\|A\|_\infty=\|A\|_1\|A\|_\infty$$

mit der maximalen Zeilensumme $\|A\|_\infty$ bzw. der maximalen Spaltensumme $\|A\|_1$ von A. Das Jacobi-Verfahren (23) konvergiert daher für jedes σ in $0<\sigma\le\mu/L^2$ mit $L^2=\|A\|_1\|A\|_\infty$.

Sei jetzt $f=(f_1,\dots,f_n)$ eine stetig differenzierbare Abbildung auf einer Kugel $K_\rho(c)$ und $f'(x)$ die zugehörige Funktionalmatrix für $x\in K_\rho(c)$. Dann ist die Abbildung f monoton auf $K_\rho(c)$, wenn der symmetrische Teil $f'(x)_{\text{sym}}$ der Funktionalmatrix für jedes $x\in K_\rho(c)$ positiv definit wird. In diesem Falle gibt es nämlich für jedes $x\in K_\rho(c)$ eine positive Zahl $\mu(x)$ mit der Eigenschaft

$$\operatorname{Re}(f'(x)v,v)_2=(f'(x)_{\text{sym}}v,v)_2\ge\mu(x)\|v\|_2^2, \qquad v\in\mathbf{K}^n.$$

Da die partiellen Ableitungen von f stetige Funktionen auf $K_\rho(c)$ sein sollen, existiert dann auch eine positive Zahl μ, so daß diese Ungleichung für $\mu(x)=\mu>0$, $x\in K_\rho(c)$, besteht. Hiermit folgt die Monotonieungleichung (15) aus der Beziehung

$$\begin{aligned}\operatorname{Re}(f(x)-f(y),x-y)_2&=\int_0^1\operatorname{Re}\sum_{j,k=1}^n\frac{\partial f_j}{\partial x_k}(y+s(x-y))v_k\overline{v_j}\,ds\\&\ge\mu\|v\|_2^2=\mu\|x-y\|_2^2, \qquad v=x-y\in\mathbf{K}^n.\end{aligned}$$

Speziell kann man für f den Gradienten h' einer reellwertigen, zweimal stetig differenzierbaren, strikt konvexen Funktion h auf $K_\rho(c)$ wählen. In diesem Fall ist bekanntlich die Funktionalmatrix

$$f'(x)=h''(x)=\left(\frac{\partial^2 h}{\partial x_j\partial x_k}(x)\right)_{j,k=1,\dots,n}$$

der zweiten partiellen Ableitungen von h symmetrisch und positiv definit für jedes $x\in K_\rho(c)$. Eine Nullstelle z von f ist hier eine Nullstelle des Gradienten h' von h, so daß die Funktion h ein Minimum an der Stelle z besitzt. Das oben definierte Iterationsverfahren (23) wird in diesem Fall das Gradientenverfahren mit konstantem Faktor

(25) $$x^{(t+1)} = x^{(t)} - \sigma h'(x^{(t)}) \iff x_j^{(t+1)} = x_j^{(t)} - \sigma \frac{\partial h}{\partial x_j}(x_1^{(t)}, \ldots, x_n^{(t)}), \quad j = 1, \ldots, n, \quad t = 0, 1, 2, \ldots.$$

9.3. Newtonsche Verfahren

Für Funktionen einer Veränderlichen haben wir das Newtonsche Verfahren und das zugehörige vereinfachte oder modifizierte Newtonsche Verfahren bereits kennengelernt. Diese Iterationsverfahren lassen sich jetzt in naheliegender Verallgemeinerung auf die Lösung nichtlinearer Gleichungssysteme anwenden. Es gibt eine große Zahl von Modifikationen des Newtonschen Verfahrens, zum Beispiel durch geeignete Approximation der partiellen Differentialquotienten durch Differenzenquotienten wie bei der Regula falsi oder durch zusätzliche Anwendung des Gauß-Seidel-Verfahrens und zugehöriger Überrelaxationsverfahren. Hierauf können wir jedoch nicht näher eingehen, sondern verweisen dazu auf das Buch von Ortega-Rheinboldt.

9.3.1. Definition der Verfahren. Im folgenden sei G eine offene Teilmenge des n-dimensionalen Zahlenraumes $\mathbf{K}^n$ und $f = (f_1, \ldots, f_n)$ eine Abbildung von G in $\mathbf{K}^n$. In diesem Abschnitt beschäftigen wir uns wieder mit der Konstruktion von Lösungen $z \in G$ des Gleichungssystems

(1) $$f(z) = 0 \iff f_j(z_1, \ldots, z_n) = 0, \quad j = 1, \ldots, n.$$

Wenn die Funktionen $f_1, \ldots, f_n$ in G stetig partiell nach $x_1, \ldots, x_n$ differenzierbar sind, dann wird für eine beliebige Stelle $x^{(0)} \in G$ nach der Taylor-Formel

$$0 = f(z) = f(x^{(0)}) + f'(x^{(0)})(z - x^{(0)}) + R(z; x^{(0)})$$

mit einem Restglied R. Wie im Falle von Funktionen einer reellen Veränderlichen ist daher der Versuch naheliegend, eine Lösung $x^{(1)} \in G$ der Gleichung

$$f(x^{(0)}) + f'(x^{(0)})(x^{(1)} - x^{(0)}) = 0$$

zu bestimmen und zu prüfen, ob auf diesem Wege eine Näherung $x^{(1)}$ für eine Nullstelle z von f beziehungsweise ob eine konvergente Folge von Näherungen $(x^{(t)})$ erhalten werden kann durch das Newtonsche Verfahren

(2) $$f(x^{(t)}) + f'(x^{(t)})(x^{(t+1)} - x^{(t)}) = 0, \quad t = 0, 1, 2, \ldots.$$

Wenn die Folge $(x^{(t)})$ in G liegt, gegen ein Element $z \in G$ konvergiert und $f'(x^{(t)})$ auf G beschränkt bleibt, dann erhält man aus der letzten Gleichung mit der Stetigkeit von f die Beziehung

$$0 = f(x^{(t)}) + f'(x^{(t)})(x^{(t+1)} - x^{(t)}) \longrightarrow f(z) \quad (t \longrightarrow \infty)$$

oder $f(z)=0$, so daß in der Tat eine Nullstelle $z\in G$ existiert und durch das Newtonsche Verfahren erhalten wird.

Die Auflösung der obigen Gleichungen nach $x^{(t+1)}$ erfordert im allgemeinen einen größeren Aufwand, da hierfür in jedem Schritt $t=0,1,2,\ldots$ ein inhomogenes lineares Gleichungssystem von n Gleichungen und n Unbekannten mit der Koeffizientenmatrix $f'(x^{(t)})$ gelöst werden muß. Man betrachtet daher auch das vereinfachte Newtonsche Verfahren, erklärt durch die Vorschrift

$$(3)\qquad f(x^{(t)})+f'(c)(x^{(t+1)}-x^{(t)})=0, \qquad t=0,1,2,\ldots,$$

mit einer passenden Stelle $c\in G$. Wenn die Folge der iterierten Vektoren gegen einen Limes z in G konvergiert, dann erhält man entsprechend wie oben die Beziehung $f(z)=0$, also die Existenz einer Lösung z des nichtlinearen Gleichungssystems (1).

Für die eindeutige Lösbarkeit der Gleichungssysteme (2), (3) setzt man die Existenz der inversen Funktionalmatrizen $f'(x^{(t)})^{-1}$, $f'(c)^{-1}$ voraus. Die Vektoren $x^{(t)}$, $t=0,1,2,\ldots$, genügen damit für das Newtonsche Verfahren den Gleichungen

$$(4)\qquad x^{(t+1)}=g(x^{(t)}), \qquad g(x)=x-f'(x)^{-1}f(x),$$

und für das vereinfachte Newtonsche Verfahren

$$(5)\qquad x^{(t+1)}=g(x^{(t)}), \qquad g(x)=x-f'(c)^{-1}f(x), \qquad x\in G.$$

In beiden Fällen ist die Nullstelle z von f ein Fixpunkt von g in G,

$$f(z)=0 \iff z=g(z).$$

Anschließend betrachten wir als Beispiel die iterative Berechnung der Inversen einer nichtsingulären Matrix und gewinnen damit das Verfahren aus Abschnitt 8.4.3, dessen Konvergenz in Satz 8.4.(15) bereits gezeigt wurde.

Beispiel. Sei $A=(a_{jk})$ eine nichtsinguläre, m-reihige quadratische Matrix. Die m-reihigen quadratischen Matrizen fassen wir wieder als Vektoren im normierten Zahlenraum $\mathbf{K}^{m^2}$ mit einer Matrizennorm $\|\cdot\|$ auf. Dann ist die inverse Matrix A^{-1} eine Lösung Z der Gleichung

$$Z=A^{-1} \iff f(Z)=0, \qquad f(X)=X^{-1}-A, \qquad X\in\mathbf{K}^{m^2}, \qquad \det X \neq 0.$$

Aus der Darstellung

$$X=A-A+X=A(E-B), \qquad B=A^{-1}(A-X)$$

folgt für $X\in K_\rho(A)$ mit $\rho<\|A^{-1}\|^{-1}$ die Beziehung

$$\|B\|\le\|A^{-1}\|\,\|A-X\|\le\|A^{-1}\|\,\rho<1,$$

so daß die Inverse X^{-1} für jedes $X\in K_\rho(A)$ existiert. Die Abbildung f ist stetig partiell differenzierbar nach den Elementen x_{jk} der Matrizen $X=(x_{jk})\in K_\rho(A)$. Die zugehörige Funktionalmatrix $f'(X)$ definiert eine lineare Abbildung des Raumes $\mathbf{K}^{m^2}$ der quadratischen Matrizen. Wie man zeigen kann, hat $f'(X)$ die Darstellung

$$K=f'(X)H=-X^{-1}HX^{-1}, \qquad X\in K_\rho(A), \qquad H\in\mathbf{K}^{m^2}.$$

Folglich existiert auch die inverse Abbildung $f'(X)^{-1}$ mit der Darstellung

$$H=f'(X)^{-1}K=-XKX, \quad X\in K_\rho(A), \quad K\in\mathbf{K}^{m^2}.$$

Das Newtonsche Verfahren nimmt daher in diesem Falle die Gestalt an

$$X_{t+1}=X_t-f'(X_t)^{-1}f(X_t)=X_t+X_tf(X_t)X_t=X_t+X_t(E-AX_t), \quad t=0,1,2,\dots.$$

9.3.2. Konvergenz der Newtonschen Verfahren. Die Konvergenz des vereinfachten Newtonschen Verfahrens wurde in Abschnitt 9.2 bereits gezeigt. In diesem Abschnitt formulieren wir noch einen Konvergenzsatz für zweimal stetig differenzierbare Abbildungen. Die Konvergenz des Newtonschen Verfahrens wird anschließend ganz entsprechend wie im Falle von Funktionen einer Veränderlichen in Abschnitt 2.3 bewiesen.

Im folgenden machen wir die Voraussetzung, daß die Abbildung $f=(f_1,\dots,f_n)$ auf einer offenen Teilmenge G in $\mathbf{K}^n$ erklärt ist, dort stetige und beschränkte partielle Ableitungen bis zur zweiten Ordnung besitzt und eine Nullstelle z von f in G existiert mit

(6) $$f(z)=0,\ \det f'(z)\neq 0 \iff f_j(z_1,\dots,z_n)=0,\ j=1,\dots,n,\ \det\left(\frac{\partial f_j}{\partial x_k}(z)\right)\neq 0.$$

Wichtiges Hilfsmittel für den Konvergenzbeweis des Newtonschen Verfahrens ist die Taylor-Formel

(7) $$f(y)=f(x)+f'(x)(y-x)+R(y;x), \quad x,y\in G.$$

Für jedes Paar $x,y\in G$, dessen Verbindungsstrecke $\overline{xy}$ ebenfalls in G liegt, gestattet das Restglied $R(y;x)$ die Darstellung

(8) $$R_j(y;x)=\sum_{k,l=1}^{n}(y_k-x_k)(y_l-x_l)\int_0^1\frac{\partial^2 f_j}{\partial x_k\partial x_l}(x+s(y-x))(1-s)\,\mathrm{d}s, \quad j=1,\dots,n.$$

In diesem Falle kann man nämlich die Funktionen definieren

$$\varphi_j(s)=f_j(x+s(y-x)), \quad j=1,\dots,n, \quad 0\le s\le 1.$$

Diese sind zweimal stetig differenzierbar auf $[0,1]$ und genügen der Taylor-Formel

$$\varphi_j(1)=\varphi_j(0)+\varphi_j'(0)+\int_0^1\varphi_j''(s)(1-s)\,\mathrm{d}s,$$

also der Beziehung

$$f_j(y)=f_j(x)+\sum_{k=1}^{n}\frac{\partial f_j}{\partial x_k}(x)(y_k-x_k)+R_j(y;x).$$

Nach Voraussetzung sind die zweiten partiellen Ableitungen beschränkt in G, so daß man aus (8) unmittelbar die Restgliedabschätzung gewinnt

(9) $$\|R(y;x)\|_\infty\le\tfrac{1}{2}M\|y-x\|_\infty^2, \quad M=\sup_{\substack{j=1,\dots,n\\ w\in G}}\sum_{k,l=1}^{n}\left|\frac{\partial^2 f_j}{\partial x_k\partial x_l}(w)\right|.$$

Für die Definition der Newtonschen Verfahren ist die Existenz der inversen Funktionalmatrizen $f'(x)^{-1}$ in einer Umgebung der Nullstelle z erforderlich. Dies folgt unmittelbar aus den obigen Voraussetzungen, wie wir jetzt noch überlegen wollen. Für jede Umgebung $K_\rho(z) \subseteq G$ der Lösung z von (1) gilt zunächst, wiederum mit Hilfe einer Taylor-Formel, die Beziehung

$$(10) \qquad f'(x) = f'(z) + S(x;z) = f'(z)\,(E - f'(z)^{-1} S(x;z)), \qquad x \in K_\rho(z).$$

Die Matrix $S(x;z)$ des Restgliedes hat die Darstellung

$$S_{jk}(x;z) = \sum_{l=1}^{n} (x_l - z_l) \int_0^1 \frac{\partial^2 f_j}{\partial x_k \partial x_l}(z + s(x-z))\,ds, \qquad j,k = 1,\ldots,n,$$

und gestattet daher mit der maximalen Zeilensumme als Matrizennorm die Abschätzung

$$(11) \qquad \|S(x;z)\|_\infty \leq \sup_{\substack{j=1,\ldots,n \\ w \in G}} \sum_{k,l=1}^{n} \left| \frac{\partial^2 f_j}{\partial x_k \partial x_l}(w) \right| \|x - z\|_\infty \leq M\rho, \qquad x \in K_\rho(z).$$

Wählt man jetzt ρ so klein, daß $\|f'(z)^{-1}\|_\infty M\rho < 1$ ausfällt, dann existiert auf Grund der Darstellung (10) die inverse Matrix $f'(x)^{-1}$ in $K_\rho(z)$ und genügt der Abschätzung

$$\|f'(x)^{-1}\|_\infty \leq \frac{\|f'(z)^{-1}\|_\infty}{1 - \|f'(z)^{-1}\|_\infty M\rho}, \qquad x \in K_\rho(z).$$

Unter den obigen Voraussetzungen kann man daher annehmen, daß auf der Umgebung $K_\rho(z) \subseteq G$ mit der maximalen Zeilensumme als Matrizennorm und positiven Zahlen L, μ die Beziehung gilt

$$(12) \qquad \|f'(x)\|_\infty \leq L, \qquad \|f'(x)^{-1}\|_\infty \leq \frac{1}{\mu}, \qquad x \in K_\rho(z) \subseteq G.$$

Unter diesen Bedingungen hat man den anschließenden Konvergenzsatz für das vereinfachte Newtonsche Verfahren.

(13) *Zu jeder Zahl q in $0 < q < 1$ gibt es eine Umgebung $K_r(z) \subseteq G$ der Lösung z von (1), so daß für jede Stelle c und jede Anfangsnäherung $x^{(0)}$ aus $K_r(z)$ das vereinfachte Newtonsche Verfahren*

$$x^{(t+1)} = x^{(t)} - f'(c)^{-1} f(x^{(t)}), \qquad t = 0,1,2,\ldots,$$

definiert ist und $x^{(t)}$ gegen z konvergiert mit der a-priori-Fehlerabschätzung

$$(14) \qquad \|x^{(t)} - z\|_\infty \leq q^t \|x^{(0)} - z\|_\infty, \qquad t = 0,1,2,\ldots,$$

und den a-posteriori-Fehlerabschätzungen

$$(15) \qquad \|x^{(t)} - z\|_\infty \leq \frac{1}{\mu} \|f(x^{(t)})\|_\infty \leq \frac{L}{\mu} \|x^{(t+1)} - x^{(t)}\|_\infty, \qquad t = 0,1,2,\ldots.$$

Beweis. Für jede Stelle c aus der Umgebung $K_\rho(z) \subseteq G$ in (12) existiert $f'(c)^{-1}$. Die Taylor-Formel (7) für $x = z$, $y = x^{(t)} \in K_\rho(z)$ ergibt die Darstellung

$$\begin{aligned} x^{(t+1)} - z &= -f'(c)^{-1}\{f(x^{(t)}) - f'(c)(x^{(t)} - z)\} \\ &= -f'(c)^{-1}\{(f'(z) - f'(c))(x^{(t)} - z) + R(x^{(t)}; z)\} \end{aligned}$$

und mit (9), (11), (12) die Abschätzung

$$\|x^{(t+1)} - z\|_\infty \leq \frac{M}{\mu}\{\|z - c\|_\infty + \tfrac{1}{2}\|x^{(t)} - z\|_\infty\}\,\|x^{(t)} - z\|_\infty .$$

Für jede positive Zahl $r \leq \rho$ mit $3Mr/(2\mu) \leq q < 1$ liegt dann mit $c, x^{(t)} \in K_r(z) \subseteq K_\rho(z)$ auch $x^{(t+1)}$ in $K_r(z)$, und es gelten die Ungleichungen

$$\|x^{(t+1)} - z\|_\infty \leq q\|x^{(t)} - z\|_\infty, \qquad \|x^{(t)} - z\|_\infty \leq q^t\|x^{(0)} - z\|_\infty, \qquad t = 0, 1, 2, \ldots .$$

Also konvergiert $x^{(t)} \longrightarrow z$ $(t \longrightarrow \infty)$ mit der a-priori-Fehlerabschätzung (14). Nach Satz 9.2.(11) kann man darüber hinaus die Zahl r so klein wählen, daß die Ungleichungen 9.2.(12) gelten. Mit der Darstellung $f(x^{(t)}) = f'(c)(x^{(t+1)} - x^{(t)})$ und der Abschätzung $\|f'(c)\|_\infty \leq L$ folgt hieraus die a-posteriori-Fehlerabschätzung (15). ∎

In Verallgemeinerung von Satz 2.3. (6) können wir hier weiter den folgenden **Konvergenzsatz** für das Newtonsche Verfahren beweisen.

(16) *Zu jeder Zahl q in $0 < q < 1$ gibt es eine Umgebung $K_r(z) \subseteq G$ der Lösung z von* (1), *so daß für jede Anfangsnäherung $x^{(0)} \in K_r(z)$ das Newtonsche Verfahren*

$$x^{(t+1)} = x^{(t)} - f'(x^{(t)})^{-1} f(x^{(t)}), \qquad t = 0, 1, 2, \ldots,$$

definiert ist und die Näherungen $x^{(t)}$ gegen z konvergieren mit der a-priori-Fehlerabschätzung

(17) $$\|x^{(t)} - z\|_\infty \leq \frac{2\mu}{M} q^{(2^t)}, \qquad t = 0, 1, 2, \ldots,$$

und den a-posteriori-Fehlerabschätzungen

(18) $$\|x^{(t)} - z\|_\infty \leq \frac{1}{\mu}\|f(x^{(t)})\|_\infty \leq \frac{M}{2\mu}\|x^{(t)} - x^{(t-1)}\|_\infty^2, \qquad t = 1, 2, \ldots .$$

Beweis. Für jede Näherung $x^{(t)} \in K_\rho(z) \subseteq G$ existiert $f'(x^{(t)})^{-1}$, so daß die Newtonsche Näherung $x^{(t+1)}$ definiert ist. Mit Hilfe der Taylor-Formel (7) für $x = x^{(t)}$, $y = z$ gilt die Darstellung

$$x^{(t+1)} - z = -f'(x^{(t)})^{-1}\{f(x^{(t)}) + f'(x^{(t)})(z - x^{(t)})\} = f'(x^{(t)})^{-1} R(z; x^{(t)}).$$

Mit der Restgliedabschätzung (9) folgt so die Ungleichung

$$\|x^{(t+1)} - z\|_\infty \leq \frac{M}{2\mu}\|x^{(t)} - z\|_\infty^2 .$$

Für jedes $r \leq \rho$ mit $Mr/(2\mu) \leq q < 1$ und $x^{(t)} \in K_r(z)$ ist dann auch $x^{(t+1)} \in K_r(z)$ für $t = 0, 1, 2, \ldots$. Mit der Abkürzung $\rho_t = M\|x^{(t)} - z\|_\infty/(2\mu)$ wird die obige Ungleichung äquivalent zu $\rho_{t+1} \leq \rho_t^2$. Die Abschätzung $\rho_0 = M\|x^{(0)} - z\|_\infty/(2\mu) \leq q < 1$ ergibt hiermit die a-priori-Fehlerabschätzung

$$\rho_t \leq \rho_0^{(2^t)}, \quad \|x^{(t)} - z\|_\infty \leq \frac{2\mu}{M} q^{(2^t)}, \quad t = 0, 1, 2, \ldots,$$

und die Konvergenz von $x^{(t)} \longrightarrow z$ $(t \longrightarrow \infty)$. Die a-posteriori-Fehlerabschätzung erhält man schließlich aus der Ungleichung 9.2.(12) für hinreichend kleines r. Die Taylor-Formel (7) für $x = x^{(t-1)}$, $y = x^{(t)}$ gestattet mit der Beziehung (2) für $t-1$ anstelle von t die Darstellung

$$f(x^{(t)}) = f(x^{(t-1)}) + f'(x^{(t-1)})(x^{(t)} - x^{(t-1)}) + R(x^{(t)}; x^{(t-1)}) = R(x^{(t)}; x^{(t-1)}),$$

was mit der Restgliedabschätzung (9) die zweite Ungleichung in (18) liefert.

9.4. Numerische Übungsaufgaben

1. Methode der sukzessiven Approximation. a) Man berechne die positive Quadratwurzel $W = A^{\frac{1}{2}}$ der positiv definiten Matrix

$$A = \begin{pmatrix} 20 & -4 & -4 & -1 \\ -4 & 20 & -1 & -4 \\ -4 & -1 & 20 & -4 \\ -1 & -4 & -4 & 20 \end{pmatrix}$$

mit dem Iterationsverfahren $X_t = g(X_{t-1}) = \frac{1}{2}(X_{t-1}^2 + B)$, $t = 1, 2, \ldots$, mit $B = E - \sigma A$ und $\sigma = 1/20$.

Ergebnis. Es ist $q = \|B\|_\infty = 0.45 < 1$. Mit $X_0 = 0$ lauten für $t = 12$ die a-priori-Fehlerabschätzung $\|Z - X_t\|_\infty \leq (q^t/(1-q))\|X_1 - X_0\|_\infty \doteq 2.82 \cdot 10^{-5}$ und die a-posteriori-Fehlerabschätzung $\|Z - X_t\|_\infty \leq (q/(1-q))\|X_t - X_{t-1}\|_\infty \doteq 2.50 \cdot 10^{-9}$. Die numerisch erhaltenen Werte X_t für Z und die Näherungen $W_t = (E - X_t)/\sqrt{\sigma}$ für die Wurzel $W = (E - Z)/\sqrt{\sigma}$ sind für $t = 12$

$$X_{12} = \begin{pmatrix} 0.01177 & 0.10507 & 0.10507 & 0.03647 \\ 0.10507 & 0.01177 & 0.03647 & 0.10507 \\ 0.10507 & 0.03647 & 0.01177 & 0.10507 \\ 0.03647 & 0.10507 & 0.10507 & 0.01177 \end{pmatrix},$$

$$W_{12} = \begin{pmatrix} 4.41948 & -0.46988 & -0.46988 & -0.16309 \\ -0.46988 & 4.41948 & -0.16309 & -0.46988 \\ -0.46988 & -0.16309 & 4.41948 & -0.46988 \\ -0.16309 & -0.46988 & -0.46988 & 4.41948 \end{pmatrix}.$$

Die Matrix W_{12}^2 stimmt mit der Matrix A bis auf Fehler kleiner als 10^{-5} überein.
b) Sei u Lösung der Randwertaufgabe

$$u''(x)=\sqrt{1+u'(x)^2}, \quad 0\leq x\leq 1,$$
$$u(0)=0, \quad u(1)=1.$$

Gesucht sind Näherungswerte u_j für die Funktionswerte $u(x_j)$, $x_j=j/N$, $j=0,\ldots,N$, die Lösung der Differenzenapproximation sind: $u_0=0$, $u_N=1$,

$$u_{j+1}-2u_j+u_{j-1}=\frac{h}{2}\sqrt{4h^2+(u_{j+1}-u_{j-1})^2}, \quad j=1,\ldots,N-1,$$

mit $h=1/N$. Man berechne die Lösung mit Hilfe des Verfahrens der sukzessiven Approximation $u^{(t+1)}=g(u^{(t)})$ mit den Funktionen

$$g_j(u_1,\ldots,u_{N-1})=\frac{1}{2}(u_{j+1}+u_{j-1})+\frac{h}{4}\sqrt{4h^2+(u_{j+1}-u_{j-1})^2}, \quad j=1,\ldots,N-1,$$

für $N=5$.

Ergebnis

t	$u_0^{(t)}$	$u_1^{(t)}$	$u_2^{(t)}$	$u_3^{(t)}$	$u_4^{(t)}$	$u_5^{(t)}$
0	0.00000	0.50000	0.50000	0.50000	0.50000	1.00000
10	0.00000	0.11071	0.24840	0.45709	0.68838	1.00000
20	0.00000	0.09591	0.23577	0.42998	0.67938	1.00000
30	0.00000	0.09408	0.23421	0.42664	0.67827	1.00000
40	0.00000	0.09386	0.23402	0.42623	0.67813	1.00000
50	0.00000	0.09383	0.23400	0.42617	0.67811	1.00000

Bemerkung. Die Näherungen $u^{(t)}$ für $t>50$ ändern sich nur noch in den nicht mehr angegebenen Dezimalstellen.

2. Das Einzelschrittverfahren. Man löse das nichtlineare Gleichungssystem der vorangehenden Aufgabe mit Hilfe des Einzelschrittverfahrens

$$u_1^{(t+1)}=g_1(u_1^{(t)},\ldots,u_n^{(t)}), \quad u_j^{(t+1)}=g_j(u_1^{(t+1)},\ldots,u_{j-1}^{(t+1)},u_j^{(t)},\ldots,u_n^{(t)}), \quad j=2,\ldots,n.$$

Ergebnis

t	$u_0^{(t)}$	$u_1^{(t)}$	$u_2^{(t)}$	$u_3^{(t)}$	$u_4^{(t)}$	$u_5^{(t)}$
0	0.00000	0.50000	0.50000	0.50000	0.50000	1.00000
10	0.00000	0.09386	0.23404	0.42621	0.67813	1.00000
20	0.00000	0.09383	0.23400	0.42617	0.67811	1.00000
30	0.00000	0.09383	0.23399	0.42617	0.67811	1.00000

Bemerkung. Die Näherungen $u^{(t)}$ des Einzelschrittverfahrens für die Lösung des Gleichungssystems ändern sich bereits für $t\geq 30$ nicht mehr in den angegebenen Dezimalstellen.

3. Newtonsches Verfahren. a) Man löse das nichtlineare Gleichungssystem der vorangehenden Aufgabe mit Hilfe des Newtonschen Verfahrens für die Funktionen

$$f_j(u_1,\ldots,u_{N-1})=u_{j+1}-2u_j+u_{j-1}-\frac{h}{2}\sqrt{4h^2+(u_{j+1}-u_{j-1})^2}, \quad j=1,\ldots,N-1.$$

Ergebnis

t	$u_0^{(t)}$	$u_1^{(t)}$	$u_2^{(t)}$	$u_3^{(t)}$	$u_4^{(t)}$	$u_5^{(t)}$
0	0.00000	0.50000	0.50000	0.50000	0.50000	1.00000
1	0.00000	0.09383	0.23399	0.42616	0.67811	1.00000
2	0.00000	0.09383	0.23399	0.42617	0.67811	1.00000

b) Man löse das Gleichungssystem

$$x^3-3xy^2-1=0, \qquad y^3-3x^2y=0$$

mit Hilfe des Newtonschen Verfahrens und wähle dabei verschiedene Anfangsnäherungen (x_0, y_0).

Bemerkung. Man erhält dieses Gleichungssystem als Real- beziehungsweise Imaginärteil der Gleichung $z^3=(x+iy)^3=1$, so daß die Lösungen (x, y) jeweils Real- und Imaginärteil einer dritten Einheitswurzel sind.

Ergebnis. Die drei Einheitswurzeln lauten 1, $-\frac{1}{2}+i\frac{1}{2}\sqrt{3}$, $-\frac{1}{2}-i\frac{1}{2}\sqrt{3}$. Mit den Anfangsnäherungen $(-1,1)$, $(-0.2, -0.5)$ und $(-1,0)$ ergibt das Newtonsche Verfahren die folgenden Näherungen.

t	x_t	y_t	x_t	y_t	x_t	y_t
0	−1.00000	1.00000	−0.20000	−0.50000	−1.00000	0.00000
1	−0.66667	0.83333	−0.96568	−1.12604	−0.33333	0.00000
2	−0.50869	0.84110	−0.66688	−0.90040	2.77778	0.00000
3	−0.49933	0.86627	−0.52199	−0.85424	1.89505	0.00000
4	−0.50000	0.86602	−0.49974	−0.86546	1.35619	0.00000
5	−0.50000	0.86603	−0.50000	−0.86603	1.08536	0.00000
6					1.00654	0.00000
7					1.00004	0.00000
8					1.00000	0.00000

c) Verwendet man zur numerischen Auflösung der Integralgleichung

$$\int_0^1 \frac{(y(x)+y(t))^2}{1+x+t}\,dt=1, \qquad 0 \le x \le 1,$$

die Simpsonsche Regel zur Berechnung des Integrals mit den Punkten $x_1=0$, $x_2=\frac{1}{2}$, $x_3=1$, so erhält man mit y_1, y_2, y_3 als Näherungen für die Funktionswerte $y(0)$, $y(\frac{1}{2})$, $y(1)$ das folgende Gleichungssystem (s. Collatz [2], VI 1.3)

$$\begin{aligned}
F(1) &\equiv 4y_1^2+\tfrac{8}{3}(y_1+y_2)^2+\tfrac{1}{2}(y_1+y_3)^2-6=0,\\
\tfrac{1}{4}F(2) &\equiv \tfrac{2}{3}(y_1+y_2)^2+8y_2^2+\tfrac{2}{5}(y_2+y_3)^2-6=0,\\
F(3) &\equiv \tfrac{1}{2}(y_1+y_3)^2+\tfrac{8}{5}(y_2+y_3)^2+\tfrac{4}{3}y_3^2-6=0.
\end{aligned}$$

Man bestimme mit Hilfe des Newtonschen Verfahrens eine Lösung, ausgehend von $y_1^{(0)}=0.5$, $y_2^{(0)}=0.7$, $y_3^{(0)}=0.9$.

Ergebnis

t	$y_1^{(t)}$	$y_2^{(t)}$	$y_3^{(t)}$
0	0.50000	0.70000	0.90000
1	0.51408	0.70739	0.87606
2	0.51394	0.70736	0.87596
3	0.51394	0.70736	0.87596

10. Eigenwertaufgaben bei Matrizen

Für die numerische Bestimmung von Eigenwerten und zugehörigen Eigenvektoren von Matrizen gibt es keinen Algorithmus, der nach endlich vielen Schritten die gesuchte Lösung liefert. Man kennt jedoch eine große Zahl verschiedener Methoden zur näherungsweisen Berechnung von Eigenwerten und Eigenvektoren. Wir müssen uns hier auf einige wichtige Verfahren beschränken. Als erstes behandeln wir die Potenzmethode oder das v.-Mises-Verfahren für Matrizen, die symmetrische Abbildungen in $\mathbf{K}^n$ mit einem geeigneten Skalarprodukt definieren. Dieses Verfahren kann man auch als Methode der sukzessiven Approximation auffassen, und als Modifikationen hat man dazu die inverse Iteration und die gebrochene Iteration nach Wielandt. Weiter behandeln wir das Jacobi-Verfahren für symmetrische Matrizen bzw. Abbildungen, das durch sukzessive Anwendung von Ähnlichkeitstransformationen mit geeigneten Rotationen die gegebenene Matrix näherungsweise auf Diagonalgestalt bringt. Schließlich behandeln wir mit dem Verfahren der iterierten Vektoren von Krylow und der Lanczos-Orthogonalisierung einen endlichen Algorithmus zur Bestimmung von Teilern des charakteristischen Polynoms und zur Reduktion einer Matrix auf Tridiagonalgestalt. Für die Bestimmung von Eigenwerten symmetrischer Matrizen aus dem charakteristischen Polynom erhält man dabei in Gestalt von Rekursionsformeln das starke Hilfsmittel der Sturmschen Ketten. Im letzten Abschnittt werden Einschließungssätze für Eigenwerte und Eigenvektoren symmetrischer Abbildungen in $\mathbf{K}^n$ hergeleitet, die mit der Norm des Defekts bei der Einsetzprobe a-posteriori-Fehlerschranken für Eigenwert- und Eigenvektornäherungen ergeben.

Literatur: Faddejew-Faddejewa, Garbow u.a., Householder [2], Schwarz-Rutishauser-Stiefel, Smith u.a., Wilkinson [1], [2], Wilkinson-Reinsch.

10.1. Die Potenzmethode

Die Potenzmethode oder das Verfahren von v. Mises ist ein iteratives Verfahren zur Bestimmung von Näherungen für einen Eigenwert und einen zugehörigen Eigenvektor einer Matrix. Unter geeigneten Voraussetzungen ist dieses Verfahren gleichbedeutend mit der Methode der sukzessiven Approximation zur Bestimmung von Fixpunkten, die in diesem Falle gerade Eigenvektoren der betrachteten Matrix A sind. Wir beschränken uns im folgenden auf Matrizen, die symmetrische Abbildungen des n-dimensionalen Zahlenraumes $\mathbf{K}^n$ mit einem geeigneten Skalarprodukt definieren. Die folgenden Sätze gelten damit auch für die allgemeine Eigenwertaufgabe $Bw = \lambda Cw$, wenn B symmetrisch bzw. hermitesch und C positiv definit ist, also die Abbildung $A = C^{-1}B$ bezüglich des Skalarprodukts $(\cdot,\cdot)_C$ für $\mathbf{K}^n$ symmetrisch wird. Für symmetrische Abbildungen A in $\mathbf{K}^n$ können wir die Konvergenz der Potenzmethode ohne weitere Voraussetzungen an die Matrix A beweisen. Als Vorbereitung hierauf dient die Untersuchung der Potenzmethode für Matrizen mit nichtnegativen Eigenwerten. Durch Anwendung der Potenzmethode bestimmt man zunächst nur einen, gegebenenfalls zwei Eigenwerte und zugehörige Eigenvektoren. In Verbindung mit dem Abspaltungsverfahren kann man jedoch durch wiederholte Anwendung der Potenzmethode ein vollständiges Orthonormalsystem von Eigenvektoren der Matrix A berechnen.

Wir geben nur im folgenden ersten Abschnitt a-priori-Fehlerabschätzungen für Eigenwert- und Eigenvektornäherungen der Potenzmethode an. Hieraus lassen sich die entsprechenden Fehlerabschätzungen für den allgemeinen symmetrischen Fall in Abschnitt 10.1.2 sowie für die Modifikationen der Potenzmethode in Gestalt der inversen Iteration und der gebrochenen Iteration nach Wielandt in Abschnitt 10.1.3 herleiten, was wir aber der Kürze halber nicht ausführen können. Zu einer berechneten Eigenwert- und Eigenvektornäherung wird man in der Praxis eine Einsetzprobe machen und daraus mit Hilfe der Sätze in Abschnitt 10.4 noch a-posteriori-Fehlerschranken für diese Näherungen bestimmen.

10.1.1. Symmetrische Abbildungen mit nichtnegativen Eigenwerten. Das Konvergenzverhalten der Potenzmethode symmetrischer Abbildungen im n-dimensionalen Zahlenraum $\mathbf{K}^n$ mit Skalarprodukt wird im wesentlichen durch die Potenzmethode für das Quadrat dieser Abbildung bestimmt. Da das Quadrat einer symmetrischen Abbildung stets nichtnegative Eigenwerte hat, sind die Ergebnisse dieses Abschnitts das Kernstück für die Konvergenzuntersuchung der Potenzmethode allgemeiner symmetrischer Abbildungen in $\mathbf{K}^n$.

Die Matrix $A=(a_{jk})$ sei eine symmetrische Abbildung des n-dimensionalen Zahlenraums $\mathbf{K}^n$ mit Skalarprodukt $(\cdot,\cdot)$. Dann besitzt nach Abschnitt 5.4.2 diese Matrix reelle Eigenwerte $\lambda_1,\ldots,\lambda_n$ und ein zugehöriges System orthonormierter Eigenvektoren $w_1,\ldots,w_n$. Wir setzen in diesem Abschnitt voraus, daß die Eigenwerte $\lambda_1,\ldots,\lambda_n$ nichtnegativ sind. Ohne Beschränkung der Allgemeinheit kann man die Eigenwerte der Größe nach numerieren in der Form

$$\lambda_1 \geq \lambda_2 \geq \cdots \geq \lambda_n \geq 0\,. \tag{1}$$

Die Potenzmethode oder das Verfahren von v. Mises betrachtet zunächst für einen beliebigen, aber fest gewählten Anfangsvektor $x=x^{(0)}\in\mathbf{K}^n$ die zugehörige Folge der *iterierten Vektoren*

$$x^{(t+1)}=A\,x^{(t)},\qquad t=0,1,2,\ldots.$$

Mit der Orthonormalbasis der Eigenvektoren von A haben die iterierten Vektoren die Darstellung

$$x^{(t)}=A^t x=\sum_{k=1}^{n}\lambda_k^t(x,w_k)\,w_k,\qquad t=0,1,2,\ldots. \tag{2}$$

Wenn der Anfangsvektor $x^{(0)}=x$ der *Voraussetzung* genügt

$$x^{(1)}=A\,x^{(0)}\neq 0 \iff \sum_{k=1}^{n}\lambda_k^2\,|(x,w_k)|^2>0\,,$$

dann gibt es eine natürliche Zahl m mit der Eigenschaft

$$\lambda_m(x,w_m)\neq 0,\qquad \lambda_k(x,w_k)=0,\qquad k<m\,. \tag{3}$$

In der Darstellung (2) für $x^{(t)}$ ist somit $\lambda=\lambda_m>0$ der größte vorkommende Eigenwert, und für große Werte von t überwiegen in dieser Summe die Terme mit $\lambda_k=\lambda$ die anderen Terme – soweit vorhanden – mit $\lambda_k<\lambda$. Die Summe in (2) zerlegt man dementsprechend und führt dazu noch die Abkürzungen ein

(4) $$\lambda=\lambda_m>0, \qquad z=\sum_{\substack{k=m\\ \lambda_k=\lambda}}^{n}(x,w_k)w_k, \qquad r^{(t)}=\sum_{\substack{k=m\\ \lambda_k<\lambda}}^{n}\left(\frac{\lambda_k}{\lambda}\right)^t (x,w_k)w_k\,.$$

Die iterierten Vektoren $x^{(t)}$ haben für $t=0,1,2,\ldots$ mit diesen Bezeichnungen die Form

(5) $$x^{(t)}=\lambda^t(z+r^{(t)})\,.$$

Aus der Darstellung (4) liest man ab, daß der Vektor z orthogonal $r^{(t)}$ ist und damit die Beziehung gilt

(6) $$\|x^{(t)}\|=\lambda^t(\|z\|^2+\|r^{(t)}\|^2)^{\frac{1}{2}}, \qquad t=0,1,2,\ldots.$$

Der Vektor z ist eine Linearkombination der orthonormierten Eigenvektoren von A zum Eigenwert $\lambda=\lambda_m$, und auf Grund von Bedingung (3) ist z ungleich Null, so daß z ein Eigenvektor von A zum Eigenwert λ wird,

$$Az=\lambda z, \qquad z\neq 0\,.$$

Sei λ' der größte Eigenwert von A mit $\lambda'=\lambda_k<\lambda_m=\lambda$ für $k=m+1,\ldots,n$, falls ein solcher existiert, und sonst sei $\lambda'=0$. Dann konvergieren die Vektoren $r^{(t)}$ in (4) gegen Null mit der Abschätzung

(7) $$0\leq q=\frac{\lambda'}{\lambda}<1, \qquad \|r^{(t)}\|\leq q^t\|r^{(0)}\|\longrightarrow 0 \qquad (t\longrightarrow\infty)\,.$$

Als Ergebnis dieser Überlegungen hat man daher die Konvergenz der normierten iterierten Vektoren

$$y^{(t)}=\frac{x^{(t)}}{\|x^{(t)}\|}=\frac{z+r^{(t)}}{\|z+r^{(t)}\|}\longrightarrow\frac{z}{\|z\|}=w \qquad (t\longrightarrow\infty)\,,$$

also gegen den normierten Eigenvektor $w=z/\|z\|$ von A zum Eigenwert λ.

Zugehörige Eigenwertnäherungen bestimmt man mit Hilfe der Rayleigh-Quotienten von A in der Gestalt

$$\rho(x^{(t)})=\frac{(Ax^{(t)},x^{(t)})}{\|x^{(t)}\|^2}=(Ay^{(t)},y^{(t)})=\rho(y^{(t)}), \qquad t=0,1,2,\ldots\,.$$

Aus der Darstellung (2) erhält man hierfür die Abschätzung

$$\lambda^{2t+1}\|z\|^2\leq(Ax^{(t)},x^{(t)})=\sum_{k=m}^{n}\lambda_k^{2t+1}|(x,w_k)|^2\leq\lambda\,\|x^{(t)}\|^2\,.$$

Dies ergibt für die Rayleigh-Quotienten $\rho(x^{(t)})=\rho(y^{(t)})$ mit Hilfe von (6), (7) die folgende a-priori-Ungleichung und die Konvergenz gegen den größten vorkommenden Eigenwert $\lambda=\lambda_m$,

(8) $$0 \leq \lambda - \rho(y^{(t)}) \leq \lambda \frac{\|r^{(t)}\|^2}{\|z\|^2} \leq \lambda q^{2t} \frac{\|r^{(0)}\|^2}{\|z\|^2} \longrightarrow 0 \quad (t \longrightarrow \infty).$$

Für die Potenzmethode oder das v.-Mises-Verfahren bestimmt man dementsprechend für Anfangsvektoren $x^{(0)}$ mit $x^{(1)} = A x^{(0)} \neq 0$ die zugehörige Folge normierter iterierter Vektoren. Die Berechnung der normierten iterierten Vektoren erfolgt dabei mit der rekursiven Beziehung $y^{(0)} = x^{(0)}/\|x^{(0)}\|$ und

(9) $$y^{(t+1)} = \frac{1}{\|A y^{(t)}\|} A y^{(t)}, \qquad t = 0, 1, 2, \ldots,$$

welche unmittelbar aus der Gleichung folgt

$$y^{(t+1)} = \frac{x^{(t+1)}}{\|x^{(t+1)}\|} = \frac{A x^{(t)}}{\|A x^{(t)}\|} = \frac{A y^{(t)}}{\|A y^{(t)}\|}, \qquad t = 0, 1, 2, \ldots.$$

Die Nenner $\|A y^{(t)}\|$ sind immer ungleich Null, da mit $z \neq 0$ aus (6) folgt $x^{(t)} \neq 0$ und somit auch $A y^{(t)} = x^{(t+1)}/\|x^{(t)}\| \neq 0$ wird für $t = 0, 1, 2, \ldots$. Mit der Konvergenz der normierten iterierten Vektoren gegen den Eigenvektor $z/\|z\|$ von A zum Eigenwert $\lambda > 0$ erhält man die Konvergenz von

$$\|A y^{(t)}\| \longrightarrow \lambda \qquad (t \longrightarrow \infty),$$

so daß auch diese Zahlen $\|A y^{(t)}\|$ Näherungen für den Eigenwert λ definieren.

Nach diesen Vorbereitungen haben wir den folgenden Konvergenzsatz mit a-priori-Fehlerabschätzungen.

(10) *Die Matrix $A = (a_{jk}) \neq 0$ sei eine symmetrische Abbildung in $\mathbf{K}^n$ mit Skalarprodukt $(\cdot, \cdot)$, und die Eigenwerte von A seien nichtnegativ. Dann konvergiert für jeden Anfangsvektor $x^{(0)}$ mit $A x^{(0)} \neq 0$ die zugehörige Folge* (9) *der normierten iterierten Vektoren $y^{(t)}$ gegen einen Eigenvektor $w = z/\|z\|$ von A zum größten vorkommenden Eigenwert $\lambda > 0$. Dabei gilt mit $0 \leq q = \lambda'/\lambda < 1$ und $\gamma = \|r^{(0)}\|/\|z\|$ die a-priori-Fehlerabschätzung*

$$\|y^{(t)} - w\| \leq \gamma q^t, \qquad t = 0, 1, 2, \ldots.$$

Die Folge der zugehörigen Rayleigh-Quotienten $\rho(y^{(t)})$ konvergiert gegen den Eigenwert λ mit der a-priori-Fehlerabschätzung

$$0 \leq \frac{1}{\lambda}(\lambda - \rho(y^{(t)})) \leq \gamma^2 q^{2t}, \qquad t = 0, 1, 2, \ldots.$$

Beweis. Die a-priori-Ungleichung für die Rayleigh-Quotienten haben wir bereits in (8) gezeigt. Für die a-priori-Fehlerabschätzung der normierten iterierten Vektoren wird zunächst

$$\|y^{(t)} - w\|^2 = 2 - \frac{1}{\|z\|}((y^{(t)}, z) + (z, y^{(t)})).$$

Mit der Orthogonalität von z und $r^{(t)}$ sowie der Darstellung (5) ist

$$(y^{(t)}, z) = \frac{(x^{(t)}, z)}{\|x^{(t)}\|} = \frac{\|z\|^2}{\|z + r^{(t)}\|}, \qquad (z, y^{(t)}) = (y^{(t)}, z).$$

Weiter hat man die Abschätzungen $\|z+r^{(t)}\| \geq \|z\|$ und

$$\|z+r^{(t)}\|-\|z\| = \frac{\|z+r^{(t)}\|^2-\|z\|^2}{\|z+r^{(t)}\|+\|z\|} \leq \frac{\|r^{(t)}\|^2}{2\|z\|}.$$

Mit Hilfe von (7) folgt so die behauptete a-priori-Ungleichung

$$\|y^{(t)}-w\|^2 \leq \frac{\|r^{(t)}\|^2}{\|z\|^2} \leq q^{2t}\frac{\|r^{(0)}\|^2}{\|z\|^2}, \qquad t=0,1,2,\ldots. \qquad \blacksquare$$

Im Anschluß an diesen Satz wollen wir noch einige Bemerkungen machen. Da $\|y^{(t)}\|=1$ ist, sind die Quadrate der Eigenwertnäherungen $\|A\,y^{(t)}\|$ die Rayleigh-Quotienten der Matrix A^2,

$$\|A\,y^{(t)}\|^2 = \frac{(y^{(t)}, A^2\,y^{(t)})}{\|y^{(t)}\|^2}, \qquad t=0,1,2,\ldots.$$

Dabei ist interessant, daß diese Eigenwertnäherungen eine monotone Folge bilden, was aus dieser Darstellung durch Abschätzung mit Hilfe der Schwarzschen Ungleichung folgt,

$$\text{(11)} \qquad \|A\,y^{(t)}\| = \frac{(y^{(t)}, A^2\,y^{(t)})}{\|A\,y^{(t)}\|} = (y^{(t)}, A\,y^{(t+1)}) \leq \|A\,y^{(t+1)}\|.$$

Aus der Gleichung (9) erkennt man, daß die Potenzmethode identisch ist mit der Methode der sukzessiven Approximation zur Bestimmung der Fixpunkte der Abbildung

$$g(y) = \frac{1}{\|A\,y\|}A\,y, \qquad y\in G,$$

wobei die abgeschlossene Teilmenge G mit einer beliebigen positiven Zahl δ erklärt ist durch

$$G = \{y\in\mathbf{K}^n \mid \|y\|=1,\ 0<\delta\leq\|A\,y\|\}.$$

Offenbar ist für $y\in G$ stets $\|g(y)\|=1$, und zu jeder positiven Zahl δ wird für $\delta\leq\|A\,y\|$ mit Hilfe der obigen Ungleichung (11) für $y^{(t)}=y$, $y^{(t+1)}=g(y)$ auch $\delta\leq\|A\,g(y)\|$, so daß g diese Teilmenge in sich abbildet. Die Fixpunkte z von g in G sind die Eigenvektoren von A zu Eigenwerten $\lambda\geq\delta$,

$$z=g(z), \quad z\in G \iff A\,z=\lambda z, \quad \|z\|=1, \quad \lambda=\|A\,z\|\geq\delta>0.$$

Damit hat g so viele Fixpunkte in G wie es Eigenvektoren z von A mit $\|A\,z\|\geq\delta$, $\|z\|=1$, gibt. Aus diesem Grunde kann g im allgemeinen keine Kontraktion in G sein, da in diesem Fall nur genau ein Fixpunkt in G liegen dürfte.

10.1.2. Symmetrische Abbildungen. Für symmetrische Abbildungen im n-dimensionalen Zahlenraum mit Skalarprodukt läßt sich im allgemeinen nicht mehr die Konvergenz der normierten iterierten Vektoren und der zugehörigen Rayleigh-Quotienten behaupten, was wir später mit einem einfachen Beispiel zeigen. Man kann in diesem Falle aber die Potenzmethode auf A^2 anwenden. Mit A ist nämlich auch die Matrix

A^2 eine symmetrische Abbildung, die Eigenwerte von A^2 sind die Quadrate der Eigenwerte von A und somit nichtnegativ, womit die Voraussetzungen von Abschnitt 10.1.1 für A^2 anstelle von A erfüllt sind. Aus Eigenwerten und Eigenvektoren von A^2 erhält man dann leicht Eigenwerte und Eigenvektoren von A.

Sei also $A=(a_{jk})$ eine symmetrische Abbildung im n-dimensionalen Zahlenraum $\mathbf{K}^n$ mit Skalarprodukt $(\cdot,\cdot)$,

$$(Ax,y)=(x,Ay), \qquad x,y\in\mathbf{K}^n.$$

Damit besitzt die Matrix A reelle Eigenwerte und ein Orthonormalystem zugehöriger Eigenvektoren $w_1,\ldots,w_n$. Ohne Beschränkung der Allgemeinheit können wir annehmen, daß die Eigenwerte dem Betrage nach angeordnet sind in der Form

$$|\lambda_1|\geq|\lambda_2|\geq\cdots\geq|\lambda_n|\geq 0.$$

Auch in diesem allgemeinen Fall betrachtet man zunächst für beliebige Anfangsvektoren $x^{(0)}$ die zugehörige Folge iterierter Vektoren

$$x^{(t+1)}=Ax^{(t)} \iff x^{(t)}=A^t x^{(0)}, \qquad t=0,1,2,\ldots.$$

Mit dem Orthonormalsystem von Eigenvektoren $w_1,\ldots,w_n$ haben die Vektoren $x^{(t)}$ und die zugehörigen Normen mit der Abkürzung $x=x^{(0)}$ die Darstellung

$$(12) \qquad x^{(t)}=\sum_{k=1}^{n}\lambda_k^t(x,w_k)w_k, \qquad \|x^{(t)}\|^2=\sum_{k=1}^{n}\lambda_k^{2t}|(x,w_k)|^2, \qquad t=0,1,2,\ldots.$$

Unter der Voraussetzung $x^{(1)}=Ax^{(0)}\neq 0$ gibt es einen betragsgrößten vorkommenden Eigenwert $\lambda=\lambda_m$, definiert durch die Beziehung

$$(13) \qquad \lambda=\lambda_m, \quad \lambda_m(x,w_m)\neq 0, \quad \lambda_k(x,w_k)=0, \quad k<m.$$

Für $x^{(1)}=Ax^{(0)}\neq 0$ ist daher $x^{(t)}\neq 0$ für jedes $t=0,1,2,\ldots$, und die zugehörige Folge normierter iterierter Vektoren existiert,

$$(14) \qquad y^{(t)}=\frac{1}{\|x^{(t)}\|}x^{(t)} \iff y^{(t+1)}=\frac{1}{\|Ay^{(t)}\|}Ay^{(t)}, \qquad t=0,1,2,\ldots.$$

Unter diesen Bedingungen hat man zunächst den folgenden Satz über das Konvergenzverhalten der Folge iterierter Vektoren.

(15) *Für jeden Anfangsvektor $x^{(0)}$ mit $Ax^{(0)}\neq 0$ konvergieren die beiden Teilfolgen $(y^{(2t)})$, $(y^{(2t+1)})$ normierter iterierter Vektoren mit geraden bzw. ungeraden Indizes gegen Eigenvektoren u, u' von A^2 zum größten vorkommenden Eigenwert $\lambda^2=\lambda_m^2>0$,*

$$(16) \qquad y^{(2t)}\longrightarrow u, \quad y^{(2t+1)}\longrightarrow u'=\frac{1}{|\lambda|}Au \qquad (t\longrightarrow\infty),$$

und die zugehörige Zahlenfolge $\|Ay^{(t)}\|$, $t=0,1,2,\ldots$, konvergiert monoton wachsend gegen $|\lambda|$,

$$(17) \qquad \|Ay^{(t)}\|\leq\|Ay^{(t+1)}\|, \quad \|Ay^{(t)}\|\longrightarrow|\lambda| \qquad (t\longrightarrow\infty).$$

Beweis. Die Teilfolge iterierter Vektoren mit geradem Index,

$$x^{(2t)} = A^{2t} x^{(0)} = (A^2)^t x^{(0)}, \qquad t = 0, 1, 2, \ldots,$$

ist offenbar die Folge iterierter Vektoren von A^2 zum Anfangsvektor $x^{(0)}$. Mit A ist auch die Matrix A^2 symmetrisch, und A^2 hat die Eigenwerte $\lambda_1^2 \geq \lambda_2^2 \geq \cdots \geq \lambda_n^2 \geq 0$. Unter der obigen Voraussetzung $x^{(1)} = A x^{(0)} \neq 0$ wird $x^{(2)} = A^2 x^{(0)} \neq 0$, und damit konvergiert nach Abschnitt 10.1.1, angewandt auf A^2 anstelle von A, die zugehörige Folge normierter iterierter Vektoren $(y^{(2t)})$ gegen einen normierten Eigenvektor u von A^2 zum größten vorkommenden Eigenwert

$$\lambda^2 = \lambda_m^2 > 0, \qquad A^2 u = \lambda^2 u, \qquad \|u\| = 1\,.$$

Für diesen Vektor u ist dann

$$\|A u\| = (A u, A u)^{\frac{1}{2}} = (u, A^2 u)^{\frac{1}{2}} = |\lambda|\,.$$

Aus der Konvergenz von $y^{(2t)} \longrightarrow u$ folgt die Konvergenz von $A y^{(2t)} \longrightarrow A u$ und damit die Konvergenz der Teilfolge mit geraden Indizes

$$y^{(2t)} \longrightarrow u, \qquad \|A y^{(2t)}\| \longrightarrow |\lambda| \qquad (t \longrightarrow \infty)$$

sowie der Teilfolge mit ungeraden Indizes

$$y^{(2t+1)} = \frac{1}{\|A y^{(2t)}\|} A y^{(2t)} \longrightarrow \frac{1}{|\lambda|} A u = u' \qquad (t \longrightarrow \infty)\,.$$

Dieser Vektor u' ist ebenfalls ein normierter Eigenvektor von A^2 auf Grund der Beziehung

$$\|u'\| = \frac{1}{|\lambda|} \|A u\| = 1, \qquad A^2 u' = \frac{\lambda^2}{|\lambda|} A u = \lambda^2 u'\,.$$

Schließlich wird $A u' = |\lambda| u$, so daß auch die Normen $\|A y^{(2t+1)}\|$ eine konvergente Folge bilden

$$\|A y^{(2t+1)}\| \longrightarrow \|A u'\| = |\lambda| \qquad (t \longrightarrow \infty)\,.$$

Die Rayleigh-Quotienten von A^2 für die normierten iterierten Vektoren haben die Darstellung

$$\rho_{A^2}(y^{(t)}) = (A^2 y^{(t)}, y^{(t)}) = \|A y^{(t)}\|^2, \qquad t = 0, 1, 2, \ldots\,.$$

Diese Folge konvergiert gegen λ^2, da die beiden Teilfolgen $(\|A y^{(2t)}\|)$, $(\|A y^{(2t+1)}\|)$ gegen denselben Limes $|\lambda|$ streben, wie wir eben gezeigt haben. Darüber hinaus konvergiert die Folge $(\|A y^{(t)}\|)$ monoton wachsend gegen $|\lambda|$ auf Grund der Ungleichung (11). ■

In der Praxis wird man häufig bereits mit diesem Satz die Konvergenz der Potenzmethode gegen Eigenvektoren u, u' der Matrix A zum Eigenwert $\lambda = \lambda_m$ erhalten.

Und zwar gilt dies unter der speziellen Bedingung, daß mit λ nicht gleichzeitig auch $-\lambda$ Eigenwert von A ist. Diese Bedingung gestattet die äquivalente Formulierung

(18) $$\det(A-\lambda E)=0, \quad \det(A+\lambda E)\neq 0.$$

Hiermit wird die Matrix $A+\lambda E$ nichtsingulär, und für jeden Eigenvektor u von A^2 zum Eigenwert λ^2 ist

$$(A+\lambda E)(Au-\lambda u)=A^2u-\lambda^2 u=0 \iff Au=\lambda u,$$

so daß u auch Eigenvektor von A zum Eigenwert λ ist. Ebenso wird in diesem Fall der Vektor $u'=Au/|\lambda|$ Eigenvektor von A zum Eigenwert λ, da u' dann die Darstellung hat

$$u'=\frac{1}{|\lambda|}Au=\frac{\lambda}{|\lambda|}u=\begin{cases} u, & \lambda>0, \\ -u, & \lambda<0. \end{cases}$$

Unter dieser speziellen Bedingung konvergiert die Folge der Rayleigh-Quotienten

(19) $$\rho(y^{(t)})=(Ay^{(t)},y^{(t)})\longrightarrow\lambda \quad (t\longrightarrow\infty),$$

weil auf Grund von (16) dann sowohl die Teilfolge der Rayleigh-Quotienten $\rho(y^{(2t)})$ mit geraden Indizes als auch die Teilfolge der Rayleigh-Quotienten $\rho(y^{(2t+1)})$ mit ungeraden Indizes gegen λ konvergiert. Für einen positiven Eigenwert $\lambda=\lambda_m>0$ konvergiert mit $u'=u$ sogar die Folge der normierten iterierten Vektoren,

$$\lambda=\lambda_m>0: \quad y^{(t)}\longrightarrow u \quad (t\longrightarrow\infty).$$

Für einen negativen Eigenwert $\lambda=\lambda_m<0$ ist dagegen $u'=-u$, so daß man aus (16) die Konvergenz der alternierten Folge $(-1)^t y^{(t)}$ normierter iterierter Vektoren erhält,

$$\lambda=\lambda_m<0: \quad (-1)^t y^{(t)}\longrightarrow u \quad (t\longrightarrow\infty).$$

Mit Hilfe des obigen Satzes (15) kann man jetzt leicht einen allgemeinen Konvergenzsatz für die Potenzmethode symmetrischer Abbildungen $A=(a_{jk})$ im Raum $\mathbf{K}^n$ mit Skalarprodukt $(\cdot,\cdot)$ beweisen.

(20) *Für jeden Anfangsvektor $x^{(0)}$ mit $Ax^{(0)}\neq 0$ und mit der zugehörigen Folge normierter iterierter Vektoren $y^{(t)}$ in (14) konvergieren die beiden Vektorfolgen*

(21) $$z_+^{(t)}=y^{(2t)}+y^{(2t+1)}\longrightarrow z_+, \qquad z_-^{(t)}=y^{(2t)}-y^{(2t+1)}\longrightarrow z_- \qquad (t\longrightarrow\infty),$$

wobei die Vektoren z_+, z_- mit dem betragsgrößten vorkommenden Eigenwert $\lambda=\lambda_m$ von A in (13) den Gleichungen genügen $Az_+=|\lambda|z_+$, $Az_-=-|\lambda|z_-$. Dabei ist z_+ oder z_- ungleich Null und z_+ orthogonal z_-. Für $z_+\neq 0$ ist $|\lambda|$ ein Eigenwert von A zum Eigenvektor z_+, und für $z_-\neq 0$ ist $-|\lambda|$ ein Eigenwert von A zum Eigenvektor z_-.

Beweis. Aus Satz (15) folgt die Konvergenz von

$$y^{(2t)}\pm y^{(2t+1)}\longrightarrow u\pm\frac{1}{|\lambda|}Au=z_\pm \quad (t\longrightarrow\infty).$$

Die Vektoren z_+, z_- genügen mit $A^2 u = \lambda^2 u$ den Gleichungen

$$A z_\pm = A u \pm \frac{1}{|\lambda|} A^2 u = \pm |\lambda| \left(u \pm \frac{1}{|\lambda|} A u \right) = \pm |\lambda| z_\pm .$$

Weiter ist $z_+ + z_- = 2u \neq 0$, so daß nicht beide Vektoren z_+, z_- Null sein können. Die Orthogonalitätsrelation $(z_+, z_-) = 0$ folgt schließlich aus der Orthogonalität der Vektoren $z_+^{(t)}, z_-^{(t)}$,

$$\begin{aligned}(z_+^{(t)}, z_-^{(t)}) &= (y^{(2t)} + y^{(2t+1)}, y^{(2t)} - y^{(2t+1)}) \\ &= -(y^{(2t)}, y^{(2t+1)}) + (y^{(2t+1)}, y^{(2t)}) = 0, \qquad t = 0,1,2,\ldots . \end{aligned}$$ ∎

Im Anschluß an diesen Satz kann man mit Hilfe der Rayleigh-Quotienten der Vektoren $z_+^{(t)}$ für $z_+ \neq 0$ und $z_-^{(t)}$ für $z_- \neq 0$ zugehörige Eigenwertnäherungen bestimmen. Wie man leicht nachrechnet, gilt mit den Rayleigh-Quotienten $\rho(y) = (Ay, y)$, $\|y\| = 1$, und den normierten iterierten Vektoren $y^{(t)}$ in (14) die Darstellung

$$\begin{aligned}(A z_\pm^{(t)}, z_\pm^{(t)}) &= \rho(y^{(2t)}) + \rho(y^{(2t+1)}) \pm 2 \|A y^{(2t)}\|, \\ \|z_\pm^{(t)}\|^2 &= 2\left(1 \pm \frac{\rho(y^{(2t)})}{\|A y^{(2t)}\|}\right), \qquad t = 0,1,2,\ldots . \end{aligned} \tag{22}$$

Offenbar ist $\|z_+^{(t)}\|^2 + \|z_-^{(t)}\|^2 = 4$, so daß für wenigstens eine der beiden Folgen schließlich $\|z^{(t)}\| \geq 1$ bleibt und der Limes $z = z_+$ bzw. $z = z_-$ dieser Vektorfolge ungleich Null ist.

Beispiel. Wir betrachten im Zahlenraum $\mathbf{R}^2$ mit dem Skalarprodukt $(\cdot,\cdot)_2$ die folgende symmetrische Matrix A mit den Eigenwerten λ_1, λ_2 und den zugehörigen orthonormierten Eigenvektoren w_1, w_2,

$$A = \begin{pmatrix} 1 & 0 \\ 0 & -1 \end{pmatrix}, \quad \lambda_1 = 1, \quad \lambda_2 = -1, \quad w_1 = (1,0), \quad w_2 = (0,1).$$

Die iterierten Vektoren $x^{(t)}$ bzw. normierten iterierten Vektoren $y^{(t)}$ zum Anfangsvektor $x^{(0)} = (1,1)$ mit $A x^{(0)} = (1,-1) \neq 0$ lauten

$$x^{(t)} = (1, (-1)^t), \quad y^{(t)} = \frac{1}{\sqrt{2}} (1, (-1)^t), \quad t = 0,1,2,\ldots,$$

und hiermit wird

$$\rho(y^{(t)}) = 0, \quad \|A y^{(t)}\| = 1, \quad t = 0,1,2,\ldots .$$

Die beiden Teilfolgen $y^{(2t)} = (1,1)/\sqrt{2}$, $y^{(2t+1)} = (1,-1)/\sqrt{2}$ sind konstant und somit konvergent, allerdings nicht gegen die Eigenvektoren w_1, w_2. Dagegen wird

$$z_+^{(t)} = y^{(2t)} + y^{(2t+1)} = \sqrt{2}\,(1,0) = \sqrt{2}\, w_1, \quad z_-^{(t)} = y^{(2t)} - y^{(2t+1)} = \sqrt{2}\,(0,1) = \sqrt{2}\, w_2$$

und

$$(A z_+^{(t)}, z_+^{(t)}) = 2, \quad \|z_+^{(t)}\|^2 = 2, \quad (A z_-^{(t)}, z_-^{(t)}) = -2, \quad \|z_-^{(t)}\|^2 = 2, \quad t = 0,1,2,\ldots .$$

Mit dem folgenden Abspaltungsverfahren kann man durch wiederholte Anwendung der Potenzmethode nacheinander sämtliche Eigenwerte von A und ein zugehöriges Orthogonalsystem von Eigenvektoren berechnen. Nehmen wir an, daß für eine natürliche Zahl m in $1 \leq m < n$ bereits ein Orthonormalsystem von Eigenvektoren $w_1, \ldots, w_m$ von A zu Eigenwerten $\lambda'_1, \ldots, \lambda'_m \in \{\lambda_1, \ldots, \lambda_n\}$ bestimmt worden ist. Dann spannen diese Vektoren den m-dimensionalen Teilraum $M = [w_1, \ldots, w_m]$ auf. Wie wir in Abschnitt 7.1 ausgeführt haben, kann man hierzu leicht einen Anfangsvektor $x^{(0)}$ konstruieren, der orthogonal $w_1, \ldots, w_m$ ist. Mit $x^{(0)}$ sind sämtliche iterierten Vektoren $x^{(t)}$ orthogonal M auf Grund der Beziehung

$$(x^{(t)}, w_l) = 0 \quad \Longrightarrow \quad (x^{(t+1)}, w_l) = (x^{(t)}, A w_l) = \lambda'_l (x^{(t)}, w_l) = 0$$

für $l = 1, \ldots, m$, $t = 0, 1, 2, \ldots$. Folglich sind die zugehörigen normierten iterierten Vektoren $y^{(t)}$, die Eigenvektoren u, u' von A^2 in Satz (15) und die Vektoren z_+, z_- in Satz (20) orthogonal $w_1, \ldots, w_m$. Auf diesem Wege gewinnt man also mindestens einen und gegebenenfalls sogar zwei weitere, zu $w_1, \ldots, w_m$ orthogonale Eigenvektoren von A. Bei der praktischen Durchführung des Abspaltungsverfahrens ist allerdings zu beachten, daß man die Eigenvektoren nur näherungsweise berechnet und daß auf Grund von Rundungsfehlern nach einer gewissen Anzahl von Iterationen eine Nachorthogonalisierung der iterierten Vektoren vorgenommen werden muß. Speziell kann man in jedem einzelnen Schritt der Potenzmethode diese Orthogonalisierung vornehmen und erhält damit die Vorschrift

$$v^{(t)} = A x^{(t)}, \quad x^{(t+1)} = v^{(t)} - \sum_{l=1}^{m} (v^{(t)}, w_l) w_l, \qquad t = 0, 1, 2, \ldots.$$

Aus dieser Vorschrift kann man noch $v^{(t)}$ eliminieren. Mit der Beziehung $(A x^{(t)}, w_l) = (x^{(t)}, A w_l) = \lambda'_l (x^{(t)}, w_l)$ folgt

$$\text{(23)} \qquad x^{(t+1)} = A_m x^{(t)} \iff x^{(t+1)} = A x^{(t)} - \sum_{l=1}^{m} \lambda'_l (x^{(t)}, w_l) w_l, \qquad t = 0, 1, 2, \ldots.$$

Die Matrix A_m ist durch das Abspaltungsverfahren mit den Eigenvektoren $w_l = (w_{jl})_{j=1,\ldots,n}$ und den zugehörigen Eigenwerten λ'_l von A durch die folgende Gleichung definiert, wobei die Matrix C durch die Darstellung 5.3.(11) des Skalarprodukts erklärt ist,

$$\text{(24)} \qquad A_m = A - \sum_{l=1}^{m} \lambda'_l P_l, \quad P_l = (p_{jk}^{(l)}), \quad p_{jk}^{(l)} = w_{jl} (\overline{C w_l})_k, \quad j, k = 1, \ldots, n, \quad l = 1, \ldots, m.$$

Dieses Abspaltungsverfahren ist auch noch unabhängig von der Potenzmethode von Bedeutung. Ist nämlich die Matrix $A = A_0$ eine symmetrische Abbildung in $\mathbf{K}^n$ mit den Eigenwerten $\lambda'_1, \ldots, \lambda'_n$ und zugehörigen orthonormierten Eigenvektoren $w_1, \ldots, w_n$, so besitzt die gemäß Gleichung (24) berechnete Matrix

$$A_1 = A_0 - \lambda'_1 P_1$$

die Eigenwerte $0, \lambda'_2, \ldots, \lambda'_n$ mit den Eigenvektoren $w_1, \ldots, w_n$ auf Grund der Gleichungen

$$A_1 w_j = A w_j - \lambda'_1 w_1 (w_1, w_j) = A w_j = \lambda'_j w_j, \qquad j = 2, \ldots, n,$$

und

$$A_1 w_1 = A w_1 - \lambda'_1 w_1 (w_1, w_1) = A w_1 - \lambda'_1 w_1 = 0.$$

Mit $A_k = A_{k-1} - \lambda'_k P_k$, $k=1,\ldots,n$, besitzt dann entsprechend die Matrix A_k den k-fachen Eigenwert 0 zu den Eigenvektoren $w_1,\ldots,w_k$ sowie die Eigenwerte $\lambda'_{k+1},\ldots,\lambda'_n$ mit den Eigenvektoren $w_{k+1},\ldots,w_n$.

10.1.3. Inverse Iteration und Spektralverschiebung. Die Potenzmethode gestattet noch eine Reihe wichtiger Modifikationen, die anschließend angegeben werden sollen. In den vorangegangenen Abschnitten haben wir bewiesen, daß die Potenzmethode für eine symmetrische Abbildung $A=(a_{jk})$ im n-dimensionalen Zahlenraum $\mathbf{K}^n$ mit Skalarprodukt $(.,.)$ eine Folge von Näherungen für den betragsgrößten vorkommenden Eigenwert und einen zugehörigen Eigenvektor liefert. Anschließend zeigen wir nun, daß man mit Hilfe der sogenannten inversen Iteration im allgemeinen den betragskleinsten und zusammen mit einer Spektralverschiebung im allgemeinen den einer vorgegebenen Zahl am nächsten liegenden Eigenwert berechnet. Wendet man die inverse Iteration mit Spektralverschiebung wiederholt an mit einer geeignet gewählten Folge verschiedener Spektralverschiebungen, dann erhält man Näherungen für weitere Eigenwerte und Eigenvektoren.

Für eine nichtsinguläre symmetrische Abbildung $A=(a_{jk})$ in $\mathbf{K}^n$ mit Skalarprodukt $(.,.)$ existiert die inverse Matrix A^{-1} und ist ebenfalls eine symmetrische Abbildung. Die sogenannte inverse Iteration ist dann durch Anwendung der Potenzmethode auf A^{-1} definiert. Die zugehörige Folge iterierter Vektoren wird in diesem Falle nach der Vorschrift bestimmt

$$(25)\qquad A x^{(t+1)} = x^{(t)} \iff x^{(t+1)} = A^{-1} x^{(t)}, \qquad t=0,1;2,\ldots,$$

für einen beliebigen Anfangsvektor $x^{(0)} \neq 0$. Hier ist mit $x^{(0)} \neq 0$ auch $x^{(1)} = A^{-1} x^{(0)} \neq 0$ und die Voraussetzung für die Anwendung der Potenzmethode erfüllt. Für dieses Verfahren ist in jedem Iterationsschritt die Lösung des inhomogenen Gleichungssystems $A x^{(t+1)} = x^{(t)}$, $t=0,1,2,\ldots$, erforderlich, was mit Hilfe des Gaußschen Eliminationsverfahrens geschehen kann. Dabei ändert sich in jedem Schritt nur die rechte Seite, während die Matrix A des Gleichungssystems unverändert bleibt. Die normierten iterierten Vektoren zu diesem Verfahren gestatten dann im Sinne von Abschnitt 10.1.1, 10.1.2 die angenäherte Bestimmung des betragsgrößten vorkommenden Eigenwerts von A^{-1} und damit des betragskleinsten vorkommenden Eigenwerts von A mit einem zugehörigen Eigenvektor.

Die inverse Iteration in Verbindung mit einer Spektralverschiebung bezeichnet man nach Wielandt als gebrochene Iteration. Sei dazu $A=(a_{jk})$ eine beliebige symmetrische Abbildung in $\mathbf{K}^n$ mit Skalarprodukt $(.,.)$ und $\alpha \in \mathbf{R}$ kein Eigenwert von A. Dann existiert die inverse Matrix $A_\alpha^{-1} = (A - \alpha E)^{-1}$ und definiert ebenfalls eine symmetrische Abbildung. Die Matrix A_α^{-1} besitzt die gleichen Eigenvektoren wie die Matrix A, und zwischen den Eigenwerten λ von A sowie den Eigenwerten μ von A_α^{-1} besteht die Beziehung

$$A w = \lambda w, \qquad \lambda = \alpha + \frac{1}{\mu}, \quad \mu \neq 0 \iff A_\alpha^{-1} w = \mu w, \qquad \mu = \frac{1}{\lambda - \alpha}.$$

Die Potenzmethode für die Matrix A_α^{-1} bestimmt iterierte Vektoren nach der Vorschrift

$$(A-\alpha E)\,x^{(t+1)}=x^{(t)} \iff x^{(t+1)}=A_\alpha^{-1}x^{(t)}, \qquad t=0,1,2,\ldots,$$

für einen beliebigen Anfangsvektor $x^{(0)}\neq 0$. Die zugehörige Folge der normierten iterierten Vektoren berechnet man aus der rekursiven Beziehung

$$(26) \qquad (A-\alpha E)\,v^{(t)}=y^{(t)}, \qquad y^{(t+1)}=\frac{1}{\|v^{(t)}\|}\,v^{(t)}, \qquad t=0,1,2,\ldots,$$

für einen beliebigen Anfangsvektor $y^{(0)}$ mit $\|y^{(0)}\|=1$.

Wenn die Zahl α der Spektralverschiebung so nahe bei dem Eigenwert λ von A liegt, daß die folgende Bedingung erfüllt ist,

$$(27) \qquad |\alpha-\lambda|<\tfrac{1}{2}\delta_\lambda, \qquad \delta_\lambda=\min_{\substack{\lambda_j\neq\lambda\\ j=1,\ldots,n}}|\lambda_j-\lambda|,$$

dann wird $\mu=1/(\lambda-\alpha)$ der betragsgrößte Eigenwert von A_α^{-1}, und alle anderen Eigenwerte $\mu_j\neq\mu$ von A_α^{-1} sind dem Betrage nach kleiner als $|\mu|$. Aus diesem Grunde ist die spezielle Bedingung aus Abschnitt 10.1.2 für A_α^{-1} erfüllt. Unter der Voraussetzung (27) konvergiert daher für einen geeigneten Anfangsvektor $y^{(0)}$ die Folge der Rayleigh-Quotienten

$$\rho(y^{(t)})=(A_\alpha^{-1}y^{(t)},y^{(t)})=(v^{(t)},y^{(t)})\longrightarrow\mu=\frac{1}{\lambda-\alpha} \qquad (t\longrightarrow\infty).$$

Die Folge der iterierten Vektoren $y^{(t)}$ aus (26) bzw. die Folge der alternierten Vektoren $(-1)^t y^{(t)}$ konvergiert gegen einen zugehörigen Eigenvektor w von A_α^{-1} zum Eigenwert μ bzw. von A zum Eigenwert λ gemäß

$$\mu>0:\ y^{(t)}\longrightarrow w, \qquad \mu<0:\ (-1)^t y^{(t)}\longrightarrow w \qquad (t\longrightarrow\infty).$$

Die Konvergenzgeschwindigkeit wird dabei gegeben durch die Zahl

$$q=\left|\frac{\mu'}{\mu}\right|=|\mu'|\,|\lambda-\alpha|<1$$

mit einem geeigneten Eigenwert $\mu'\neq\mu$ von A_α^{-1} oder mit $\mu'=0$. Je näher die Zahl α der Spektralverschiebung am Eigenwert λ liegt, desto kleiner wird der Konvergenzfaktor q und umso größer die Konvergenzgeschwindigkeit der Potenzmethode in diesem Fall.

Eine naheliegende Modifikation der gebrochenen Iteration besteht darin, in jedem Iterationsschritt als Spektralverschiebung α eine möglichst gute Approximation des Eigenwertes λ, zum Beispiel durch den Rayleigh-Quotienten von A an der Stelle $y^{(t)}$, zu wählen. Dies führt anstelle von (26) auf die Iterationsvorschrift

$$(28) \qquad (A-\rho_t E)\,v^{(t)}=y^{(t)}, \qquad \rho_t=(A\,y^{(t)},y^{(t)}), \qquad y^{(t+1)}=\frac{1}{\|v^{(t)}\|}\,v^{(t)}, \qquad t=0,1,2,\ldots.$$

Auf diese Methode wird man übrigens auch durch das Newtonsche Verfahren zur Lösung des nichtlinearen Gleichungssystems

$$f(z)=Az-\frac{(Az,z)}{(z,z)}z=0, \qquad z\in\mathbf{K}^n-\{0\},$$

geführt. Diese Abbildung f besitzt offenbar genau die Eigenvektoren z von A als Nullstellen,

$$f(z)=0 \iff Az=\lambda z, \quad \lambda=\frac{(Az,z)}{\|z\|^2}, \quad z\neq 0.$$

Wie man leicht nachrechnet, hat die Funktionalmatrix f' der Abbildung f die Darstellung

$$f'(x)=A-\rho(x)E-P(x), \quad \rho(x)=\frac{(Ax,x)}{\|x\|^2}, \quad P(x)=\left(x_j\frac{\partial\rho}{\partial x_k}(x)\right)_{j,k=1,\dots,n}$$

für $x\neq 0$. Die Bestimmungsgleichungen für die Newtonschen Näherungen $x^{(t)}$,

$$f(x^{(t)})+f'(x^{(t)})(x^{(t+1)}-x^{(t)})=0, \qquad t=0,1,2,\dots,$$

werden äquivalent zu den Gleichungen

$$(A-\rho_t E)x^{(t+1)}=\sigma_t x^{(t)}, \qquad t=0,1,2,\dots,$$

mit geeigneten Zahlen σ_t, die aber bei Berechnung der normierten iterierten Vektoren nicht benötigt werden. Die Konvergenz dieses Newtonschen Verfahrens können wir hier allerdings nicht beweisen, sondern verweisen dazu auf die Arbeit von A. M. Ostrowski[1]).

10.2. Jacobische Verfahren

Die Jacobischen Verfahren dienen zur Bestimmung von Näherungslösungen des sogenannten vollständigen Eigenwertproblems, also von Näherungen für sämtliche Eigenwerte und zugehörige Eigenvektoren einer Matrix. Im Unterschied dazu bezeichnet man die Potenzmethode als iteratives Verfahren zur Lösung des teilweisen Eigenwertproblems, bei dem Näherungen für jeweils einen Eigenwert und zugehörigen Eigenvektor berechnet werden. Die Jacobischen Verfahren beruhen auf der Idee, durch eine Folge von Ähnlichkeitstransformationen mit elementaren Drehungen die gegebene Matrix näherungsweise auf Diagonalgestalt zu bringen. Die Elemente in der Hauptdiagonalen einer solchen Matrix werden dann Näherungen für die gesuchten Eigenwerte. Das Produkt der Drehmatrizen liefert eine orthogonale Matrix, deren Spalten näherungsweise Eigenvektoren der gegebenen Matrix sind. Anschließend wird die Kon-

[1]) Ostrowski, A. M.: On the convergence of the Rayleigh quotient iteration for the computation of the characteristic roots and vectors, I. Arch. Rat. Mech. Analysis **1** (1958) 233–241.

vergenz des klassischen Jacobischen Verfahrens bewiesen. Mit Hilfe von Einschließungssätzen aus Abschnitt 10.4 kann man dazu noch a-posteriori-Fehlerabschätzungen für die berechneten Eigenwertnäherungen formulieren.

10.2.1. Elementare orthogonale Transformationen. In den Jacobischen Verfahren transformiert man die gegebene reelle symmetrische Matrix $A=(a_{jk})$ durch eine Folge von zweidimensionalen Drehungen in Ebenen, die durch geeignet ausgewählte Paare σ, τ von Koordinatenrichtungen aufgespannt werden. Hier sollen jetzt zunächst einige einfache Eigenschaften dieser elementaren Ähnlichkeitstransformationen zusammengestellt werden. Für die Jacobischen Verfahren interessiert dabei insbesondere die Frage, ob und in welchem Maße die Elemente außerhalb der Hauptdiagonalen durch eine solche Ähnlichkeitstransformation verkleinert werden können.

Zu jedem Paar natürlicher Zahlen $\sigma, \tau=1,\ldots,n, \sigma\neq\tau$, und jeder reellen Zahl φ betrachtet man Matrizen $U=(u_{jk})$ der Gestalt

$$(1)\qquad U=E+(\cos\varphi-1)(E_{\sigma\sigma}+E_{\tau\tau})+\sin\varphi(E_{\tau\sigma}-E_{\sigma\tau})=\begin{pmatrix} 1 & & & & & & O \\ & \ddots & & & & & \\ & & \cos\varphi & \ldots & -\sin\varphi & & \\ & & \vdots & 1 & \vdots & & \\ & & \sin\varphi & \ldots & \cos\varphi & & \\ & & & & & \ddots & \\ O & & & & & & 1 \end{pmatrix},$$

deren Elemente u_{jk} mit Hilfe des Kroneckerschen Symbols δ_{jk} durch die Gleichungen definiert werden:

$$u_{jk}=\delta_{jk}+(\cos\varphi-1)(\delta_{j\sigma}\delta_{k\sigma}+\delta_{j\tau}\delta_{k\tau})+\sin\varphi(\delta_{j\tau}\delta_{k\sigma}-\delta_{j\sigma}\delta_{k\tau}),\quad j,k=1,\ldots,n.$$

Wir bezeichnen mit $U'=(u'_{jk})$ die zur Matrix $U=(u_{jk})$ transponierte Matrix mit den Elementen $u'_{jk}=u_{kj}$, $j,k=1,\ldots,n$. Wie man leicht nachrechnet, hat für jede beliebige symmetrische Matrix $A=(a_{jk})$ dann die Matrix $B=U'AU$ die Elemente

$$(2)\qquad \begin{aligned} b_{jk}&=a_{jk}, \quad j\neq\sigma,\tau, \quad k\neq\sigma,\tau, \quad j,k=1,\ldots,n,\\ b_{j\sigma}&=b_{\sigma j}=a_{j\sigma}\cos\varphi+a_{j\tau}\sin\varphi, \quad j\neq\sigma,\tau, \quad j=1,\ldots,n,\\ b_{j\tau}&=b_{\tau j}=-a_{j\sigma}\sin\varphi+a_{j\tau}\cos\varphi, \quad j\neq\sigma,\tau, \quad j=1,\ldots,n, \end{aligned}$$

und

$$(3)\qquad \begin{aligned} b_{\sigma\sigma}&=a_{\sigma\sigma}\cos^2\varphi+a_{\sigma\tau}\sin 2\varphi+a_{\tau\tau}\sin^2\varphi,\\ b_{\tau\tau}&=a_{\sigma\sigma}\sin^2\varphi-a_{\sigma\tau}\sin 2\varphi+a_{\tau\tau}\cos^2\varphi,\\ b_{\sigma\tau}&=b_{\tau\sigma}=a_{\sigma\tau}\cos 2\varphi+\tfrac{1}{2}(a_{\tau\tau}-a_{\sigma\sigma})\sin 2\varphi. \end{aligned}$$

Speziell kann man hier für A die Einheitsmatrix E oder $a_{jk}=\delta_{jk}$ setzen und erhält $b_{jk}=\delta_{jk}$, also $B=U'U=E$. Folglich ist U eine orthogonale Matrix,

(4) $$U'U=E, \qquad U^{-1}=U'.$$

Die Jacobischen Verfahren transformieren eine gegebene Matrix schrittweise auf Diagonalgestalt. Zur Untersuchung des Konvergenzverhaltens Jacobischer Verfahren definiert man daher mit Hilfe der Quadratsummennorm $\|\cdot\|_2$ für Matrizen den Ausdruck

(5) $$|A|=\|A-\operatorname{diag}(a_{jj})\|_2=\Bigg(\sum_{\substack{j\neq k\\ j,k=1}}^{n}|a_{jk}|^2\Bigg)^{\frac{1}{2}}, \qquad A=(a_{jk}),$$

der ein Maß dafür bildet, wie weit die Matrix A von der Diagonalgestalt abweicht. Wie man leicht nachprüft, wird durch die Vorschrift (5) eine Halbnorm für die quadratischen Matrizen mit den Eigenschaften (N 1), (N 3), (N 4) erklärt. Dabei ist $|A|=0$, wenn A eine Diagonalmatrix ist. Ausgangspunkt und Grundlage für die Jacobischen Verfahren ist dann der folgende Satz.

(6) *Für jede reelle symmetrische Matrix* $A=(a_{jk})$ *und jede orthogonale Matrix* U *der Gestalt* (1) *genügt die transformierte Matrix* $B=U'AU$ *der Beziehung*

$$|B|^2=|A|^2+2(b_{\sigma\tau}^2-a_{\sigma\tau}^2), \qquad b_{\sigma\tau}=a_{\sigma\tau}\cos 2\varphi+\tfrac{1}{2}(a_{\tau\tau}-a_{\sigma\sigma})\sin 2\varphi.$$

Beweis. Zum Beweis stellt man zunächst fest, daß die Quadratsummennorm einer reellen symmetrischen Matrix $A=(a_{jk})$ durch die Spur der Matrix A^2 dargestellt werden kann in der Form

$$\operatorname{Sp}(A^2)=\sum_{j=1}^{n}\sum_{l=1}^{n}a_{jl}a_{lj}=\sum_{j,k=1}^{n}a_{jk}^2=\|A\|_2^2.$$

Bei Ähnlichkeitstransformationen bleibt bekanntlich die Spur einer Matrix unverändert, so daß für $B=U'AU$, $U'=U^{-1}$, die Gleichung folgt

$$|B|^2+\sum_{j=1}^{n}b_{jj}^2=\|B\|_2^2=\|A\|_2^2=|A|^2+\sum_{j=1}^{n}a_{jj}^2.$$

Auf Grund von (2) ist $a_{jj}=b_{jj}$ für $j\neq\sigma,\tau$, womit wir die Gleichung bewiesen haben

(7) $$|B|^2=|A|^2+a_{\sigma\sigma}^2+a_{\tau\tau}^2-b_{\sigma\sigma}^2-b_{\tau\tau}^2.$$

Führen wir jetzt noch die zweireihigen Matrizen ein

$$A_0=\begin{pmatrix}a_{\sigma\sigma} & a_{\sigma\tau}\\ a_{\tau\sigma} & a_{\tau\tau}\end{pmatrix}, \qquad U_0=\begin{pmatrix}\cos\varphi & -\sin\varphi\\ \sin\varphi & \cos\varphi\end{pmatrix}, \qquad B_0=\begin{pmatrix}b_{\sigma\sigma} & b_{\sigma\tau}\\ b_{\tau\sigma} & b_{\tau\tau}\end{pmatrix},$$

dann lassen sich die Formeln (3) auch in der Gestalt $B_0=U_0'A_0U_0$ schreiben. Daher wird die Spur von A_0^2 gleich der Spur von B_0^2 oder $\|A_0\|_2^2=\|B_0\|_2^2$, also

$$a_{\sigma\sigma}^2+a_{\tau\tau}^2+2a_{\sigma\tau}^2=b_{\sigma\sigma}^2+b_{\tau\tau}^2+2b_{\sigma\tau}^2.$$

Zusammen mit der Gleichung (7) ergibt dies unmittelbar die oben im Satz behauptete Beziehung.

10.2.2. Das klassische Jacobische Verfahren. Beim klassischen Jacobischen Verfahren bestimmt man zu einer reellen symmetrischen Matrix $A=(a_{jk})$ eine Folge symmetrischer Matrizen A_t mit der Anfangsmatrix $A_0=A$ und einer Folge orthogonaler Transformationen U_t durch die Vorschrift

(8) $$A_{t+1}=U_t' A_t U_t, \qquad t=0,1,2,\ldots.$$

Dabei wählt man in jedem Schritt für U_t eine orthogonale Matrix der Gestalt (1), wobei $\sigma=\sigma_t$ der Zeilenindex und $\tau=\tau_t$ der Spaltenindex eines betragsgrößten Elements der Matrix $A_t=(a_{jk}^{(t)})$ außerhalb der Hauptdiagonalen ist,

(9) $$|a_{\sigma\tau}^{(t)}|=\max_{\substack{j\neq k\\ j,k=1,\ldots,n}} |a_{jk}^{(t)}|.$$

Den Drehwinkel $\varphi=\varphi_t$ der orthogonalen Matrix U_t bestimmt man hierzu aus der Bedingung

(10) $$a_{\sigma\tau}^{(t+1)}=a_{\sigma\tau}^{(t)}\cos 2\varphi_t+\tfrac{1}{2}(a_{\tau\tau}^{(t)}-a_{\sigma\sigma}^{(t)})\sin 2\varphi_t=0,$$

so daß an dieser Stelle σ,τ das Element $a_{\sigma\tau}^{(t+1)}$ der neuen Matrix A_{t+1} verschwindet. Mit Hilfe von Satz (6) für $A=A_t$, $B=A_{t+1}$ gilt dann die folgende, für die Konvergenz des klassischen Jacobischen Verfahrens grundlegende Beziehung

(11) $$|A_{t+1}|^2=|A_t|^2-2\max_{\substack{j\neq k\\ j,k=1,\ldots,n}} |a_{jk}^{(t)}|^2, \qquad t=0,1,2,\ldots.$$

Hiermit wird nämlich $|A_{t+1}|^2\leq|A_t|^2$, also die Zahlenfolge $|A_t|^2$, $t=0,1,2,\ldots$, monoton fallend und daher konvergent. Die Elemente der Matrizen A_t außerhalb der Hauptdiagonalen streben dann gegen Null mit der Abschätzung

(12) $$|a_{jk}^{(t)}|\leq\max_{j\neq k}|a_{jk}^{(t)}|=\sqrt{(|A_t|^2-|A_{t+1}|^2)/2}\longrightarrow 0 \quad (t\longrightarrow\infty), \quad j\neq k, \; j,k=1,\ldots,n.$$

Die Berechnung des Drehwinkels φ_t in $|\varphi_t|\leq\pi/4$ beziehungsweise der Größen $\cos\varphi_t$, $\sin\varphi_t$ erfolgt aus der Gleichung (10). Wenn das Element $a_{\sigma\tau}^{(t)}$ Null ist, dann ist keine Drehung erforderlich, also

$$a_{\sigma\tau}^{(t)}=0: \quad \varphi_t=0, \quad \cos\varphi_t=1, \quad \sin\varphi_t=0.$$

Weiter hat man $\varphi_t=\pi/4$ für den Fall

$$a_{\sigma\sigma}^{(t)}=a_{\tau\tau}^{(t)}: \quad \varphi_t=\frac{\pi}{4}, \quad \cos\varphi_t=\frac{1}{2}\sqrt{2}, \quad \sin\varphi_t=\frac{1}{2}\sqrt{2}.$$

In den übrigen Fällen ist

(13) $$\tan 2\varphi_t=\frac{2a_{\sigma\tau}^{(t)}}{a_{\sigma\sigma}^{(t)}-a_{\tau\tau}^{(t)}}.$$

Die Berechnung von $\cos\varphi_t$, $\sin\varphi_t$ erfolgt hieraus numerisch am günstigsten mit den bekannten Formeln

(14) $$\tan\varphi_t=\frac{\tan 2\varphi_t}{1+\sqrt{1+(\tan 2\varphi_t)^2}}, \qquad \cos\varphi_t=\frac{1}{\sqrt{1+(\tan\varphi_t)^2}},$$
$$\sin\varphi_t=\cos\varphi_t\tan\varphi_t.$$

Die Matrizen A_t gehen durch sukzessive Ähnlichkeitstransformationen aus der Matrix A hervor in der Form

(15) $$A_t = Y_t' A \cdot Y_t, \quad Y_t = U_0 \ldots U_{t-1}, \quad t = 1, 2, \ldots.$$

Die Matrizen Y_t berechnet man rekursiv nach der Vorschrift

(16) $$Y_0 = E, \quad Y_{t+1} = Y_t U_t, \quad t = 0, 1, 2, \ldots.$$

Als Produkt orthogonaler Matrizen ist Y_t ebenfalls eine orthogonale Matrix. Die Matrizen A_t haben daher die gleichen Eigenwerte wie die Matrix A. Nach diesen Vorbereitungen beweisen wir jetzt den folgenden Konvergenzsatz zur näherungsweisen Bestimmung der Eigenwerte einer reellen symmetrischen Matrix $A = (a_{jk})$ mit Hilfe des klassischen Jacobischen Verfahrens.

(17) *Seien $\lambda_1 \geq \cdots \geq \lambda_n$ die Eigenwerte der Matrix $A = (a_{jk})$ und $a_1^{(t)}, \ldots, a_n^{(t)}$ die Diagonalelemente der Matrizen $A_t = (a_{jk}^{(t)})$ in der Anordnung $a_1^{(t)} \geq \cdots \geq a_n^{(t)}$ für $t = 0, 1, 2, \ldots$. Dann konvergieren diese Diagonalelemente $a_k^{(t)}$ für $t \longrightarrow \infty$ gegen die Eigenwerte λ_k mit der a-posteriori- und a-priori-Fehlerabschätzung* $(n \geq 2)$

(18) $$|a_k^{(t)} - \lambda_k| \leq |A_t| \leq q^t |A|, \quad k = 1, \ldots, n, \quad t = 0, 1, 2, \ldots, \quad q = \left(1 - \frac{2}{n^2 - n}\right)^{\frac{1}{2}} < 1.$$

Beweis. Die Halbnorm $|A_t|$ der Matrix A_t läßt sich durch ein betragsgrößtes Element von A_t abschätzen in der Form

$$|A_t|^2 \leq (n^2 - n) \max_{j \neq k} |a_{jk}^{(t)}|^2 .$$

Hiermit gewinnt man aus der Darstellung (11) die Ungleichung

$$|A_{t+1}|^2 \leq \left(1 - \frac{2}{n^2 - n}\right) |A_t|^2 \iff |A_{t+1}| \leq q |A_t|, \quad t = 0, 1, 2, \ldots,$$

mit der oben angegebenen Konstanten $q < 1$. Folglich wird $|A_t| \leq q^t |A|$, und die Folge $|A_t|$, $t = 0, 1, 2, \ldots$, konvergiert gegen Null für $t \longrightarrow \infty$. Mit der Ungleichung (29) aus Abschnitt 5.4.2 genügen die Eigenwerte von A bzw. A_t schließlich noch der a-posteriori-Fehlerabschätzung

$$|\lambda_k - a_k^{(t)}| \leq \|A_t - \operatorname{diag}(a_{jj}^{(t)})\|_2 = |A_t|, \quad k = 1, \ldots, n, \quad t = 0, 1, 2, \ldots. \quad \blacksquare$$

Mit Hilfe der Ungleichung 5.4. (29) kann man übrigens die a-posteriori-Fehlerabschätzung für das Jacobi-Verfahren in den beiden Matrizennormen $\|\cdot\|_p$ für $p = 2$ und $p = \infty$ angeben mit dem Ergebnis

(19) $$|\lambda_k - a_k^{(t)}| \leq \left(\sum_{\substack{j,l=1 \\ j \neq l}}^{n} |a_{jl}^{(t)}|^2\right)^{\frac{1}{2}} = |A_t|, \quad |\lambda_k - a_k^{(t)}| \leq \max_{j=1,\ldots,n} \sum_{\substack{l=1 \\ l \neq j}}^{n} |a_{jl}^{(t)}|$$

für $k = 1, \ldots, n$, $t = 0, 1, 2, \ldots$. Weitergehende Resultate gewinnt man mit Hilfe von Einschließungssätzen und Fehlerabschätzungen aus Abschnitt 10.4. Die Matrix A_t ist näherungsweise gleich der Diagonalmatrix $D_t = \operatorname{diag}(a_{jj}^{(t)})$, so daß die Einheitsvektoren

$e_k=(\delta_{1k},\ldots,\delta_{nk})$, $k=1,\ldots,n$, Näherungen für die Eigenvektoren von A_t werden. Für Fehlerabschätzungen macht man eine Einsetzprobe und erhält mit A_t anstelle von A aus den Formeln 10.4. (19) für die zugehörigen Defektnormen

$$(20) \qquad \|A_t e_k - a_{kk}^{(t)} e_k\|_2 = \left(\sum_{\substack{j=1\\ j\neq k}}^{n} |a_{jk}^{(t)}|^2\right)^{\frac{1}{2}} \leq |A_t|$$

für $k=1,\ldots,n$ und jedes $t=0,1,2,\ldots$. Diese Defekte streben also für $t\longrightarrow\infty$ mit $|A_t|$ gegen Null, so daß wir für hinreichend großes t die Ungleichung 10.4. (21) anwenden können. Seien $\delta_\lambda,\delta,\Delta$ mit den Eigenwerten von A durch die Gleichungen 10.4. (4), (5) erklärt. Wenn die Defektnorm (20) kleiner als $\delta/2$ ausfällt, dann gibt es sogar einen zugehörigen Eigenwert $\lambda'_k\in\{\lambda_1,\ldots,\lambda_n\}$, der die folgende Fehlerabschätzung mit dem Quadrat der Defektnorm gestattet,

$$(21) \qquad |\lambda'_k - a_{kk}^{(t)}| \leq \frac{4\Delta}{\delta^2} \sum_{\substack{j=1\\ j\neq k}}^{n} |a_{jk}^{(t)}|^2 \leq \frac{4\Delta}{\delta^2}|A_t|^2, \qquad k=1,\ldots,n.$$

Wir nehmen jetzt an, daß die Eigenwerte $\lambda_1\geq\cdots\geq\lambda_n$ von A und A_t paarweise verschieden sind. In diesem Fall können wir schließlich noch zeigen, daß die Spalten $y_1^{(t)},\ldots,y_n^{(t)}$ der orthogonalen Matrizen Y_t in (15) Eigenvektornäherungen für die Matrix A liefern. Dazu sei $w_1,\ldots,w_n$ ein Orthonormalsystem von Eigenvektoren zu den Eigenwerten $\lambda_1,\ldots,\lambda_n$ von A. Hiermit erhält man ein Orthonormalsystem von Eigenvektoren $v_1^{(t)},\ldots,v_n^{(t)}$ von A_t durch die Vorschrift

$$v_k^{(t)} = Y_t' w_k, \qquad A_t v_k^{(t)} = \lambda_k v_k^{(t)}, \qquad k=1,\ldots,n.$$

Für hinreichend großes t wird in diesem Falle

$$(22) \qquad |\lambda_k - a_k^{(t)}| = \min_{j=1,\ldots,n} |\lambda_j - a_k^{(t)}| \leq |A_t| < \frac{\delta}{2}, \qquad k=1,\ldots,n,$$

und folglich die Defektnorm (20) kleiner als $\delta/2$. Nach Satz 10.4.(9) mit der Eigenwertnäherung $a_k^{(t)}$ und der Eigenvektornäherung $e_{k'}$ genügt die orthogonale Projektion von $e_{k'}$ auf den Eigenvektor $v_k^{(t)}$ von A_t und damit die orthogonale Projektion von $y_k^{(t)}=Y_t e_{k'}$ auf den Eigenvektor $w_k=Y_t v_k^{(t)}$ von A zum Eigenwert $\lambda=\lambda_k$ der Fehlerabschätzung

$$(23) \qquad \|y_k^{(t)} - (y_k^{(t)},w_k)_2 w_k\|_2 = \|e_{k'} - (e_{k'},v_k^{(t)})_2 v_k^{(t)}\|_2 \leq \frac{2}{\delta}\left(\sum_{\substack{j=1,\\ j\neq k'}}^{n} |a_{jk'}^{(t)}|^2\right)^{\frac{1}{2}} \leq \frac{2}{\delta}|A_t|.$$

Dabei durchläuft der Index k' die Permutation der natürlichen Zahlen $1,\ldots,n$ mit der Eigenschaft $a_{k'k'}^{(t)}=a_k^{(t)}$, $a_1^{(t)}\geq\cdots\geq a_n^{(t)}$, für $k=1,\ldots,n$. Das Skalarprodukt $(y_k^{(t)},w_k)$ strebt hier dem Betrage nach gegen eins mit der Fehlerabschätzung

$$(24) \qquad 0\leq 1-|(y_k^{(t)},w_k)_2|^2 = \|y_k^{(t)} - (y_k^{(t)},w_k)_2 w_k\|_2^2 \leq \frac{4}{\delta^2}|A_t|^2.$$

10.2.3. Zyklische und andere Jacobische Verfahren. Beim klassischen Jacobischen Verfahren ist in jedem Schritt des Verfahrens ein betragsmäßig größtes Element außerhalb der Hauptdiagonalen zu bestimmen. Da dieses Vorgehen in der numerischen

Durchführung viel Zeit in Anspruch nimmt, kommen oft zyklische Verfahren zur Anwendung. Bei ihnen werden die $n(n-1)/2$ Indexpaare (j,k) für $j<k$, $j,k=1,\ldots,n$, immer wieder in einer festen Reihenfolge durchlaufen. Naheliegende Anordnungen der Indexpaare sind

$$(1,2),\quad (1,3),\ldots,(1,n),\quad (2,3),\ldots,(2,n),\ldots,(n-1,n)$$

und

$$(1,2),\quad (1,3),(2,3),\quad (1,4),(2,4),(3,4),\ldots,(1,n),(2,n),\ldots,(n-1,n)\,.$$

Da bei den zyklischen Verfahren nach der fest vorgegebenen Reihenfolge der Indexpaare vorgegangen wird, kann es auch vorkommen, daß durch eine Transformation ein Element $a_{\sigma\tau}^{(t)}$ zum Verschwinden gebracht wird, das schon vorher dem Betrage nach sehr klein war im Vergleich zu anderen Nichtdiagonalelementen. Diese Erscheinung wird bei den bedingt zyklischen Verfahren vermieden, indem neben der vorgegebenen Reihenfolge der Indexpaare noch eine monotone Nullfolge positiver Zahlen $\alpha_1,\alpha_2,\ldots$ betrachtet wird. Indexpaare (j,k), die sich dann auf ein Element mit der Eigenschaft $|a_{jk}^{(t)}|<\alpha_1$ beziehen, werden übersprungen. Nach endlich vielen Schritten sind alle Elemente außerhalb der Hauptdiagonalen dem Betrage nach kleiner als α_1, und es wird α_1 durch α_2 ersetzt usw.

Eine weitere Modifikation des klassischen Jacobischen Verfahrens besteht darin, nicht ein betragsgrößtes Element außerhalb der Diagonalen der jeweiligen Matrix zu bestimmen. Vielmehr sucht man eine Spalte mit der größten Quadratsumme außerhalb der Diagonalen auf und stellt dann dort ein betragsmäßig größtes Element $a_{\sigma\tau}^{(t)}$, $\sigma \neq \tau$, fest. Auf diese Weise ist nur aus $n+n-1$ Zahlen eine größte zu bestimmen, während beim klassischen Jacobischen Verfahren $n(n-1)/2$ Zahlen verglichen werden müssen. Man spricht in dem hier beschriebenen Fall vom Jacobischen Verfahren mit Verwendung eines fast größten Nichtdiagonalelementes.

Für Konvergenzbeweise zu den zyklischen und quasizyklischen Jacobischen Verfahren verweisen wir auf die Arbeit von P. Henrici[1]).

10.3. Das Verfahren der iterierten Vektoren von Krylow

Das Verfahren von Krylow dient zur Bestimmung der Koeffizienten des charakteristischen Polynoms oder von Teilern des charakteristischen Polynoms einer Matrix A. Es ist kein iteratives sondern ein direktes Verfahren, das nach endlich vielen Schritten die Koeffizienten dieses Polynoms liefert. Die Eigenwerte müssen dann mit den üblichen Methoden als Nullstellen des Polynoms bestimmt werden. Wendet man das Orthogonalisierungsverfahren auf die iterierten Vektoren an, so wird man auf orthogonale Lanczos-Polynome der Matrix geführt. Wir zeigen anschließend für Matrizen, die symmetrische Abbildungen in $\mathbf{K}^n$ definieren, daß diese Abbildung bezüglich des damit gewonnenen Orthonormalsystems durch eine Tridiagonalmatrix oder Jacobi-

---

[1]) Henrici, P.: On the speed of convergence of cyclic and quasicyclic Jacobi methods for computing eigenvalues of Hermitian matrices. J. Soc. Industr. Appl. Math. 6 (1958) 144–162.

Matrix dargestellt werden kann. Das charakteristische Polynom dieser Matrix läßt sich mit einer dreigliedrigen Rekursionsformel erhalten, die als Sturmsche Kette ein außerordentlich starkes und wirkungsvolles Hilfsmittel für die numerische Bestimmung von Nullstellen des Polynoms, also von Eigenwerten der Matrix A liefert. Für die Reduktion einer Matrix auf Tridiagonalgestalt gibt es eine ganze Reihe von Verfahren, die aus der Grundidee des Krylow-Verfahrens und der Lanczos-Orthogonalisierung abgeleitet werden können. Insbesondere haben Givens und Householder dabei Verfahren entwickelt, die noch eine sehr viel bessere numerische Stabilität aufweisen, als das ursprüngliche Krylow-Lanczos-Verfahren.

10.3.1. Minimalpolynom eines Vektors. Sei $A=(a_{jk})$ eine beliebige n-reihige Matrix mit Elementen $a_{jk}\in\mathbf{K}$ für $j,k=1,\ldots,n$. Beim Verfahren von Krylow betrachtet man zu einem beliebigen Vektor $a^{(0)}=a\neq 0$ im Zahlenraum $\mathbf{K}^n$ die iterierten Vektoren

(1) $$a^{(t+1)}=A\,a^{(t)} \iff a^{(t)}=A^t a, \qquad t=0,1,2,\ldots.$$

Im n-dimensionalen Zahlenraum sind die $n+1$ iterierten Vektoren $a^{(0)},\ldots,a^{(n)}$ immer linear abhängig. Wenn die Matrix A nicht die Nullmatrix und $a\neq 0$ ist, dann gibt es genauer eine kleinste natürliche Zahl m in $0<m\leq n$, so daß die Vektoren $a^{(0)},\ldots,a^{(m-1)}$ linear unabhängig sind,

(2) $$\gamma_{m-1}a^{(m-1)}+\cdots+\gamma_0 a^{(0)}=0 \implies \gamma_{m-1}=\cdots=\gamma_0=0,$$

die Vektoren $a^{(0)},\ldots,a^{(m)}$ aber linear abhängig werden und daher eindeutig bestimmte Zahlen $\alpha_0,\ldots,\alpha_{m-1}$ existieren mit der Eigenschaft

(3) $$a^{(m)}+\alpha_{m-1}a^{(m-1)}+\cdots+\alpha_1 a^{(1)}+\alpha_0 a^{(0)}=0.$$

Diese Zahlen definieren ein Polynom p_m durch die Gleichung

(4) $$p_m(x)=x^m+\alpha_{m-1}x^{m-1}+\cdots+\alpha_1 x+\alpha_0, \qquad x\in\mathbf{K}.$$

Mit Hilfe dieses Polynoms und der Darstellung $a^{(t)}=A^t a$, $t=0,\ldots,m$, läßt sich die Gleichung (3) offenbar auch in der Form schreiben

(5) $$p_m(A)a=(A^m+\alpha_{m-1}A^{m-1}+\cdots+\alpha_1 A+\alpha_0 E)a=0.$$

Das Polynom p_m heißt Minimalpolynom des Vektors a und hat die folgende interessante Eigenschaft.

(6) *Das Minimalpolynom p_m des Vektors $a\neq 0$ ist ein Teiler des charakteristischen Polynoms p_A der Matrix A, so daß die Wurzeln des Polynoms p_m Eigenwerte der Matrix A sind. Wenn der Grad m des Minimalpolynoms gleich n wird, dann ist p_m das charakteristische Polynom p_A der n-reihigen Matrix A.*

Beweis. Sei p_A das charakteristische Polynom der Matrix A in der Gestalt

$$p_A(x)=\det(xE-A)=x^n+\beta_{n-1}x^{n-1}+\cdots+\beta_0, \qquad x\in\mathbf{K}.$$

Durch Division mit Rest kann man dann bekanntlich das Polynom p_A mit dem Minimalpolynom p_m von a darstellen in der Form

$$p_A(x)=q(x)\,p_m(x)+r(x), \qquad x\in\mathbf{K},$$

mit Polynomen q und r, wobei der Rest r höchstens den Grad $m-1$ besitzt und dementsprechend die folgende Gestalt hat

$$r(x)=\gamma_{m-1}x^{m-1}+\cdots+\gamma_1 x+\gamma_0, \qquad x\in\mathbf{K}.$$

Nach dem Satz von Cayley-Hamilton genügt die Matrix A ihrer charakteristischen Gleichung $p_A(A)=0$. Angewandt auf den Vektor a ergibt dies mit der obigen Zerlegung und der Gleichung (5)

$$0=p_A(A)a=q(A)p_m(A)a+r(A)a=r(A)a.$$

Mit Hilfe von (2) gilt dann die Beziehung

$$r(A)a=\gamma_{m-1}a^{(m-1)}+\cdots+\gamma_0 a^{(0)}=0 \implies \gamma_{m-1}=\cdots=\gamma_0=0,$$

so daß r das Nullpolynom ist. Folglich wird $p_A=q\,p_m$, also p_m ein Teiler des charakteristischen Polynoms p_A. Die Nullstellen von p_m sind damit Nullstellen von p_A, also Eigenwerte von A. Wenn der Grad m von $p_m(x)=x^m+\cdots$ gleich dem Grad n des charakteristischen Polynoms $p_A(x)=x^n+\cdots$ wird, dann folgt aus der Gleichung $p_A=q\,p_m$ notwendig $q=1, p_A=p_m$. ∎

Die Berechnung der Koeffizienten $\alpha_0,\dots,\alpha_{m-1}$ des Minimalpolynoms p_m des Vektors a erfolgt aus der Gleichung (3), einem linearen inhomogenen Gleichungssystem mit n Gleichungen und m Unbekannten $\alpha_0,\dots,\alpha_{m-1}$. Dieses System hat die Gestalt eines überbestimmten Gleichungssystems

(7) $$\sum_{k=0}^{m-1}\alpha_k a^{(k)}=-a^{(m)},$$

das mit den Methoden aus Abschnitt 7.2 gelöst werden kann. Nach Satz 7.2.(7) ist dieses System eindeutig lösbar, da die Spaltenvektoren $a_k=a^{(k)}$, $k=0,\dots,m-1$, linear unabhängig sind. Wenn die Zahl m gemäß (2), (3) bestimmt wird, dann liegt die rechte Seite $b=-a^{(m)}$ im Teilraum $M=[a^{(0)},\dots,a^{(m-1)}]$, der von den iterierten Vektoren aufgespannt wird. Für die Lösung dieses Gleichungssystems bietet sich das Orthogonalisierungsverfahren an. Dazu orthogonalisiert man zunächst die iterierten Vektoren $a^{(0)}, a^{(1)},\dots$ nach der Vorschrift

(8) $$\begin{aligned} &v_0=a^{(0)}, && w_0=\frac{1}{\|v_0\|}v_0,\\ &v_j=a^{(j)}-\sum_{k=0}^{j-1}(a^{(j)},w_k)w_k, && w_j=\frac{1}{\|v_j\|}v_j, \qquad j=1,2,\dots. \end{aligned}$$

Gleichzeitig damit wird der Grad m des Minimalpolynoms p_m von a bestimmt, indem man die kleinste natürliche Zahl m sucht mit der Eigenschaft

(9) $$\|v_m\|=\|a^{(m)}-\sum_{k=0}^{m-1}(a^{(m)},w_k)w_k\|=0.$$

Das Orthogonalisierungsverfahren liefert dann für $j=0,\ldots,m-1$ ein Orthonormalsystem $w_0,\ldots,w_{m-1}$ aus den iterierten Vektoren mit

$$M=[a^{(0)},\ldots,a^{(m-1)}]=[w_0,\ldots,w_{m-1}].$$

Für $j=m$ bricht das Orthogonalisierungsverfahren mit $v_m=0$ ab. Mit Hilfe der orthogonalisierten iterierten Vektoren bestimmt man nach Satz 7.2.(13) die Koeffizienten $\alpha_{m-1},\ldots,\alpha_0$ des Minimalpolynoms einfach aus der rekursiven Beziehung

$$(10)\qquad \alpha_{m-1}=-\frac{(a^{(m)},v_{m-1})}{\|v_{m-1}\|^2},\qquad \alpha_j=-\frac{1}{\|v_j\|^2}\left\{(a^{(m)},v_j)+\sum_{k=j+1}^{m-1}\alpha_k(a^{(k)},v_j)\right\},$$
$$j=m-2,\ldots,0.$$

Zur Berechnung von Eigenwerten der Matrix A durch Berechnung der Nullstellen des Minimalpolynoms p_m haben wir zum Beispiel das Newtonsche Verfahren oder die Regula falsi kennengelernt. Mit den Sätzen aus Abschnitt 5.4, insbesondere dem Satz von Gerschgorin kann man die Lage der Eigenwerte von A und damit der Nullstellen von p_m in der komplexen Zahlenebene bereits abschätzen. Für symmetrische bzw. hermitesche Matrizen A oder allgemeiner symmetrische Abbildungen A in $\mathbf{K}^n$ mit Skalarprodukt sind die Eigenwerte von A notwendig reell, so daß auch Intervallschachtelungsverfahren und die Methode der quadratischen Interpolation anwendbar werden. Darüber hinaus hat man noch die weitreichenden Möglichkeiten der Sturmschen Ketten, was wir im nächsten Abschnitt weiter ausführen.

Zu jeder Nullstelle λ des Minimalpolynoms p_m erhält man weiter einen Eigenvektor z der Matrix A zu diesem Eigenwert λ auf folgendem Wege. Mit dem Horner-Schema aus Abschnitt 1.1 werden die Koeffizienten $\alpha'_1,\ldots,\alpha'_m$ des Polynoms q bestimmt, das durch Abspaltung des Linearfaktors $x-\lambda$ aus dem Minimalpolynom hervorgeht. Dieses Polynom gestattet dann die Darstellung

$$p_m(x)=(x-\lambda)q(x),\qquad q(x)=x^{m-1}+\alpha'_{m-1}x^{m-2}+\cdots+\alpha'_2x+\alpha'_1,\qquad x\in\mathbf{K}.$$

Zu diesen Koeffizienten berechnet man den Vektor

$$(11)\qquad z=q(A)a=a^{(m-1)}+\alpha'_{m-1}a^{(m-2)}+\cdots+\alpha'_2a^{(1)}+\alpha'_1a^{(0)}.$$

Offenbar ist $z\neq 0$, da für $z=0$ die iterierten Vektoren $a^{(m-1)},\ldots,a^{(0)}$ linear abhängig wären im Widerspruch zur Voraussetzung (2). Aus der obigen Gleichung für die Polynome p_m,q folgt die entsprechende Matrizengleichung $p_m(A)=(A-\lambda E)q(A)$. Wendet man diese Beziehung auf den Vektor a an, so folgt schließlich

$$(12)\qquad Az-\lambda z=(A-\lambda E)q(A)a=p_m(A)a=0.$$

Wenn die Nullstellen $\lambda_1,\ldots,\lambda_m$ des Minimalpolynoms p_m paarweise verschieden sind, dann erhält man mit den zugehörigen Lagrange-Polynomen $L_1,\ldots,L_m$ zu den Stützstellen $\lambda_1,\ldots,\lambda_m$ ebenfalls Polynome mit der Eigenschaft

$$p_m(x)=\mu_j(x-\lambda_j)L_j(x),\qquad \mu_j=\prod_{\substack{k=1\\k\neq j}}^{m}(\lambda_j-\lambda_k),\qquad j=1,\ldots,m,$$

und damit ein System linear unabhängiger Eigenvektoren z_j von A durch die Vorschrift

$$(13) \qquad z_j = L_j(A)\,a, \quad A\,z_j = \lambda_j z_j, \quad j=1,\dots,m.$$

Für eine symmetrische Abbildung A sind Eigenvektoren zu paarweise verschiedenen Eigenwerten orthogonal zueinander. Mit Hilfe der orthogonalen Lanczos-Polynome und der Darstellung $v_k = p_k(A)\,a$ aus dem nächsten Abschnitt kann man diese Eigenvektoren z_j bis auf einen Zahlenfaktor aus der Darstellung 7.4.(18) berechnen in der Form

$$(14) \qquad z_j' = \frac{1}{\|L_j\|^2} L_j(A)\,a = \sum_{k=0}^{m-1} \frac{p_k(\lambda_j)}{\|v_k\|^2} v_k, \quad j=1,\dots,m.$$

10.3.2. Symmetrische Jacobi-Matrix und Sturmsche Kette. Mit dem Orthonormalsystem der Lanczos-Polynome erhält man für eine symmetrische Abbildung $A=(a_{jk})$ eine Basis des Teilraums $[a^{(0)},\dots,a^{(m-1)}]$, bezüglich der die Abbildung A durch eine Tridiagonal- oder Jacobi-Matrix dargestellt wird. Anschließend beweisen wir für die Sturmsche Kette $p_0,\dots,p_m$ die wichtigen Aussagen über die Lage und die Trennungseigenschaften der zugehörigen Nullstellen. Hierauf beruht das numerisch besonders interessante Intervallschachtelungs- oder Bisektions-Verfahren zur Bestimmung von Eigenwerten von A als Nullstellen des Polynoms p_m.

In Abschnitt 7.4 haben wir bereits orthogonale Polynome einer Matrix A zu einem Vektor $a \neq 0$ eingeführt. Im folgenden bezeichnen wir wieder mit $\mathscr{P}$ den Vektorraum aller Polynome einer reellen bzw. komplexen Veränderlichen. Jeder Vektor $a \neq 0$ definiert mit dem Skalarprodukt $(.,.)$ für $\mathbf{K}^n$ ein semidefinites Skalarprodukt $(.,.)_{\mathscr{P}}$ für den Raum der Polynome durch die Vorschrift

$$(15) \qquad (p,q)_{\mathscr{P}} = (p(A)\,a,\, q(A)\,a), \quad p,q \in \mathscr{P}.$$

Unter der Voraussetzung (2), (3) ist $(.,.)_{\mathscr{P}}$ ein Skalarprodukt für den Teilraum $\mathscr{P}_{m-1} = [1,x,\dots,x^{m-1}] \subseteq \mathscr{P}$. Mit den iterierten Vektoren $a^{(j)} = A^j a$, $j=0,\dots,m$, gilt nämlich die Definitheitsbedingung

$$\|p\|_{\mathscr{P}}^2 = \|p(A)\,a\|^2 = \left\| \sum_{j=0}^{m-1} \gamma_j a^{(j)} \right\|^2 = 0 \iff \gamma_0 = \dots = \gamma_{m-1} = 0,$$

so daß $p=0$ das Nullpolynom ist. Mit Hilfe des Orthogonalisierungsverfahrens gewinnt man das System orthogonaler Polynome

$$(16) \qquad p_0(x) = 1, \quad p_j(x) = x^j - \sum_{k=0}^{j-1} \frac{(x^j, p_k)_{\mathscr{P}}}{\|p_k\|_{\mathscr{P}}^2} p_k(x), \quad x \in \mathbf{K}, \quad j=1,\dots,m.$$

Dieses sind die Lanczos-Polynome der Matrix A zum Vektor a mit der folgenden Eigenschaft.

(17) *Die Lanczos-Polynome* $p_0,\dots,p_m$ *genügen mit den orthogonalisierten iterierten Vektoren in* (8) *den Gleichungen* $v_0 = p_0(A)\,a = a$ *und*

$$(18) \qquad p_j(A)\,a = v_j = a^{(j)} - \sum_{k=0}^{j-1} \frac{(a^{(j)}, v_k)}{\|v_k\|^2} v_k, \quad a^{(j)} = A^j a, \quad j=1,\dots,m.$$

Das m-te Lanczos-Polynom p_m *in* (16) *ist gleich dem Minimalpolynom* p_m *des Vektors a in* (4).

Beweis. Offenbar ist $p_0=1$, $p_0(A)=E$, also $p_0(A)a=a^{(0)}=v_0$. Wenn für eine natürliche Zahl $j\le m$ die Darstellung $p_k(A)a=v_k$ für $k=0,\dots,j-1$ bereits bewiesen ist, dann wird

$$\|p_k\|_{\mathscr{P}}^2=\|p_k(A)a\|^2=\|v_k\|^2, \qquad (x^j,p_k)_{\mathscr{P}}=(A^ja,p_k(A)a)=(a^{(j)},v_k)$$

für $k=0,\dots,j-1$ und somit auch

$$p_j(A)a=A^ja-\sum_{k=0}^{j-1}\frac{(x^j,p_k)_{\mathscr{P}}}{\|p_k\|_{\mathscr{P}}^2}p_k(A)a=a^{(j)}-\sum_{k=0}^{j-1}\frac{(a^{(j)},v_k)}{\|v_k\|^2}v_k=v_j.$$

Insbesondere hat man für das m-te orthogonale Polynom p_m mit geeigneten Koeffizienten $\beta_{m-1},\dots,\beta_0$ die Darstellung

$$p_m(A)a=a^{(m)}+\beta_{m-1}a^{(m-1)}+\cdots+\beta_0a^{(0)}.$$

Nach Voraussetzung (3) ist $a^{(m)}$ linear abhängig von $a^{(0)},\dots,a^{(m-1)}$, also der Vektor $v_m=p_m(A)a$ aus dem Teilraum $M=[a^{(0)},\dots,a^{(m-1)}]$ und gleichzeitig v_m orthogonal $a^{(0)},\dots,a^{(m-1)}$, so daß $v_m=0$ sein muß. Auf Grund der linearen Unabhängigkeit von $a^{(0)},\dots,a^{(m-1)}$ erhält man mit Hilfe von Gleichung (3) durch Koeffizientenvergleich $\alpha_k=\beta_k$, $k=0,\dots,m$, so daß das m-te orthogonale Polynom p_m in (16) mit dem Minimalpolynom p_m des Vektors a in (4) identisch ist. ■

Von jetzt ab machen wir die Voraussetzung, daß die Matrix $A=(a_{jk})$ eine symmetrische Abbildung des Zahlenraums $\mathbf{K}^n$ mit Skalarprodukt $(.,.)$ definiert. Das obige Skalarprodukt $(.,.)_{\mathscr{P}}$ für den Raum der Polynome genügt dann der Gleichung

$$(19) \qquad (xp,q)_{\mathscr{P}}=(Au,v)=(u,Av)=(p,xq)_{\mathscr{P}}$$

mit den Abkürzungen $u=p(A)a$, $v=q(A)a$ für beliebige Polynome $p,q\in\mathscr{P}$. Also genügt das Skalarprodukt $(.,.)_{\mathscr{P}}$ der Symmetriebedingung (P3), und die Lanczos-Polynome $p_0,\dots,p_m$ werden symmetrische orthogonale Polynome, für die die Sätze aus Abschnitt 7.4.2 gelten. Insbesondere genügen die symmetrischen Lanczos-Polynome den Rekursionsformeln

$$(20) \qquad p_0(x)=1, \quad p_1(x)=x-\beta_0, \quad p_{j+1}(x)=(x-\beta_j)p_j(x)-\gamma_jp_{j-1}(x), \quad j=1,\dots,m-1,$$

wobei die Koeffizienten mit Hilfe von (18) die Gestalt annehmen

$$(21) \qquad \beta_j=\frac{(Av_j,v_j)}{\|v_j\|^2}, \quad j=0,\dots,m-1, \qquad \gamma_j=\frac{\|v_j\|^2}{\|v_{j-1}\|^2}, \quad j=1,\dots,m-1.$$

Die obigen Rekursionsformeln ergeben entsprechende Formeln für die Matrizen $p_j(A)$. Mit der Darstellung $v_j=p_j(A)a$ gewinnt man daraus Rekursionsformeln für die orthogonalen Vektoren v_j, die wir nach $xp_j(x)$ bzw. $Ap_j(A)a=Av_j$ auflösen und in der Form schreiben wollen

$$Av_0=\beta_0v_0+v_1, \quad Av_j=\gamma_jv_{j-1}+\beta_jv_j+v_{j+1}, \quad j=1,\dots,m-1.$$

Die zugehörigen orthonormierten Vektoren $w_0,\ldots,w_{m-1}$ genügen damit den Rekursionsformeln

$$(22)\qquad \begin{aligned} &Aw_j=\gamma'_j w_{j-1}+\beta_j w_j+\gamma'_{j+1}w_{j+1}, \quad j=1,\ldots,m-2,\\ &Aw_0=\beta_0 w_0+\gamma'_1 w_1, \quad Aw_{m-1}=\gamma'_{m-1}w_{m-2}+\beta_{m-1}w_{m-1}\end{aligned}$$

mit den Koeffizienten $\gamma'_j=\|v_j\|/\|v_{j-1}\|$ oder $\gamma'_j=\sqrt{\gamma_j}$ für $j=1,\ldots,m-1$. Die Matrix $A=(a_{jk})$ bildet den Teilraum $M=[a^{(0)},\ldots,a^{(m-1)}]=[w_0,\ldots,w_{m-1}]$ in sich ab auf Grund von Voraussetzung (3). Bezüglich der orthonormalen Basis $w_0,\ldots,w_{m-1}$ in M hat man dann mit Hilfe von (22) die Darstellung

$$(23)\qquad \begin{aligned} &u=\sum_{k=0}^{m-1}\xi_k w_k, \quad Au=\sum_{k=0}^{m-1}(\gamma'_k\xi_{k-1}+\beta_k\xi_k+\gamma'_{k+1}\xi_{k+1})w_k,\\ &\xi=(\xi_0,\ldots,\xi_{m-1})\in\mathbf{K}^m,\end{aligned}$$

mit der Abkürzung $\gamma'_0\xi_{-1}=0, \gamma'_m\xi_m=0$. Die Abbildung A in M wird also bezüglich der orthonormalen Basis $w_0,\ldots,w_{m-1}$ dargestellt durch eine Koordinatentransformation mit der folgenden symmetrischen Tridiagonalmatrix oder Jacobi-Matrix T,

$$(24)\qquad v=Au \iff \eta=T\xi,\ \xi\in\mathbf{K}^m, \qquad T=\begin{pmatrix}\beta_0 & \gamma'_1 & & & O\\ \gamma'_1 & \beta_1 & \gamma'_2 & & \\ & \ddots & \ddots & \ddots & \\ & & \gamma'_{m-2} & \beta_{m-2} & \gamma'_{m-1}\\ O & & & \gamma'_{m-1} & \beta_{m-1}\end{pmatrix}.$$

Wie man zeigen kann, sind die Polynome p_j in (20) dann gerade die j-reihigen Hauptminoren der Matrix $xE-T$, also die Determinanten

$$(25)\qquad p_j(x)=\det\begin{pmatrix}x-\beta_0 & -\gamma'_1 & & & O\\ -\gamma'_1 & x-\beta_1 & -\gamma'_2 & & \\ & \ddots & \ddots & \ddots & \\ & & -\gamma'_{j-2} & x-\beta_{j-2} & -\gamma'_{j-1}\\ O & & & -\gamma'_{j-1} & x-\beta_{j-1}\end{pmatrix}, \quad j=1,\ldots,m.$$

Insbesondere wird das Minimalpolynom p_m das charakteristische Polynom $\det(xE-T)$ der Jacobi-Matrix T.

Wir betrachten jetzt ganz allgemein eine Folge von Polynomen $p_0,\ldots,p_m$, die mit reellen Koeffizienten β_j,γ_j den Rekursionsformeln genügen

$$(26)\qquad p_0(x)=1, \quad p_1(x)=x-\beta_0, \quad p_{j+1}(x)=(x-\beta_j)p_j(x)-\gamma_j p_{j-1}(x), \quad \gamma_j>0, \quad j=1,\ldots,m-1,$$

für $x\in\mathbf{K}$. Dann bilden diese Polynome eine Sturmsche Kette, für die man weitreichende Aussagen über die Lage und Trennungseigenschaften der Nullstellen machen kann.

(27) *Für jedes* $j=1,\ldots,m$ *sind sämtliche Nullstellen* $\lambda_{j1},\ldots,\lambda_{jj}$ *des Polynoms* p_j *reell, paarweise verschieden und gestatten daher die Anordnung*

(a) $$-\infty<\lambda_{jj}<\lambda_{jj-1}<\cdots<\lambda_{j2}<\lambda_{j1}<+\infty.$$

Für jedes $j=1,\ldots,m-1$ *und jede Nullstelle* λ *von* p_j *gilt*

(b) $$p_j(\lambda)=0, \quad p_{j+1}(\lambda)p_{j-1}(\lambda)<0.$$

Mit den Abkürzungen $\lambda_{jj+1}=-\infty$, $\lambda_{j0}=+\infty$ *wird*

(c) $$(-1)^k p_j(x)>0, \quad \lambda_{jk+1}<x<\lambda_{jk}, \; k=0,\ldots,j, \quad j=0,\ldots,m,$$

und für jedes $j=0,\ldots,m-1$ *liegt genau eine Nullstelle* λ_{j+1k} *von* p_{j+1} *im Intervall*

(d) $$\lambda_{jk}<\lambda_{j+1k}<\lambda_{jk-1}, \quad k=1,\ldots,j+1.$$

Beweis. (i) Diese Aussagen werden durch einen Induktionsschluß bewiesen. Für $j=1$ ist $p_1(x)=x-\beta_0$, also $\lambda_{11}=\beta_0$ und $p_1(x)>0$ für $\lambda_{11}<x<\infty$, $p_1(x)<0$ für $-\infty<x<\lambda_{11}$. Aus der Rekursionsformel (26) folgt für $j=1$ weiter $p_2(\lambda_{11})=-\gamma_1<0$ mit $p_0(\lambda_{11})=1$. Das Polynom $p_2(x)=x^2+\cdots$ wird für $x\longrightarrow+\infty$ sowie für $x\longrightarrow-\infty$ positiv und ist an der Stelle $x=\lambda_{11}$ negativ. Nach dem Zwischenwertsatz für stetige Funktionen besitzt daher p_2 eine Nullstelle $\lambda_{21}>\lambda_{11}$ und eine Nullstelle $\lambda_{22}<\lambda_{11}$. (ii) Nehmen wir jetzt an, daß diese Aussagen für alle $j=1,\ldots,t-1$ mit einer natürlichen Zahl t in $2\le t\le m$ bewiesen sind. Die Bedingung (d) für $j=t-1$ ergibt dann für das Polynom p_t die Existenz von reellen Nullstellen $\lambda_{tt}<\cdots<\lambda_{t1}$, so daß (a) für $j=t$ erfüllt ist. Das Polynom $p_t(x)=x^t+\cdots$ kann man in der Form schreiben

$$p_t(x)=(x-\lambda_{t1})\ldots(x-\lambda_{tt}), \quad x\in\mathbf{R},$$

womit unmittelbar die Aussage (c) für $j=t$ folgt. Für jede Nullstelle λ von p_t erhält man aus den Rekursionsformeln $p_{t+1}(\lambda)=-\gamma_t p_{t-1}(\lambda)$ mit $\gamma_t>0$. Die Bedingung (d) für $j=t-1$ ergibt, daß λ keine Nullstelle von p_{t-1} sein kann, so daß $p_{t+1}(\lambda)p_{t-1}(\lambda)=-\gamma_t p_{t-1}(\lambda)^2<0$ wird und (b) für $j=t$ gezeigt ist. Seien jetzt $\lambda=\lambda_{tk+1}$, $\lambda'=\lambda_{tk}$ für $k=1,\ldots,t-1$ zwei aufeinanderfolgende Nullstellen von p_t. Mit Hilfe von (d) für $j=t-1$ liegen diese Nullstellen in den benachbarten Intervallen

$$\lambda_{t-1\,k+1}<\lambda<\lambda_{t-1\,k}<\lambda'<\lambda_{t-1\,k-1}$$

und mit (c) wird

$$(-1)^k p_{t-1}(\lambda)>0, \quad (-1)^{k-1}p_{t-1}(\lambda')>0 \implies p_{t-1}(\lambda)p_{t-1}(\lambda')<0.$$

Weiter hat man mit Hilfe der Rekursionsformeln (26)

$$p_{t+1}(\lambda)=-\gamma_t p_{t-1}(\lambda), \; p_{t+1}(\lambda')=-\gamma_t p_{t-1}(\lambda')$$
$$\implies p_{t+1}(\lambda)p_{t+1}(\lambda')=\gamma_t^2 p_{t-1}(\lambda)p_{t-1}(\lambda')<0.$$

Nach dem Zwischenwertsatz für stetige Funktionen gibt es daher eine Nullstelle $\lambda_{t+1\,k+1}$ im Intervall $(\lambda_{tk+1},\lambda_{tk})$ für jedes $k=1,\ldots,t-1$. Auf Grund von (d) für $j=t-1$ ist die größte Nullstelle λ_{t1} von p_t größer als die größte Nullstelle $\lambda_{t-1\,1}$ von p_{t-1}, so daß $p_{t-1}(\lambda_{t1})>0$ wird. Aus den Rekursionsformeln (26) folgt $p_{t+1}(\lambda_{t1}) = -\gamma_t p_{t-1}(\lambda_{t1})<0$. Jetzt ist $p_{t+1}(x)=x^{t+1}+\cdots$, so daß für $x\longrightarrow+\infty$ auch $p_{t+1}(x)\longrightarrow+\infty$ strebt. Daher besitzt p_{t+1} nach dem Zwischenwertsatz noch eine Nullstelle $\lambda_{t+1\,1}>\lambda_{t1}$. Die kleinste Nullstelle λ_{tt} von p_t ist entsprechend kleiner als die kleinste Nullstelle $\lambda_{t-1\,t-1}$ von p_{t-1}, so daß mit (c) dann $(-1)^{t-1}p_{t-1}(\lambda_{tt})>0$ wird. Aus den Rekursionsformeln folgt $(-1)^{t+1}p_{t+1}(\lambda_{tt})=-\gamma_t(-1)^{t-1}p_{t-1}(\lambda_{tt})<0$. Andererseits strebt $(-1)^{t+1}p_{t+1}(x)=(-x)^{t+1}+\cdots\longrightarrow+\infty$ für $x\longrightarrow-\infty$, so daß p_{t+1} nach dem Zwischenwertsatz eine Nullstelle $\lambda_{t+1\,t+1}<\lambda_{tt}$ hat. Hiermit ist die Bedingung (d) für $j=t$ bewiesen. ■

Die Aussagen dieses Satzes über die Lage und die Trennungseigenschaften der Nullstellen der Polynome $p_0,\ldots,p_m$ der Sturmschen Kette sowie die Vorzeichen der Funktionswerte $p_j(x)$ für $x\in\mathbf{R}$ sollen mit dem nebenstehenden Diagramm veranschaulicht werden (siehe S. 219).

An Hand des Diagramms erkennt man, daß sich für jede reelle Zahl x aus der Folge der Vorzeichen der Funktionswerte $p_0(x),\ldots,p_m(x)$ auf die Lage von x bezüglich der Nullstellen λ_{jk} der Polynome p_j schließen läßt. Bezeichnen wir die Nullstellen des letzten Polynoms p_m der Sturmschen Kette mit $\lambda_k=\lambda_{mk}, \lambda_m<\cdots<\lambda_1$, und setzen $\lambda_{m+1}=-\infty, \lambda_0=+\infty$. Dann wird eine Zerlegung der reellen Achse $\mathbf{R}$ definiert durch die Intervalle

$$(28)\qquad (-\infty,\lambda_m],\ [\lambda_m,\lambda_{m-1}],\ldots,[\lambda_2,\lambda_1],\ [\lambda_1,+\infty).$$

Sind zum Beispiel für eine reelle Zahl x alle Funktionswerte $p_j(x)>0, j=0,\ldots,m$, hat man also die Vorzeichenfolge $++\cdots+$, dann liegt x rechts von $\lambda_{11},\lambda_{21},\ldots,\lambda_{m1}$, also x in $[\lambda_1,+\infty)$. Für die Vorzeichenfolge $++\cdots+-$ muß x rechts von $\lambda_{11},\lambda_{21},\ldots,\lambda_{m-1\,1}$ und links von λ_{m1} liegen, so daß mit $\lambda_{m2}<\lambda_{m-1\,1}$ dann x aus dem Intervall $[\lambda_2,\lambda_1]$ ist. Entsprechend liegt für die abwechselnde Vorzeichenfolge $+-+-\cdots(-)^m$ notwendig x im Intervall $(-\infty,\lambda_m]$. Man zeigt leicht, daß allgemeiner mit Hilfe der Anzahl $v(p_0(x),\ldots,p_m(x))$ von Vorzeichenwechseln in der Folge $p_0(x),\ldots,p_m(x)$ die Zahl x bei k Vorzeichenwechseln im k-ten Intervall liegt,

$$(29)\qquad v(p_0(x),\ldots,p_m(x))=k \implies x\in[\lambda_{k+1},\lambda_k],\qquad -\infty<x<\infty.$$

Funktionswerten $p_j(x)=0$ kann man hier bei der Bestimmung von Vorzeichenwechseln das Vorzeichen $+$ geben. Die obigen Beispiele von Vorzeichenfolgen ergeben $k=0$ für $++\cdots+$, $k=1$ für $++\cdots+-$ und $k=m$ für $+-+-\cdots(-)^m$.

Mit diesen Hilfsmitteln kann man jetzt leicht das Intervallschachtelungsverfahren oder Bisektionsverfahren zur Berechnung der k-ten Nullstelle $\lambda=\lambda_k$ des Polynoms p_m formulieren. Man erhält damit ein äußerst wirkungsvolles und numerisch hervorragend geeignetes Verfahren zur Berechnung von Eigenwerten der symmetrischen Matrix A aus dem Minimalpolynom des Vektors a oder von Eigenwerten der Tridiagonalmatrix T in (24) aus dem zugehörigen charakteristischen Polynom p_m mit Hilfe der Rekursionsformeln (26). Zunächst bestimmt man ein Intervall $[\alpha,\beta]$, zum Beispiel mit Hilfe von Einschließungssätzen, das alle Eigenwerte von A

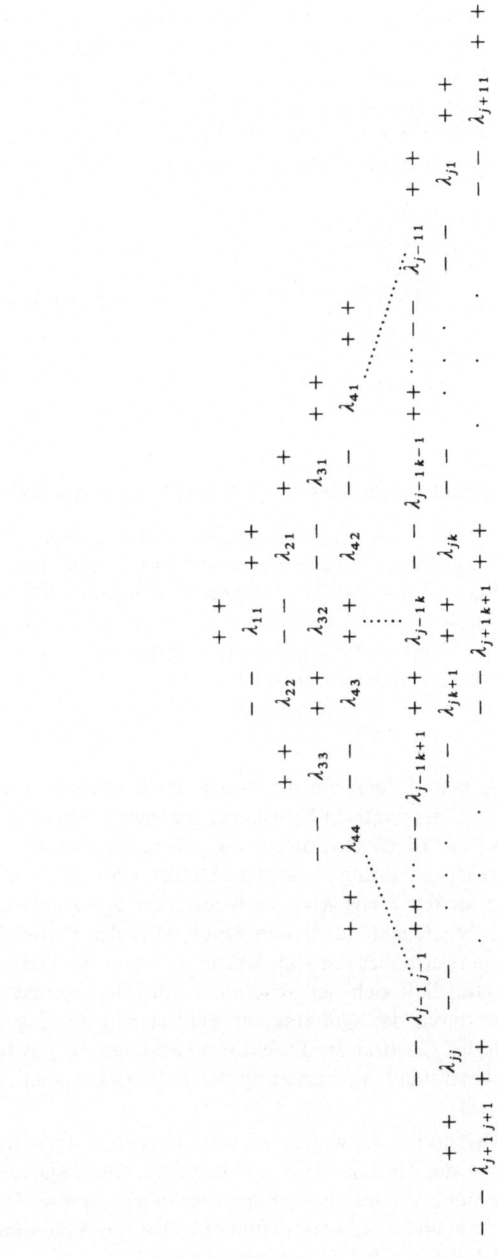

$$
\begin{array}{c}
+\,+ \\
-\,-\quad \lambda_{11}\quad +\,+ \\
+\,+\quad \lambda_{22}\quad -\,-\quad \lambda_{21}\quad +\,+ \\
-\,-\quad \lambda_{33}\quad +\,+\quad \lambda_{32}\quad -\,-\quad \lambda_{31}\quad +\,+ \\
+\,+\quad \lambda_{44}\quad -\,-\quad \lambda_{43}\quad +\,+\quad \lambda_{42}\quad -\,-\quad \lambda_{41}\quad +\,+ \\
\vdots \\
-\,-\quad \lambda_{j-1\,j-1}\quad +\,+\cdots-\,-\quad \lambda_{j-1\,k+1}\quad +\,+\quad \lambda_{j-1\,k}\quad -\,-\quad \lambda_{j-1\,k-1}\quad +\,+\cdots-\,-\quad \lambda_{j-1\,1}\quad +\,+ \\
+\,+\quad \lambda_{jj}\quad -\,-\quad \cdot\;\cdot\;\cdot\quad -\,-\quad \lambda_{j\,k+1}\quad +\,+\quad \lambda_{jk}\quad -\,-\quad \cdot\;\cdot\;\cdot\quad -\,-\quad \lambda_{j1}\quad +\,+ \\
-\,-\quad \lambda_{j+1\,j+1}\quad +\,+\quad \cdot\quad\cdot\quad\cdot\quad -\,-\quad \lambda_{j+1\,k+1}\quad +\,+\quad \cdot\quad\cdot\quad\cdot\quad -\,-\quad \lambda_{j+1\,1}\quad +\,+
\end{array}
$$

Vorzeichenwechsel und Trennungseigenschaften der Nullstellen von Polynomen Sturmscher Ketten.

bzw. von T enthält. Mit dem Intervallschachtelungsverfahren wie in Abschnitt 2.1 berechnet man für $\alpha_0=\alpha$, $\beta_0=\beta$ durch fortgesetzte Intervallhalbierung Teilintervalle $[\alpha_t, \beta_t]$, $t=0,1,2,\ldots$. Zu jedem Intervallmittelpunkt $x_t=(\alpha_t+\beta_t)/2$ werden mit Hilfe der Rekursionsformeln (26) die Funktionswerte $p_0(x_t),\ldots, p_m(x_t)$ berechnet und die Anzahl der Vorzeichenwechsel bestimmt. Für $v_t=v(p_0(x_t),\ldots, p_m(x_t))<k$ liegt offenbar die Stelle x_t rechts von der gesuchten Nullstelle $\lambda=\lambda_k$, und für $v_t=v(p_0(x_t),\ldots, p_m(x_t))\geq k$ liegt x_t links von $\lambda=\lambda_k$, so daß das neue Intervall nach der folgenden Vorschrift bestimmt wird

(30) $$k>v_t:\ \alpha_{t+1}=\alpha_t,\ \beta_{t+1}=x_t, \qquad v_t\geq k:\ \alpha_{t+1}=x_t,\ \beta_{t+1}=\beta_t.$$

Damit ist stets $\alpha_t\leq\lambda\leq\beta_t$, und die Intervallmittelpunkte x_t konvergieren gegen $\lambda=\lambda_k$ mit der Fehlerabschätzung

$$|x_t-\lambda| \leq \frac{1}{2^{t+1}}(\beta-\alpha), \qquad t=0,1,2,\ldots.$$

10.4. Einschließungssätze und Fehlerabschätzungen für symmetrische Eigenwertaufgaben

Als Abschluß der Näherungsmethoden zur Lösung von Eigenwertaufgaben beweisen wir sogenannte Einschließungssätze für Eigenwerte und zugehörige Eigenvektoren symmetrischer Abbildungen A im n-dimensionalen Zahlenraum $\mathbf{K}^n$ mit Skalarprodukt $(\cdot,\cdot)$. Zu jeder Näherung $\mu\in\mathbf{K}$ für einen Eigenwert von A und für jeden normierten Vektor $y\in\mathbf{K}^n$, $\|y\|=1$, als Näherung für einen Eigenvektor von A kann man mit der Einsetzprobe den zugehörigen Defekt

(1) $$d=Ay-\mu y$$

berechnen. Die Einschließungssätze liefern dann mit der Norm des Defekts a-posteriori-Abschätzungen des absoluten und des relativen Fehlers der Eigenwertnäherung μ. Entsprechend kann man den Fehler der Eigenvektornäherung y durch die Norm des Defekts abschätzen. Für jede Eigenvektornäherung y besitzt die Defektnorm $\|Ay-\mu y\|$ als Funktion von μ ein Minimum an der Stelle $\mu=\rho(y)$, wobei $\rho(y)$ den Rayleigh-Quotienten von A an der Stelle y bezeichnet. In diesem Sinne wird der Rayleigh-Quotient $\mu=\rho(y)$ die optimale Eigenwertnäherung zum Vektor y. Wenn die Defektnorm hinreichend klein ausfällt, dann läßt sich der absolute Fehler der optimalen Eigenwertnäherung $\mu=\rho(y)$ sogar durch das Quadrat der Fehlernorm der Eigenvektornäherung y und damit durch das Quadrat der Defektnorm abschätzen, was bei kleinen Defektnormen noch eine wesentliche Verbesserung der Fehlerschranken für die Eigenwertnäherung $\mu=\rho(y)$ ergibt.

Mit den Begriffsbildungen aus Abschnitt 5.4.2 wollen wir jetzt Einschließungssätze für symmetrische Eigenwertaufgaben der Gestalt $Aw=\lambda w$ herleiten. Die folgenden Sätze gelten damit auch für die allgemeine symmetrische Eigenwertaufgabe $Bw=\lambda Cw$, wenn B symmetrisch bzw. hermitesch und C positiv definit ist, also die Abbildung $A=C^{-1}B$ bezüglich des Skalarprodukts $(\cdot,\cdot)_C$ für $\mathbf{K}^n$ symmetrisch wird.

Eine symmetrische Abbildung $A=(a_{jk})$ des n-dimensionalen Zahlenraumes $\mathbf{K}^n$ mit Skalarprodukt $(\cdot,\cdot)$ besitzt reelle Eigenwerte $\lambda_1,\ldots,\lambda_n$ und ein zugehöriges vollständiges Orthonormalsystem von Eigenvektoren $w_1,\ldots,w_n$,

(2) $$A w_j=\lambda_j w_j, \quad (w_j,w_k)=\delta_{jk}, \quad j,k=1,\ldots,n.$$

Jeder Vektor x gestattet hiermit die Darstellung

(3) $$x=\sum_{j=1}^{n}(x,w_j)w_j, \quad Ax=\sum_{j=1}^{n}\lambda_j(x,w_j)w_j, \quad x\in\mathbf{K}^n.$$

Im folgenden soll der triviale Fall ausgeschlossen sein, daß die Matrix A ein Vielfaches λE der Einheitsmatrix E ist. Dann ist der minimale Abstand δ der paarweise verschiedenen Eigenwerte und der maximale Abstand Δ der Eigenwerte von A erklärt durch

(4) $$\delta=\min_{\substack{\lambda_j\neq\lambda_k\\ j,k=1,\ldots,n}}|\lambda_j-\lambda_k|>0, \quad \Delta=\max_{j,k=1,\ldots,n}|\lambda_j-\lambda_k|>0,$$

und jeder Eigenwert λ von A besitzt von den übrigen Eigenwerten $\lambda_j\neq\lambda$ einen positiven Abstand

(5) $$\delta_\lambda=\min_{\substack{\lambda_j\neq\lambda\\ j=1,\ldots,n}}|\lambda_j-\lambda|>0, \quad \lambda\in\{\lambda_1,\ldots,\lambda_n\}.$$

Zu jedem Eigenwert λ von A ist der zugehörige Eigenraum M_λ ein linearer Teilraum in $\mathbf{K}^n$, der von sämtlichen Eigenvektoren von A zum Eigenwert λ aufgespannt wird. Wie wir in Abschnitt 7.1 gezeigt haben, gibt es dann orthogonale Projektionen P_λ, Q_λ der Gestalt

(6) $$P_\lambda x=\sum_{\substack{j=1\\ \lambda_j=\lambda}}^{n}(x,w_j)w_j, \quad Q_\lambda x=x-P_\lambda x=\sum_{\substack{j=1\\ \lambda_j\neq\lambda}}^{n}(x,w_j)w_j, \quad x\in\mathbf{K}^n,$$

mit der Eigenschaft

$$x=P_\lambda x+Q_\lambda x, \quad P_\lambda x\in M_\lambda, \quad Q_\lambda x=x-P_\lambda x\perp M_\lambda, \quad \lambda\in\{\lambda_1,\ldots,\lambda_n\}.$$

Aus der Symmetrieeigenschaft der Abbildung A folgt offenbar für die Eigenwerte λ_j und die zugehörigen Eigenvektoren w_j die Gleichung

(7) $$(Ax,w_j)=(x,Aw_j)=\lambda_j(x,w_j), \quad j=1,\ldots,n, \quad x\in\mathbf{K}^n.$$

Wie man sofort nachrechnet, gilt damit die Beziehung

(8) $$AP_\lambda x=P_\lambda Ax=\lambda P_\lambda x, \quad x\in\mathbf{K}^n, \quad \lambda\in\{\lambda_1,\ldots,\lambda_n\},$$

so daß die Abbildung A mit der orthogonalen Projektion P_λ vertauschbar ist, A den Teilraum M_λ in sich abbildet und dort auf die Multiplikation mit λ reduziert wird.

Mit diesen Bezeichnungen hat man jetzt den folgenden ersten Einschließungssatz.

(9) *Zu jedem normierten Vektor* $y \in \mathbf{K}^n, \|y\| = 1$, *und jeder Zahl* $\mu \in \mathbf{K}$ *gibt es einen Eigenwert* λ *von* A *mit der Eigenschaft*

(10) $$|\lambda - \mu| = \min_{j=1,\ldots,n} |\lambda_j - \mu| \le \|Ay - \mu y\|.$$

Wenn die Defektnorm $\|Ay - \mu y\| < \delta_\lambda/2$ *ausfällt, dann ist* $P_\lambda y$ *ein Eigenvektor von* A *zum Eigenwert* λ *und* y *eine Eigenvektornäherung mit der Fehlerabschätzung*

(11) $$\|y - P_\lambda y\| \le \frac{2}{\delta_\lambda} \|Ay - \mu y\|.$$

Beweis. Die erste Beziehung (10) gewinnt man mit Hilfe von (3) aus der Abschätzung

$$\|Ay - \mu y\|^2 = \sum_{j=1}^n |\lambda_j - \mu|^2 |(y, w_j)|^2 \ge \min_{j=1,\ldots,n} |\lambda_j - \mu|^2 \sum_{j=1}^n |(y, w_j)|^2 = |\lambda - \mu|^2 \|y\|^2$$

mit $\|y\| = 1$ und $|\lambda - \mu| = \min |\lambda_j - \mu|$. Nun ist weiter $y - P_\lambda y$ orthogonal w_j für jedes j mit $\lambda_j = \lambda$. Folglich hat man die Ungleichungen

(12) $$\begin{aligned} \|(A - \mu E)(y - P_\lambda y)\|^2 &= \sum_{\substack{j=1 \\ \lambda_j \neq \lambda}}^n |\lambda_j - \mu|^2 |(y - P_\lambda y, w_j)|^2 \\ &\ge \min_{\substack{\lambda_j \neq \lambda \\ j=1,\ldots,n}} |\lambda_j - \mu|^2 \sum_{j=1}^n |(y - P_\lambda y, w_j)|^2 \\ &= \min_{\substack{\lambda_j \neq \lambda \\ j=1,\ldots,n}} |\lambda_j - \mu|^2 \|y - P_\lambda y\|^2. \end{aligned}$$

Die orthogonale Projektion P_λ ist nach (8) mit A vertauschbar, und mit der Abkürzung $d = Ay - \mu y$ wird

$$\|(A - \mu E)(y - P_\lambda y)\|^2 = \|d - P_\lambda d\|^2 = \|d\|^2 - \|P_\lambda d\|^2 \le \|d\|^2.$$

Weiter ist unter der obigen Voraussetzung $|\lambda - \mu| \le \|d\| < \delta_\lambda/2$ und daher

$$\min_{\lambda_j \neq \lambda} |\lambda_j - \mu| \ge \min_{\lambda_j \neq \lambda} |\lambda_j - \lambda| - |\lambda - \mu| \ge \delta_\lambda - \tfrac{1}{2}\delta_\lambda = \tfrac{1}{2}\delta_\lambda.$$

Hiermit folgt die behauptete Ungleichung (11) aus (12). Unter der Voraussetzung $\|d\| = \|Ay - \mu y\| < \delta_\lambda/2$ wird die rechte Seite in (11) kleiner als eins und

$$\|y - P_\lambda y\|^2 = 1 - \|P_\lambda y\|^2 < 1 \iff P_\lambda y \neq 0.$$

Folglich ist $w = P_\lambda y \neq 0$ ein Eigenvektor von A zum Eigenwert λ, also $Aw = \lambda w$ auf Grund von (8). ■

Der relative Fehler von Eigenwertnäherungen kann mit Hilfe des zweiten Einschließungssatzes abgeschätzt werden.

(13) *Zu jedem Vektor* $y \in \mathbf{K}^n$ *mit* $Ay \neq 0$ *und jeder Zahl* $\mu \in \mathbf{K}$ *gibt es einen Eigenwert* $\lambda \neq 0$ *von* A *mit der Eigenschaft*

$$\left|\frac{\lambda - \mu}{\lambda}\right| = \min_{\substack{j=1,\ldots,n \\ \lambda_j \neq 0}} \left|\frac{\lambda_j - \mu}{\lambda_j}\right| \le \frac{\|Ay - \mu y\|}{\|Ay\|}.$$

Beweis. Aus der Darstellung (3) und der Beziehung (7) erhält man die obige Ungleichung durch die Abschätzung

$$\|Ay-\mu y\|^2 \geq \sum_{\substack{j=1\\ \lambda_j \neq 0}}^{n} \left|\frac{\lambda_j-\mu}{\lambda_j}\right|^2 |(Ay,w_j)|^2 \geq \min_{\substack{j=1,\dots,n\\ \lambda_j \neq 0}} \left|\frac{\lambda_j-\mu}{\lambda_j}\right|^2 \sum_{j=1}^{n} |(Ay,w_j)|^2$$

$$\geq \left|\frac{\lambda-\mu}{\lambda}\right|^2 \|Ay\|^2. \qquad \blacksquare$$

Die beiden Einschließungssätze gestatten Abschätzungen des relativen und des absoluten Fehlers von Eigenwertnäherungen mit Hilfe der Defektnorm $\|Ay-\mu y\|$. Wir zeigen jetzt, daß für einen gegebenen Vektor y diese Norm als Funktion von μ ein eindeutig bestimmtes Minimum an der Stelle $\mu=\rho(y)$ mit dem Rayleigh-Quotienten $\rho(y)=(Ay,y)/\|y\|^2$ besitzt. Zu jeder Eigenvektornäherung y liefert daher $\mu=\rho(y)$ eine minimale Fehlerschranke in den obigen Abschätzungen, so daß in diesem Sinne der Rayleigh-Quotient $\rho(y)$ eine optimale Eigenwertnäherung ergibt.

(14) *Für jeden normierten Vektor y in $\mathbf{K}^n$, $\|y\|=1$, genügt der Rayleigh-Quotient $\rho(y)=(Ay,y)$ der Beziehung*

$$\|Ay-\rho(y)y\| = \min_{\mu\in\mathbf{K}} \|Ay-\mu y\| = \sqrt{\|Ay\|^2-\rho(y)^2}\,.$$

Beweis. Für jede Zahl $\mu\in\mathbf{K}$ besteht die Gleichung

$$\|Ay-\mu y\|^2 = \|Ay\|^2+|\mu|^2-2\,\mathrm{Re}\,\mu\,\rho(y) = |\mu-\rho(y)|^2+\|Ay\|^2-\rho(y)^2.$$

Daher besitzt dieser Ausdruck für $\mu=\rho(y)$ das eindeutig bestimmte Minimum $\|Ay\|^2-\rho(y)^2$. $\blacksquare$

Der folgende Satz zeigt weiter, daß für hinreichend kleine Defektnormen der absolute Fehler $|\lambda-\rho(y)|$ der optimalen Eigenwertnäherung $\rho(y)$ sogar durch das Quadrat $\|y-P_\lambda y\|^2$ der Fehlernorm der Eigenvektornäherung und damit durch das Quadrat der Defektnorm abgeschätzt werden kann.

(15) *Zu jedem normierten Vektor $y\in\mathbf{K}^n$, $\|y\|=1$, gibt es einen Eigenwert λ von A mit der Eigenschaft*

(16) $$|\lambda-\rho(y)| = \min_{j=1,\dots,n} |\lambda_j-\rho(y)| \leq \Delta\,\|y-P_\lambda y\|^2.$$

Wenn die Defektnorm $\|Ay-\rho(y)y\|<\delta_\lambda/2$ ausfällt, dann gilt darüber hinaus die Fehlerabschätzung

(17) $$|\lambda-\rho(y)| \leq \Delta\,\|y-P_\lambda y\|^2 \leq \frac{4\Delta}{\delta_\lambda^2}\,\|Ay-\rho(y)y\|^2.$$

Beweis. Sei P_λ die orthogonale Projektion auf den Eigenraum zum oben definierten Eigenwert λ. Der normierte Vektor y läßt sich dann orthogonal zerlegen in

$$y=u+v, \quad u=P_\lambda y, \quad v=y-P_\lambda y, \quad 1=\|y\|^2=\|u\|^2+\|v\|^2.$$

Weiter hat man mit der Beziehung (8) die Orthogonalitätsrelation

$$(Au,v)=(u,Av)=\lambda(P_\lambda y, y-P_\lambda y)=0.$$

Also besitzt der Rayleigh-Quotient $\rho(y)$ mit $Au=\lambda u$, $\|u\|^2=1-\|v\|^2$ die Darstellung

$$\rho(y)=(Ay,y)=(Au,u)+(Av,v)=\lambda(1-\|v\|^2)+(Av,v).$$

Die quadratische Form (Av,v) genügt mit $\lambda_1=\max\lambda_j$, $\lambda_n=\min\lambda_j$ der Abschätzung $\lambda_n\|v\|^2\le(Av,v)\le\lambda_1\|v\|^2$. Hiermit folgt die Ungleichung

$$(\lambda_n-\lambda)\|v\|^2\le\rho(y)-\lambda\le(\lambda_1-\lambda)\|v\|^2$$

und dementsprechend die Abschätzung

$$|\rho(y)-\lambda|\le(\lambda_1-\lambda_n)\|v\|^2=\Delta\|y-P_\lambda y\|^2.$$

Mit Hilfe von Satz (9) kann man schließlich noch die rechte Seite durch die Defektnorm abschätzen mit dem Ergebnis der Fehlerabschätzung (17). ∎

Die obigen Sätze sollen jetzt an einem einfachen Beispiel erläutert werden. In diesem Zusammenhang erinnern wir daran, daß in Abschnitt 5.4.2 für die Eigenwerte $\lambda_1(A)\ge\cdots\ge\lambda_n(A)$ einer symmetrischen bzw. hermiteschen Matrix $A=(a_{jk})$ unter anderem bereits die Einschließung bewiesen wurde

$$(18)\qquad |\lambda_l(A)-a'_{ll}|\le\Bigg(\sum_{\substack{j,k=1\\ j\ne k}}^{n}|a_{jk}|^2\Bigg)^{\frac{1}{2}},\qquad l=1,\dots,n,$$

mit einer Permutation $a'_{11}\ge\cdots\ge a'_{nn}$ der Diagonalelemente $a_{11},\dots,a_{nn}$ der Matrix A.

Beispiel. Die symmetrische bzw. hermitesche Matrix $A=(a_{jk})$ definiert eine symmetrische Abbildung A in $\mathbf{K}^n$ mit Skalarprodukt $(\cdot,\cdot)_2$. Für die Einheitsvektoren $e_k=(\delta_{1k},\dots,\delta_{nk})$ wird $Ae_k=(a_{jk})_{j=1,\dots,n}$ die k-te Spalte der Matrix (a_{jk}). Also hat man

$$\|e_k\|_2=1,\qquad \rho(e_k)=(Ae_k,e_k)_2=a_{kk},\qquad \|Ae_k\|_2^2=\sum_{j=1}^{n}|a_{jk}|^2$$

und die Defektnormen werden

$$(19)\qquad \|Ae_k-\rho(e_k)e_k\|_2=\sqrt{\|Ae_k\|_2^2-\rho(e_k)^2}=\Bigg(\sum_{\substack{j=1\\ j\ne k}}^{n}|a_{jk}|^2\Bigg)^{\frac{1}{2}},\qquad k=1,\dots,n.$$

Hiermit folgt aus Satz (9) für jedes $k=1,\dots,n$ die Existenz eines Eigenwertes $\lambda=\lambda_k$ von A mit der Eigenschaft

$$(20)\qquad |\lambda_k-a_{kk}|=\min_{j=1,\dots,n}|\lambda_j(A)-a_{kk}|\le\Bigg(\sum_{\substack{j=1\\ j\ne k}}^{n}|a_{jk}|^2\Bigg)^{\frac{1}{2}},\qquad k=1,\dots,n.$$

Wenn die Defektnorm (19) kleiner als $\delta_\lambda/2$, $\lambda=\lambda_k$, ausfällt mit dem Minimalabstand δ_λ aus (5), dann gelten darüber hinaus die Ungleichungen (17) in der Form

$$(21)\qquad |\lambda_k-a_{kk}|\le\frac{4\Delta}{\delta_\lambda^2}\sum_{\substack{j=1\\ j\ne k}}^{n}|a_{jk}|^2,\qquad \lambda=\lambda_k,\qquad k=1,\dots,n.$$

Mit Hilfe des zweiten Einschließungssatzes (13) kann man weiter für jedes k die Existenz eines Eigenwertes $\lambda_k' \neq 0$ behaupten mit

$$\left|\frac{\lambda_k' - a_{kk}}{\lambda_k'}\right| \leq \left(\frac{\sum\limits_{\substack{j=1\\j\neq k}}^{n} |a_{jk}|^2}{\sum\limits_{j=1}^{n} |a_{jk}|^2}\right)^{\frac{1}{2}}, \qquad k=1,\dots,n, \tag{22}$$

falls die Summe im Nenner nicht verschwindet. Wir nehmen jetzt an, daß die Diagonalelemente $a_{11},\dots,a_{nn}$ von A paarweise verschieden sind. Dann werden für hinreichend kleine Defektnormen (19) auch die Eigenwerte $\lambda_1,\dots,\lambda_n$ paarweise verschieden, so daß man in diesem Falle sämtliche Eigenwerte von A in (20) und (21) abschätzt. Sei weiter $w_1=(w_{j1}),\dots,w_n=(w_{jn})$ ein vollständiges Orthonormalsystem von Eigenvektoren von A zu den paarweise verschiedenen Eigenwerte $\lambda_1,\dots,\lambda_n$. Dann hat die orthogonale Projektion P_λ auf den Eigenraum von A zum Eigenwert $\lambda=\lambda_k$ die Gestalt $P_\lambda x=(x,w_k)w_k$. Hiermit wird

$$P_\lambda e_k = (e_k, w_k)_2\, w_k, \qquad \|P_\lambda e_k\|_2^2 = |(e_k, w_k)_2|^2 = |w_{kk}|^2$$

und

$$\|e_k - P_\lambda e_k\|_2^2 = 1 - \|P_\lambda e_k\|_2^2 = 1 - |w_{kk}|^2, \qquad \|w_k\|_2^2 = \sum_{j=1}^{n} |w_{jk}|^2 = 1$$

für $k=1,\dots,n$. Wenn die Defektnormen (19) kleiner als $\delta/2$ ausfallen, dann gilt noch die zugehörige Abschätzung (11) für die Eigenvektoren w_k zum Eigenwert $\lambda=\lambda_k$ in der Gestalt

$$\sum_{\substack{j=1\\j\neq k}}^{n} |w_{jk}|^2 = 1 - |w_{kk}|^2 \leq \frac{4}{\delta^2} \sum_{\substack{j=1\\j\neq k}}^{n} |a_{jk}|^2, \qquad k=1,\dots,n.$$

Wenn die rechte Seite dieser Ungleichung klein wird, dann werden auch die Komponenten w_{jk} für $j\neq k$ klein, und die Komponente w_{kk} nähert sich einer Zahl vom Betrage 1.

10.5. Numerische Übungsaufgaben

1. Die Potenzmethode. Mit Hilfe der Potenzmethode und des Abspaltungsverfahrens berechne man die Eigenwerte und Eigenvektoren der Matrizen A und B,

$$A = \begin{pmatrix} 2.2 & 0.2 & 1.2 & 1.4 \\ 0.2 & 1.4 & 0.4 & -0.6 \\ 1.2 & 0.4 & 2.8 & 0.8 \\ 1.4 & -0.6 & 0.8 & 2.6 \end{pmatrix}, \qquad B = \begin{pmatrix} 6 & 4 & 4 & 1 \\ 4 & 6 & 1 & 4 \\ 4 & 1 & 6 & 4 \\ 1 & 4 & 4 & 6 \end{pmatrix}.$$

Ergebnis. a) Die Matrix A besitzt die Eigenwerte $\lambda_1=4.8$, $\lambda_2=2.4$, $\lambda_3=1.2$, $\lambda_4=0.6$ mit den zugehörigen Eigenvektoren $x_1=(1,0,1,1)$, $x_2=(0,1,1,-1)$, $x_3=(1,1,-1,0)$, $x_4=(-1,1,0,1)$. Als Approximation für die Eigenwerte bestimmt man hier die Rayleigh-Quotienten $\rho(y^{(t)})$ von A. Weiter werden die a-posteriori-Fehlerschranken

$$r_t = \frac{\|A\,y^{(t)} - \rho(y^{(t)})\,y^{(t)}\|_2}{\|A\,y^{(t)}\|_2}, \qquad a_t = \|A\,y^{(t)} - \rho(y^{(t)})\,y^{(t)}\|_2 = \sqrt{\|A\,y^{(t)}\|_2^2 - \rho(y^{(t)})^2}$$

des relativen und des absoluten Fehlers der Eigenwertnäherung $\rho(y^{(t)})$ aus den Einschließungssätzen in Abschnitt 10.4 berechnet. Für den Anfangsvektor $x^{(0)}=(1,1,1,1)$ ergeben sich die folgenden Werte.

t	$y_1^{(t)}$	$y_2^{(t)}$	$y_3^{(t)}$	$y_4^{(t)}$	$\rho(y^{(t)})$	r_t	a_t
0	0.50000	0.50000	0.50000	0.50000			
1	0.59073	0.16541	0.61436	0.49622	4.70452	0.10809	0.51151
2	0.58421	0.06292	0.61118	0.53028	4.78179	0.04453	0.21315
3	0.57947	0.02742	0.59787	0.55318	4.79574	0.02118	0.10160
10	0.57735	0.00019	0.57754	0.57716	4.80000	0.00021	0.00098
11	0.57735	0.00009	0.57744	0.57726	4.80000	0.00012	0.00049
12	0.57735	0.00005	0.57740	0.57730	4.80000	0.00021	0.00084
13	0.57735	0.00002	0.57737	0.57733	4.80000	0.00012	0.00049

Nach Abspaltung von $\lambda_1=4.8$ folgt

t	$y_1^{(t)}$	$y_2^{(t)}$	$y_3^{(t)}$	$y_4^{(t)}$	$\rho(y^{(t)})$	r_t	a_t
0	0.50000	0.50000	0.50000	0.50000			
1	0.12599	0.88192	0.25198	−0.37796	2.08571	0.26546	0.57428
2	0.10483	0.73380	0.41931	−0.52414	2.32308	0.12832	0.30058
3	0.06265	0.65338	0.50122	−0.56387	2.38111	0.06297	0.15023
10	0.00056	0.57791	0.57679	−0.57735	2.40000	0.00052	0.00122
11	0.00028	0.57763	0.57707	−0.57735	2.40000	0.00032	0.00077
12	0.00014	0.57749	0.57721	−0.57735	2.40000	0.00012	0.00024

Nach Abspaltung von $\lambda_2=2.4$ erhält man

t	$y_1^{(t)}$	$y_2^{(t)}$	$y_3^{(t)}$	$y_4^{(t)}$	$\rho(y^{(t)})$	r_t	a_t
0	0.50000	0.50000	0.50000	0.50000			
1	0.25820	0.77460	−0.51640	0.25820	1.08000	0.21693	0.24000
2	0.42008	0.70014	−0.56011	0.14003	1.16471	0.12033	0.14118
3	0.50128	0.64450	−0.57289	0.07161	1.19077	0.06190	0.07385
10	0.57679	0.57791	−0.57735	0.00056	1.20000	0.00049	0.00059
11	0.57707	0.57763	−0.57735	0.00028	1.20000	0.00027	0.00030
12	0.57721	0.57749	−0.57735	0.00014	1.20000	0.00017	0.00017

Schließlich folgt nach Abspaltung von $\lambda_3=1.2$

t	$y_1^{(t)}$	$y_2^{(t)}$	$y_3^{(t)}$	$y_4^{(t)}$	$\rho(y^{(t)})$	r_t	a_t
0	0.50000	0.50000	0.50000	0.50000			
1	−0.57735	0.57735	0.00000	0.57735	0.60000	0.00021	0.00012
2	−0.57735	0.57735	0.00000	0.57735	0.60000	0.00012	0.00006

b) Die Matrix B besitzt die Eigenwerte $\lambda_1=15$, $\lambda_2=\lambda_3=5$, $\lambda_4=-1$ und die zugehörigen Eigenvektoren $x_1=(1,1,1,1)$, $x_2=(-1,-1,1,1)$, $x_3=(-1,1,-1,1)$, $x_4=(1,-1,-1,1)$. Für $x^{(0)}=(0,1,0,1)$ werden die iterierten Vektoren $y^{(t)}$ berechnet sowie die Zahlen $\|By^{(t)}\|_2$ als Approximationen für die Beträge $|\lambda|$ der Eigenwerte von B. Für $\lim\limits_{t\to\infty} z_+^{(t)}=\lim\limits_{t\to\infty}(y^{(2t)}+y^{(2t+1)})\neq 0$ ist $+|\lambda|$ Eigenwert und für $\lim\limits_{t\to\infty} z_-^{(t)}=\lim\limits_{t\to\infty}(y^{(2t)}-y^{(2t+1)})\neq 0$ ist $-|\lambda|$ Eigenwert der Matrix B.

t	$y_1^{(t)}$	$y_2^{(t)}$	$y_3^{(t)}$	$y_4^{(t)}$	$\|By^{(t)}\|_2$
0	0.00000	0.70711	0.00000	0.70711	11.18034
1	0.31623	0.63246	0.31623	0.63246	14.31782
2	0.44173	0.55216	0.44173	0.55216	14.91848
3	0.48115	0.51816	0.48115	0.51816	14.99087
4	0.49379	0.50613	0.49379	0.50613	14.99898
5	0.49794	0.50205	0.49794	0.50205	14.99989
6	0.49931	0.50069	0.49931	0.50069	14.99999
7	0.49977	0.50023	0.49977	0.50023	15.00000

$$z_-^{(3)} = y^{(6)} - y^{(7)} = (-0.00046,\ 0.00046,\ -0.00046,\ 0.00046),$$

$$z_+^{(3)} = y^{(6)} + y^{(7)} = (\ 0.99908,\ 1.00092,\ \ 0.99908,\ 1.00092).$$

Nach Abspaltung von $\lambda_1 = +15$ folgt

0	0.00000	0.70711	0.00000	0.70711	3.53517
1	−0.50005	0.49995	−0.50005	0.49995	5.00000
2	−0.50005	0.49995	−0.50005	0.49995	5.00000
3	−0.50005	0.49995	−0.50005	0.49995	5.00000

$$z_-^{(1)} = y^{(2)} - y^{(3)} = (\ 0.00000,\ 0.00000,\ \ 0.00000,\ 0.00000),$$

$$z_+^{(1)} = y^{(2)} + y^{(3)} = (-1.00010,\ 0.99990,\ -1.00010,\ 0.99990).$$

Wird nun $\lambda_2 = +5$ abgespalten, so erhält man

0	0.00000	0.70711	0.00000	0.70711	0.00000
1	0.23358	0.49636	0.35037	0.75914	0.95173
2	−0.53688	−0.46018	0.53688	0.46018	4.98586
3	−0.49225	−0.50763	0.49225	0.50763	4.99943
4	−0.50154	−0.49846	0.50154	0.49846	4.99998
5	−0.49969	−0.50031	0.49969	0.50031	5.00000

$$z_-^{(2)} = y^{(4)} - y^{(5)} = (-0.00185,\ \ 0.00185,\ 0.00185,\ -0.00185),$$

$$z_+^{(2)} = y^{(4)} + y^{(5)} = (-1.00123,\ -0.99877,\ 1.00123,\ \ 0.99877).$$

Nachdem $\lambda_3 = +5$ abgespalten ist, folgt

0	0.00000	0.70711	0.00000	0.70711	0.00000
1	0.40829	0.68765	0.20056	0.56588	0.04302
2	−0.50012	0.49988	0.50012	−0.49987	1.00000
3	0.50012	−0.49988	−0.50012	0.49988	1.00000

$$z_-^{(1)} = y^{(2)} - y^{(3)} = (-1.00024,\ 0.99976,\ 1.00024,\ -0.99975),$$

$$z_+^{(1)} = y^{(2)} + y^{(3)} = (\ 0.00000,\ 0.00000,\ 0.00000,\ \ 0.00001).$$

Damit ergibt sich $\lambda_4 = -1$. In diesem letzten Fall hat man ein Beispiel für das Alternieren der iterierten Vektoren $y^{(t)}$ und die Konvergenz von $(-1)^t y^{(t)}$. In allen Fällen sieht man das monotone Wachsen der Näherungen $\|By^{(t)}\|_2$ für $|\lambda|$.

2. Inverse Iteration mit Spektralverschiebung. Man berechne die Eigenwerte und Eigenvektoren der Matrix A mit Hilfe der gebrochenen Iteration von Wielandt,

$$(A-\alpha E)v^{(t)}=y^{(t)}, \qquad y^{(t+1)}=\frac{1}{\|v^{(t)}\|}v^{(t)},$$

mit geeigneten Spektralverschiebungen α.

Ergebnis. Als Eigenwertnäherungen werden die Rayleigh-Quotienten $\mu_t=\rho(y^{(t)})$ der Matrix $A_\alpha^{-1}=(A-\alpha E)^{-1}$ berechnet und die zugehörigen Eigenwertnäherungen $\lambda_t=\alpha+1/\mu_t$ für die Matrix A. Die Fehlerschranken r_t, a_t für die Eigenwertnäherungen $\rho(y^{(t)})=(A_\alpha^{-1}y^{(t)},y^{(t)})_2$ $=(v^{(t)},y^{(t)})_2$ von A_α^{-1} aus den Einschließungssätzen haben mit der Beziehung $A_\alpha^{-1}y^{(t)}=v^{(t)}$ hier die Gestalt

$$r_t=\frac{\|v^{(t)}-\rho(y^{(t)})y^{(t)}\|_2}{\|v^{(t)}\|_2}, \qquad a_t=\|v^{(t)}-\rho(y^{(t)})y^{(t)}\|_2=\sqrt{\|v^{(t)}\|_2^2-\rho(y^{(t)})^2}.$$

Als Anfangsvektor wird in jedem Fall $y^{(0)}=(1,0,0,0)$ gewählt.

	t	$y_1^{(t)}$	$y_2^{(t)}$	$y_3^{(t)}$	$y_4^{(t)}$	$\rho(y^{(t)})$	r_t	a_t	λ_t
$\alpha=0$	11	0.57763	−0.57707	−0.00028	−0.57735	1.66667	0.00030	0.00049	0.60000
	12	0.57749	−0.57721	−0.00014	−0.57735	1.66667	0.00012	0.00017	0.60000
$\alpha=1.5$	8	0.57744	0.57726	−0.57735	−0.00009	−3.33333	0.00021	0.00060	1.20000
	9	−0.57738	−0.57732	0.57735	0.00003	−3.33333	0.00012	0.00034	1.20000
$\alpha=2.5$	9	−0.00290	0.57461	0.58019	−0.57723	−9.99978	0.00452	0.04521	2.40000
	10	0.00022	−0.57713	−0.57756	0.57734	−10.00000	0.00032	0.00309	2.40000
$\alpha=6.0$	6	0.57756	0.00007	0.57721	0.57728	−0.83333	0.00027	0.00021	4.80000
	7	−0.57740	−0.00002	−0.57732	−0.57733	−0.83333	0.00012	0.00003	4.80000

3. Das Newtonsche Verfahren. Man berechne die Eigenwerte und Eigenvektoren der Matrix C mit Hilfe des Newtonschen Verfahrens

$$(C-\rho(y^{(t)})E)v^{(t)}=y^{(t)}, \qquad y^{(t+1)}=\frac{1}{\|v^{(t)}\|_2}v^{(t)}, \qquad \rho(y^{(t)})=(Cy^{(t)},y^{(t)})_2.$$

Die Matrix C lautet

$$C=\begin{pmatrix}2 & 1 & 3 & 4\\ 1 & -3 & 1 & 5\\ 3 & 1 & 6 & -2\\ 4 & 5 & -2 & -1\end{pmatrix}.$$

Ergebnis. Die Matrix C besitzt die Eigenwerte und zugehörigen Eigenvektoren

$$\lambda_1=-8.02858, \quad w_1=(1, \; 2.50146, \; -0.75773, \; -2.56421),$$
$$\lambda_2=7.93290, \quad w_2=(1, \; 0.37782, \; 1.38662, \; 0.34881),$$
$$\lambda_3=5.66886, \quad w_3=(1, \; 0.95700, \; -1.42047, \; 1.74332),$$
$$\lambda_4=-1.57319, \quad w_4=(1, \; -0.90709, \; -0.37759, \; -0.38333),$$

(s. Gregory-Karney). Für verschiedene Ausgangsvektoren $y^{(0)}$ sind im folgenden die Rayleigh-Quotienten $\rho(y^{(t)})$, die Vektoren $y^{(t)}$ sowie die a-posteriori-Fehlerschranken r_t und a_t des relativen und absoluten Fehlers der Eigenwertnäherungen aus den Einschließungssätzen angegeben.

t	$y_1^{(t)}$	$y_2^{(t)}$	$y_3^{(t)}$	$y_4^{(t)}$	$\rho(y^{(t)})$	r_t	a_t
0	0.00000	−1.00000	0.00000	1.00000	−7.00000	0.76469	8.30662
1	0.30462	0.63255	−0.22300	−0.67628	−8.00723	0.05142	0.41224
2	−0.26334	−0.65914	0.19957	0.67555	−8.02858	0.00027	0.00218
3	0.26346	0.65904	−0.19963	−0.67557	−8.02858	0.00012	0.00098
0	1.00000	0.00000	1.00000	0.00000	7.00000	0.75510	8.06226
1	0.56468	0.26062	0.73843	0.26062	7.90566	0.04825	0.38186
2	0.55983	0.21120	0.77723	0.19468	7.93290	0.00034	0.00258
3	0.56014	0.21163	0.77671	0.19538	7.93290	0.00012	0.00069
0	0.00000	0.00000	−1.00000	1.00000	4.50000	0.86778	7.85812
1	0.29221	0.34655	−0.66436	0.59426	5.71064	0.10799	0.62031
2	−0.38047	−0.36315	0.53554	−0.66073	5.66888	0.00127	0.00718
3	0.37870	0.36242	−0.53794	0.66020	5.66886	0.00000	0.00000
0	−1.00000	1.00000	0.00000	0.00000	−1.50000	0.94748	4.44410
1	0.68595	−0.62683	−0.26066	−0.26195	−1.57322	0.01864	0.02934
2	0.68805	−0.62412	−0.25980	−0.26375	−1.57319	0.00012	0.00017

4. Klassisches Jacobisches Verfahren. Man berechne mit Hilfe des klassischen Jacobischen Verfahrens Näherungen für die Eigenwerte und Eigenvektoren der Matrix C. Weiter berechne man die a-posteriori-Fehlerschranken $r_{t,k}, a_{t,k}$ aus dem Beispiel in Abschnitt 10.4, die den relativen und den absoluten Fehler des Diagonalelements $c_{kk}^{(t)}$ der Jacobi-Transformierten C_t von C als Eigenwertnäherung abschätzen.

$$r_{t,k} = \left(\frac{\sum\limits_{\substack{j=1\\j\neq k}}^{n} |c_{jk}^{(t)}|^2}{\sum\limits_{j=1}^{n} |c_{jk}^{(t)}|^2} \right)^{\frac{1}{2}}, \qquad a_{t,k} = \left(\sum_{\substack{j=1\\j\neq k}}^{n} |c_{jk}^{(t)}|^2 \right)^{\frac{1}{2}}, \qquad k=1,\dots,n, \quad t=0,1,2,\dots$$

Ergebnis. Das klassische Jacobische Verfahren ergibt hier für $t=13$ im Rahmen der betrachteten Genauigkeit eine Diagonalmatrix.

$$C_0 = \begin{pmatrix} 2 & 1 & 3 & 4 \\ 1 & -3 & 1 & 5 \\ 3 & 1 & 6 & -2 \\ 4 & 5 & -2 & -1 \end{pmatrix}, \qquad \begin{aligned} r_{0,1} &= 0.93095, & a_{0,1} &= 5.09902, \\ r_{0,2} &= 0.86603, & a_{0,2} &= 5.19615, \\ r_{0,3} &= 0.52915, & a_{0,3} &= 3.74166, \\ r_{0,4} &= 0.98907, & a_{0,4} &= 6.70820, \end{aligned}$$

$$C_1 = \begin{pmatrix} 2 & -1.76261 & 3 & 3.72736 \\ -1.76261 & -7.09902 & 2.04132 & 0 \\ 3 & 2.04132 & 6 & -0.91270 \\ 3.72736 & 0 & -0.91270 & 3.09902 \end{pmatrix}, \qquad \begin{aligned} r_{1,1} &= 0.93095, & a_{1,1} &= 5.09902, \\ r_{1,2} &= 0.35515, & a_{1,2} &= 2.69700, \\ r_{1,3} &= 0.52915, & a_{1,3} &= 3.74166, \\ r_{1,4} &= 0.77799, & a_{1,4} &= 3.83747, \end{aligned}$$

$$C_2 = \begin{pmatrix} -1.21814 & -1.33415 & 2.86721 & 0 \\ -1.33415 & -7.09902 & 2.04132 & -1.15189 \\ 2.86721 & 2.04132 & 6 & 1.26969 \\ 0 & -1.15189 & 1.26969 & 6.31716 \end{pmatrix}, \quad \begin{matrix} r_{2,1} = 0.93317, & a_{2,1} = 3.16241, \\ r_{2,2} = 0.35515, & a_{2,2} = 2.69700, \\ r_{2,3} = 0.52915, & a_{2,3} = 3.74166, \\ r_{2,4} = 0.26191, & a_{2,4} = 1.71434, \end{matrix}$$

$$C_3 = \begin{pmatrix} -2.21843 & -1.93211 & 0 & -0.41824 \\ -1.93211 & -7.09902 & 1.48792 & -1.15189 \\ 0 & 1.48792 & 7.00030 & 1.19883 \\ -0.41824 & -1.15189 & 1.19883 & 6.31716 \end{pmatrix}, \quad \begin{matrix} r_{3,1} = 0.66529, & a_{3,1} = 1.97686, \\ r_{3,2} = 0.35515, & a_{3,2} = 2.69700, \\ r_{3,3} = 0.26332, & a_{3,3} = 1.91078, \\ r_{3,4} = 0.26191, & a_{3,4} = 1.71434, \end{matrix}$$

$$C_{11} = \begin{pmatrix} -1.57357 & 0.04974 & 0.00068 & -0.00021 \\ 0.04974 & -8.02819 & -0.00005 & 0 \\ 0.00068 & -0.00005 & 7.93284 & -0.01181 \\ -0.00021 & 0 & -0.01181 & 5.66893 \end{pmatrix}, \quad \begin{matrix} r_{11,1} = 0.03160, & a_{11,1} = 0.04974, \\ r_{11,2} = 0.00620, & a_{11,2} = 0.04974, \\ r_{11,3} = 0.00149, & a_{11,3} = 0.01180, \\ r_{11,4} = 0.00208, & a_{11,4} = 0.01180, \end{matrix}$$

$$C_{12} = \begin{pmatrix} -1.57319 & 0 & 0.00067 & -0.00021 \\ 0 & -8.02858 & -0.00005 & 0 \\ 0.00067 & -0.00005 & 7.93284 & -0.01181 \\ -0.00021 & 0 & -0.01181 & 5.66893 \end{pmatrix}, \quad \begin{matrix} r_{12,1} = 0.00044, & a_{12,1} = 0.00069, \\ r_{12,2} = 0 \quad , & a_{12,2} = 0 \quad , \\ r_{12,3} = 0.00149, & a_{12,3} = 0.01180, \\ r_{12,4} = 0.00208, & a_{12,4} = 0.01180, \end{matrix}$$

$$C_{13} = \begin{pmatrix} -1.57319 & 0 & 0.00068 & -0.00020 \\ 0 & -8.02858 & -0.00005 & 0 \\ 0.00068 & -0.00005 & 7.93290 & 0 \\ -0.00020 & 0 & 0 & 5.66886 \end{pmatrix}, \quad \begin{matrix} r_{13,1} = 0.00044, & a_{13,1} = 0.00069, \\ r_{13,2} = 0 \quad , & a_{13,2} = 0 \quad , \\ r_{13,3} = 0 \quad , & a_{13,3} = 0 \quad , \\ r_{13,4} = 0 \quad , & a_{13,4} = 0 \quad . \end{matrix}$$

Als Näherungen y_k für die Eigenvektoren zu den durch $c_{kk}^{(13)}$ approximierten Eigenwerten erhält man

$$\begin{aligned} y_1 &= (0.68808, \quad -0.62412, \quad -0.25973, \quad -0.26375), \\ y_2 &= (0.26346, \quad 0.65904, \quad -0.19964, \quad -0.67557), \\ y_3 &= (0.56010, \quad 0.21168, \quad 0.77673, \quad 0.19540), \\ y_4 &= (0.37872, \quad 0.36240, \quad -0.53794, \quad 0.66019). \end{aligned}$$

5. Das Verfahren der iterierten Vektoren von Krylow. Man berechne Eigenwerte und Eigenvektoren mit Hilfe der Methode der iterierten Vektoren von Krylow für die obige Matrix B und für die Matrix F,

$$F = \begin{pmatrix} 3.8 & 1.8 & -2.0 & -0.6 \\ 5.4 & 6.2 & -7.2 & -1.0 \\ 2.0 & 2.4 & -2.0 & 0.0 \\ 1.8 & 1.0 & 0.0 & 1.0 \end{pmatrix}.$$

Ergebnis. a) Betrachten wir zuerst die Matrix B. Mit $a^{(0)} = a = (1, -1, 1, 3)$ erhalten wir die iterierten Vektoren $a^{(1)} = (9, 11, 21, 19)$, $a^{(2)} = (201, 199, 249, 251)$, $a^{(3)} = (3249, 3251, 3501, 3499)$.

Durch Orthogonalisieren stellt man fest, daß $m=3$ ist, und das Polynom p_m lautet $p_m(x)=x^3-19x^2+55x+75$, $-\infty<x<+\infty$. Die Nullstellen dieses Polynoms wurden mit dem Newtonschen Verfahren (s. 2.3) sowie durch Abspaltung von Linearfaktoren mit Hilfe des Hornerschen Schemas (s. 1.1) bestimmt zu $\mu_1=-1.00000$, $\mu_2=5.00000$, $\mu_3=15.00000$. Die zugehörigen Eigenvektornäherungen lauten

$$q_1(B)a=(0.50000,\ -0.50000,\ -0.50000,\ 0.50000),$$

$$q_2(B)a=(0.50000,\ 0.50000,\ -0.50000,\ -0.50000),$$

$$q_3(B)a=(0.50000,\ 0.50000,\ 0.50000,\ 0.50000).$$

Mit $a^{(0)}=a=(-1,1,1,3)$ folgen analog die iterierten Vektoren $a^{(1)}=(5,15,15,25)$, $a^{(2)}=(175,225,225,275)$. Hier ist $m=2$, und das Polynom p_m lautet in diesem Fall $p_m(x)=x^2-20x+75$, $-\infty<x<+\infty$, mit den Nullstellen $\mu_1=5$, $\mu_2=15$. Die zugehörigen Eigenvektornäherungen sind hier

$$q_1(B)a=(0.70711,\ 0.00000,\ 0.00000,\ -0.70711),$$

$$q_2(B)a=(0.50000,\ 0.50000,\ 0.50000,\ 0.50000).$$

Somit haben wir für den Eigenwert $\lambda=5$ von B einen weiteren Eigenvektor erhalten, der vom zuerst gefundenen linear unabhängig ist, während sich für $\lambda=15$ derselbe Eigenvektor ergab. Daher ist $\lambda=5$ doppelter Eigenwert der Matrix B mit zugehörigen Eigenvektoren, die in demjenigen zweidimensionalen Unterraum des vierdimensionalen Zahlenraumes liegen, der von den Vektoren $(1,1,-1,-1)$ und $(1,0,0,-1)$ aufgespannt wird.

b) Die Matrix F besitzt die Eigenwerte $\lambda_1=0.6$, $\lambda_2=1.2$, $\lambda_3=2.4$, $\lambda_4=4.8$ mit den zugehörigen Eigenvektoren $w_1=(1,-3,-2,3)$, $w_2=(2,-3,-1,3)$, $w_3=(1,1,1,2)$, $w_4=(1,2,1,1)$. Mit $a^{(0)}=a=(1,2,3,4)$ wird $m=4$, das Polynom p_m lautet

$$p_m(x)=x^4-8.99997x^3+25.19976x^2-25.91948x+8.29411,$$

und als Nullstellen erhält man mit Hilfe des Newtonschen Verfahrens $\mu_1=0.59999$, $\mu_2=1.19999$, $\mu_3=2.40000$, $\mu_4=4.80000$. Die zugehörigen Eigenvektoren lauten

$$q_1(F)a=(\ 0.20851,\ -0.62555,\ -0.41703,\ 0.62554),$$

$$q_2(F)a=(-0.41702,\ 0.62554,\ 0.20852,\ -0.62555),$$

$$q_3(F)a=(-0.37796,\ -0.37796,\ -0.37796,\ -0.75593),$$

$$q_4(F)a=(-0.37796,\ -0.75593,\ -0.37796,\ -0.37796).$$

V Numerische Integration von Anfangswertaufgaben gewöhnlicher Differentialgleichungen

Die Methoden zur näherungsweisen Integration von Differentialgleichungen bilden ein umfangreiches Gebiet, aus dem wir anschließend nur die Lösung von Anfangswertaufgaben gewöhnlicher Differentialgleichungen bringen. Auf die numerische Integration von Rand- und Eigenwertaufgaben sowie die näherungsweise Lösung entsprechender Aufgaben bei partiellen Differentialgleichungen können wir in diesem Rahmen nicht eingehen. Die zentralen Begriffsbildungen für die mathematische Behandlung von Näherungsmethoden zur Lösung von Differentialgleichungen sind Konsistenz, Konvergenz und Stabilität. Dies wird anschließend für die sogenannten Einschritt- und Mehrschrittverfahren ausgeführt. Auf die Behandlung der Stabilität von Mehrschrittverfahren mit der Unterscheidung zwischen stark und schwach stabilen Verfahren mußten wir hier allerdings verzichten. Für Lipschitz-stetige Verfahren ist die Konsistenz äquivalent zur Konvergenz des Verfahrens, was in Abschnitt 11.3.1 und 12.3.1 mit den allgemeinen Konvergenzsätzen bewiesen wird. Die Näherungsmethoden in diesem Kapitel gestatten bei geeigneten Differentialgleichungen ohne weiteres auch die numerische Integration gewöhnlicher Differentialgleichungen im Komplexen, was mit einem numerischen Beispiel für das Runge-Kutta-Verfahren gezeigt wird.

11. Einschrittverfahren für Anfangswertaufgaben

Bei der Lösung von Anfangswertaufgaben gewöhnlicher Differentialgleichungen prüft man zunächst mit Hilfe geeigneter Nachschlagewerke (z.B. Kamke), ob die gegebene Differentialgleichung in hinreichend einfacher Form geschlossen lösbar ist. Im allgemeinen wird dies jedoch nicht der Fall sein, so daß man in der Praxis auf numerische Methoden zur Bestimmung von Näherungslösungen für Anfangswertaufgaben angewiesen ist. In diesem Paragraphen beschäftigen wir uns mit einer Klasse von Näherungsverfahren, die unter dem Namen Einschrittverfahren zusammengefaßt werden. Hierzu gehören die Methode der Taylor-Entwicklung, die Polygonzugverfahren von Euler-Cauchy und das Runge-Kutta-Verfahren, welches für die Praxis besonders wichtig ist. Im nächsten Paragraphen werden dann die sogenannten Mehrschrittverfahren zur numerischen Integration gewöhnlicher Differentialgleichungen behandelt. Sie unterscheiden sich von den Einschrittverfahren wesentlich dadurch, daß bei ihnen zur Berechnung eines Näherungswertes für die gesuchte Lösung nicht nur die Kenntnis der bereits berechneten Näherung im vorangehenden Punkt, sondern in mehreren äquidistanten vorangehenden Punkten benötigt wird.

Grundlage für die Herleitung von Näherungsverfahren zur Lösung von Differentialgleichungen ist die folgende, durchaus nicht selbstverständliche Tatsache. Bei Approximation der Differentialgleichung und der Anfangswerte unter geeigneten, sehr allgemeinen Voraussetzungen liefern die Lösungen der zugehörigen angenäherten Gleichungen Approximationen für die gesuchte Lösung der Differentialgleichung. Der Begriff „Konsistenz" präzisiert, was unter einer Approximation der Anfangswertaufgabe zu verstehen ist. Für Lipschitz-stetige Einschrittverfahren (A_h), die mit der Anfangswertaufgabe (A) konsistent sind, kann man die Konvergenz der Näherungslösungen gegen die gesuchte Lösung beweisen. Die Lipschitz-Stetigkeit des Einschrittverfahrens gewährleistet ferner die Stabilität des Näherungsverfahrens, also die stetige Abhängigkeit von den Anfangswerten sowie der rechten Seite, gleichmäßig in der Schrittweite h, und gestattet eine Abschätzung über den Einfluß der Rundungsfehler auf die Bestimmung der Näherungslösungen.

Literatur: Babuška-Präger-Vitásek, Collatz [1], Grigorieff, Henrici [1], [2], Lambert, Stetter.

11.1. Definition des Verfahrens

Im folgenden untersuchen wir Näherungsmethoden zur Integration der Anfangswertaufgabe für eine gewöhnliche Differentialgleichung erster Ordnung. Dabei bezeichnen wir wieder mit **K** den Körper **R** der reellen Zahlen bzw. den Körper **C** der komplexen Zahlen, je nachdem ob reell- bzw. komplexwertige Funktionen betrachtet werden.

(A) Gegeben sei ein beschränktes abgeschlossenes Intervall $I=[a,b]$ *der reellen Zahlengeraden* **R**, *eine Funktion f zweier Veränderlicher* $(x,y)\in I\times\mathbf{K}$ *und eine Zahl* $\alpha\in\mathbf{K}$. *Gesucht ist eine stetig differenzierbare Lösung u der gewöhnlichen Differentialgleichung*

$$u'(x)=f(x,u(x)),\qquad x\in[a,b],$$

mit der Anfangsbedingung

$$u(a)=\alpha.$$

Anschließend machen wir stets die Voraussetzung, daß die Anfangswertaufgabe (A) eine eindeutig bestimmte Lösung u besitzt. In der Theorie der gewöhnlichen Differentialgleichungen werden dafür geeignete Voraussetzungen angegeben.

Zunächst bringen wir jetzt einige Begriffsbildungen und Überlegungen, die der Definition von Einschrittverfahren zu Grunde liegen. Für eine Folge von Schrittweiten $h>0$ wird im Intervall $I=[a,b]$ ein zugehöriges Punktgitter erklärt durch die Vorschrift

$$I_h=[a,b]_h=\{x\in[a,b]\mid\ x=a+jh,\quad j=0,\dots,N_h\}\tag{1}$$

mit der eindeutig bestimmten ganzen Zahl N_h aus dem Intervall

$$\frac{b-a}{h}-1<N_h\le\frac{b-a}{h},\qquad 0<h\le b-a.\tag{2}$$

Die Punkte $x\in[a,b]_h$ nennt man Gitterpunkte und schreibt auch

$$x_j=a+jh,\qquad j=0,\dots,N_h.\tag{3}$$

Für jede stetig differenzierbare Funktion $u\in C^1[a,b]$ kann man an den Gitterpunkten aus der Menge

$$I'_h=[a,b]'_h=\{x\in[a,b]_h\mid\ x=a+jh, j=0,\dots,N_h-1\}\tag{4}$$

die vorwärtsgenommenen Differenzquotienten bilden, die eine Approximation der Differentialquotienten $u'(x)$ für $x\in[a,b]'_h$ ergeben. Integriert man beide Seiten der Differentialgleichung $u'=f(x,u)$ von x bis $x+h$, so folgt für die Lösung der Anfangswertaufgabe (A) an Gitterpunkten die Gleichung

$$\begin{gathered}\frac{1}{h}(u(x+h)-u(x))=\frac{1}{h}\int_x^{x+h}f(t,u(t))\,dt,\qquad x\in[a,b]'_h,\\ u(a)=\alpha.\end{gathered}\tag{5}$$

Die verschiedenen Einschrittverfahren erhält man nun durch Approximation des Integrals in (5) mit geeigneten Quadraturformeln, mit Taylor-Entwicklungen des Integranden und durch Elimination der auftretenden Ableitungen von u. Auf diese Weise wird die rechte Seite der ersten Gleichung in (5) approximiert mit Funktionen f_h zweier Veränderlicher $(x,y)\in I_h' \times \mathbf{K}$, so daß die Funktionswerte $u(x)$ der Lösung u von (A) an den N_h Gitterpunkten aus I_h' den Gleichungen genügen

$$(6)\qquad \begin{aligned} \frac{1}{h}(u(x+h)-u(x)) &= f_h(x,u(x))+T_h(x), \qquad x\in I_h', \\ u(a) &= \alpha. \end{aligned}$$

Das Restglied

$$(7)\qquad T_h(x) = \frac{1}{h}\int\limits_x^{x+h} f(t,u(t))\,dt - f_h(x,u(x)), \qquad x\in I_h',$$

ist der sogenannte Abschneidefehler, der für $h\longrightarrow 0$ in geeigneter Weise gegen Null strebt. Die Funktionswerte $u(x_j), j=0,\dots,N_h$, der Lösung u von (A) genügen damit näherungsweise einem endlichen algebraischen Gleichungssystem der Gestalt

$$(8)\qquad \begin{aligned} \frac{1}{h}(y_{j+1}-y_j) &= f_h(x_j,y_j), \qquad j=0,\dots,N_h-1, \\ y_0 &= \alpha_h. \end{aligned}$$

Dieses Gleichungssystem besitzt offenbar für jede Anfangsbedingung $y_0=\alpha_h\in\mathbf{K}$ eine eindeutig bestimmte Lösung, die sich explizit und sukzessive aus diesen Gleichungen berechnen läßt. Umgekehrt liegt nun die Vermutung nahe, daß unter geeigneten Voraussetzungen die Lösungen $y_j, j=0,\dots,N_h$, dieses Gleichungssystems (8) Näherungen $u_h(x_j)$ für die Funktionswerte $u(x_j), j=0,\dots,N_h$, der Lösung u der Anfangswertaufgabe (A) ergeben. Dies ist in der Tat der Fall, wie wir später zeigen werden.

Dementsprechend definiert man in Analogie zur Anfangswertaufgabe (A) als Einschrittverfahren eine Folge (A_h) diskreter Anfangswertaufgaben, wobei die Schrittweiten h eine geeignet gewählte Nullfolge durchlaufen sollen.

(A_h) *Gegeben sei eine Folge von Funktionen* f_h *zweier Veränderlicher* $(x,y)\in I_h'\times\mathbf{K}$ *und eine Folge von Anfangswerten* $\alpha_h\in\mathbf{K}$. *Gesucht sind Lösungen* $u_h(x), x\in I_h$, *des Gleichungssystems*

$$(9)\qquad \begin{aligned} \frac{1}{h}(u_h(x+h)-u_h(x)) &= f_h(x,u_h(x)), \qquad x\in I_h', \\ u_h(a) &= \alpha_h. \end{aligned}$$

In diesen Gleichungen haben wir übrigens die gesuchten Lösungen als Funktionen geschrieben, die für jede Schrittweite h allerdings nur auf dem diskreten Punktgitter I_h definiert sind. Dieses Gleichungssystem stimmt im übrigen für $y_j=u_h(x_j)$ mit dem System (8) überein und ist daher stets eindeutig rekursiv lösbar.

Beispiele. Zur Erläuterung wollen wir einige einfache Beispiele angeben. Beim Verfahren von Euler-Cauchy oder Polygonzugverfahren approximiert man die rechte Seite in (5) durch $f(x,u(x))$ und erhält für Näherungen u_h der Lösung u an Gitterpunkten die Gleichungen

$$u_h(a)=\alpha_h, \quad \frac{1}{h}(u_h(x+h)-u_h(x))=f(x,u_h(x)), \quad x\in I_h'. \tag{10}$$

Wenn man die Punkte $(x,u_h(x))\in I\times\mathbf{K}$ für $x\in I_h$ linear interpoliert, so entsteht ein Streckenzug oder Polygonzug als Näherung für die gesuchte Lösung u in $I=[a,b]$, was zur Bezeichnung Polygonzugverfahren geführt hat.

Das verbesserte Verfahren von Euler oder verbesserte Polygonzugverfahren approximiert das Integral in (5) nach der Tangententrapezregel und den Funktionswert $u(x+h/2)$ an der Stelle $x+h/2$ nach Taylor,

$$u\left(x+\frac{h}{2}\right)=u(x)+\frac{h}{2}u'(x)+R(x)=u(x)+\frac{h}{2}f(x,u(x))+R(x),$$

so daß man die Näherungsgleichungen erhält

$$u_h(a)=\alpha_h, \quad \frac{1}{h}(u_h(x+h)-u_h(x))=f\left(x+\frac{h}{2},\tilde{u}_h\left(x+\frac{h}{2}\right)\right) \tag{11}$$

mit der Abkürzung

$$\tilde{u}_h\left(x+\frac{h}{2}\right)=u_h(x)+\frac{h}{2}f(x,u_h(x))$$

für $x\in I_h'$. Beim verbesserten Verfahren von Euler-Cauchy wird das Integral in (5) nach der Sehnentrapezregel und der dabei auftretende Funktionswert $u(x+h)$ nach Taylor approximiert. Vernachlässigt man die Restglieder, so erhält man für Näherungen u_h der Lösung u an Gitterpunkten $x\in I_h'$ die Gleichungen

$$u_h(a)=\alpha_h, \quad \frac{1}{h}(u_h(x+h)-u_h(x))=\frac{1}{2}\{f(x,u_h(x))+f(x+h,\tilde{u}_h(x+h))\} \tag{12}$$

mit der Abkürzung

$$\tilde{u}_h(x+h)=u_h(x)+hf(x,u_h(x)).$$ ■

Zum folgenden sind noch einige Bemerkungen wichtig. Die Einschrittverfahren (A_h) gestatten auch die näherungsweise Integration gewöhnlicher Differentialgleichungen im Komplexen. In diesem Falle ist in einem geeigneten Bereich B der komplexen Zahlenebene $\mathbf{C}$ die Differentialgleichung gegeben

$$\frac{\mathrm{d}w}{\mathrm{d}z}(z)=g(z,w(z)), \quad z\in B,$$

mit einer Anfangsbedingung $w(c)=\alpha$ an einer Stelle $c\in B$. Sei jetzt etwa d ein weiterer Punkt, so daß die Verbindungsstrecke $\overline{cd}$ ganz in B liegt. Führt man die Parameterdarstellung ein

$$\overline{cd}: \quad z(t)=c+t(d-c), \quad 0\leq t\leq 1,$$

dann genügt die Lösung w auf dem Wege $\overline{cd}$ mit den Abkürzungen $w(z(t))=u(t)$, $g(z(t),y)(d-c)=f(t,y)$ der Anfangswertaufgabe

$$u(0)=\alpha, \quad \frac{\mathrm{d}u}{\mathrm{d}t}(t)=f(t,u(t)), \quad 0\leq t\leq 1.$$

Also ist diese Aufgabe im Komplexen zurückgeführt auf die hier betrachtete Anfangswertaufgabe (A) mit $\mathbf{K}=\mathbf{C}$ und $I=[a,b]=[0,1]$. Etwas allgemeiner kann man als Weg einen Streckenzug in B betrachten, der die Punkte c,d verbindet.

Weiter gelten die angegebenen Einschrittverfahren in analoger Form auch für Systeme gewöhnlicher Differentialgleichungen der Gestalt

$$u_j(a)=\alpha_j, \quad \frac{\mathrm{d}u_j}{\mathrm{d}x}(x)=f_j(x,u_1(x),\ldots,u_n(x)), \quad x\in I, \quad j=1,\ldots,n.$$

Für diesen Fall sind die eingeführten Begriffe und Verfahren in der üblichen Weise auf vektorwertige Funktionen $u(x)=(u_1(x),\ldots,u_n(x))\in\mathbf{K}^n$, $x\in I$, zu verallgemeinern, was wir der Einfachheit halber hier jedoch nicht ausführen.

11.2. Konsistenz

Näherungsverfahren zur Lösung von Differentialgleichungen gewinnt man durch Approximation der gegebenen oder dazu äquivalenten Gleichungen mit Taylor-Entwicklungen, Differenzenquotienten, Quadraturformeln usw., so daß die Gleichungen des Näherungsverfahrens die entsprechenden Gleichungen des ursprünglichen Problems approximieren. Dieser Sachverhalt wird präzisiert durch den Begriff der Konsistenz des Näherungsverfahrens mit dem ursprünglichen Problem. Die Konsistenz der Näherungsgleichungen mit der Differentialgleichung und die Konsistenz der Anfangsbedingungen sind wesentliche Voraussetzungen für die Konvergenz der Lösungen u_h eines Einschrittverfahrens (A_h) gegen die gesuchte Lösung u der Anfangswertaufgabe (A). Die Konsistenzbedingung für das Einschrittverfahren (A_h) verbürgt, daß die Differenzengleichungen von (A_h) bei Einsetzen der Lösung u von (A) Näherungen für die Differentialgleichung $u'=f(x,u)$ bilden und daß die Anfangswerte α_h von (A_h) gegen den Anfangswert α von (A) streben für $h\longrightarrow 0$. Zur Charakterisierung spezieller Verfahren ist in Verbindung mit den Konsistenzbedingungen weiter noch der Begriff der Ordnung p von Einschrittverfahren wichtig, der im nächsten Abschnitt die Konvergenz der Näherungen u_h gegen die gesuchte Lösung u der Anfangswertaufgabe mit der Fehlerabschätzung $|u_h(x)-u(x)|=\mathrm{O}(h^p)$ für $h\longrightarrow 0$ gestattet.

11.2.1. Konsistenzbedingungen. Die Anfangswertaufgabe (A) mit der Lösung u bzw. das zugehörige Gleichungssystem

$$(1) \qquad u(a)=\alpha, \quad \frac{1}{h}(u(x+h)-u(x)) = \frac{1}{h}\int_x^{x+h} f(t,u(t))\,dt, \quad x\in I_h',$$

wird bei den Einschrittverfahren (A_h) durch eine Folge diskreter Anfangswertaufgaben der Gestalt

$$(2) \qquad u_h(a)=\alpha_h, \quad \frac{1}{h}(u_h(x+h)-u_h(x))=f_h(x,u_h(x)), \quad x\in I_h',$$

approximiert. Dabei erhält man die Funktionen f_h durch geeignete Näherungen für das Integral (1) in der Gestalt

$$(3) \qquad \frac{1}{h}\int_x^{x+h} f(t,u(t))\,dt=f_h(x,u(x))+T_h(x), \quad x\in I_h'$$

mit dem Restglied oder Abschneidefehler T_h. Aus den Gleichungen (1) und (3) gewinnt man mit der Lösung u von (A) die Darstellung

$$(4) \qquad \frac{1}{h}(u(x+h)-u(x))-f_h(x,u(x))=T_h(x), \quad x\in I_h'.$$

Also läßt sich der Abschneidefehler T_h charakterisieren als der Defekt, welcher beim Einsetzen der Lösung u der Anfangswertaufgabe (A) in das System der Näherungsgleichungen des Einschrittverfahrens (2) entsteht. Die Differenzengleichungen in (2) heißen dann eine konsistente Approximation der Integralgleichung in (1) bzw. der Differentialgleichung $u'=f(x,u)$, wenn der Abschneidefehler T_h für $h\longrightarrow 0$ gleichmäßig gegen Null strebt, also wenn die Konsistenzbedingung gilt

$$(5) \qquad \max_{x\in I_h'}|T_h(x)|\longrightarrow 0 \quad (h\longrightarrow 0).$$

Entsprechend heißt das Einschrittverfahren (A_h) konsistent mit der Anfangswertaufgabe (A), wenn neben dem Abschneidefehler T_h auch die Anfangsbedingungen in (2) konvergieren und somit die Konsistenzbedingung besteht

$$(6) \qquad |\alpha_h-\alpha|+\max_{x\in I_h'}|T_h(x)|\longrightarrow 0 \quad (h\longrightarrow 0).$$

Für die Anwendungen benötigt man das folgende notwendige und hinreichende Konsistenzkriterium.

(7) *Die Konsistenzbedingung* (5) *ist genau dann erfüllt, wenn die Funktionen f, f_h mit der Lösung u von (A) der Beziehung genügen*

$$(8) \qquad \max_{x\in I_h'} |f_h(x,u(x))-f(x,u(x))|\longrightarrow 0 \quad (h\longrightarrow 0).$$

Beweis. Der Abschneidefehler hat die Darstellung

$$T_h(x)=\frac{1}{h}(u(x+h)-u(x))-u'(x)+f(x,u(x))-f_h(x,u(x)).$$

Weiter gilt die Beziehung

$$\frac{1}{h}(u(x+h)-u(x))-u'(x)=\frac{1}{h}\int_0^h (u'(x+t)-u'(x))\,\mathrm{d}t, \qquad a\leq x\leq b-h.$$

Die Lösung u der Anfangswertaufgabe besitzt eine stetige Ableitung u' in $[a,b]$, so daß der folgende Ausdruck konvergiert

$$\max_{x\in I'_h}\left|\frac{1}{h}(u(x+h)-u(x))-u'(x)\right|\leq \max_{\substack{a\leq x\leq b-h\\ 0\leq t\leq h}}|u'(x+t)-u'(x)|\longrightarrow 0 \quad (h\longrightarrow 0).$$

Damit werden die beiden Bedingungen äquivalent

$$\max_{x\in I'_h}|f(x,u(x))-f_h(x,u(x))|\longrightarrow 0 \iff \max_{x\in I'_h}|T_h(x)|\longrightarrow 0 \qquad (h\longrightarrow 0). \ \blacksquare$$

Wir werden später zeigen, daß die Konvergenz der Näherungen $u_h(x)$ gegen die Funktionswerte $u(x)$ der Lösung u von (A) umso besser ist, je stärker der Abschneidefehler T_h und die Fehler $\alpha_h-\alpha$ der Anfangsbedingungen gegen Null streben. Für die Charakterisierung verschiedener Einschrittverfahren ist dementsprechend noch der Begriff der Konsistenzordnung eines Einschrittverfahrens nützlich. Und zwar heißt eine Zahl $p>0$ Konsistenzordnung des Einschrittverfahrens (A_h), wenn es eine positive Zahl $K>0$ gibt mit der Eigenschaft

$$(9) \qquad |\alpha_h-\alpha|+\max_{x\in I'_h}|T_h(x)|\leq K h^p \qquad (h\longrightarrow 0).$$

Für die Herleitung von Einschrittverfahren (A_h) mit einer Konsistenzordnung $p\geq 1$ benötigt man im allgemeinen, daß die Lösung u der Anfangswertaufgabe (A) stetige Ableitungen höherer Ordnung auf $I=[a,b]$ besitzt. Hinreichend dafür ist, daß die rechte Seite f der Differentialgleichung stetig ist und stetige partielle Ableitungen nach beiden Argumenten x, y in einer geeigneten Umgebung $G\subseteq I\times\mathbf{K}$ der Lösung u von (A) besitzt. Für das folgende definieren wir diese Menge G als „Streifen" um die Lösung u der Gestalt $G=I\times\mathbf{K}$ oder

$$(10) \qquad G=\{(x,y)\in I\times\mathbf{K}\mid |y-u(x)|\leq\rho,\ a\leq x\leq b\}$$

mit einer beliebigen, passend gewählten positiven Zahl ρ. Ist zum Beispiel f m-mal stetig differenzierbar nach beiden Argumenten, also $f\in C^m(G)$, so folgt aus der Darstellung von u bzw. u' durch die Differentialgleichung

$$u'(x)=f(x,u(x)), \qquad x\in I=[a,b],$$

daß u' dann m-mal stetig differenzierbar wird oder $u\in C^{m+1}(I)$ ist. Für die höheren Ableitungen von u erhält man dabei aus der Differentialgleichung die Darstellung

$$u''(x)=\frac{\mathrm{d}}{\mathrm{d}x}f(x,u(x))=\left(\frac{\partial f}{\partial x}+f\frac{\partial f}{\partial y}\right)(x,u(x)), \qquad x\in I,$$

und mit der Abkürzung

$$(\mathrm{D}g)(x,y)=\left(\frac{\partial g}{\partial x}+f\frac{\partial g}{\partial y}\right)(x,y),\quad (x,y)\in G,$$

gilt allgemeiner

(11) $$\frac{\mathrm{d}^{k+1}u}{\mathrm{d}x^{k+1}}(x)=(\mathrm{D}^k f)(x,u(x)),\quad x\in I,\quad k=1,\dots,m.$$

Für $m\geq 2$ lautet die Darstellung für u''' zum Beispiel

$$u'''(x)=(\mathrm{D}^2 f)(x,u(x))=(f_{xx}+f_x f_y+2ff_{xy}+f(f_y)^2+f^2 f_{yy})(x,u(x)).$$

11.2.2. Konsistenz der Euler-Cauchy-Verfahren. In Abschnitt 11.1 haben wir bereits das Euler-Cauchy- oder Polygonzugverfahren sowie die zugehörigen verbesserten Verfahren kennengelernt, deren Konsistenz mit der Anfangswertaufgabe (A) anschließend gezeigt werden soll. Unter geeigneten Stetigkeits- und Differenzierbarkeitsvoraussetzungen an die rechte Seite f der Differentialgleichung haben die verbesserten Verfahren die Ordnung $p=2$, während das einfache Euler-Cauchy-Verfahren nur die Ordnung $p=1$ besitzt. Im folgenden bezeichnet $G\subseteq I\times \mathbf{K}$ den Streifen (10) um die Lösung von (A).

(12) *Das Einschrittverfahren* (A_h) *von Euler-Cauchy oder Polygonzugverfahren mit der Funktion* $f_h(x,y)=f(x,y)$ *für* $(x,y)\in I_h'\times\mathbf{K}$ *ist für* $\alpha_h\longrightarrow\alpha$ $(h\longrightarrow 0)$ *konsistent mit der Anfangswertaufgabe* (A). *Für* $f\in C^1(G)$ *und eine Folge von Anfangswerten* α_h *mit* $|\alpha_h-\alpha|=\mathrm{O}(h)$ *hat dieses Verfahren die Konsistenzordnung* $p=1$.

Beweis. Bei dieser Funktion f_h ist trivialerweise die Bedingung (8) des Konsistenzkriteriums erfüllt, und für $\alpha_h\longrightarrow\alpha$ $(h\longrightarrow 0)$ folgt so die Konsistenzbedingung (6). Für $f\in C^1(G)$ hat man $u\in C^2(I)$, und aus der Darstellung (4) für den Abschneidefehler wird nach der Taylor-Formel 3.2.(10)

$$T_h(x)=\frac{1}{h}(u(x+h)-u(x))-u'(x)=h\int_0^1 u''(x+th)(1-t)\,\mathrm{d}t$$

für $x\in I_h'$, $0<h\leq b-a$. Für eine nichtnegative Zahl K_0 mit

$$|\alpha_h-\alpha|\leq K_0 h,\qquad \|u''\|=\max_{x\in I}|u''(x)|$$

folgt dann mit $p=1$ und $K=K_0+\frac{1}{2}\|u''\|$ die Konsistenzbedingung (9),

$$|\alpha_h-\alpha|+\max_{x\in I_h'}|T_h(x)|\leq Kh\quad (h\longrightarrow 0).$$ ■

Jetzt behaupten wir die Konsistenz des verbesserten Polygonzug- oder Euler-Verfahrens 11.1.(11), definiert durch die Funktion

(13) $$f_h(x,y)=f\left(x+\frac{h}{2},y+\frac{h}{2}f(x,y)\right),\quad (x,y)\in I_h'\times\mathbf{K},$$

und des verbesserten Verfahrens von Euler-Cauchy mit der Funktion

(14) $$f_h(x,y)=\tfrac{1}{2}\{f(x,y)+f(x+h,y+h\,f(x,y))\},\qquad (x,y)\in I_h'\times\mathbf{K}.$$

(15) *Die verbesserten Einschrittverfahren* (A_h) *von Euler-Cauchy mit der Funktion* f_h *aus* (13) *bzw.* (14) *sind für* $f\in C(G)$ *und* $\alpha_h\longrightarrow\alpha$ $(h\longrightarrow 0)$ *konsistent mit der Anfangswertaufgabe* (A). *Für* $f\in C^2(G)$ *und eine Folge von Anfangswerten* α_h *mit* $|\alpha_h-\alpha|=O(h^2)$ *besitzen diese Verfahren die Konsistenzordnung* $p=2$.

Beweis. (i) Wir zeigen die Konsistenz des verbesserten Polygonzugverfahrens (A_h) mit der Anfangswertaufgabe (A). Ganz entsprechend beweist man die Konsistenz des verbesserten Euler-Cauchy-Verfahrens. Für den Nachweis der Konsistenzbedingung (8) mit Hilfe der Stetigkeit von f auf G wird zunächst bewiesen, daß mit einer positiven Zahl h_0 für jedes $0<h\le h_0$ und jedes $x\in I_h'$ der zugehörige Punkt

$$(x_1,y_1)=\left(x+\frac{h}{2},u(x)+\frac{h}{2}u'(x)\right)\in G$$

ist. Setzt man nämlich

$$\|u'\|=\max_{x\in I}|u'(x)|,\qquad h_0=\min\left(\frac{\rho}{\|u'\|},b-a\right),$$

dann folgt für $0<h\le h_0$ die Beziehung

$$\begin{aligned}|y_1-u(x_1)|&\le|y_1-u(x)|+|u(x)-u(x_1)|\\&\le\frac{h}{2}|u'(x)|+|x-x_1|\,\|u'\|\le h\|u'\|\le\rho\end{aligned}$$

und $x_1\in I$, so daß (x_1,y_1) in der Umgebung G von u liegt. Auf der beschränkten abgeschlossenen Teilmenge $G\subseteq I\times\mathbf{K}$ ist jetzt die Funktion f gleichmäßig stetig, so daß zu jedem $\varepsilon>0$ ein $\delta>0$ existiert mit der Eigenschaft $|f(x,y)-f(x',y')|<\varepsilon$ für jedes $(x,y),(x',y')\in G$ mit $|x-x'|\le\delta$, $|y-y'|\le\delta$. Damit hat man für jedes h in

$$0<h\le\delta'=\min\left(h_0,\frac{2\delta}{1+\|u'\|}\right),$$

für jedes $x\in I_h'$, $y=u(x)$ und mit den obigen Abkürzungen x_1, y_1 die Beziehungen

$$|x-x_1|<\frac{\delta'}{2}\le\delta,\qquad |y-y_1|\le\frac{\delta'}{2}\|u'\|\le\delta$$

und folglich die Abschätzung

$$|f(x,u(x))-f_h(x,u(x))|=|f(x,y)-f(x_1,y_1)|<\varepsilon,$$

womit die Konsistenzbedingung (8) gezeigt ist.

(ii) Sei jetzt $f\in C^2(G)$ und damit die Lösung u von (A) aus $C^3(I)$. Die Taylor-Formel 3.2.(10) ergibt dann für $x\in I_h'$ die Darstellung

$$u\left(x+\frac{h}{2}\right)=u(x)+\frac{h}{2}u'(x)+\frac{h^2}{4}\int_0^1 u''\left(x+\frac{h}{2}t\right)(1-t)\,\mathrm{d}t$$

und die Abschätzung

$$|u(x_1)-y_1| = \left|u\left(x+\frac{h}{2}\right)-u(x)-\frac{h}{2}u'(x)\right| \leq \frac{h^2}{8}\|u''\|, \qquad a \leq x \leq b-h.$$

Der Abschneidefehler T_h in (3) bzw. (4) besitzt weiter die Darstellung

$$T_h(x) = \frac{1}{h}\int_x^{x+h} u'(t)\mathrm{d}t - f_h(x,u(x)), \qquad x \in I'_h.$$

Das Integral läßt sich mit der Tangententrapezregel approximieren in der Gestalt

$$\left|\frac{1}{h}\int_x^{x+h} u'(t)\mathrm{d}t - u'\left(x+\frac{h}{2}\right)\right| \leq \frac{h^2}{24}\|u'''\|, \qquad a \leq x \leq b-h.$$

Weiter gilt mit den obigen Abkürzungen x_1, y_1 die Abschätzung

$$\left|u'\left(x+\frac{h}{2}\right)-f_h(x,u(x))\right| = |f(x_1,u(x_1))-f(x_1,y_1)|$$

$$\leq L|u(x_1)-y_1| \leq L\frac{h^2}{8}\|u''\|, \qquad 0<h\leq h_0,$$

mit der Lipschitz-Konstanten

$$L = \max_{(x,y)\in G}\left|\frac{\partial f}{\partial y}(x,y)\right|.$$

Folglich hat man die Ungleichung

$$|T_h(x)| \leq \frac{h^2}{24}\|u'''\| + L\frac{h^2}{8}\|u''\| \leq K_1 h^2, \qquad x \in I'_h, \qquad 0<h\leq h_0,$$

womit für $|\alpha_h - \alpha| = O(h^2)$ die Konsistenz von (A_h) mit (A) in der Konsistenzordnung $p=2$ gezeigt ist.

11.2.3. Das Runge-Kutta-Verfahren. Von größter Bedeutung für die Praxis ist das Runge-Kutta-Verfahren, das für eine viermal stetig differenzierbare rechte Seite f der Differentialgleichung von der Ordnung $p=4$ ist. Dieses Verfahren definiert einen erstaunlich einfachen Algorithmus zur Bestimmung von Näherungslösungen mit hoher Genauigkeit. Man erhält das Runge-Kutta-Verfahren aus der Darstellung 11.1.(5) durch Approximation des Integrals von x bis $x+h$ nach der Simpson-Formel, durch Approximation der auftretenden Funktionswerte von u an den Stellen $x+h/2$ und $x+h$ nach Taylor und durch Elimination der Ableitungen von u.

Das Runge-Kutta-Verfahren ist ein Einschrittverfahren

$$u_h(a) = \alpha_h, \quad \frac{1}{h}(u_h(x+h)-u_h(x)) = f_h(x,u_h(x)), \qquad x \in I'_h,$$

mit einer Funktion f_h der Gestalt

(16a) $$f_h(x,y)=\tfrac{1}{6}(k_0+2k_1+2k_2+k_3)(x,y), \qquad (x,y)\in I_h'\times\mathbf{K},$$

und den Hilfsfunktionen

(16b) $$\begin{aligned} k_0(x,y)&=f(x,y),\\ k_1(x,y)&=f\left(x+\frac{h}{2}, y+\frac{h}{2}k_0(x,y)\right),\\ k_2(x,y)&=f\left(x+\frac{h}{2}, y+\frac{h}{2}k_1(x,y)\right),\\ k_3(x,y)&=f(x+h, y+hk_2(x,y)). \end{aligned}$$

Bevor wir die Konsistenz des Runge-Kutta-Verfahrens zeigen, soll die Wirkungsweise dieses Einschrittverfahrens an zwei einfachen Beispielen erläutert werden.

Beispiel 1. Vorgelegt sei die Anfangswertaufgabe $u'=u$, $u(a)=\alpha$, mit der Lösung $u(x)=\alpha e^{x-a}$, $a\le x\le b$. Dann wird $f(x,y)=y$ und

$$\begin{aligned} k_0(x,y)&=y,\\ k_1(x,y)&=y\left(1+\frac{h}{2}\right),\\ k_2(x,y)&=y\left(1+\frac{h}{2}+\frac{h^2}{4}\right),\\ k_3(x,y)&=y\left(1+h+\frac{h^2}{2}+\frac{h^3}{4}\right),\\ f_h(x,y)&=y\left(1+\frac{h}{2!}+\frac{h^2}{3!}+\frac{h^3}{4!}\right),\\ u_h(x+h)&=u_h(x)\left(1+\frac{h}{1!}+\frac{h^2}{2!}+\frac{h^3}{3!}+\frac{h^4}{4!}\right), \qquad x\in I_h'. \end{aligned}$$

Somit hat man hier als Faktor die ersten fünf Terme der Entwicklung von e^h, während die exakte Lösung u der Beziehung $u(x+h)=u(x)e^h$, $a\le x\le b-h$, genügt.

Beispiel 2. Das zweite Beispiel betrifft die Differentialgleichung $u'=F$ mit einer stetigen Funktion F auf $I=[a,b]$. Hier wird $f(x,y)=F(x)$ unabhängig von y, und die Lösung u der Differentialgleichung besteht in der Quadratur von F und ergibt

$$u(x+h)=u(x)+\int_x^{x+h}F(t)\,dt.$$

Das Runge-Kutta-Verfahren liefert

$$k_0(x,y)=F(x), \quad k_1(x,y)=k_2(x,y)=F\left(x+\frac{h}{2}\right), \quad k_3(x,y)=F(x+h)$$

und damit die Näherung

$$u_h(x+h) = u_h(x) + \frac{h}{6}\left(F(x)+4F\left(x+\frac{h}{2}\right)+F(x+h)\right), \qquad x\in I_h'.$$

Dies ist nichts anderes als die Auswertung des obigen Integrals nach der Simpson-Formel mit einem Fehler $O(h^5)$.

Im anschließenden Konsistenzsatz bezeichnet wieder G den Streifen (10) um die Lösung u der Anfangswertaufgabe (A).

(17) *Das klassische Runge-Kutta-Verfahren ist für eine Funktion $f\in C(G)$ und für Anfangswerte $\alpha_h \longrightarrow \alpha\ (h\longrightarrow 0)$ konsistent mit der Anfangswertaufgabe (A). Für eine Funktion $f\in C^4(G)$ und $|\alpha_h-\alpha|=O(h^4)$ hat dieses Verfahren die Konsistenzordnung $p=4$.*

Beweis. (i) Zunächst zeigen wir die Konsistenz des Verfahrens. Die rechte Seite f ist stetig und damit beschränkt auf der beschränkten abgeschlossenen Teilmenge $G\subseteq I\times \mathbf{K}$, so daß eine positive Zahl M existiert mit der Eigenschaft $|f(x,y)|\le M$ für $(x,y)\in G$. Die Funktion f_h und die Hilfsfunktionen k_j haben die Gestalt

$$k_j(x,y)=f(x_j,y_j), \qquad f_h(x,y)=\sum_{j=0}^{3}\gamma_j k_j(x,y)=\sum_{j=0}^{3}\gamma_j f(x_j,y_j)$$

mit den Abkürzungen $(x_j\, y_j)$, $j=0,\ldots,3$, für die Argumente auf der rechten Seite in (16b) und mit $\gamma_0=\gamma_3=1/6$, $\gamma_1=\gamma_2=1/3$. Setzt man speziell $y=u(x)$, $x\in I_h'$, dann liegen für jedes h in $0<h\le h_0=\min(\rho/2M, b-a)$ diese Argumente (x_j,y_j) in G. Es ist nämlich $(x_0,y_0)=(x,u(x))\in G$, und für $j=1,2,3$ erhält man mit $|u'|=|f(x,u)|\le M$ nacheinander

$$\begin{aligned}|y_j-u(x_j)| &\le |y_j-u(x)|+|u(x)-u(x_j)|\\ &\le h\,|f(x_{j-1},y_{j-1})|+|x-x_j|\max_{x\in I}|u'(x)|\le 2hM\le\rho.\end{aligned}$$

Die Funktion f ist gleichmäßig stetig auf G, so daß für jedes $\varepsilon>0$ ein $\delta>0$ existiert mit der Eigenschaft $|f(x,y)-f(x',y')|<\varepsilon$ für jedes (x,y), $(x',y')\in G$ und $|x-x'|\le\delta$, $|y-y'|\le\delta$. Setzt man nun $\delta'=\min(\delta/(1+M), h_0)$, dann erhält man für jedes h in $0<h\le\delta'$ die Ungleichungen

$$|x_j-x|\le h\le\delta, \qquad |y_j-y|\le h|f(x_{j-1},y_{j-1})|\le hM\le\delta, \qquad j=1,2,3.$$

Folglich besteht für jedes h in $0<h\le\delta'$ und jedes $x_0=x\in I_h'$ mit $y_0=y=u(x)$ die Beziehung

$$\begin{aligned}|f_h(x,u(x))-f(x,u(x))| &\le \sum_{j=0}^{3}\gamma_j|k_j(x,y)-f(x,y)|\\ &=\sum_{j=0}^{3}\gamma_j|f(x_j,y_j)-f(x,y)|<\varepsilon\sum_{j=0}^{3}\gamma_j=\varepsilon,\end{aligned}$$

womit nach Satz (7) die Konsistenz des Verfahrens gezeigt ist.

(ii) Das Runge-Kutta-Verfahren hat für $f \in C^4(G)$ die Konsistenzordnung $p=4$, was wir im Anschluß an Zurmühl VI-§ 3.2 zeigen. In diesem Falle ist die Lösung u von (A) aus $C^5(I)$. Der Abschneidefehler T_h in (3) bzw. (4) besitzt die Darstellung

$$T_h(x) = \frac{1}{h} \int\limits_x^{x+h} u'(t)\mathrm{d}t - f_h(x,u(x)), \qquad x \in I'_h.$$

Das Integral läßt sich hier nach der Simpson-Regel approximieren in der Form

$$\frac{1}{h} \int\limits_x^{x+h} u'(t)\mathrm{d}t = \frac{1}{6}(u'_0 + 4u'_1 + u'_3) + \mathrm{O}(h^4)$$

gleichmäßig für x in $a \le x \le b-h$ mit den obigen Bezeichnungen für x_j, y_j und mit $u_j = u(x_j)$, $u'_j = u'(x_j)$ usw. für $j=0, \dots, 3$. Anschließend in Teil (iii) beweisen wir noch die Beziehung

$$f_h(x,u(x)) = \sum_{j=0}^{3} \gamma_j f(x_j, y_j) = \tfrac{1}{6}(u'_0 + 4u'_1 + u'_3) + \mathrm{O}(h^4),$$

so daß der Abschneidefehler $T_h(x) = \mathrm{O}(h^4)$ wird gleichmäßig für $x \in I'_h$ und jedes h in $0 < h \le h_0$. Somit ist für Anfangswerte $|\alpha_h - \alpha| = \mathrm{O}(h^4)$ die behauptete Konsistenzordnung $p=4$ gezeigt.

(iii) Zunächst hat man

$$k_0(x,u(x)) = f(x_0, y_0) = u'_0.$$

Durch Taylor-Entwicklung von u, u' an der Stelle $x_1 = x_2 = x + h/2$ erhält man

$$\begin{aligned}
u_0 = u(x) &= u_1 - \frac{h}{2}u'_1 + \frac{h^2}{8}u''_1 - \frac{h^3}{48}u'''_1 + \mathrm{O}(h^4),\\
u'_0 = u'(x) &= u'_1 - \frac{h}{2}u''_1 + \frac{h^2}{8}u'''_1 + \mathrm{O}(h^3),\\
y_1 = u_0 + \frac{h}{2}u'_0 &= u_1 - \frac{h^2}{8}u''_1 + \frac{h^3}{24}u'''_1 + \mathrm{O}(h^4).
\end{aligned}$$

Durch Taylor-Entwicklung von f nach dem zweiten Argument und mit der Beziehung $y_1 = u_1 + \mathrm{O}(h^2)$ folgt die Darstellung

$$\begin{aligned}
k_1(x,u(x)) &= f(x_1, y_1) = f(x_1, u_1) + (y_1 - u_1) f_y(x_1, u_1) + \mathrm{O}(h^4)\\
&= u'_1 - \left(\frac{h^2}{8}u''_1 - \frac{h^3}{24}u'''_1\right) f_y(x_1, u_1) + \mathrm{O}(h^4), \qquad 0 < h \le h_0.
\end{aligned}$$

Hier haben wir herangezogen, daß (x_1, y_1) und die Verbindungsstrecke der Punkte (x_1, y_1), (x_1, u_1) in G liegt für $0<h\leq h_0$. Weiter wird mit diesen Entwicklungen

$$y_2 = u_0 + \frac{h}{2} f(x_1, y_1) = u_1 + \frac{h^2}{8} u_1'' - \frac{h^3}{48} u_1''' - \frac{h^3}{16} u_1'' f_y(x_1, u_1) + O(h^4).$$

Durch Taylor-Entwicklung von f nach dem zweiten Argument, mit $x_2 = x_1$, $y_2 = u_1 + O(h^2)$ erhält man dann

$$\begin{aligned} k_2(x, u(x)) &= f(x_2, y_2) = f(x_1, u_1) + (y_2 - u_1) f_y(x_1, u_1) + O(h^4) \\ &= u_1' + \left(\frac{h^2}{8} u_1'' - \frac{h^3}{48} u_1''' - \frac{h^3}{16} u_1'' f_y(x_1, u_1)\right) f_y(x_1, u_1) + O(h^4) \end{aligned}$$

für $0<h\leq h_0$. Taylor-Entwicklung von u an der Stelle $x_1 = x_2$ liefert

$$u_3 = u(x+h) = u_1 + \frac{h}{2} u_1' + \frac{h^2}{8} u_1'' + \frac{h^3}{48} u_1''' + O(h^4).$$

Mit Hilfe der obigen Entwicklung von u_0 wird so

$$\begin{aligned} y_3 &= u_0 + h f(x_2, y_2) = u_0 + h u_1' + \frac{h^3}{8} u_1'' f_y(x_1, u_1) + O(h^4) \\ &= u_3 - \frac{h^3}{24} u_1''' + \frac{h^3}{8} u_1'' f_y(x_1, u_1) + O(h^4). \end{aligned}$$

Schließlich hat man für $0<h\leq h_0$ durch Entwicklung von f nach dem zweiten Argument

$$\begin{aligned} k_3(x, u(x)) &= f(x_3, y_3) = f(x_3, u_3) + (y_3 - u_3) f_y(x_3, u_3) + O(h^4) \\ &= u_3' - \left(\frac{h^3}{24} u_1''' - \frac{h^3}{8} u_1'' f_y(x_1, u_1)\right) f_y(x_1, u_1) + O(h^4). \end{aligned}$$

Hier haben wir die Beziehung $f_y(x_3, u_3) = f_y(x_1, u_1) + O(h)$ herangezogen, die man aus der Taylor-Formel erhält. Dabei wird von der Tatsache Gebrauch bemacht, daß unter der Voraussetzung $0<h\leq h_0$ mit $h_0 \leq \rho/2M$ mit den Punkten $(x_1, u_1), (x_3, u_3) \in G$ auch die Verbindungsstrecke dieser beiden Punkte ganz in G liegt, wie man leicht nachrechnet. Addiert man endlich die obigen Entwicklungen von $k_j(x, u(x))$ mit den Gewichten γ_j, so erhält man das Resultat

$$f_h(x, u(x)) = \sum_{j=0}^{3} \gamma_j k_j(x, u(x)) = \tfrac{1}{6}(u_0' + 4u_1' + u_3') + O(h^4),$$

gleichmäßig für $x \in I_h'$ und jedes h in $0<h\leq h_0$. ■

Zum Abschluß bemerken wir noch, daß die Verfahren von Euler-Cauchy und das klassische Runge-Kutta-Verfahren als Spezialfall sehr viel allgemeinerer Verfahren aufgefaßt werden können. Zur Aufstellung der zugehörigen Integrationsformeln bestimmt man mit Hilfe von Taylor-Entwicklungen Koeffizienten $\beta_j, \beta_{jl}, \gamma_0, \gamma_j$ für $l=0, \dots, j$, $j=1, \dots, \nu$, so daß das Einschrittverfahren

$$\begin{aligned} &k_0(x,y)=f(x,y),\\ &k_1(x,y)=f(x+h\beta_1, y+h\beta_{10}k_0(x,y)),\\ &\quad\vdots\\ &k_\nu(x,y)=f(x+h\beta_\nu, y+h[\beta_{\nu 0}k_0+\dots+\beta_{\nu\,\nu-1}k_{\nu-1}](x,y)),\\ &\frac{1}{h}(u_h(x+h)-u_h(x))=(\gamma_0 k_0+\gamma_1 k_1+\dots+\gamma_\nu k_\nu)(x,u_h(x)), \qquad x\in I'_h, \end{aligned}$$

eine möglichst große Ordnung des Abschneidefehlers besitzt. Das verbesserte Polygonzugverfahren erhält man z.B. mit

$$\nu=1, \quad \beta_1=\beta_{10}=\tfrac{1}{2}, \quad \gamma_0=0, \quad \gamma_1=1.$$

Verfahren der Ordnung vier bekommt man mit vierstufigen Formeln, d.h. für $\nu=3$. Die Bestimmungsgleichungen für die Zahlen $\beta_j, \beta_{jl}, \gamma_j$ sind dabei nicht eindeutig auflösbar. Drei von den verschiedenen Lösungsmöglichkeiten sind unter den Namen „Klassische Runge-Kutta-Formeln“, „3/8-Regel“ und „Gills Formel“ bekannt (s. Babuška-Práger-Vitásek), von denen wir hier nur die erstgenannte betrachtet haben. Es sei noch erwähnt, daß sich durch eine fünfstufige Formel vom Runge-Kutta-Typ nicht die Ordnung fünf des Abschneidefehlers erreichen läßt, was zu einer Verschlechterung des Verhältnisses der Ordnung zu der Zahl der erforderlichen Berechnungen von f zu verschiedenen Abszissen führt. Um Verfahren siebenter Ordnung aufzustellen, muß man schon $\nu=8$ nehmen. Allerdings kann man durch geschickte Wahl der Zahlen $\beta_j, \beta_{jl}, \gamma_j$ erreichen, daß der Abschneidefehler möglichst klein wird.

11.2.4. Die Methode der Taylor-Entwicklung. Mit der Methode der Taylor-Entwicklung erhält man für m-mal stetig differenzierbare rechte Seiten f der Differentialgleichung Näherungsverfahren m-ter Ordnung. Für die Anwendung dieses Verfahrens ist jedoch zu bedenken, daß es im allgemeinen nicht leicht oder praktisch gar nicht möglich sein wird, analytische Ausdrücke für die totalen Ableitungen $D^k f$ in 11.2.(11) zu erhalten, und daß diese Ausdrücke auch bei einfachen Funktionen f von sehr komplexer Gestalt sein können.

Die rechte Seite f der Differentialgleichung der Anfangswertaufgabe (A) sei also aus $C^m(G)$ im Streifen G um die Lösung u von (A) (s. 11.2.(10)). Dann ist die Lösung u aus $C^{m+1}(I)$ und gestattet mit Hilfe der Taylor-Formel 3.2.(10) die Darstellung

$$\begin{aligned} u(x+h)&=u(x)+hu'(x)+\dots+\frac{h^m}{m!}u^{(m)}(x)+R_m(x;h)\\ &=u(x)+h\left(f+\dots+\frac{h^{m-1}}{m!}D^{m-1}f\right)(x,u(x))+R_m(x;h),\\ &\qquad\qquad a\le x\le b-h. \end{aligned}$$

Hier haben wir die Differentialquotienten von u mit Hilfe der Differentialgleichung $u' = f(x,u)$ durch f und die partiellen Ableitungen von f nach der Formel 11.2.(11) ausgedrückt. Auf diese Weise erhält man als Einschrittverfahren die Methode der Taylor-Entwicklung

$$\tag{18} \begin{gathered} \frac{1}{h}(u_h(x+h)-u_h(x)) = f(x,u_h(x)) + \cdots + \frac{h^{m-1}}{m!}(D^{m-1}f)(x,u_h(x)), \qquad x \in I'_h, \\ u_h(a) = \alpha_h . \end{gathered}$$

Die Funktion f_h ist damit gegeben durch die Vorschrift

$$f_h(x,y) = f(x,y) + \frac{h}{2!}(\mathrm{D} f)(x,y) + \cdots + \frac{h^{m-1}}{m!}(\mathrm{D}^{m-1} f)(x,y)$$

für $(x,y) \in (I'_h \times \mathbf{K}) \cap G$.

(19) *Die Methode der Taylor-Entwicklung* (A_h) *ist für* $f \in C^m(G)$ *mit* $m \geq 1$ *und Anfangswerten* $|\alpha_h - \alpha| = \mathrm{O}(h^m)$ *konsistent mit der Anfangswertaufgabe* (A) *in der Konsistenzordnung* $p = m$.

Beweis. Mit Hilfe der Integraldarstellung des Restgliedes R_m für die Taylor-Formel 3.2.(10) hat der Abschneidefehler mit der Lösung u von (A) die Darstellung

$$\begin{aligned} T_h(x) &= \frac{1}{h}(u(x+h)-u(x)) - f_h(x,u(x)) \\ &= \frac{1}{h} R_m(x;h) = \frac{h^m}{m!}\int_0^1 u^{(m+1)}(x+th)(1-t)^m \mathrm{d}t . \end{aligned}$$

Also gilt die Abschätzung

$$\max_{x \in I'_h} |T_h(x)| \leq \frac{h^m}{(m+1)!} \max_{x \in I} |u^{(m+1)}(x)|, \qquad 0 < h \leq b-a .$$

Zusammen mit der Beziehung $|\alpha_h - \alpha| = \mathrm{O}(h^m)$ folgt dann die Konsistenzbedingung 11.2.(9) für $p = m$.

Beispiel. Ein einfaches Beispiel liefert wieder die Anfangswertaufgabe

$$u(a) = \alpha, \qquad u'(x) = u(x), \qquad x \in I,$$

mit der Lösung $u(x) = \alpha e^{x-a}$. Hier ist $f(x,y) = y$, und es wird

$$\mathrm{D} f = f, \qquad \mathrm{D}^2 f = \mathrm{D} f = f, \ \ldots, \mathrm{D}^j f = f, \qquad j = 1, \ldots, m.$$

Das Einschrittverfahren (18) ergibt also mit $\alpha_h = \alpha$

$$u_h(a) = \alpha, \qquad u_h(x+h) = u_h(x)\left(1 + \frac{h}{1!} + \cdots + \frac{h^m}{m!}\right), \qquad x \in I'_h.$$

Dies sind gerade die ersten $m+1$ Glieder der Taylor-Entwicklung von $u(x+h) = u(x)\, e^h$.

Zum Abschluß machen wir noch die Bemerkung, daß für beliebig oft differenzierbare rechte Seiten f mit der Methode der Taylor-Entwicklung Näherungsverfahren beliebig hoher Ordnung zur Verfügung stehen. Für gewisse Klassen von Funktionen f gibt es geeignete Rekursionsformeln zur Berechnung der höheren Ableitungen. Auf diesem Wege sind in den letzten Jahren von Fehlberg und anderen wirkungsvolle Einschrittverfahren beliebig hoher Ordnung angegeben worden, die eine Kombination der Methode der Taylor-Entwicklung mit einem anschließenden Verfahren von Runge-Kutta darstellen.

11.3. Konvergenz

Jetzt zeigen wir die Konvergenz von Einschrittverfahren (A_h) gegen die Anfangswertaufgabe (A), also die Konvergenz der Folge von Lösungen u_h von (A_h) gegen die Lösung u von (A). Die Konsistenz von (A_h) mit (A) allein ist dafür allerdings nicht hinreichend. Analog zur Voraussetzung beim Existenzsatz von Picard-Lindelöf für die Lösung der Anfangswertaufgabe (A) setzen wir daher noch eine Lipschitz-Bedingung für das Einschrittverfahren (A_h) voraus. Im Anschluß an den allgemeinen Konvergenzsatz zeigen wir dann in diesem Abschnitt die Konvergenz der Verfahren von Euler-Cauchy und Runge-Kutta sowie der Methode der Taylor-Entwicklung.

11.3.1. Der allgemeine Konvergenzsatz. Für eine geeignete Nullfolge von Schrittweiten h ist das Näherungsverfahren (A_h) definiert durch die Gleichungen

$$(1)\qquad u_h(a)=\alpha_h,\quad \frac{1}{h}(u_h(x+h)-u_h(x))=f_h(x,u_h(x)),\qquad x\in I'_h.$$

Wir setzen voraus, daß dieses Verfahren mit der Anfangswertaufgabe (A) konsistent ist, also mit der Aufgabe

$$(2)\qquad u(a)=\alpha,\quad u'(x)=f(x,u(x)),\qquad x\in I.$$

Die Lösung u dieser Anfangswertaufgabe genügt mit Hilfe des Abschneidefehlers T_h der (1) entsprechenden Gleichung 11.2.(4), nämlich

$$(3)\qquad u(a)=\alpha,\quad \frac{1}{h}(u(x+h)-u(x))=f_h(x,u(x))+T_h(x),\qquad x\in I'_h.$$

Für den Konvergenzbeweis des Einschrittverfahrens betrachtet man den Fehler $r_h(x)=u_h(x)-u(x)$, $x\in I_h$. Mit Hilfe von Gleichung (1) und (3) genügt dieser Fehler dem Gleichungssystem

$$(4)\qquad \begin{aligned}\frac{1}{h}(r_h(x+h)-r_h(x))&=f_h(x,u_h(x))-f_h(x,u(x))-T_h(x),\qquad x\in I'_h,\\ r_h(a)&=\alpha_h-\alpha.\end{aligned}$$

Der Fehler r_h läßt sich nun mit Hilfe dieser Gleichungen bequem abschätzen, wenn die Funktionen f_h noch einer Lipschitz-Bedingung bezüglich des zweiten Arguments genügen. Dementsprechend wollen wir das Einschrittverfahren (A_h) Lipschitz-stetig in einer Umgebung der Lösung u von (A) nennen, wenn es eine Lipschitz-Konstante $L \geq 0$, eine positive Zahl h_1 und eine Umgebung G_1 von u gibt, so daß die Lipschitz-Bedingung gilt

$$(L) \qquad |f_h(x,y)-f_h(x,y')| \leq L|y-y'|, \qquad (x,y),(x,y') \in G_1 \cap (I_h' \times \mathbf{K}),$$

gleichmäßig für jedes $0<h\leq h_1$ mit

$$G_1 = \{(x,y) \in I \times \mathbf{K} \mid |y-u(x)| < \rho_1, a \leq x \leq b\}.$$

Für Einschrittverfahren mit dieser Eigenschaft gilt ein allgemeiner Konvergenzsatz für die Näherungslösungen u_h und ihre Differenzenquotienten. Zur Abkürzung wollen wir dabei den vorwärtsgenommenen Differenzenquotienten einer Funktion v schreiben in der Form

$$\mathrm{D}_h v(x) = \frac{1}{h}(v(x+h)-v(x))$$

für $a \leq x \leq b-h$ oder $x \in I_h'$, $0<h\leq b-a$.

(5) *Das Einschrittverfahren (A_h) sei Lipschitz-stetig in einer Umgebung der Lösung u der Anfangswertaufgabe (A). Dann ist die Konsistenz von (A_h) mit (A) notwendig und hinreichend für die Konvergenz der Folge von Lösungen u_h von (A_h) gegen die Lösung u von (A) und ihrer Differenzenquotienten $\mathrm{D}_h u_h$ gegen die Ableitung u' gemäß*

$$(6) \qquad \max_{x \in I_h} |u_h(x)-u(x)| \longrightarrow 0, \quad \max_{x \in I_h'} |\mathrm{D}_h u_h(x)-u'(x)| \longrightarrow 0 \quad (h \longrightarrow 0).$$

Für konsistente Verfahren existiert eine positive Zahl h_0, so daß der Fehler $u_h - u$ der a-priori-Ungleichung genügt

$$(7) \qquad |u_h(x)-u(x)| \leq \{|\alpha_h - \alpha| + (x-a)\max_{x' \in I_h'} |T_h(x')|\} \mathrm{e}^{L(x-a)}, \quad x \in I_h,$$

für jedes $0<h\leq h_0$. Wenn das Einschrittverfahren (A_h) eine Konsistenzordnung $p>0$ im Sinne von 11.2.(9) besitzt, dann gilt darüber hinaus die a-priori-Fehlerabschätzung

$$(8) \qquad |u_h(x)-u(x)| \leq K h^p (1+(x-a)) \mathrm{e}^{L(x-a)}, \quad x \in I_h, \quad 0<h\leq h_0.$$

Beweis. (i) Wenn die obige Konvergenzbedingung (6) gilt, dann ist das Verfahren (A_h) konsistent mit (A). Die Anfangswerte konvergieren nämlich auf Grund der Abschätzung

$$|\alpha_h - \alpha| = |u_h(a)-u(a)| \leq \max_{x \in I_h} |u_h(x)-u(x)| \longrightarrow 0 \quad (h \longrightarrow 0).$$

Aus Gleichung (1) und (3) erhält man für den Abschneidefehler die Darstellung

$$T_h(x) = f_h(x,u_h(x)) - f_h(x,u(x)) + \mathrm{D}_h u(x) - \mathrm{D}_h u_h(x), \quad x \in I_h'.$$

Die Lösung u ist aus $C^1(I)$, so daß die Differenzenquotienten $\mathrm{D}_h u$ gleichmäßig gegen u' konvergieren mit der Abschätzung

$$\max_{x \in I_h'} |\mathrm{D}_h u(x)-u'(x)| \leq \max_{\substack{a \leq x \leq b-h \\ 0 \leq t \leq h}} |u'(x+t)-u'(x)| \longrightarrow 0 \quad (h \longrightarrow 0).$$

Für hinreichend kleines h liegen die Lösungen u_h in der Umgebung G_1 der Lösung u, so daß die Lipschitz-Bedingung (L) anwendbar ist mit dem Ergebnis

$$|T_h(x)| \leq L \max_{x \in I_h} |u_h(x) - u(x)| + \max_{x \in I_h'} |\mathrm{D}_h u_h(x) - u'(x)|$$
$$+ \max_{x \in I_h'} |\mathrm{D}_h u(x) - u'(x)| \longrightarrow 0$$

gleichmäßig für $x \in I_h'$ und $h \longrightarrow 0$, womit die Konsistenz von (A_h) mit (A) bewiesen ist.
(ii) Das Verfahren (A_h) sei jetzt konsistent mit der Anfangswertaufgabe (A). In diesem Falle existiert mit

$$C = (1 + b - a) \mathrm{e}^{L(b-a)}$$

eine positive Zahl $h_0 \leq \min(h_1, b-a)$ mit der Eigenschaft

$$|\alpha_h - \alpha| + \max_{x \in I_h'} |T_h(x)| \leq \frac{\rho_1}{C}, \qquad 0 < h \leq h_0.$$

Der Beweis wird durch Induktion geführt. Für $x = a$ ist die behauptete Ungleichung (7) trivialerweise richtig. Wenn diese Ungleichung bereits bewiesen ist für alle Gitterpunkte in I_h von a bis zu einer Stelle $x \in I_h'$, dann liegt der Punkt $(x, y) = (x, u_h(x))$ in der Umgebung G_1 der Lösung u von (A). Mit der Ungleichung (7) an dieser Stelle ist nämlich

$$|u_h(x) - u(x)| = |r_h(x)| \leq C\{|\alpha_h - \alpha| + \max_{x \in I_h'} |T_h(x)|\} \leq \rho_1$$

für $0 < h \leq h_0$. Folglich wird mit $y = u_h(x)$, $y' = u(x)$ die Lipschitz-Bedingung (L) für diese Argumente (x, y), (x, y') anwendbar, und das Gleichungssystem (4) gestattet für den Fehler $r_h = u_h - u$ an der Stelle $x' = x + h$ die Abschätzung

$$|r_h(x')| \leq |r_h(x)| + h|f_h(x, u_h(x)) - f_h(x, u(x))| + h|T_h(x)|$$
$$\leq (1 + hL)|r_h(x)| + h|T_h(x)|.$$

Nach Induktionsvoraussetzung genügt r_h an der Stelle x der Ungleichung (7). Weiter ist $1 + hL \leq \exp(hL)$ und $h \leq h \exp(L(x' - a))$, so daß die Abschätzung folgt

$$|r_h(x')| \leq \{|r_h(a)| + (x' - a) \max_{x \in I_h'} |T_h(x)|\} \mathrm{e}^{L(x'-a)}, \qquad 0 < h \leq h_0.$$

Hiermit ist die a-priori-Ungleichung (7) bewiesen, die weiter die Abschätzung gestattet

$$|r_h(x)| \leq \{|\alpha_h - \alpha| + \max_{x' \in I_h'} |T_h(x')|\} (1 + x - a) \mathrm{e}^{L(x-a)}, \qquad x \in I_h,$$

für $0 < h \leq h_0$. Wenn das Einschrittverfahren (A_h) mit der Anfangswertaufgabe (A) konsistent ist, dann strebt nach Definition 11.2.(6) die rechte Seite gegen Null für $h \longrightarrow 0$ und somit auch

$$\max_{x \in I_h} |u_h(x) - u(x)| = \max_{x \in I_h} |r_h(x)| \leq C\{|\alpha_h - \alpha| + \max_{x \in I_h'} |T_h(x)|\} \longrightarrow 0$$

für $h \longrightarrow 0$. Weiter hat man mit der Darstellung für den Abschneidefehler T_h in (i), mit der Konvergenz von $D_h u$ gegen u' und der Lipschitz-Bedingung (L) die Beziehung

$$\max_{x \in I_h'} |D_h u_h(x) - u'(x)| \leq \max_{x \in I_h'} |D_h u(x) - u'(x)| + \\ + L \max_{x \in I_h} |u_h(x) - u(x)| + \max_{x \in I_h'} |T_h(x)| \longrightarrow 0 \quad (h \longrightarrow 0)$$

Schließlich ergibt die a-priori-Ungleichung (7) mit der Konsistenzbedingung 11.2.(9) unmittelbar die behauptete Ungleichung (8). ∎

Zu diesem Konvergenzsatz soll noch eine Bemerkung gemacht werden. Die Ungleichung (8) zeigt, daß die Näherungslösungen u_h für $h \longrightarrow 0$ um so schneller gegen die Lösung u von (A) konvergieren, je größer die Konsistenzordnung p des Einschrittverfahrens (A_h) ist. Weiter bedeutet diese Ungleichung, daß die Konvergenzordnung gleich der Konsistenzordnung des Verfahrens wird.

11.3.2. Konvergenz spezieller Verfahren. Der allgemeine Konvergenzsatz ergibt die Konvergenz der speziellen, in Abschnitt 11.2 betrachteten Einschrittverfahren (A_h), deren Konsistenz mit der Anfangswertaufgabe (A) wir dort bereits gezeigt haben. Für die Lipschitz-Stetigkeit dieser speziellen Einschrittverfahren braucht man nur die Lipschitz-Stetigkeit der rechten Seite f der Differentialgleichung vorauszusetzen. Im Anschluß an die zugehörigen Konsistenzsätze in Abschnitt 11.2 bezeichnen wir dabei wieder mit G den in 11.2.(10) definierten Streifen um die Lösung u von (A).

(9) *Die rechte Seite f in der Differentialgleichung der Anfangswertaufgabe sei aus $C(G)$ und genüge einer Lipschitz-Bedingung der Gestalt*

$$|f(x,y) - f(x,y')| \leq L_0 |y - y'|, \qquad (x,y), (x,y') \in G.$$

Dann wird das Polygonzugverfahren $(p=1)$, das verbesserte Polygonzugverfahren $(p=2)$, das verbesserte Euler-Cauchy-Verfahren $(p=2)$, das Verfahren von Runge-Kutta $(p=4)$ und die Methode der Taylor-Entwicklung $(p=m)$ Lipschitz-stetig in einer Umgebung der Lösung u von (A). Damit konvergieren diese Einschrittverfahren (A_h) für $\alpha_h \longrightarrow \alpha$ $(h \longrightarrow 0)$ gegen die Anfangswertaufgabe (A) mit der a-priori-Fehlerabschätzung (7). *Mit der Konsistenzordnung p des Verfahrens (A_h), für eine rechte Seite $f \in C^p(G)$ und für Anfangswerte $|\alpha_h - \alpha| = O(h^p)$ konvergieren diese Verfahren mit der Fehlerabschätzung* (8).

Beweis. (i) Die genannten Näherungsverfahren sind konsistent mit der Anfangswertaufgabe (A) auf Grund der Sätze (12), (15), (17), (19) in Abschnitt 11.2. Anschließend zeigen wir die Lipschitz-Stetigkeit dieser Verfahren in einer Umgebung der Lösung u von (A), so daß die behauptete Konvergenz mit den zugehörigen Fehlerabschätzungen aus dem allgemeinen Konvergenzsatz (5) folgt.

(ii) Für das einfache Polygonzugverfahren ist $f_h(x,y) = f(x,y)$, $(x,y) \in I_h' \times \mathbf{K}$, und daher die Bedingung (L) mit $\rho = \rho_1$, $L = L_0$ erfüllt. Für das verbesserte Polygonzugverfahren hat man

$$f_h(x,y) = f(x_1, y_1), \qquad x_1 = x + \frac{h}{2}, \qquad y_1 = y + \frac{h}{2} f(x,y), \qquad (x,y) \in I_h' \times \mathbf{K}.$$

Die Funktion f ist durch M beschränkt auf G. Mit einer positiven Zahl $\rho_1<\rho$ ist dann für jedes $x\in I_h'$ und jedes y in $|y-u(x)|\leq\rho_1$ stets $(x,y)\in G$ sowie

$$|y_1-u(x_1)|\leq|y_1-y|+|y-u(x)|+|u(x)-u(x_1)|$$
$$\leq\frac{h}{2}M+\rho_1+\frac{h}{2}M=\rho_1+hM\leq\rho,$$

so daß (x_1,y_1) in G liegt für jedes h in $0<h\leq h_1=\min((\rho-\rho_1)/M,b-a)$. Für je zwei Punkte (x,y), (x,y') mit diesen Eigenschaften ist die Lipschitz-Bedingung für f auf G anwendbar in der Gestalt

$$|f_h(x,y)-f_h(x,y')|=|f(x_1,y_1)-f(x_1,y_1')|\leq L_0|y_1-y_1'|$$
$$\leq L_0(|y-y'|+\frac{h}{2}L_0|y-y'|)\leq L|y-y'|,\qquad 0<h\leq h_1,$$

mit der Lipschitz-Konstanten

$$L=L_0+\frac{h_1}{2}L_0^2.$$

Ähnlich schließt man für das verbesserte Euler-Cauchy-Verfahren, was wir nicht ausführen wollen.

(iii) Beim Runge-Kutta-Verfahren hat man wie im Beweis von Satz 11.2.(17) die Darstellung

$$f_h(x,y)=\sum_{j=0}^{3}\gamma_j k_j(x,y)=\sum_{j=0}^{3}\gamma_j f(x_j,y_j).$$

Für eine positive Zahl $\rho_1<\rho$ ist dann für jedes $x\in I_h'$ und jedes y in $|y-u(x)|\leq\rho_1$ stets $(x,y)=(x_0,y_0)\in G$ und für $j=1,2,3$ nacheinander

$$|y_j-u(x_j)|\leq|y_j-y|+|y-u(x)|+|u(x)-u(x_j)|$$
$$\leq hM+\rho_1+hM=\rho_1+2hM\leq\rho,$$

so daß (x_j,y_j) in G liegt für jedes h in $0<h\leq h_1=\min((\rho-\rho_1)/2M,b-a)$. Mit der Lipschitz-Bedingung für f in G erhält man dann

$$|f(x_0,y_0)-f(x_0,y_0')|\leq L_0|y-y'|,$$
$$|f(x_1,y_1)-f(x_1,y_1')|\leq L_0\left(|y-y'|+\frac{h}{2}|f(x_0,y_0)-f(x_0,y_0')|\right),$$
$$|f(x_2,y_2)-f(x_2,y_2')|\leq L_0\left(|y-y'|+\frac{h}{2}|f(x_1,y_1)-f(x_1,y_1')|\right),$$
$$|f(x_3,y_3)-f(x_3,y_3')|\leq L_0(|y-y'|+h|f(x_2,y_2)-f(x_2,y_2')|).$$

Durch sukzessives Einsetzen und mit der obigen Darstellung für f_h folgt so die Lipschitz-Bedingung

$$|f_h(x,y)-f_h(x,y')|\leq\sum_{j=0}^{3}\gamma_j|f(x_j,y_j)-f(x_j,y_j')|\leq L|y-y'|$$

für $0<h\leq h_1$ mit der Lipschitz-Konstanten

$$L=L_0\left(1+\frac{h_1 L_0}{2!}+\frac{(h_1 L_0)^2}{3!}+\frac{(h_1 L_0)^3}{4!}\right)\leq L_0 e^{h_1 L_0}.$$

(iv) Für die Methode der Taylor-Entwicklung mit einer rechten Seite $f\in C^m(G)$ der Differentialgleichung wird

$$f_h(x,y)=\left(f+\frac{h}{2!}Df+\cdots+\frac{h^{m-1}}{m!}D^{m-1}f\right)(x,y), \qquad (x,y)\in G.$$

Eine einfache Anwendung der Taylor-Formel bezüglich des zweiten Arguments y ergibt hier mit $\rho_1=\rho$ für $(x,y),(x,y')\in G$, $x\in I'_h$, die Ungleichung

$$|f_h(x,y)-f_h(x,y')|\leq L|y-y'|, \qquad 0<h\leq h_1\leq b-a,$$

mit der Lipschitz-Konstanten

$$L=M_1+\frac{h_1}{2!}M_2+\cdots+\frac{h_1^{m-1}}{m!}M_m, \qquad M_j=\max_{(x,y)\in G}\left|\frac{\partial D^{j-1}f}{\partial y}(x,y)\right|,$$

$$j=1,\ldots,m. \quad \blacksquare$$

Die Konvergenzordnung des klassischen Runge-Kutta-Verfahrens ist $p=4$. Dies bedeutet, daß bei einer Rechnung mit halber Schrittweite eine Verkleinerung des globalen Fehlers um $(1/2)^4=1/16$ zu erwarten ist. An diesen Sachverhalt schließt sich die folgende Bemerkung zur Verbesserung zweier mit verschiedener Schrittweite berechneten Näherungen an, die unter dem Namen Richardsonsches Prinzip der Extrapolation auf die „Schrittweite $h=0$“ bekannt ist. Wir nehmen an, daß ein Verfahren (A_h) der Ordnung $p>0$ gegeben ist, und daß sich die Lösungen u_h von (A_h) mit einer von h unabhängigen Funktion $\rho: I\longrightarrow \mathbf{R}$ in der Form

$$u_h(x)=u(x)+h^p\rho(x)+O(h^{p+1}), \qquad x\in I_h,$$

darstellen lassen. Eine derartige asymptotische Formel läßt sich in vielen Fällen beweisen. Sind dann für ein $x\in I$ zwei Näherungen mit den Schrittweiten h und qh, $0<q<1$, berechnet worden, so gilt auch

$$u_{qh}(x)=u(x)+(qh)^p\rho(x)+O(h^{p+1}).$$

Damit erhält man aus diesen Gleichungen

$$u(x)=\frac{u_{qh}(x)-q^p u_h(x)}{1-q^p}+O(h^{p+1}),$$

womit die Konvergenzordnung auf $p+1$ erhöht worden ist.

11.4. Stabilität

Bei der numerischen Berechnung von Näherungslösungen treten unvermeidlich Rundungsfehler auf. Damit stellt sich die Frage, welchen Einfluß diese Fehler in der Anfangsbedingung und in der Auswertung der rechten Seite der Näherungsgleichungen auf die Näherungslösungen haben. Insbesondere ist man in der Praxis auf Verfahren angewiesen, die für hinreichend kleine Fehler in der Anfangsbedingung und in der sukzessiven Berechnung der Näherungslösung an Gitterpunkten auch nur kleine Abweichungen der berechneten Näherungslösungen von der gesuchten exakten Lösung des Näherungsverfahrens haben können, und zwar gleichmäßig in der Schrittweite h. Dieser Sachverhalt wird anschließend mit dem Begriff der Stabilität des Näherungsverfahrens präzisiert, der die stetige Abhängigkeit der Näherungslösungen eines Einschrittverfahrens (A_h) von den Anfangsbedingungen und der rechten Seite der Näherungsgleichungen garantiert, gleichmäßig in der Schrittweite h. Der folgende allgemeine Stabilitätssatz zeigt die Stabilität für jedes Lipschitz-stetige, konsistente und damit konvergente Einschrittverfahren (A_h) und gibt eine zugehörige Fehlerabschätzung.

11.4.1. Allgemeiner Stabilitätssatz. Ein Einschrittverfahren der hier betrachteten Gestalt

(1) $$u_h(a)=\alpha_h, \quad \frac{1}{h}(u_h(x+h)-u_h(x))=f_h(x,u_h(x)), \quad x\in I'_h,$$

nennt man stabil oder ausführlicher stabil bezüglich der Anfangsbedingung und der rechten Seite der Näherungsgleichungen, wenn die Folge der Lösungen u_h und die Folge der zugehörigen Differenzenquotienten $\mathrm{D}_h u_h$ gleichmäßig in der Schrittweite h stetig von den Anfangswerten α_h und der rechten Seite f_h abhängt. Genauer heißt also das Einschrittverfahren (A_h) stabil, wenn eine Zahl $h_0>0$ und zu jedem $\varepsilon>0$ eine positive Zahl δ existiert, so daß für jedes gestörte Einschrittverfahren der Gestalt

(2) $$v_h(a)=\alpha_h+\sigma_h, \quad \frac{1}{h}(v_h(x+h)-v_h(x))=f_h(x,v_h(x))+S_h(x), \quad x\in I'_h,$$

die zugehörigen Lösungen v_h der Bedingung genügen

(3) $$|\sigma_h|+\max_{x\in I'_h}|S_h(x)|<\delta \implies \max_{x\in I_h}|v_h(x)-u_h(x)|+\max_{x\in I'_h}|\mathrm{D}_h v_h(x)-\mathrm{D}_h u_h(x)|<\varepsilon$$

gleichmäßig für jedes h in $0<h\le h_0$. Das Einschrittverfahren (2) geht also durch die Störungen σ_h der Anfangswerte und S_h der rechten Seiten der Näherungsgleichungen aus dem Einschrittverfahren (1) hervor.

Hierfür beweisen wir nun den folgenden, allgemeinen Stabilitätssatz für Einschrittverfahren (A_h), der mit Hilfe von Satz 11.3.(9) insbesondere die Stabilität der Euler-Cauchy-Verfahren, des Runge-Kutta-Verfahrens und der Methode der Taylor-Entwicklung verbürgt.

(4) *Das Einschrittverfahren (A_h) sei konsistent mit der Anfangswertaufgabe (A) und Lipschitz-stetig in einer Umgebung der Lösung u von (A). Dann ist das Einschrittverfahren (A_h) stabil. Darüber hinaus gibt es positive Zahlen h_0, δ_0, so daß für jedes h in $0<h\le h_0$ und jede Störung σ_h, S_h mit*

$$|\sigma_h|+\max_{x\in I'_h}|S_h(x)|\le\delta_0$$

die Abschätzungen gelten

$$
(5) \quad \begin{aligned}
&|v_h(x) - u_h(x)| \leq \{|\sigma_h| + (x-a) \max_{x' \in I'_h} |S_h(x')|\} \mathrm{e}^{L(x-a)}, \qquad x \in I_h, \\
&|\mathrm{D}_h v_h(x) - \mathrm{D}_h u_h(x)| \leq L|v_h(x) - u_h(x)| + |S_h(x)|, \qquad x \in I'_h.
\end{aligned}
$$

Beweis. Mit G_1 bezeichnen wir wieder die ρ_1-Umgebung der Lösung u von (A) in der Lipschitz-Bedingung (L) für f_h. Auf Grund des allgemeinen Konvergenzsatzes 11.3.(5) ist das Einschrittverfahren (A_h) konvergent gegen (A), so daß eine positive Zahl h_0 existiert mit $|u_h(x) - u(x)| \leq \rho_1/2$ und damit $(x, u_h(x)) \in G_1$ ist für $x \in I_h$, $0 < h \leq h_0$. Weiter setzen wir

$$
\delta_0 = \frac{\rho_1}{2C}, \qquad C = (1+b-a)\mathrm{e}^{L(b-a)}.
$$

Aus den Gleichungen (1) und (2) erhält man für die Differenz $r_h(x) = v_h(x) - u_h(x)$ das Gleichungssystem

$$
\begin{aligned}
\frac{1}{h}(r_h(x+h) - r_h(x)) &= f_h(x, v_h(x)) - f_h(x, u_h(x)) + S_h(x), \qquad x \in I'_h, \\
r_h(a) &= \sigma_h.
\end{aligned}
$$

Mit einem Induktionsbeweis wie in Beweisteil (ii) von Satz 11.3.(5) folgt hieraus die Ungleichung

$$
|v_h(x) - u_h(x)| = |r_h(x)| \leq \{|\sigma_h| + (x-a) \max_{x' \in I'_h} |S_h(x')|\} \mathrm{e}^{L(x-a)}
$$

für $x \in I'_h$, $0 < h \leq h_0$. Im Induktionsbeweis benötigt man dabei, daß auch die Punkte $(x, v_h(x))$ in der Umgebung G_1 der Lösung u von (A) liegen und somit die Lipschitz-Bedingung (L) anwendbar ist, was mit der obigen Ungleichung aus der Abschätzung folgt

$$
|v_h(x) - u(x)| \leq |v_h(x) - u_h(x)| + |u_h(x) - u(x)| \leq C\delta_0 + \frac{\rho_1}{2} = \rho_1.
$$

Für die Differenzenquotienten $\mathrm{D}_h u_h$, $\mathrm{D}_h v_h$ folgt unter diesen Bedingungen die behauptete Ungleichung aus den Gleichungen (1), (2) und der Lipschitz-Bedingung (L),

$$
\begin{aligned}
|\mathrm{D}_h v_h(x) - \mathrm{D}_h u_h(x)| &= |f_h(x, v_h(x)) - f_h(x, u_h(x)) + S_h(x)| \\
&\leq L|v_h(x) - u_h(x)| + |S_h(x)|, \qquad x \in I'_h, \quad 0 < h \leq h_0.
\end{aligned}
$$

Zu jedem $\varepsilon > 0$ ist dann mit

$$
|\sigma_h| + \max_{x \in I'_h} |S_h(x)| < \delta = \min\left(\delta_0, \frac{\varepsilon}{1+C+CL}\right)
$$

auch

$$
\max_{x \in I_h} |v_h(x) - u_h(x)| + \max_{x \in I'_h} |\mathrm{D}_h v_h(x) - \mathrm{D}_h u_h(x)| < C\delta + LC\delta + \delta \leq \varepsilon,
$$

so daß die Stabilität des Einschrittverfahrens (A_h) damit bewiesen ist. ■

In diesem Zusammenhang ist noch interessant, daß Stabilität und Konsistenz bereits die Konvergenz des Einschrittverfahrens (A_h) ergeben.

(6) *Wenn das Einschrittverfahren* (A_h) *stabil und mit der Anfangswertaufgabe* (A) *konsistent ist, dann ist* (A_h) *konvergent gegen* (A).

Beweis. Setzt man nämlich mit der Lösung u von (A) $v_h(x)=u(x)$, $x\in I_h$, also v_h gleich der Restriktion von u auf das Gitter I_h, dann genügt v_h den Gleichungen (2) mit

$$\sigma_h=\alpha-\alpha_h, \qquad S_h(x)=T_h(x), \qquad x\in I'_h.$$

Das Verfahren (A_h) ist stabil, so daß eine Zahl h_0 und zu jedem $\varepsilon>0$ ein $\delta>0$ existieren mit der Eigenschaft (3). Das Verfahren (A_h) ist konsistent mit (A), so daß es dazu weiter eine positive Zahl $\delta'\le h_0$ gibt mit der Eigenschaft

$$|\sigma_h|+\max_{x\in I'_h}|S_h(x)|=|\alpha_h-\alpha|+\max_{x\in I'_h}|T_h(x)|<\delta$$

für $0<h\le\delta'$. Dabei kann man δ' so wählen, daß auch

$$\max_{x\in I'_h}|\mathrm{D}_h u(x)-u'(x)|<\varepsilon$$

für $0<h\le\delta'$ ausfällt. Mit Hilfe von (3) folgt dann für jedes $\varepsilon>0$ die Beziehung

$$\max_{x\in I_h}|u_h(x)-u(x)|+\max_{x\in I'_h}|\mathrm{D}_h u_h(x)-u'(x)|<2\varepsilon$$

für jedes h in $0<h\le\delta'$, womit die Konvergenz von (A_h) gegen (A) im Sinne des allgemeinen Konvergenzsatzes 11.2.(5) gezeigt ist.

11.4.2. Diskretisierungs- und Rundungsfehler. Mit dem allgemeinen Stabilitätssatz können wir schließlich auch noch den Einfluß der Rundungsfehler auf die Bestimmung von Näherungslösungen abschätzen. Bei der Berechnung der Näherungslösung u_h aus (1) wird man an jeder Stelle $x\in I_h$ im allgemeinen unvermeidliche Rundungsfehler machen. Anstelle der Lösung u_h von (1) bestimmt man daher in Wirklichkeit eine andere Funktion v_h mit

$$v_h(a)=\alpha_h+\rho_h, \qquad v_h(x+h)=v_h(x)+hf_h(x,v_h(x))+R_h(x), \qquad x\in I'_h,$$

wobei ρ_h bzw. $R_h(x)$ die Rundungsfehler bei der Berechnung von $v_h(a)$ bzw. $v_h(x+h)$ für $x\in I'_h$ angibt. Dies ist aber gerade die Aufgabe (2) mit $\sigma_h=\rho_h$, $S_h(x)=R_h(x)/h$. Nach Satz (4) gibt es daher für jedes konvergente, Lipschitz-stetige Einschrittverfahren positive Zahlen h_0, δ_0, so daß die Abschätzung gilt

$$(7) \qquad |v_h(x)-u_h(x)|\le C\left(|\rho_h|+\frac{1}{h}\max_{x\in I'_h}|R_h(x)|\right), \qquad x\in I'_h,$$

für jedes h in $0<h\le h_0$ und

$$|\rho_h|+\frac{1}{h}\max_{x\in I'_h}|R_h(x)|<\delta_0,$$

also falls die Rundungsfehler im Vergleich zur Schrittweite h nicht zu groß sind.

Der Gesamtfehler $|v_h - u|$, also die Abweichung der numerisch bestimmten Näherungen v_h von der gesuchten Lösung u von (A), läßt sich dann abschätzen mit Hilfe der Ungleichung für den Diskretisierungsfehler $|u_h - u|$ aus Satz 11.3.(5) und der obigen Ungleichung (7) für die Rundungsfehler $|v_h - u_h|$ durch

$$(8) \qquad |v_h(x)-u(x)| \le C\left(|\alpha_h-\alpha|+|\rho_h|+\max_{x'\in I_h'}|T_h(x')|+\frac{1}{h}\max_{x'\in I_h'}|R_h(x')|\right),\quad x\in I_h,$$

für $0<h\le h_0$. Mit dieser Abschätzung kann man zu einer vorgegebenen, gewünschten Genauigkeit ε zunächst eine Schrittweite h finden, so daß der Anteil des Diskretisierungsfehlers kleiner als $\varepsilon/2$ wird, und dann die zugehörige Rechengenauigkeit so bestimmen, daß auch der Anteil der Rundungsfehler kleiner als $\varepsilon/2$ ausfällt. Dabei wird der gegenläufige Einfluß des Diskretisierungs- und des Rundungsfehlers auf den Gesamtfehler deutlich. Der Diskretisierungsfehler wird mit $|\alpha_h - \alpha| + \max|T_h(x)| \longrightarrow 0$ $(h \longrightarrow 0)$ immer kleiner bei abnehmender Schrittweite h. Dagegen konvergieren die Schranken $|\rho_h|$, $\max|R_h(x)|$ für die Rundungsfehler beim Rechnen mit einer festen Stellenzahl nicht gegen Null für $h \longrightarrow 0$. Dieser Fehler läßt sich nur durch doppelt-genaues, vierfachgenaues Rechnen usw. kleiner machen. Den qualitativen Verlauf der obigen Schranke für den Gesamtfehler zeigt Fig. 12.

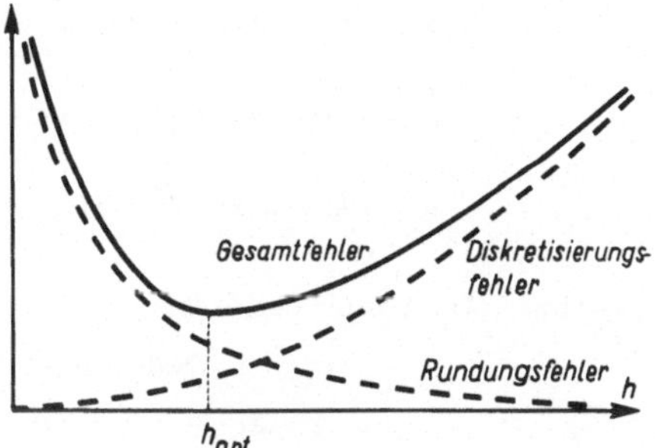

Fig. 12

Die Schrittweite h darf also wegen der Häufung von Rundungsfehlern nicht zu klein und wegen des zunehmenden Abschneidefehlers nicht zu groß gewählt werden. In diesem Zusammenhang erhebt sich die Frage nach der richtigen Bemessung der Schrittweite. In der Praxis verwendet man zu diesem Zweck die Zahl $|hf_y|$, die erfahrungsgemäß in der Größenordnung von 10^{-1} liegen soll. Einen Anhaltspunkt hierfür liefert beim klassischen Runge-Kutta-Verfahren die Schrittkennzahl

$$\kappa = 2\left|\frac{k_2-k_1}{k_1-k_0}\right|,$$

die aus den während der Rechnung bereitgestellten Größen k_0, k_1, k_2, k_3 in 11.2.(16) berechnet wird. Wendet man nämlich auf $k_2 - k_1$ den Mittelwertsatz der Differentialrechnung an, so ergibt sich

$$\kappa = h\left|\frac{\partial f}{\partial y}\left(x+\frac{1}{2}h, y^*\right)\right|$$

mit einem Zwischenwert y^*. Man wird nun bei jedem Schritt die Schrittweite h so steuern, daß zum Beispiel

$$0.5\cdot 10^{-1} \leq \kappa \leq 10^{-1}$$

ist, und sie im gegenteiligen Fall verdoppeln bzw. halbieren.

11.5. Numerische Übungsaufgaben

1. Methode der Taylor-Entwicklung. Gesucht ist die Lösung der Anfangswertaufgabe

$$u'(x) = u(x) - \frac{2x}{u(x)}, \qquad x \in [0, 1.5], \qquad u(0) = 1.$$

Man berechne Näherungslösungen dieser Aufgabe mit der Schrittweite $h = 0.1$ mit Hilfe der Methode der Taylor-Entwicklung

a) $$u_h(x+h) = u_h(x) + \frac{h}{1!}f(x, u_h(x)) + \frac{h^2}{2!}(\mathrm{D}f)(x, u_h(x)), \qquad u_h(0) = u(0);$$

b) $$u_h(x+h) = u_h(x) + \frac{h}{1!}f(x, u_h(x)) + \cdots + \frac{h^3}{3!}(\mathrm{D}^2 f)(x, u_h(x)), \qquad u_h(0) = u(0);$$

c) $$u_h(x+h) = u_h(x) + \frac{h}{1!}f(x, u_h(x)) + \cdots + \frac{h^4}{4!}(\mathrm{D}^3 f)(x, u_h(x)), \qquad u_h(0) = u(0).$$

Ergebnis. Die Lösung der Anfangswertaufgabe ist $u(x) = \sqrt{2x+1}$.

x	Näherungslösungen a)	b)	c)	$\sqrt{2x+1}$
0.0	1.00000	1.00000	1.00000	1.00000
0.1	1.09500	1.09550	1.09544	1.09545
0.2	1.18243	1.18331	1.18320	1.18322
0.3	1.26381	1.26503	1.26490	1.26491
0.4	1.34023	1.34179	1.34162	1.34164
0.5	1.41247	1.41440	1.41419	1.41421
0.6	1.48113	1.48346	1.48321	1.48324
0.7	1.54666	1.54945	1.54916	1.54919
0.8	1.60943	1.61276	1.61241	1.61245
0.9	1.66972	1.67368	1.67328	1.67332
1.0	1.72777	1.73248	1.73200	1.73205
1.1	1.78377	1.78936	1.78879	1.78885
1.2	1.83786	1.84451	1.84384	1.84391
1.3	1.89017	1.89809	1.89728	1.89737
1.4	1.94078	1.95022	1.94926	1.94936
1.5	1.98978	2.00102	1.99988	2.00000

2. Runge-Kutta-Verfahren. Gesucht ist eine Näherungslösung der Anfangswertaufgabe $u'(x)=u(x)-2x/u(x)$, $x\in\mathbf{C}-\{-\frac{1}{2}\}$, $u(0)=1$, mit Hilfe des Runge-Kutta-Verfahrens in der komplexen Ebene bei zweimaligem Durchlaufen des folgenden Weges:

$$x=0(0.1\,i)i,\quad i(-0.1)-1+i,\quad -1+i(-0.1\,i)-1-i,\quad -1-i(0.1)-i,\quad -i(0.1\,i)0.$$

Bemerkung. Die Lösung $u(x)=\sqrt{2x+1}$ hat bei $x=-\frac{1}{2}$ eine Verzweigungsstelle, so daß man mit dem angegebenen Weg gerade einen geschlossenen Weg auf der Riemannschen Fläche dieser Funktion zurücklegt.

Ergebnis.	Re x	Im x	Re $u_h(x)$	Im $u_h(x)$	Re $u(x)$	Im $u(x)$
	0.0	0.0	1.00000	0.00000	1.00000	0.00000
	0.0	0.5	1.09868	0.45509	1.09868	0.45509
	0.0	1.0	1.27202	0.78615	1.27202	0.78615
	−0.5	1.0	1.00000	1.00000	1.00000	1.00000
	−1.0	1.0	0.78615	1.27202	0.78615	1.27202
	−1.0	0.5	0.45509	1.09869	0.45509	1.09868
	−1.0	0.0	0.00001	1.00000	0.00000	1.00000
	−1.0	−0.5	−0.45509	1.09867	−0.45509	1.09868
	−1.0	−1.0	−0.78616	1.27201	−0.78615	1.27202
	−0.5	−1.0	−1.00003	0.99998	−1.00000	1.00000
	0.0	−1.0	−1.27211	0.78613	−1.27202	0.78615
	0.0	−0.5	−1.09874	0.45498	−1.09868	0.45509
	0.0	0.0	−0.99998	−0.00015	−1.00000	0.00000
	0.0	0.5	−1.09860	−0.45518	−1.09868	−0.45509
	0.0	1.0	−1.27192	−0.78615	−1.27202	−0.78615
	−0.5	1.0	−0.99996	−1.00001	−1.00000	−1.00000
	−1.0	1.0	−0.78614	−1.27203	−0.78615	−1.27202
	−1.0	0.5	−0.45509	−1.09870	−0.45509	−1.09868
	−1.0	0.0	−0.00003	−1.00000	0.00000	−1.00000
	−1.0	−0.5	0.45508	−1.09865	0.45509	−1.09868
	−1.0	−1.0	0.78617	−1.27200	0.78615	−1.27202
	−0.5	−1.0	1.00007	−0.99996	1.00000	−1.00000
	0.0	−1.0	1.27221	−0.78610	1.27202	−0.78615
	0.0	−0.5	1.09879	−0.45487	1.09868	−0.45509
	0.0	0.0	0.99995	0.00029	1.00000	0.00000

3. Methode der Taylor-Entwicklung bei Differentialgleichungen zweiter Ordnung. Analog Abschnitt 11.2.4 erhält man zur näherungsweisen Lösung einer Anfangswertaufgabe

$$u''(x)=f(x,u(x),u'(x)),\qquad x\in I=[a,b],$$
$$u(a)=\alpha,\qquad u'(a)=\alpha',$$

mit Hilfe der Methode der Taylor-Entwicklung die Gleichungen

$$u_h(x+h)=u_h(x)+hu_h'(x)+h^2 f_h(x,u_h(x),u_h'(x)),\qquad u_h(a)=u(a),$$
$$u_h'(x+h)=u_h'(x)+hg_h(x,u_h(x),u_h'(x)),\qquad u_h'(a)=u'(a),$$

mit den Funktionen

$$f_h(x,y,z) = \frac{1}{2} f(x,y,z) + \cdots + \frac{h^{m-2}}{m!} (\mathrm{D}^{m-2} f)(x,y,z),$$

$$g_h(x,y,z) = f(x,y,z) \quad + \cdots + \frac{h^{m-2}}{(m-1)!} (\mathrm{D}^{m-2} f)(x,y,z)$$

und der Abkürzung

$$\mathrm{D}\, g(x,y,z) = \left(\frac{\partial g}{\partial x} + z \cdot \frac{\partial g}{\partial y} + f \cdot \frac{\partial g}{\partial z}\right)(x,y,z).$$

Hierbei dient die Funktion u_h als Approximation für die Lösung u, und u_h' ist eine Näherung für u'.

Man berechne für die Anfangswertaufgaben

a) $\quad u''(x) + u(x)^3 = 0, \quad x \in [0,10], \quad u(0) = 0.2, \quad u'(0) = 0,$

b) $\quad u''(x) + u(x)^3 = 0, \quad x \in [0,10], \quad u(0) = 1, \quad u'(0) = 0,$

c) $\quad u''(x) + u(x)^3 = 0, \quad x \in [0,10], \quad u(0) = 5, \quad u'(0) = 0,$

Näherungslösungen mit der Methode der Taylor-Entwicklung für $m=4$ und $h=0.2$.

4. Runge-Kutta-Verfahren für Differentialgleichungssysteme. Wie in Abschnitt 11.1 erwähnt, lassen sich die hier besprochenen Einschrittverfahren auch zur numerischen Lösung von Anfangswertaufgaben für Systeme gewöhnlicher Differentialgleichungen

$$u_j(a) = \alpha_j, \quad \frac{\mathrm{d}u_j}{\mathrm{d}x}(x) = f_j(x, u_1(x), \ldots, u_n(x)), \quad x \in I, \; j = 1, \ldots, n,$$

für n gesuchte Funktionen $u_1, \ldots, u_n$ anwenden, indem man die obigen Verfahren für vektorwertige Funktionen $u = (u_1, \ldots, u_n)$ formuliert. Die zugehörigen Runge-Kutta-Formeln für die Näherungslösung $u_h(x) = (u_{1,h}(x), \ldots, u_{n,h}(x)) \in \mathbf{K}^n$, $x \in I_h$, lauten dann analog Abschnitt 11.2.3

$$u_{j,h}(a) = u_j(a), \qquad u_{j,h}(x+h) = u_{j,h}(x) + h f_{j,h}(x, u_{1,h}(x), \ldots, u_{n,h}(x)), \qquad x \in I_h',$$

mit den Funktionen

$$f_{j,h}(x, y_1, \ldots, y_n) = \tfrac{1}{6}(k_{j,0} + 2k_{j,1} + 2k_{j,2} + k_{j,3})(x, y_1, \ldots, y_n)$$

und

$$k_{j,0}(x, y_1, \ldots, y_n) = f_j(x, y_1, \ldots, y_n),$$

$$k_{j,1}(x, y_1, \ldots, y_n) = f_j\left(x + \frac{h}{2}, y_1 + \frac{h}{2} k_{1,0}(x, y_1, \ldots, y_n), \ldots, y_n + \frac{h}{2} k_{n,0}(x, y_1, \ldots, y_n)\right),$$

$$k_{j,2}(x, y_1, \ldots, y_n) = f_j\left(x + \frac{h}{2}, y_1 + \frac{h}{2} k_{1,1}(x, y_1, \ldots, y_n), \ldots, y_n + \frac{h}{2} k_{n,1}(x, y_1, \ldots, y_n)\right),$$

$$k_{j,3}(x, y_1, \ldots, y_n) = f_j(x + h, y_1 + h k_{1,2}(x, y_1, \ldots, y_n), \ldots, y_n + h k_{n,2}(x, y_1, \ldots, y_n)),$$

für $j = 1, \ldots, n$ und für alle $x \in I_h'$ und $(y_1, \ldots, y_n) \in \mathbf{K}^n$.

Man berechne mit der Schrittweite $h=0.2$ Näherungslösungen für das Differentialgleichungssystem

$$u_1'(x)=u_2(x), \quad u_2'(x)=-u_1(x)^3, \quad x\in[0,10],$$

mit den Anfangswerten

a) $u_1(0)=0.2, \quad u_2(0)=0,$ b) $u_1(0)=1, \quad u_2(0)=0,$ c) $u_1(0)=5, \quad u_2(0)=0.$

Diese Anfangswertaufgaben stimmen mit denen aus Aufgabe 3 überein.

Ergebnis

x	3a)	4a)	3b)	4b)	3c)	4c)
0.0	0.20000	0.20000	1.00000	1.00000	5.00000	5.00000
0.4	0.19936	0.19936	0.92308	0.92306	0.36722	−0.52589
0.8	0.19746	0.19746	0.72323	0.72295	−4.51536	−4.63666
1.2	0.19432	0.19432	0.46116	0.46044	−0.67536	1.22391
1.6	0.19001	0.19001	0.18079	0.17969	4.26932	4.28863
2.0	0.18461	0.18461	−0.10177	−0.10312	0.92760	−1.52088
2.4	0.17820	0.17820	−0.38362	−0.38510	−4.20144	−4.11116
2.8	0.17089	0.17089	−0.65423	−0.65563	−0.98411	1.51831
3.2	0.16277	0.16277	−0.87751	−0.87856	4.26549	4.08949
3.6	0.15397	0.15397	−0.99352	−0.99414	0.88050	−1.26730
4.0	0.14458	0.14458	−0.95818	−0.95833	−4.45716	−4.17842
4.4	0.13471	0.13471	−0.78635	−0.78582	−0.65174	0.77674
4.8	0.12445	0.12445	−0.53600	−0.53463	4.68843	4.29297
5.2	0.11388	0.11387	−0.25832	−0.25622	0.49525	−0.06422
5.6	0.10307	0.10306	0.02383	0.02650	−4.64204	−4.26491
6.0	0.09208	0.09208	0.30593	0.30904	−0.55990	−0.78436
6.4	0.08097	0.08097	0.58166	0.58494	4.46546	3.92380
6.8	0.06977	0.06977	0.82318	0.82606	0.71286	1.70699
7.2	0.05852	0.05852	0.97496	0.97676	−4.40272	−3.18491
7.6	0.04723	0.04723	0.98305	0.98331	−0.75795	−2.71660
8.0	0.03593	0.03593	0.84447	0.84302	4.46420	2.08717
8.4	0.02462	0.02462	0.61006	0.60705	0.67718	3.60818
8.8	0.01331	0.01330	0.33679	0.33257	−4.58664	−0.84113
9.2	0.00199	0.00199	0.05529	0.05017	−0.57199	−4.04505
9.6	−0.00932	−0.00932	−0.22670	−0.23258	4.62275	−0.50880
10.0	−0.02063	−0.02064	−0.50551	−0.51184	0.56392	3.69770

Bemerkung. Die Lösung $u=u_1$ der gegebenen Anfangswertaufgaben ist eine nichtlineare Schwingung, die mit Hilfe der Jacobischen elliptischen Funktion cosinus amplitudinis in geschlossener Form angegeben werden kann: $u(x)=u(0)\cdot cn(\frac{1}{2}; [K(\frac{1}{2}\sqrt{2})-u(0)\cdot x])$. Dabei zeigt sich, daß die Wellenlänge abhängig von der Anfangsauslenkung ist. Im Fall der Anfangsbedingung a) stimmen die beiden Näherungslösungen im Rahmen der hier wiedergegebenen Genauigkeit an fast allen Gitterpunkten überein, während für die Anfangsbedingung b) Abweichungen auftreten, die mit wachsender Entfernung vom Nullpunkt zunehmen. Bei der letzten Anfangsbedingung besitzen die Methode der Taylor-Entwicklung und das Runge-Kutta-Verfahren für ein Differentialgleichungssystem Lösungen, die ähnliches Verhalten zeigen, etwa in bezug auf Vorzeichenwechsel, in den Werten aber keine Übereinstimmung aufweisen. Für die relativ starke Oszillation der Lösung bei dieser Anfangsbedingung ist die Schrittweite $h=0.2$ zu groß, und bessere Übereinstimmung folgt erst für kleinere Schrittweiten.

12. Mehrschrittverfahren für Anfangswertaufgaben

Mit den Mehrschrittverfahren in diesem Abschnitt erhalten wir eine sehr allgemeine Klasse von Verfahren zur numerischen Integration von Anfangswertaufgaben gewöhnlicher Differentialgleichungen. Im Unterschied zu den Einschrittverfahren verwendet man hier zur Berechnung eines Näherungswertes für die gesuchte Lösung an einem Gitterpunkt nicht nur die bereits berechnete Näherung im vorangehenden Punkt sondern die Näherungen in mehreren vorangehenden Punkten. Die Mehrschrittverfahren erfordern daher im allgemeinen zunächst eine Anlaufrechnung und bei Änderung der Schrittweite entsprechend eine gesonderte Rechnung zur Anpassung an die neue Schrittweite. In dieser allgemeinen Klasse von Mehrschrittverfahren sind neben den in Paragraph 11 behandelten expliziten Einschrittverfahren auch noch implizite Einschrittverfahren als Spezialfall enthalten. Echte Mehrschrittverfahren sind die von Adams, Nyström und Milne, wobei man jeweils noch explizite bzw. extrapolatorische und implizite bzw. interpolatorische Verfahren unterscheidet.

Ganz analog wie bei den Einschrittverfahren wird die Theorie der Mehrschrittverfahren durch die Begriffe der Konsistenz, Stabilität und Konvergenz bestimmt. Für die Konvergenz von Mehrschrittverfahren beschränken wir uns hier auf spezielle Differenzenquotienten für die Approximation der ersten Ableitung. Eine allgemeine Theorie dieser Verfahren wurde zuerst in einer grundlegenden Arbeit von Dahlquist 1956 entwickelt. [1])

Literatur: Babuška-Práger-Vitásek, Collatz [1], Grigorieff, Henrici [1], [2], Lambert, Stetter.

12.1. Definition des Verfahrens

Für die Definition von Mehrschrittverfahren zur näherungsweisen Integration von Anfangswertaufgaben gewöhnlicher Differentialgleichungen untersuchen wir wieder die in Abschnitt 11.1 definierte Anfangswertaufgabe

$$(A) \qquad u(a)=\alpha, \quad u'(x)=f(x,u(x)), \quad x\in I=[a,b].$$

Dabei machen wir die Voraussetzung, daß die Funktion f von zwei Veränderlichen auf $I\times\mathbf{K}$ definiert ist und daß diese Aufgabe (A) eine eindeutig bestimmte, stetig differenzierbare Lösung u besitzt. Mit Hilfe von Mehrschrittverfahren sucht man ganz entsprechend wie mit den Einschrittverfahren für eine geeignete Nullfolge von Schrittweiten h eine zugehörige Folge von Näherungen $u_h(x)$ für die Funktionswerte $u(x)$ der Lösung u von (A) auf dem Punktgitter

$$(1) \qquad I_h=[a,b]_h=\{x\in[a,b] \mid \ x=a+jh,\ j=0,\dots,N_h\}$$

mit der eindeutig bestimmten ganzen Zahl N_h aus dem Intervall 11.1.(2).

Bevor wir die allgemeine Definition von Mehrschrittverfahren angeben, soll die typische Gestalt dieser Verfahren durch ein charakteristisches Beispiel, nämlich

[1]) Dahlquist, G.: Convergence and stability in the numerical integration of ordinary differential equations. Math. Scand. **4** (1956) 33–53.

das Verfahren von Adams erläutert werden. Zunächst wählt man eine natürliche Zahl s als Schrittzahl des Verfahrens. Für die Herleitung der Näherungsgleichungen geht man davon aus, daß bereits Näherungen für die gesuchte Lösung u an den s Gitterpunkten $x, x+h, \ldots, x+(s-1)h$ aus I_h bekannt sind. Dann bestimmt das Verfahren von Adams eine Gleichung für $u(x+sh)$ durch Integration von $x+(s-1)h$ bis $x+sh$ auf beiden Seiten der Differentialgleichung mit dem Ergebnis

$$\text{(2)}\qquad \frac{1}{h}\{u(x+sh)-u(x+(s-1)h)\} = \frac{1}{h}\int\limits_{x+(s-1)h}^{x+sh} f(t,u(t))\,\mathrm{d}t\,.$$

Durch Approximation des Integranden $f(t,u(t))$ durch das zugehörige Interpolationspolynom zu den Stellen $x,\ldots,x+sh$ bzw. $x,\ldots,x+(s-1)h$ wird das Integral auf der rechten Seite dargestellt durch einen Ausdruck der Form

$$\text{(3)}\qquad \frac{1}{h}\int\limits_{x+(s-1)h}^{x+sh} f(t,u(t))\,\mathrm{d}t = \sum_{j=0}^{s} \gamma_j f(x+jh, u(x+jh)) + T_h(x)\,.$$

Dabei ist der Abschneidefehler T_h bis auf den Faktor $1/h$ das Restglied der damit definierten Quadraturformel. Vernachlässigt man dieses Restglied, so erhält man aus (3) die Näherungsgleichung

$$\text{(4)}\qquad \frac{1}{h}\big(u_h(x+sh)-u_h(x+(s-1)h)\big) = \sum_{j=0}^{s} \gamma_j f(x+jh, u_h(x+jh))\,.$$

Mit den bereits berechneten Näherungen $u_h(x),\ldots,u_h(x+(s-1)h)$ hat man daher für $\gamma_s=0$ eine explizite bzw. für $\gamma_s \neq 0$ eine implizite Bestimmungsgleichung der Näherung $u_h(x+sh)$ für den Wert von u an der Stelle $x+sh$. Typisch für Mehrschrittverfahren ist nun, daß die Berechnung der Näherungswerte $u_h(a),\ldots,u_h(a+(s-1)h)$ nicht mit den obigen Gleichungen geschehen kann. Mit Hilfe der Anfangsbedingung und einer sogenannten Anlaufrechnung müssen daher bei Mehrschrittverfahren zunächst Näherungen $\alpha_h(x)$ für die gesuchten Funktionswerte $u(x)$ an den s ersten Gitterpunkten bereitgestellt werden,

$$\text{(5)}\qquad u_h(x) = \alpha_h(x), \qquad x = a+jh, \qquad j=0,\ldots,s-1\,.$$

Nach dieser Vorbereitung soll nun die allgemeine Gestalt von Mehrschrittverfahren angegeben werden. Dazu definiert man mit der Schrittzahl s des Verfahrens für Schrittweiten h in $0<h\leq(b-a)/s$ die Teilmenge von Gitterpunkten

$$\text{(6)}\qquad I_h' = \{x\in[a,b]_h \mid \; x=a+jh, \quad j=0,\ldots,N_h-s\}\,,$$

so daß zu jedem Punkt $x\in I_h'$ auch noch die Gitterpunkte $x+h,\ldots,x+sh$ in der Menge I_h bzw. im Intervall $I=[a,b]$ liegen. Als Approximation des Differentialquotienten u' wählt man anstelle des einfachen vorwärtsgenommenen Differenzenquotienten in (4) allgemeiner einen Differenzenquotienten mit konstanten Koeffizienten $\beta_0,\ldots,\beta_s$ der Gestalt

$$\text{(7)}\qquad \mathrm{D}_h v(x) = \frac{1}{h}\sum_{j=0}^{s} \beta_j v(x+jh), \qquad \beta_s \neq 0\,,$$

für $x \in I_h'$ bzw. $a \leq x \leq b - sh$. Anstatt mit der Quadraturformel in (4) kann die rechte Seite der Näherungsgleichungen mit geeigneten Funktionen f_h in der allgemeinen Form $f_h(x, u_h(x), \ldots, u_h(x+sh))$ gebildet werden. In Analogie zum Vorgehen bei Einschrittverfahren definieren wir daher als Mehrschrittverfahren eine Folge diskreter Anfangswertaufgaben, wobei die Schrittweiten h eine passend gewählte Nullfolge bilden.

(A_h) *Gegeben seien eine Folge von Differenzenquotienten* D_h *der Gestalt* (7), *eine Folge von Funktionen* f_h *von* $s+2$ *Veränderlichen* $(x, y_0, \ldots, y_s) \in I_h' \times \mathbf{K}^{s+1}$ *und Folgen von Anfangswerten* $\alpha_h(x)$, $x = a + jh, j = 0, \ldots, s-1$. *Gesucht ist die Folge* u_h *von Lösungen des Gleichungssystems*

$$\begin{aligned} &\mathrm{D}_h u_h(x) = f_h(x, u_h(x), \ldots, u_h(x+sh)), \qquad x \in I_h', \\ (8) \qquad &u_h(x) = \alpha_h(x), \qquad x = a + jh, \qquad j = 0, \ldots, s-1. \end{aligned}$$

Mit Hilfe der Anfangsbedingung in der Aufgabe (A) wird hier $\alpha_h(a) = \alpha$ bzw. $\alpha_h(a)$ eine Näherung für $u(a) = \alpha$. Im Falle $s > 1$ und für $x = a + h, \ldots, x = a + (s-1)h$ müssen die Größen $\alpha_h(x)$ als Näherungen von $u(x)$ aus der Anlaufrechnung bestimmt werden. Hierfür gibt es eine ganze Reihe von Verfahren (s. Collatz [2], II-§ 3.2). Zum Beispiel kann dies mit einem Einschrittverfahren oder durch Taylor-Entwicklung der Lösung u in der Umgebung von $x = a$ geschehen.

Die Differenzengleichungen des Mehrschrittverfahrens lassen sich mit der Darstellung (7) des Differenzenquotienten D_h in der Form schreiben

$$u_h(x+sh) = \frac{1}{\beta_s}\left\{-\sum_{j=0}^{s-1} \beta_j u_h(x+jh) + h f_h(x, u_h(x), \ldots, u_h(x+sh))\right\}, \qquad x \in I_h'.$$

Der gesuchte Funktionswert $u_h(x+sh)$ darf hier also auf der rechten Seite als Argument der Funktion f_h vorkommen. In diesem Falle hat man ein sogenanntes implizites Mehrschrittverfahren. Dabei setzen wir voraus, daß die Näherungsgleichungen stets eine eindeutig bestimmte Lösung $u_h(x+sh)$ besitzen. Wenn die rechte Seite f_h dagegen von $u_h(x+sh)$ unabhängig ist, dann wird (A_h) ein explizites Mehrschrittverfahren. Für die Schrittzahl $s = 1$ erhält man als Spezialfall Einschrittverfahren in der etwas allgemeineren Form

$$(9) \qquad u_h(a) = \alpha_h, \quad \frac{1}{h}(u_h(x+h) - u_h(x)) = f_h(x, u_h(x), u_h(x+h)), \qquad x \in I_h',$$

welche auch noch implizite Einschrittverfahren mit umfaßt.

Beispiel. Ein einfaches Beispiel für ein solches Einschrittverfahren ist ein implizites verbessertes Euler-Cauchy-Verfahren, definiert durch die Gleichungen

$$\begin{aligned} &\frac{1}{h}(u_h(x+h) - u_h(x)) = \tfrac{1}{2}\{f(x, u_h(x)) + f(x+h, u_h(x+h))\}, \qquad x \in I_h', \\ (10) \qquad &u_h(a) = \alpha_h. \end{aligned}$$

12.2. Konsistenz

Die Konsistenz von Mehrschrittverfahren (A_h) wird bestimmt durch die Konsistenz der Differenzengleichungen des Näherungsverfahrens mit der Differentialgleichung der Anfangswertaufgabe (A) sowie durch die Konsistenz der Näherungswerte auf dem Anfangsstück mit der gesuchten Lösung u von (A). Der Abschneidefehler ergibt sich auch hier wieder als Defekt beim Einsetzen der Lösung u von (A) in die Differenzengleichungen des Näherungsverfahrens (A_h). Für die Integration einer Differentialgleichung erster Ordnung zeigen wir anschließend die Konsistenz und Konsistenzordnung der Verfahren von Adams sowie von Nyström und Milne. Dabei sind bei gleicher Schrittzahl s jeweils die zugehörigen Interpolationsverfahren mit der Ordnung $p=s+1$ um eine Ordnung besser als die Konsistenzordnung $p=s$ des Extrapolationsverfahrens. Die Lösung der impliziten Gleichungen bei Interpolationsverfahren kann man durch ein zugehöriges Prädiktor-Korrektor-Verfahren vermeiden, das die gleiche Konsistenzordnung $p=s+1$ besitzt, wie das Interpolationsverfahren. Schließlich behandeln wir in diesem Abschnitt noch die Konsistenz der Verfahren von Störmer und Cowell für die Integration von Anfangswertaufgaben gewöhnlicher Differentialgleichungen zweiter Ordnung.

12.2.1. Konsistenzbedingungen. Nach Voraussetzung besitzt die Anfangswertaufgabe

$$(A) \qquad u(a)=\alpha, \quad u'(x)=f(x,u(x)), \quad x\in I=[a,b],$$

eine eindeutig bestimmte stetig differenzierbare Lösung u auf I. Weiter setzen wir voraus, daß das Mehrschrittverfahren

$$(A_h) \qquad \begin{aligned} &D_h u_h(x)=f_h(x,u_h(x),\dots,u_h(x+sh)), \quad x\in I'_h,\\ &u_h(x)=\alpha_h(x), \quad x=a+jh, \quad j=0,\dots,s-1, \end{aligned}$$

für jede Schrittweite h aus der betrachteten Nullfolge eine eindeutig bestimmte Lösung u_h auf dem Gitter I_h definiert. Dann bezeichnet man als Abschneidefehler hier wieder den Defekt, der beim Einsetzen der Lösung u von (A) in die Differenzengleichungen des Näherungsverfahrens entsteht,

$$(1) \qquad D_h u(x)-f_h(x,u(x),\dots,u(x+sh))=T_h(x), \quad x\in I'_h.$$

Die Differenzengleichungen des Mehrschrittverfahrens wollen wir im folgenden eine konsistente Approximation der Differentialgleichung $u'=f(x,u)$ nennen, wenn der Abschneidefehler T_h gleichmäßig auf dem Gitter gegen Null strebt, also wenn gilt

$$(2) \qquad \max_{x\in I'_h}|T_h(x)| \longrightarrow 0 \quad (h\longrightarrow 0).$$

Allgemeiner heißt das Mehrschrittverfahren (A_h) konsistent mit der Anfangswertaufgabe, wenn neben dem Abschneidefehler T_h auch die Werte $\alpha_h(x)$ auf dem Anfangsstück der ersten s Gitterpunkte gegen $u(x)$ konvergieren und somit die Konsistenzbedingung erfüllt ist

$$(3) \qquad \max_{\substack{x=a+jh\\ j=0,\dots,s-1}} |\alpha_h(x)-u(x)|+\max_{x\in I'_h}|T_h(x)| \longrightarrow 0 \quad (h\longrightarrow 0).$$

Entsprechend wie bei den Einschrittverfahren nennt man hier eine Zahl $p>0$ Konsistenzordnung des Mehrschrittverfahrens (A_h), wenn sich dieser Ausdruck mit einer positiven Zahl $K>0$ abschätzen läßt in der Gestalt

(4) $$\max_{\substack{x=a+jh\\ j=0,\dots,s-1}} |\alpha_h(x)-u(x)|+\max_{x\in I_h'}|T_h(x)|\le K\,h^p \qquad (h\longrightarrow 0).$$

Der anschließende Satz formuliert ein einfaches Konsistenzkriterium.

(5) *Wenn die Differenzenquotienten* $\mathrm{D}_h u$ *mit der Lösung* u *von* (A) *gegen* u' *konvergieren gemäß*

$$\max_{x\in I_h'}|\mathrm{D}_h u(x)-u'(x)|\longrightarrow 0 \qquad (h\longrightarrow 0),$$

dann sind die beiden Konsistenzbedingungen äquivalent

$$\max_{x\in I_h'}|T_h(x)|\longrightarrow 0 \iff \max_{x\in I_h'}|f_h(x,u(x),\dots,u(x+sh))-f(x,u(x))|\longrightarrow 0 \qquad (h\longrightarrow 0).$$

Beweis. Die Darstellung (1) für den Abschneidefehler ergibt mit Hilfe der Differentialgleichung $u'=f(x,u)$ offenbar die Beziehung

$$T_h(x)=\mathrm{D}_h u(x)-u'(x)+f(x,u(x))-f_h(x,u(x),\dots,u(x+sh)), \qquad x\in I_h',$$

aus der unmittelbar die oben behauptete Äquivalenz folgt.

12.2.2. Verfahren von Adams. Ähnlich wie auch bei anderen Mehrschrittverfahren unterscheidet man bei den Verfahren von Adams drei verschiedene Fälle. Nämlich einmal die sogenannten Extrapolationsmethoden oder Verfahren von Adams-Bashforth, die explizite Mehrschrittverfahren ergeben. Weiter hat man die Interpolationsverfahren oder Verfahren von Adams-Moulton als implizite Mehrschrittverfahren. Schließlich erhält man durch Kombination dieser beiden Methoden Extrapolations-Interpolationsverfahren oder Prädiktor-Korrektor-Verfahren.

Für die Herleitung dieser Verfahren geht man von der Differentialgleichung $u'=f(x,u)$ aus. Mit einer Schrittzahl s und für einen beliebigen Gitterpunkt $x\in I_h'$ integriert man beide Seiten der Differentialgleichung von $x_{s-1}=x+(s-1)h$ bis $x_s=x+sh$ und erhält die Beziehung

(6) $$\mathrm{D}_h u(x)=\frac{1}{h}\int\limits_{x_{s-1}}^{x_s} u'(t)\,\mathrm{d}t=\frac{1}{h}\int\limits_{x_{s-1}}^{x_s} f(t,u(t))\,\mathrm{d}t$$

mit dem Differenzenquotienten

(7) $$\mathrm{D}_h u(x)=\frac{1}{h}\big(u(x+sh)-u(x+(s-1)h)\big), \qquad x\in I_h'.$$

(i) **Extrapolationsverfahren.** Grundlage dieser Mehrschrittverfahren sind geeignete Quadraturformeln für die Approximation des Integrals in (6). Zur Abkürzung bezeichnen wir im folgenden den Integranden mit v. Dann wird die Funktion v mit Hilfe des eindeutig bestimmten Interpolationspolynoms $p_{0,\ldots,s-1}$ durch die Punkte $(x_0, v(x_0)), \ldots, (x_{s-1}, v(x_{s-1}))$ approximiert. Damit erhält man durch Extrapolation in das Intervall $[x_{s-1}, x_s]$ eine Approximation von v in diesem Intervall. Durch Integration von x_{s-1} bis x_s ergibt dies eine Approximation des Integrals mit einer Quadraturformel zu den Stützstellen $x_0 = x, \ldots, x_{s-1} = x + (s-1)h$ (Fig. 13).

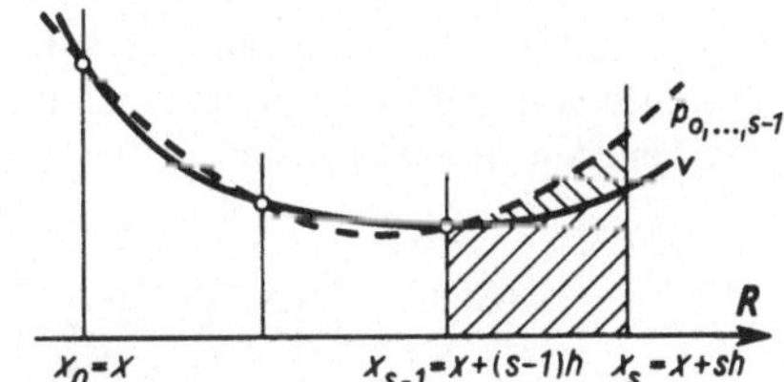

Fig. 13

Das Interpolationspolynom wählt man hier zweckmäßigerweise in der Newtonschen Darstellung. In diesem Falle sind nämlich die Koeffizienten der Quadraturformel unabhängig von der Schrittzahl s, so daß damit leicht die allgemeine Formel für beliebiges s angegeben werden kann. Mit absteigenden Differenzen hat das Interpolationspolynom die Darstellung 3.2.(22), also

(8) $$p_{0,\ldots,s-1}(t) = \sum_{j=0}^{s-1} (-1)^j \binom{-z}{j} \nabla^j v(x_{s-1}), \qquad z = \frac{t - x_{s-1}}{h}.$$

Damit erhält man für das Integral von x_{s-1} bis x_s die Darstellung

$$\frac{1}{h} \int_{x_{s-1}}^{x_s} p_{0,\ldots,s-1}(t)\,dt = \sum_{j=0}^{s-1} \gamma_j \nabla^j v(x_{s-1})$$

mit den Koeffizienten

$$\gamma_j = \frac{(-1)^j}{h} \int_{x_{s-1}}^{x_s} \binom{-z}{j} dt = (-1)^j \int_0^1 \binom{-z}{j} dz = \frac{1}{j!} \int_0^1 z(z+1)\ldots(z+j-1)\,dz$$

für $j = 0, 1, 2, \ldots$. Diese Koeffizienten kann man also leicht berechnen mit dem Ergebnis

(9) $$\gamma_0 = 1, \quad \gamma_1 = \tfrac{1}{2}, \quad \gamma_2 = \tfrac{5}{12}, \quad \gamma_3 = \tfrac{3}{8}, \quad \gamma_4 = \tfrac{251}{720}, \ldots.$$

Bezeichnen wir mit S das Restglied bei der Approximation von v durch das Interpolationspolynom, dann wird

(10) $$\frac{1}{h} \int_{x_{s-1}}^{x_s} v(t)\,dt = \sum_{j=0}^{s-1} \gamma_j \nabla^j v(x_{s-1}) + E(v)$$

mit dem Restglied dieser Quadraturformel

$$E(v) = \frac{1}{h} \int_{x_{s-1}}^{x_s} S(t)\,dt.$$

Wenn v ein Polynom $(s-1)$-ten Grades ist, so wird $S=0$ und damit $E(v)=0$. Diese Quadraturformel hat also mindestens den Genauigkeitsgrad $s-1$, und das zugehörige Restglied gestattet nach Abschnitt 4.1 für eine s-mal stetig differenzierbare Funktion v mit den eben erklärten Zahlen γ_s die Abschätzung

(11) $$|E(v)| \leq \frac{1}{s!} \max_{x \in I} |v^{(s)}(x)| \frac{1}{h} \int_{x_{s-1}}^{x_s} |(t-x_{s-1}) \ldots (t-x_0)|\,dt = \gamma_s h^s \max_{x \in I} |v^{(s)}(x)|$$

Approximiert man jetzt mit dieser Quadraturformel das Integral in (6) und vernachlässigt das Restglied, so erhält man für Näherungen u_h der Lösung u von (A) das Extrapolationsverfahren von Adams mit den Differenzengleichungen

(12) $$D_h u_h(x) = \sum_{j=0}^{s-1} \gamma_j \nabla^j f(x_{s-1}, u_h(x_{s-1})), \quad x_{s-1} = x + (s-1)h, \quad x \in I'_h.$$

Dies ist ein explizites Mehrschrittverfahren mit der Funktion

$$\begin{aligned} f_h(x, u_h(x), \ldots, u_h(x+sh)) &= \sum_{j=0}^{s-1} \gamma_j \nabla^j f(x_{s-1}, u_h(x_{s-1})) \\ &= \{f + \tfrac{1}{2}\nabla f + \tfrac{5}{12}\nabla^2 f + \tfrac{3}{8}\nabla^3 f + \cdots \\ &\qquad + \gamma_{s-1} \nabla^{s-1} f\}\,(x_{s-1}, u_h(x_{s-1})). \end{aligned}$$

Der Abschneidefehler T_h für dieses Verfahren genügt der Gleichung

$$T_h(x) = \frac{1}{h} \int_{x_{s-1}}^{x_s} u'(t)\,dt - f_h(x, u(x), \ldots, u(x+sh)) = E(u').$$

Also ist T_h gleich dem Fehlerglied der Quadraturformel (10) für $v=u'$, so daß man folgenden Satz erhält.

(13) *Wenn die Anfangswertaufgabe* (A) *eine Lösung* $u \in C^{s+1}(I)$ *besitzt, dann haben die Differenzengleichungen des Extrapolationsverfahrens von Adams mit der Schrittzahl* s *die Konsistenzordnung* $p=s$, *und der Abschneidefehler* T_h *gestattet die Abschätzung*

$$\max_{x \in I'_h} |T_h(x)| \leq \gamma_s h^s \max_{x \in I} |u^{(s+1)}(x)|, \quad 0 < h \leq \frac{b-a}{s}.$$

(ii) **Interpolationsverfahren.** Mit den obigen Bezeichnungen wird jetzt der Integrand v mit Hilfe des eindeutig bestimmten Interpolationspolynoms $p_{0,\ldots,s}$ durch die Punkte $(x_0, v(x_0)), \ldots, (x_s, v(x_s))$ approximiert. Damit erhält man im Intervall $[x_{s-1}, x_s]$

eine Näherung für v durch Interpolation. Integration von x_{s-1} bis x_s ergibt eine Quadraturformel zu den Stützstellen $x_0 = x, \dots, x_s = x + sh$ als Näherung für das Integral (Fig. 14).

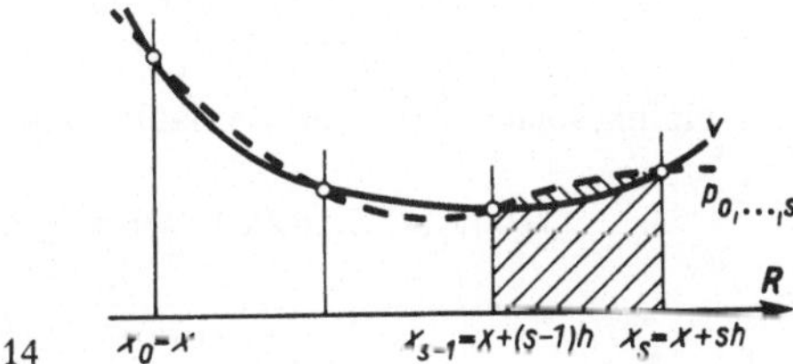

Fig. 14

In der Newtonschen Darstellung lautet dieses Polynom

(14) $$p_{0,\dots,s}(t) = \sum_{j=0}^{s} (-1)^j \binom{-z}{j} \nabla^j v(x_s), \qquad z = \frac{t - x_s}{h},$$

und das zugehörige Integral hat die Gestalt

$$\frac{1}{h} \int_{x_{s-1}}^{x_s} p_{0,\dots,s}(t)\,dt = \sum_{j=0}^{s} \gamma'_j \nabla^j v(x_s)$$

mit den Koeffizienten

$$\gamma'_j = \frac{(-1)^j}{h} \int_{x_{s-1}}^{x_s} \binom{-z}{j} dt = (-1)^j \int_{-1}^{0} \binom{-z}{j} dz = \frac{1}{j!} \int_{-1}^{0} z(z+1)\dots(z+j-1)\,dz$$

für $j = 0, 1, 2, \dots$. Speziell wird damit

(15) $$\gamma'_0 = 1, \ \gamma'_1 = -\tfrac{1}{2}, \ \gamma'_2 = -\tfrac{1}{12}, \ \gamma'_3 = -\tfrac{1}{24}, \ \gamma'_4 = -\tfrac{19}{720}, \dots.$$

Die auf diesem Wege definierte Quadraturformel lautet

(16) $$\frac{1}{h} \int_{x_{s-1}}^{x_s} v(t)\,dt = \sum_{j=0}^{s} \gamma'_j \nabla^j v(x_s) + E'(v).$$

Diese Formel hat nun den Genauigkeitsgrad s. Damit gestattet das Restglied $E'(v)$ für eine $(s+1)$-mal stetig differenzierbare Funktion v die Abschätzung

(17) $$\begin{aligned} |E'(v)| &\le \frac{1}{(s+1)!} \max_{x \in I} |v^{(s+1)}(x)| \frac{1}{h} \int_{x_{s-1}}^{x_s} |(t - x_s)\dots(t - x_0)|\,dt \\ &= |\gamma'_{s+1}|\, h^{s+1} \max_{x \in I} |v^{(s+1)}(x)|. \end{aligned}$$

Durch Approximation des Integrals in (6) mit dieser Quadraturformel gewinnt man die Differenzengleichungen des Interpolationsverfahrens von Adams,

$$\mathrm{D}_h u_h(x) = \sum_{j=0}^{s} \gamma'_j \nabla^j f(x_s, u_h(x_s)), \quad x_s = x + sh, \qquad x \in I'_h,$$

also ein implizites Mehrschrittverfahren mit der Funktion

$$\begin{aligned} f_h(x, u_h(x), \ldots, u_h(x+sh)) &= \sum_{j=0}^{s} \gamma'_j \nabla^j f(x_s, u_h(x_s)) \\ &= \{f - \tfrac{1}{2}\nabla f - \tfrac{1}{12}\nabla^2 f - \tfrac{1}{24}\nabla^3 f - \cdots \\ &\qquad + \gamma'_s \nabla^s f\}(x_s, u_h(x_s)). \end{aligned}$$

Der Abschneidefehler T_h hat mit dem Restglied E' der Quadraturformel (16) für $v = u'$ die Darstellung

$$T_h(x) = \frac{1}{h} \int_{x_{s-1}}^{x_s} u'(t)\,\mathrm{d}t - f_h(x, u(x), \ldots, u(x+sh)) = E'(u').$$

Mit der Abschätzung (17) folgt somit die Aussage

(18) *Wenn die Anfangswertaufgabe* (A) *eine Lösung* $u \in C^{s+2}(I)$ *besitzt, dann haben die Differenzengleichungen des Interpolationsverfahrens von Adams mit der Schrittzahl* s *die Konsistenzordnung* $p = s+1$, *und der Abschneidefehler gestattet die Abschätzung*

$$\max_{x \in I'_h} |T_h(x)| \leq |\gamma'_{s+1}| h^{s+1} \max_{x \in I} |u^{(s+2)}(x)|, \qquad 0 < h \leq \frac{b-a}{s}.$$

Interpolationsverfahren sind implizite Verfahren, da die gesuchte neue Näherung $u_h(x+sh)$ in den Differenzengleichungen auch auf der rechten Seite auftritt. Für hinreichend kleine Schrittweite h ist bei einem konvergenten Verfahren diese Gleichung immer eindeutig nach $u_h(x+sh)$ auflösbar, wenn die rechte Seite f der Differentialgleichung einer Lipschitz-Bedingung bezüglich des zweiten Arguments in einem Streifen G_1 um die Lösung u von (A) genügt. Wie man leicht zeigt, genügt damit auch die rechte Seite f_h der Differenzengleichungen einer Lipschitz-Bedingung der Gestalt

(19) $$|f_h(x, y_0, \ldots, y_{s-1}, y_s) - f_h(x, y_0, \ldots, y_{s-1}, y'_s)| \leq L |y_s - y'_s|$$

gleichmäßig für $0 < h \leq h_1$ und alle y_j mit $|y_j - u(x_j)| \leq \rho_1, j = 1, \ldots, s, |y'_s - u(x_s)| \leq \rho_1$. In diesem Falle konvergiert dann das iterative Verfahren

$$y_s^{(\nu+1)} = u_h(x_{s-1}) + h f_h(x, u_h(x), \ldots, u_h(x_{s-1}), y_s^{(\nu)})$$

für Anfangswerte $y_s^{(0)}$ aus der Umgebung $|y_s^{(0)} - u(x_s)| \leq \rho_1$, weil die rechte Seite bezüglich y_s eine kontrahierende Abbildung wird mit der Lipschitz-Konstanten $q = hL$ und somit $q < 1$ ausfällt für $h < 1/L$. Die gesuchte Lösung $u_h(x_s) = u_h(x+sh)$ ist dann gleich $\lim_{\nu\to\infty} y_s^{(\nu)}$. In der Praxis kann man nur endlich viele Näherungen bestimmen. Die a-priori-Fehlerabschätzung des Iterationsverfahrens ergibt die Ungleichung

$$|y_s^{(\nu)} - u_h(x_s)| \leq \frac{h^\nu L^\nu}{1-hL} |y_s^{(1)} - y_s^{(0)}|.$$

Wählt man etwa als grobe Ausgangsnäherung $y_s^{(0)} = u_h(x_{s-1})$, so wird $|y_s^{(1)} - y_s^{(0)}| \leq hM$ mit einer Schranke M für f_h auf dem Streifen G_1, und nach $\nu = s$ Iterationen ist der Fehler

$$|y_s^{(s)} - u_h(x_s)| \leq \frac{M L^s}{1-hL} h^{s+1}, \quad 0 < h < \frac{1}{L},$$

also in der Größenordnung $O(h^{s+1})$ des Abschneidefehlers der Differenzengleichungen.

(iii) **Extrapolations-Interpolationsverfahren oder Prädiktor-Korrektor-Verfahren.** Die Auflösung der impliziten Gleichungen bei den Interpolationsverfahren erfordert im allgemeinen einen zusätzlichen Rechenaufwand, den man durch die Prädiktor-Korrektor-Verfahren noch verringern kann. Da die impliziten Differenzengleichungen selbst nur Näherungen der Differentialgleichung mit der Konsistenzordnung $s+1$ sind, genügt es, die implizite Gleichung mit einer Genauigkeit $O(h^{s+1})$ zu lösen. Dazu wiederum ist bereits ein Schritt des obigen iterativen Lösungsverfahrens ausreichend, wenn die Ausgangsnäherung $y_s^{(0)}$ bereits die Genauigkeit $O(h^s)$ besitzt. In diesem Falle wird mit Hilfe der Lipschitz-Bedingung (19) nämlich

$$\begin{aligned} |y_s^{(1)} - u_h(x_s)| &= h| f_h(x, y_0, \ldots, y_{s-1}, y_s^{(0)}) - f_h(x, y_0, \ldots, y_{s-1}, u_h(x_s))| \\ &\leq hL|y_s^{(0)} - u_h(x_s)| = O(h^{s+1}), \end{aligned}$$

mit $y_j = u_h(x_j)$ für $j = 0, \ldots, s-1$.

Eine solche Näherung hat man jetzt zum Beispiel mit dem zugehörigen Extrapolationsverfahren der gleichen Schrittzahl s in einfacher Weise zur Verfügung. Hiermit erhält man ein weiteres Mehrschrittverfahren der Schrittzahl s, indem zunächst mit dem Extrapolationsverfahren als P r ä d i k t o r eine Näherung

$$\tilde{u}_h(x+sh) = u_h(x+(s-1)h) + hf_h^{\text{Ext}}(x, u_h(x), \ldots, u_h(x+(s-1)h))$$

für $u_h(x+sh)$ bestimmt wird und dann diese Näherung mit dem Interpolationsverfahren als K o r r e k t o r verbessert wird in der Gestalt

$$\begin{aligned} u_h(x+sh) = u_h(x+(s-1)h) &+ \\ &+ hf_h^{\text{Int}}(x, u_h(x), \ldots, u_h(x+(s-1)h), \tilde{u}_h(x+sh)). \end{aligned}$$

Dies entspricht einem Schritt des Iterationsverfahrens zur Lösung der impliziten Gleichung. Das Prädiktor-Korrektor-Verfahren ist somit ein s-Schritt-Verfahren mit den Differenzengleichungen

$$D_h u_h(x) = f_h(x, u_h(x), \ldots, u_h(x+sh)), \qquad x \in I'_h,$$

und der rechten Seite

$$\begin{aligned} f_h(x, y_0, \ldots, y_{s-1}, y_s) &= f_h^{\text{Int}}(x, y_0, \ldots, y_{s-1}, \tilde{y}_s), \\ \tilde{y}_s &= y_{s-1} + hf_h^{\text{Ext}}(x, y_0, \ldots, y_{s-1}) \end{aligned}$$

für $(x, y_0, \dots, y_s) \in I'_h \times \mathbf{K}^{s+1}$. Hier haben wir die rechten Seiten der Differenzengleichungen des Interpolationsverfahrens mit f_h^{Int} und des Extrapolationsverfahrens mit f_h^{Ext} abgekürzt und sichtbar gemacht, daß f_h^{Ext} von $y_0, \dots, y_{s-1}$, aber nicht von y_s abhängt. Für dieses Verfahren hat man den anschließenden Konsistenzsatz.

(20) *Wenn die Anfangswertaufgabe* (*A*) *eine Lösung* $u \in C^{s+2}(I)$ *besitzt und die rechte Seite* f_h^{Int} *des Interpolationsverfahrens einer Lipschitz-Bedingung* (19) *genügt, dann haben die Differenzengleichungen des Prädiktor-Korrektor-Verfahrens von Adams mit der Schrittzahl s die Konsistenzordnung* $p = s+1$, *und der Abschneidefehler* T_h *gestattet für* $0 < h \le h_1$ *die Abschätzungen*

$$|T_h(x)| \le |T_h^{\text{Int}}(x)| + hL|T_h^{\text{Ext}}(x)|, \qquad x \in I'_h,$$

sowie

$$\max_{x \in I'_h} |T_h(x)| \le K h^{s+1}, \qquad K = |\gamma'_{s+1}| \max_{x \in I} |u^{(s+2)}(x)| + \gamma_s L \max_{x \in I} |u^{(s+1)}(x)|.$$

Beweis. Mit dem Abschneidefehler T_h^{Ext} des Extrapolationsverfahrens wird zunächst

$$u(x_s) = u(x_{s-1}) + hf_h^{\text{Ext}}(x, u(x), \dots, u(x_{s-1})) + hT_h^{\text{Ext}}(x).$$

Für die Näherung $\tilde{u}(x_s)$ von $u(x_s)$ hat man damit die Darstellung

$$\tilde{u}(x_s) = u(x_{s-1}) + hf_h^{\text{Ext}}(x, u(x), \dots, u(x_{s-1})) = u(x_s) - hT_h^{\text{Ext}}(x).$$

Also genügt der Abschneidefehler T_h des Prädiktor-Korrektor-Verfahrens mit Hilfe der Lipschitz-Bedingung (19) der Abschätzung

$$\begin{aligned} |T_h(x)| &\le |\mathrm{D}_h u(x) - f_h^{\text{Int}}(x, u(x), \dots, u(x_s))| + \\ &\quad + |f_h^{\text{Int}}(x, u(x), \dots, u(x_s)) - f_h^{\text{Int}}(x, u(x), \dots, \tilde{u}(x_s))| \\ &\le |T_h^{\text{Int}}(x)| + hL|T_h^{\text{Ext}}(x)|, \qquad x \in I'_h. \end{aligned}$$

Damit folgt die Behauptung aus Satz (13) und Satz (18). ∎

Anschließend bringen wir als Beispiel das Prädiktor-Korrektor-Verfahren nach Adams mit der Schrittzahl $s=3$. Damit erhält man ein Verfahren der gleichen Konsistenzordnung $p=4$, wie sie das Runge-Kutta-Verfahren besitzt.

Beispiel. Für $s=3$ bestimmt man nach dem Prädiktor-Korrektor-Verfahren von Adams mit den Funktionswerten $f_j = f(x_j, u_h(x_j))$, $x_j = x + jh$, $j = 0, 1, 2, 3$, zunächst durch Extrapolation die Näherung

$$\tilde{u}_h(x_3) = u_h(x_2) + h\{f_2 + \tfrac{1}{2}\nabla f_2 + \tfrac{5}{12}\nabla^2 f_2\} = u_h(x_2) + \frac{h}{12}\{23f_2 - 16f_1 + 5f_0\}.$$

Anschließend berechnet man interpolatorisch die neue Näherung

$$\begin{aligned} u_h(x_3) &= u_h(x_2) + h\{\tilde{f}_3 - \tfrac{1}{2}\nabla\tilde{f}_3 - \tfrac{1}{12}\nabla^2\tilde{f}_3 - \tfrac{1}{24}\nabla^3\tilde{f}_3\} \\ &= u_h(x_2) + \frac{h}{24}\{9\tilde{f}_3 + 19f_2 - 5f_1 + f_0\}, \qquad \tilde{f}_3 = f(x_3, \tilde{u}_h(x_3)). \end{aligned}$$

12.2.3. Verfahren von Nyström und Milne. Die Differenzengleichungen der Mehrschrittverfahren von Nyström und Milne mit der Schrittzahl $s=2$, $s=3$ haben eine besonders einfache Gestalt, was auf die Tangententrapezregel bzw. die Quadraturformel von Simpson zur Herleitung dieser Gleichungen zurückzuführen ist. Entsprechend wird die Ableitung u' durch einen zentralen Differenzenquotienten approximiert. Leider sind diese Mehrschrittverfahren nur schwach stabil und daher im allgemeinen weniger geeignet als die Verfahren von Adams.

Zur Herleitung dieser Mehrschrittverfahren mit zentralen Differenzen integriert man die Differentialgleichung von $x+(s-2)h$ bis $x+sh$, also über ein Intervall der Länge $2h$, und approximiert das Integral über die rechte Seite durch Interpolation wie beim Verfahren von Adams. Die zugehörigen Extrapolationsverfahren oder Verfahren von Nyström und Interpolationsverfahren oder Verfahren von Milne lassen sich dann wieder zum Prädiktor-Korrektor-Verfahren vereinigen. Die Überlegungen hierzu sind ganz analog wie beim Verfahren von Adams, so daß wir dies hier nicht mehr in allen Einzelheiten ausführen wollen.

Für eine Schrittzahl s und einen beliebigen Gitterpunkt $x\in I'_h$ erhält man durch Integration der Differentialgleichung von $x_{s-2}=x+(s-2)h$ bis $x_s=x+sh$ die Gleichung

$$\text{(21)} \qquad \mathrm{D}_h u(x) = \frac{1}{2h}\int_{x_{s-2}}^{x_s} u'(t)\,\mathrm{d}t = \frac{1}{2h}\int_{x_{s-2}}^{x_s} f(t,u(t))\,\mathrm{d}t$$

mit dem zentralen Differenzenquotienten an der Stelle x_{s-1},

$$\mathrm{D}_h u(x) = \frac{1}{2h}(u(x+sh)-u(x+(s-2)h)), \qquad x\in I'_h.$$

(i) **Extrapolationsverfahren**

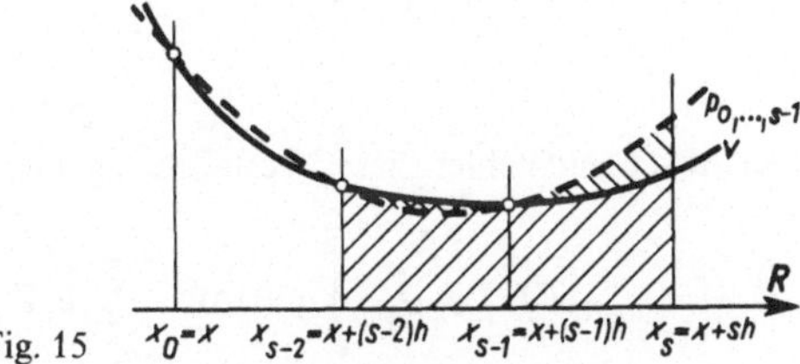

Fig. 15

Mit dem Interpolationspolynom $p_{0,\dots,s-1}$ in (8) und der Abkürzung $v=u'=f(t,u)$ gilt hier die Beziehung

$$\frac{1}{2h}\int_{x_{s-2}}^{x_s} p_{0,\dots,s-1}(t)\,\mathrm{d}t = \sum_{j=0}^{s-1} \mu_j \nabla^j v(x_{s-1})$$

mit den Koeffizienten

$$\mu_j = \frac{(-1)^j}{2h} \int_{x_{s-2}}^{x_s} \binom{-z}{j} \mathrm{d}t = \frac{(-1)^j}{2} \int_{-1}^{+1} \binom{-z}{j} \mathrm{d}z$$

$$= \frac{1}{2 \cdot j!} \int_{-1}^{+1} z(z+1)\dots(z+j-1)\,\mathrm{d}z$$

für $z=(t-x_{s-1})/h$ und $j=0,1,2,\dots$, also

$$\mu_0=1, \quad \mu_1=0, \quad \mu_2=\tfrac{1}{6}, \quad \mu_3=\tfrac{1}{6}, \quad \mu_4=\tfrac{29}{180}, \dots.$$

Für die Approximation des Integrals in (21) hat man so die Quadraturformel

$$\frac{1}{2h} \int_{x_{s-2}}^{x_s} v(t)\,\mathrm{d}t = \sum_{j=0}^{s-1} \mu_j \nabla^j v(x_{s-1}) + E(v).$$

Diese Quadraturformel besitzt mindestens den Genauigkeitsgrad $s-1$. Dementsprechend gestattet das Restglied die Abschätzung

$$|E(v)| \le \frac{h^s}{2 \cdot s!} \int_{-1}^{+1} |z(z+1)\dots(z+s-1)|\,\mathrm{d}z \max_{x \in I} |v^{(s)}(x)|.$$

Das Verfahren von Nyström oder Extrapolationsverfahren mit zentralen Differenzen hat also die Gestalt

$$\text{(22)} \qquad \frac{1}{2h}(u_h(x_s)-u_h(x_{s-2})) = (f+\tfrac{1}{6}\nabla^2 f+\tfrac{1}{6}\nabla^3 f+\cdots$$
$$+\mu_{s-1}\nabla^{s-1} f)(x_{s-1}, u_h(x_{s-1})).$$

Der Abschneidefehler dieses Verfahrens genügt der Gleichung

$$T_h(x) = \frac{1}{2h} \int_{x_{s-2}}^{x_s} u'(t)\,\mathrm{d}t - \sum_{j=0}^{s-1} \mu_j \nabla^j f(x_{s-1}, u(x_{s-1})) = E(u').$$

Mit Hilfe der obigen Abschätzung erhält man daher den anschließenden Konsistenzsatz.

(23) *Wenn die Lösung u der Anfangswertaufgabe (A) aus $C^{s+1}(I)$ ist, dann haben die Differenzengleichungen des Verfahrens von Nyström* (22) *für die Schrittzahl s die Konsistenzordnung $p=s$.*

Beispiel. Mit der Schrittzahl $s=2$ haben die Differenzengleichungen die Konsistenzordnung $p=2$ und die einfache Gestalt

$$\frac{1}{2h}(u_h(x+2h)-u_h(x))=f(x+h,u_h(x+h)), \qquad x\in I'_h.$$

Diese Formel geht durch Approximation des Integrals in (21) mit der Tangententrapezregel hervor. Für die Schrittzahl $s=3$ (s. Fig. 15) und die Konsistenzordnung $p=3$ lauten die expliziten Differenzengleichungen von Nyström mit den Abkürzungen $x_j=x+jh$, $f_j=f(x_j,u_h(x_j))$ für $j=0,\ldots,3$ auch

$$\frac{1}{2h}(u_h(x_3)-u_h(x_1))=\tfrac{1}{6}(7f_2-2f_1+f_0).$$

(ii) **Interpolationsverfahren**

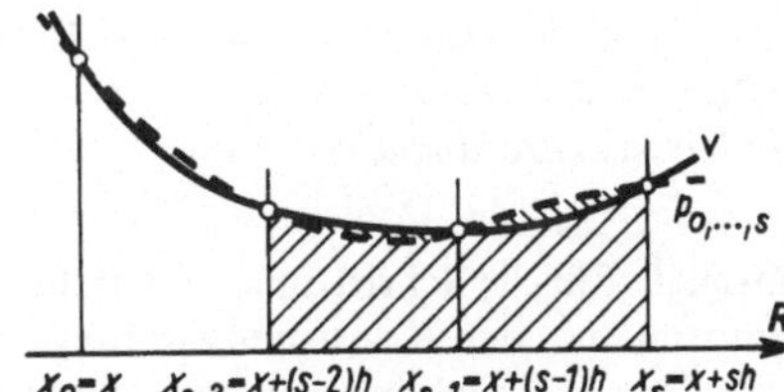

Fig. 16

Mit dem Interpolationspolynom in (14) wird

$$\frac{1}{2h}\int_{x_{s-2}}^{x_s} p_{0,\ldots,s}(t)\,\mathrm{d}t=\sum_{j=0}^{s}\mu'_j\nabla^j v(x_s).$$

Die Koeffizienten haben jetzt die Gestalt

$$\mu'_j=\frac{(-1)^j}{2h}\int_{x_{s-2}}^{x_s}\binom{-z}{j}\mathrm{d}t=\frac{(-1)^j}{2}\int_{-2}^{0}\binom{-z}{j}\mathrm{d}z$$

$$=\frac{1}{2j!}\int_{-2}^{0} z(z+1)\ldots(z+j-1)\,\mathrm{d}z$$

für $z=(t-x_s)/h$ und $j=0,1,2,\ldots$, oder

$$\mu'_0=1, \quad \mu'_1=-1, \quad \mu'_2=\tfrac{1}{6}, \quad \mu'_3=0, \quad \mu'_4=-\tfrac{1}{180},\ldots.$$

Die zugehörige Quadraturformel

$$\frac{1}{2h}\int_{x_{s-2}}^{x_s} v(t)\,\mathrm{d}t=\sum_{j=0}^{s}\mu'_j\nabla^j v(x_s)+E'(v)$$

hat mindestens den Genauigkeitsgrad s. Das Restglied genügt somit der Ungleichung

$$|E'(v)| \leq \frac{h^{s+1}}{2(s+1)!} \int_{-2}^{0} |z(z+1)\ldots(z+s)|\,\mathrm{d}z \max_{x\in I} |v^{(s+1)}(x)|.$$

Das Interpolationsverfahren mit zentralen Differenzen oder Verfahren von Milne wird dann durch die Differenzengleichungen definiert

(24)
$$\frac{1}{2h}(u_h(x_s)-u_h(x_{s-2}))=(f-\nabla f+\tfrac{1}{6}\nabla^2 f-\tfrac{1}{180}\nabla^4 f+\cdots$$
$$+\mu_s'\nabla^s f)(x_s,u_h(x_s)).$$

Der Abschneidefehler T_h dieses Verfahrens ist wieder gleich dem Restglied $E'(v)$ der Quadraturformel für $v=u'$ und daher hat man den Satz

(25) *Wenn die Anfangswertaufgabe* (A) *eine Lösung* $u\in C^{s+2}(I)$ *besitzt, dann haben die Differenzengleichungen des Interpolationsverfahrens von Milne* (24) *für die Schrittzahl* s *die Konsistenzordnung* $p=s+1$.

Beispiel. Für die Schrittzahl $s=3$ (s. Fig. 16) erhält man hier das Verfahren von Milne-Simpson mit der Konsistenzordnung $p=4$. Die Differenzengleichungen (24) kann man für $s=3$ auch in der Form schreiben

$$\frac{1}{2h}(u_h(x_3)-u_h(x_1))=\tfrac{1}{6}(f_3+4f_2+f_1).$$

Dieses ist also eine implizite Gleichung zur Bestimmung der neuen Näherung $u_h(x_3)$. Die Formel entsteht durch Anwendung der Quadraturformel von Simpson auf die rechte Seite in Gleichung (21). Als Prädiktor-Korrektor-Verfahren mit der Schrittzahl $s=3$ und der Konsistenzordnung $p=4$ bestimmt man dementsprechend aus dem Extrapolationsverfahren zunächst die Näherungen

$$\tilde{u}_h(x_3)=u_h(x_1)+\frac{h}{3}(7f_2-2f_1+f_0), \qquad \tilde{f}_3=f(x_3,\tilde{u}_h(x_3)),$$

und dann mit dem Interpolationsverfahren den Näherungswert $u_h(x_3)$ nach der Vorschrift

$$u_h(x_3)=u_h(x_1)+\frac{h}{3}(\tilde{f}_3+4f_2+f_1).$$

12.2.4. Verfahren von Störmer und Cowell für spezielle Differentialgleichungen zweiter Ordnung. Mit den gleichen Methoden wie bei Differentialgleichungen erster Ordnung lassen sich auch Differenzenapproximationen für Anfangswertaufgaben bei Differentialgleichungen zweiter Ordnung gewinnen. Dies soll anschließend für einen speziellen Typ von Gleichungen erläutert werden. Dabei erhält man die Mehrschrittverfahren von Störmer und Cowell, also explizite und implizite Differenzenapproximationen zur näherungsweisen Integration einer Differentialgleichung zweiter Ordnung.

Für das beschränkte abgeschlossene Intervall $I=[a,b]$ suchen wir eine Lösung der speziellen Differentialgleichung zweiter Ordnung

$$u''(x)=f(x,u(x)), \qquad x\in I,$$

mit der Anfangsbedingung

$$u(a)=\alpha, \qquad u'(a)=\alpha'.$$

Wir setzen voraus, daß diese Aufgabe eine eindeutig bestimmte, zweimal stetig differenzierbare Lösung $u\in C^2(I)$ besitzt. Für die Herleitung der Differenzengleichungen des Mehrschrittverfahrens mit einer Schrittzahl $s\geq 2$ und Gitterpunkten $x_j=x+jh\in I_h'$, $j=0,\ldots,s$, multipliziert man zunächst beide Seiten der Differentialgleichung mit der Funktion $1-|t-x_{s-1}|/h$ und integriert von x_{s-2} bis x_s. Wie man sofort nachrechnet, wird dann

$$\text{(26)} \qquad \begin{aligned} D_h^2 u(x) &= \frac{1}{h}\int\limits_{x_{s-2}}^{x_s}\left(1-\frac{1}{h}|t-x_{s-1}|\right)u''(t)\,dt \\ &= \frac{1}{h}\int\limits_{x_{s-2}}^{x_s}\left(1-\frac{1}{h}|t-x_{s-1}|\right)f(t,u(t))\,dt \end{aligned}$$

mit der Abkürzung D_h^2 für den zentralen Differenzenquotienten zweiter Ordnung an der Stelle $x_{s-1}=x+(s-1)h$, also

$$D_h^2 u(x) = \frac{1}{h^2}(u(x_s)-2u(x_{s-1})+u(x_{s-2})), \qquad x\in I_h'.$$

(i) **Extrapolationsverfahren.** Wie bei Differentialgleichungen erster Ordnung kann man jetzt die Funktion $v(t)=u''(t)=f(t,u(t))$, $t\in I$, mit den Stellen $x_0,\ldots,x_{s-1}$ durch das zugehörige Interpolationspolynom $p_{0,\ldots,s-1}$ in (8) approximieren. Dann wird

$$\frac{1}{h}\int\limits_{x_{s-2}}^{x_s}\left(1-\frac{1}{h}|t-x_{s-1}|\right)p_{0,\ldots,s-1}(t)\,dt=\sum_{j=0}^{s-1}\sigma_j\nabla^j v(x_{s-1})$$

mit den Koeffizienten

$$\begin{aligned} \sigma_j &= \frac{(-1)^j}{h}\int\limits_{x_{s-2}}^{x_s}\left(1-\frac{1}{h}|t-x_{s-1}|\right)\binom{-z}{j}dt \\ &= \frac{1}{j!}\int\limits_{-1}^{+1}(1-|z|)z(z+1)\ldots(z+j-1)\,dz \end{aligned}$$

für $z=(t-x_{s-1})/h$ und $j=0,1,2,\ldots$, oder

$$\sigma_0=1, \quad \sigma_1=0, \quad \sigma_2=\tfrac{1}{12}, \quad \sigma_3=\tfrac{1}{12}, \quad \sigma_4=\tfrac{19}{240}, \ldots.$$

Die zugehörige Quadraturformel

$$\frac{1}{h}\int_{x_{s-2}}^{x_s}\left(1-\frac{1}{h}|t-x_{s-1}|\right)v(t)\,\mathrm{d}t=\sum_{j=0}^{s-1}\sigma_j\nabla^j v(x_{s-1})+E(v)$$

hat mindestens den Genauigkeitsgrad $s-1$, und das Restglied $E(v)$ genügt der Abschätzung

$$|E(v)|\leq\frac{h^s}{s!}\int_{-1}^{+1}(1-|z|)|z(z+1)\ldots(z+s-1)|\,\mathrm{d}z\max_{x\in I}|v^{(s)}(x)|.$$

Das Extrapolationsverfahren von Störmer führt damit auf die Differenzengleichungen

$$(27)\qquad \frac{1}{h^2}(u_h(x_s)-2u_h(x_{s-1})+u_h(x_{s-2}))=(f+\tfrac{1}{12}\nabla^2 f+\tfrac{1}{12}\nabla^3 f+\cdots$$
$$+\sigma_{s-1}\nabla^{s-1}f)(x_{s-1},u_h(x_{s-1})).$$

Für eine Lösung u der Anfangswertaufgabe mit $u\in C^{s+2}(I)$ genügt der Abschneidefehler T_h dieses Verfahrens der Beziehung

$$T_h(x)=\mathrm{D}_h^2 u(x)-\sum_{j=0}^{s-1}\sigma_j\nabla^j f(x_{s-1},u(x_{s-1}))=E(u'')=\mathrm{O}(h^s).$$

Die Konsistenzordnung dieses Verfahrens ist somit $p=s$.

Beispiel. Für die Schrittzahl $s=3$ erhält man hier das bekannte Extrapolationsverfahren von Störmer der Konsistenzordnung $p=3$. Mit den Abkürzungen $x_j=x+jh$, $f_j=f(x_j,u_h(x_j))$, $j=0,1,2,3$, lauten die zugehörigen Differenzengleichungen

$$u_h(x_3)=2u_h(x_2)-u_h(x_1)+\frac{h^2}{12}(13f_2-2f_1+f_0).$$

(ii) **Interpolationsverfahren.** Mit dem Interpolationspolynom $p_{0,\ldots,s}$ in (14) und für die Funktion $v(t)=u''(t)=f(t,u(t))$, $t\in I$, geht man hier von der Darstellung aus

$$\frac{1}{h}\int_{x_{s-2}}^{x_s}\left(1-\frac{1}{h}|t-x_{s-1}|\right)p_{0,\ldots,s}(t)\,\mathrm{d}t=\sum_{j=0}^{s}\sigma_j'\nabla^j v(x_s)$$

mit den Koeffizienten

$$\sigma'_j = \frac{(-1)^j}{h} \int_{x_{s-2}}^{x_s} \left(1 - \frac{1}{h}|t - x_{s-1}|\right)\binom{-z}{j} \mathrm{d}t$$

$$= \frac{1}{j!} \int_{-2}^{0} (1 - |z+1|) z \ldots (z+j-1) \mathrm{d}z$$

$$= \frac{1}{j!} \int_{-1}^{+1} (1 - |z|)(z-1) z \ldots (z+j-2) \mathrm{d}z$$

für $z = (t - x_s)/h$ und $j = 0, 1, 2, \ldots$, oder

$$\sigma'_0 = 1, \quad \sigma'_1 = -1, \quad \sigma'_2 = \tfrac{1}{12}, \quad \sigma'_3 = 0, \quad \sigma'_4 = -\tfrac{1}{240}, \ldots.$$

Die zugehörige Quadraturformel

$$\frac{1}{h} \int_{x_{s-2}}^{x_s} \left(1 - \frac{1}{h}|t - x_{s-1}|\right) v(t) \mathrm{d}t = \sum_{j=0}^{s} \sigma'_j \nabla^j v(x_s) + E'(v)$$

hat mindestens den Genauigkeitsgrad s, und das Restglied gestattet die Abschätzung

$$|E'(v)| \leq \frac{h^{s+1}}{(s+1)!} \int_{-1}^{+1} (1 - |z|) |(z-1) z \ldots (z+s-1)| \mathrm{d}z \max_{x \in I} |v^{(s+1)}(x)|.$$

Das Interpolationsverfahren von Cowell wird dann durch die Differenzengleichungen definiert

(28) $$\frac{1}{h^2}(u_h(x_s) - 2u_h(x_{s-1}) + u_h(x_{s-2})) = (f - \nabla f + \tfrac{1}{12}\nabla^2 f - \tfrac{1}{240}\nabla^4 f + \cdots + \sigma'_s \nabla^s f)(x_s, u_h(x_s)).$$

Mit einer Lösung u der Anfangswertaufgabe mit $u \in C^{s+3}(I)$ gilt für den Abschneidefehler T_h mit dem obigen Restglied $E'(v)$ und $v = u''$ die Darstellung

$$T_h(x) = \mathrm{D}_h^2 u(x) - \sum_{j=0}^{s} \sigma'_j \nabla^j f(x_s, u(x_s)) = E'(u'') = \mathrm{O}(h^{s+1}).$$

Die Konsistenzordnung dieses Verfahrens ist damit $p = s + 1$.

Beispiel. Für die Schrittzahl $s = 3$ nimmt die Differenzengleichung die einfache Gestalt an

$$\frac{1}{h^2}(u_h(x_3) - 2u_h(x_2) + u_h(x_1)) = \frac{1}{12}(f_3 + 10 f_2 + f_1).$$

Diese implizite Gleichung wird nach dem Prädiktor-Korrektor-Verfahren mit der Genauigkeit $O(h^4)$ gelöst, indem zunächst extrapolatorisch der Näherungswert bestimmt wird

$$\tilde{u}_h(x_3)=2u_h(x_2)-u_h(x_1)+\frac{h^2}{12}(13f_2-2f_1+f_0), \qquad \tilde{f}_3=f(x_3,\tilde{u}_h(x_3)),$$

und dann als neuer Wert $u_h(x_3)$ aus dem Interpolationsverfahren gesetzt wird

$$u_h(x_3)=2u_h(x_2)-u_h(x_1)+\frac{h^2}{12}(\tilde{f}_3+10f_2+f_1).$$

12.3. Konvergenz

Die Konvergenz der allgemeinen Mehrschrittverfahren (A_h) ist wesentlich schwieriger zu beweisen, als dies bei den expliziten Einschrittverfahren in Abschnitt 11.3 der Fall war. Die Differenzengleichungen des Mehrschrittverfahrens definieren die gesuchte neue Näherung $u_h(x+sh)$ durch eine implizite Gleichung, so daß mit der Frage nach der Konvergenz zugleich die Frage nach der Existenz und Eindeutigkeit von Lösungen des Mehrschrittverfahrens beantwortet werden muß. Im allgemeinen ist weiter eine Einschränkung der betrachteten Differenzenquotienten D_h durch die sogenannte Wurzelbedingung erforderlich. Da wir hier jedoch nur Beispiele von Mehrschrittverfahren mit einfachen speziellen Differenzenquotienten D_h kennengelernt haben, beschränken wir uns bei den anschließenden Konvergenz- und Stabilitätssätzen auf diesen Fall. Für Lipschitz-stetige Mehrschrittverfahren (A_h) dieser Gestalt ist dann die Konsistenz von (A_h) mit der Anfangswertaufgabe (A) notwendig und hinreichend für die eindeutige Lösbarkeit der Differenzengleichungen für genügend kleine Schrittweiten und die Konvergenz der Lösungen u_h und ihrer Differenzenquotienten $D_h u_h$ gegen die Lösung u von (A) und ihre Ableitung u'. Für ein konsistentes Mehrschrittverfahren können bei hinreichend kleiner Schrittweite die impliziten Differenzengleichungen immer durch das Iterationsverfahren gelöst werden. Mit dem allgemeinen Konvergenzsatz wird anschließend die Konvergenz der speziellen Mehrschrittverfahren aus Abschnitt 12.2 bewiesen. Weiter ist noch von Interesse, daß mit dem allgemeinen Konvergenzsatz auch für implizite Einschrittverfahren die eindeutige Lösbarkeit und Konvergenz erhalten wird.

12.3.1. Der allgemeine Konvergenzsatz. Wir machen im folgenden wieder die Voraussetzung, daß die Anfangswertaufgabe

$$(A) \qquad u(a)=\alpha, \quad u'(x)=f(x,u(x)), \quad x\in I=[a,b],$$

eine eindeutig bestimmte stetig differenzierbare Lösung $u\in C^1(I)$ besitzt. Hierfür soll anschließend die Konvergenz von Mehrschrittverfahren (A_h) der Gestalt

$$(1) \qquad \begin{aligned} D_h u_h(x)&=f_h(x,u_h(x),\dots,u_h(x+sh)), \quad x\in I'_h,\\ u_h(x)&=\alpha_h(x), \quad x=a_j=a+jh, \quad j=0,\dots,s-1, \end{aligned}$$

bewiesen werden. Zur Vereinfachung im folgenden betrachten wir nur spezielle Differenzenquotienten D_h, die mit einer natürlichen Zahl ν in $1 \leq \nu \leq s$ die einfache Gestalt haben

$$\text{(2)} \qquad D_h v(x) = \frac{1}{\nu h}\left(v(x+sh) - v(x+(s-\nu)h)\right)$$

für $a \leq x \leq b-sh$ bzw. $x \in I'_h$ und $0 < h \leq (b-a)/\nu$. Der Abschneidefehler T_h der Differenzengleichungen des Mehrschrittverfahrens hat hier die Darstellung

$$\text{(3)} \qquad T_h(x) = D_h u(x) - f_h(x, u(x), \ldots, u(x+sh)), \qquad x \in I'_h .$$

Wenn das Mehrschrittverfahren (A_h) eine Lösung u_h auf I_h besitzt, dann genügt der Fehler $r_h(x) = u_h(x) - u(x)$, $x \in I_h$, den Gleichungen

$$\text{(4)} \qquad \begin{aligned} D_h r_h(x) &= f_h(x, u_h(x), \ldots, u_h(x+sh)) - f_h(x, u(x), \ldots, u(x+sh)) - T_h(x), \quad x \in I'_h , \\ r_h(x) &= \alpha_h(x) - u(x), \qquad x = a_j, \qquad j = 0, \ldots, s-1 . \end{aligned}$$

Für die Abschätzung der rechten Seite benötigt man wieder eine Lipschitz-Bedingung für f_h. Das Mehrschrittverfahren (A_h) heißt daher Lipschitz-stetig in einer Umgebung der Lösung u von (A), wenn es Lipschitz-Konstanten $L_0, \ldots, L_s$, eine positive Zahl h_1 und eine Umgebung G_1 von u gibt, so daß für jede Schrittweite h in $0 < h \leq h_1$ die Lipschitz-Bedingung gilt

$$(L) \qquad |f_h(x, y_0, \ldots, y_s) - f_h(x, y'_0, \ldots, y'_s)| \leq \sum_{j=0}^{s} L_j |y_j - y'_j|$$

für alle y_j, y'_j mit der Eigenschaft

$$(x_j, y_j), (x_j, y'_j) \in G_1 = \{(x, z) \in I \times \mathbf{K} \mid |z - u(x)| \leq \rho_1, a \leq x \leq b\}$$

mit $x_j = x + jh$, $x \in I'_h$, und $j = 0, \ldots, s$.

Hiermit läßt sich ein allgemeiner Satz über die eindeutige Lösbarkeit und Konvergenz des Mehrschrittverfahrens (A_h) beweisen. Dieser Satz ist eine Verallgemeinerung des Konvergenzsatzes 11.3. (5) für explizite Einschrittverfahren.

(5) *Das Mehrschrittverfahren (A_h) der Gestalt* (1), (2) *sei Lipschitz-stetig in einer Umgebung G_1 der Lösung u der Anfangswertaufgabe (A). Dann ist die Konsistenz von (A_h) mit (A) notwendig und hinreichend für die Existenz und Eindeutigkeit der Lösungen u_h von (A_h) in der Umgebung G_1 der Lösung u von (A) für genügend kleine Schrittweiten h und die Konvergenz der Folge u_h gegen u und der Differenzenquotienten $D_h u_h$ gegen die Ableitung u' gemäß*

$$\text{(6)} \qquad \max_{x \in I_h} |u_h(x) - u(x)| \longrightarrow 0, \qquad \max_{x \in I'_h} |D_h u_h(x) - u'(x)| \longrightarrow 0 \qquad (h \longrightarrow 0) .$$

Für konsistente Verfahren existiert eine positive Zahl h_0, so daß der Fehler $u_h - u$ für jedes h in $0 < h \leq h_0$ der a-priori-Ungleichung genügt

$$\text{(7)} \qquad \begin{aligned} &|u_h(x) - u(x)| \\ &\leq \left\{ \max_{x' = a_0, \ldots, a_{s-1}} |\alpha_h(x') - u(x')| + \nu_h (x - a_{s-1}) \max_{x' \in I'_h} |T_h(x')| \right\} e^{\nu_h L (x - a_{s-1})} \end{aligned}$$

für $x \in I_h$, $x \geq a_{s-1} = a+(s-1)h$, *und mit den Abkürzungen*

(8) $$L = L_0 + \cdots + L_s, \qquad \nu_h = \frac{\nu}{1 - \nu h L_s}.$$

Besitzt das Mehrschrittverfahren eine Konsistenzordnung $p>0$ *im Sinne von* 12.2. (4), *dann gilt darüber hinaus die a-priori-Fehlerabschätzung*

(9) $$|u_h(x) - u(x)| \leq K h^p (1 + \nu_h (x - a_{s-1})) e^{\nu_h L (x - a_{s-1})}, \qquad x \geq a_{s-1}, \qquad x \in I_h.$$

Beweis. (i) Aus der obigen Konvergenzbedingung (6) erhält man zunächst die Konvergenz der Anfangswerte

$$\max_{x = a_0, \ldots, a_{s-1}} |\alpha_h(x) - u(x)| \leq \max_{x \in I_h} |u_h(x) - u(x)| \longrightarrow 0 \qquad (h \longrightarrow 0).$$

Weiter hat man für den Abschneidefehler die Darstellung

$$T_h(x) = f_h(x, u_h(x), \ldots, u_h(x+sh)) - f_h(x, u(x), \ldots, u(x+sh)) + \\ + \mathrm{D}_h u(x) - \mathrm{D}_h u_h(x).$$

Die Differenzenquotienten $\mathrm{D}_h u$ für die Lösung $u \in C^1(I)$ konvergieren gleichmäßig gegen u' mit der Abschätzung

$$\max_{x \in I_h'} |\mathrm{D}_h u(x) - u'(x)| \leq \max_{\substack{a \leq x \leq b - sh \\ 0 \leq t \leq sh}} |u'(x+t) - u'(x)| \longrightarrow 0 \qquad (h \longrightarrow 0).$$

Mit Hilfe von (6) erhält man weiter, daß für genügend kleines h die Punkte $(x_j, u_h(x_j))$ in dem oben definierten Streifen G_1 um die Lösung u von (A) liegen, so daß die Lipschitz-Bedingung (L) anwendbar ist mit dem Ergebnis

$$\max_{x \in I_h'} |T_h(x)| \leq L \max_{x \in I_h} |u_h(x) - u(x)| + \max_{x \in I_h'} |\mathrm{D}_h u_h(x) - u'(x)| + \\ + \max_{x \in I_h'} |\mathrm{D}_h u(x) - u'(x)| \longrightarrow 0 \qquad (h \longrightarrow 0).$$

Damit ist die Konsistenzbedingung 12.2. (3) bewiesen.

(ii) Jetzt sei das Mehrschrittverfahren (A_h) konsistent mit der Anfangswertaufgabe (A), so daß der folgende Ausdruck gegen Null strebt

$$\tau_h = \max_{x = a_0, \ldots, a_{s-1}} |\alpha_h(x) - u(x)| + \max_{x \in I'_h} |T_h(x)| \longrightarrow 0 \qquad (h \longrightarrow 0).$$

Damit kann man positive Zahlen h_0, C bestimmen mit den Eigenschaften

$$C = (1 + \nu_{h_0}(b-a)) \exp(\nu_{h_0} L (b-a)) \geq 1, \qquad h_0 < \min\left(h_1, \frac{1}{\nu L_s}, \frac{1}{s}(b-a)\right)$$

und $$\tau_h \leq \rho_1 \frac{1 - \nu h_0 L_s}{C(1 + \nu h_0 + \nu h_0 L)} \leq \rho_1$$

für jede Schrittweite h in $0 < h \leq h_0$. Für das Folgende definieren wir zur Abkürzung noch die monoton wachsende Schrankenfunktion ρ_h auf I_h durch die Vorschrift

(10a) $$\rho_h(x) = \max_{x'=a_0,\ldots,a_{s-1}} |\alpha_h(x') - u(x')|, \quad x = a_0,\ldots,a_{s-1},$$

und

(10b) $$\rho_h(x) = \left\{\rho_h(a_{s-1}) + v_h(x-a_{s-1}) \max_{x'\in I_h} |T_h(x')|\right\} e^{v_h L(x-a_{s-1})}$$

für $x \geq a_{s-1}$, $x \in I'_h$. Der Beweis wird nun durch Induktion nach x geführt. Auf dem Anfangsstück $a_0,\ldots,a_{s-1}$ ist die Lösung u_h des Mehrschrittverfahrens (A_h) durch die Anfangsbedingungen trivialerweise eindeutig explizit bestimmt und genügt der Abschätzung

$$|r_h(x)| = |u_h(x) - u(x)| \leq \rho_h(x) \leq \tau_h, \qquad x = a_0,\ldots,a_{s-1}.$$

Für $0 < h \leq h_0$ ist $\tau_h \leq \rho_1$, so daß die Punkte $(x_j, u_h(x_j))$ in der Umgebung G_1 der Lösung u von (A) liegen für $x_j = a_j$, $j = 0,\ldots,s-1$. Wenn die eindeutige Lösbarkeit der Gleichungen des Mehrschrittverfahrens und die a-priori-Fehlerabschätzung bereits bewiesen sind für alle Gitterpunkte von der Stelle a_{s-1} bis zu einer Stelle $x'-h$, dann gilt dies auch an der Stelle $x' \in I_h$, wie wir anschließend zeigen.

(iii) Zunächst beweisen wir mit Hilfe des Banachschen Fixpunktsatzes für eine beliebige Schrittweite in $0 < h \leq h_0$ die eindeutige Lösbarkeit der Differenzengleichung nach $u_h(x')$ in der Umgebung G_1 von u. Dies ist gleichbedeutend mit der Existenz einer eindeutig bestimmten Lösung der Gleichung $z = g(z)$ der Funktion

$$g(y) = u_h(x_{s-\nu}) + \nu h f_h(x_0, y_0,\ldots,y_{s-1}, y), \qquad |y - u(x_s)| \leq \rho_1,$$

und mit den Abkürzungen

$$x_0 = x' - sh, \qquad x_j = x_0 + jh, \qquad y_j = u_h(x_j), \qquad j = 0,\ldots,s.$$

Nach Induktionsvoraussetzung ist dann $(x_j, y_j) \in G_1$ für $j = 0,\ldots,s-1$ und somit die Lipschitz-Bedingung (L) anwendbar mit dem Ergebnis

$$|g(y) - g(y')| \leq \nu h L_s |y - y'| \leq q|y - y'|$$

für (x_s, y), $(x_s, y') \in G_1$. Nach Konstruktion von h_0 ist $q = \nu h_0 L_s < 1$ und somit g eine Kontraktion. Die Funktion g bildet das Intervall bzw. die Kreisscheibe $K_{\rho_1}(c)$: $|y - u(x_s)| \leq \rho_1$, $c = u(x_s)$, in sich ab. Es wird nämlich

$$c - g(c) = \nu h T_h(x_0) - r_h(x_{s-\nu}) - \nu h f_h(x_0, y_0,\ldots,y_{s-1}, c) + \\ + \nu h f_h(x_0, u(x_0),\ldots,u(x_s)).$$

Nach Induktionsvoraussetzung gilt die a-priori-Ungleichung für die Fehler r_h bis zur Stelle x_{s-1} und damit die Abschätzung $|r_h(x_j)| \leq C\tau_h$ für $j = 0,\ldots,s-1$, so daß mit Hilfe der Lipschitz-Bedingung (L) die Abschätzung folgt

$$|c - g(c)| \leq \nu h \tau_h + C\tau_h + \nu h L C \tau_h \leq C(1 + \nu h_0 + \nu h_0 L)\tau_h \leq (1-q)\rho_1$$

für jedes h in $0 < h \leq h_0$. Der Banachsche Fixpunktsatz ergibt somit die eindeutige Lösbarkeit der Gleichung $z = g(z)$ in $K_{\rho_1}(c)$, also eine eindeutig bestimmte Lösung $z = u_h(x_s)$ der Differenzengleichung von (A_h) an der Stelle $x = x_0$ mit $(x_s, z) = (x_s, u_h(x_s)) \in G_1$.

(iv) Der Fehler r_h genügt schließlich an der Stelle $x'=x_s$ der a-priori-Ungleichung. Dies folgt mit der Gleichung (4) für r_h und der Lipschitz-Bedingung (L) aus der Abschätzung

$$|r_h(x_s)| \leq |r_h(x_{s-\nu})| + \nu h \sum_{j=0}^{s} L_j |r_h(x_j)| + \nu h |T_h(x_0)|.$$

Die Schrankenfunktion ρ_h ist monoton wachsend, also $\rho_h(x_j) \leq \rho_h(x_{s-1})$ für $j=0,\dots,s-1$. Nach Induktionsvoraussetzung gilt die Fehlerabschätzung $|r_h(x_j)| \leq \rho_h(x_j)$ für $j=0,\dots,s-1$, so daß die obige Ungleichung die Bedingung ergibt

$$\begin{aligned}|r_h(x_s)| &\leq (1-\nu h L_s)^{-1}\left\{(1+\nu h(L_0+\cdots+L_{s-1}))\rho_h(x_{s-1}) + \nu h \max_{x\in I_h'} |T_h(x)|\right\}\\ &\leq (1+h\nu_h L)\rho_h(x_{s-1}) + h\nu_h \max_{x\in I_h'} |T_h(x)|.\end{aligned}$$

Hier ist $1+h\nu_h L \leq \exp(\nu_h L h)$ und $h \leq h\exp(\nu_h L(x_s - a_{s-1}))$. Mit der Beziehung $x_s = x_{s-1}+h$ und der Darstellung (10) der Schrankenfunktion ρ_h folgt dann unmittelbar, daß die rechte Seite dieser Ungleichung durch $\rho_h(x_s)$ abgeschätzt wird, was zu zeigen war.

(v) Mit Hilfe der Lipschitz-Bedingung für f_h erhält man schließlich ganz entsprechend wie im Beweis von Satz 11.3. (5) noch die Konvergenz der Differenzenquotienten $D_h u_h$ gegen u'. ■

Zu diesem Satz können wir noch einige Bemerkungen machen. Die Fehlerabschätzung (9) zeigt, daß auch bei Mehrschrittverfahren die Konvergenzordnung gleich der Konsistenzordnung p wird. Hier ist zu beachten, daß mit der Anlaufrechnung die Näherungswerte $\alpha_h(x)$ für die Funktionswerte $u(x)$ der Lösung u von (A) auf dem Anfangsstück $x=a_0,\dots,a_{s-1}$ mit der Genauigkeit $O(h^p)$ bestimmt werden müssen. Für die Lösung der impliziten Differenzengleichungen kann man aus dem obigen Konvergenzbeweis noch das folgende Korollar entnehmen: Für ein Lipschitz-stetiges, konsistentes und damit konvergentes Mehrschrittverfahren (A_h) ist die implizite Differenzengleichung für genügend kleine Schrittweiten stets iterativ auflösbar nach $u_h(x_s)$ mit den Näherungen

$$y_s^{(j+1)} = u_h(x_{s-\nu}) + \nu h f_h(x, y_0, \dots, y_{s-1}, y_s^{(j)}), \quad j=0,1,2,\dots.$$

Für explizite Mehrschrittverfahren ist die Funktion f_h unabhängig vom $(s+2)$-ten Argument, so daß als zugehörige Lipschitz-Konstante $L_s=0$ gewählt werden kann. In diesem Fall ist die Konstante ν_h in (8) einfach gleich ν. Für $\nu=1$ und $s=1$ erhält man Einschrittverfahren und für $L_1=0$ explizite Einschrittverfahren. In diesem Falle wird $\nu_h=1$, $a_0=a$ und $L=L_0$, so daß die Fehlerabschätzungen aus dem obigen Konvergenzsatz mit denen von Satz 11.3. (5) übereinstimmen.

12.3.2. Konvergenz spezieller Verfahren. Für die speziellen Mehrschrittverfahren in Abschnitt 12.2 haben wir bereits die Konsistenzbedingung bewiesen. Unter Voraussetzung einer Lipschitz-Bedingung für die rechte Seite f der Differentialgleichung werden diese Mehrschrittverfahren dann Lipschitz-stetig in einer Umgebung der Lösung u von (A), so daß die eindeutige Lösbarkeit, die Konvergenz und Fehlerabschätzungen der speziellen Verfahren aus dem allgemeinen Konvergenzsatz (5) folgen. Anschließend bezeichnen wir wieder mit G den Streifen der Breite 2ρ um die eindeutig bestimmte Lösung der Anfangswertaufgabe (A),

$$(11) \qquad G=\{(x,y)\in I\times\mathbf{K} \mid |y-u(x)|\leq\rho,\ a\leq x\leq b\}.$$

Dann hat man für die speziellen Mehrschrittverfahren den folgenden Konvergenzsatz.

(12) *Die rechte Seite f der Differentialgleichung der Anfangswertaufgabe (A) sei aus $C(G)$ und genüge einer Lipschitz-Bedingung der Gestalt*

$$|f(x,y)-f(x,y')|\leq L_f|y-y'|, \qquad (x,y),(x,y')\in G.$$

Dann werden die Extrapolationsverfahren $(p=s)$, die Interpolationsverfahren $(p=s+1)$ und Prädiktor-Korrektor-Verfahren $(p=s+1)$ von Adams, Nyström und Milne mit der Schrittzahl s Lipschitz-stetig in einer Umgebung der Lösung u von (A). Diese Mehrschrittverfahren konvergieren mit der angegebenen Konsistenzordnung $p=s$ bzw. $p=s+1$ und den Fehlerabschätzungen (7), (9), wenn die Lösung u von (A) aus $C^{p+1}(I)$ ist und die Anfangswerte $\alpha_h(x)$ durch die Anlaufrechnung mit der Genauigkeit $|\alpha_h(x)-u(x)|=\mathrm{O}(h^p)$ für $x=a_0,\ldots,a_{s-1}$ bestimmt werden.

Beweis. (i) Wir beweisen zunächst die Behauptung für die Extrapolationsverfahren von Adams und Nyström. Dabei machen wir von der folgenden Darstellung der rückwärtsgenommenen Differenzen Gebrauch,

$$\nabla^k v(x)=\sum_{j=0}^{k}\binom{k}{j}(-1)^j v(x-jh).$$

Für die Extrapolationsverfahren von Adams und Nyström kann man damit die rechte Seite f_h in der Form schreiben

$$f_h(x,y_0,\ldots,y_s)=\sum_{j=0}^{s-1}\kappa_j f(x_j,y_j), \qquad \kappa_{s-1-j}=(-1)^j\sum_{k=j}^{s-1}\binom{k}{j}\gamma_k$$

mit den Koeffizienten γ_j aus Abschnitt 12.2.2 bzw. mit den Koeffizienten μ_j aus Abschnitt 12.2.3 anstelle von γ_j für $j=0,\ldots,s-1$. Aus der Lipschitz-Bedingung für f erhält man so die folgende Lipschitz-Bedingung für f_h,

$$|f_h(x,y_0,\ldots,y_s)-f_h(x,y'_0,\ldots,y'_s)|\leq L_f\sum_{j=0}^{s-1}|\kappa_j|\,|y_j-y'_j|$$

für alle x, y_j, y'_j mit (x_j,y_j), $(x_j,y'_j)\in G$, für $x_j=x+jh$, $x\in I'_h$, und $j=0,\ldots,s$. Hiermit ist die Lipschitz-Stetigkeit des Mehrschrittverfahrens (A_h) in der Umgebung $G_1=G$ von u bewiesen, gleichmäßig für jedes h in $0<h\leq h_1=(b-a)/s$ und mit den Lipschitz-Konstanten

$$L_j=|\kappa_j|L_f, \quad j=0,\ldots,s-1, \quad L_s=0.$$

In Satz 12.2.(13) bzw. 12.2.(23) wurde für eine Lösung $u\in C^{s+1}(I)$ gezeigt, daß die Differenzengleichungen dieses Verfahrens die Konsistenzordnung $p=s$ besitzen. Für

Anfangswerte α_h mit der entsprechenden Konsistenzordnung folgt dann aus Satz (5) die Konvergenz mit den Fehlerabschätzungen (7), (9) für $\nu=1$ bzw. $\nu=2$ und

$$p=s, \qquad L=L_f\sum_{j=0}^{s-1}|\kappa_j|, \qquad L_s=0.$$

(ii) Beim Interpolationsverfahren von Adams bzw. Milne nimmt die rechte Seite f_h die Gestalt an

$$f_h(x,y_0,\ldots,y_s)=\sum_{j=0}^{s}\kappa'_j f(x_j,y_j), \qquad \kappa'_{s-j}=(-1)^j\sum_{k=j}^{s}\binom{k}{j}\gamma'_k$$

mit den Koeffizienten γ'_j aus Abschnitt 12.2.2 bzw. den Koeffizienten μ'_j aus Abschnitt 12.2.3 anstelle von γ'_j. Aus der Lipschitz-Bedingung für f folgt dann wie in Teil (i) die Lipschitz-Stetigkeit des Mehrschrittverfahrens (A_h) in der Umgebung $G_1=G$ von u für jedes h in $0<h\le h_1=(b-a)/s$ mit den Lipschitz-Konstanten $L_j=|\kappa'_j|L_f$ für $j=0,\ldots,s$. In Satz 12.2. (18) und Satz 12.2. (25) wurde für eine Lösung $u\in C^{s+2}(I)$ die Konsistenz der Differenzengleichungen mit der Differentialgleichung in der Ordnung $p=s+1$ gezeigt. Daher ergibt Satz (5) die Konvergenz der Interpolationsverfahren mit den Ungleichungen (7), (9) für $\nu=1$ bzw. $\nu=2$ und

$$p=s+1, \qquad L=L_f\sum_{j=0}^{s}|\kappa'_j|, \qquad L_s=|\kappa'_s|L .$$

(iii) Das Prädiktor-Korrektor-Verfahren von Adams bzw. Nyström-Milne schließlich wird durch die rechte Seite f_h definiert gemäß

$$f_h(x,y_0,\ldots,y_s)=f_h^{\mathrm{Int}}(x,y_0,\ldots,y_{s-1},\tilde{y}_s), \qquad \tilde{y}_s=y_{s-\nu}+\nu h f_h^{\mathrm{Ext}}(x,y_0,\ldots,y_{s-1})$$

mit den Funktionen f_h^{Ext} aus Teil (i) und der Funktion f_h^{Int} aus Teil (ii) dieses Beweises. Die Funktion f ist auf dem Streifen G beschränkt, so daß mit einer Zahl M die Abschätzung gilt $|f(x,y)|\le M$ für $(x,y)\in G$. Weiter sei ρ_1 eine beliebige positive Zahl mit $\rho_1<\rho$. Für jedes $(x_j,y_j)\in G_1, x_j=x+jh,\ j=0,\ldots,s$, und mit $u'=f(x,u)$ wird dann

$$\begin{aligned}|\tilde{y}_s-u(x_s)|&\le|y_{s-\nu}-u(x_{s-\nu})|+|u(x_{s-\nu})-u(x_s)|+\nu h\Big|\sum_{j=0}^{s-1}\kappa_j f(x_j,y_j)\Big|\\&\le\rho_1+\nu hM+\nu h\kappa M\le\rho,\end{aligned}$$

so daß auch $(x_j,y_j)\in G$ für $j=0,\ldots,s-1$ und $(x_s,\tilde{y}_s)\in G$ ist für jedes h in $0<h\le h_1$. Dabei haben wir die Abkürzungen verwendet

$$h_1=\min\left(\frac{\rho-\rho_1}{\nu M(1+\kappa)},\frac{1}{s}(b-a)\right), \qquad \kappa=\sum_{j=0}^{s-1}|\kappa_j|.$$

Aus der Lipschitz-Bedingung für f gewinnt man für alle Argumente (x_j,y_j), $(x_j,y'_j)\in G_1$ zunächst die Ungleichung

$$|\tilde{y}_s-\tilde{y}'_s|\le|y_{s-\nu}-y'_{s-\nu}|+\nu hL_f\sum_{j=0}^{s-1}|\kappa_j|\,|y_j-y'_j|.$$

Die Lipschitz-Bedingung für f_h folgt dann aus der Abschätzung

$$|f_h(x,y_0,\ldots,y_s)-f_h(x,y'_0,\ldots,y'_s)| \le L_f\left\{\sum_{j=0}^{s-1}|\kappa'_j|\,|y_j-y'_j|+|\kappa'_s|\,|\tilde{y}_s-\tilde{y}'_s|\right\}$$

$$\le L_f\sum_{j=0}^{s-1}(|\kappa'_j|+\nu h L_f|\kappa'_s|\,|\kappa_j|)|y_j-y'_j|+$$

$$+|\kappa'_s|L_f|y_{s-\nu}-y'_{s-\nu}|$$

für jedes h in $0<h\le h_1$. Also sind die Prädiktor-Korrektor-Verfahren Lipschitz-stetig in der Umgebung G_1 der Lösung u von (A) mit den Lipschitz-Konstanten $L_s=0$ und

$$L_j=L_f\{|\kappa'_j|+\nu h_1 L_f|\kappa'_s|\,|\kappa_j|+|\kappa'_s|\delta_{j,s-\nu}\},\quad j=0,\ldots,s-1\,.$$

Aus Satz 12.2. (20) und einem entsprechenden Satz für das Prädiktor-Korrektor-Verfahren nach Nyström-Milne erhält man für eine Lösung $u\in C^{s+2}(I)$ die Konsistenz der Differenzengleichungen mit der Differentialgleichung in der Ordnung $p=s+1$ und bei geeigneten Anfangswerten α_h die Konvergenz aus Satz (5) mit den zugehörigen Fehlerabschätzungen (7), (9).

12.4. Numerische Übungsaufgaben

1. Extrapolationsverfahren von Adams. Man berechne Näherungslösungen der Anfangswertaufgabe

$$u'(x)=u(x)-\frac{2x}{u(x)},\quad x\in[0,1.5],\quad u(0)=1,$$

mit Hilfe des Adamsschen Extrapolationsverfahrens für $s=3$,

$$u_h(x+h)=u_h(x)+\frac{h}{12}\{23f(x,u_h(x))-16f(x-h,u_h(x-h))+$$
$$+5f(x-2h,u_h(x-2h))\},\quad u_h(0)=u(0),$$

a) mit der Schrittweite $h=0.1$, b) mit der Schrittweite $h=0.05$.

2. Prädiktor-Korrektor-Verfahren von Adams. Man berechne Näherungslösungen der obigen Anfangswertaufgabe mit Hilfe des Adamsschen Prädiktor-Korrektor-Verfahrens für $s=3$,

$$\tilde{u}_h(x+h)=u_h(x)+\frac{h}{12}\{23f(x,u_h(x))-16f(x-h,u_h(x-h))+$$
$$+5f(x-2h,u_h(x-2h))\},$$

$$u_h(x+h)=u_h(x)+\frac{h}{24}\{9f(x+h,\tilde{u}_h(x+h))+19f(x,u_h(x))-$$
$$-5f(x-h,u_h(x-h))+f(x-2h,u_h(x-2h))\},$$

mit

$$u_h(0)=u(0),$$

a) mit der Schrittweite $h=0.1$, b) mit der Schrittweite $h=0.05$.

Ergebnis

x	1a)	1b)	2a)	2b)	$\sqrt{2x+1}$
0.0	1.00000	1.00000	1.00000	1.00000	1.00000
0.1	1.09545	1.09548	1.09545	1.09545	1.09545
0.2	1.18366	1.18329	1.18325	1.18322	1.18322
0.3	1.26571	1.26502	1.26498	1.26492	1.26491
0.4	1.34272	1.34179	1.34173	1.34165	1.34164
0.5	1.41556	1.41439	1.41432	1.41422	1.41421
0.6	1.48488	1.48345	1.48337	1.48325	1.48324
0.7	1.55116	1.54945	1.54935	1.54920	1.54919
0.8	1.61479	1.61275	1.61264	1.61246	1.61245
0.9	1.67609	1.67368	1.67354	1.67333	1.67332
1.0	1.73534	1.73248	1.73232	1.73207	1.73205
1.1	1.79276	1.78936	1.78917	1.78888	1.78885
1.2	1.84855	1.84451	1.84428	1.84393	1.84391
1.3	1.90288	1.89808	1.89781	1.89740	1.89737
1.4	1.95591	1.95021	1.94989	1.94939	1.94936
1.5	2.00781	2.00101	2.00063	2.00004	2.00000

Bemerkung. Bei der Bestimmung dieser Näherungslösungen wurden zunächst in der Anlaufrechnung aus der Anfangsbedingung $u_h(0)=u(0)=1$ Werte für $u_h(h)$ und $u_h(-h)$ mit Hilfe des klassischen Runge-Kutta-Verfahrens 11.2.3 ermittelt. Im Anschluß daran wurden mit den Formelsätzen der hier betrachteten Mehrschrittverfahren die weiteren Funktionswerte für u_h erhalten.

3. Verfahren von Nyström und Milne. Man berechne Näherungslösungen der obigen Anfangswertaufgabe für die Schrittweite $h=0.1$

a) mit Hilfe des Extrapolationsverfahrens nach Nyström

$$u_h(x+h)=u_h(x-h)+\frac{h}{3}\{7f(x,u_h(x)-2f(x-h,u_h(x-h))+f(x-2h,u_h(x-2h))\},$$

b) mit Hilfe des Extrapolations-Interpolationsverfahrens nach Milne

$$\tilde{u}_h(x+h)=u_h(x-h)+\frac{h}{3}\{7f(x,u_h(x))-2f(x-h,u_h(x-h))+f(x-2h,u_h(x-2h))\},$$

$$u_h(x+h)=u_h(x-h)+\frac{h}{3}\{f(x+h,\tilde{u}_h(x+h))+4f(x,u_h(x))+f(x-h,u_h(x-h))\},$$

c) mit Hilfe des Interpolationsverfahrens nach Milne

$$u_h(x+h)=u_h(x-h)+\frac{h}{3}\{f(x+h,u_h(x+h))+4f(x,u_h(x))+f(x-h,u_h(x-h))\}.$$

Ergebnis

x	a)	b)	c)	$\sqrt{2x+1}$
0.0	1.00000	1.00000	1.00000	1.00000
0.1	1.09545	1.09545	1.09545	1.09545
0.2	1.18360	1.18324	1.18322	1.18322
0.3	1.26524	1.26493	1.26491	1.26491
0.4	1.34223	1.34168	1.34165	1.34164
0.5	1.41481	1.41424	1.41422	1.41421
0.6	1.48405	1.48329	1.48325	1.48324

x	a)	b)	c)	$\sqrt{2x+1}$
0.7	1.55009	1.54924	1.54920	1.54919
0.8	1.61356	1.61252	1.61246	1.61245
0.9	1.67460	1.67339	1.67333	1.67332
1.0	1.73360	1.73214	1.73207	1.73205
1.1	1.79067	1.78895	1.78887	1.78885
1.2	1.84608	1.84403	1.84393	1.84391
1.3	1.89993	1.89751	1.89739	1.89737
1.4	1.95242	1.94953	1.94939	1.94936
1.5	2.00364	2.00020	2.00003	2.00000

Bemerkung. Wie bei den vorangehenden Aufgaben wurde in der Anlaufrechnung das klassische Runge-Kutta-Verfahren verwandt. Im Fall des Interpolationsverfahrens c) liegt für $z=u_h(x+h)$ eine nichtlineare Gleichung $z=g(z)$ vor. Sie wurde hier näherungsweise gelöst mit dem Verfahren der sukzessiven Approximation analog Abschnitt 12.2.2. (ii), indem für $s=0,1,2,3$ die Schritte der Iteration $z^{(s+1)}=g(z^{(s)})$ ausgeführt wurden; der Funktionswert $u_h(x)$ im vorhergehenden Punkt diente dabei als Startwert $z^{(0)}$. Dadurch erhält der Fehler bei der Lösung der nichtlinearen Gleichung für $u_h(x+h)$ die Größenordnung des Abschneidefehlers der Differenzengleichungen.

4. Extrapolationsverfahren von Störmer. Man berechne Näherungslösungen der Anfangswertaufgabe

$$u''(x)=-\pi^2\sin u(x),\qquad x\in[0,2],\qquad u(0)=0.1,\qquad u'(0)=0,$$

für die Schrittweite $h=0.1$ mit Hilfe des Störmerschen Extrapolationsverfahrens für $s=3$ und $s=4$,

a)
$$u_h(x+h)=2u_h(x)-u_h(x-h)+\\ +\frac{h^2}{12}\{13f(x,u_h(x))-2f(x-h,u_h(x-h))+f(x-2h,u_h(x-2h))\},$$

b)
$$u_h(x+h)=2u_h(x)-u_h(x-h)+\\ +\frac{h^2}{12}\{14f(x,u_h(x))-5f(x-h,u_h(x-h))+4f(x-2h,u_h(x-2h))-\\ -f(x-3h,u_h(x-3h))\}.$$

5. Interpolationsverfahren von Cowell. Man berechne eine Näherungslösung der vorangehenden Anfangswertaufgabe für die Schrittweite $h=0.1$ mit Hilfe des Prädiktor-Korrektor-Verfahrens nach Cowell,

a)
$$\tilde{u}_h(x+h)=2u_h(x)-u_h(x-h)+\\ +\frac{h^2}{12}\{13f(x,u_h(x))-2f(x-h,u_h(x-h))+f(x-2h,u_h(x-2h))\},$$

$$u_h(x+h)=2u_h(x)-u_h(x-h)+\\ +\frac{h^2}{12}\{f(x+h,\tilde{u}_h(x+h))+10f(x,u_h(x))+f(x-h,u_h(x-h))\},$$

sowie mit dem Interpolationsverfahren von Cowell,

b)
$$u_h(x+h) = 2u_h(x) - u_h(x-h) + \\ + \frac{h^2}{12}\{f(x+h, u_h(x+h)) + 10f(x, u_h(x)) + f(x-h, u_h(x-h))\}.$$

Bemerkung. Für kleine Auslenkungen u ist die Lösung der obigen nichtlinearen Schwingungsgleichung näherungsweise gegeben durch $u_1(x) = 0.1 \cdot \cos \pi x$.

Ergebnis.

x	4a)	4b)	5a)	5b)	$0.1 \cdot \cos \pi x$
0.0	0.10000	0.10000	0.10000	0.10000	0.10000
0.1	0.09511	0.09511	0.09511	0.09511	0.09511
0.2	0.08093	0.08094	0.08093	0.08093	0.08090
0.3	0.05885	0.05886	0.05883	0.05883	0.05878
0.4	0.03103	0.03102	0.03098	0.03098	0.03090
0.5	0.00019	0.00016	0.00010	0.00010	0.00000
0.6	−0.03064	−0.03072	−0.03080	−0.03080	−0.03090
0.7	−0.05845	−0.05859	−0.05868	−0.05868	−0.05878
0.8	−0.08051	−0.08074	−0.08082	−0.08082	−0.08090
0.9	−0.09469	−0.09499	−0.09506	−0.09505	−0.09511
1.0	−0.09960	−0.09996	−0.10000	−0.10000	−0.10000
1.1	−0.09477	−0.09517	−0.09518	−0.09517	−0.09511
1.2	−0.08069	−0.08109	−0.08104	−0.08104	−0.08090
1.3	−0.05872	−0.05908	−0.05899	−0.05899	−0.05878
1.4	−0.03103	−0.03130	−0.03116	−0.03116	−0.03090
1.5	−0.00032	−0.00046	−0.00029	−0.00029	0.00000
1.6	0.03040	0.03042	0.03062	0.03062	0.03090
1.7	0.05811	0.05832	0.05853	0.05852	0.05878
1.8	0.08012	0.08052	0.08071	0.08071	0.08090
1.9	0.09428	0.09485	0.09500	0.09500	0.09511
2.0	0.09920	0.09992	0.10001	0.10000	0.10000

Zur Anlaufrechnung wurde die Methode der Taylor-Entwicklung 11.5.1 c) angewandt. Im Fall des Interpolationsverfahrens von Cowell b) wurde die nichtlineare Gleichung für $u_h(x+h)$ numerisch gelöst mit Hilfe des Iterationsverfahrens entsprechend Abschnitt 12.2.2. (ii). Dabei wurden soviele Iterationen durchgeführt, bis sich zwei aufeinanderfolgende Näherungen für $u_h(x+h)$ um weniger als 10^{-8} unterschieden. Auf Grund der a-posteriori-Fehlerabschätzung 2.2. (6) des Iterationsverfahrens ist damit eine entsprechend genaue Näherungslösung der Gleichung 5.b) erreicht.

VI Fehleranalyse numerischer Algorithmen

Nachdem wir eine größere Zahl von numerischen Verfahren zur Lösung von Aufgabenstellungen der Praktischen Mathematik kennengelernt haben, beschäftigen wir uns jetzt mit den Grundbedingungen des numerischen Rechnens auf digitalen Rechenmaschinen, die heute in Form von Taschenrechnern, Tischrechenmaschinen und Großrechenanlagen zur Verfügung stehen. Zahlen werden in diesen Maschinen in Registern oder Zahlspeichern aufbewahrt, die nur eine feste endliche Anzahl von Ziffern aufnehmen können. Die arithmetischen Operationen und die Auswertung „eingebauter" Funktionen werden nur mit einer gewissen endlichen Genauigkeit ausgeführt. Ein einmal aufgetretener Fehler geht in alle folgenden Rechenergebnisse ein, die von dem mit jenem Fehler berechneten Ergebnis abhängen. Schon einfache Algorithmen, wie das Beispiel der Berechnung von Differenzenquotienten zeigt, können in der Maschinenarithmetik numerische Ergebnisse ohne eine einzige signifikante Stelle liefern. Andererseits gibt es viele Algorithmen, die unter Umständen aus Millionen von Rechenoperationen bestehen, von denen jede mit Rundungsfehlern ausgeführt werden mag, welche numerische Ergebnisse mit einer gewünschten Genauigkeit zu berechnen gestatten. Eine wesentliche Aufgabe der Numerischen Mathematik besteht darin, in diesem Sinne numerisch brauchbare Verfahren aufzufinden und ihre Möglichkeiten und Grenzen zu bestimmen.

In der Fehleranalyse wird das Verhalten numerischer Verfahren unter dem Einfluß von Rundungsfehlern einer Gleitpunktarithmetik untersucht. Weiter interessiert die Abhängigkeit von Störungen der Eingangsdaten, wie sie durch Rundung der gegebenen Daten, durch Meßfehler oder die begrenzte Genauigkeit experimentell gewonnener Materialkonstanten hervorgerufen werden. Es gibt heute drei Methoden für die Fehleranalyse numerischer Algorithmen: Vorwärtsanalyse, Rückwärtsanalyse und Intervall-Mathematik. Auf die letztere können wir hier nicht näher eingehen, sondern verweisen dazu auf die Bücher von Moore und Alefeld-Herzberger. Die Rückwärtsanalyse wurde von Wilkinson [2] entwickelt. Zahlreiche Algorithmen sind mit ihrer Hilfe analysiert worden. Die Rückwärtsanalyse zeigt, daß ein numerisch berechnetes Ergebnis sich als exaktes Resultat des Algorithmus nur mit gestörten Eingangsdaten auffassen läßt. Fehlerabschätzungen für das berechnete Ergebnis erhält man dann anschließend durch Fehlerabschätzungen für Datenstörungen. Wir werden im folgenden eine Vorwärtsfehleranalyse entwickeln, die direkt den Fehler des berechneten Ergebnisses als Funktion der Datenfehler und Rundungsfehler einer Gleitpunktarithmetik analysiert und mit Hilfe der Linearisierungsmethode optimale Schranken für die Resultatfehler liefert. Darüber hinaus werden wir in diesem Rahmen auch Aussagen über die Rückwärtsstabilität der Algorithmen beweisen können.

13. Grundlagen der Fehleranalyse

13.1. Auswertungsalgorithmen in Gleitpunktarithmetik

Zuerst sollen kurz die wichtigsten Eigenschaften von typischen Zahldarstellungen und Gleitpunktarithmetiken auf Rechenmaschinen erläutert werden, soweit dies zum Verständnis der Fehleranalyse von numerischen Algorithmen in den Anwendungen erforderlich ist. Unter einem numerischen Algorithmus versteht man eine Rechenvorschrift, die aus einer endlichen Folge elementarer Rechenschritte besteht und jede dabei auftretende Rechenoperation nach Art und Reihenfolge eindeutig festlegt. Wir beschäftigen uns im folgenden mit sogenannten Auswertungsalgorithmen, in denen nur drei Typen von Rechenschritten zugelassen sind, nämlich Konstanteneingaben,

Auswertungen „eingebauter" Funktionen und die vier arithmetischen Operationen $+, -, \times, ./.$. Auswertungsalgorithmen lassen sich sehr einfach durch ein endliches, linear geordnetes System von Auswertungsgleichungen definieren. Programme zur Berechnung von Auswertungsalgorithmen auf Rechenmaschinen sind eindeutig durch den Algorithmus bestimmt.

13.1.1. Zahldarstellungen und Rundungsfunktionen. Ausgangspunkt unserer Überlegungen sind einfache Eigenschaften der Darstellung reeller Zahlen. Wir interessieren uns für die sogenannte Gleitpunktdarstellung bezüglich einer Basis g. In der Praxis kommen vor allem Zahldarstellungen zu den Basiszahlen

$$\text{binär: } g=2, \qquad \text{dezimal: } g=10, \qquad \text{hexadezimal: } g=16$$

vor. Im folgenden sei g eine beliebige, aber fest gewählte natürliche Zahl größer als eins. Zu jeder reellen positiven Zahl a existiert dann eine eindeutig bestimmte ganze Zahl α mit der Eigenschaft

(1) $$g^{\alpha-1} \leq a < g^{\alpha} \quad \Leftrightarrow \quad \alpha - 1 \leq {}_g\log a < \alpha.$$

Diese Zahl α nennt man den Exponenten von a. Nach Konstruktion ist die Mantisse $m = a g^{-\alpha}$ eine Zahl im Intervall

(2) $$\frac{1}{g} \leq m < 1.$$

Mantissen mit dieser Eigenschaft heißen normalisiert. Sie lassen sich durch konvergente Reihen

(3) $$m = \sum_{j=1}^{\infty} a_j g^{-j}$$

mit Koeffizienten $a_j \in \{0, \ldots, g-1\}$ darstellen. Die Koeffizienten a_j sind die Ziffern in der Darstellung von m bzw. a bezüglich der Basis g. Die Ziffernfolge (a_j) ist im wesentlichen eindeutig durch m bestimmt. Umgekehrt liefert jede Ziffernfolge eine konvergente Reihe (3) und damit eine eindeutig bestimmte reelle Zahl m.

Für die Darstellung reeller Zahlen in einer Rechenmaschine stehen nur endliche Zahlworte zur Verfügung. Dementsprechend muß die Mantisse einer reellen Zahl in der Regel durch eine Partialsumme m' der Reihenentwicklung (3) mit einem zugehörigen Fehler r_N approximiert werden in der Form

(4) $$m = m' + r_N, \qquad m' = \sum_{j=1}^{N} a_j g^{-j}, \qquad r_N = \sum_{j=N+1}^{\infty} a_j g^{-j}.$$

Die Stellenzahl N ebenso wie die Basis g werden in der Praxis durch die interne Zahldarstellung der Rechenmaschine bestimmt, auf der gerechnet werden soll. Zahlen der Gestalt $a' = m' g^{\alpha}$ mit normalisierter Mantisse m' nennen wir N-stellige Gleitpunktzahlen oder kurz Maschinenzahlen. Derartige Zahlen können stets umkehrbar eindeutig durch die endliche Ziffernfolge $a_1, \ldots, a_N$ und den Exponenten α repräsentiert werden.

Die Approximation von a durch a' bezeichnet man als Abschneiden auf N Stellen. Der zugehörige Fehler läßt sich offenbar durch

(5) $$0 \leq m - m' = r_N \leq (g-1) \sum_{j=N+1}^{\infty} g^{-j} = g^{-N}$$

abschätzen. Eine etwas genauere Approximation erhält man durch Rundung. Mit

(6) $$\rho_N = 0, \quad 0 \leq r_N < \frac{1}{2} g^{-N}, \qquad \rho_N = 1, \quad \frac{1}{2} g^{-N} \leq r_N \leq g^{-N},$$

wird die auf N Stellen gerundete Mantisse durch

(7) $$m' = \sum_{j=1}^{N} a_j g^{-j} + \rho_N g^{-N}$$

definiert. Diese ist eine Approximation von m mit dem Fehler

(8) $$|m - m'| = |r_N - \rho_N g^{-N}| \leq \frac{1}{2} g^{-N}.$$

Durch Rundung der Mantisse wird also die Fehlerschranke auf die Hälfte derjenigen für die abgeschnittene Mantisse verkleinert. Wir bemerken noch, daß die gerundete Mantisse m' nicht mehr notwendig normalisiert ist. Dieser Fall tritt genau dann ein, wenn die Ziffern $a_1, \ldots, a_N$ gleich $g-1$ sind und $r_N \geq \frac{1}{2} g^{-N}$ ist. In diesem Falle wird $m' = 1 = g^{-1} g$, also in normalisierter Form $a' = g^{-1} g^{\alpha+1}$.

Auf die eben beschriebene Weise werden eine Abschneidefunktion sch_N und eine Rundungsfunktion rd_N definiert, die jeder positiven reellen Zahl a eine N-stellige Gleitpunktzahl $a' = \mathrm{sch}_N(a)$ bzw. $a' = \mathrm{rd}_N(a)$ zuordnen. Funktionen dieser Art bezeichnen wir im folgenden mit gl_N oder gl. Für negative Zahlen setzt man einfach $\mathrm{gl}(a) = -\mathrm{gl}(-a)$ und für $a = 0$ wird $\mathrm{gl}(0) = 0$, so daß die genannten Funktionen damit für alle reellen Zahlen definiert sind.

Beispiel. Rundung von $y = \cos 0.614 = 0.8173499969\ldots$

(9) $$\begin{array}{lll} \mathrm{rd}_4(y) = 0.8173, & \mathrm{rd}_6(y) = 0.817350, & \mathrm{rd}_8(y) = 0.81735000, \\ \mathrm{rd}_5(y) = 0.81735, & \mathrm{rd}_7(y) = 0.8173500, & \mathrm{rd}_9(y) = 0.817349997. \end{array}$$

An diesem Beispiel ist bemerkenswert, daß erst die neunstellig genaue Näherung für $\cos 0.614$ es gestattet, die richtig gerundete vierstellige Approximation 0.8173 des Kosinuswertes $\cos 0.614$ zu bestimmen. Die vorhergehenden Näherungen sind $\mathrm{rd}_4(\mathrm{rd}_n(y)) = 0.8174$ für $n = 5, 6, 7, 8$. Für die Anfertigung einer vierstelligen Tafel der trigonometrischen Funktionen genügt es daher nicht, die Funktionswerte mit doppelter, also achtstelliger Genauigkeit zu berechnen.

Mit Hilfe von (5), (8) läßt sich der absolute Fehler von $a' = \mathrm{sch}_N(a)$ bzw. $a' = \mathrm{rd}_N(a)$ abschätzen durch

(10) $$|a' - a| = |m' - m| g^{\alpha} \leq p g^{-N+\alpha}$$

mit $p = 1$ beim Abschneiden und $p = \frac{1}{2}$ beim Runden. Für $a \neq 0$ sind die zugehörigen relativen a-priori- und a-posteriori-Fehler von a',

(11) $$e = \frac{a' - a}{a}, \qquad e' = \frac{a - a'}{a'},$$

daher beschränkt durch

(12) $\qquad |e| \leq \eta, \quad |e'| \leq \eta,$

mit der Genauigkeitskonstanten

(13) $\qquad$ Abschneiden: $\eta = g^{-N+1}$, $\qquad$ Runden: $\eta = \frac{1}{2} g^{-N+1}$

der N-stelligen Gleitpunktarithmetik. Bei dieser Abschätzung haben wir davon Gebrauch gemacht, daß die Mantisse m normalisiert und daher $g^{-1} \leq m' \leq 1$ ist. Von wesentlicher Bedeutung für die Fehleranalyse ist, daß die Schranke η gleichmäßig für alle reellen Zahlen $a \neq 0$ gilt. Mit Hilfe der relativen Fehler e, e' lassen sich umgekehrt a, a' in der Form

(14) $\qquad a' = (1+e)\,a, \qquad a = (1+e')\,a',$

schreiben. Für alle reellen Zahlen $a \neq 0$ und $\mathrm{gl} = \mathrm{sch}_N$ oder $\mathrm{gl} = \mathrm{rd}_N$ ist somit

(15) $\qquad \mathrm{gl}(a) = (1+e)\,a, \qquad |e| \leq \eta.$

Diese Beziehung ist auch für $a = 0$ richtig. Den zugehörigen Fehler kann man in diesem Fall durch $e = 0$ definieren.

13.1.2. Gleitpunktarithmetik. Die Gleitpunktarithmetik von Rechenmaschinen arbeitet mit Maschinenzahlen, also N-stelligen Gleitpunktzahlen bezüglich einer Basis $g = 2$, 10 oder 16 als Operanden. Das Ergebnis einer arithmetischen Operation ist wieder eine Maschinenzahl. Selbst die exakte Ausführung der arithmetischen Operationen im Rechenwerk der Maschinen kann daher bestenfalls eine N-stellige Approximation

(1) $\qquad c' = \mathrm{gl}_N(a \circ b), \qquad \circ = +, -, \times, ./.,$

des exakten Ergebnisses $c = a \circ b$ liefern. Ist gl_N die Abschneidefunktion sch_N oder die Rundungsfunktion rd_N, dann sind die relativen a-priori- und a-posteriori-Fehler e, e' von c' durch 13.1.1.(12) mit der Genauigkeitskonstanten η aus 13.1.1.(13) beschränkt. Die Realisierung der vier arithmetischen Grundrechenarten in den heute verfügbaren Rechenmaschinen besitzt im wesentlichen diese Eigenschaften. Wir werden im folgenden annehmen, daß für jede arithmetische Operation

(2) $\qquad (a \circ b)' = \mathrm{gl}_N(a \circ b) = (1+e)\,(a \circ b), \qquad |e| \leq \gamma\eta,$

mit einer passenden Konstanten γ ist, die noch geeignet gewählt werden kann. Auf diese Weise läßt sich die Fehlerabschätzung etwa vorhandenen Abweichungen der Maschinenarithmetik vom optimalen Fall 13.1.1.(12) anpassen. Weiter kann man dadurch berücksichtigen, daß die arithmetischen Gleitpunktoperationen bei speziellen Operanden exakt ausgeführt werden und für diese Operationen dann $\gamma = 0$ setzen. Dieser Fall tritt etwa ein, wenn zwei nicht zu große ganze Zahlen addiert, subtrahiert oder multipliziert werden. Die Subtraktion von zwei im wesentlichen gleich großen Maschinenzahlen erfolgt ebenfalls exakt, darüber hinaus tritt eine Auslöschung signifikanter Stellen und ein damit verbundener Genauigkeitsverlust auf.

Beispiel. $\exp 1 = 2.71828\,1828\ldots$, $\exp 0.999 = 2.71556\,4905\ldots$,

$$\Delta = \mathrm{rd}_6(\exp 1 - \exp 0.999) = 2.71692\text{–}03. \tag{3}$$

In sechsstelliger Gleitpunktarithmetik erhält man

$$\begin{aligned} &\mathrm{rd}_6(\exp 1) = 2.71828, \quad \mathrm{rd}_6(\exp 0.999) = 2.71556 \\ &\Delta' = \mathrm{rd}_6(\exp 1) - \mathrm{rd}_6(\exp 0.999) = 2.72000\text{–}03. \end{aligned} \tag{4}$$

Diese Differenzenbildung erfolgt exakt, aber drei führende Stellen sind ausgelöscht worden. Die drei Nullen in den letzten Stellen sind durch Normalisierung der Mantisse entstanden. Obgleich die beiden Funktionswerte sechsstellig genau waren, hat die sechsstellig berechnete Differenz Δ' nur noch die relative Genauigkeit $(\Delta' - \Delta)/\Delta \doteq 1.13\text{–}03$.

Ein weiteres typisches Phänomen der Gleitpunktarithmetik in Rechenmaschinen ist die Tatsache, daß die arithmetischen Gleitpunktoperationen zwar noch kommutativ, aber nicht mehr notwendig assoziativ ausgeführt werden, wie das folgende Beispiel zeigt.

$$\begin{aligned} &a = \mathrm{rd}_3(\tfrac{1}{3}) = 0.333, \qquad b = \mathrm{rd}_3(\tfrac{7}{6}) = 1.17, \qquad c = 1.00; \\ &\mathrm{rd}_3(\mathrm{rd}_3(a+b) - c) = \mathrm{rd}_3(1.50 - 1.00) = 0.500, \\ &\mathrm{rd}_3(a + \mathrm{rd}_3(b-c)) = \mathrm{rd}_3(0.333 + 0.170) = 0.503. \end{aligned} \tag{5}$$

Die Auswertung der beiden mathematisch gleichwertigen arithmetischen Ausdrücke $(a+b)-c$, $a+(b-c)$ in der Gleitpunktarithmetik einer Rechenmaschine ergibt also Ergebnisse, die im Rahmen der Rechengenauigkeit voneinander abweichen können.

Wir werden im folgenden stets voraussetzen, daß der Exponentenbereich der Gleitpunktarithmetik unbeschränkt ist oder daß die betrachteten numerischen Algorithmen ganz im zulässigen Zahlbereich bleiben, so daß kein Exponentenüberlauf oder -unterlauf auftritt.

13.1.3. Auswertungsalgorithmen. Zur Definition von Auswertungsalgorithmen orientieren wir uns an typischen Funktionsweisen von Rechenmaschinen, die auch schon bei Taschenrechnern zu finden sind: (o) Zahlen, Konstanten, Daten können eingegeben werden und stehen in Registern oder im Speicher für die weitere Rechnung bereit. (i) Aus bereits berechneten oder eingegebenen Werten als Argument wird der Wert einer „eingebauten" Funktion $\uparrow 2$, $\sqrt{\ }$, exp, log, sin, cos,... berechnet und das Ergebnis gespeichert, so daß es für die weitere Rechnung oder für die Ausgabe zur Verfügung steht. (ii) Aus zwei im Speicher bereitstehenden Zahlen wird Summe, Differenz, Produkt oder Quotient berechnet und das Ergebnis wieder gespeichert oder ausgegeben.

Ein numerischer Algorithmus kann von einer Rechenmaschine in der Regel nur näherungsweise ausgeführt werden. Zahlen werden in der festen endlichen Wortlänge einer Gleitpunktdarstellung gespeichert, die arithmetischen Gleitpunktoperationen und „eingebauten" Funktionen liefern günstigstenfalls das gerundete exakte Resultat. Zusammen mit dem gegebenen Algorithmus (A) betrachten wir daher stets den zugehörigen gestörten Algorithmus $(\bar{A})$, wie er in der Gleitpunktarithmetik einer

Rechenmaschine abläuft. Darüber hinaus ist es zweckmäßig, auch das Verhalten des Algorithmus unter beliebigen Datenstörungen, das heißt Störungen der Eingabekonstanten, zu betrachten. Man kann auf diese Weise zum Beispiel die Sensitivität eines Algorithmus gegenüber Fehlern analysieren, welche in Anwendungen durch ungenaue oder gemessene Daten entstehen.

Ein Auswertungsalgorithmus ist durch ein endliches System von Gleichungen definiert. Für die theoretischen Untersuchungen denken wir uns diese Gleichungen mit $0, 1, \ldots, n$ durchnumeriert. In der t-ten Gleichung wird einer Variablen u_t ein Wert zugeordnet. Im gestörten Algorithmus tritt anstelle des exakten u_t die Näherung v_t. Zur Veranschaulichung stelle man sich vor, daß die Werte u_t bzw. v_t in Speicherzellen mit den Nummern $t = 0, 1, \ldots,$ einer Rechenmaschine gespeichert werden. Die drei folgenden Typen von Auswertungsgleichungen sind zugelassen:

Konstanteneingaben der Form

(o) $$(A)\colon\ u_t = c_t, \qquad (\bar{A})\colon\ v_t = c'_t = (1 + e_t)\, c_t,$$

wobei c_t eine in beliebiger Form definierte Konstante ist, z.B. $c_t = 2.71828, \ldots, \sqrt{\pi}$, $1/3, \ldots,$ und c'_t eine Näherung für c_t ist, z.B. $c'_t = \mathrm{gl}(c_t)$. Offenbar ist dann $e_t = (c'_t - c_t)/c_t$ der relative Fehler von c'_t für $c_t \neq 0$.

Auswertung „eingebauter" Funktionen

(i) $$(A)\colon\ u_t = f_t(u_i); \qquad (\bar{A})\colon\ v_t = \mathrm{gl}\,(f_t(v_i)) = (1 + e_t) f_t(v_i)$$

mit einem Index $i = i_t < t$ und einer Funktion

$$f_t \in \{\uparrow 2, \sqrt{\ }, \exp, \log, \sin, \cos, \ldots\}.$$

Auch im günstigsten Fall treten bei einer Funktionsauswertung im gestörten Algorithmus zwei Arten von Fehlern auf. Erstens wird die Funktion f_t an dem durch Eingabe oder vorherige Berechnung gewonnenen Argument v_i anstelle des exakten u_i ausgewertet, und zweitens kann der Funktionswert $y_t = f_t(v_i)$ in der Regel nur näherungsweise berechnet werden, insbesondere muß das Ergebnis zu einer Maschinenzahl gerundet werden. Wie auch immer v_t berechnet worden sein mag, stets ist $e_t = (v_t - y_t)/y_t$ der relative Fehler der Näherung v_t von y_t für $y_t \neq 0$.

Arithmetische Operationen

(ii) $$(A)\colon\ u_t = u_i \circ u_k, \qquad (\bar{A})\colon\ v_t = \mathrm{gl}(v_i \circ v_k) = (1 + e_t)(v_i \circ v_k),$$

mit geeigneten Indizes $i = i_t$, $k = k_t < t$ und einer der vier arithmetischen Operationen $\circ = +, -, \times, ./..$ Werden die Gleitpunktoperationen wie in 13.1.2. (2) ausgeführt, dann ist e_t der relative Fehler der durch Anwendung der Gleitpunktfunktion gl_N gewonnenen Näherung. Auch hier stellt man beim Vergleich von (A) und $(\bar{A})$ zwei Arten von Störungen fest. Zum einen wird mit den gestörten Operanden v_i, v_k anstelle der exakten u_i, u_k gerechnet. Zum anderen wird anschließend die Gleitpunktfunktion gl auf $y_t = v_i \circ v_k$ angewandt mit dem relativen Fehler $e_t = (\mathrm{gl}(y_t) - y_t)/y_t$, falls $y_t \neq 0$ ist, und $e_t = 0$ für $y_t = 0$.

Ein Auswertungsalgorithmus (A) heißt wohldefiniert, wenn für jede Funktionsauswertung $u_t = f_t(u_i)$ das Argument u_i ein innerer Punkt des Definitionsbereichs von f_t und für jede Division $u_t = u_i/u_k$ der Nenner $u_k \neq 0$ ist. Der zugehörige gestörte Algorithmus heißt wohldefiniert, wenn die entsprechenden Bedingungen für die Argumente v_i von Funktionsauswertungen und die Nenner v_k von Divisionen gelten. Wir werden im folgenden stets voraussetzen, daß der gegebene Algorithmus wohldefiniert ist und daß die oben eingeführten lokalen Fehler e_t den Abschätzungen

(1) $$|e_t| \leq \gamma_t \eta, \qquad t = 0, \ldots, n,$$

mit den geeigneten Gewichten $\gamma_t \geq 0$ genügen.

Wir bemerken noch, daß jeder Auswertungsalgorithmus der obigen Form mit einer Eingabeoperation beginnen muß. Zur Ergänzung der obigen Vereinbarungen sei schließlich darauf hingewiesen, daß wir in den Anwendungen oft dem Problem besser angepaßte, zur linearen Anordnung $0, 1, \ldots, n$ äquivalente Numerierungen der Auswertungsgleichungen und Variablen u_t, v_t wählen. Darüber hinaus ist es nicht immer notwendig, die Numerierung explizit sichtbar zu machen.

Beispiel. Einfachste Algorithmen erhält man mit (o) einer Konstanteneingabe allein; (i) der Eingabe einer Konstanten und anschließender Auswertung einer eingebauten Funktion an dieser Stelle,

(2) $$u_0 = a, \qquad u_1 = f(u_0);$$

(ii) der Eingabe von zwei Konstanten und der anschließenden Berechnung von Summe, Differenz, Produkt oder Quotient in der Form

(3) $$u_0 = a, \qquad u_1 = b, \qquad u_2 = u_0 \circ u_1,$$

mit $\circ = +, -, \times, ./.$.

Beispiel. Zweireihige Determinante $D = \begin{vmatrix} a & b \\ c & d \end{vmatrix}$. Der Algorithmus zur Berechnung von D lautet

(4) $$\begin{aligned} &u_0 = a, &&u_1 = b, &&u_2 = c, &&u_3 = d,\\ &u_4 = u_0 u_3, &&u_5 = u_1 u_2, &&u_6 = u_4 - u_5. \end{aligned}$$

13.2. Fehlerfortpflanzung

Die funktionale Abhängigkeit eines Resultatfehlers von den Rundungs- und Datenfehlern, die im Laufe der Berechnung des Resultats auftraten, ist meistens sehr kompliziert, da die Anzahl dieser Fehler sehr groß werden kann. Die Rundungs- und Datenfehler sind aber im allgemeinen sehr klein, so daß man in einer Taylor-Entwicklung nach diesen Fehlern Glieder von zweiter Ordnung vernachlässigen kann. Die Linearisierungsmethode gestattet es, Terme erster Ordnung in dieser Entwicklung und damit Näherungen erster Ordnung für die gesuchten Fehler zu bestimmen. Die Fehlernäherungen werden dabei als Lösungen der jedem Auswertungsalgorithmus eindeutig zugeordneten Systeme linearer Fehlergleichungen gewonnen. Die linearen Fehlergleichungen ergeben sich sehr einfach aus den exakten Fehlerbeziehungen der Fehlerfortpflanzung im Algorithmus durch Vernachlässigung von Restgliedern zweiter Ordnung. Diese sind Abschneidefehler, aus denen ähnlich wie bei Differenzenapproximationen von Differentialgleichungen Fehlerabschätzungen für die Fehlernäherungen erster Ordnung gewonnen werden.

13.2.1. Fehlerbeziehungen. Im Hinblick auf die Anwendungen ist es zweckmäßig, sowohl absolute als auch relative a-priori- und a-posteriori-Fehler zu betrachten. Für manche Algorithmen ist nämlich die Fehlerfortpflanzung einfacher mit Hilfe der absoluten Fehler zu erfassen, für andere Algorithmen dagegen mit Hilfe der relativen Fehler. Die allgemeine theoretische Fehleranalyse numerischer Algorithmen verwendet a-priori-Fehlerdarstellungen. Die numerische Berechnung von Fehlerschranken geschieht a posteriori mit Hilfe von bereits berechneten Zwischen- und Endergebnissen des Algorithmus.

Für beliebige Näherungen a' einer Zahl a sind die absoluten und relativen a-priori- und a-posteriori-Fehler erklärt durch

(1)

	a priori	a posteriori
absolut	$\Delta a = a' - a$	$\Delta a' = a - a'$
relativ	$\mathsf{P}a = \dfrac{a' - a}{a}$	$\mathsf{P}a' = \dfrac{a - a'}{a'}$

Bei Verwendung der relativen Fehler wird immer vorausgesetzt, auch wenn dies nicht jedes Mal ausdrücklich gesagt wird, daß die Nenner von Null verschieden sind. Ist a' Näherung von a, so auch a Näherung von a'. Bei Vertauschung von a, a' in (1) gehen die a-priori- in die entsprechenden a-posteriori-Fehler über und umgekehrt.

Nach diesen Vorbereitungen sollen jetzt die grundlegenden Fehlerbeziehungen für die in Abschnitt 13.1.3. definierten Störungen von Auswertungsalgorithmen hergeleitet werden. Dabei werden die mit den lokalen Fehlern e_t gebildeten Größen

$$e'_t = -\frac{e_t}{1 + e_t} \tag{2}$$

benötigt, die für jedes t offenbar den Beziehungen

$$e_t + e'_t + e_t e'_t = 0, \qquad (1 + e_t)(1 + e'_t) = 1, \qquad e_t = -\frac{e'_t}{1 + e'_t} \tag{3}$$

genügen. Wir bezeichnen die absoluten und relativen a-priori- und a-posteriori-Fehler der Näherungen v_t von u_t mit Δu_t, $\mathsf{P}u_t$, Δv_t, $\mathsf{P}v_t$, die durch (1) mit $a = u_t$, $a' = v_t$ definiert sind.

(o) Eingabe-Operationen. Die absoluten und relativen a-priori-Fehler der Konstanteneingabe 13.1.3. (o) haben offenbar die Darstellung

$$\text{(4)} \qquad \Delta u_t = u_t e_t, \qquad \mathsf{P} u_t = e_t.$$

Mit den oben definierten Größen e_t' erhält man für die absoluten und relativen a-posteriori-Fehler die Fehlerdarstellungen

$$\text{(5)} \qquad \Delta v_t = v_t e_t', \qquad \mathsf{P} v_t = e_t'.$$

Die Größen e_t, e_t' sind also die relativen a-priori- und a-posteriori-Fehler der gestörten Konstanten $c_t' = (1 + e_t) c_t$.

(i) Funktionsauswertungen. Sei f eine reelle Funktion einer Veränderlichen, die in ihrem Definitionsbereich zweimal stetig differenzierbar ist. Es gilt die Taylor-Formel

$$\text{(6)} \qquad f(a') = f(a) + f'(a)\,\Delta a + \tfrac{1}{2} f''(\zeta)(\Delta a)^2$$

mit einer Zwischenstelle $\zeta \in \overline{aa'}$, vorausgesetzt daß mit a auch die Strecke $\overline{aa'}$ ganz im Definitionsbereich von f liegt. Die absoluten und relativen a-priori-Fehler von Funktionsauswertungen 13.1.3. (i) haben die Darstellung

$$\text{(7)} \qquad \Delta u_t = (1 + e_t)\,\Delta f_t(u_i) + u_t e_t, \qquad \mathsf{P} u_t = (1 + e_t)\,\mathsf{P} f_t(u_i) + e_t.$$

Wird in der Taylor-Formel (6) jetzt $a = u_i$, $a' = v_i$, $f = f_t$ gesetzt, so folgen die Fehlerbeziehungen

$$\text{(8i)} \qquad \Delta u_t = f_t'(u_i)\,\Delta u_i + u_t e_t + S_t, \qquad \mathsf{P} u_t = \frac{u_i f_t'(u_i)}{f_t(u_i)} \mathsf{P} u_i + e_t + R_t,$$

mit den Restgliedern

$$\text{(8ii)} \qquad S_t = e_t'(e_t u_t - \Delta u_t) + \tfrac{1}{2} f_t''(\zeta_i)(\Delta u_i)^2, \qquad R_t = \frac{1}{f_t(u_i)} S_t,$$

und einer Zwischenstelle $\zeta_i \in \overline{u_i v_i}$.

Die zugehörigen a-posteriori-Fehler gestatten die Darstellung

$$\text{(9)} \qquad \Delta v_t = \Delta f_t(v_i) + v_t e_t', \qquad \mathsf{P} v_t = (1 + e_t')\,\mathsf{P} f_t(v_i) + e_t'.$$

Da

$$e_t'\,\mathsf{P} f_t(v_i) = \frac{e_t'}{1 + e_t'}(\mathsf{P} v_t - e_t') = e_t(e_t' - \mathsf{P} v_t)$$

ist, ergibt die Taylor-Formel (6) für $a = v_i$, $a' = u_i$, $f = f_t$ dann die Fehlerbeziehungen

$$\text{(10i)} \qquad \Delta v_t = f_t'(v_i)\,\Delta v_i + v_t e_t' + S_t', \qquad \mathsf{P} v_t = \frac{v_i f_t'(v_i)}{f_t(v_i)} \mathsf{P} v_i + e_t' + R_t',$$

mit den Restgliedern

$$\text{(10ii)} \qquad S_t' = \tfrac{1}{2} f''(\zeta_i')(\Delta v_i)^2, \qquad R_t' = e_t(e_t' - \mathsf{P} v_t) + \frac{1}{f_t(v_i)} S_t'$$

und einer Zwischenstelle $\zeta_i' \in \overline{u_i v_i}$. Die in den relativen Fehlerbeziehungen (8), (10) auftretenden Faktoren von $\mathsf{P}u_i, \mathsf{P}v_i$ sind für einige spezielle Funktionen in Tab. 13.1 zusammengestellt.

$f(x)$	x^2	$\sqrt{x}$	x^μ	e^x	$\ln x$	$\sin x$	$\cos x$
$\frac{xf'(x)}{f(x)}$	2	$\frac{1}{2}$	μ	x	$\frac{1}{\ln x}$	$\frac{x}{\tan x}$	$-\frac{x}{\cot x}$

Tab. 13.1: Gewichte der Fehlerfortpflanzung für spezielle Funktionen

(ii) Arithmetische Operationen. Als Hilfsmittel für die Herleitung der Fehlerbeziehungen von arithmetischen Operationen benötigen wir Darstellungen der absoluten und relativen a-priori-Fehler

$$(11) \qquad \Delta(a \circ b) = a' \circ b' - a \circ b, \quad \mathsf{P}(a \circ b) = \frac{a' \circ b' - a \circ b}{a \circ b}, \quad \circ = +, -, \times, ./.,$$

von Summen, Differenzen, Produkten und Quotienten unter Störungen der Operanden. Der absolute und der relative Fehler der Summe oder Differenz $a' \pm b'$ wird durch

$$(12) \qquad \Delta(a \pm b) = \Delta a \pm \Delta b, \qquad \mathsf{P}(a \pm b) = \frac{a}{c}\,\mathsf{P}a \pm \frac{b}{c}\,\mathsf{P}b, \qquad c = a \pm b,$$

gegeben. Der absolute Fehler des Produktes $a'b'$ als Näherung von ab ist

$$(13) \qquad \Delta(ab) = (a + \Delta a)(\mathrm{b} + \Delta b) - ab = b\Delta a + a\Delta b + \Delta a \Delta b.$$

Für den relativen a-priori-Fehler folgt hiermit unmittelbar

$$(14) \qquad \mathsf{P}(ab) = \mathsf{P}a + \mathsf{P}b + \mathsf{P}a\mathsf{P}b.$$

Der Quotient von a' und b' als Näherung von a/b hat den absoluten Fehler

$$(15) \qquad \Delta(a/b) = \frac{1}{b + \Delta b}\left(\Delta a - \frac{a}{b}\Delta b\right) = \frac{1}{b}\left(\Delta a - \frac{a}{b}\Delta b\right) - \mathsf{P}b\,\Delta\left(\frac{a}{b}\right).$$

Demgemäß lautet der zugehörige relative Fehler

$$(16) \qquad \mathsf{P}(a/b) = \frac{\mathsf{P}a - \mathsf{P}b}{1 + \mathsf{P}b}.$$

Ganz analog kann man die absoluten und relativen a-posteriori-Fehler

$$(17) \qquad \Delta(a' \circ b') = a \circ b - a' \circ b', \quad \mathsf{P}(a' \circ b') = \frac{a \circ b - a' \circ b'}{a' \circ b'}, \quad \circ = +, -, \times, ./.,$$

darstellen. Dazu braucht man in den obigen Formeln nur a, b durch a', b' und a', b' durch a, b zu ersetzen.

Nach diesen Vorbereitungen können wir die Fehlerbeziehungen für arithmetische Operationen herleiten. Aus den beiden Gleichungen 13.1.3. (ii) erhalten wir unmittelbar die Darstellungen

$$(18)\qquad \Delta u_t = (1+e_t)\Delta(u_i \circ u_k) + u_t e_t, \qquad \mathsf{P}u_t = (1+e_t)\mathsf{P}(u_i \circ u_k) + e_t$$

der absoluten und relativen a-priori-Fehler. Die Fehler $\Delta(u_i \circ u_k)$, $\mathsf{P}(u_i \circ u_k)$ sind wie in (11) mit $a = u_i, b = u_k, a' = v_i, b' = v_k$ erklärt. Mit Hilfe der Gleichungen (12), (13), (15) ergeben sich aus (18) die folgenden absoluten a-priori-Fehlerbeziehungen:

$$(19)\qquad \begin{aligned} \pm:&\quad \Delta u_t = \Delta u_i \pm \Delta u_k + u_t e_t + S_t,\\ \times:&\quad \Delta u_t = u_k \Delta u_i + u_i \Delta u_k + u_t e_t + S_t,\\ ./.:&\quad \Delta u_t = \frac{1}{u_k}\Delta u_i - \frac{u_t}{u_k}\Delta u_k + u_t e_t + S_t. \end{aligned}$$

Die Restglieder S_t bestehen aus Termen zweiter Ordnung in den Fehlern $e_t, \Delta u_i, \Delta u_k, \Delta u_t$. Aus (2), (18) gewinnt man unmittelbar die Beziehung

$$(20)\qquad e_t \Delta(u_i \circ u_k) = e_t'(e_t u_t - \Delta u_t)$$

und damit die in Tab. 13.2 angegebenen Darstellungen der Restglieder S_t für die arithmetischen Operationen $+, -, \times$. Im Falle von Divisionen ergibt sich aus (15) die Beziehung

$$(21)\qquad \Delta\left(\frac{u_i}{u_k}\right) = \frac{1}{u_k}\Delta u_i - \frac{u_t}{u_k}\Delta u_k - \mathsf{P}u_k \Delta\left(\frac{u_i}{u_k}\right).$$

Aus (18), (20) folgt dann die Restglieddarstellung

$$(22)\qquad S_t = e_t'(e_t u_t - \Delta u_t) - \mathsf{P}u_k \Delta\left(\frac{u_i}{u_k}\right).$$

Mit Hilfe von (2), (18) wird schließlich

$$(1+e_t)S_t = (e_t u_t - \Delta u_t)(\mathsf{P}u_k - e_t),$$

was die Darstellung von S_t für Divisionen in Tabelle 13.2 liefert.

Werden die obigen Gleichungen (19) durch $u_t = u_i \circ u_k$ dividiert, so entstehen die zugehörigen relativen a-priori-Fehlerbeziehungen

$$(23)\qquad \begin{aligned} \pm:&\quad \mathsf{P}u_t = \frac{u_i}{u_t}\mathsf{P}u_i \pm \frac{u_k}{u_t}\mathsf{P}u_k + e_t + R_t,\\ \times:&\quad \mathsf{P}u_t = \mathsf{P}u_i + \mathsf{P}u_k + e_t + R_t,\\ ./.:&\quad \mathsf{P}u_t = \mathsf{P}u_i - \mathsf{P}u_k + e_t + R_t, \end{aligned}$$

mit den Restgliedern $R_t = \dfrac{1}{u_t} S_t$.

$\circ$	S_t	R_t
$\pm$	$e'_t(e_t u_t - \Delta u_t)$	$e'_t(e_t - \mathsf{P}u_t)$
$\times$	$e'_t(e_t u_t - \Delta u_t) + \Delta u_i \Delta u_k$	$e'_t(e_t - \mathsf{P}u_t) + \mathsf{P}u_i \mathsf{P}u_k$
./.	$(1 + e'_t)(e_t u_t - \Delta u_t)(\mathsf{P}u_k - e_t)$	$(1 + e'_t)(e_t - \mathsf{P}u_t)(\mathsf{P}u_k - e_t)$

Tab. 13.2: Restglieder der a-priori-Fehlerbeziehungen

Die absoluten und relativen a-posteriori-Fehler genügen den Gleichungen

$$(24)\qquad \Delta v_t = \Delta(v_i \circ v_k) + v_t e'_t, \qquad \mathsf{P}v_t = (1 + e'_t)\mathsf{P}(v_i \circ v_k) + e'_t.$$

Setzt man in die erste Gleichung die oben angegebenen Darstellungen (12), (13), (15) für $a = v_i$, $b = v_k$, $a' = u_i$, $b' = u_k$ ein, so bekommt man die absoluten a-posteriori-Fehlerbeziehungen

$$(25)\qquad \begin{aligned} \pm:&\quad \Delta v_t = \Delta v_i \pm \Delta v_k + v_t e'_t, \\ \times:&\quad \Delta v_t = v_k \Delta v_i + v_i \Delta v_k + v_t e'_t + S'_t, \\ ./.:&\quad \Delta v_t = \frac{1}{v_k}\Delta v_i - \frac{v_t}{v_k}\Delta v_k + v_t e'_t + S'_t. \end{aligned}$$

Die Restglieder S'_t sind in Tabelle 13.3 zusammengestellt. Für Divisionen wird mit Hilfe von (24) und 13.1.3. (ii)

$$(26)\qquad \frac{v_i}{v_k} = (1 + e'_t)v_t, \qquad \Delta\left(\frac{v_i}{v_k}\right) = \Delta v_t - v_t e'_t.$$

Aus (15) folgt daher die Gleichung

$$(27)\qquad \Delta\left(\frac{v_i}{v_k}\right) = \frac{1}{v_k}\Delta v_i - \frac{v_i}{v_k^2}\Delta v_k - \mathsf{P}v_k \Delta\left(\frac{v_i}{v_k}\right) = \frac{1}{v_k}\Delta v_i - \frac{v_t}{v_k}\Delta v_k - \mathsf{P}v_k \Delta v_t.$$

Wird diese Darstellung in Gleichung (24) für Δv_t eingesetzt, dann ergibt sich die dritte Fehlerbeziehung in (25) mit dem zugehörigen Restglied S'_t aus Tabelle 13.3.

Die relativen a-posteriori-Fehlerbeziehungen der arithmetischen Operationen lauten

$$(28)\qquad \begin{aligned} \pm:&\quad \mathsf{P}v_t = \frac{v_i}{v_t}\mathsf{P}v_i \pm \frac{v_k}{v_t}\mathsf{P}v_k + e'_t, \\ \times:&\quad \mathsf{P}v_t = \mathsf{P}v_i + \mathsf{P}v_k + e'_t + R'_t, \\ ./.:&\quad \mathsf{P}v_t = \mathsf{P}v_i - \mathsf{P}v_k + e'_t + R'_t, \end{aligned}$$

mit den Restgliedern R'_t aus Tabelle 13.3. Die erste Beziehung in (28) entsteht, wenn die erste Gleichung in (25) durch v_t dividiert und $\Delta v_i = v_i \mathsf{P}v_i$, $\Delta v_k = v_k \mathsf{P}v_k$ gesetzt wird.

Auf Grund der zweiten Gleichung in (24) ist

$$e'_t\,\mathsf{P}(v_iv_k)=e_t(e'_t-\mathsf{P}v_t),$$

also

$$\mathsf{P}v_t=\mathsf{P}(v_iv_k)+e'_t+e_t(e'_t-\mathsf{P}v_t).$$

Mit Hilfe von (14) folgt daher die zweite Fehlerbeziehung in (28) mit dem zugehörigen Restglied aus Tabelle 13.3. Division der dritten Fehlerbeziehung in (25) durch v_t ergibt die Darstellung

$$\mathsf{P}v_t=\frac{v_i}{v_tv_k}\mathsf{P}v_i-\mathsf{P}v_k+e'_t+\frac{1}{v_t}S'_t.$$

Im Hinblick auf 13.1.3. (ii) ist $v_i/(v_tv_k)=1+e'_t$, was die dritte Fehlerbeziehung in (28) mit dem zugehörigen Restglied R'_t in Tab. 13.3 nach sich zieht.

Tab. 13.3: Restglieder der a-posteriori-Fehlerbeziehungen

$\circ$	S'_t	R'_t
$\pm$	0	0
$\times$	$\Delta v_i\Delta v_k$	$e_t(e'_t-\mathsf{P}v_t)+\mathsf{P}v_i\mathsf{P}v_k$
./.	$-\mathsf{P}v_k\Delta v_t$	$e'_t\mathsf{P}v_i-\mathsf{P}v_k\mathsf{P}v_t$

13.2.2. Lineare Fehlergleichungen und Konditionszahlen. Die lokalen Fehler e_t sowie die relativen Fehler der Eingabedaten, Zwischen- und Endergebnisse eines gestörten Algorithmus sind in der Regel dem Betrage nach sehr klein gegen 1. Die Restglieder S_t, R_t, S'_t, R'_t in den Fehlerbeziehungen des vorangegangenen Abschnitts sind von zweiter Ordnung und somit sehr klein gegenüber Termen erster Ordnung in diesen Fehlern. Im Rahmen der Linearisierungsmethode vernachlässigt man daher die Restglieder und erhält so die einem Algorithmus eindeutig zugeordneten Systeme linearer Fehlergleichungen, deren Lösungen Näherungen s_t, r_t für die Fehler $\Delta u_t, \mathsf{P}u_t$ bzw. $\Delta v_t, \mathsf{P}v_t$ des gestörten Algorithmus liefern.

Jedem Schritt des Algorithmus werden eindeutig lineare Fehlergleichungen für Näherungen s_t, r_t der absoluten und relativen a-priori-Fehler $\Delta u_t, \mathsf{P}u_t$ bzw. a-posteriori-Fehler $\Delta v_t, \mathsf{P}v_t$ zugeordnet. Im Falle der a-priori-Fehleranalyse lauten diese Gleichungen gemäß 13.2.1. (4), (8), (19), (23):

(1)
$$\begin{array}{lll}
\text{Eingabe:} & s_t=u_te_t, & r_t=e_t,\\[4pt]
f_t: & s_t=f'_t(u_i)s_i+u_te_t, & r_t=\dfrac{u_if'_t(u_i)}{f_t(u_i)}r_i+e_t,\\[4pt]
\pm: & s_t=s_i\pm s_k+u_te_t, & r_t=\dfrac{u_i}{u_t}r_i\pm\dfrac{u_k}{u_t}r_k+e_t,\\[4pt]
\times: & s_t=u_ks_i+u_is_k+u_te_t, & r_t=r_i+r_k+e_t,\\[4pt]
./.: & s_t=\dfrac{1}{u_k}s_i-\dfrac{u_t}{u_k}s_k+u_te_t, & r_t=r_i-r_k+e_t,
\end{array}$$

mit $i=i_t$, $k=k_t<t$. Analog erhält man aus 13.2.1.(5), (10), (25), (28) die entsprechenden a-posteriori-Fehlergleichungen. Diese gehen sehr einfach aus den obigen Gleichungen (1) hervor, wenn man u_i, u_k, u_t, e_t durch v_i, v_k, v_t, e'_t ersetzt.

Die einem Algorithmus zugeordneten Systeme linearer Fehlergleichungen haben alle die Form des linearen Gleichungssystems

(2) $$z_0=f_0, \quad z_t=\sum_{k=0}^{t-1} b_{tk}z_k+f_t, \qquad t=1,\ldots,n,$$

oder in vektorieller Schreibweise

(3) $$z=Bz+f.$$

Dies ist ein gestaffeltes Gleichungssystem, aus dem die Unbekannten z_t rekursiv für $t=0,1,2,\ldots,n$ bestimmt werden können. Für jede rechte Seite $f=(f_0,\ldots,f_n)$ existiert also eine eindeutig bestimmte Lösung $z=(z_0,\ldots,z_n)$. Hier steht z_t für die Näherungen s_t oder r_t der absoluten oder relativen a-priori- bzw. a-posteriori-Fehler Δu_t oder $\mathrm{P}u_t$ bzw. Δv_t oder $\mathrm{P}v_t$. Die zugehörigen rechten Seiten f_t sind $u_t e_t$ oder e_t bzw. $v_t e'_t$ oder e'_t. Mit den Diagonalmatrizen

(4) $$J_u=\mathrm{diag}(u_0,\ldots,u_n), \qquad J_v=\mathrm{diag}(v_0,\ldots,v_n)$$

hat man also $f=J_u e$ oder e bzw. $J_v e'$ oder e'. Die Elemente der t-ten Zeile der Matrix $B=(b_{tk})$ liest man unmittelbar aus (1) ab. Für Eingabeoperationen ist $b_{tk}=0$ für alle k, für Funktionsauswertungen $b_{tk}=0$ für $k \neq i_t$ und für arithmetische Operationen $b_{tk}=0$ für alle $k \neq i_t, k_t$. Da $i_t, k_t<t$ sind, ist B eine untere $(n+1)\times(n+1)$-Dreiecksmatrix mit Nullen in der Hauptdiagonalen. Folglich ist die Matrix $E-B$ invertierbar. Zur Vereinfachung der Schreibweise bezeichnen wir die Inverse $(E-B)^{-1}$ mit L. Die Matrix $L=(E-B)^{-1}$ ist dann eine untere Dreiecksmatrix mit den Elementen $L_{tt}=1$ in der Hauptdiagonalen. Schließlich sei $L_t=(L_{tk})_{k=0\ldots,n}$ die t-te Zeile von L. Hiermit gestatten die Lösungen z_t von (2), (3) die Darstellung

(5) $$z_t=L_t f=\sum_{k=0}^{t} L_{tk} f_k, \qquad t=0,\ldots,n.$$

Die absoluten und relativen a-priori-Fehlernäherungen s_t, r_t haben die Form

(6) $$s_t=\sum_{k=0}^{t} L_{tk}^{\mathrm{abs}} u_k e_k, \qquad r_t=\sum_{k=0}^{t} L_{tk}^{\mathrm{rel}} e_k.$$

Die Fehlernäherungen sind also Linearformen in den lokalen Fehlern $e=(e_0,\ldots,e_n)$. Für alle lokalen Fehlerverteilungen

(7) $$|e_t|\le\gamma_t\eta, \qquad t=0,\ldots,n,$$

sind die Fehlernäherungen beschränkt durch

(8) $$|s_t|\le\sigma_t\eta, \qquad |r_t|\le\rho_t\eta$$

mit den absoluten und relativen a-priori-Konditionszahlen

$$(9)\qquad \sigma_t = \sum_{k=0}^{t} |L_{tk}^{\text{abs}} u_k| \gamma_k, \qquad \rho_t = \sum_{k=0}^{t} |L_{tk}^{\text{rel}}| \gamma_k, \qquad t=0,\ldots,n.$$

Diese Abschätzungen sind scharf oder optimal im folgenden Sinne. Für jedes t existieren Fehlervektoren $e^{\text{abs}}, e^{\text{rel}}$ derart, daß $s_t = \sigma_t \eta$, $r_t = \rho_t \eta$ wird. Wie man leicht sieht, haben Vektoren mit den Komponenten

$$(10)\qquad e_k^{\text{abs}} = \operatorname{sgn}(L_{tk}^{\text{abs}} u_k) \gamma_k \eta, \qquad e_k^{\text{rel}} = \operatorname{sgn}(L_{tk}^{\text{rel}}) \gamma_k \eta, \qquad k=0,\ldots,n,$$

diese Eigenschaft.

Entsprechende Aussagen gelten für die absoluten und relativen a-posteriori-Fehlernäherungen. In diesem Falle gestatten die lokalen Fehler $e_t' = -e_t/(1+e_t)$ offenbar die zu (7) analogen Abschätzungen

$$(11)\qquad |e_t'| \le \gamma_t' \eta, \qquad \gamma_t' = \frac{\gamma_t}{1-\gamma_t \eta}, \qquad t=0,\ldots,n,$$

und die a-posteriori-Fehlernäherungen entsprechende optimale Abschätzungen mit den zugehörigen a-posteriori-Konditionszahlen.

Beispiel. Einfachste Algorithmen. Die linearen Fehlergleichungen der am Ende von Abschnitt 13.1.3. angegebenen einfachsten Algorithmen liest man unmittelbar aus (1) ab. Für die Funktionsauswertung 13.1.3. (2) ist $s_0 = ae_0$, $r_0 = e_0$ und mit $i=0$, $t=1$ dann

$$(12)\qquad s_1 = f'(a)s_0 + f(a)e_1, \qquad r_1 = \frac{af'(a)}{f(a)} r_0 + e_1 \qquad (f(a) \neq 0).$$

Die zugehörigen a-priori-Konditionszahlen werden

$$(13)\qquad \sigma_1 = |af'(a)|\gamma_0 + |f(a)|\gamma_1, \qquad \rho_1 = \left|\frac{af'(a)}{f(a)}\right| \gamma_0 + \gamma_1.$$

Für die arithmetischen Operationen $\circ = +, -, \times, ./.$ hat man

$$s_0 = ae_0, \qquad s_1 = be_1, \qquad r_0 = e_0, \qquad r_1 = e_1,$$

und für $i=0$, $k=1$, $t=2$ ergeben sich die absoluten und relativen a-priori-Fehlergleichungen aus (1). Unter der Bedingung (7) lauten die zugehörigen Konditionszahlen

$$(14)\qquad \begin{array}{lll} \pm: & \sigma_2 = |a|\gamma_0 + |b|\gamma_1 + |u|\gamma_2, & \rho_2 = \left|\dfrac{a}{u}\right|\gamma_0 + \left|\dfrac{b}{u}\right|\gamma_1 + \gamma_2, \\ \times, ./.: & \sigma_2 = |u|(\gamma_0 + \gamma_1 + \gamma_2), & \rho_2 = \gamma_0 + \gamma_1 + \gamma_2, \end{array}$$

mit $u = a \circ b \neq 0$. Ist $\gamma_0 = \gamma_1 = \gamma_2 = 1$, dann folgt für Multiplikationen und Divisionen $\rho = \rho_2 = 3$, für Additionen und Subtraktionen ist

$$(15)\qquad \pm: \quad \rho = \frac{|a| + |b|}{|a \pm b|} + 1.$$

Bei Addition zweier positiver Zahlen wird also $\rho = 2$. Bei Subtraktion zweier positiver Zahlen kann der Nenner sehr klein und damit ρ sehr groß werden. Im Beispiel aus Abschnitt 13.1.2. ist $a = \exp 1$, $b = \exp 0.999$ und somit $\rho \doteq 2001$. Für $\eta = 5.\text{-}06$ wird $\rho\eta \doteq 1.00\text{-}02$ bei einem relativen Fehler $\mathsf{P}u \doteq 1.13\text{–}03$.

Beispiel. Zweireihige Determinante $D = \begin{vmatrix} a & b \\ c & d \end{vmatrix}$. Den zugehörigen Auswertungsalgorithmus haben wir ebenfalls am Ende von Abschnitt 13.1.3. angegeben. Die linearen absoluten a-priori-Fehlergleichungen des Algorithmus lauten

$$\begin{aligned} &s_0 = ae_0, \quad s_1 = be_1, \quad s_2 = ce_2, \quad s_3 = de_3, \\ (16)\qquad &s_4 = ds_0 + as_3 + ade_4, \quad s_5 = cs_1 + bs_2 + bce_5, \\ &s_6 = s_4 - s_5 + De_6. \end{aligned}$$

Dieses Fehlergleichungssystem hat die Lösung

$$(17)\qquad s = s_6 = ad(e_0 + e_3 + e_4) - bc(e_1 + e_2 + e_5) + \mathrm{D}e_6.$$

Die absolute a-priori-Konditionszahl $\sigma = \sigma_6$ der Determinantenberechnung wird unter der Bedingung (7) daher zu

$$(18)\qquad \sigma = |ad|(\gamma_0 + \gamma_3 + \gamma_4) + |bc|(\gamma_1 + \gamma_2 + \gamma_5) + |D|\gamma_6.$$

13.2.3. Restgliedabschätzungen. Nach diesen Vorbereitungen sind wir jetzt dazu in der Lage, die für die Linearisierungsmethode grundlegenden Restgliedabschätzungen herzuleiten. Der Kürze halber müssen wir uns auf die a-priori-Fehleranalyse beschränken und können hier nur darauf hinweisen, daß ganz analoge Aussagen auch im Falle der a-posteriori-Fehleranalyse gelten. In den praktischen Anwendungen kann man daher zusammen mit den in Gleitpunktarithmetik berechneten Zwischen- und Endresultaten eines Algorithmus die zugehörigen a-posteriori-Konditionszahlen und damit in erster Ordnung optimale a-posteriori-Fehlerschranken berechnen.

Betrachtet man die a-priori-Fehlerbeziehungen in Abschnitt 13.2.1, so sieht man, daß diese sich mit Hilfe des Systems der linearen a-priori-Fehlergleichungen in der Form

$$(1)\qquad \Delta u_t = \sum_{k=0}^{t-1} b_{tk}^{\text{abs}} \Delta u_k + u_t e_t + S_t, \qquad \mathsf{P}u_t = \sum_{k=0}^{t-1} b_{tk}^{\text{rel}} \mathsf{P}u_k + e_t + R_t$$

schreiben lassen. Aus (1) und 13.2.2. (5), (6) ergeben sich daher für die Abweichungen der linearen Fehlernäherungen von den exakten Fehlern die Darstellungen

$$(2)\qquad \Delta u_t - s_t = \sum_{k=0}^{t} L_{tk}^{\text{abs}} S_k, \qquad \mathsf{P}u_t - r_t = \sum_{k=0}^{t} L_{tk}^{\text{rel}} R_k, \qquad t = 0, \ldots, n.$$

Analoge Darstellungen gestatten die a-posteriori-Fehlerbeziehungen und die Fehler $\Delta v_t - s_t$, $\mathsf{P}v_t - r_t$ der zugehörigen a-posteriori-Fehlernäherungen.

(3) *Gegeben sei ein wohldefinierter Auswertungsalgorithmus. Dann ist der gestörte Algorithmus für alle lokalen Fehlerverteilungen der Form* $|e_t| \leq \gamma_t \eta$ *und jedes*

hinreichend kleine $\eta > 0$ wohldefiniert. Die Lösungen s, r der linearen a-priori-Fehlergleichungen sind Approximationen der absoluten und relativen Fehler Δu, $\mathsf{P}u$ mit zugehörigen Restgliedabschätzungen der Form

(i) $\quad |\Delta u_t - s_t| \le \varphi_t \eta^2, \qquad |\mathsf{P}u_t - r_t| \le \chi_t \eta^2, \qquad t = 0, \ldots, n.$

Insbesondere gelten die in erster Ordnung optimalen Fehlerabschätzungen

(ii) $\quad |\Delta u_t| \le \bar{\sigma}_t \eta, \qquad |\mathsf{P}u_t| \le \bar{\rho}_t \eta$

mit $\bar{\sigma}_t = \sigma_t + \varphi_t \eta$, $\bar{\rho}_t = \varphi_t + \chi_t \eta$ für $t = 0, \ldots, n$.

Beweis. (o) Der Beweis wird durch Induktion nach t geführt. Ein Auswertungsalgorithmus der hier betrachteten Form beginnt notwendig mit einer Konstanteneingabe. Für $t = 0$ ist daher

$$\Delta u_0 = s_0 = c_0 e_0, \qquad \mathsf{P}u_0 = r_0 = e_0.$$

Die obigen Fehlerabschätzungen gelten also für $t = 0$ mit den Konstanten $\varphi_0 = \psi_0 = 0$ und $\sigma_0 = \gamma_0 |u_0|$, $\rho_0 = \gamma_0$ für alle $0 < \eta \le \eta_0$ und ein beliebiges $\eta_0 > 0$.

(i) Sei jetzt der gestörte Algorithmus wohldefiniert, und seien die obigen Fehlerabschätzungen für $j = 0, \ldots, t-1$ und alle η in $0 < \eta \le \eta_{t-1}$ gültig. Wird im Schritt t des Algorithmus eine Eingabeoperation, eine Addition, Subtraktion oder Multiplikation ausgeführt, so ist der gestörte Algorithmus auch bis zum Schritt t für alle $0 < \eta \le \eta_{t-1} = \eta_t$ wohldefiniert. Wird im Schritt t eine Funktion f_t an einer Stelle u_i, $i = i_t$, ausgewertet, so gibt es eine Umgebung U_i von u_i, die ganz im Definitionsbereich von f_t liegt. Da $i < t$ ist, gilt nach Induktionsvoraussetzung die Fehlerabschätzung $|\Delta u_i| \le \bar{\sigma}_i \eta$. Wählt man daher $\eta_t \le \eta_{t-1}$ so klein, daß das Intervall mit Mittelpunkt u_i und Radius $\bar{\sigma}_i \eta_t$ noch ganz in U_i liegt, so bleibt v_i im Innern des Definitionsbereichs von f_t unter allen Störungen, die durch $|e_j| \le \gamma_j \eta$ für $j = 0, \ldots, t$ und $0 < \eta \le \eta_t$ beschränkt sind. Wird im t-ten Schritt des Algorithmus dividiert, so ist $u_t = u_i/u_k$ mit $i = i_t$, $k = k_t$, $i, k < t$ und $u_k \neq 0$. Nach Induktionsvoraussetzung ist $|\mathsf{P}u_k| \le \bar{\rho}_k \eta$ mit $\bar{\rho}_k = \bar{\sigma}_k / |u_k|$. Also kann man ein positives $\eta_t \le \eta_{t-1}$ so bestimmen, daß $\bar{\rho}_k \eta_t < 1$, damit $|\mathsf{P}u_k| < 1$ und folglich $v_k \neq 0$ wird für alle $0 < \eta \le \eta_t$. Folglich ist auch in diesem Falle der gestörte Algorithmus wohldefiniert bis zum Schritt t einschließlich.

(ii) Wir zeigen als nächstes, daß aus der Gültigkeit der Fehlerabschätzungen $|\Delta u_j| \le \bar{\sigma}_j \eta$ für $j = 0, \ldots, t-1$ und alle $0 < \eta \le \eta_t$ Restgliedabschätzungen der Gestalt

(4) $\quad |S_j| \le \zeta_j \eta^2, \qquad j = 0, \ldots, t-1,$

folgen. Für Eingabe-Operationen ist $S_j = 0$ und $\zeta_j = 0$. Wurde im j-ten Schritt eine Funktion f_j ausgewertet, so ergibt die Restglieddarstellung 13.2.1.(8ii) die Abschätzung

$$\frac{1}{\eta^2} |S_j| \le (\bar{\sigma}_j + \gamma_j |u_j|) \gamma_j' + \frac{1}{2} \mu_j \bar{\sigma}_i^2 = \zeta_j,$$

wobei die Konstante μ_j mit Hilfe der in Beweisteil (i) definierten Umgebung U_i durch

$$\mu_j = \sup_{x \in U_i} |f_j''(x)| \qquad (i = i_j)$$

definiert ist. Für die arithmetischen Operationen erhält man aus Tab. 13.2 die Schranken

$$\pm: \quad \frac{1}{\eta^2}|S_j| \le (\bar{\sigma}_j + \gamma_j |u_j|)\gamma'_j = \zeta_j,$$

(5)
$$\times: \quad \frac{1}{\eta^2}|S_j| \le (\bar{\sigma}_j + \gamma_j |u_j|)\gamma'_j + \bar{\sigma}_{i_j}\bar{\sigma}_{k_j} = \zeta_j,$$

$$./.: \quad \frac{1}{\eta^2}|S_j| \le (\bar{\sigma}_j + \gamma_j |u_j|)(\bar{\rho}_{k_j} + \gamma_j)(1 + \gamma'_j\eta) = \zeta_j$$

für alle $0 < \eta \le \eta_t$.

(iii) Nach diesen Vorbereitungen können wir die Fehlerabschätzung $|\Delta u_t - s_t| \le \varphi_t \eta^2$ beweisen. Besteht der t-te Schritt des Algorithmus aus einer Eingabe-Operation, so ist einfach $\varphi_t = 0$. Für Funktionsauswertungen und arithmetische Operationen gilt mit $L_{tj} = L_{tj}^{\text{abs}}$ und $L_{tt} = 1$ die Darstellung

$$\Delta u_t - s_t = S_t + \sum_{j<t} L_{tj} S_j.$$

Für eine Funktionsauswertung im Schritt t gewinnt man aus 13.2.1. (8ii) dann die Beziehung

$$(1 + e'_t)(\Delta u_t - s_t) = e'_t(e_t u_t - s_t) + \frac{1}{2} f''_t(w_{i_t})(\Delta u_{i_t})^2 + \sum_{j<t} L_{tj} S_j.$$

Wird diese Gleichung mit $1 + e_t$ multipliziert und werden die Terme auf der rechten Seite gliedweise abgeschätzt, so folgt

(6)
$$\frac{1}{\eta^2}|\Delta u_t - s_t| \le (\sigma_t + \gamma_t |u_t|)\gamma_t + (1 + \gamma_t \eta)\left\{\frac{1}{2}\mu_t \bar{\sigma}_{i_t}^2 + \sum_{j<t} |L_{tj}|\zeta_j\right\} = \varphi_t.$$

Mit Hilfe der Darstellung von S_t aus Tab. 13.2 wird für Additionen und Subtraktionen

$$(1 + e'_t)(\Delta u_t - s_t) = e'_t(e_t u_t - s_t) + \sum_{j<t} L_{tj} S_j,$$

nach Multiplikation mit $1 + e_t$ also

$$\Delta u_t - s_t = e_t(s_t - e_t u_t) + (1 + e_t) \sum_{j<t} L_{tj} S_j.$$

Dies ergibt die Abschätzung

(7)
$$\frac{1}{\eta^2}|\Delta u_t - s_t| \le (\sigma_t + \gamma_t |u_t|)\gamma_t + (1 + \gamma_t \eta) \sum_{j<t} |L_{tj}|\zeta_j = \varphi_t.$$

Analog erhält man im Falle einer Multiplikation im Schritt t die Beziehung

$$\Delta u_t - s_t = e_t(s_t - e_t u_t) + (1 + e_t)\left\{\Delta u_{i_t}\Delta u_{k_t} + \sum_{j<t} L_{tj} S_j\right\}$$

und damit die Abschätzung

$$\text{(8)} \qquad \frac{1}{\eta^2}|\Delta u_t - s_t| \leq (\sigma_t + \gamma_t |u_t|)\gamma_t + (1 + \gamma_t \eta)\left\{\bar{\sigma}_{i_t}\bar{\sigma}_{k_t} + \sum_{j<t} |L_{tj}|\zeta_j\right\} = \varphi_t.$$

Wird im t-ten Schritt eine Division ausgeführt, dann gilt

$$(1 + e_t)(\Delta u_t - s_t) = (\Delta u_t - e_t u_t)(e_t - \mathrm{P}u_k) + (1 + e_t)\sum_{j<t} L_{tj}S_j.$$

Subtrahiert man $(\Delta u_t - s_t)(e_t - \mathrm{P}u_k)$ auf beiden Seiten, so entsteht

$$(1 + \mathrm{P}u_k)(\Delta u_t - s_t) = (s_t - e_t u_t)(e_t - \mathrm{P}u_k) + (1 + e_t)\sum_{j<t} L_{tj}S_j.$$

Es ist $1 + \mathrm{P}u_k = v_k/u_k$. Für $0 < \eta \leq \eta_t$ wird $|\mathrm{P}u_k| < 1$, folglich $v_k \neq 0$ und somit

$$\text{(9)} \qquad \frac{1}{\eta^2}|\Delta u_t - s_t| \leq \left|\frac{u_k}{v_k}\right|\left\{(\sigma_t + \gamma_t|u_t|)(\bar{\rho}_{k_t} + \gamma_t) + (1 + \gamma_t\eta)\sum_{j<t} |L_{tj}|\zeta_j\right\} = \varphi_t.$$

Aus den eben bewiesenen Restgliedabschätzungen für den absoluten Fehler ergeben sich, falls $u_t \neq 0$ ist, unmittelbar die entsprechenden Abschätzungen für den relativen Fehler mit den Konstanten $\chi_t = \varphi_t/|u_t|$.

(iv) Zu jedem Index t und jedem $0 < \eta \leq \eta_t$ kann man die durch 13.2.2.(10) definierten lokalen Fehlerfolgen wählen. Damit wird $|s_t| = \sigma_t\eta$, $|r_t| = \rho_t\eta$ und

$$||\Delta u_t| - \sigma_t\eta| \leq \varphi_t\eta^2, \qquad ||\mathrm{P}u_t| - \rho_t\eta| \leq \chi_t\eta^2,$$

so daß die Fehlerschranken der Abschätzungen (3ii) bis auf Terme von zweiter Ordnung in η angenommen werden.

13.3. Daten- und Rundungskonditionszahlen, Rückwärtsstabilitätskonstanten

In der a-priori-Fehleranalyse kann man das Verhalten eines Algorithmus unter Datenstörungen bei exakten Funktionsauswertungen und arithmetischen Operationen untersuchen. Sei $I_D \subset I = \{0, \ldots, n\}$ die Teilmenge aller Indizes t mit der Eigenschaft, daß im Schritt t des Algorithmus eine Eingabeoperation ausgeführt wird. Entsprechend kann man das Verhalten des Algorithmus nur unter Störungen der Funktionsauswertungen und arithmetischen Operationen bei ungestörten Daten analysieren. Sei $I_R \subset I$ die Menge aller Indizes t derart, daß der Schritt t des Algorithmus aus einer Funktionsauswertung oder arithmetischen Operation besteht. Offenbar gilt $I = I_D \cup I_R$ und $I_D \cap I_R = \emptyset$. Die zugehörigen lokalen Fehlerverteilungen haben dann die Form

$$\text{(1)} \qquad |e_t^D| \leq \gamma_t^D \eta_D, \qquad |e_t^R| \leq \gamma_t^R \eta_R, \qquad t = 0, \ldots, n,$$

mit

$$\gamma_t^D = 0, \quad t \notin I_D; \qquad \gamma_t^R = 0, \quad t \notin I_R.$$

Die zu diesen beiden Fehlerverteilungen gemäß 13.2.2.(9) gebildeten Konditionszahlen bezeichnen wir als Daten- und Rundungskonditionszahlen des Algorithmus.

Die absoluten a-priori-Daten- und Rundungskonditionszahlen lauten zum Beispiel

(2) $$\sigma_t^D = \sum_{k=0}^{t} |L_{tk}^{\text{abs}} u_k| \gamma_k^D, \qquad \sigma_t^R = \sum_{k=0}^{t} |L_{tk}^{\text{abs}} u_k| \gamma_k^R, \qquad t = 0, \ldots, n.$$

Man kann den Algorithmus auch unter den durch (1) definierten Datenstörungen, Störungen der Funktionsauswertungen und arithmetischen Operationen gleichzeitig analysieren. Dies wird erreicht durch die lokale Fehlerverteilung

(3) $$|e_t| \leq \gamma_t \eta, \qquad \gamma_t = \gamma_t^D \frac{\eta_D}{\eta} + \gamma_t^R \frac{\eta_R}{\eta}, \qquad t = 0, \ldots, n,$$

für ein geeignetes $\eta > 0$. In diesem Falle gestatten die absoluten a-priori-Fehlernäherungen s_t die Darstellung

(4) $$s_t = s_t^D + s_t^R, \qquad s_t^D = \sum_{\substack{k=0 \\ k \in I_D}}^{t} L_{tk}^{\text{abs}} u_k e_k, \qquad s_t^R = \sum_{\substack{k=0 \\ k \in I_R}}^{t} L_{tk}^{\text{abs}} u_k e_k$$

und die zugehörigen Konditionszahlen die Zerlegung

(5) $$\sigma_t = \sigma_t^D \frac{\eta_D}{\eta} + \sigma_t^R \frac{\eta_R}{\eta}, \qquad t = 0, \ldots, n$$

mit σ_t^D, σ_t^R aus (2). Die Fehlerabschätzungen aus Satz 13.2.3. (3) haben dann die Form

(6) $$|\Delta u_t| \leq \sigma_t^D \eta_D + \sigma_t^R \eta_R + \mathrm{O}(\eta^2), \qquad t = 0, \ldots, n.$$

Aus der obigen Darstellung (5) sieht man, daß sich die Fehlerschranke $\sigma_t \eta$ und entsprechend die Fehlerschranke $\rho_t \eta$ des relativen Fehlers durch

(7) $$\sigma_t^D \eta_D \leq \sigma_t \eta, \qquad \rho_t^D \eta_D \leq \rho_t \eta$$

nach unten abschätzen lassen.

Bevor wir die Untersuchung fortsetzen, soll gezeigt werden, daß die Datenkonditionszahlen unabhängig vom Algorithmus sind. Betrachten wir das Problem der Auswertung einer Funktion Z von m Parametern in einer Umgebung U des Datenvektors $c = (c_1, \ldots, c_m)$. Als Beispiel stelle man sich das Problem der Berechnung einer beliebigen Unbekannten x_j eines linearen Gleichungssystems aus den Koeffizienten und rechten Seiten des Gleichungssystems vor. Sei Z an der Stelle c differenzierbar und $c_i \neq 0$ für $i = 1, \ldots, n$. Für hinreichend kleines η liegen alle Datenvektoren $c' = (c'_1, \ldots, c'_m)$ mit der Eigenschaft

(8) $$|\mathrm{P}c_i| \leq \gamma_i^c \eta, \qquad i = 1, \ldots, m,$$

in der Umgebung U, wobei $\gamma_1^c, \ldots, \gamma_m^c$ vorgegebene positive Gewichte sind. Der Fehler $\Delta z = z' - z$ der Näherung $z' = Z(c')$ von $z = Z(c)$ hat die Darstellung

(9) $$\Delta z = Z(c') - Z(c) = \sum_{i=1}^{m} \frac{\partial Z}{\partial c_i}(c) \Delta c_i + \mathrm{o}(\eta)$$

und läßt sich somit für alle c' aus (8) abschätzen durch

(10) $$|\Delta z| \leq \sum_{i=1}^{m} \left| \frac{\partial Z}{\partial c_i}(c) c_i \right| \gamma_i^c \eta + \mathrm{o}(\eta).$$

Die Schranke auf der rechten Seite wird angenommen, so daß die Abschätzung optimal ist.

Wählt man jetzt irgendeinen Algorithmus der hier betrachteten Form zur Auswertung von Z in der Umgebung U von c derart, daß unter Datenstörungen, bei exakten eingebauten Funktionen und arithmetischen Operationen,

$$u_{t_i} = c_i, \qquad v_{t_i} = c_i', \qquad \gamma_{t_i} = \gamma_i^c, \qquad i = 1, \ldots, m,$$

ist und

$$z = u_t, \qquad z' = v_t$$

wird für alle c' aus der Umgebung (8) von c. Dann gilt einerseits (9) und gemäß Satz 13.2.3.(3) andererseits

(11) $$\Delta u_t = L_t^{\mathrm{abs}} J_u e^D + O(\eta^2)$$

mit $e_{t_i}^D = \mathsf{P} c_i$ und $e_t^D = 0$ für $t \notin I_D = \{t_1, \ldots, t_m\}$. Folglich muß

(12) $$\sum_{k=0}^{t} L_{tk}^{\mathrm{abs}} u_k e_k^D = \sum_{i=1}^{m} \frac{\partial Z}{\partial c_i}(c) c_i \mathsf{P} c_i + o(\eta)$$

sein für alle $\mathsf{P} c_i = e_{t_i}^D$ aus (8). Hieraus ergibt sich leicht, daß die Koeffizienten der beiden Linearformen übereinstimmen und daher

(13) $$\sigma_t^D = \sum_{k=0}^{t} |L_{tk}^{\mathrm{abs}} u_k| \gamma_k^D = \sum_{i=1}^{m} \left| \frac{\partial Z}{\partial c_i}(c) c_i \right| \gamma_i^c$$

ist.

Die bekannte Rückwärtsanalyse stellt Störungen des Algorithmus durch Rundungsfehler mit Hilfe von Datenstörungen dar. Dieses Verfahren können wir hier folgendermaßen beschreiben. Lokale Fehler $|e_t^R| \leq \gamma_t^R \eta_R$, $t = 0, \ldots, n$, bewirken Störungen der Funktionsauswertungen und arithmetischen Operationen allein, die Daten werden nicht gestört. Nach Satz 13.2.3.(3) genügen die absoluten Fehler $(\Delta u_t)^R = v_t^R - u_t$ der Folge von Lösungen (v_t^R) des so gestörten Algorithmus den Beziehungen

$$(\Delta u_t)^R = s_t^R + O(\eta_R^2), \qquad |s_t^R| \leq \sigma_t^R \eta_R.$$

Man wähle jetzt einen beliebigen Index j mit $\sigma_j^D \neq 0$ und dazu die Datengenauigkeit

(14) $$\eta_D = \frac{\sigma_j^R}{\sigma_j^D} \eta_R.$$

Unter Datenstörungen der Form $|e_t^D| \leq \gamma_t^D \eta_D$, $t = 0, \ldots, n$, besteht dann der Wertebereich der zugehörigen linearen absoluten a-priori-Fehlernäherung $s_j^D = L_j^{\mathrm{abs}} J_u e^D$, aufgefaßt als Linearform in e^D, aus dem abgeschlossenen Intervall

(15) $$[-\sigma_j^D \eta_D, +\sigma_j^D \eta_D] = [-\sigma_j^R \eta_R, +\sigma_j^R \eta_R].$$

Damit liegt s_j^R in diesem Intervall, und es existiert eine Folge e^D von lokalen Fehlern in $|e_t^D| \leq \gamma_t^D \eta_D$, $t = 0, \ldots, n$, derart, daß $s_j^R = L_j^{\mathrm{abs}} J_u e^D = s_j^D$ ist. Nach Satz 13.2.3. (3) gibt es für hinreichend kleines η_R zu dieser Folge e^D und der Genauigkeitskonstanten η_D in

(14) eine Folge (v_t^D) von Lösungen des Algorithmus nur unter Datenstörungen derart, daß $(\Delta u_j)^D = v_j^D - u_j = s_j^D + O(\eta_D^2)$ und folglich

(16) $$(\Delta u_j)^R = (\Delta u_j)^D + O(\eta_R^2)$$

wird. Offenbar ist η_D in (14) die kleinste Konstante, welche die Darstellung (16) für alle lokalen Rundungsfehler e^R in $|e_t^R| \le \gamma_t^R \eta_R$, $t = 0, \ldots, n$, ermöglicht. Der Quotient $\omega_j = \sigma_j^R / \sigma_j^D$ ist ein Maß für die Stabilität des Algorithmus im Sinne der Rückwärtsanalyse von Wilkinson (s. [2, I–39]). Wir bezeichnen ω_j als Rückwärtsstabilitätskonstante des Algorithmus zur Berechnung von u_j. Dementsprechend heißt der Algorithmus zur Berechnung von u_j rückwärtsstabil, wenn die Stabilitätskonstante ω_j nicht zu groß ist. Man nennt den Algorithmus auch gutartig in diesem Fall.

Mit Hilfe der Stabilitätskonstanten $\omega_t = \sigma_t^R / \sigma_t^D$ kann man die Fehlerabschätzungen (6) in der Form

(17) $$|\Delta u_t| \le \left(1 + \omega_t \frac{\eta_R}{\eta_D}\right) \sigma_t^D \eta_D + O(\eta^2)$$

für alle $t = 0, \ldots, n$ mit $\sigma_t^D \neq 0$ schreiben. In den Anwendungen sind die Eingangsdaten eines Algorithmus oft das Ergebnis umfangreicher Rechnungen. Man denke etwa an Anwendungen des Gaußschen Eliminationsverfahrens zur Lösung linearer Gleichungssysteme mit den Koeffizienten des Gleichungssystems und den rechten Seiten als Daten. Die Eingangsdaten weisen dann eine nennenswert geringere Datengenauigkeit als die Rechengenauigkeit auf, das heißt, η_D ist groß im Vergleich zu η_R. Umso mehr gilt dies, wenn Materialkonstanten, physikalische oder gemessene Größen in die Daten eingehen. Solange die Stabilitätskonstante $\omega_t \le \eta_D / \eta_R$ bleibt, folgt aus (17) die Abschätzung $|\Delta u_t| \le 2 \sigma_t^D \eta_D + O(\eta^2)$, so daß der absolute Fehler höchstens das Doppelte desjenigen Fehlers erreichen kann, mit dem man bei exakter Rechnung unter Datenstörungen allein rechnen müßte. Ist beispielsweise $\eta_R = 5 \cdot 10^{-10}$ und $\eta_D = 5 \cdot 10^{-5}$, so ist die ebengenannte Bedingung erfüllt, solange $\omega_t \le 10^5$ bleibt.

Auch ein rückwärtsstabiler Algorithmus kann numerische Ergebnisse liefern, die keine einzige signifikante Stelle mehr aufweisen. Dieser Fall tritt ein, wenn das Problem schlecht konditioniert, das heißt $\rho_t^D \gg 1$, ist und die Rechengenauigkeit nicht groß genug gewählt wurde. Die Mindestanzahl der signifikanten Stellen in einem numerischen Resultat v_t läßt sich mit Hilfe der zugehörigen relativen Konditionszahl ρ_t bestimmen. Seien Daten- und Rundungsfehlerstörungen bezüglich einer gegebenen Verteilung der Form (3) mit einer Genauigkeitskonstanten $\eta = \eta_0$ beschränkt. Es wird gefordert, daß die numerisch berechnete Näherung v_t von u_t mindestens die relative Genauigkeit η_1 besitzen soll. Das Ergebnis v_t wird dann numerisch stabil in dem eben beschriebenen Sinne berechnet, wenn die Stabilitätsbedingung $\rho_t < \eta_1 / \eta_0$ erfüllt ist. Dieses Resultat ergibt sich unmittelbar aus der Fehlerabschätzung 13.2.3.(3ii) für $\eta = \eta_0$. Dabei nehmen wir an, daß der Unterschied zwischen $\bar{\rho}_t$ und ρ_t vernachlässigt werden kann. Soll zum Beispiel mindestens die erste Stelle des numerischen Ergebnisses im Sinne des relativen Fehlers signifikant sein, so wählt man $\eta_1 = \frac{1}{2}$. Die Rechengenauigkeit muß dann so groß, das heißt η_0 so klein gemacht werden, daß $\eta_0 < 1/(2\rho_t)$ ausfällt. Für $\rho_t < 10^9$ ist diese Stabilitätsbedingung für $\eta_0 = 5 \cdot 10^{-10}$, also zehnstellige dezimale Gleitpunktarithmetik erfüllt.

Beispiel. Einfachste Algorithmen. Für Funktionsauswertungen ergeben sich mit $I_D = \{0\}$, $I_R = \{1\}$, $\gamma_0^D = \gamma_1^R = 1$ aus 13.2.2.(13) die relativen Daten- und Rundungskonditionszahlen und zugehörigen Rückwärtsstabilitätskonstanten

$$(18) \qquad \rho^D = \left|\frac{af'(a)}{f(a)}\right|, \qquad \rho^R = 1, \qquad \omega = \left|\frac{f(a)}{af'(a)}\right| \qquad (f'(a) \neq 0).$$

Die Rückwärtsstabilität der Funktionsauswertung hängt also wesentlich von der Funktion, der Stelle a und dem Wert der Ableitung $f'(a)$ an dieser Stelle ab. Für die arithmetischen Operationen ist $I_D = \{0, 1\}$, $I_R = \{2\}$ und mit $\gamma_0^D = \gamma_1^D = 1$, $\gamma_2^R = 1$ dann

$$(19) \qquad \begin{array}{llll} \pm: & \rho^D = \dfrac{|a| + |b|}{|a \pm b|}, & \rho^R = 1, & \omega = \dfrac{|a \pm b|}{|a| + |b|} \leq 1, \quad (a \pm b \neq 0); \\ \times, ./.: & \rho^D = 2, & \rho^R = 1, & \omega = \tfrac{1}{2}. \end{array}$$

Die einfachsten Algorithmen zur Berechnung von Summe, Differenz, Produkt und Quotient zweier Zahlen sind also in diesem Sinne stets rückwärtsstabil.

Beispiel. Zweireihige Determinante $D = \begin{vmatrix} a & b \\ c & d \end{vmatrix}$. Gemäß 13.2.2.(16) ist $I_D = \{0, 1, 2, 3\}$, $I_R = \{4, 5, 6\}$. Mit $\gamma_t^D = 1$, $t = 0, 1, 2, 3$, $\gamma_t^R = 1$, $t = 4, 5, 6$, wird

$$(20) \qquad \begin{array}{l} \sigma^D = 2(|ad| + |bc|), \qquad \sigma^R = |ad| + |bc| + |D|, \\ \dfrac{1}{2} \leq \omega = \dfrac{1}{2}\left(1 + \dfrac{|D|}{|ad| + |bc|}\right) \leq 1, \end{array}$$

so daß die Berechnung nichtsingulärer zweireihiger Determinanten stets rückwärtsstabil erfolgt.

14. Anwendungen und Beispiele

Die in den vorangegangenen Paragraphen entwickelte Vorwärtsfehleranalyse soll nun auf eine Reihe von Algorithmen angewandt werden. Dabei interessieren wir uns auch für die Frage nach der Rückwärtsstabilität der Algorithmen, die a priori durch Abschätzungen der Rückwärtsstabilitätskonstanten ω_t beantwortet wird. In allen Beispielen werden die Konditionszahlen und damit Fehlerschranken für die berechneten Ergebnisse mitgerechnet. Wenn nichts anderes ausdrücklich gesagt ist, wurden dabei die von null verschiedenen Gewichte γ_t^D, γ_t^R gleich 1 gesetzt. Die mit Hilfe der Konditionszahlen gewonnenen Fehlerschranken überschätzen die tatsächlichen Fehler mehr oder weniger stark. Bei kleinen Variationen der Eingabedaten bleiben die Konditionszahlen und damit die Fehlerschranken praktisch konstant, während die Fehler in der Regel nennenswert schwanken. Auf diese Weise wurden in den folgenden Beispielen Eingabedaten bestimmt, die zu möglichst großen Fehlern der berechneten Resultate führten. Die in den Beispielen angegebenen Fehlerprozente sind die mit hundert multiplizierten Quotienten der Beträge der tatsächlichen Fehler dividiert durch die mit Hilfe der Konditionszahlen gewonnenen Fehlerschranken. Die numerischen Beispiele in den Paragraphen 14.1, 14.2 sind auf Taschenrechnern gerechnet worden. Die N-stelligen Gleitpunktoperationen wurden durch Rundung von dezimal 13-stellig berechneten eingebauten Funktionen und arithmetischen Operationen auf N Stellen gewonnen.

14.1. Berechnung von Wurzeln quadratischer Gleichungen, von Produkten und Summen

Auch wenn die in diesem Paragraphen behandelten Algorithmen sehr einfach sind, so ist doch eine genaue Kenntnis ihres Fehlerverhaltens wichtig. Bei der Berechnung nahe benachbarter Wurzeln einer quadratischen Gleichung können nennenswerte Genauigkeitsverluste auftreten, die sich mit Hilfe der zugehörigen Konditionszahlen abschätzen lassen. Ähnliches gilt für die Berechnung von Summen. In diesem Falle geben die Rundungskonditionszahlen darüber hinaus Auskunft über die günstigste Anordnung der Summanden. Die rekursive Berechnung von Produkten ist ein sehr stabiler Algorithmus in der Gleitpunktarithmetik von Rechenmaschinen. Hier zeigen wir durch zwei Beispiele, daß die relativen Rundungsfehler der Gleitpunktoperationen sich in manchen Fällen wie zufällige Variable im Intervall $[-\eta_R, \eta_R]$ verhalten, in anderen Fällen jedoch konstant sein können. Eine statistische Behandlung der Rundungsfehler ist daher unseres Erachtens nach in der Regel nicht möglich.

14.1.1. Wurzeln quadratischer Gleichungen. Gegeben sei eine quadratische Gleichung der Form

(1) $$ax^2 - 2bx + c = 0.$$

Der Kürze halber wird die Fehleranalyse der Wurzelberechnung nur für den Fall von Koeffizienten $a \neq 0$, $b \neq 0$, $c \neq 0$ und reellen einfachen Wurzeln ausgeführt. Die beiden Wurzeln sollen aus den Formeln

(2) $$x_1 = \frac{1}{a}(b + \operatorname{sgn}(b)\sqrt{d}), \qquad x_2 = \frac{c}{b + \operatorname{sgn}(b)\sqrt{d}}$$

mit $d = b^2 - ac > 0$ berechnet werden. Der zugehörige Auswertungsalgorithmus lautet:

(3) $$\begin{array}{llll} u_0 = a, & u_1 = b, & u_2 = c, & \\ u_3 = u_1^2, & u_4 = u_0 u_2, & u_5 = u_3 - u_4, & \\ u_6 = \pm\sqrt{u_5}, & u_7 = u_1 + u_6, & u_8 = u_7/u_0, & u_9 = u_2/u_7. \end{array}$$

Die Quadratwurzelfunktion in der Berechnung von u_6 erhält für $b > 0$ das positive und für $b < 0$ das negative Vorzeichen. Um übersichtliche Darstellungen zu erreichen, werden im folgenden auch die Abkürzungen

(4) $$d=b^2-ac=u_5, \quad w=\operatorname{sgn}(b)\sqrt{d}=u_6, \quad y=b+\operatorname{sgn}(b)\sqrt{d}=u_7$$

verwendet. Offenbar bestehen zwischen diesen Größen die Beziehungen

(5) $$\frac{w}{d}=\frac{1}{w}, \qquad \frac{b}{y}\left(1+\frac{bw}{d}\right)=\frac{b}{w}, \qquad 1+\frac{ac}{wy}=\frac{b}{w}.$$

Die linearen relativen a-priori-Fehlergleichungen des Algorithmus lauten:

(6) $$\begin{aligned}
&r_0=e_0, && r_1=e_1, && r_2=e_2,\\
&r_3=2r_1+e_3, && r_4=r_0+r_2+e_4, && r_5=\frac{b^2}{d}r_3-\frac{ac}{d}r_4+e_5,\\
&r_6=\frac{1}{2}r_5+e_6, && r_7=\frac{b}{y}r_1+\frac{w}{y}r_6+e_7, &&\\
&r_8=r_7-r_0+e_8, && r_9=r_2-r_7+e_9. &&
\end{aligned}$$

Unter Datenstörungen allein ist $e_3=\ldots=e_9=0$. Aus (6) erhält man mit Hilfe der ersten und zweiten Gleichung in (5) leicht die folgenden expliziten Darstellungen der Fehlernäherungen $r_{x_1}^D=r_8^D$, $r_{x_2}^D=r_9^D$ von x_1, x_2:

(7) $$\begin{aligned}
r_{x_1}^D&=-\left(1+\frac{ac}{2wy}\right)e_0+\frac{b}{w}e_1-\frac{ac}{2wy}e_2,\\
r_{x_2}^D&=\frac{ac}{2wy}e_0-\frac{b}{w}e_1+\left(1+\frac{ac}{2wy}\right)e_2.
\end{aligned}$$

Für relativ gleichmäßig verteilte Datenstörungen $|e_0|$, $|e_1|$, $|e_2|\le\eta_D$ ergeben sich daraus die relativen a-priori-Datenkonditionszahlen

(8) $$\rho_{x_1}^D=\rho_{x_2}^D=\rho^D=\left|\frac{b}{w}\right|+\left|\frac{ac}{2wy}\right|+\left|1+\frac{ac}{2wy}\right|$$

der Berechnung der Wurzeln x_1, x_2. Für beliebige reelle z ist $|1+z|+|z|=\max(1,|1+2z|)$, so daß sich auf Grund der dritten Beziehung in (5) der Ausdruck auf der rechten Seite der Gleichungen (8) auch in der Form

(9) $$\rho^D=\left|\frac{b}{w}\right|+\max\left(1,\left|\frac{b}{w}\right|\right)=\begin{cases}|y/w| & ac<0,\\ 2|b/w| & ac>0,\end{cases}$$

schreiben läßt.

Unter Rundungsfehlern nur in den arithmetischen Operationen ist $e_0=e_1=e_2=0$. Die Lösungen $r_{x_1}^R=r_8^R$, $r_{x_2}^R=r_9^R$ der linearen Fehlergleichungen (6) werden dann zu

(10)
$$r_{x_1}^R = \frac{w}{2y}\left(\frac{b^2}{d}e_3 - \frac{ac}{d}e_4 + e_5 + 2e_6\right) + e_7 + e_8,$$
$$r_{x_2}^R = -\frac{w}{2y}\left(\frac{b^2}{d}e_3 - \frac{ac}{d}e_4 + e_5 + 2e_6\right) - e_7 + e_9.$$

Die hier auftretenden Rundungsfehler sind beschränkt durch $|e_t| \leq \eta_R$, $t=3,\ldots,9$. Damit ergeben sich die Rundungskonditionszahlen

(11)
$$\rho_{x_1}^R = \rho_{x_2}^R = \rho^R = \left|\frac{w}{2y}\right|\left(3 + \frac{b^2 + |ac|}{d}\right) + 2.$$

Sowohl die relativen Datenkonditionszahlen als auch die relativen Rundungskonditionszahlen der Berechnung der beiden Wurzeln stimmen also überein. Dies zeigt, daß die Berechnung beider Wurzeln aus (2) im Hinblick auf das Fehlerverhalten vollkommen gleich konditioniert ist. Wie man leicht sieht, läßt sich ρ^R auch in der Form

(12)
$$ac > 0\colon\ \rho^R = \left|\frac{w}{y}\right|\left(1 + \frac{b^2}{d}\right) + 2, \qquad ac < 0\colon\ \rho^R = 2\left(\left|\frac{w}{y}\right| + 1\right),$$

schreiben. Die Rückwärtsstabilitätskonstante der Wurzelberechnung $\omega = \rho^R/\rho^D$ wird daher zu

(13)
$$ac > 0\colon\ \omega = \left|\frac{w}{b}\right|\left(1 + \left|\frac{w}{2y}\right|\right) + \left|\frac{b}{2y}\right|, \qquad ac < 0\colon\ \omega = 2\left|\frac{w}{y}\right|\left(1 + \left|\frac{w}{y}\right|\right).$$

(14) *Die Berechnung der beiden Wurzeln aus* (2) *erfolgt rückwärtsstabil, die Stabilitätskonstante* $\omega = \rho^R/\rho^D$ *genügt den Abschätzungen*

$$ac > 0\colon\quad \frac{1}{2} < \omega < \frac{3}{2}, \qquad ac < 0\colon\quad \frac{3}{2} < \omega < 4.$$

Beweis. Die Stabilitätskonstante ω läßt sich als Funktion von

$$q = \frac{\sqrt{d}}{|b|} = \sqrt{1 - \frac{ac}{b^2}} > 0$$

auffassen. Die Bedingungen $ac > 0$ bzw. $ac < 0$ sind dann gleichbedeutend mit $0 < q < 1$ bzw. $q > 1$. Weiter wird

$$\left|\frac{w}{b}\right| = q, \qquad \left|\frac{w}{y}\right| = \frac{q}{1+q}, \qquad \left|\frac{b}{y}\right| = \frac{1}{1+q}$$

und folglich

$$ac > 0\colon\quad \omega = \frac{3}{2}q - \frac{1}{2} + \frac{1}{1+q}, \qquad 0 < q < 1;$$
$$ac < 0\colon\quad \omega = 2\frac{q}{1+q}\left(1 + \frac{q}{1+q}\right), \qquad 1 < q.$$

In beiden Fällen ist ω eine strikt wachsende Funktion von q. Mit $\omega(0)=\frac{1}{2}$, $\omega(1)=\frac{3}{2}$ und $\omega(q)\to 4$ für $q\to\infty$ ergeben sich somit die behaupteten Einschließungen von ω. ■

Der Radikand $d=b^2-ac$ ist eine kritische Größe in der Berechnung der Quadratwurzeln. Es muß gesichert sein, daß der unter Datenfehlern und Rundungsfehlern in den arithmetischen Operationen berechnete Radikand d' positiv bleibt. Aus (6) ergibt sich die Fehlernäherung

$$r_d=r_5=\frac{b^2}{d}(2e_1+e_3)-\frac{ac}{d}(e_0+e_2+e_4)+e_5 \tag{15}$$

der Berechnung von d'. Die zugehörigen Daten- und Rundungskonditionszahlen lauten daher

$$\rho_d^D=\rho_5^D=2\delta,\qquad \rho_d^R=\rho_5^R=\delta+1,\qquad \delta=\frac{b^2+|ac|}{d}. \tag{16}$$

Für $ac<0$ ist einfach $\delta=1$ und somit $\rho_d^D=\rho_d^R=2$. Unter Rundungsfehlern in den arithmetischen Operationen bei exakten Daten wird mit $d>0$ auch $d'>0$, solange $|\mathsf{P}d|<1$ ausfällt, was man numerisch durch die Bedingung $\rho_d^R\eta_R<1$ prüfen kann. Zu einem vorgegebenen Tripel a, b, c von Koeffizienten läßt sich diese Bedingung immer durch Wahl einer hinreichend hohen Rechengenauigkeit erfüllen.

Als Anwendung der obigen Überlegungen werden zwei ausgewählte quadratische Gleichungen analysiert, die wir in der Literatur gefunden haben.

Beispiel 1. $1.928x^2+2\cdot 1.0604x+0.5784=0$. Die Wurzeln dieser quadratischen Gleichung sind $x_1=-0.6$, $x_2=-0.5$. Dezimal fünfstellig berechnet man

$$d=9.2000\text{–}03,\qquad \sqrt{d}=9.5917\text{–}02,\qquad y=-1.1563,$$
$$x_1=-0.59974,\qquad \mathsf{P}x_1\doteq-43.3\text{–}05;\qquad x_2=-0.50022,\qquad \mathsf{P}x_2\doteq 44.\text{–}05.$$

Die zugehörigen Konditionszahlen lauten

$$\rho^R\doteq 12.2,\qquad \rho^D\doteq 22,\qquad \rho_d^R\doteq 242.$$

Es ist $\eta_R=5.\text{–}05$ und daher $\rho_d^R\eta_R\doteq 1.21\text{–}02<1$. Die relativen Fehler $\mathsf{P}x_1, \mathsf{P}x_2$ erreichen dem Betrage nach etwa 71 % der Schranke $\rho^R\eta_R\doteq 61.\text{–}05$.

Beispiel 2. $47.51x^2-2\cdot 47.45x+47.39=0$.
Diese quadratische Gleichung hat die Wurzeln $x_1=1$, $x_2=0.997474216\ldots$. In siebenstelliger dezimaler Gleitpunktarithmetik ergibt sich

$$d=4.\text{–}03,\qquad \sqrt{d}=6.324555\text{–}02,\qquad y=47.51325,$$
$$x_1=1.000068,\qquad \mathsf{P}x_1\doteq 6.8\text{–}05;\qquad x_2=0.9974060,\qquad \mathsf{P}x_2\doteq-6.8\text{–}05.$$

Die zugehörigen Konditionszahlen werden zu

$$\rho^R\doteq 792,\qquad \rho^D\doteq 1582,\qquad \rho_d^R\doteq 1.25+06.$$

Jetzt ist $\eta_R=5.\text{–}07$, $\rho_d^R\eta_R\doteq 0.625<1$, und die relativen Fehler erreichen dem Betrage nach 18 % der Schranke $\rho^R\eta_R\doteq 3.76\text{–}04$.

14.1.2. Rekursive Berechnung von Produkten. Ein endliches Produkt $b_0 b_1 \dots b_n$ berechnet man rekursiv mit Hilfe einer Folge von Partialprodukten

(1) $$u_t = \prod_{j=0}^{t} b_j, \qquad t = 0, \dots, n,$$

durch den Algorithmus

(2) $$u_0 = b_0, \qquad u_{t-0.5} = b_t, \qquad u_t = u_{t-1} u_{t-0.5}, \qquad t = 1, \dots, n.$$

Für dieses Beispiel wird also die Indexfolge $t = 0, 0.5, 1, 1.5, \dots, n-0.5, n$ gewählt. Wir wollen annehmen, daß alle Faktoren $b_t \neq 0$ sind, da sonst ja einfach $u_n = b_0 b_1 \dots b_n = 0$ ist. Die linearen relativen a-priori-Fehlergleichungen des Algorithmus lauten gemäß 13.2.2.(1):

(3) $$r_0 = e_0^b, \qquad r_{t-0.5} = e_t^b, \qquad r_t = r_{t-1} + r_{t-0.5} + e_t^{\times}, \qquad t = 1, \dots, n,$$

wobei $e_t^b, e_t^{\times}$ die relativen a-priori-Fehler der Konstanten b_t und der Gleitpunktmultiplikationen bezeichnen. Das System der linearen Fehlergleichungen hat offenbar die Lösung

(4) $$r_t = e_0^b + \sum_{j=1}^{t} (e_j^b + e_j^{\times}), \qquad t = 1, \dots, n.$$

Die Näherungen r_t^D, r_t^R der relativen a-priori-Fehler der Berechnung der Partialprodukte u_t unter Datenstörungen allein ($e_j^{\times} = 0$) und unter Rundungsfehlern in den Gleitpunktoperationen allein ($e_j^b = 0$) haben daher die Form

(5) $$r_t^D = \sum_{j=0}^{t} e_j^b, \qquad r_t^R = \sum_{j=1}^{t} e_j^{\times}, \qquad t = 1, \dots, n.$$

Die zugehörigen relativen a-priori-Konditionszahlen ρ_t^D, ρ_t^R und die Stabilitätskonstanten ω_t werden durch

(6) $$\rho_t^D = t + 1, \qquad \rho_t^R = t, \qquad \omega_t = \frac{\rho_t^R}{\rho_t^D} = \frac{t}{t+1}, \qquad t = 1, \dots, n,$$

gegeben. Die rekursive Berechnung der Partialprodukte ist folglich ein gutartiger oder rückwärtsstabiler Algorithmus mit

(7) $$\frac{1}{2} \leq \omega_t < 1, \qquad t = 1, \dots, n.$$

Die obige Fehleranalyse ändert sich nicht wesentlich, wenn man anstelle von (1) Folgen

(8) $$u_t = b_0 \circ_1 b_1 \dots \circ_t b_t, \qquad t = 1, \dots, n,$$

berechnet, wobei für jedes j die Operation $\circ_j$ jeweils eine Multiplikation oder eine Division bezeichnet. In diesem Falle lautet der Auswertungsalgorithmus

(9) $$u_0 = b_0, \qquad u_{t-0.5} = b_t, \qquad u_t = u_{t-1} \circ_t u_{t-0.5}, \qquad t = 1, \dots, n,$$

und die zugehörigen Fehlergleichungen werden zu

$$(10)\qquad r_0 = e_0^b, \qquad r_{t-0.5} = e_t^b, \qquad r_t = r_{t-1} + p_t r_{t-0.5} + e_t^\circ,$$

mit $p_t = 1$ für $\circ_t = \times$ und $p_t = -1$ für $\circ_t = ./.$. Dieses System von Fehlergleichungen hat die Lösungen

$$(11)\qquad r_t = e_0^b + \sum_{j=1}^{t} (p_j e_j^b + e_j^\circ), \qquad t = 1, \ldots, n.$$

Die Konditionszahlen ρ_t^D, ρ_t^R und Stabilitätskonstanten ω_t für den Algorithmus (9) stimmen mit (6) überein.

Beispiel 1. $u_t = 1.01 \times (0.996)^t$, $t = 1, \ldots, n$. Der obige Algorithmus (2) ergibt diese Folge für $b_0 = 1.01$ und $b_t = 0.996$, $t \geq 1$. In dreistelliger dezimaler Gleitpunktarithmetik wird

$$(12)\qquad v_0 = \mathrm{rd}_3(1.01) = 1.01, \qquad v_1 = \mathrm{rd}_3(1.01 \times 0.996) = 1.01,$$

und folglich $v_t = 1.01$ für alle $t \geq 1$. Nach t Schritten ist $(0.996)^t \doteq 1\text{–}4.\text{–}03t$, solange $t \ll 250$ bleibt. Für diese t wird der relative a-priori-Fehler von u_t somit $\mathsf{P}u_t \doteq 4.\text{–}03t$. Da $\eta_R = 5.\text{–}03$ ist, hat man für die Fehlerschranken erster Ordnung $\rho_t^R \eta_R = 5.\text{–}03t$. Die Fehler betragen also 80% dieser Fehlerschranke.

Beispiel 2. $\dfrac{\sin \pi x}{\pi x} = \prod_{k=1}^{\infty} \left(1 - \dfrac{x^2}{k^2}\right)$

Die zugehörige Folge von Partialprodukten wird für

$$x = \frac{13}{6}, \qquad \frac{\sin \pi x}{\pi x} = \frac{3}{13\pi} = 0.0734561276\ldots$$

dezimal sechsstellig berechnet in der Form

$$(13)\qquad v_0 = 1, \qquad v_t = \mathrm{rd}_N(\mathrm{rd}_N(b_t) v_{t-1}), \qquad b_t = 1 - \frac{x^2}{t^2}.$$

In diesem Falle ist $N = 6$ und $\eta_R = 5.\text{–}06$. Anstelle der exakten Partialprodukte u_t werden die zehnstellig berechneten Näherungen verwendet. Tab. 14.1 verzeichnet blockweise t, v_t, $\mathsf{P}u_t = (v_t - u_t)/u_t$ und die Fehlersummen

$$\sum_{j=1}^{t} e_j^b, \qquad \sum_{j=1}^{t} |e_j^b|, \qquad \sum_{j=1}^{t} e_j^\times, \qquad \sum_{j=1}^{t} |e_j^\times|.$$

200	400	600	800	1000
7.51955–02	7.43205–02	7.40306–02	7.38854–02	7.38005–02
–1.10424–05	–2.30239–05	–2.73902–05	–3.74896–05	–1.49325–05
–1.61624–06	–3.42983–06	–5.34780–07	–1.36779–06	–1.07688–06
5.05023–05	1.02476–04	1.52375–04	2.03862–04	2.49224–04
–9.42562–06	–1.95940–05	–2.68550–05	–3.61227–05	–1.38575–05
8.58803–05	1.53491–04	2.23253–04	2.84328–04	3.71101–04

Tab. 14.1: Berechnung der Partialprodukte für $\dfrac{\sin \pi x}{\pi x}$, $x = 13/6$.

Die numerischen Ergebnisse zeigen, daß die Summen über die Beträge der $e_j^b, e_j^\times$ im wesentlichen linear in t wachsen. Die Fehlersummen und dementsprechend die relativen Fehler $\mathsf{P}u_t$ dagegen wachsen nicht. Dies zeigt, daß sich die Wirkungen zufällig verteilter Rundungsfehler in erheblichem Maße gegenseitig aufheben können.

14.1.3. Rekursive Berechnung von Summen. Eine endliche Summe

(1) $$u_n = c_0 + c_1 + \ldots + c_n$$

wird rekursiv mit Hilfe der Partialsummen

(2) $$u_t = \sum_{j=0}^{t} c_j, \qquad t=0,\ldots,n,$$

berechnet. Wählt man die Indexfolge wieder wie in Abschnitt 14.1.2, so hat der zugehörige Auswertungsalgorithmus die Gestalt

(3) $$u_0 = c_0, \qquad u_{t-0.5} = c_t, \qquad u_t = u_{t-1} + u_{t-0.5}, \qquad t=1,\ldots,n.$$

Das System der linearen absoluten a-priori-Fehlergleichungen zu diesem Algorithmus lautet

(4) $$s_0 = s_0^c, \qquad s_{t-0.5} = s_t^c, \qquad s_t = s_{t-1} + s_{t-0.5} + u_t e_t^+, \qquad t=1,\ldots,n,$$

wobei s_t^c die absoluten Fehler der Summanden c_t und e_t^+ die relativen Fehler der Gleitpunktadditionen bezeichnet.

Aus (4) ergibt sich die explizite Darstellung

(5) $$s_t = s_0^c + \sum_{j=1}^{t} (s_j^c + u_j e_j^+), \qquad t=1,\ldots,n,$$

der Fehlernäherungen erster Ordnung. Wir betrachten relativ gleichmäßig gestörte Koeffizienten c_t, das heißt

(6) $$|s_t^c| \leq |c_t|\eta_D, \qquad t=0,\ldots,n,$$

wie dies zum Beispiel bei Rundung der Summanden mit $\eta_D = \eta_R$ der Fall ist. Die absoluten a-priori-Daten- und Rundungskonditionszahlen σ_t^D, σ_t^R des Summationsalgorithmus (3) werden dann zu

(7) $$\sigma_t^D = \sum_{j=0}^{t} |c_j|, \qquad \sigma_t^R = \sum_{j=1}^{t} |u_j|, \qquad t=1,\ldots,n.$$

Diese Konditionszahlen lassen sich offenbar aus den Formeln

(8) $$\sigma_0^D = |c_0|, \qquad \sigma_t^D = \sigma_{t-1}^D + |c_t|; \qquad \sigma_0^R = 0, \qquad \sigma_t^R = \sigma_{t-1}^R + |u_t|$$

für $t=1,\ldots,n$ rekursiv berechnen. Die linearen a-posteriori-Fehlergleichungen des Algorithmus gehen gemäß Abschnitt 13.2.2 aus (4) hervor, wenn man statt c_t, u_t die gestörten Koeffizienten c_t' und berechneten Partialsummen v_t setzt. Auf die gleiche Weise erhält man aus (7), (8) die zugehörigen absoluten a-posteriori-Konditionszahlen. Diese kann man daher an Hand von (8) in einfacher Weise zusammen mit den Partialsummen numerisch berechnen.

Die Rundungskonditionszahlen gestatten die Abschätzung

$$\sigma_t^R \le \sum_{j=1}^{t} \sum_{k=0}^{j} |c_k| \le t|c_0| + \sum_{j=1}^{t} (t+1-j)|c_j|, \qquad t=1,\dots,n. \tag{9}$$

Folglich gelten die Ungleichungen

$$\sigma_t^R \le t\sigma_t^D, \qquad \rho_t^R \le t\rho_t^D, \qquad 1 \le \omega_t \le t. \tag{10}$$

Für Summen mit positiven Summanden c_j ist

$$\sigma_t^D = u_t, \qquad \rho_t^D = 1, \qquad \omega_t = \rho_t^R \le t \tag{11}$$

und

$$\sigma_t^R = \sum_{j=1}^{t} \sum_{k=0}^{j} c_k = tc_0 + \sum_{j=1}^{t} (t+1-j)\,c_j. \tag{12}$$

Bei Summation positiver Zahlen kann der relative Fehler der berechneten Partialsummen also höchstens linear in t wachsen.

Beispiel 1. Berechnet man die Werte einer Variablen x durch $x := h$ und wiederholte Anwendung von $x := x + h$, so läßt sich dies durch die rekursive Summation (3) mit $c_t = h$ für alle t beschreiben. Offenbar ist dann

$$u_t = (t+1)\,h, \qquad \rho_t^D = 1, \qquad \rho_t^R = \frac{t}{2}\,\frac{t+3}{t+1}. \tag{13}$$

Sowohl ρ_t^R als auch ω_t wachsen daher im wesentlichen linear mit t. Für $h = 0.555$ und $n = 200$ wird $u_n = 111.555$, $\rho_n^R \doteq 101$, während dreistellig dezimal $v_n \doteq 133$ berechnet wird. Der relative Fehler $\mathrm{P}u_n \doteq 0.192$ beträgt 38% der Fehlerschranke $\rho_n^R\,\eta \doteq 0.505$.

Für Summen mit positiven und negativen Summanden ist das Fehlerverhalten ganz anders. Die Partialsummen der Reihe für $\exp x$ zum Beispiel ergeben

$$\sigma_n^D \doteq \exp|x|, \qquad \rho_n^D \doteq \frac{\exp|x|}{\exp x} = \begin{cases} 1, & x \ge 0; \\ \exp(2|x|), & x < 0; \end{cases} \tag{14}$$

für hinreichend großes n. Die Berechnung der Partialsummen unendlicher Reihen mit alternierenden Vorzeichen kann daher mit sehr großen Genauigkeitsverlusten verbunden sein. Diese Tatsache wurde in drastischer Form bei Berechnung der Fehlerfunktion in Beispiel 1.6.5.(b) sichtbar.

Beispiel 2. Mit Hilfe der Potenzreihenentwicklung von $\operatorname{erf}(x)$ (s. Abramowitz-Stegun No. 7) wird

$$\sigma_n^D = \frac{2}{\sqrt{\pi}} \sum_{j=0}^{n} \frac{x^{2j+1}}{j!(2j+1)} \tag{15}$$

für $x > 0$. Für $n \to \infty$ streben die Datenkonditionszahlen gegen

$$\sigma^D = \frac{2}{\sqrt{\pi}} \sum_{j=0}^{\infty} \frac{x^{2j+1}}{j!(2j+1)} = \mathrm{i}\operatorname{erf}(-\mathrm{i}x) = \mathrm{i}(1 - \mathrm{e}^{x^2} w(x)).$$

Folglich ist

$$\sigma^D = \mathrm{e}^{x^2} \operatorname{Im} w(x). \tag{16}$$

In Abramowitz-Stegun, Tabelle 7.9, findet man Funktionswerte und asymptotische Entwicklungen der Funktion w. Man erhält damit

	x	$\operatorname{Im} w(x)$	σ^D
	3.5	0.169	3.53 +04
(17)	4.0	0.146	1.30 +06
	4.5	0.129	8.02 +07

Für die in Beispiel 1.6.5. (b) auftretenden Werte von n ist $\sigma_n^D \doteq \sigma^D$. Für $x \geq 3.5$ ist $\operatorname{erf}(x) \doteq 1$ und daher mit Hilfe von (10) dann $\sigma^D \doteq \rho_n^D \leq \rho_n^R$. Die Gleitpunkt-Genauigkeitskonstante für die UNIVAC 1108 beträgt $\eta_R = 2^{-26} \doteq 1.49-08$ (Abschneiden auf 27 Dualstellen). Für $x = 4.5$ ist bereits $\sigma^D \eta_R \doteq 1.20$. Also kann man spätestens für $x \geq 4.5$ nicht mehr erwarten, daß auch nur die erste Stelle des berechneten Ergebnisses signifikant ist.

Der Wert der Summe u_n in (1) ist offenbar unabhängig von der Reihenfolge der Summanden. Das Gleiche gilt von den Datenkonditionszahlen σ_t^D. Im Unterschied dazu hängen die Partialsummen u_t und somit auch die Rundungskonditionszahlen σ_t^R im allgemeinen ganz wesentlich von der Reihenfolge der Summanden ab. Soweit möglich sollte man beim numerischen Rechnen folglich die Summanden so anordnen, daß die Summe der Beträge der Partialsummen, damit die Rundungskonditionszahl σ_n^R und der zu erwartende Fehler möglichst klein werden. Für Summen mit positiven Summanden liest man aus (12) ab, daß dieser Fall dann eintritt, wenn die Summanden, mit dem kleinsten beginnend, der Größe nach aufsteigend angeordnet werden.

Beispiel 3. $1025 + (-912.3) + (-96.63) + (-9.315)$ (s. Wilkinson [2, I.25]). In der optimalen Anordnung addiert man $c_0 = 1025, \ldots, c_3 = -9.315$ und erhält die Partialsummen und Konditionszahlen

(18) $$u_1 = 112.7, \qquad u_2 = 16.07, \qquad u_3 = 6.755, \qquad \rho_3^R \doteq 20.06.$$

In vierstelliger dezimaler Gleitpunktarithmetik wird die Summation exakt ausgeführt. In umgekehrter Reihenfolge sind die Summanden $c_0 = -9.315, \ldots, c_3 = 1025$ dem Betrage nach aufsteigend angeordnet. In diesem Falle wird

(19) $$u_1 = -105.945, \qquad u_2 = -1018.245, \qquad u_3 = 6.755, \qquad \rho_3^R \doteq 167.4.$$

Diese Konditionszahl ρ_3^R ist etwa achtmal größer als diejenige der optimalen Anordnung. Dezimal vierstellig wird im zweiten Falle $v_3 = 7.000$ berechnet. Der relative Fehler $\mathrm{P}u_3 = 3.6-02$ erreicht 43% der Schranke $\rho_3^R \eta \doteq 8.4-02$.

Beispiel 4. $$u_n = \sum_{k=0}^{n} \frac{1}{(k+1)^2}.$$

Diese Partialsummen streben gegen $\pi^2/6 = 1.644934\ldots$ für $n \to \infty$. Wir berechnen die Summe für $n = 1023$ dezimal sechsstellig. Dabei werden die Summanden zehnstellig berechnet und anschließend auf sechs Dezimalstellen gerundet. In diesem Falle ist $\eta_D = \eta_R$, und die absoluten a-priori-Konditionszahlen lassen sich durch

(20) $$\sigma_0 = |c_0|, \qquad \sigma_t = \sigma_{t-1} + |u_t| + |c_t|, \qquad t = 1, \ldots, n,$$

rekursiv mitrechnen. In der optimalen Anordnung nach wachsenden Summanden erhält man $v_n = 1.64396$, $\rho_n = 5.57$, was mit dem auf sechs Stellen gerundeten exakten Wert übereinstimmt. Summiert man in der Reihenfolge fallender Summanden, so werden die berechneten Partialsummen konstant für $t \geq m = 446$ und

$$(21) \qquad v_m = 1.64308, \qquad \rho_m \doteq 445, \qquad \mathsf{P}u_m \doteq 2.29-04.$$

Der Fehler erreicht somit 10% der Schranke $\rho_m \eta_R \doteq 2.23-03$.

14.2. Der elementare Einschrittalgorithmus

Die rekursive Berechnung von Partialprodukten und Partialsummen, das Horner-Schema für Polynome in Taylor- und Newton-Darstellung, die Lösung zweigliedriger Rekursionen und bidiagonaler Gleichungssysteme sowie der Kettenbruchalgorithmus sind Auswertungsalgorithmen, die sich als Spezialfälle des sogenannten Einschrittalgorithmus auffassen lassen. Die Daten- und Rundungskonditionszahlen dieser Algorithmen genügen einfachen Rekursionsformeln, die selbst wieder Spezialfälle des elementaren Einschrittalgorithmus sind. Der erforderliche Mehraufwand zur Berechnung der Konditionszahlen ist gering, da die Koeffizienten der zugehörigen Rekursionen in einfacher Weise aus den Zwischen- und Endergebnissen der Auswertung des Algorithmus gewonnen werden.

14.2.1. Definition des Algorithmus und lineare Fehlergleichungen. Der elementare Einschrittalgorithmus berechnet die Zahlenfolge

$$(1) \qquad u_0 = a, \qquad u_t = b_t \circ_t u_{t-1} + c_t, \qquad t = 1, \ldots, n.$$

Hier sind $a, b_1, b_2, \ldots, c_1, c_2, \ldots$ zwei vorgegebene reelle Zahlenfolgen, und für jedes t ist die Operation $y \circ_t z$ entweder durch yz oder y/z oder z/y erklärt. Durch geeignete Spezialisierung erhält man mit diesem Algorithmus

$$(2) \qquad \begin{array}{lll} \text{Partialprodukte:} & \circ_t = \times, & a = b_0,\ c_t = 0; \\ \text{Partialsummen:} & \circ_t = \times, & a = c_0,\ b_t = 1; \\ \text{Horner-Schema (T):} & \circ_t = \times, & b_t = z; \\ \text{Horner Schema (N):} & \circ_t = \times, & b_t = z - z_{n-t}; \\ \text{Lsg. bidiag. Gleichsyst.:} & \circ_t = \times, & a = b_1 = 0; \\ \text{Kettenbrüche:} & \circ_t = ./. & \end{array}$$

Beim Horner-Schema wird die Auswertung eines Polynoms in der Taylor-Darstellung (T) wie in § 1.1 und in der Newtonschen Darstellung (N) wie in 3.1. (15) unterschieden. Beim Kettenbruchalgorithmus handelt es sich um die zum Horner-Schema analoge, in 1.4. (5) beschriebene Form. Das Gaußsche Eliminationsverfahren für tridiagonale Gleichungssysteme liefert die Diagonalelemente d_i in 6.2. (31) mit Hilfe des Kettenbruchalgorithmus, und das zugehörige gestaffelte Gleichungssystem hat eine obere bidiagonale Koeffizientenmatrix. Die Unbekannten x_i in 6.2. (32) werden durch den elementaren Einschrittalgorithmus berechnet.

Der Algorithmus (1) besteht aus den folgenden Einzelschritten:

(3)
$$u_0 = a, \quad u_{t-0.7} = b_t, \quad u_{t-0.5} = u_{t-0.7} \circ_t u_{t-1},$$
$$u_{t-0.3} = c_t, \quad u_t = u_{t-0.5} + u_{t-0.3}, \quad t = 1,\dots,n.$$

Hier wählen wir also die Indexfolge

$$t = 0, 0.3, 0.5, 0.7, 1, 1.3,\dots, n-1, n-0.7, n-0.5, n-0.3, n.$$

Das zugehörige System der absoluten a-priori-Fehlergleichungen lautet

(4)
$$s_0 = s^a, \quad s_{t-0.7} = s_t^b, \quad s_{t-0.5} = p_t s_{t-1} + q_t s_{t-0.7} + u_{t-0.5} e_t^\circ,$$
$$s_{t-0.3} = s_t^c, \quad s_t = s_{t-0.5} + s_{t-0.3} + u_t e_t^+,$$

für $t = 1,\dots,n$. Eliminiert man aus diesen Gleichungen die Fehlernäherungen $s_{t-0.7}$, $s_{t-0.5}$, $s_{t-0.3}$, so entsteht

(5)
$$s_0 = f_0, \quad s_t = p_t s_{t-1} + f_t, \quad t = 1,\dots,n,$$

mit den Abkürzungen

(6)
$$f_0 = s^a, \quad f_t = q_t s_t^b + s_t^c + u_t e_t^+ + u_{t-0.5} e_t^\circ.$$

Die Koeffizienten p_t, q_t ergeben sich aus 13.2.2. (1) zu

(7)

$\circ_t$	p_t	q_t
$\times$	b_t	u_{t-1}
./.	$-\dfrac{u_{t-0.5}}{u_{t-1}}$	$\dfrac{1}{u_{t-1}}$
.\\.	$\dfrac{1}{b_t}$	$-\dfrac{u_{t-0.5}}{b_t}$

Die linearen Fehlernäherungen s_t sind also selbst wieder Lösungen einer Rekursion vom Typ des elementaren Einschrittalgorithmus mit $\circ_t = \times$ und den Koeffizienten f_0, p_t, f_t anstelle von a, b_t, c_t. Die Lösung von (5) hat offenbar die explizite Darstellung

(8)
$$s_t = \sum_{j=0}^{t} w_{tj} f_j, \quad t = 0,\dots,n,$$

mit der Abkürzung

(9)
$$w_{tj} = \prod_{k=j+1}^{t} p_k, \quad j = 0,\dots,t.$$

Für $j = t$ ist das Produkt vereinbarungsgemäß gleich 1 zu setzen.

14.2.2. Horner-Schema. Das Horner-Schema zur Auswertung von Polynomen in der Taylor-Darstellung

(1) $$p(x) = a_0 + a_1 x + \ldots + a_n x^n$$

an einer Stelle $x = z$ lautet

(2) $$u_0 = a_n, \qquad u_t = z u_{t-1} + a_{n-t}, \qquad t = 1, \ldots, n,$$

womit $u_t = a'_{n-t}$ im Sinne von § 1.1 ist. Durch (2) wird die Folge von Partialpolynomen

(3) $$u_t = p_t(z) = a_{n-t} + a_{n-t+1} z + \ldots + a_n z^t$$

berechnet. Dieser Algorithmus ergibt sich aus 14.2.1. (2) für $\circ_t = \times$ und

$$a = a_n \qquad b_t = z, \qquad c_t = a_{n-t}, \qquad t = 1, \ldots, n.$$

Der Einfachheit halber setzen wir im folgenden voraus, daß das Argument z nicht gestört wird, also $s_t^b = 0$ ist in 14.2.1. (4), (6). Beim numerischen Rechnen heißt dies, daß nur Maschinenzahlen als Argumente z verwendet werden. Die Daten des Horner-Schemas, die gestört werden können, bestehen in diesem Falle aus den Koeffizienten $a_0, \ldots, a_n$. Unter Datenstörungen allein, bei exakten arithmetischen Operationen ($e_t^\times = e_t^+ = 0$), und unter Rundungsfehlern allein, bei exakten Daten ($s_t^a = 0$), ergeben sich aus 14.2.1. (6), (8) mit $p_k = z$ die zugehörigen linearen absoluten a-priori-Fehlernäherungen

(4) $$s_t^D = \sum_{j=0}^{t} z^{t-j} s_{n-j}^a, \qquad s_t^R = \sum_{j=1}^{t} z^{t-j} (u_j e_j^+ + u_{j-0.5} e_j^\times), \qquad t = 1, \ldots, n.$$

Bei relativ gleichmäßigen Datenstörungen

(5) $$|\Delta a_t| = |s_t^a| \le |a_t| \eta_D, \qquad t = 0, \ldots, n,$$

lauten daher die absoluten a-priori-Daten- und Rundungskonditionszahlen des Horner-Schemas:

(6) $$\sigma_t^D = \sum_{j=0}^{t} |a_{n-j} z^{t-j}|, \quad \sigma_t^R = \sum_{j=1}^{t} (|u_j| + |u_{j-0.5}|)|z^{t-j}|, \quad t = 0, \ldots, n.$$

Polynome in der Newtonschen Darstellung

(7) $$p(x) = a_0 + a_1 (x - z_0) + \ldots + a_n (x - z_0) \ldots (x - z_{n-1})$$

werden an einer Stelle $x = z$ durch den Algorithmus

(8) $$u_0 = a_n, \qquad u_t = (z - z_{n-t}) u_{t-1} + a_{n-t}, \qquad t = 1, \ldots, n,$$

ausgewertet. Dies ist der elementare Einschrittalgorithmus für

(9) $$a = a_n, \qquad b_t = z - z_{n-t}, \qquad c_t = a_{n-t}, \qquad t = 1, \ldots, n.$$

Der Einfachheit halber wollen wir auch hier annehmen, daß die Koeffizienten $b_t = z - z_{n-t}$ Maschinenzahlen sind und nicht gestört werden. Damit sind wieder nur die Polynomkoeffizienten $a_0, \ldots, a_n$ Daten, die gestört werden können. Analog wie oben erhält man die folgenden absoluten a-priori-Daten- und Rundungskonditionszahlen

$$(10) \quad \sigma_t^D = \sum_{j=0}^{t} |w_{tj} a_{n-j}|, \quad \sigma_t^R = \sum_{j=1}^{t} |w_{tj}|(|u_j| + |u_{j-0.5}|), \quad w_{tj} = \prod_{k=j+1}^{t} (z - z_{n-k}),$$

für $j = 0, \ldots, t$, $t = 0, \ldots, n$. Diese Konditionszahlen gehen offenbar für $z_0 = \ldots = z_{n-1} = 0$ in diejenigen der Auswertung der Taylor-Darstellung über. Wie man leicht sieht, lassen sich die Konditionszahlen rekursiv berechnen aus den Formeln

$$(11) \quad \begin{aligned} &\sigma_0^D = |a_n|, && \sigma_t^D = |z - z_{n-t}|\sigma_{t-1}^D + |a_{n-t}|, \\ &\sigma_0^R = 0, && \sigma_t^R = |z - z_{n-t}|\sigma_{t-1}^R + |u_t| + |u_{t-0.5}|, \qquad t = 1, \ldots, n. \end{aligned}$$

(12) *Die Stabilitätskonstanten* $\omega_t = \sigma_t^R / \sigma_t^D$ *gestatten die Abschätzungen*

$$\frac{1}{2} \le \omega_t \le 2t, \qquad t = 1, \ldots, n.$$

Beweis. (i) Offenbar gilt

$$u_j = \sum_{l=0}^{j} w_{jl} a_{n-l}, \qquad w_{tj} w_{jl} = w_{tl}, \qquad l \le j \le t,$$

und somit

$$|w_{tj} u_j| \le \sum_{l=0}^{j} |w_{tl} a_{n-l}| \le \sigma_t^D, \qquad j = 0, \ldots, t.$$

Weiter ist $u_{j-0.5} = u_{j-1}(z - z_{n-j})$, das heißt

$$|w_{tj} u_{j-0.5}| = |w_{tj-1} u_{j-1}| \le \sigma_t^D, \qquad j = 1, \ldots, t.$$

Hiermit folgt aus (10) die Abschätzung $\sigma_t^R \le 2t\sigma_t^D$.

(ii) Aus (8) liest man ab, daß $|u_j| + |u_{j-0.5}| \ge |a_{n-j}|$ ist. Weiter hat man $u_{0.5} = a_n(z - z_{n-1})$ und daher

$$\sigma_t^R \ge \sum_{j=1}^{t} |w_{tj} a_{n-j}|, \qquad \sigma_t^R \ge |w_{t1} u_{0.5}| = |w_{t0} a_n|.$$

Beide Abschätzungen zusammen liefern schließlich $2\sigma_t^R \ge \sigma_t^D$.

Beispiel. Tschebyscheff-Polynom T_{12}. Nach Einführung der Variablen $z = x^2$ wird $T_{12}(x) = p(z)$ mit dem Polynom p sechsten Grades

$$p(z) = 1 - 72z + 840z^2 - 3584z^3 + 6912z^4 - 6144z^5 + 2048z^6.$$

Tab. 14.2 zeigt numerische Ergebnisse der Auswertung von p an der Stelle $z = 0.94876$ durch das

Horner-Schema in fünfstelliger dezimaler Gleitpunktarithmetik. In diesem Falle treten keine Datenstörungen auf, so daß die relativen Fehler $\mathsf{P}u_t = (v_t - u_t)/u_t$ der berechneten Näherungen v_t der Partialpolynome u_t in erster Ordnung durch $\rho_t^R \eta_R$ mit $\eta_R = 5.-5$ abgeschätzt werden. Die letzte Spalte enthält die Fehlerprozente $P_t = 100|\mathsf{P}u_t|/(\rho_t^R \eta_R)$. Der Fehler des berechneten Polynomwerts v_6 beträgt also 16% der Schranke $\rho_6^R \eta_R$.

t	$\mathsf{P}u_t$	ρ_t^D	ρ_t^R	P_t
0	0	1.00 +00	0	
1	−9.41 −06	1.93 +00	1.46 +00	13
2	2.85 −05	4.98 +00	4.35 +00	13
3	−1.58 −04	2.16 +01	1.94 +01	16
4	1.69 −03	2.35 +02	2.13 +02	16
5	−5.84 −02	8.18 +03	7.40 +03	16
6	−1.22 −01	1.71 +04	1.54 +04	16

Tab. 14.2: Berechnung von $p(z) = T_{12}(x)$, $z = x^2$.

14.2.3. Lösung bidiagonaler Gleichungssysteme

(1) $$x_1 = c_1, \qquad -b_i x_{i-1} + x_i = c_i, \qquad i = 2, \ldots, n.$$

Die Lösung $x_1, \ldots, x_n$ dieses Gleichungssystems mit einer unteren bidiagonalen Koeffizientenmatrix erhält man sehr einfach rekursiv mit Hilfe des elementaren Einschrittalgorithmus für $\circ_t = \times$ und

(2) $$a = 0, \qquad b_1 = 0, \qquad u_t = x_t.$$

Wir betrachten relativ gleichmäßige Datenstörungen,

(3) $$|s_i^b| = |\Delta b_i| \leq |b_i| \eta_D, \quad i = 2, \ldots, n; \qquad |s_i^c| = |\Delta c_i| \leq |c_i| \eta_D, \quad i = 1, \ldots, n.$$

Da hier $s^a = s_1^b = 0$ sind, gewinnt man aus 14.2.1.(6), (8) mit $p_t = b_t$, $u_{0.5} = 0$ die absoluten a-priori-Datenkonditionszahlen

(4) $$\sigma_t^D = \sum_{j=1}^{t} |w_{tj}|(|c_j| + |u_{j-0.5}|), \qquad w_{tj} = \prod_{k=j+1}^{t} b_k, \qquad t = 1, \ldots, n,$$

der Berechnung von x_t. Auf Grund von $a = b_1 = 0$ sind die Rundungsfehler $e_1^\times = e_1^+ = 0$. Die absoluten a-priori-Rundungskonditionszahlen lauten daher

(5) $$\sigma_1^R = 0, \qquad \sigma_t^R = \sum_{j=2}^{t} |w_{tj}|(|x_j| + |u_{j-0.5}|), \qquad t = 2, \ldots, n.$$

Diese Konditionszahlen können rekursiv aus

(6) $$\begin{aligned} \sigma_1^D &= |c_1|, \qquad & \sigma_t^D &= |b_t| \sigma_{t-1}^D + |c_t| + |u_{t-0.5}|, \\ \sigma_1^R &= 0, \qquad & \sigma_t^R &= |b_t| \sigma_{t-1}^R + |x_t| + |u_{t-0.5}|, \qquad t = 2, \ldots, n, \end{aligned}$$

bestimmt werden.

(7) *Die Berechnung der Lösungen $x_1,\dots,x_n$ des bidiagonalen Gleichungssystems erfolgt rückwärtsstabil, und es gilt*

$$\frac{1}{4} \le \omega_t \le 2, \qquad t = 1,\dots,n.$$

Beweis. Es ist $|x_j| \le |c_j| + |u_{j-0.5}|$ für $j = 2,\dots,n$, so daß σ_t^R durch $2\sigma_t^D$ nach oben beschränkt ist. Weiter hat man $u_{1.5} = b_2 x_1$ und somit

$$\sigma_t^R \ge |w_{t2} u_{1.5}| = |w_{t1} x_1|.$$

Mit $u_{0.5} = 0$ wird dann

$$2\sigma_t^R \ge \sum_{j=1}^{t} |w_{tj}|(|x_j| + |u_{j-0.5}|).$$

Schließlich gilt $|x_j| + |u_{j-0.5}| \ge |c_j|$ und folglich

$$4\sigma_t^R \ge \sum_{j=1}^{t} |w_{tj}|(|c_j| + |u_{j-0.5}| + |x_j|) \ge \sigma_t^D.$$

14.2.4. Auswertung von Kettenbrüchen. Endliche Kettenbrüche

(1) $$u_n = c_n + \frac{b_n}{c_{n-1}+} \cdots \frac{b_2}{c_1+} \frac{b_1}{c_0}$$

werden analog zum Horner-Schema durch

(2) $$u_0 = c_0, \qquad u_t = c_t + \frac{b_t}{u_{t-1}}, \qquad t = 1,\dots,n,$$

ausgewertet. Dies ist der elementare Einschrittalgorithmus 14.2.1. (1) mit $a = c_0$ und $\circ_t = /$. Die Koeffizienten p_t, q_t haben gemäß 14.2.1.(7) hier die Form

(3) $$p_t = -\frac{u_{t-0.5}}{u_{t-1}} = -\frac{b_t}{u_{t-1}^2}, \qquad q_t = \frac{1}{u_{t-1}}, \qquad t = 1,\dots,n.$$

Wir setzen stets voraus, daß der Kettenbruch regulär ist, das heißt alle Nenner u_{t-1} in (2) von Null verschieden sind. Unter relativ gleichmäßigen Störungen der Koeffizienten b_t, c_t wie in 14.2.3. (3) lauten die zugehörigen absoluten a-priori-Datenkonditionszahlen

(4) $$\sigma_t^D = \sum_{j=0}^{t} |w_{tj} c_j| + \sum_{j=1}^{t} |w_{tj} u_{j-0.5}|, \qquad t = 0,\dots,n,$$

da $q_j b_j = u_{j-0.5}$ ist. Die absoluten a-priori-Rundungskonditionszahlen werden zu

(5) $$\sigma_t^R = \sum_{j=1}^{t} |w_{tj}|(|u_j| + |u_{j-0.5}|), \qquad t = 0,\dots,n.$$

Diese Konditionszahlen lassen sich rekursiv aus

$$\text{(6)}\quad \begin{aligned} &\sigma_0^D = |c_0|, && \sigma_t^D = |p_t|\sigma_{t-1}^D + |u_{t-0.5}| + |c_t|, \\ &\sigma_0^R = 0, && \sigma_t^R = |p_t|\sigma_{t-1}^R + |u_{t-0.5}| + |u_t|, \qquad t = 1,\dots,n, \end{aligned}$$

berechnen.

(7) *Die Auswertung regulärer Kettenbrüche durch den obigen Kettenbruchalgorithmus ist immer rückwärtsstabil. Die Stabilitätskonstanten genügen den Abschätzungen*

$$\frac{1}{3} \leq \omega_t \leq 2, \qquad t = 1,\dots,n.$$

Beweis. Die Abschätzung nach oben ergibt sich unmittelbar aus der Tatsache, daß $u_j = u_{j-0.5} + c_j$ ist für $j = 1\dots,n$. Damit ist auch $|u_j| + |u_{j-0.5}| \geq |c_j|$, also

$$\sigma_t^R \geq \sum_{j=1}^{t} |w_{tj} c_j|.$$

Weiter gilt $u_{0.5} = -p_1 u_0$, $w_{t1} p_1 = w_{t0}$ und daher

$$\sigma_t^R \geq |w_{t1} u_{0.5}| = |w_{t0} c_0|.$$

Folglich wird

$$3\sigma_t^R \geq \sum_{j=1}^{t} |w_{tj} c_j| + |w_{t0} c_0| + \sum_{j=1}^{t} |w_{tj} u_{j-0.5}| = \sigma_t^D.$$

Beispiel. Für das tridiagonale Gleichungssystem 6.2.(29) mit den Koeffizienten $a_t = a$, $b_t = c_t = -1$ berechnet man die erste Rekursion 6.2.(31) in der Form

$$\text{(8)}\quad d_1 = a, \qquad d_t = a - \frac{1}{d_{t-1}}, \qquad t = 2,\dots,n,$$

also den Kettenbruchalgorithmus (2) mit

$$c_0 = 1, \quad b_1 = 0, \quad c_t = a, \quad b_t = 1, \quad u_t = d_t, \qquad t = 1,\dots,n.$$

Die Rundungskonditionszahlen genügen den Rekursionsformeln

$$\text{(9)}\quad \sigma_1^R = 0, \qquad \sigma_t^R = |u_{t-0.5}|(\rho_{t-1}^R + 1) + |u_t|, \qquad t = 2,\dots,n.$$

Tab. 14.3 enthält ein numerisches Beispiel, das für $a = 1.9225$ in fünfstelliger dezimaler Gleitpunktarithmetik berechnet wurde.

t	$\mathrm{P}u_t$	ρ_t^R	P_t	t	$\mathrm{P}u_t$	ρ_t^R	P_t
5	7.96−07	5.13	0	25	3.23−04	42.6	15
10	2.81−03	450	12	30	3.51−04	51.6	14
11	−4.60−03	740	12	33	−1.54−02	2210	14
15	1.08−04	16.2	13	35	1.12−03	162	14
20	5.65−04	81.3	14	40	2.65−04	45.3	12
22	−7.77−03	1110	14	44	−4.98−01	8280	12

Tab. 14.3: Relative Fehler, Rundungskonditionszahlen u. Fehlerprozente der Berechnung von d_t.

14.3. Gaußsches Eliminationsverfahren

Die Anwendung der Vorwärtsfehleranalyse auf das Gaußsche Eliminationsverfahren liefert eine große Fülle sehr detaillierter Ergebnisse über das Fehlerverhalten dieses wichtigen Algorithmus. Einige typische Resultate sollen in diesem Paragraphen erläutert werden. Zur Vereinfachung der Darstellung kann man für die a-priori-Fehleranalyse annehmen, daß Zeilen und Spalten der Koeffizientenmatrix bereits so angeordnet sind, wie es sich bei Durchführung des Eliminationsverfahrens mit Pivotsuche ergibt. Die Residuenkonditionszahlen lassen sich aus den im Verlauf des Eliminationsverfahrens auftretenden Zwischenergebnissen und den berechneten Lösungen näherungsweise berechnen. Für die Daten- und Rundungskonditionszahlen der Unbekannten x_i benötigt man darüber hinaus die i-te Zeile der inversen Koeffizientenmatrix A^{-1}, die man mit Hilfe der Dreieckszerlegung von A auf die in Abschnitt 6.1.3 beschriebene Weise leicht berechnen kann. Auch bei Systemen mit sehr vielen Gleichungen und Unbekannten ist daher die Berechnung dieser Konditionszahlen für einzelne Unbekannte ohne allzu großen Aufwand möglich.

In einer Gleitpunktarithmetik werden arithmetische Operationen exakt ausgeführt, falls einer der beiden Operanden Null ist. Im Falle von Bandmatrizen oder dünnbesetzten Koeffizientenmatrizen kann man daher in den allgemeinen Darstellungen der linearen Fehler- und Residuennäherungen die entsprechenden Rundungsfehler gleich Null setzen und anschließend spezielle Rundungs- und Residuenkonditionszahlen herleiten, die die Struktur der zugehörigen Gleichungssysteme berücksichtigen. Ähnliches gilt für die sogenannte direkte Faktorisierung in partieller doppelter Genauigkeit. Aus Platzgründen können diese und weitere Dinge hier nicht näher ausgeführt werden.

14.3.1. Datenstörungen. Wir wollen im folgenden das Gaußsche Eliminationsverfahren zur Lösung inhomogener linearer Gleichungssysteme

$$(1) \qquad Ax=y \iff \sum_{k=1}^{n} a_{ik}x_k = y_i, \qquad i=1,\dots,n,$$

mit regulärer Koeffizientenmatrix analysieren. Die Komponenten der Lösung

$$(2) \qquad x=A^{-1}y \iff x_i = \sum_{k=1}^{n} a_{ik}^{(-1)} y_k, \qquad i=1,\dots,n,$$

sind Funktionen der Matrixelemente a_{ik} und rechten Seiten y_i, die zusammen als Daten des Problems (1) bezeichnet werden. Als erstes soll die Abhängigkeit der Lösungen von Datenstörungen untersucht werden. In Abschnitt 13.3 wurde gezeigt, daß Datenkonditionszahlen unabhängig vom Algorithmus sind, so daß wir diese Konditionszahlen auf direktem Wege aus den Darstellungen (1), (2) herleiten können.

Unter Störungen der Koeffizienten a_{ik} und rechten Seite y_i gehen A, y in $\bar{A}, \bar{y}$ über mit den Fehlern

$$(3) \qquad \Delta A = \bar{A} - A, \qquad \Delta y = \bar{y} - y.$$

Es werden zwei Typen von Datenstörungen betrachtet: relativ gleichmäßig beschränkte Störungen

(4) $$|\Delta a_{ik}| \leq |a_{ik}|\eta_D, \qquad |\Delta y_i| \leq |y_i|\eta_D, \qquad i,k=1,\ldots,n,$$

und absolut gleichmäßig beschränkte Störungen

(5) $$|\Delta a_{ik}| \leq \|A\|_0\eta_D, \qquad |\Delta y_i| \leq \|y\|_\infty\eta_D, \qquad i,k=1,\ldots,n,$$

mit

(6) $$\|A\|_0 = \max_{i,k=1,\ldots,n} |a_{ik}|, \qquad \|y\|_\infty = \max_{i=1,\ldots,n} |y_i|$$

und einer Datengenauigkeit η_D. Relativ gleichmäßig beschränkte Störungen entstehen z.B., wenn die Koeffizienten und rechten Seiten des Gleichungssystems gerundet werden müssen. In diesem Falle ist $\eta_D=\eta_R$ zu setzen. Bei relativ gleichmäßig beschränkten Datenstörungen werden Nullen in der Matrix A oder rechten Seite y nicht gestört, was bei Anwendungen auf dünnbesetzte Gleichungssysteme wichtig ist.

Da A regulär sein soll, läßt sich die gestörte Matrix $\bar{A}$ in der Form

(7) $$\bar{A} = A + \Delta A = A(E + A^{-1}\Delta A)$$

schreiben. Nach dem starken Zeilensummenkriterium (s. §8) ist die Matrix $E + A^{-1}\Delta A$ invertierbar, wenn bei relativ gleichmäßig beschränkten Störungen

(8) $$\|A^{-1}\Delta A\|_\infty \leq \max_{i=1,\ldots,n} \sum_{j,k=1}^{n} |a_{ij}^{(-1)} a_{jk}|\eta_D < 1$$

und bei absolut gleichmäßig beschränkten Störungen

(9) $$\|A^{-1}\Delta A\|_\infty \leq n\|A^{-1}\|_\infty \|A\|_0\eta_D < 1$$

ausfällt. Für hinreichend kleines η_D sind diese Bedingungen für alle Störungen der Form (4) oder (5) immer erfüllt. Unter dieser Voraussetzung ist auch $\bar{A}$ regulär und

(10) $$\bar{A}^{-1} = (E + A^{-1}\Delta A)^{-1}A^{-1} = A^{-1} - \bar{A}^{-1}(\Delta A)A^{-1}.$$

Damit ist das gestörte Gleichungssystem

(11) $$\bar{A}\bar{x} = \bar{y}$$

für jede rechte Seite $\bar{y}$ eindeutig lösbar. Der Fehler $\Delta x = \bar{x} - x$ der Lösung $\bar{x}$ des gestörten Gleichungssystems genügt der Gleichung

$$(A + \Delta A)(x + \Delta x) = y + \Delta y.$$

Da $Ax = y$ ist, wird

(12) $$\bar{A}\Delta x = \Delta y - (\Delta A)x$$

und mit Hilfe von (10) und (4) oder (5) dann

(13) $$\Delta x = A^{-1}(\Delta y - (\Delta A)x) + O(\eta_D^2).$$

Der erste Term auf der rechten Seite von (13) ist die lineare Fehlernäherung s^D des absoluten Fehlers Δx. Die Komponenten von s^D sind Linearformen

(14) $$s_i^D = \sum_{j=1}^{n} a_{ij}^{(-1)}(\Delta y_j - \sum_{k=1}^{n} (\Delta a_{jk})x_k), \qquad i = 1,\dots,n,$$

in den absoluten Fehlern $\Delta a_{jk}, \Delta y_j$. Wie man leicht sieht, sind diese Linearformen optimal beschränkt durch

(15) $$|s_i^D| \leq \sigma_i^D \eta_D, \qquad i = 1,\dots,n,$$

mit den absoluten a-priori-Datenkonditionszahlen σ_i^D, die für relativ gleichmäßig beschränkte Datenstörungen die Form

(16) $$\sigma_i^D = \sum_{j=1}^{n} |a_{ij}^{(-1)}| \left(|y_j| + \sum_{k=1}^{n} |a_{jk} x_k| \right), \qquad i = 1,\dots,n,$$

haben und die für absolut gleichmäßig beschränkte Störungen die Form

(17) $$\sigma_i^D = \sum_{j=1}^{n} |a_{ij}^{(-1)}| (\|A\|_0 \|x\|_1 + \|y\|_\infty), \qquad i = 1,\dots,n,$$

mit der Norm 5.1.(4) für x annehmen. In beiden Fällen sind die Komponenten des absoluten Fehlers $\Delta x = \bar{x} - x$ optimal beschränkt durch

(18) $$|\Delta x_i| \leq \sigma_i^D \eta_D + O(\eta_D^2), \qquad i = 1,\dots,n.$$

Betrachten wir weiter die Residuen $d = A\bar{x} - y$ von Näherungslösungen $\bar{x}$ unter Datenstörungen. Mit Hilfe der Lösung x von (1) und den linearen Fehlernäherungen s^D von Δx erhält man die Beziehung

(19) $$A\bar{x} - y = A\Delta x = As^D + O(\eta_D^2).$$

Der Term

(20) $$t^D = As^D = \Delta y - (\Delta A)x$$

ist die lineare Residuennäherung von $\bar{x}$. Die Komponenten t_j^D von t^D sind Linearformen in den absoluten Fehlern Δy, ΔA, die unter relativ gleichmäßig beschränkten Datenstörungen durch

(21) $$|t_j^D| \leq \tau_j^D \eta_D, \qquad j = 1,\dots,n,$$

mit den Residuenkonditionszahlen τ_j^D optimal beschränkt sind. Unter relativ gleichmäßig beschränkten Störungen ist

(22) $$\tau_j^D = |y_j| + \sum_{k=1}^{n} |a_{jk} x_k|, \qquad j = 1,\dots,n,$$

und unter absolut gleichmäßig beschränkten Störungen

(23) $$\tau_j^D = \|A\|_0 \|x\|_1 + \|y\|_\infty, \qquad j = 1,\dots,n.$$

Die Vektoren $\sigma^D = (\sigma_1^D, \ldots, \sigma_n^D)$ und $\tau^D = (\tau_1^D, \ldots, \tau_n^D)$ haben offenbar die Darstellung

(24) $$\sigma^D = |A^{-1}|\tau^D, \qquad \tau^D = |y| + |A|\,|x|,$$

oder

(25) $$\sigma^D = |A^{-1}|\tau^D, \qquad \tau^D = (\|A\|_0 \|x\|_1 + \|y\|_\infty)_1^n,$$

wobei der Betrag einer Matrix oder eines Vektors die aus den Beträgen der Elemente gebildete Matrix oder den so gebildeten Vektor bezeichnet.

14.3.2. Lösung gestaffelter Gleichungssysteme. Betrachten wir jetzt die Lösung gestaffelter Gleichungssysteme

(1) $$Ux = z \iff \sum_{k=i}^{n} u_{ik} x_k = z_i, \qquad i = 1, \ldots, n.$$

Wir setzen voraus, daß das System regulär, also $u_{ii} \neq 0$ für $i = 1, \ldots, n$ ist. Die Lösung des gestaffelten Systems erhält man rekursiv in der Form

(2) $$x_n = \frac{1}{u_{nn}} z_n, \qquad x_i = \frac{1}{u_{ii}}(z_i - u_{in}x_n - \ldots - u_{i\,i+1}x_{i+1})$$

für $i = n-1, \ldots, 1$, wobei die Summation von links nach rechts erfolgen soll. Aus den rechten Seiten

(3) $$z_i^{n+1} = z_i, \qquad i = 1, \ldots, n,$$

werden also die Zwischenresultate

(4) $$z_i^k = z_i^{k+1} - u_{ik}x_k, \qquad k = n, \ldots, i+1,$$

und damit die Lösungen durch

(5) $$x_i = z_i^{i+1}/u_{ii}, \qquad i = 1, \ldots, n,$$

berechnet. Offenbar gestatten die Zwischenresultate z_i^k die Darstellungen

(6) $$z_i^k = z_i - \sum_{j=k}^{n} u_{ij}x_j = \sum_{j=i}^{k-1} u_{ij}x_j, \qquad k = i+1, \ldots, n+1,$$

und $z_i^k = 0$ für $k \leq i$.

Unter Störungen der Koeffizienten und rechten Seiten des Gleichungssystems (1) und unter Rundungsfehlern in den arithmetischen Operationen einer Gleitpunktarithmetik wird statt der exakten Lösung x des Gleichungssystems eine Näherung $\bar{x}$ berechnet. Der absolute Fehler $\Delta x = \bar{x} - x$ wird in erster Ordnung durch die lineare Fehlernäherung s in der Form $\Delta x = s + O(\eta^2)$ bestimmt. Das Residuum der Näherung $\bar{x}$ hat daher die Form

(7) $$U\bar{x} - z = U\Delta x = Us + O(\eta^2),$$

so daß $t = Us$ die Residuennäherung erster Ordnung der berechneten Näherungslösung $\bar{x}$ ist.

Die linearen Fehlernäherungen von x_i, u_{ik}, z_i, z_i^k werden im folgenden mit s_i, s_{ik}^u, s_i^z, s_i^k bezeichnet. Die linearen absoluten a-priori-Fehlergleichungen der Rekursion (3), (4) lauten dann

(8) $$s_i^{n+1} = s_i^z, \qquad s_i^k = s_i^{k+1} + f_i^k, \qquad k = n, \ldots, i+1,$$

wobei

(9) $$f_i^k = z_i^k e_{ik}^- - x_k s_{ik}^u - u_{ik} s_k - u_{ik} x_k e_{ik}^\times$$

ist. Hier bezeichnet $e_{ik}^-, e_{ik}^\times$ die relativen Rundungsfehler der Multiplikation und Subtraktion in der Berechnung von z_i^k gemäß (4). Damit hat die lineare Fehlernäherung der Berechnung von z_i^{i+1} die Darstellung

(10) $$s_i^{i+1} = s_i^z + \sum_{k=i+1}^{n} f_i^k, \qquad i = 1, \ldots, n.$$

Die lineare Fehlernäherung der Berechnung von x_i aus (5) gewinnt man schließlich aus

(11) $$s_i = \frac{1}{u_{ii}} s_i^{i+1} - \frac{x_i}{u_{ii}} s_{ii}^u + x_i e_i^{/}, \qquad i = 1, \ldots, n,$$

mit den relativen Rundungsfehlern $e_i^{/}$ der Division in (5). Setzt man (10) in diese Gleichung ein, so folgen die Beziehungen

(12) $$\sum_{j=i}^{n} u_{ij} s_j = t_i, \qquad s_i = \sum_{j=i}^{n} u_{ij}^{(-1)} t_j, \qquad i = 1, \ldots, n,$$

mit den Residuennäherungen

(13) $$t_j = t_j^D + t_j^R, \qquad j = 1, \ldots, n,$$

und

$$t_j^D = s_j^z - \sum_{k=j}^{n} s_{jk}^u x_k, \qquad t_j^R = u_{jj} x_j e_j^{/} + \sum_{k=j+1}^{n} \{z_j^k e_{jk}^- - u_{jk} x_k e_{jk}^\times\}.$$

Unter Störungen der Koeffizienten u_{ik} und rechten Seiten z_i bei exakter Arithmetik ist $t = t^D$, $t^R = 0$. Wir nehmen an, daß die Koeffizienten und rechten Seiten relativ gleichmäßig gestört werden, das heißt die absoluten Fehler $\Delta u_{ik} = s_{ik}^u$, $\Delta z_i = s_i^z$ den 14.3.1.(4) entsprechenden Bedingungen genügen. Die zugehörigen Residuenkonditionszahlen bezüglich Datenstörungen und die Datenkonditionszahlen der Unbekannten x_i nehmen dann die Form 14.3.1.(22), (16) an. In vektorieller Schreibweise ist also

(14) $$\tau^D = |U|\,|x| + |z|, \qquad \sigma^D = |U^{-1}|\tau^D.$$

Unter Rundungsfehlern in den arithmetischen Operationen bei exakten Daten ist $t = t^R$, $t^D = 0$. Aus (13) ergeben sich unmittelbar die Residuenkonditionszahlen

(15) $$\tau_j^R = \sum_{k=j}^{n} |u_{jk} x_k| + w_j, \qquad w_j = \sum_{k=j+1}^{n} |z_j^k|, \qquad j = 1, \ldots, n.$$

Die Rundungskonditionszahlen der Unbekannten x_i lauten

$$\text{(16)} \qquad \sigma_i^R = \sum_{j=i}^{n} |u_{ij}^{(-1)}| \left(\sum_{k=j}^{n} |u_{jk} x_k| + w_j \right), \qquad i = 1, \ldots, n,$$

oder, in vektorieller Schreibweise,

$$\text{(17)} \qquad \tau^R = |U| \, |x| + w, \qquad \sigma^R = |U^{-1}| \tau^R.$$

Auf dieser Grundlage können wir leicht den folgenden Stabilitätssatz beweisen.

(18) *Die Berechnung der Lösungen x_i eines regulären gestaffelten Gleichungssystems ist sowohl rückwärtsstabil als auch residuenstabil, das heißt*

$$\frac{1}{2} \le \omega_i = \frac{\sigma_i^R}{\sigma_i^D} \le \frac{1}{2}(n+2-i), \quad \frac{1}{2} \le \psi_j = \frac{\tau_j^R}{\tau_j^D} \le \frac{1}{2}(n+2-j), \quad i,j = 1, \ldots, n.$$

Beweis. Gemäß (6) läßt sich z_i^k abschätzen durch

$$|z_i^k| \le |z_i| + \sum_{j=k}^{n} |u_{ij} x_j|, \qquad |z_i^k| \le \sum_{j=i}^{k-1} |u_{ij} x_j|,$$

so daß

$$2|z_i^k| \le |z_i| + \sum_{j=i}^{n} |u_{ij} x_j| = \tau_i^D, \qquad k = i+1, \ldots, n+1,$$

wird. Aus diesen Ungleichungen gewinnt man für die Größen w_i die Abschätzungen

$$w_i = \sum_{k=i+1}^{n} |z_i^k| \le \frac{1}{2}(n-i)\,\tau_i^D, \qquad i = 1, \ldots, n.$$

Da $\tau^R \le \tau^D + w$ ist, folgen hiermit sowohl die obige Abschätzung der Residuenstabilitätskonstanten ψ_j als auch die Ungleichungen

$$\sigma_i^R \le \sum_{k=i}^{n} |u_{ik}^{(-1)}| \frac{1}{2}(n+2-k)\,\tau_k^D \le \frac{1}{2}(n+2-i)\,\sigma_i^D, \qquad i = 1, \ldots, n.$$

Die Abschätzung nach unten ergibt sich unmittelbar aus den Beziehungen

$$|U| \, |x| \ge |Ux| = |z|, \qquad 2\tau^R \ge |U| \, |x| + |z| = \tau^D.$$

Beispiel.

$$\text{(19)} \qquad \begin{aligned} 7.123{-}05 x_1 + 0.7165 x_2 + 0.6123 x_3 + 0.8017 x_4 &= 0.7853, \\ 9.504{-}05 x_2 + 0.8143 x_3 + 0.7943 x_4 &= 0.4186, \\ 7.156{-}05 x_3 + 0.8762 x_4 &= 0.3127, \\ 9.143{-}05 x_4 &= 0.6524, \end{aligned}$$

(s. Wilkinson [2, S. 133]). Die Lösung dieses gestaffelten Gleichungssystems wurde in vierstelliger dezimaler Gleitpunktarithmetik berechnet. Da die Koeffizienten und rechten Seiten bereits vierstellig sind, treten keine Datenstörungen auf. Tab. 14.4 enthält die relativen Daten-

und Rundungskonditionszahlen der Unbekannten x_i und die zugehörigen Residuenkonditionszahlen zusammen mit den Stabilitätskonstanten ω_i, ψ_j und den Fehler- und Residuenprozenten

(20) $$P_i = 100\,\frac{|\mathrm{P}x_i|}{\rho_i^R\eta_R}, \qquad Q_i = 100\,\frac{|d_i|}{\tau_i^R\eta_R}.$$

Die oberen Schranken der Stabilitätskonstanten in (18) haben hier die Werte 2.5, 2, 1.5, 1 für $i=1,2,3,4$.

i	ρ_i^D	ρ_i^R	ω_i	P_i	τ_i^D	τ_i^R	ψ_i	Q_i
1	8	10	1.25	1	1.07 +12	1.61 +12	1.5	3
2	6	7	1.17	1	1.42 +08	2.13 +08	1.5	10
3	4	4	1.00	9	1.25 +04	1.88 +04	1.5	7
4	2	1	0.5	14	1.30 +00	6.52 − 01	0.5	14

Tab. 14.4

14.3.3. Gaußsches Eliminationsverfahren unter Rundungsfehlerstörungen. Das Verhalten der Lösungen x linearer Gleichungssysteme $Ax=y$ unter Störungen der Matrix A und rechten Seite y wurde bereits in Abschnitt 14.3.1 untersucht, so daß wir uns im folgenden auf die Analyse der Störungen durch Rundungsfehler in den arithmetischen Gleitpunktoperationen beschränken können. Beim Gaußschen Eliminationsverfahren geht man von der durch die rechte Seite des Gleichungssystems erweiterten Matrix $\hat{A}_1=(A,y)$ aus und berechnet durch Vorwärtselimination Matrizen $\hat{A}_{t+1}=(a_{ik}^{t+1})$ nach der Vorschrift

(1) $$a_{ik}^{t+1}=a_{ik}^t-m_{it}a_{tk}^t, \quad m_{it}=\frac{a_{it}^t}{a_{tt}^t}, \quad i=t+1,\ldots,n, \quad k=t+1,\ldots,n+1,$$

und $a_{ik}^{t+1}=0$ für $i\le t$ oder $k\le t$, $t=1,\ldots,n-1$. Zur Abkürzung setzen wir im folgenden

(2) $$p_i^t=-m_{it}=-\frac{a_{it}^t}{a_{tt}^t}, \quad i=t+1,\ldots,n,$$
$$q_k^t=-\frac{a_{tk}^t}{a_{tt}^t}, \quad k=t+1,\ldots,n+1,$$

und $p_i^t=q_k^t=0$ für $i,k\le t$ und $t=1,\ldots,n-1$. Wie man leicht zeigt, genügen dann die linearen absoluten a-priori-Fehlernäherungen s_{ik}^t von a_{ik}^t den Gleichungen

(3) $$s_{ik}^{t+1}=s_{ik}^t+p_i^t s_{tk}^t+q_k^t s_{it}^t+p_i^t q_k^t s_{tt}^t+f_{ik}^{t+1},$$

für $i=t+1,\ldots,n$, $k=t+1,\ldots,n+1$, $t=1,\ldots,n-1$, wobei

(4) $$f_{ik}^{t+1}=a_{ik}^{t+1}e_{tik}^{-}-p_i^t q_k^t a_{tt}^t(e_{tik}^{\times}+e_{ti}^{/})$$

ist. Hier sind $e_{ti}^{/}$, $e_{tik}^{\times}$, e_{tik}^{-} die bei der Berechnung von a_{ik}^{t+1} gemäß (1) in einer Gleitpunktarithmetik auftretenden Rundungsfehler der Division, Multiplikation und

Subtraktion. Die obigen Fehlergleichungen bestimmen die linearen Fehlernäherungen s_{ik}^i eindeutig als Funktionen der absoluten Datenfehler $s_{ik}^1 = \Delta a_{ik}^1$ und der relativen Rundungsfehler der arithmetischen Gleitpunktoperationen. Bei exakten Daten, nur unter Rundungsfehlern in den Gleitpunktoperationen, wird $s_{ik}^1 = 0$ gesetzt.

Durch Vorwärtselimination geht das lineare Gleichungssystem $Ax = y$ in das gestaffelte Gleichungssystem $Ux = z$ über mit den Koeffizienten $u_{ik} = a_{ik}^i$ und rechten Seiten $z_i = a_{i,n+1}^i$ für $i, k = 1, \dots, n$. Die Matrix A gestattet dann die Dreieckszerlegung $A = LU$ (s. 6.1.2). Gemäß Abschnitt 14.3.2 haben die linearen Fehlernäherungen s_i der Unbekannten x_i die Form

$$(5) \qquad s = U^{-1} f, \qquad f = f^0 + f^1,$$

mit

$$(6) \qquad f_i^0 = s_{in+1}^i - \sum_{k=i}^{n} s_{ik}^i x_k, \qquad f_i^1 = u_{ii} x_i e_i^{/} + \sum_{k=i+1}^{n} \{z_i^k e_{ik}^{-} - u_{ik} x_k c_{ik}^{\times}\}$$

für $i = 1, \dots, n$, wobei s_{ik}^i, s_{in+1}^i die durch (3) bestimmten Fehlernäherungen von a_{ik}^i, a_{in+1}^i sind.

Auf Grund von Satz 13.2.3. (3) hat der absolute Fehler $\Delta x = \bar{x} - x$ der unter Rundungsfehlern in den Gleitpunktoperationen berechneten Näherungslösung $\bar{x}$ des linearen Gleichungssystems $Ax = y$ dann die Darstellung $\Delta x = s + O(\eta_R^2)$. Das Residuum der Näherungslösung gestattet daher die Entwicklung

$$(7) \qquad A\bar{x} - y = A\Delta x = As + O(\eta_R^2).$$

Der Term $t = As$ ist die lineare Residuennäherung, die mit Hilfe von (5) die Darstellung

$$(8) \qquad t = As = LUs = Lf$$

besitzt. Damit lassen sich s, t zerlegen in

$$(9) \qquad \begin{aligned} s &= s^0 + s^1, \quad s^0 = U^{-1} f^0, \quad s^1 = U^{-1} f^1, \\ t &= t^0 + t^1, \quad t^0 = L f^0, \quad t^1 = L f^1. \end{aligned}$$

Die Terme s^0, t^0 enthalten die aus der Vorwärtselimination und s^1, t^1 die aus dem Rückwärtseinsetzen stammenden Rundungsfehler. Es gilt der folgende Satz.

(10) *Die linearen Residuennäherungen der numerisch berechneten Lösungen $\bar{x}_1, \dots, \bar{x}_n$ unter Rundungsfehlern in den arithmetischen Operationen lauten $t_i = t_i^0 + t_i^1$ mit*

$$(\mathrm{i}) \qquad t_i^0 = -\sum_{r=1}^{i-1} \left\{ \sum_{k=r+1}^{n+1} a_{ik}^{r+1} x_k e_{rik}^{-} + \sum_{k=r}^{n+1} l_{ir} u_{rk} x_k e_{rik}^{\circ} \right\},$$

wobei $u_{rn+1} = z_r, \quad x_{n+1} = -1,$

$$e_{rir}^{\circ} = e_{ri}^{/}, \qquad e_{rik}^{\circ} = -e_{rik}^{\times}, \qquad k = r+1, \dots, n+1,$$

ist, und

(ii) $$t_i^1 = \sum_{j=1}^{i} l_{ij} \left\{ \sum_{k=j}^{n} u_{jk} x_k e_{jk}^{\circ} + \sum_{k=j+1}^{n} z_j^k e_{jk}^{-} \right\}$$

für

$$e_{jj}^{\circ} = e_j^{/}, \qquad e_{jk}^{\circ} = -e_{jk}^{\times}, \qquad k = j+1, \ldots, n.$$

Der Beweis dieses Satzes ist so umfangreich, daß wir ihn in diesem Rahmen nicht ausführen können.

Die Rundungsfehler e_{rik}^{-}, e_{rik}°, e_{jk}^{-}, e_{jk}° sind sämtlich unabhängig voneinander. Die zugehörigen Residuenkonditionszahlen lauten daher $\tau_i^R = \tau_i^0 + \tau_i^1$,

(11) $$\begin{aligned} \tau_i^0 &= \sum_{r=1}^{i-1} \left\{ \sum_{k=r+1}^{n+1} |a_{ik}^{r+1} x_k| + \sum_{k=r}^{n+1} |l_{ir} u_{rk} x_k| \right\}, \\ \tau_i^1 &= \sum_{j=1}^{i} |l_{ij}| \left\{ \sum_{k=j}^{n} |u_{jk} x_k| + \sum_{k=j+1}^{n} |z_j^k| \right\}, \qquad i = 1, \ldots, n. \end{aligned}$$

Diese Darstellungen lassen sich mit Hilfe von geeigneten Vektoren und Matrizen sehr übersichtlich schreiben. Zu diesem Zweck definieren wir noch die Matrizen

(12) $$L_0 = \begin{pmatrix} 0 & & & O \\ m_{21} & 0 & & \\ \vdots & & & \\ m_{n1} & \ldots & m_{nn-1} & 0 \end{pmatrix}, \qquad \hat{U} = \begin{pmatrix} u_{11} & \ldots & u_{1n} & z_1 \\ & & \vdots & \vdots \\ O & & u_{nn} & z_n \end{pmatrix}.$$

Die Matrix L_0 stimmt bis auf die Hauptdiagonale mit L überein, $\hat{U}$ ist die um die Spalte z erweiterte Matrix U. Weiter sei $\hat{x} = (x_1, \ldots, x_n, -1)$ und $w = (w_1, \ldots, w_n)$ wie in 14.3.2. (15) definiert. Dann läßt sich (11) offenbar vektoriell in der Form $\tau^R = \tau^0 + \tau^1$ mit

(13) $$\tau^0 = \sum_{r=2}^{n} |\hat{A}_r| \, |\hat{x}| + |L_0| \, |\hat{U}| \, |\hat{x}|, \qquad \tau^1 = |L| \{ |U| \, |x| + w \},$$

schreiben. Man beachte, daß $\hat{A}_r$, $\hat{U}$ rechteckige $n \times (n+1)$-Matrizen und die Elemente $a_{ik}^r = 0$ für $i < r$ oder $k < r$ sind.

Aus den oben hergeleiteten Residuennäherungen kann man jetzt leicht die linearen Fehlernäherungen der Lösungen des linearen Gleichungssystems $Ax = y$ gewinnen, die nach dem Gaußschen Eliminationsverfahren durch Vorwärtselimination und Rückwärtseinsetzen unter Rundungsfehlern einer Gleitpunktarithmetik berechnet werden. Aus (8), (9) ergibt sich die Darstellung

(14) $$s = s^0 + s^1, \qquad s^0 = A^{-1} t^0, \qquad s^1 = U^{-1} f^1.$$

Aus Satz (10) und (6) folgt somit

(15)
$$s_i^0 = -\sum_{j=1}^{n} a_{ij}^{(-1)} \sum_{r=1}^{j-1} \left\{ \sum_{k=r+1}^{n+1} a_{jk}^{r+1} x_k e_{rjk}^{-} + \sum_{k=r}^{n+1} l_{jr} u_{rk} x_k e_{rjk}^{\circ} \right\},$$
$$s_i^1 = \sum_{j=1}^{n} u_{ij}^{(-1)} \left\{ \sum_{k=j}^{n} u_{jk} x_k e_{jk}^{\circ} + \sum_{k=j+1}^{n} z_j^k e_{jk}^{-} \right\}, \qquad i=1,\dots,n.$$

Die Fehlernäherungen s^0 hängen nur von den Rundungsfehlern der Vorwärtselimination ab, die Näherungen s^1 nur von den Rundungsfehlern des Rückwärtseinsetzens. Aus (15) ergeben sich unmittelbar die folgenden absoluten a-priori-Rundungskonditionszahlen der Lösungen x_i. Es ist $\sigma_i^R = \sigma_i^0 + \sigma_i^1$ mit

(16)
$$\sigma_i^0 = \sum_{j=1}^{n} |a_{ij}^{(-1)}| \sum_{r=1}^{j-1} \left\{ \sum_{k=r+1}^{n+1} |a_{jk}^{r+1} x_k| + \sum_{k=r}^{n+1} |l_{jr} u_{rk} x_k| \right\},$$
$$\sigma_i^1 = \sum_{j=i}^{n} |u_{ij}^{(-1)}| \left\{ \sum_{k=j}^{n} |u_{jk} x_k| + \sum_{k=j+1}^{n} |z_j^k| \right\} \qquad i=1,\dots,n.$$

Im Hinblick auf (11) ist also

(17) $$\sigma_i^0 = \sum_{j=1}^{n} |a_{ij}^{(-1)}| \tau_j^0, \qquad j=1,\dots,n.$$

In vektorieller Schreibweise wird

(18) $$\sigma^R = \sigma^0 + \sigma^1, \qquad \sigma^0 = |A^{-1}|\tau^0, \qquad \sigma^1 = |U^{-1}|\{|U|\,|x| + w\}$$

mit $w=(w_i)$ und w_i aus 14.3.2.(15). Da $U^{-1} = A^{-1}L$ ist, erhalten wir aus (13), (18) unmittelbar die Abschätzungen

(19) $$\sigma^1 \le |A^{-1}|\tau^1, \qquad \sigma^R \le |A^{-1}|\tau^R.$$

Die Konditionszahlen σ_i^R, τ_j^R sind die kleinsten oberen Schranken in den komponentenweisen absoluten a-priori-Fehler- und Residuenabschätzungen

(20) $$|\Delta x_i| \le \sigma_i^R \eta_R + O(\eta_R^2), \qquad |y_j - \sum_{k=1}^{n} a_{jk}\bar{x}_k| \le \tau_j^R \eta_R + O(\eta_R^2)$$

für $i,j=1,\dots,n$. Diese Fehlerabschätzungen sind optimal, das heißt für jedes i,j und die erste bzw. die zweite Ungleichung in (20) gibt es Fehler e_{rik}^{-}, e_{rik}°, e_{jk}^{-}, e_{jk}° derart, daß das Gleichheitszeichen gilt.

Beispiel. Lineares Gleichungssystem $Ax = y$ mit

(21)
$$A = \begin{pmatrix} 0.50312 & 0.33611 & 0.25235 & 0.20200 & 0.16841 \\ 0.33472 & 0.25156 & 0.20150 & 0.16806 & 0.14413 \\ 0.25078 & 0.20100 & 0.16771 & 0.14388 & 0.12598 \\ 0.20050 & 0.16736 & 0.14362 & 0.12578 & 0.11188 \\ 0.16701 & 0.14337 & 0.12558 & 0.11173 & 0.10062 \end{pmatrix}, \qquad y = \begin{pmatrix} 1 \\ 2 \\ 3 \\ 4 \\ 5 \end{pmatrix}.$$

Die Elemente a_{ik} dieser Matrix entstehen durch Rundung von $(i+0.9876k)^{-1}$ auf fünf Dezimalstellen. Tabelle 14.5 enthält die relativen Daten- und Rundungskonditionszahlen

$\rho_i = \sigma_i/|x_i|$, die Residuenkonditionszahlen, die Stabilitätskonstanten $\omega_i = \sigma_i^R/\sigma_i^D$, $\psi_i = \tau_i^R/\tau_i^D$ und die Fehler- und Residuenprozente 14.3.2.(20) der dezimal siebenstellig berechneten Lösungen.

i	$10^{-6}\rho_i^D$	$10^{-6}\rho_i^0$	ρ_i^1	$10^{-6}\rho_i^R$	ω_i	P_i
1	2.14	2.70	929	2.71	1.27	13
2	1.63	2.08	91.0	2.08	1.28	13
3	1.47	1.88	17.1	1.88	1.28	13
4	1.38	1.77	4.07	1.77	1.28	13
5	1.33	1.70	1.00	1.70	1.28	13

i	$10^{-4}\tau_i^D$	$10^{-4}\tau_i^0$	$10^{-4}\tau_i^1$	$10^{-5}\tau_i^R$	ψ_i	Q_i
1	6.21	0	9.31	0.931	1.50	0
2	5.06	5.06	7.60	1.27	2.50	6
3	4.28	5.48	6.43	1.19	2.78	13
4	3.72	5.08	5.57	1.07	2.87	6
5	3.28	4.67	4.92	0.959	2.92	2

Tab. 14.5

14.3.4. Residuenabschätzungen und Stabilitätsbedingungen. Unter Datenstörungen und Rundungsfehlern in den arithmetischen Operationen haben die linearen absoluten a-priori-Fehlernäherungen der gestörten Lösungen $\bar{x}$ gemäß 13.3.(4) die Form $s = s^D + s^R$. Die zugehörigen Residuen genügen dann der Beziehung

(1) $$A\bar{x} - y = A\Delta x = As + O(\eta^2).$$

Folglich besitzt die lineare Residuennäherung $t = As$ die Zerlegung

(2) $$t = t^D + t^R, \qquad t^D = As^D, \qquad t^R = As^R.$$

Hiermit ergibt sich die optimale Residuenabschätzung

(3) $$|y_j - \sum_{k=1}^{n} a_{jk}\bar{x}_k| \leq \tau_j^D \eta_D + \tau_j^R \eta_R + O(\eta^2) = \left(1 + \psi_j \frac{\eta_R}{\eta_D}\right)\tau_j^D \eta_D + O(\eta^2)$$

mit $\eta = \max(\eta_D, \eta_R)$. Die Residuenstabilitätskonstanten

(4) $$\psi_j = \frac{\tau_j^R}{\tau_j^D}, \qquad j = 1, \ldots, n,$$

sind ein Maß dafür, um wieviel größer die Residuen von Näherungslösungen unter Rundungsfehlern in den arithmetischen Gleitpunktoperationen im Vergleich zu den Residuen von Näherungslösungen bei absolut oder relativ gleichmäßig durch η_R beschränkten Störungen der Koeffizienten und rechten Seiten werden können. Im Falle der relativ gleichmäßig beschränkten Störungen vergleicht man also zum Beispiel mit den Residuen der bei Rundung der Koeffizienten a_{ik} und rechten Seiten y_i entstehenden Näherungslösungen. Wir nennen das Gaußsche Eliminationsverfahren residuenstabil, wenn die Konstanten ψ_j nicht zu groß ausfallen. Solange etwa $\psi_j \leq \eta_D/\eta_R$ bleibt, ist der führende Term in der Abschätzung (3) durch $2\tau_j^D\eta_D$ beschränkt, also nur unwesentlich größer als unter den ohnehin unvermeidlichen Datenstörungen. Ist zum Beispiel $\eta_R = 5 \cdot 10^{-10}$ und $\eta_D = 5 \cdot 10^{-5}$, so lautet die Stabilitätsbedingung $\psi_j \leq 10^5$.

Zwischen der Residuenstabilität und der Rückwärtsstabilität besteht die folgende einfache Beziehung.

(5) *Die Residuenstabilität des Gaußschen Eliminationsverfahrens garantiert auch die Stabilität der Lösungen x_i im Sinne der Rückwärtsanalyse. Die Stabilitätskonstanten genügen den Abschätzungen*

$$\omega_i = \frac{\sigma_i^R}{\sigma_i^D} \leq \max_{k=1,\ldots,n} \psi_k, \qquad i=1,\ldots,n.$$

Beweis. In 14.3.3.(19) haben wir die Ungleichung $\sigma^R \leq |A^{-1}|\tau^R$ gewonnen. Gemäß 14.3.1 ist $\sigma^D = |A^{-1}|\tau^D$. Damit ergibt sich unmittelbar die Abschätzung

$$\sigma_i^R \leq \sum_{k=1}^{n} |a_{ik}^{(-1)}|\psi_k \tau_k^D \leq \max \psi_k \sum_{k=1}^{n} |a_{ik}^{(-1)}|\tau_k^D = \max \psi_k \sigma_i^D$$

für $i=1,\ldots,n$. ∎

Im folgenden können wir uns auf den Fall beschränken, daß die Elemente der Matrix A und der rechten Seite y Gleitpunktzahlen sind und somit exakt für die weitere Rechnung zur Verfügung stehen. Wir wollen die Residuen von Näherungslösungen $\tilde{x}$ abschätzen, die mit Hilfe des Gaußschen Eliminationsverfahrens in einer Gleitpunktarithmetik berechnet wurden. Die zugehörigen linearen Residuennäherungen t_i^R wurden bereits in 14.3.3 bestimmt. Die Darstellungen 14.3.3.(10) ergeben das folgende Resultat.

(6) *Die Residuennäherungen gestatten die Darstellung*

$$t^R = -Fx$$

mit der Matrix $F = F^0 + F^1$ und

$$F_{ik}^0 = \sum_{r=1}^{i-1} \{a_{ik}^{r+1}(e_{rik}^- - e_{rin+1}^-) + l_{ir}u_{rk}(e_{rik}^\circ - e_{rin+1}^\circ)\},$$

$$F_{ik}^1 = -\sum_{r=1}^{i} l_{ir}u_{rk}(e_{rk}^\circ + \sum_{j=k+1}^{n} e_{rj}^-), \qquad i,k=1,\ldots,n.$$

Beweis. In der Darstellung 14.3.3.(10i) von t_i^0 ersetzt man die Größen $a_{i\,n+1}^{r+1}$, u_{rn+1} durch

$$a_{i\,n+1}^{r+1} = y_{i\,n+1}^{r+1} = \sum_{k=r+1}^{n} a_{ik}^{r+1}x_k, \qquad u_{rn+1} = z_r = \sum_{k=r}^{n} u_{rk}x_k$$

und erhält damit $t^0 = -F^0x$ mit der obigen Matrix F^0. Nach Umbenennung der Summationsindizes und durch eine Vertauschung der Summationsreihenfolge wird

$$\sum_{j=r+1}^{n} z_r^j e_{rj}^- = \sum_{k=1}^{n}\left(\sum_{j=k+1}^{n} e_{rj}^-\right)u_{rk}x_k.$$

Dabei wurde ausgenutzt, daß $u_{rk}=0$ ist für $k<r$ und die zweite Summe rechts für $k=n$ Null wird. Setzt man diese Beziehung in 14.3.3.(10ii) ein, so entsteht $t^1=-F^1x$ mit der oben angegebenen Matrix F^1. ■

Aus den obigen Darstellungen liest man ab, daß die linearen Residuennäherungen t^R Bilinearformen in den Rundungsfehlern der arithmetischen Gleitpunktoperationen und den Lösungen x_k des Gleichungssystems $Ax=y$ sind. Die Koeffizienten dieser Bilinearformen hängen nur von den Koeffizienten der Matrix A ab. Da $t^R=As^R$, $s^R=\bar{x}-x+\mathrm{O}(\eta_R^2)$ und $\Delta x, F=\mathrm{O}(\eta_R)$ sind, wird dann

(7) $$(A+F)\bar{x}=y+\mathrm{O}(\eta_R^2).$$

Das heißt, die berechnete Lösung $\bar{x}$ ist, bis auf Terme von zweiter Ordnung in η_R, Lösung eines Gleichungssystems mit der gestörten Matrix $\bar{A}=A+F$ anstelle von A. Aus der Darstellung (6) der Matrix F erhält man sofort die Ungleichungen

(8) $$|F_{ik}|\leq \Phi_{ik}\eta_R, \qquad i,k=1,\dots,n,$$

mit

(9) $$\Phi_{ik}=2\sum_{r=1}^{i-1}\{|a_{ik}^{r+1}|+|l_{ir}u_{rk}|\}+(n+1-k)\sum_{r=1}^{i}|l_{ir}u_{rk}|.$$

Aus der Beziehung $t^R=-Fx$ und (8) erschließt man leicht die Ungleichung

(10) $$\tau^R\leq\Phi|x|, \qquad \Phi=(\Phi_{ik}),$$

für den Vektor τ^R der Residuenkonditionszahlen. Die Störmatrix F und der Vektor τ^R genügen also den Abschätzungen

(11) $$\|F\|_\infty\leq\|\Phi\|_\infty\eta_R, \qquad \|\tau^R\|_\infty\leq\|\Phi\|_\infty\|x\|_\infty$$

mit der Maximumnorm für τ^R, x und der maximalen Zeilensummennorm für F,Φ.

(12) *Wird das Gaußsche Eliminationsverfahren mit Spaltenpivotsuche ausgeführt, dann gilt*

$$\|\Phi\|_\infty\leq\left\{2(n^2-1)+\binom{n+2}{3}\right\}g, \quad g=\max_{\substack{i,k=r,\dots,n\\ r=1,\dots,n}}|a_{ik}^r|.$$

Beweis. Bei Spaltenpivotsuche ist $|l_{ik}|\leq 1$ für alle i,k. Weiter ist

$$|u_{rk}|=|a_{rk}^r|\leq g, \qquad |a_{ik}^{r+1}|\leq g.$$

Die erste Summe auf der rechten Seite in (9) ergibt dann die Abschätzung

$$\sum_{k=1}^{n}\Phi_{ik}^0\leq 2g\sum_{r=1}^{n-1}(2n-2r+1)=2(n^2-1)g.$$

Die zweite Summe Φ_{ik}^1 auf der rechten Seite in (9) liefert

$$\sum_{k=1}^{n} \Phi_{ik}^1 \leq g \sum_{r=1}^{n} \sum_{k=r}^{n} (n+1-k) = \frac{1}{2} g \sum_{r=1}^{n} r(r+1) = \binom{n+2}{3} g.$$ ■

Aus 14.3.3. (20) und (11), (12) gewinnen wir die Residuenabschätzung

(13) $$\|y - A\bar{x}\|_\infty \leq \tfrac{1}{6}(n^3 + 15n^2 + 2n - 12) g \eta_R \|x\|_\infty + O(\eta_R^2).$$

Diese Fehlerschranke ist etwas kleiner als diejenige der entsprechenden Abschätzung von Wilkinson [2, III–(25.15)]. Ebenso ist unsere mit Satz (12) gewonnene Schranke für $\|F\|_\infty$ kleiner als die von Forsythe-Moler (21.42). Weiter können wir sehr einfach von Sautter[1]) angegebene Ergebnisse herleiten.

(14) *Es gelten die folgenden Abschätzungen der Schranken- und Fehlermatrizen Φ, F sowie der Rundungs- und Residuenkonditionszahlen σ^R, τ^R des Gaußschen Eliminationsverfahrens:*

$$\Phi \leq 2n|L||U|, \qquad |F| \leq 2n|L||U|\eta_R,$$

$$\sigma^R \leq 2n|A^{-1}||L||U||x|, \qquad \tau^R \leq 2n|L||U||x|.$$

Beweis. Die Elemente a_{ik}^t haben gemäß 6.1.(24) die Darstellung

$$a_{ik}^t = \sum_{r=t}^{n} l_{ir} u_{rk}, \qquad i,k = t, \ldots, n.$$

Hieraus bekommt man die Abschätzungen

$$\sum_{r=1}^{i-1} |a_{ik}^{r+1}| \leq \sum_{r=2}^{n} |a_{ik}^r| \leq \sum_{r=1}^{n} (r-1)|l_{ir} u_{rk}|$$

und

$$\Phi_{ik} \leq \sum_{r=1}^{n} (2r - 2\delta_{rn} + n + 1 - k)|l_{ir} u_{rk}| \leq 2n \sum_{r=1}^{n} |l_{ir} u_{rk}|,$$

weil $u_{rk} = 0$ ist für $k < r$. Damit ist die erste der behaupteten Ungleichungen bewiesen. Die zweite Ungleichung folgt dann aus (8) und damit die Abschätzung von τ^R aus (10). Die Schranke für σ^R ergibt sich schließlich mit Hilfe von $\sigma^R \leq |A^{-1}|\tau^R$ aus der Abschätzung für τ^R. ■

Als Anwendung des obigen Satzes ergeben sich eine Reihe von Stabilitätsresultaten für Gleichungssysteme mit speziellen Koeffizientenmatrizen. Eine quadratische Matrix heißt **total positiv**, wenn alle Unterdeterminanten beliebiger Ordnung

---

[1]) Sautter, W.: Fehleranalyse für die Gauß-Elimination zur Berechnung der Lösung minimaler Länge. Numer. Math. **30** (1978) 165–184.

positiv sind. Diese Eigenschaft haben zum Beispiel Matrizen mit den Elementen

$$(15) \qquad a_{jk} = \frac{1}{a_j + b_k}, \qquad j,k = 1,\dots,n,$$

für

$$0 < a_1 < a_2 < \dots < a_n, \qquad 0 < b_1 < b_2 < \dots < b_n,$$

(s. Polya-Szegö [Bd. II, S. 92, 279]). Die Koeffizientenmatrix 14.3.3.(21) wurde durch Rundung einer solchen Matrix gewonnen. Für $a_j + b_k = j + k - 1$ erhält man sogenannte Hilbert-Matrizen.

(16) *Für Gleichungssysteme mit total positiver Koeffizientenmatrix ist das Gaußsche Eliminationsverfahren bezüglich relativ gleichmäßig beschränkter Datenstörungen sowohl rückwärtsstabil als auch residuenstabil mit*

$$\omega_i \leq 2n, \qquad \psi_j \leq 2n, \qquad i,j = 1,\dots,n.$$

Beweis. Für total positive Matrizen sind alle Elemente a_{ik}^t der in der Vorwärtselimination entstehenden reduzierten Matrizen A_t positiv, da sich die a_{ik}^t als Quotienten

$$(17) \qquad a_{ik}^t = \frac{A\begin{pmatrix} 1,\dots,t-1,i \\ 1,\dots,t-1,k \end{pmatrix}}{A\begin{pmatrix} 1,\dots,t-1 \\ 1,\dots,t-1 \end{pmatrix}}, \qquad i,k = t,\dots,n, \quad t = 2,\dots,n,$$

von Unterdeterminanten aus den Zeilen $1,\dots,t-1,i$ und Spalten $1,\dots,t-1,k$ der Matrix A schreiben lassen. Hiermit sind auch die Elemente l_{ik}, u_{ik} der Dreieckszerlegung von A nichtnegativ, also

$$|L| = L, \qquad |U| = U, \qquad |L||U| = A \geq 0, \qquad \tau^D = A|x| + |y|.$$

Mit Hilfe von Satz (14) wird folglich

$$\tau^R \leq 2nA|x| \leq 2n\tau^D, \qquad \sigma^R \leq 2n|A^{-1}|A|x| \leq 2n\sigma^D.$$

(18) *Für Gleichungssysteme $Ax = y$ mit M-Matrizen als Koeffizientenmatrix A ist das Gaußsche Eliminationsverfahren bezüglich relativ gleichmäßig beschränkter Datenstörungen rückwärtsstabil mit $\omega_i \leq 4n^2$. Für nichtnegative rechte Seiten $y \geq 0$ ist das Verfahren sowohl rückwärtsstabil als auch residuenstabil und*

$$\omega_i \leq 2n^2, \qquad \psi_j \leq 2n^2, \qquad i,j = 1,\dots,n.$$

Beweis. Mit Hilfe von (14) und Satz 6.2.(18) ergibt sich die Abschätzung

$$\sigma^R \leq 2nA^{-1}|L||U||x| \leq 4n^2 A^{-1} D_A|x|.$$

Da

$$D_A|x| \leq |A||x| + |y| = \tau^D, \qquad \sigma^D = A^{-1}\tau^D$$

ist, können die Rückwärtsstabilitätskonstanten ω_i durch $4n^2$ abgeschätzt werden. Aus

(14) und 6.2.(18) folgt mit $y \geq 0$ und $x = A^{-1}y \geq 0$ für die Residuenkonditionszahlen die Beziehung

$$\tau^R \leq 2n|L||U|A^{-1}y \leq 4n^2 D_A A^{-1} y = 4n^2 D_A x.$$

Für eine M-Matrix ist

$$(19) \qquad 2D_A = |A| + A, \qquad 2D_A x = |A|x + y = \tau^D,$$

womit die Ungleichungen $\psi_j \leq 2n^2$ und gemäß (5) auch $\omega_i \leq 2n^2$ bewiesen sind.

(20) *Bezüglich absolut gleichmäßig beschränkter Datenstörungen ist das Gaußsche Eliminationsverfahren für Gleichungssysteme mit positiv definiten Koeffizientenmatrizen sowohl rückwärtsstabil als auch residuenstabil und*

$$\text{(i)} \qquad \omega_i \leq 2n, \qquad \psi_j \leq 2n, \qquad i,j = 1, \ldots n.$$

Für reguläre, diagonaldominante Koeffizientenmatrizen gilt die entsprechende Aussage mit

$$\text{(ii)} \qquad \omega_i \leq 4n^2, \qquad \psi_j \leq 4n^2, \qquad i,j = 1, \ldots, n.$$

Beweis. (i) Aus (14) und Satz 6.2. (9) erhält man für positiv definite Koeffizientenmatrizen die Abschätzung

$$\tau_j^R \leq 2n\sqrt{a_{jj}} \sum_{k=1}^{n} \sqrt{a_{kk}}\,|x_k| \leq 2n\,\|A\|_0\,\|x\|_1 \leq 2n\,\tau_j^D,$$

so daß $\psi_j \leq 2n$ wird. Nach Satz (5) ist dann auch $\omega_i \leq 2n$.

(ii) Mit Hilfe von Satz 6.2. (14) gewinnt man schließlich aus (14) die Ungleichung

$$\tau_j^R \leq 4n^2 |a_{jj}| \sum_{k=1}^{n} |x_k| \leq 4n^2 \|A\|_0 \|x\|_1 \leq 4n^2 \tau_j^D,$$

also $\psi_j \leq 4n^2$, und nach (5) dann $\omega_i \leq 4n^2$. ■

Zum Abschluß können wir noch einen Stabilitätssatz für die Lösung von Gleichungssystemen mit allgemeinen regulären Koeffizientenmatrizen beweisen. Man beachte, daß sich die unten angegebene Schranke leicht näherungsweise aus den Zwischenergebnissen der Vorwärtselimination bestimmen läßt.

(21) *Wird das Gaußsche Eliminationsverfahren mit Spaltenpivotsuche durchgeführt, dann gelten die folgenden Abschätzungen der Rückwärts- und Residuenstabilitätskonstanten bezüglich absolut gleichmäßig beschränkter Datenstörungen:*

$$\omega_i \leq \max_{j=1,\ldots,n} \psi_j \leq 2n^2 \frac{\max\limits_{i,k} |u_{ik}|}{\max\limits_{i,k} |a_{ik}|}, \qquad i = 1, \ldots, n.$$

Beweis. Die erste Abschätzung ergibt sich aus Satz (5). Bei Spaltenpivotsuche wird $|l_{ik}| \leq 1$ und daher nach Satz (14)

$$\tau_j^R \leq 2n \sum_{k=1}^{n} \sum_{r=1}^{n} |l_{jr} u_{rk} x_k| \leq 2n^2 \frac{\max |u_{ik}|}{\|A\|_0} \tau_j^D$$

mit der Residuenkonditionszahl τ_j^D aus 14.3.1.(23), womit auch die behauptete Abschätzung der Residuenstabilitätskonstanten bewiesen ist.

Literatur

Abramowitz, M.; Stegun, I. A. (Ed.): Handbook of Mathematical Functions. Washington: National Bureau of Standards 1965, New York: Dover 1973.

Acton, F. S.: Numerical Methods that Work. New York: Harper and Row 1970.

Ahlberg, J.; Nilson, E.; Walsh, J.: The Theory of Splines and Their Applications. New York: Academic Press 1967.

Alefeld, G.; Herzberger, J.: Einführung in die Intervallrechnung. Mannheim: Bibliographisches Institut 1974.

Babuška, I.; Práger, M.; Vitásek, E.: Numerical Processes in Differential Equations. New York: Interscience 1966.

Bateman, H.: [1] Higher Transcendental Functions, Vol. I–III. New York: McGraw-Hill 1953, 1955.

– [2] Tables of Integral Transforms, Vol. I, II. New York: McGraw-Hill 1954.

Bauer, F. L.; Heinhold, J.; Samelson, K.; Sauer, R.: Moderne Rechenanlagen. Stuttgart: Teubner 1965.

Bierens de Haan, D.: Nouvelles Tables d'Intégrales Définies. Leiden: Engels 1867.

Björck, A.; Dahlquist, G.: Numerische Methoden. München: Oldenbourg 1979.

Boor, C. de: A Practical Guide to Splines. New York: Springer 1978.

Collatz, L.: [1] The Numerical Treatment of Differential Equations. Berlin: Springer 1966.

– [2] Funktionalanalysis und numerische Mathematik. Berlin: Springer 1968.

Davis, P. J.: Interpolation and Approximation. New York: Blaisdell 1963.

Davis, P. J.; Rabinowitz, P.: Methods of Numerical Integration. New York: Academic Press 1975.

Dongarra, J. J.; Bunch, J. R.: Moler, C. B.; Stewart, G. W.: LINPACK Users' Guide. Philadelphia: Society for Industrial and Applied Mathematics 1979.

Engels, H.: Numerical Quadrature and Cubature. London: Academic Press 1980.

Faddejew, D. K.; Faddejewa, W. N.: Numerische Methoden der Linearen Algebra. München: Oldenbourg 1979.

Fike, C. T.: Computer Evaluation of Mathematical Functions. Englewood Cliffs: Prentice-Hall 1968.

Forsythe, G. E.; Malcolm, M. A.; Moler, C. B.: Computer Methods for Mathematical Computations. Englewood Cliffs: Prentice-Hall 1977.

Forsythe, G. E.; Moler, C. B.: Computer-Verfahren für lineare algebraische Systeme. München: Oldenbourg 1971.

Forsythe, G. E.; Wasow, W. R.: Finite-Difference Methods for Partial Differential Equations. New York: Wiley 1964.

Gantmacher, F. R.: Matrizenrechnung I, II. Berlin: Deutscher Verlag der Wissenschaften 1958, 1959.

Garbow, B. S.; Boyle, J. M.; Dongarra, J. J.; Moler, C. B.: Matrix Eigensystem Routines. EISPACK Guide Extension. Berlin: Springer 1977.

Gastinel, N.: Lineare numerische Analysis. Braunschweig: Vieweg 1972.

Gradstein, I. S.; Ryshik, I. M.: Summen-, Produkt- und Integraltafeln. Frankfurt: Deutsch 1981.

Gregory, R. T.; Carney, D. L.: A Collection of Matrices for Testing Computational Algorithms. New York: Wiley 1969.

Grigorieff, R. D.: Numerik gewöhnlicher Differentialgleichungen, Band 1: Einschrittverfahren, Band 2: Mehrschrittverfahren. Stuttgart: Teubner 1972, 1977.

Gröbner, W.; Hofreiter, N.: Integraltafeln, 1. Teil: Unbestimmte Integrale, 2. Teil: Bestimmte Integrale. Wien: Springer 1975, 1973.

Hainer, K.: Numerische Algorithmen auf programmierbaren Taschenrechnern. Mannheim: Bibliographisches Institut 1980.

Hall, G.; Watt, J.M.: Modern Numerical Methods for Ordinary Differential Equations. Oxford: Clarendon Press 1976.

Hamming, R.W.: Numerical Methods for Scientists and Engineers. New York: McGraw-Hill 1973.

Hart, J.F. et al.: Computer Approximations. New York: Wiley 1968.

Henrici, P.: [1] Discrete Variable Methods in Ordinary Differential Equations. New York: Wiley 1962.

– [2] Error Propagation for Difference Methods. New York: Wiley 1963.

– [3] Elemente der numerischen Analysis 1, 2. Mannheim: Bibliographisches Institut 1972.

Hinton, E.; Owen, D.R.J.: Finite Element Programming. London: Academic Press 1977.

Householder, A.S.: [1] Principles of Numerical Analysis. New York: McGraw-Hill 1953, Dover 1974.

– [2] The Theory of Matrices in Numerical Analysis. New York: Blaisdell 1964.

– [3] The Numerical Treatment of a Single Nonlinear Equation. New York: McGraw-Hill 1970.

Isaacson, E.; Keller, H.B.: Analyse numerischer Verfahren. Frankfurt: Deutsch 1973.

Jahnke, E.; Emde, F.; Lösch, F.: Tafeln höherer Funktionen. Stuttgart: Teubner 1966.

John, F.: Lectures on Advanced Numerical Analysis. New York: Gordon and Breach 1967.

Kamke, E.: Differentialgleichungen, Lösungsmethoden und Lösungen, Band 1: Gewöhnliche Differentialgleichungen, Band 2: Partielle Differentialgleichungen erster Ordnung für eine gesuchte Funktion. Stuttgart:Teubner 1977, 1979.

Keller, H.B.: [1] Numerical Methods for Two-Point Boundary-Value Problems. London: Blaisdell 1968.

– [2] Numerical Solution of Two Point Boundary Value Problems. Philadelphia: Society for Industrial and Applied Mathematics 1976.

Khintchine, A.: Kettenbrüche. Leipzig: Teubner 1956.

Knopp, K.: [1] Elemente der Funktionentheorie. Berlin: de Gruyter 1978.

– [2] Funktionentheorie I. Berlin: de Gruyter 1976.

Krylov, V.I.: Approximate Calculation of Integrals. New York: Macmillan 1962.

Lambert, J.D.: Computational Methods in Ordinary Differential Equations. London: Wiley 1973.

Lapidus, L.; Seinfeld, J.H.: Numerical Solution of Ordinary Differential Equations. New York: Academic Press 1971.

Linz, P.: Theoretical Numerical Analysis. An Introduction to Advanced Techniques. New York: Wiley 1979.

Lipschutz, S.: Lineare Algebra, Theorie und Anwendung. Schaum's Outline. Düsseldorf: McGraw-Hill 1977.

Lösch, F.: Siebenstellige Tafeln der elementaren transzendenten Funktionen. Berlin: Springer 1954.

Luke, Y.L.: [1] Mathematical Functions and Their Approximations. New York: Academic Press 1975.

– [2] Algorithms for the Computation of Mathematical Functions. New York: Academic Press 1977.

Lyusternik, L.A.; Chervonenkis, O.A.; Yanpol'skii, A.R.: Handbook for Computing Elementary Functions. Oxford: Pergamon Press 1965.

Magnus W.; Oberhettinger, F.; Soni, R.P.: Formulas and Theorems for the Special Functions of Mathematical Physics. Berlin: Springer 1966.

Marchuk, G. I.: Methods of Numerical Mathematics. New York: Springer 1975.
Milne-Thomson, L. M.: The Calculus of Finite Differences. London: Macmillan 1960.
Mitchell, A.R.; Griffiths, D. F.: The Finite Difference Method in Partial Differential Equations. New York: Wiley 1980.
Moore, R. E.: Methods and Applications of Interval Analysis. Philadelphia: Society for Industrial and Applied Mathematics 1979.
Müller, K. H.; Streker, I.: FORTRAN Programmierungsanleitung. Mannheim: Bibliographisches Institut 1970.
Nash, J. C.: Compact Numerical Methods for Computers: Linear Algebra and Function Minimisation. Bristol: Hilger 1979.
Nörlund, N. E.: Differenzenrechnung. New York: Chelsea 1954.
Obreschkoff, N.: Verteilung und Berechnung der Nullstellen reeller Polynome. Berlin: Deutscher Verlag der Wissenschaften 1963.
Ortega, J. M.: Numerical Analysis, A Second Course. New York: Academic Press 1972.
Ortega, J. M.; Rheinboldt, W.C.: Iterative Solution of Nonlinear Equations in Several Variables. New York: Academic Press 1970.
Ostrowski, A. M.: Solution of Equations in Euclidean and Banach Spaces. New York: Academic Press 1973.
Perron, O.: Die Lehre von den Kettenbrüchen I, II. Stuttgart: Teubner 1977.
Polya, G.; Szegö, G.: Problems and Theorems in Analysis I, II. Berlin: Springer 1976.
Ralston, A.; Wilf, H. S.: Mathematische Methoden für Digitalrechner I, II. München: Oldenbourg 1972, 1979.
Rice, J.R. (Ed.): [1] Mathematical Software. New York: Academic Press 1971.
– [2] Mathematical Software III. New York: Academic Press 1977.
Richtmyer, R.D.; Morton, K. W.: Difference Methods for Initial-Value Problems. New York: Wiley 1967.
Sard, A.: Linear Approximation. Providence: American Mathematical Society 1963.
Schwarz, H. R.: Methode der finiten Elemente. Stuttgart: Teubner 1980.
Schwarz, H.R.; Rutishauser, H.; Stiefel, E.: Numerik symmetrischer Matrizen. Stuttgart: Teubner 1972.
Shampine, L. F.; Gordon, M. K.: Computer Solution of Ordinary Differential Equations. The Initial Value Problem. San Francisco: Freeman 1975.
Smith, B. T.; Boyle, J. M.: Garbow, B. S.; Ikebe, Y.; Klema, V. C.; Moler, C. B.: Matrix Eigensystem Routines – EISPACK Guide. Berlin: Springer 1976.
Sterbenz, P. H.: Floating-Point Computation. Englewood Cliffs: Prentice-Hall 1974.
Stetter, H. J.: Analysis of Discretization Methods for Ordinary Differential Equations. Berlin: Springer 1973.
Stoer, J.: Einführung in die Numerische Mathematik I, II. Berlin: Springer 1976, 1978 (Band II gemeinsam mit R. Bulirsch).
Strang, G.; Fix, G. J.: An Analysis of the Finite Element Method. Englewood Cliffs: Prentice-Hall 1973.
Stroud, A. H.: Approximate Calculation of Multiple Integrals. Englewood Cliffs: Prentice-Hall 1971.
Stummel, F.; Hainer, K.: Introduction to Numerical Analysis. Edinburgh: Scottish Academic Press 1980.
Szegö, G.: Orthogonal Polynomials. New York: American Mathematical Society 1939, 1978.
Törnig, W.: Numerische Mathematik für Ingenieure und Physiker, Band 1: Numerische Methoden der Algebra, Band 2: Eigenwertprobleme und numerische Methoden der Analysis. Berlin: Springer 1979.
Varga, R. S.: Matrix Iterative Analysis. Englewood Cliffs: Prentice-Hall 1962.

Wendroff, B.: Theoretical Numerical Analysis. New York: Academic Press 1966.
Werner, H.: Praktische Mathematik I, II. Berlin: Springer 1975, 1979 (Band II gemeinsam mit R. Schaback).
Wilkinson, J.H.: [1] The Algebraic Eigenvalue Problem. Oxford: Clarendon Press 1965.
– [2] Rundungsfehler. Berlin: Springer 1969.
Wilkinson, J.H.; Reinsch, C.: Handbook for Automatic Computation. Vol. 2: Linear Algebra. Berlin: Springer 1971.
Willers, F.A.: Methoden der praktischen Analysis. Berlin: de Gruyter 1971.
Young, D.M.: Iterative Solution of Large Linear Systems. New York: Academic Press 1971.
Zienkiewicz, O.C.: Methode der finiten Elemente. München: Hanser 1975.
Zurmühl, R.: Praktische Mathematik für Ingenieure und Physiker. Berlin: Springer 1965.

Zeitschriften zur Numerischen Mathematik und angrenzenden Gebieten

ACM Transactions on Mathematical Software. New York: Association for Computing Machinery.
Applied Mathematics and Computation. New York: American Elsevier.
BIT. Nordisk Tidskrift for Informations-Behandling. København.
Calcolo. Pisa: Istituto di Elaborazione della Informazione del CNR.
Communications of the ACM. New York: Association for Computing Machinery.
Computer Journal. London: British Computer Society.
Computers and Mathematics with Applications. New York: Pergamon.
Computing, Archiv für Informatik und Numerik. Wien: Springer.
IMA Journal of Numerical Analysis. London: Academic Press.
International Journal for Numerical Methods in Engineering. New York: Wiley.
International Journal of Computer Mathematics, Section B: Computational Methods. London: Gordon and Breach.
Journal of Computational and Applied Mathematics. Antwerpen: Koninklijke Vlaamse Ingenieursvereniging.
Journal of the ACM. New York: Association for Computing Machinery.
Journal of the Institute of Mathematics and its Applications. London: Academic Press.
Mathematics of Computation. Providence: American Mathematical Society.
Memoirs of Numerical Mathematics. Kyoto: Research Institute for Mathematical Sciences.
Numerical Functional Analysis and Optimization. New York: Dekker.
Numerische Mathematik. Berlin: Springer.
Quarterly Journal of Mechanics and Applied Mathematics. Oxford: Clarendon Press.
RAIRO, Revue Française d'Automatique, d'Informatique, et de Recherche Opérationelle. Analyse Numérique. Paris: Dunod.
SIAM Journal on Numerical Analysis. Philadelphia: Society for Industrial and Applied Mathematics.
SIAM Journal on Scientific and Statistical Computing. Philadelphia: Society for Industrial and Applied Mathematics.
SIAM Review. Philadelphia: Society for Industrial and Applied Mathematics.
U.S.S.R. Computational Mathematics and Mathematical Physics. Oxford: Pergamon.
Zeitschrift für Angewandte Mathematik und Mechanik. Berlin: Akademie-Verlag.
Zeitschrift für Angewandte Mathematik und Physik. Basel: Birkhäuser.

Veröffentlichungen zur Numerischen Mathematik werden in den Referate-Zeitschriften

Current Mathematical Publications, Providence: American Mathematical Society,
Mathematical Reviews, Providence: American Mathematical Society,
Zentralblatt für Mathematik und ihre Grenzgebiete, Mathematics Abstracts, Berlin: Springer

unter der Abteilung „65 Numerical Analysis“ *erfaßt.*

Sachverzeichnis

Teubner Studienbücher Fortsetzung

Mathematik Fortsetzung

Krabs: **Optimierung und Approximation**
208 Seiten. DM 26,80

Müller: **Darstellungstheorie von endlichen Gruppen**
IX, 211 Seiten. DM 24,80

Rauhut/Schmitz/Zachow: **Spieltheorie**
Eine Einführung in die mathematische Theorie strategischer Spiele
400 Seiten. DM 29,80 (LAMM)

Schwarz: **FORTRAN-Programme zur Methode der finiten Elemente**
208 Seiten. DM 21,80

Schwarz: **Methode der finiten Elemente**
320 Seiten. DM 32,– (LAMM)

Stiefel: **Einführung in die numerische Mathematik**
5. Aufl. 292 Seiten. DM 26.80 (LAMM)

Stiefel/Fässler: **Gruppentheoretische Methoden und ihre Anwendung**
Eine Einführung mit typischen Beispielen aus Natur- und Ingenieurwissenschaften
256 Seiten. DM 26,80 (LAMM)

Stummel/Hainer: **Praktische Mathematik**
2. Aufl. 368 Seiten. DM 36,–

Topsøe: **Informationstheorie**
Eine Einführung. 88 Seiten. DM 14,80

Uhlmann: **Statistische Qualitätskontrolle**
Eine Einführung. 2. Aufl. 292 Seiten. DM 38,– (LAMM)

Velte: **Direkte Methoden der Variationsrechnung**
Eine Einführung unter Berücksichtigung von Randwertaufgaben bei partiellen Differentialgleichungen. 198 Seiten. DM 26,80 (LAMM)

Walter: **Biomathematik für Mediziner**
2. Aufl. 206 Seiten. DM 19,80

Witting: **Mathematische Statistik**
Eine Einführung in Theorie und Methoden. 3. Aufl. 223 Seiten. DM 26,80 (LAMM)

Preisänderungen vorbehalten